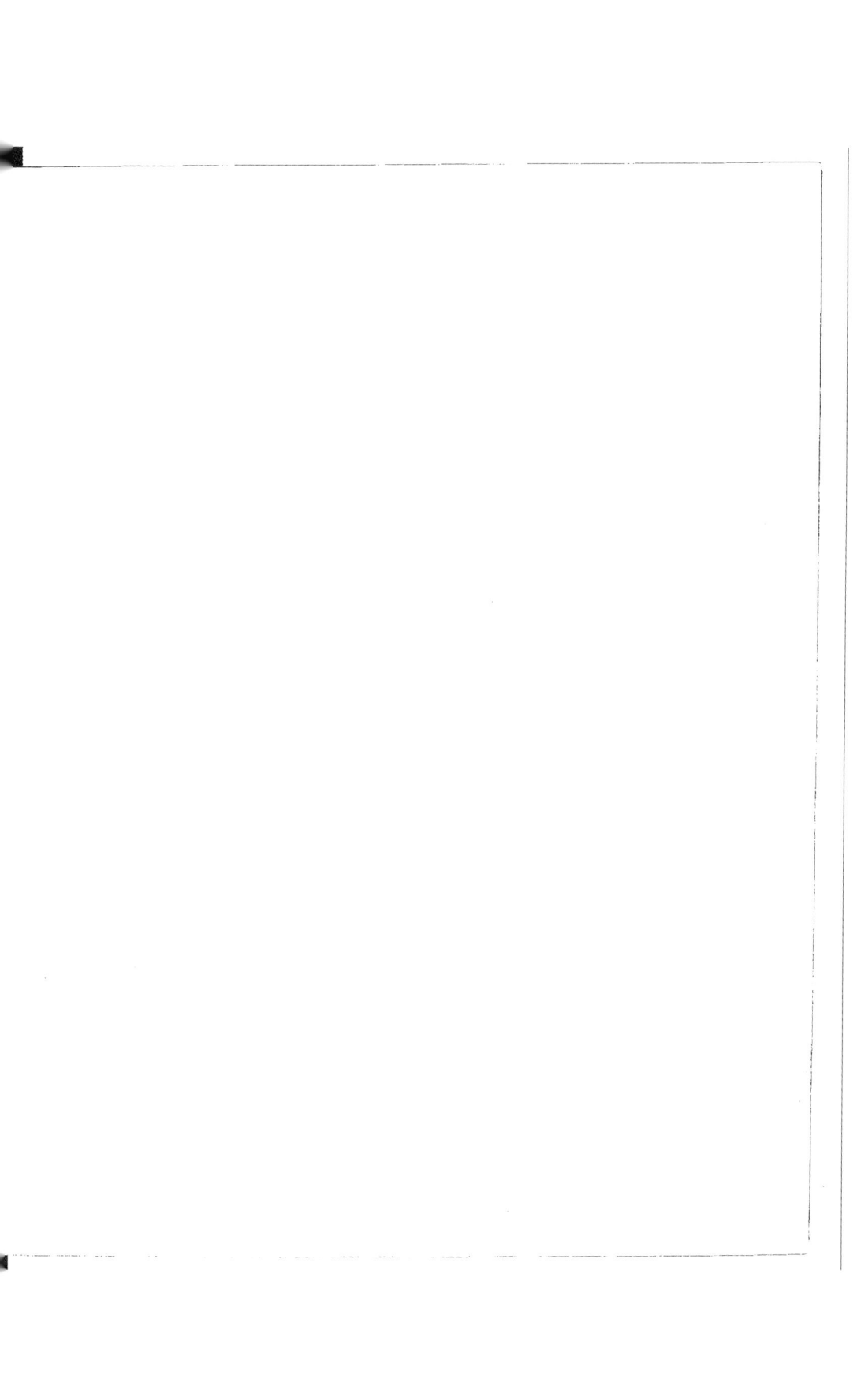

GUIDE

DES

CONSTRUCTEURS

TRAITÉ COMPLET

DES CONNAISSANCES THÉORIQUES ET PRATIQUES

RELATIVES AUX CONSTRUCTIONS

PAR R. MIGNARD

SIXIÈME ÉDITION

ENTIÈREMENT REFONDUE ET AUGMENTÉE

PAR

A. L. CORDEAU

Ingénieur des Arts et Manufactures,
Chef des Travaux graphiques à l'École Centrale des Arts et Manufactures,
Professeur à l'École Spéciale d'Architecture,
Ex-préparateur du Cours de Constructions civiles au Conservatoire des Arts et Métiers,
Officier de l'Instruction publique.

TOME PREMIER

PARIS
LIBRAIRIE CENTRALE DES BEAUX-ARTS
E. LÉVY, ÉDITEUR
13, RUE DE LAFAYETTE (PRÈS L'OPÉRA)

GUIDE

DES

CONSTRUCTEURS

MACON, PROTAT FRÈRES, IMPRIMEURS.

GUIDE
DES
CONSTRUCTEURS

TRAITÉ COMPLET
DES CONNAISSANCES THÉORIQUES ET PRATIQUES
RELATIVES AUX CONSTRUCTIONS

PAR R. MIGNARD

SIXIÈME ÉDITION
ENTIÈREMENT REFONDUE ET AUGMENTÉE

PAR

A. L. CORDEAU

Ingénieur des Arts et Manufactures,
Chef des Travaux graphiques à l'École Centrale des Arts et Manufactures,
Professeur à l'École Spéciale d'Architecture,
Ex-préparateur du Cours de Constructions civiles au Conservatoire des Arts et Métiers,
Officier de l'Instruction publique.

TOME PREMIER

PARIS
LIBRAIRIE CENTRALE DES BEAUX-ARTS
E. LÉVY, ÉDITEUR
13, RUE DE LAFAYETTE (PRÈS L'OPÉRA)

PRÉFACE

La sixième édition du Guide des Constructeurs, *de Mignard, tout en conservant dans son ensemble l'ouvrage primitif, a été mise au courant des perfectionnements apportés dans ces dernières années à l'art de bâtir et que la pratique a sanctionnés.*

Nous avons surtout cherché à ordonner et à présenter clairement les différentes questions dans leurs parties essentielles ; les renseignements que nous donnons ont été puisés aux meilleures sources, et contrôlés avec le plus grand soin ; nous avons fait en particulier de nombreux emprunts au Dictionnaire des termes employés dans la Construction, *de Chabat, et aux excellents ouvrages de M. Denfer.*

Sauf dans les cas les plus simples, nous avons laissé de côté ce qui concerne les calculs de résistance des matériaux dont l'application exige une grande habitude, et ne peut être que dangereuse entre les mains de personnes peu exercées à ce genre de questions.

GUIDE

DES

CONSTRUCTEURS

DIVISION DE L'OUVRAGE

Tout édifice se présente à nous avec une physionomie propre qui fixe son caractère architectural ; mais quel qu'il soit, il est toujours soumis aux trois conditions suivantes :

1° Être approprié à sa destination ;

2° Être composé d'organes aménagés pour assurer sa résistance, sa stabilité et sa durée ;

3° Présenter aux yeux une scène plastique émouvante.

A ces trois conditions répondent les trois parties du problème que l'architecte doit résoudre ; mais, comme le fait remarquer M. Émile Trélat, « elles ne sont pas harmoniques, c'est-à-dire que si on les suit isolément dans un programme d'édifice défini, et si on répond séparément à chacune d'elles, les solutions correctes ne cadreront pas entre elles. La distribution ne sera ni constructive ni formelle ; l'arrangement constructif molestera la distribution et ruinera la forme ; la forme contredira la distribution et amendera l'arrangement constructif. En sorte que le problème architectural, pris dans son ensemble et envisagé de son point de vue le plus élevé, consiste à réduire en un tout harmonique des données contradictoires.

On voit tous les jours des distributions d'édifices imaginées par des esprits éminemment droits et pleins de compétence sur les exigences des services de l'œuvre, mais étrangers aux choses de l'architecture. Leurs conceptions sont très judicieuses en elles-mêmes ; elles trahissent une appréciation très saine et très mesurée des utilités ou des convenances immédiates; mais c'est tout. Les espaces se limitent, s'avoisinent et se suivent autour de linéaments qui ne laissent place à la matière ni pour satisfaire à la nécessité constructive, ni pour étoffer la forme. Non seulement l'œuvre architecturale n'existe pas, mais elle manque de logement. Et pourtant la stricte raison vous montre là une distribution théoriquement appropriée et spécialement juste quoique irréalisable.

Il n'est pas rare, d'un autre côté, de rencontrer des constructeurs exclusivement guidés par une connaissance très développée des ressources de la matière, et pour ainsi dire butés à cette vue unique. Ne vous y trompez pas. Leurs édifices sont d'une constructivité irréprochable; mais elle sabre la distribution et perd les qualités de la forme dans un lamentable sous-entendu.

Combien d'artistes enfin, aveuglés par la passion et la douce habitude de caresser la forme, perdent jusqu'à la conscience même des exigences distributives ou constructives; et ne tenant compte ni des occasions, ni des lieux, éditent des œuvres qui se trouvent ne plus être distribuées ni construites!

On voit les écueils. Entre eux se dessine l'étroite passe que suivra l'architecte pour mener son œuvre au port.

L'art de distribuer n'est que l'application de l'esprit de méthode et de mesure à l'interprétation, à l'ordination, au maniement des données positives qui constituent un programme d'édifice. La connaissance des habitudes, des mœurs, des convenances, des usages sociaux; la conscience acquise des idées fondamentales qui forment les grands courants intellectuels de l'époque; un certain pli de l'intelligence rompue à envisager d'ensemble des éléments très nombreux et successivement des combinaisons très diverses; tels sont les moyens auxquels l'architecte doit faire appel pour suffire au premier côté de sa tâche.

La construction est l'art : 1° d'adapter les matériaux aux exigences des services ou des formes de l'édifice; 2° d'opposer aux forces qui menacent de défigurer l'édifice les résistances capables de les dominer. Elle permet à l'architecte d'arriver à une juste pondération des organes matériels, hors de laquelle nul édifice ne saurait atteindre la beauté.

L'architecte doit donc distribuer, construire, former. Les trois opérations vont-elles être conduites isolément d'abord, puis mariées ensuite par une quatrième opération?

L'architecte est réfractaire à cette méthode. Il la répudie absolument. Il sait bien qu'il perdrait à tout jamais ainsi l'unité de son œuvre qui est la première condition de la beauté de la forme. Il vise donc l'unité; et pour cela, après avoir minutieusement analysé son programme, il se dégage au plus vite de tous les impédiments secondaires qu'il y a rencontrés; il les oublie. Il esquisse aussitôt un plan où les masses se juxtaposent et s'agencent ; il suppute des hauteurs, et en hâte, il arrive à la conception d'une forme d'ensemble. Voilà son unité conquise. Avec elle, il conduira toute son œuvre qui progressera désormais dans une suite ininterrompue de tâtonnements guidés. A mesure que la forme s'étoffera et s'épurera, il la soumettra aux contrôles successifs de la distribution et de la construction; il lui en fera subir les exigences, et de proche en proche, l'édifice définitif s'établira, l'unité n'ayant jamais cessé de tenir la tête des opérations. »

L'architecte doit donc être en même temps un constructeur et un artiste ; l'artiste conçoit et ordonne les formes, et le constructeur est chargé de les réaliser et de les pourvoir de résistance et de durée.

Il est cependant des cas où l'architecte doit se préoccuper avant tout d'exécuter ses constructions avec économie, par exemple lorsqu'il construit des habitations à bon marché, ou des bâtiments d'exploitation rurale ou industrielle. Le constructeur prend alors le pas sur l'artiste; il n'a plus à s'occuper que de distribuer et de construire, en cherchant à approprier à la distribution reconnue la meilleure le système de construction qui fournira le maximum de résistance, de stabilité et de durée avec le minimum de dépense.

Enfin l'architecte doit assurer la salubrité des édifices qu'il construit, en se conformant aux principes de l'hygiène.

Ainsi que l'indique son titre, le présent ouvrage a pour but l'étude de la science des constructions dans ses applications à l'architecture ; nous le diviserons de la manière suivante :

1re Partie. — *La Préparation de la Construction*, comprenant : les notions de levé des plans et de nivellement nécessaires à la plantation du bâtiment, l'exécution des terrassements et des fouilles, l'organisation du chantier.

2e Partie. — *Étude des matériaux et des organes de la Construction* ; nous y joindrons les notions relatives au métré et à l'évaluation du prix des ouvrages.

3e Partie. — *Notions sur l'hygiène et la salubrité des édifices. — Étude des appareils sanitaires et de leur installation.*

4e Partie. — *Résumé de la Législation du Bâtiment.*

5e Partie. — *Aperçu de la Science architecturale. — Les Constructions rurales. — Les Constructions économiques.*

6e Partie. — *Table analytique des termes employés dans l'ouvrage.*

PREMIÈRE PARTIE

PRÉPARATION DE LA CONSTRUCTION

CHAPITRE PREMIER

Levé des Plans

Lever le plan d'un terrain, c'est prendre sur ce terrain, en les inscrivant sur un croquis, les mesures nécessaires pour déterminer géométriquement la figure formée par le plan du terrain, fait sur un plan horizontal.

Arpenter un terrain, lorsqu'il est horizontal, c'est mesurer sa superficie ; s'il est ondulé ou incliné sur l'horizon, c'est mesurer la superficie de sa projection sur un plan horizontal.

Les problèmes élémentaires à résoudre pour lever un plan se ramènent à quatre :

1° Tracer une ligne droite sur le terrain;

2° Mesurer une portion de la longueur de cette droite ;

3° Mener une perpendiculaire à une droite tracée sur le terrain ;

4° Mesurer l'angle de deux droites tracées sur le terrain.

1. Tracer une droite sur le terrain. — Pour tracer une ligne sur le terrain, on la *jalonne*, c'est-à-dire qu'on en marque un certain nombre de points par des jalons.

Un *jalon* est un piquet de bois de 1 m 50 de long, environ, sur 2 à 3 centimètres d'épaisseur, qu'on enfonce dans le sol par une de ses extrémités qui est, à cet effet, garnie d'une pointe en fer ; son autre extrémité porte une fente longitudinale dans laquelle on peut placer un voyant en papier ou en fer-blanc.

Pour jalonner une droite (fig. 1, pl. I), on plante bien verticalement un jalon à chacune de ses extrémités A et B ; l'opérateur fait ensuite, en restant au point A, porter successivement, par son aide, des jalons aux points C, D, E, en commençant par le point C qui est le plus près de l'extrémité B de la droite ; l'aide plante un jalon dans la position qu'il croit convenable, et l'opérateur, placé en arrière du jalon A, et visant la direction AB, lui fait déplacer, à droite ou à gauche, en lui faisant signe de la main, le jalon qu'il tient au point C. Il ne le lui fait fixer que lorsque le jalon A lui cache complètement les jalons C et B.

2. Mesurer la longueur d'une droite qui est jalonnée. — Cette mesure se fait à l'aide de la *chaîne d'arpenteur*; cette chaîne se compose de 50 chaînons en gros fil de fer réunis par des anneaux de fer; la distance des centres de deux anneaux consécutifs est de 2 décimètres. De mètre en mètre, ces anneaux sont remplacés par des anneaux de cuivre, et celui du milieu de la chaîne porte une petite tige. Les maillons extrêmes sont terminés chacun par une poignée dont la longueur fait partie de la longueur de la chaîne.

Pour mesurer une droite horizontale AB, l'opérateur appuie contre le jalon A une des poignées de la chaîne ; l'aide tenant l'autre poignée se dirige vers le point B. Lorsque la chaîne est bien tendue dans la direction AB, l'aide plante dans le sol et à l'intérieur de la poignée une tige de fer appelée fiche. Il se remet ensuite en marche en emportant la chaîne avec lui ; l'opérateur suit ; arrivé près de la fiche, il s'arrête, appuie extérieurement la poignée de la chaîne contre la fiche, et en fait planter à l'aide une seconde ; il enlève ensuite celle à laquelle il vient de s'arrêter. Il continue ainsi jusqu'à ce que l'aide arrive au point B ; l'aide appuie alors la poignée qu'il tient contre le jalon B ; l'opérateur abandonne sur le sol la chaîne bien tendue, puis s'approche de la dernière fiche plantée en terre ; il compte les fiches qu'il a relevées en y comprenant cette dernière, ce qui lui donne le nombre des décamètres ; il lit ensuite sur la chaîne, en complétant au besoin la mesure avec un mètre de poche, la distance qui sépare la dernière fiche du jalon B.

Lorsque la droite AB n'est pas horizontale, l'opérateur doit avoir soin de faire tendre la chaîne bien horizontalement. L'aide se sert alors d'une fiche plombée ou simplement du fil à plomb pour marquer la position de l'extrémité de la chaîne.

Au lieu de la chaîne articulée, on emploie souvent un ruban d'acier de 10 mètres de long pourvu à ses extrémités de poignées de cuivre et sur lequel les mètres sont indiqués par des boutons de cuivre, et les doubles décimètres par des boutons plus petits. Sur le bord de chacune des poignées est pratiquée une rainure ayant une profondeur égale à la demi-épaisseur de la fiche, de sorte qu'on n'a pas à tenir compte de cette épaisseur.

3. Mener une perpendiculaire à une droite tracée sur le terrain. — Cette opération s'effectue au moyen de l'*équerre d'arpenteur*.

Cette équerre est formée d'une boîte prismatique en cuivre à base octogone régulier (fig. 2, pl. I); chaque face est parallèle à la face opposée: deux faces parallèles telles que A et A' sont perpendiculaires à deux autres faces B et B'. Chacune de ces faces est percée d'une fente longitudinale étroite ou œilleton sur toute sa hauteur, et d'une ouverture plus large appelée croisée dans laquelle est tendu un fil vertical ou un crin qui prolonge l'œilleton. La fente étroite d'une face correspond à la croisée de la face opposée.

Pour viser un objet, on regarde par un œilleton le fil tendu dans la croisée opposée; la ligne de visée déterminée par les faces A et A' est perpendiculaire à celle que déterminent les deux faces B et B'.

Les quatre autres faces de l'équerre sont percées de fentes formant des pinnules et qui déterminent également deux autres lignes de visée perpendiculaires entre elles, et à 45° sur les précédentes.

La boîte est vissée sur une douille en cuivre qu'on emmanche sur un long bâton ferré formant le pied de l'instrument.

Pour élever en un point A d'une droite MN une perpendiculaire à cette droite (fig. 3, pl. I), l'opérateur plante bien verticalement le pied d'équerre en A, et fait tourner l'équerre jusqu'à ce qu'il voie le jalon planté en M à travers deux pinnules opposées; en regardant dans le sens opposé, il doit voir le point N à travers les deux mêmes pinnules. L'opérateur regarde ensuite à travers les deux pinnules dont la ligne de visée est perpendiculaire à la précédente, et fait planter à son aide un jalon B dans cette direction; la droite AB est la perpendiculaire cherchée.

Pour mener à une droite MN une perpendiculaire par un point extérieur A (fig. 4, pl. I), l'opérateur place à vue d'œil l'équerre en un point O de la droite MN, point qu'il suppose être le pied de la perpendiculaire; en opérant comme s'il voulait élever une perpendiculaire au point O à la droite MN, il regarde si cette perpendiculaire passe au point A, indiqué par un jalon. S'il voit le point A à droite, il déplace l'équerre vers la droite et refait le même essai en un autre point O', qui est tel par exemple que le point A est alors à gauche de la ligne de visée. Le pied B de la perpendiculaire est situé entre les deux points O et O', et on le trouvera en faisant de la même manière d'autres essais; avec un peu d'habitude, il suffit ordinairement de trois ou quatre essais pour obtenir la position exacte du point B.

4. Mesurer l'angle de deux droites tracées sur le terrain. — Cette mesure s'effectue au moyen du *graphomètre*. Cet appareil se compose d'un demi-cercle en cuivre ALB qu'on monte sur un pied à trois branches, à l'aide d'une douille cylindrique, à laquelle le limbe est fixé par un genou à coquille ou à charnière, qui permet de lui donner une inclinaison quelconque (fig. 5, pl. I). Le limbe porte deux règles ou alidades AB et CD terminées par de petits montants où sont pratiquées des fentes étroites et des croisées correspondantes comme dans l'équerre d'arpenteur;

ce sont des alidades à pinnules. L'alidade AB fait corps avec le demi-cercle, et sa ligne de visée passe par le diamère 0°-180° de ce demi-cercle; l'alidade CD est mobile autour du centre, et sa ligne de visée passe en deux points marqués sur les bords extrêmes des arcs du cercle qui terminent l'alidade et qui s'appliquent sur la graduation du limbe; chacun des arcs de cercle porte une graduation formant vernier sur celle du limbe; mais lorsqu'on mesure des angles uniquement pour les reporter ensuite sur le papier, il suffit de les obtenir à un demi-degré près, et l'on n'a pas alors à faire usage du vernier.

Enfin une *boussole* est fixée au limbe de l'appareil.

Pour mesurer l'angle de deux alignements OA et OB, tracés sur le terrain (fig. 6, pl. I), l'opérateur place le graphomètre au point O après avoir enlevé le jalon placé en ce point; il s'assure que le centre du limbe est bien au-dessus de ce point, soit à l'aide du fil à plomb, soit simplement, en laissant tomber de l'extrémité inférieure de la tige du trépied une petite pierre qui doit arriver dans le trou laissé par le jalon.

Il place ensuite bien horizontalement le plan du limbe afin d'avoir immédiatement l'angle des deux directions ramené à l'horizon; il fait tourner le limbe autour de son axe vertical, pour diriger la ligne de visée de l'alidade fixe sur le point A; puis en laissant le limbe fixe, il vise avec l'alidade mobile le point B.

La valeur de l'angle cherché est indiquée par la graduation du limbe qui se trouve en regard du trait repère de l'alidade mobile, le zéro étant sur la direction OA.

5. Équerre graphomètre. — Cet instrument, appelé aussi *goniomètre* ou *pantomètre*, est à la fois une équerre et un graphomètre. Il se fixe soit sur un pied d'équerre, soit sur un support à trois branches. Il se compose de deux cylindres en cuivre de même diamètre placés l'un au-dessus de l'autre; le cylindre inférieur est fixe; le cylindre supérieur est mobile autour de son axe, et on le manœuvre au moyen d'un bouton placé à la partie inférieure de l'appareil (fig. 7, pl. I).

Le cylindre supérieur porte quatre pinnules donnant deux lignes de visée à angle droit, comme dans l'équerre d'arpenteur, et il servira seul à élever les perpendiculaires; le cylindre inférieur porte seulement deux pinnules déterminant une ligne de visée qui passe par le zéro de la graduation marquée sur le bord supérieur de ce cylindre. Lorsqu'on emploie l'instrument à la mesure des angles, le cylindre inférieur remplace le limbe du graphomètre et son alidade fixe; le cylindre supérieur remplace l'alidade mobile, et, à cet effet, on a marqué sur son bord inférieur un repère correspondant à l'une des lignes de visée passant par deux pinnules opposées.

Enfin, à la partie supérieure de l'appareil est fixée une boussole, comme dans le graphomètre.

Cet instrument est commode, portatif et peu coûteux, et il suffit à résoudre toutes les questions du levé de plans usuel.

6. Polygone topographique. — Pour arriver facilement à lever le plan d'un terrain, on forme ordinairement, soit avec des points remarquables de ce terrain, soit avec des points choisis arbitrairement, un polygone appelé *polygone topographique* dont le contour est intérieur ou extérieur au contour du terrain, mais s'en éloigne aussi peu que possible. On lève alors avec le plus grand soin le plan de ce polygone et on y rapporte, en se servant de ses côtés comme bases d'opération, tous les détails du plan.

On repère les sommets du polygone en y plaçant des jalons, et si l'opération ne peut être terminée en une seule séance, on enfonce dans le sol, à côté de chaque jalon, un piquet de bois qui y restera à demeure. S'il n'est pas possible de placer ces piquets, ou si l'on craint qu'ils ne soient enlevés, ou trop difficiles à retrouver, on détermine très exactement la position de chacun d'eux par rapport à des objets environnants, arbres, poteaux, angles de murs, etc. On note avec le plus grand soin ces détails sur le carnet.

La première opératon à faire sera alors le levé du polygone topographique; elle pourra se faire suivant les cas, et suivant les instruments dont on disposera par les procédés suivants : 1° levé au mètre ; 2° levé à l'équerre ; 3° levé au graphomètre ; ou même par la combinaison de ces trois procédés.

7. Levé au mètre. — Soit à lever le plan du polygone ABCDEF (fig. 8, pl. I), on chaîne très exactement tous les côtés du polygone ; puis, pour en avoir les angles, on mesure sur les côtés de chacun d'eux, AB et AF par exemple, à partir du sommet A des longueurs quelconques AA' et AA'', et la longueur A'A'' de la ligne qui joint leurs extrémités.

Si le terrain est découvert, il peut être plus rapide de mesurer seulement les longueurs de toutes les diagonales AC, AD, AE, aboutissant à un même sommet A.

On peut encore, dans ce cas, se placer en un point O, puis au centre du terrain, et mesurer les distances OA, OB, OC, OD, OE et OF du point O aux différents sommets du polygone (fig. 9, pl. I).

Enfin, dans le même cas, on peut prendre une droite MN dans l'intérieur du polygone, et mesurer les distances des points M et N aux différents sommets du polygone, sans avoir alors besoin de mesurer les longueurs de ses côtés. Cette mesure pourra être faite pour servir de vérification aux opérations du levé (fig. 10, pl. I).

La méthode que nous venons d'exposer paraît simple, mais elle conduit, dans la pratique, à des opérations très longues.

8. Levé à l'équerre. — Pour lever à l'équerre le plan du polygone ABCD..... (fig. 11, pl. I), on commence par tracer sur le terrain une base MN traversant ce polygone, et qui pourra, dans certains cas, être une de ses diagonales. On abaisse ensuite à l'aide de l'équerre, et par les sommets du polygone, des perpendiculaires Aa, Bb, Cc, etc., à cette base; on chaîne sur la droite MN, et en partant d'un point arbitraire O, qui peut être extérieur au polygone, les longueurs Oa, Ok, Ob, Oc, Oh, etc., comprises entre le point O et les pieds des perpendiculaires.

On mesure de même les longueurs Om et On comprises entre le point O et les points de rencontre de la base MN avec les côtés du polygone; elles servent de vérifications.

On mesure toutes ces longueurs à partir du point O, et non, comme il semblerait plus simple de le faire, les longueurs successives Ok, kb, bc, etc.; on évite ainsi de cumuler les erreurs de lecture qui pourraient être commises dans ces mesures successives, et qui, en s'ajoutant, risqueraient de donner sur la longueur totale Oe une erreur très appréciable.

On mesure ensuite les longueurs des différentes perpendiculaires.

La même méthode s'applique au levé d'un contour courbe; on remplace alors la courbe par un polygone inscrit dans cette courbe, et ayant un assez grand nombre de côtés pour bien en suivre le mouvement.

9. Levé au graphomètre. — Pour lever au graphomètre un polygone ABCDEF (fig. 8, 9 et 10, pl. I), on chaîne tous ses côtés, puis on mesure successivement tous ses angles à l'aide du graphomètre.

On peut encore, en se plaçant en un point O, intérieur au polygone, et d'où l'on puisse voir tous ses sommets, mesurer tous les angles AOB, BOC, etc., et chaîner les longueurs OA, OB, OC, etc.

Enfin, on peut prendre une base MN dans l'intérieur du polygone, et mesurer les angles AMN et ANM; BMN et BNM, etc., correspondant à tous les sommets du polygone, on n'a alors à mesurer aucune longueur, excepté celle de la base.

10. Orientation du plan. — Le plan étant levé, il est indispensable de l'orienter, c'est-à-dire de déterminer la position de ses lignes principales par rapport aux quatre points cardinaux; il suffit de trouver l'angle que fait l'une des lignes principales du plan avec la ligne Nord-Sud.

On sait qu'une aiguille aimantée, mobile autour d'un axe vertical, se place d'elle-même dans une direction qui fait avec la direction Nord-Sud un angle qu'on nomme déclinaison, et qui est à Paris d'environ 18° à l'ouest. La boussole placée sur le graphomètre ou sur le pantomètre permettra donc d'orienter une droite AB du plan; à cette effet, l'aiguille de la boussole est mobile au-dessus d'un cercle gradué, et le diamètre qui passe par le 0° de la graduation est parallèle à la ligne de visée de l'alidade fixe; on dirige celle-ci suivant la droite AB et on regarde simplement la division au-dessus de laquelle s'arrête l'aiguille aimantée; on fait la correction de la déclinaison.

11. Rapporter le plan sur le papier. — On rapporte le plan sur le papier à une échelle variable suivant l'étendue du terrain, et l'usage ultérieur qu'on doit faire du dessin. Pour les propriétés de petite étendue, on emploie les échelles de $\frac{1}{100}$, $\frac{1}{500}$, $\frac{1}{1000}$; les levés du cadastre sont à l'échelle de $\frac{1}{2500}$.

On marque avec soin la direction Nord-Sud, qu'il sera toujours important de connaître exactement pour donner aux constructions une orientation convenable.

On commencera toujours par tracer sur le papier le polygone topographique, et on s'assurera qu'il se ferme bien, ce qui est une vérification du levé fait sur le terrain ; on placera ensuite successivement les différents détails du plan, dans l'ordre où ils ont été relevés.

CHAPITRE II

Nivellement

1. Objet du nivellement. — Le plan d'un terrain ne donne qu'une idée imparfaite de sa configuration, car les points du sol n'y sont représentés que par leur projection, et rien n'indique les différences de hauteurs entre eux, et par suite les ondulations du terrain.

Le *nivellement* a pour but de trouver les hauteurs des différents points du terrain au-dessus du plan horizontal choisi comme *plan de comparaison*, c'est-à-dire les cotes de ces points.

Le plan de comparaison est choisi de manière à être inférieur à tous les points du sol; et alors si on connaît les cotes de tous les points, on en déduira facilement par différence la quantité dont chacun d'eux est au-dessus ou au-dessous des points voisins; et, inversement, si on sait trouver les différences de hauteur entre les divers points, on en déduira facilement leurs cotes par rapport à un plan de comparaison déterminé si on connaît seulement la cote de l'un d'eux par rapport à ce plan. On voit qu'on peut ainsi se donner un plan de comparaison arbitraire, et qu'alors le problème du nivellement revient à savoir mesurer la différence de hauteur de deux points du sol au-dessus du même plan horizontal.

On résout ce problème au moyen de deux instruments : le *niveau*, qui sert à déterminer un plan horizontal, et la *mire* qui sert à mesurer la distance d'un point du sol au plan horizontal déterminé par le niveau, et qu'on appelle plan de niveau.

Lorsque deux points sont à la même hauteur au-dessus du plan de comparaison, on dit qu'ils sont de niveau; si deux points ont des cotes différentes, la différence de leurs cotes s'appelle la différence de niveau de ces deux points.

2. Niveau d'eau et mire. — Le *niveau d'eau* se compose d'un tube de fer-blanc ou de cuivre de $1^{m}40$ environ de long et de $0^{m}04$ à $0^{m}05$ de diamètre; il est coudé à angle droit à ses deux extrémités qui reçoivent deux fioles de verre, à goulot étroit, lutées avec du mastic. Au-dessous du tube, et en son milieu, est fixée une douille qui s'emmanche sur la tige d'un pied à trois branches; dans les instruments de construction soignée, le tube est relié à la douille par un genou à coquille avec vis de pression (fig. 12, pl. I).

Pour se servir du niveau, on le place aussi horizontal que possible, à vue d'œil, sur son trépied ; on y verse de l'eau colorée de manière à remplir les fioles à peu près aux deux tiers de leur hauteur. D'après le principe de physique connu sous le nom de principe des vases communicants, les surfaces du liquide dans les deux fioles sont dans un même plan horizontal ; de sorte qu'un rayon visuel mené tangentiellement aux deux cercles qui limitent la surface du liquide est parfaitement horizontal.

Lorsqu'on a besoin de transporter le niveau d'un point à un autre pendant l'opération du nivellement, il faut avoir soin de boucher les fioles afin d'éviter toute déperdition de liquide.

La *mire simple* (fig. 13, pl. I) se compose d'une règle divisée, de 2 mètres de long, que l'on tient verticalement sur une plaque de fer ou talon qui termine son pied ; le zéro de la graduation est à la partie inférieure. Sur la règle peut glisser une plaque carrée, de 32 à 33 centimètres de côté, appelée *voyant*, qui est divisée en quatre parties égales par une ligne horizontale et une verticale, et peinte en deux couleurs ; la ligne horizontale s'appelle *ligne de foi*. Le voyant est maintenu contre la règle par un collier de cuivre qu'on peut fixer dans telle position qu'on désire à l'aide d'une vis de pression ; la face arrière du collier porte une échancrure à travers laquelle on voit la graduation de la règle, et sur l'un des bords de cette échancrure est un trait de repère à la hauteur de la ligne de foi.

Pour mesurer la hauteur de cette ligne de foi au-dessus du sol, il suffit de lire le nombre de centimètres correspondant au trait de repère du collier.

Dans le cas où les différences de niveau à apprécier sont considérables, on est conduit à employer la *mire à coulisse* qui développe 4 mètres (fig. 14, pl. I). Elle est constituée par deux règles ayant chacune plus de deux mètres de long coulissant l'une sur l'autre ; la première porte le pied ou talon à sa partie inférieure et est graduée comme la mire simple ; l'autre porte à sa partie inférieure un collier avec vis de pression et échancrure, comme celui du voyant, et qui sert à fixer cette deuxième règle sur la première lorsqu'elle a coulissé sur elle.

Le voyant est constitué comme dans la mire simple et il glisse sur l'ensemble des deux règles quand elles sont réunies : lorsqu'on les fait coulisser, on fixe le voyant à la partie supérieure de la règle mobile. La distance de la ligne de foi au sol se compose alors de la longueur de la règle mobile, c'est-à-dire 2 mètres, augmentée de la longueur comprise entre le sol et le repère du collier inférieur de cette règle mobile.

3. Mesurer la différence de niveau de deux points. — Pour trouver la différence de niveau de deux points A et B, l'opérateur établit son niveau en un point G à peu près équidistant des deux points A et B (fig. 15, pl. I), et choisi de manière que le plan de niveau soit supérieur à ces deux points ; l'aide porte la mire au point A où il la maintient bien verticale, le voyant tourné vers l'opérateur. Celui-ci vise horizontalement suivant une tangente intérieure aux deux cercles formés par l'eau dans les fioles du niveau, et il fait signe à l'aide, avec la main, d'abaisser ou d'élever le voyant.

Lorsque le rayon visuel rencontre la ligne de foi, l'opérateur fait à l'aide un signe convenu ; l'aide serre alors la vis de collier du voyant, et l'opérateur vérifie par une nouvelle visée que, dans ce mouvement, le voyant n'a pas été déplacé. L'aide apporte alors la mire à l'opérateur qui lit la hauteur de mire du point A, et l'inscrit sur son carnet. L'opération se fait de la même manière pour le point B; la différence des hauteurs de mire des points A et B donne leur différence de niveau, en remarquant que le plus élevé des deux est celui dont la hauteur de mire est la plus petite.

Supposons que la hauteur de mire AC du point A soit de $0^m\,62$, et la hauteur de mire BD du point B, de $2^m\,78$, le point A est plus élevé que le point B et la différence de niveau de ces deux points est de $2^m\,78 - 0^m\,62 = 2^m\,16$.

Il convient, pour avoir une exactitude suffisante, de ne pas opérer ainsi sur des points A et B distants de plus de 50 mètres; car alors la moindre erreur de visée donnerait une erreur très sensible dans la hauteur de mire de ces points. Soit par exemple EFC la ligne horizontale suivant laquelle on devrait viser, EF'A étant la ligne, peu différente, suivant laquelle on vise réellement; la hauteur de mire trouvée sera GA au lieu de GC, et il est facile de voir que si l'erreur FF' est de 1/2 millimètre, l'erreur CA sera vingt fois plus grande, c'est-à-dire de 1 centimètre lorsque la distance EC sera égale à vingt fois la longueur du niveau (fig. 24, pl. I).

Lorsque les deux points dont on veut trouver la différence de niveau sont distants de plus de 50 mètres, on opère, comme nous allons le dire, par nivellement composé.

4. Nivellement composé. — Soit à faire le nivellement entre deux points très éloignés A et L; on choisit entre ces deux points un certain nombre de points intermédiaires B, C, D, etc., disposés de telle sorte que, par un nivellement simple, on puisse déterminer la différence de niveau des points A et B, puis de même celle des points B et C, etc. (fig. 16, pl. I).

Pour cela, on se place d'abord à la station M entre les deux points A et B, et on détermine, comme nous l'avons vu précédemment, la différence de niveau de ces deux points; on se place ensuite à la station N, entre les deux points B et C, et ainsi de suite.

L'opérateur donne deux coups de niveau sur chacun des points intermédiaires B, C, D, etc., et obtient pour chacun deux hauteurs de mire différentes; pour éviter toute confusion, on suppose qu'on marche de A vers L en passant par les points B, C, D, etc., et l'on appelle *coup avant* tout coup de niveau donné par l'opérateur dans la direction AL, et *coup arrière* tout coup de niveau donné en regardant dans le sens opposé.

Ainsi de la première station M le coup de niveau donné sur A est un coup arrière, et le coup de niveau donné sur B un coup avant; de même de la deuxième station N, le coup de niveau donné sur B est un coup arrière, le coup de niveau donné sur C un coup avant; le dernier coup de niveau donné sur L sera un coup avant. Pour abréger le langage, on nomme aussi coup avant ou coup arrière la hauteur de mire obtenue en donnant un coup de niveau avant ou un coup de niveau arrière.

On consigne les résultats obtenus sur un tableau à sept colonnes : dans la première, on inscrit les points A, B, C, etc., sur lesquels on place successivement la mire ; dans la deuxième, les distances qui séparent ces points les uns des autres. Les deux colonnes suivantes renferment les hauteurs de mire observées dans les coups avant et arrière successifs.

Ainsi les deux points A et B sont distants de 45 mètres que nous écrivons dans la deuxième colonne entre les lignes horizontales des lettres A et B ; le premier coup de niveau donné du point M sur le point A est un coup arrière, et la hauteur de mire est $1^m 45$ que nous écrivons dans la colonne 4 en face de A ; le coup avant donné sur B fournit la hauteur de mire $1^m 31$ que nous écrivons dans la colonne 3 en regard de B.

POINTS nivelés	DISTANCES	COUPS DE NIVEAU		DIFFÉRENCES		COTES des points
		Avant	Arrière	Montantes	Descendantes	
1	2	3	4	5	6	7
A			1.45			30.45
	45.00			0.14		
B		1.31	1.35			30.59
	46.75				0.37	
C		1.72	1.15			30.22
	50.25				0.25	
D		1.40	1.05			29.97
	38.55				0.22	
E		1.27	0.87			29.75
	47.40			0.12		
F		0.75	1.87			29.87
	48.30			0.62		
L		1.25				30.49
		7.70	7.71	0.88	0.84	
	Différences	0.01		0.01		0.01

La différence de niveau entre les points A et B est donc de $1^m 45 - 1^m 31 = 0^m 14$, et le point B est le plus élevé ; on monte donc en allant du point A vers le point B et nous dirons que la différence entre ces deux points est *montante* ; nous l'inscrirons dans la colonne 5, intitulée différences montantes, en regard de la distance 45 mètres des deux points. De même dans la station N, nous trouvons pour le coup arrière sur B la hauteur de mire 1^m35, et pour le coup avant sur C la hauteur 1^m72; nous inscrivons ces nombres, comme il vient d'être dit, dans les colonnes 3 et 4.

La différence de niveau entre B et C est de $1^m72 - 1^m35 = 0^m37$, et le point B est le plus élevé; donc on descend en allant du point B au point C, et nous dirons que la différence entre ces deux points est *descendante*; nous l'inscrirons dans la colonne 6, intitulée différences descendantes.

Nous opérerons de même pour les points suivants, comme on peut le voir dans le tableau ci-dessus.

On peut alors calculer les *cotes* des divers points, c'est-à-dire leur hauteur au-dessus du plan de comparaison, et les inscrire dans la dernière colonne. Supposons que la cote du point A au-dessus de ce plan soit de 30^m45; comme la différence de niveau entre A et B est montante, et égale à 0^m14, la cote du point B sera $30^m45 + 0^m14 = 30^m59$.

La différence de niveau entre B et C est descendante et égale à 0^m37, donc la cote du point C sera $30^m59 - 0^m37 = 30^m22$, et ainsi de suite.

On voit donc que pour obtenir la cote d'un point quelconque, on ajoute à la cote du point A la somme des différences montantes, et on retranche de ce total la somme des différences descendantes.

D'après ce qui précède, la différence de niveau des points extrêmes A et L s'obtient en faisant : 1° la différence entre la somme des coups arrière et la somme des coups avant; si le somme des coups arrière est la plus grande, le point L est plus élevé que le point A; si c'est la somme des coups avant qui est la plus grande, le point L est moins élevé que le point A; 2° la différence entre la somme des différences montantes et la somme des différences descendantes; si la première est la plus forte, le point L est plus élevé que le point A; il est moins élevé si c'est le contraire. Les calculs relatifs au nivellement sont exacts si les résultats obtenus par ces deux procédés sont les mêmes.

Enfin le calcul des cotes sera exact si la différence entre la cote du point A et la cote du point extrême L, calculées comme il a été dit, est précisément égale à la différence de niveau trouvée par les deux procédés ci-dessus.

Pour vérifier le nivellement effectué, on peut le refaire en sens inverse, en allant du point L vers le point A; on devra retrouver la même différence de niveau entre ces deux points. On peut encore retourner du point L au point A par un chemin différent, et alors on devra retrouver pour la cote du point A la cote de départ.

Cette cote de point A, c'est-à-dire la hauteur au-dessus du plan de comparaison peut être choisie arbitrairement; mais on peut se donner la position du plan de comparaison par rapport à un repère choisi dans le voisinage du point A et dont la fixité soit assurée, par exemple un seuil de porte d'un monument, un appui de croisée, etc., ou encore un des repères du nivellement général de la France, s'il en existe à proximité. Un nivellement simple, préliminaire, permettra alors de déterminer la différence de niveau entre le point A et le repère, et par suite la cote du point A.

5. Niveau à bulle d'air. Mire parlante. Leur emploi. — Le niveau d'eau oblige, lorsqu'on veut trouver les différences de niveau de points éloignés les uns des autres de plus de 50 mètres, à faire un nivellement composé; nous avons vu, de plus, que l'habileté de l'opérateur était pour beaucoup dans l'exactitude des résultats. Les *niveaux à bulle d'air* ne présentent pas les mêmes inconvénients. Nous ne décrivons que le *niveau d'Égault*; les autres niveaux à bulle d'air sont établis d'après le même principe et n'en diffèrent que par des dispositions de détail.

Ce niveau (fig. 17, pl. I) se compose d'un niveau à bulle d'air reposant sur une platine qui fait corps avec une colonne verticale et avec un plateau circulaire horizontal mobiles autour d'un axe vertical; le tout est soutenu sur un pied à trois branches par trois vis calantes. Sur la platine sont fixés deux coussinets entre lesquels repose une lunette pourvue d'un réticule; l'axe optique de cette lunette peut être rendu parfaitement horizontal à l'aide des vis calantes, et cette position est obtenue lorsqu'en faisant tourner l'appareil autour de son axe vertical, on ne constate aucun déplacement de la bulle du niveau.

La *mire parlante* (fig. 18, pl. I) employée en même temps que ce niveau se compose d'une règle de bois de 12 à 15 centimètres de large, divisée dans le sens longitudinal en trois colonnes; les deux premières sont divisées en intervalles de 4 centimètres, peints alternativement blanc et rouge; la troisième porte des chiffres indiquant des intervalles de 20 centimètres, et qui sont renversés, parce que la lunette du niveau renverse les images. La mire a deux mètres de long, mais elle peut être à coulisse et développer 4 mètres.

L'opérateur place son niveau en station en un point d'où il puisse apercevoir un assez grand nombre des points à niveler; il donne un coup arrière sur un premier point dont la cote servira de départ, ainsi que nous l'avons indiqué précédemment; puis il donne sur tous les autres points des coups avant. A cet effet il envoie son aide porter la mire successivement en tous ces points; l'aide doit simplement tenir la mire bien verticale et immobile, la face tournée vers l'opérateur; celui-ci vise avec la lunette et lit directement la hauteur de mire, donnée par la division de la mire correspondant au fil horizontal du réticule de la lunette; il l'inscrit aussitôt sur son carnet; avec un peu d'habitude, on apprécie les résultats à 1 centimètre près.

Lorsque l'opérateur a besoin de changer de station, il opère dans la deuxième station comme dans la première, en ayant soin de donner d'abord un coup arrière sur l'un des points qu'il a nivelés de la première station, afin de rattacher l'une à l'autre les deux opérations.

6. Profils de nivellement. — Reprenons le nivellement composé effectué plus haut et cherchons à en représenter graphiquement les résultats. Imaginons la ligne brisée A'B'C'D'E'F'L, projection de la ligne ABCDEFL du terrain sur le plan de comparaison; menons des plans verticaux par les côtés de cette ligne; les portions ABA'B', BCB'C', CDC'D', etc., de ces plans forment une surface que nous pouvons développer sur un plan en plaçant à la suite les uns des autres les différents trapèzes qui la constituent : la ligne A'B'C'D'E'F'L' se développe suivant une ligne droite *a'b'c'd'e'f'l'*; les verticales AA', BB', CC', etc., se placent suivant des droites égales *aa'*, *bb'*, *cc'*, etc., perpendiculaires à *a'l'*; enfin la ligne ABCDEFL se développe suivant la ligne brisée *abcdefl* obtenue en joignant deux à deux les extrémités des verticales successives *aa'*, *bb'*, *cc'*, etc. (fig. 19, pl. I).

La ligne *abcdefl* est le *profil du terrain*; les distances *ab*, *bc*, etc., sont respectivement égales aux distances mesurées entre les points A,B,C, etc., du terrain et portées dans la colonne 2 du tableau de nivellement; les verticales *aa'*, *bb'*, *cc'*, etc., sont les cotes portées à la colonne 7 de ce tableau.

Pour rendre plus frappantes les inégalités du terrain, on emploie souvent dans la construction du profil des échelles différentes, l'une pour les longueurs horizontales, l'autre dix ou vingt fois plus grande pour les hauteurs; comme alors les cotes au-dessus du plan de comparaison donnent des verticales trop grandes pour qu'on les porte sur le papier, on diminue toutes les cotes d'une même quantité, ce qui revient à élever de cette quantité le plan de comparaison; ainsi nous réduisons par exemple dans le nivellement représenté par la figure toutes les cotes de 29 mètres.

Lorsqu'on veut connaître la forme exacte de la surface d'un terrain, on en fait ordinairement des profils dans deux sens différents en long et en large, et on les désigne sous le nom de *profils en long* et *profils en travers*. Le profil en long sera exécuté suivant une ligne droite traversant le terrain dans sa plus grande longueur; les profils en travers, suivant des droites perpendiculaires à celle-ci. Les profils ainsi établis permettront de se rendre compte des déblais et remblais à exécuter pour rendre le terrain bien plan, ou pour y établir des constructions; ils serviront au calcul de ces déblais et de ces remblais.

7. Nivellement sur de faibles longueurs. — Lorsque le nivellement doit s'exercer sur des surfaces qui ne dépassent pas quatre ou cinq mètres, on peut se servir de deux moyens plus simples que ceux que nous avons indiqués plus haut.

Premier moyen. — On plante (fig. 20, pl. I) en A, à égale distance les uns des autres et près du point le plus élevé du terrain, trois petits pieux, à l'extrémité desquels on cloue trois morceaux de planche, à rives bien dressées; au moyen du niveau de maçon, on fait en sorte que la face supérieure de ces planches se trouve dans un même niveau et forme un triangle. On obtient ainsi un plan horizontal. Un aide enfonce alors en terre un piquet au point où doit commencer l'opérateur B. Cet aide fait glisser une latte le long du piquet, dans un sens ou dans l'autre, jusqu'à ce que l'œil de l'opérateur aperçoive le haut des planches du triangle dans un même plan horizontal avec la face supérieure de la latte mobile. La distance du pied du piquet à cette surface sera la différence de niveau qui existe entre le point considéré et le dessus des trois planches clouées en triangle; on en déduit facilement celle qui existe entre les deux points.

Deuxième moyen. — Sur le point le plus élevé A (fig. 21, pl. I), on enfonce un piquet jusqu'au ras du sol et l'on place un autre piquet en un point B situé sur la direction du niveau que l'on veut prendre: on met alors l'extrémité d'une règle sur le premier piquet et on applique l'autre contre le second. Le niveau de maçon permet de rendre cette règle parfaitement horizontale. On fait sur le piquet B une marque au-dessous de la règle, on a un trait au niveau du point A et l'on continue l'opération sur un troisième piquet C et ainsi de suite jusqu'au point dont on veut connaître la différence de niveau avec le point A. Cette différence sera égale à la hauteur comprise entre le pied du dernier piquet et le point où arrivera le dessous de la règle.

8. Usages du nivellement. — Nous avons dit que le nivellement d'un terrain servait à calculer les déblais et les remblais à effectuer sur ce terrain pour le rendre plan, ou pour y établir des constructions: dans ce dernier cas, il fournira des indications précieuses au point de vue de l'établissement des fondations et de la hauteur à laquelle devra être placé le plancher du rez-de-chaussée.

Il sera encore indispensable lorsqu'on aura à conduire des eaux d'un point à un autre, soit pour amener de l'eau pure dans une propriété, soit pour en évacuer les eaux vannes.

Enfin il sera encore appliqué au drainage des terrains humides, opération qui a pour but, comme on le sait, de faire écouler rapidement les eaux stagnantes du sol et dont l'effet est d'assainir le terrain et en même temps d'accroître sa fertilité.

Le cadre de cet ouvrage ne nous permet pas d'entrer à ce sujet dans les détails que comporte son étude; nous renverrons le lecteur aux instructions pratiques sur le drainage réunies sur l'ordre du ministre de l'agriculture par M. Hervé-Mangon, ingénieur des ponts et chaussées.

CHAPITRE III

Plantation ou tracé du bâtiment. — Terrassements et fouilles

1. Plantation ou tracé du bâtiment. — Lorsqu'on aura en mains le plan arrêté avec les dimensions exactement cotées, comme nous l'indiquerons plus loin, on procédera au tracé du périmètre ou contour extérieur du bâtiment. Le propriétaire ayant indiqué l'orientation qu'il veut donner à la façade principale, on tracera sur le sol, au préalable grossièrement nivelé, une ligne indiquant cette orientation au moyen d'un cordeau tendu sur deux piquets et d'une longueur excédant de deux mètres au moins celle de la façade projetée. Après avoir pris sur cette ligne une longueur égale à cette façade, et l'avoir arrêtée par deux piquets enfoncés dans le sol, *ab* (fig. 22, pl. I), on tracera deux autres lignes AD, BC, perpendiculaires à la première qu'on tracera également avec un cordeau sur lequel on reportera le nombre de mètres que doivent avoir les façades latérales, *ad*, *cb*. Si la configuration de la maison, comme cela se présente le plus habituellement, est un rectangle, il suffira de joindre les points *dc* par une ligne parallèle à la façade *ab* pour avoir le tracé complet du périmètre du bâtiment à élever.

Si le plan de la maison est quelque peu plus compliqué, s'il a par exemple quatre angles rentrants, comme l'indique la figure 23, pl. I, on tracera d'abord le rectangle *jedk*, et on y ajoutera ensuite les deux petits rectangles *abcl*, *ifgh*. Il faut veiller à ce que les différentes distances soient bien égales entre elles. Ceci fait, les contours seront indiqués, comme plus haut, par des cordeaux et des piquets solidement fichés dans le sol.

Ces deux systèmes de tracé suffisent lorsqu'il s'agit de constructions de moyenne grandeur; mais appliqués à des édifices plus importants ils pourraient ne pas donner des résultats assez exacts. Dans ce dernier cas, après avoir planté comme ci-dessus la ligne de la façade, au point qui, sur cette ligne indique le milieu de l'édifice, on élève une perpendiculaire qui en formera l'axe, et qui n'est en réalité que la répétition de l'axe indiqué sur le plan graphique. Puis à gauche et à droite de cet axe on rapportera sur le sol toutes les grandes lignes qui doivent être parallèles à la façade, en leur donnant les dimensions prises sur le plan coté. Quant aux lignes perpendiculaires à la façade et parallèles à l'axe, elles seront indiquées en procédant de même. Dans ce système on peut prendre soit les lignes extérieures des murs, soit pour plus de précision leur axe même.

Si le bâtiment n'a pas de caves (fig. 22, pl. I), l'opérateur aura à tracer dans le rectangle *abcd* l'épaisseur des murs, ce qu'il fera en tirant des parallèles aux quatre côtés du rectangle. Si on veut donner au mur 50 centimètres par exemple, la distance entre ces parallèles devra être de 50 centimètres. C'est la quantité de terre contenue entre ces deux parallèles que les terrassiers devront enlever à une profondeur déterminée pour permettre d'établir les fondations. Afin de guider ces ouvriers il conviendra de prolonger les lignes sur les quatre faces, comme l'indique la figure en *cf*, et de les marquer par des cordeaux tendus sur des piquets. Mais au lieu de faire les tranchées de 50 centimètres de largeur juste, comme il est d'usage de donner aux fondations des murs un empattement de 8 à 10 centimètres, la tranchée aura de 58 à 60 centimètres au lieu de 50. Pour la commodité des maçons, il faut encore ajouter quelques centimètres de chaque côté, ainsi qu'ils ont l'habitude de l'exiger. Si au contraire le bâtiment doit avoir des caves, il faut en prendre sur le plan les dimensions et les reporter en mètres réels, à la place qu'elles doivent occuper dans le tracé que vous aurez fait. Supposez que vous ayez une cave dont la superficie donne le rectangle *cdo'o* : si la maison doit encore en avoir ailleurs, tracez-les. Mais dans toutes les opérations efforcez-vous de ne pas vous tromper, et de tenir bien compte des épaisseurs de murs de façade et vérifiez sans relâche vos mesures principales d'axe en axe.

2. Terrassements et fouilles. Leur exécution. — Sous le nom de *terrassements* on comprend toutes les modifications qu'on fait subir au sol, soit en y faisant des excavations pour y asseoir des bâtiments, soit en nivelant le terrain à l'aide de remblais et de déblais pour y établir des cours, des jardins, des routes, etc. Il entre principalement dans notre cadre de nous occuper des fouilles proprement dites et relatives aux constructions.

Les outils employés pour l'exécution des fouilles varient suivant la nature du terrain ; dans les terrains très meubles, on emploie la *bêche ordinaire* ou le *louchet* ; dans les terrains plus durs, tels que les terres ordinaires, les sables, les graviers, l'ouvrier commence par piocher sur une profondeur de $0^m 30$ à $0^m 40$, puis il enlève les débris formés ainsi à l'aide de la *pelle ronde*, et il les rejette hors de la fouille, ce qui s'appelle faire une *plumée*. Si le terrain est rocheux, il faut faire usage du *pic* et des *coins* pour faire éclater la roche.

Lorsque les fouilles sont de grandes dimensions, on peut quelquefois procéder par *abatage*, bien que cette méthode exige de grandes précautions. La fouille ayant atteint une certaine profondeur, sur une partie seulement de sa largeur on creuse latéralement par-dessous la partie restant à enlever, et on la fait ensuite tomber dans le fond de la fouille où elle se réduit généralement en morceaux assez petits pour être immédiatement enlevés à la pelle.

Dans les terrains rocheux, on peut être amené à faire usage de la mine si la roche résiste au pic et aux coins ; c'est alors un véritable travail de carrier, et il est bon, dans ce cas, de s'adresser à des ouvriers spéciaux que leur expérience met à l'abri des accidents que présente ce genre d'opérations.

Un terrassier peut piocher et jeter à une hauteur de $1^{m}60$, ou charger en brouette, en 10 heures, dans de grandes tranchées, les quantités données par le tableau suivant :

NATURE DES TERRES	CUBE FOUILLÉ ET JETÉ A 1 M. 60 EN 10 HEURES	RÉPARTITION DES HEURES EMPLOYÉES	
		A LA FOUILLE	AU JET OU A LA CHARGE
Terre végétale ou sables	7^{m3} 70	6^{h} 15^{m}	3^{h} 45^{m}
Terre marneuse et argileuse	6.00	6^{h} 40^{m}	3^{h} 20^{m}
Terre compacte dure	5.25	7^{h} 05^{m}	2^{h} 55^{m}
Terre crayeuse	4.90	7^{h} »	3^{h} »
Terre fortement imbibée d'eau	4.25	7^{h} 15^{m}	2^{h} 45^{m}
Tuf	2.4 à 2.8	8^{h} 25^{m} à 8^{h} 45^{m}	1^{h} 35^{m} à 1^{h} 15^{m}
Roc tendre ou gypse enlevé au pic ou aux coins	2.00	8^{h} 50^{m}	1^{h} 10^{m}

Lorsqu'on exécute les fouilles dans des terrains rapportés par des remblais antérieurs, ou dans des sables ayant peu de cohésion, il y a toujours à craindre des éboulements, surtout si la fouille doit être profonde. Si la fouille est peu profonde, il suffit de taluter fortement les berges en tenant l'angle du talus à 45° ou même au-dessous ; mais quand la fouille est plus profonde il devient nécessaire d'*étayer*. Quand donc on a creusé à une certaine profondeur, on place horizontalement le long du terrain creusé (fig. 1, pl. II) des planches ou des madriers B, en laissant entre eux un intervalle de 20 à 35 centimètres, plus ou moins, selon la mobilité du terrain. Ensuite on pose verticalement de moyennes pièces de charpente ou des madriers *a* contre les premières afin de les maintenir dans leur position. Ces secondes pièces verticales sont maintenues d'aplomb au moyen de fortes pièces de charpentes placées en arcs-boutants C, dont un bout est posé contre les pièces verticales *a* et l'autre est retenu sur le sol par des coins, courtes et épaisses pièces de charpente *f* qu'on enfonce en terre. Parfois sur le fond de fouilles on couche sur le sol une pièce de bois appelée *couchis* et dont on maintient le recul à l'aide de coins enfoncés dans le sol. C'est alors sur ces couchis que sont fixées les pièces en arcs-boutants.

Si la fouille est profonde il sera nécessaire de poser un second rang de poutrelles biaises D qu'on fixera comme le premier au moyen de chevilles de fer qu'on enfonce dans les pièces verticales comme le fait comprendre notre figure.

On évitera autant que possible que les pièces longitudinales qui tapissent la face verticale de la terre aient une trop grande longueur, afin qu'on puisse les enlever par petites travées, pour y substituer la maçonnerie. On n'oubliera pas non plus d'apporter le plus grand soin dans l'enlèvement partiel de l'étaiement afin d'éviter les éboulements.

Lorsque la fouille est profonde et étroite, comme il arrive pour l'établissement de murs de bâtiments sans caves, il faut *étrésillonner* en garnissant les deux parois de la fouille de couchis horizontaux ; par-dessus on place des couchis debout entre lesquels on arc-boute les *étrésillons* (fig. 2 et 3, pl. II).

Un des plus grands obstacles à vaincre dans les fouilles, ce sont les nappes d'eau naturelles et les sources qu'on rencontre fréquemment. Quand il s'agit de sources peu importantes on peut simplement les supper ou leur boucher le passage, mais les nappes doivent être épuisées à l'aide de pompes ; les plus employées sont les pompes Letestu, ou, si on dispose d'un moteur à vapeur, les pompes centrifuges. On peut aussi se servir de la vis d'Archimède. Enfin il est quelquefois possible de dévoyer les eaux dans un tuyau ou un canal qui les dirige vers un point situé plus bas que le niveau de la nappe.

Dans d'autres cas, il est indispensable, pour pratiquer les fouilles dans l'eau, de circonscrire ou enceindre le lieu à creuser d'une digue imperméable. Parfois on peut se contenter d'élever autour de l'endroit à fouiller de petites digues en terre glaise, mais quand l'eau est profonde et abondante il faut se servir de batardeaux. Le *batardeau* est une digue provisoire composée de *pilotis* qu'on enfonce dans l'eau, à l'aide d'un *merlin* ou au besoin d'une *sonnette ou mouton*.

Ces pilotis ou pieux *p*. (fig. 4, pl. II) sont distancés de mètre en mètre et l'on cloue sur leur surface, en travers, entre le pilotis et le courant, des madriers à plans joints (*palplanches*) jusqu'au niveau du fond. Cela fait, on vide l'intérieur du batardeau au moyen de la pompe et on garnit d'argile et d'étoupe les joints des palplanches. Il est bien entendu que pour employer ce moyen il faut que la rivière ne soit pas profonde, et que l'eau ne s'élève pas à plus de 1 mètre à $1^{m}20$. Car l'ouvrier qui doit clouer les madriers aurait en se baissant la tête sous l'eau, et il n'est d'ailleurs pas commode de clouer dans le liquide lui-même, sa résistance retirant une certaine force aux coups de marteau.

Lorsqu'on a affaire à un courant violent, la construction du batardeau ci-dessus ne serait pas suffisante. On doit alors commencer par enfoncer dans l'étendue que comprendra le batardeau une double rangée de pieux (fig. 5 et 6, pl. II) *aa*, à une moyenne distance les uns des autres. A l'extérieur des deux rangées de pieux, on pratique vers leurs extrémités des espèces de moises ou traverses *bb*, et d'autres intérieures, *cc*, boulonnées avec les précédentes et destinées à recevoir et à maintenir la direction verticale que les palplanches doivent avoir. Pour maintenir l'écartement des deux rangées de pieux on place de trois en trois pieux des traverses *e*, entaillées à mi-bois sur les moises extérieures et boulonnées dans les pieux ou mieux encore dans les moises. La garniture extérieure du batardeau ainsi établie, on place les palplanches *dd*, assujetties à l'intérieur au moyen d'une autre moise *ff*.

3. Enlèvement et transport des déblais. — Lorsque la fouille n'est pas de grande étendue et que les déblais ne doivent pas être menés au loin, on emploie pour leur transport des *hottes* portées à dos d'homme et contenant 1/30 de mètre cube ou des *brouettes* dont la contenance est en général de 1/25 de mètre cube; on trouve cependant des brouettes de 1/20 de mètre cube, d'autres de 1/33 de mètre cube seulement. Ce procédé est avantageux si la distance ne dépasse pas 100 mètres; on établit les relais tous les 25 mètres.

Au delà de cette distance, et jusqu'à 500 mètres environ, il est préférable au point de vue de l'économie d'employer des *tomberaux* à 1, 2 ou 3 chevaux. Il faut alors prendre les dispositions nécessaires pour que ces voitures puissent pénétrer le plus loin possible dans les fouilles, et à cet effet on se ménage toujours une rampe d'accès aussi douce que le permet la localité. La rampe est nécessairement attaquée la dernière, et il arrive un moment où les terrassiers ne peuvent plus charger directement les voitures à cause de la profondeur des terres qui restent à enlever. On emploie alors la *banquette*, c'est-à-dire qu'on taille dans le bloc de terre à enlever une suite de gradins ou banquettes (fig. 7, pl. II). L'ouvrier placé au fond de la fouille dépose au moyen de la pelle les terres qu'il extrait sur la première banquette, le second ouvrier reprend les déblais ainsi déposés et les rejette également à la pelle sur la seconde banquette, et ainsi de suite jusqu'au sol d'où elles passent dans le tombereau.

Enfin arrive un moment où les banquettes elles-mêmes disparaissent et où cependant il y a encore des terres à enlever, ne fût-ce que celles qu'on retire des rigoles, c'est-à-dire de l'emplacement des murs de face et de refend; dans ce cas on établit des échafauds en charpente qui remplacent les banquettes (fig. 8, pl. II) et on procède comme ci-dessus.

Il faut se rappeler, en établissant les banquettes ou les échafauds, qu'un ouvrier peut jeter la terre à la pelle horizontalement à 3 ou 4 mètres, et verticalement à $1^{m}65$ environ.

Dans les fouilles profondes et étroites, où il serait difficile de relever la terre à la pelle, on l'amène à la surface du sol à l'aide d'un seau et d'une corde, et dans d'autres cas, à l'aide d'un seau relevé par un treuil.

Lorsque la fouille est très considérable et que les déblais doivent être transportés à plus de 500 mètres, il faut employer de *petits chemins de fer à voie étroite*, genre Decauville, pour la construction et la fourniture desquels on s'adressera aux maisons spéciales. On fera bien, dans l'organisation de ces voies, d'éviter, autant que possible, l'emploi des plaques tournantes qui exigent toujours de fréquentes réparations, et dont la manœuvre cause une perte de temps.

Les *wagonnets* employés peuvent être construits pour verser les déblais de côté ou par bout; ils peuvent être traînés par des hommes ou par des chevaux, suivant leurs dimensions et leur nombre.

4. Cubage des fouilles. — Pour une fouille de faible largeur, on détermine le cube de déblais compris entre deux points A et B, le terrain primitif étant sensiblement plan entre ces deux points, en mesurant les sections transversales de la fouille aux points A et B, et prenant la moyenne de ces deux sections, que l'on multiplie ensuite par la distance horizontale entre les deux points A et B.

Si l'on a établi un profil en long et des profils en travers du terrain par un nivellement préalable, on trouvera par le même procédé le volume de la fouille compris entre deux profils en travers en multipliant la moyenne des sections de ces profils par leur distance horizontale.

On a l'habitude, quelle que soit la forme du terrain de la fouille, en plan, de laisser de place en place en faisant la fouille des *témoins* ou masses de terre dont on mesure ensuite la hauteur; on fait la moyenne des hauteurs des divers témoins et on la multiplie par la surface de la fouille en plan. Pour que le résultat soit sensiblement exact, il faut que les témoins aient été laissés à des distances égales les uns des autres, et qu'ils soient également répartis dans toutes les parties du terrain.

Il faut éviter que les terrassiers coiffent les témoins. Pour *coiffer un témoin*, le terrassier enlève la partie supérieure qu'il tranche avec soin pour conserver intacte la motte de terre et l'herbe qui y a poussé; il exhausse le témoin avec de la terre rapportée, puis il remet en place la motte de terre et d'herbe. Si l'on a d'avance fait le nivellement du terrain et marqué sur le plan les cotes des points où devront être laissés les témoins, la fraude est facile à éviter et à démasquer.

On peut aussi, avant de commencer la fouille, faire foncer, à la place que devraient occuper les témoins, de petits puits descendant jusqu'au niveau assigné au fond de la fouille; on mesurera la profondeur de ces puits, et on opérera comme avec les témoins.

5. Prix des travaux de terrasse.

1° PRIX PAYÉS PAR L'ENTREPRENEUR

Heure de jour	de terrassier	0.55
	de puisatier	0.75
	d'aide puisatier	0.55
	de tombereau à 1 cheval	1.40
	— à 2 chevaux	2.20
	— à 3 chevaux	2.80

2° PRIX DE RÈGLEMENT

Ces prix établis d'après des travaux exécutés à Paris comprennent :

1° Les déboursés pour la main-d'œuvre et les fournitures ;

2° Les faux frais calculés sur la main-d'œuvre seulement et fixés à 5 fr. 50 0/0.

3° Les bénéfices à raison de 10 0/0 des déboursés et faux frais.

Heure de jour	de terrassier compris outillage	0.64
	de puisatier compris les équipages nécessaires	0.87
	d'aide puisatier	0.64

Heure supplémentaire payée jusqu'à 8 h. du soir le même prix que les heures de jour.

Heure de nuit, de 8 h. du soir à 6 h. du matin, payée le double des heures de jour.

Heure de voiture	à 1 cheval compris conducteur	1.62
	à 2 chevaux —	2.55
	à 3 chevaux —	3.25

Matériaux rendus à pied d'œuvre.	Cailloux de 0^{m}02 à 0^{m}06 de grosseur	7.425
	Gravier ou gravillon	9.35
	Gravillon ou mignonnette	11.825
	Sable de plaine	6.05
	Sable de rivière	7.425
	Terreau	8.25
	Terre glaise	9.35
	Terre végétale	4.95

OUVRAGES AU MÈTRE CUBE

Fouille compris nivellement des faces et des fonds.	DE TERRE ou GRAVOIS	DE TUF	DE TERRE GLAISE	DE ROCHE assises gypse anciennes maçonneries.
En excavation ou déblai de 0^m25 d'épaisseur et au-dessus	0.51	0.66	0.89	2.23
En rigoles, tranchées, jusqu'à 2 mètres de largeur au fond, compris jet sur berge.	1.05	1.57	1.83	3.35

Plus-values pour fouilles. (Ces plus-values ne sont applicables qu'aux terres fouillées sous les constructions et non aux talus des fouilles.)	TERRE, GRAVOIS TUF TERRE GLAISE	ROCHE GYPSE, anciennes maçonneries.
Dans l'embarras des étais	1/4	1/8
En sous-œuvre de construction par tasseaux sans étais	1/2	1/4
En sous-œuvre de construction par petites parties dans l'embarras des étais	1 fois	1/2
	1 fois 1/2	3/4
En sous-œuvre de construction dans l'embarras des étais		
Dans l'eau, sans embarras d'étais	1/2	1/4
— avec embarras d'étais	3/4	3/8

Fouilles de puits.	EN TERRE ou GRAVOIS	EN TUF	EN TERRE GLAISE (étaiements comptés à part).	DANS LA MASSE: MOYENNEMENT dure jusqu'à 0^m60 de hauteur de banc.	DANS LA MASSE: TRÈS DURE ou moyennement dure à plus de 0^m60 de hauteur de banc.	EN TERRAIN ÉBOULEUX compris blindage en voliges et cercles en fer.	EN TERRAIN TRÈS ÉBOULEUX non compris les étaiements en charpente.
N'ayant pas plus de 2 mètres de profondeur	2.85	3.80	5.00	9.95	14.25	4.75	3.35
Au-dessus de 2 mètres de profondeur.							
Les 5 premiers mètres	4.50	6.00	7.90	15.75	22.50	6.80	5.25
De 5 à 10 mètres	5.40	7.20	9.45	18.90	27.00	8.05	5.95
De 10 à 15 mètres	5.95	7.95	10.40	20.85	29.75	9.85	7.50

Plus-value pour fouille dans l'eau moitié des prix ci-dessus.

Pour puits de plus de 15 mètres de profondeur, on traitera de gré à gré.

Pour fourniture des étaiements en charpente, appliquer les prix de la série des égouts.

Dans toutes les fouilles, les frais d'épuisement d'eau sont comptés à part.

Jet de pelle.	TERRE OU GRAVOIS	TUF	TERRE GLAISE
Sur berge	0.38	0.47	0.57
La banquette à partir de 1m80 de profondeur et par hauteurs successives de 1m80, compris échafaudages	0.43	0.54	0.65
Horizontal jusqu'à 2 mètres de distance inclusivement	0.21	0.26	0.31
Pour chargement — en brouette	0.32	0.35	0.38
Pour chargement — en tombereau	0.36	0.40	0.43
Pour chargement — à la hotte ou au seau	0.64	0.70	0.77

Le prix de chargement comprend le léger piochement qu'exige la reprise des terres.

Si le cube de la fouille est mesuré d'après le cube des tombereaux, les prix ci-dessus seront diminués de 1/5.

Si la fouille est accessible aux tombereaux, il n'est accordé que le jet de pelle nécessaire au chargement. (Il faut, pour cela, que les rampes aient 0m10 par mètre de pente au maximum.)

			TERRE OU GRAVOIS	DE TUF	DE TERRE GLAISE
Montage	Le premier mètre de profondeur	à la hotte	0.51	0.56	0.61
		au treuil et au seau	0.30	0.33	0.36
		à la corde et au seau	0.51	0.56	0.61
	Plus-value pour chaque mètre de profondeur en plus	à la hotte	0.24	0.26	0.29
		au treuil et au seau	0.17	0.19	0.20
		à la corde et au seau	0.27	0.30	0.32

Descente. Moitié prix de montage.

Pilonnage { en excavation, rigole, tranchée par couches de 0m20 de haut 0.13
par immersion, compris fournitures et transport de l'eau 0.10

Régalage ou étendage compris dressement de terre, de sable ou cailloux de plus de $0^m 25$ de hauteur.. 0.24

Remblai de terre ou gravois avec reprise de terre compris piochement nécessaire et jet pour remblai.. 0.32

	TERRE ou GRAVOIS	TUF	TERRE GLAISE
Transport à la brouette :			
Par relais de 30 mètres sur chemin horizontal ou descendant, ou de 20 mètres sur chemin montant de plus de 1/10e compris installation des planches nécessaires...	0.32	0.35	0.38
Pour chaque relais commencé, il sera déduit pour chaque quart en moins..........................	0.08	0.08	0.09
Transport à la hotte :			
Par relais de 30 mètres ou de 20 mètres comme ci-dessus..	0.48	0.53	0.58
Pour chaque quart de relais en moins comme ci-dessus.	0.12	0.13	0.14
Transport au tombereau :			
A 100 mètres de distance, compris temps de chargement et de déchargement	0.89	0.98	1.07
Chaque relais de 100 mètres en plus, jusqu'à 500 mètres.	0.19	0.21	0.23
Chaque relais de 100 mètres en plus des 500 premiers mètres..	0.11	0.12	0.13

Ces prix s'appliquent au cube mesuré au vide de la fouille ; on le réduira de 1/5e si le cube est mesuré au tombereau.

OUVRAGES AU MÈTRE SUPERFICIEL.

Fouille de chaussée macadamisée de $0^m 15$ d'épaisseur avec rangement...... 1.28

Démolition de dallage en bitume avec rangement non compris le béton...... 0.08

Dressement et nivellement de sol ordinaire avec pilonnage................. 0.08

— au rouleau à bras d'hommes.............. 0.32

Régalage en terre, sable, cailloux { jusqu'à $0^m 05$ d'épaisseur.............. 0.05

de $0^m 05$ à $0^m 15$ d'épaisseur............ 0.07

de $0^m 15$ à $0^m 25$..................... 0.08 }

Repiquage ou déblai de terre.	jusqu'à $0^m 05$ d'épaisseur........................	0.10
	chaque épaisseur de $0^m 05$ en plus jusqu'à $0^m 25$ excl^t..	0.04

OUVRAGES AU MÈTRE LINÉAIRE

Tranchée pour fouille en terrain ordinaire	de $0^m 40$ à $0^m 50$ de largeur pour pose de tuyaux, compris reprise, remblai et pilonnage jusqu'à $0^m 50$ de profondeur..............................	0.45
	chaque décimètre de profondeur en plus...........	0.11

Tranchée pour fouille dans le tuf résistant, 1/2 en sus.

Tous ces prix de règlement s'appliquent à des travaux employant au moins une journée d'ouvier. Pour les travaux qui n'auraient pas employé la journée il sera ajouté pour le dérangement de l'ouvrier une plus-value à apprécier par l'architecte.

CHAPITRE IV

Organisation du chantier

1. Outils nécessaires aux travaux de maçonnerie, et qui sont fournis par l'entrepreneur. — Pour échafauds, écoperches et échasses, depuis 7 jusqu'à 13 mètres de longueur, et de longueur moyenne 8 mètres : 20 boulins de 5 mètres, 40 de 4 mètres et 120 de 3 mètres de longueur; 6 paires de plats-bords de 11 à 12 mètres de long et au moins de 0^m33 à 0^m35 de large; 6 autres paires de 4 mètres de long et autant de largeur.

Des planches ordinaires en sapin de déchirage de bateau de 0^m035 à 0^m036 d'épaisseur sur 0^m28 à 0^m30 de largeur et environ 3^m80 superficiels.

Environ 120 kil. de cordages, tant en cordages à main que cordages pour échafauds et lignes; une douzaine d'échelles, depuis 3 mètres jusqu'à 8 et 9 mètres de longueur; une douzaine ou quinzaine de seaux; 10 à 12 paniers ou cribles (maintenant à Paris on n'en a presque plus besoin, puisque les plâtriers livrent le plâtre tout criblé); 1 sas de soie; les balais nécessaires, 12 à 15 brouettes, dont au moins 6 à moellons et le reste à coffre; un petit bard ou civière; un petit camion ou banneau; 3 ou 4 diables; un chariot pour transporter la pierre de taille, servi par six hommes; et les bretelles nécessaires.

Une chèvre garnie de ses moufles et poulies, l'équipage de la chèvre consistant en châbleaux, câblés, haubans, écharpes et brayers; ensemble du poids, environ 275 kil., ou tout autre appareil de montage tel que nous le décrivons plus loin. 20 règles de 4 mètres de long; 30 autres petites règles à feuillure pour les tableaux de bases.

Les calibres et leurs sabots nécessaires pour les moulures et plusieurs niveaux.

15 pinces petites et grandes; une douzaine de paillassons; une douzaine de rouleaux pour la pierre; 4 couteaux à ficher.

Pour les tailleurs de pierre, un fort têtu du poids de 7 kil.; 2 bouchardes, 2 masses et une douzaine de poinçons, et 2 crics.

Le surplus des outils nécessaires aux travaux de maçonnerie est fourni par les ouvriers; ces outils sont, pour les tailleurs de pierre, les pioches à pointes, les marteaux à taillant d'un bout et à dent de l'autre, les ripes, les layes, les ciseaux, les équerres et fausses-équerres, un maillet et tout ce qui est nécessaire à pousser les moulures.

Pour les scieurs de pierre, ce sont les scies avec ou sans dents, les seaux, les cuillers, et le grès nécessaire au sciage de la pierre dure.

Pour les maçons et les limousins, ce sont les truelles en fer pour le mortier, et en cuivre pour le plâtre, les taloches, les truelles bretées, les auges, les marteaux, les hachettes, les niveaux et tous les petits fers propres à pousser les moulures aux angles des corniches.

Pour les garçons, ce sont les oiseaux, les hottes et les pelles.

Il s'ensuit de tous ces détails, que, pour les faux frais et les bénéfices que les entrepreneurs doivent faire dans leurs travaux, on alloue en sus du prix réel : 17 pour 0/0 pour faux frais, 10 pour 0/0 de bénéfice sur le montant des travaux.

2. Du Bardage. — On appelle *Bardage* le transport des pierres et matériaux au lieu de leur emploi à l'aide de rouleaux ou d'autres engins de même catégorie.

Rouleaux. Si à l'aide d'une pince ou levier on place sous une pierre à surface dégrossie deux rouleaux de bois, il est facile de comprendre qu'en lui donnant une impulsion horizontale, on arrive à la faire cheminer, en ayant soin de conserver toujours sous la pierre deux rouleaux parallèles (fig. 1, 2 et 3, pl. III).

Chariot ou *Diable*. Le moyen primitif que nous venons d'indiquer est parfois insuffisant. On lui substitue alors un appareil nommé diable qui est formé d'un plateau porté sur les deux roues basses et muni d'un timon avec une traverse (fig. 4, pl. III). Un crochet fixé à l'extrémité de la flèche permet d'y atteler au besoin un cheval. Notre figure fait suffisamment comprendre le maniement de cet appareil qui sert à la fois de levier et de moyen de transport.

Le *binard à plateau mobile* est une espèce de diable perfectionné. Il se compose d'un plateau fixe (fig. 9, pl. III), AB, en bois de charpente solide et terminé par une paire de brancards. Sur ce plateau sont disposés suivant AB deux rails destinés à recevoir les galets du plateau mobile qui doit porter la pierre. La manière de procéder au chargement de cet appareil est facile à saisir. On charge d'abord la pierre sur le plateau mobile; ceci fait, le plateau fixe est renversé de manière que son extrémité B touche le sol. Ceci fait, au moyen d'une corde *g* s'enroulant autour d'un rouleau R' mis en mouvement par le treuil R, on attire le plateau mobile en veillant à ce que les galets soient bien engagés dans les rails. Le déchargement s'opère par l'opération contraire.

Nous pouvons encore indiquer le transport à pied d'œuvre des matériaux sur rail, qui s'opère alors au moyen de petits chemins de fer établis dans les conditions que nous avons exposées à propos des terrassements.

Les maçons emploient encore au transport des matériaux : *la brouette ordinaire.*

pour le plâtre, le sable, etc. (fig. 5, pl. III); la *brouette à claire-voie*, pour le transport des moellons (fig. 6, pl. III); la *civière ou bard* (fig. 7, pl. III), qui se porte à bras d'hommes; la *comporte* (fig. 8, pl. III), utile surtout pour le transport des matériaux liquides lorsqu'il existe une rampe.

Le bardage à 100 mètres faisant partie des éléments qui composent le prix de la pierre posée, il n'est alloué à l'entrepreneur de plus-value de bardage que si la pierre a été taillée dans un chantier autre que celui de la construction.

Le bardage est un transport spécial en dehors du transport des matériaux à pied d'œuvre et il n'est jamais applicable à la pierre qui est amenée directement à pied d'œuvre soit des carrières, soit des gares de chemins de fer ou des ports de débarquement.

Le bardage au moyen d'hommes n'est admis que pour une distance maxima de 500 mètres.

1° Le chantier, ayant été cédé gratuitement à l'entrepreneur, a nécessité par sa distance un bardage de plus de 100 mètres; il est tenu compte à l'entrepreneur d'un excédent de bardage comme suit :

Si le bardage est fait au moyen d'hommes, pour chaque relais de 100 mètres. .	1f »
Si le bardage est fait au moyen de chevaux — . .	0 65

2° Le chantier ayant été loué à l'entrepreneur ou lui appartenant, il lui est tenu compte, quelle que soit la distance, d'un excédent de bardage réglé pour Paris d'après trois zones indiquées par la série des prix de la Société centrale des architectes; cet excédent varie de 6 à 8 francs.

3. Du montage. — Le *montage* de la pierre s'effectue au moyen de la chèvre ou de treuils de divers systèmes.

La *chèvre* est un engin qui se compose (fig. 12, pl. III) d'un treuil mobile autour de son axe et dont les tourillons reposent sur deux pièces de charpente nommées *bras* se réunissant par leur sommet à angle aigu. Ces bras sont reliés entre eux par des traverses également espacées et portent à leur point de jonction, au sommet de l'angle, une poulie sur laquelle passe une corde qui vient s'enrouler sur le treuil. A l'extrémité de ce câble s'attache le fardeau que l'on doit élever en manœuvrant le treuil à l'aide de leviers. La chèvre est maintenue dans une position légèrement inclinée par une corde fixée d'une part au sommet de l'appareil et d'autre part à un point quelconque du voisinage.

Mais on comprend qu'il est parfois difficile, lorsqu'on construit des façades, de se contenter de l'appareil ci-dessus, qu'il faut monter et démonter à mesure que le bâtiment s'élève ; on se sert alors d'un autre engin que nous allons décrire. On commence par planter dans le sol, à deux mètres environ de la façade projetée, quatre grands sapins équarris A (fig. 13, pl. III) qu'on dispose en carré de 2 mètres de côté.

Ces sapins sont reliés entre eux par une série de traverses et de croix de Saint-André qui en assurent la stabilité. Une sorte de cadre en charpente relie la partie supérieure des sapins.

Deux fortes traverses en charpente ou en fer placées à la partie supérieure du cadre servent d'appui à une poulie B autour de laquelle s'enroule une chaîne en fer destinée à soulever les fardeaux. Un *treuil*, d'un système quelconque, est appliqué à la partie inférieure et sert à faire mouvoir l'appareil.

On emploie encore, pour le montage des matériaux, le *monte-charge Delgorge*, (fig. 19, pl. III).

Pour soulever seulement d'une faible quantité les matériaux pesants on se sert du *levier* et du *cric* (fig. 3, 14 et 15, pl. III).

Pour descendre les pierres de grande dimension on emploie, lorsque les circonstances le permettent, un plan incliné en charpente sur lequel on fait mouvoir le fardeau au moyen de rouleaux. Pour s'opposer à une trop grande accélération de la descente on ceint le fardeau dans sa longueur d'un câble qui permet de le retenir en arrière.

Pour élever ou tirer les fardeaux on se sert le plus souvent du *Treuil* (fig. 16 et 17, pl. III), que nous avons déjà rencontré comme un des éléments de la chèvre. Il consiste en un cylindre ou tambour placé horizontalement, et reposant par des tourillons sur deux appuis verticaux. Aux extrémités des tourillons sont adaptées des manivelles à l'aide desquelles on fait tourner le cylindre ; sur ce dernier est enroulée une corde au bout de laquelle on attache le fardeau. Le *Cabestan* est un treuil dont l'arbre est vertical, et qui peut se manœuvrer au moyen de *barres* (fig. 18, pl. III).

On est arrivé à apporter des perfectionnements au treuil et à lui donner plus de puissance et une plus grande facilité de maniement. Parmi les plus usités de ces perfectionnements on distingue : le *treuil à empreintes*, le *treuil Blouin*, le *treuil Chanvy* et enfin le *treuil Bernier*.

Le *treuil à empreintes* est généralement adopté dans les constructions de Paris. Il est en fer ; le tambour affecte une forme prismatique triangulaire, et porte sur chacune de ses faces une entaille en creux suivant le profil d'un maillon de la chaîne destinée à s'y enrouler. Lorsque le treuil est mis en mouvement, le maillon qui se présente à plat s'engage dans le creux comme dans une matrice, et à la partie vide du maillon correspond une partie pleine, et de plus le tambour triangulaire offre sur son arête un évidement destiné à recevoir le maillon qui se présente de champ.

Les dimensions du treuil sont disposées de façon à ce qu'elles s'appliquent aussi parfaitement que possible à celles des chaînons. Lorsque la chaîne est chargée, elle est nécessairement tout à fait tendue, et une disposition spéciale la force à adhérer fortement à la surface du treuil. Il en résulte que, lorsque l'appareil est en marche, la chaîne n'a pas besoin de s'enrouler complètement autour du tambour comme dans le treuil simple pour que la charge monte, mais qu'il suffit que deux chaînons soient engagés pour que le mouvement s'opère. L'appareil peut donc s'installer et se mouvoir dans une étendue beaucoup plus restreinte.

La pierre est attachée au câble au moyen de l'*élingue*, qui est une corde ou un écheveau de cordelettes sans fin dont on écarte les brins pour mieux soutenir la pierre; on interpose des paillassons pour ne pas épauffrer les arêtes (fig. 12 et 13, pl. III).

On peut encore se servir de la *louve*; c'est un instrument en fer formé d'une partie centrale taillée à queue d'hironde et munie à sa partie supérieure d'un œil ou d'un crochet, et de deux pièces latérales qu'on peut glisser sur les faces de la première; on fait dans la pierre un trou en queue d'hironde; on entre la louve, puis on glisse les parties latérales, de sorte que le trou est rempli, et que la louve ne peut plus sortir (fig. 20, pl. III). Cet appareil ne convient que pour les pierres dures. On peut encore employer une louve ayant la forme indiquée sur la figure 21, pl. III.

On emploie encore le *piton à vis*; c'est une vis terminée par un œil ou un crochet; on fait dans la pierre un trou cylindrique de la dimension du noyau de la vis, et on y visse le piton; l'emploi de cet appareil présente moins de sécurité que celui de la louve.

L'opération qui consiste à attacher la pierre au câble s'appelle *brayage*.

Montage de pierre au mètre cube, quel que soit le moyen employé, compris transport et établissement des appareils :

Pour le premier mètre, compris approche..............	1f 95
Pour chaque mètre de montage en plus..................	0 40

La première assise ne sera pas comptée avec montage.

Une indemnité sera allouée lorsque sur un point isolé la quantité de pierre montée au-dessus de 2 mètres sera inférieure à un certain cube :

1° A 6 mètres....................................	5.50
2° A 4 mètres....................................	6.50
3° A 2 mètres....................................	8 »

Cette indemnité n'est pas applicable aux piles isolées formant un ensemble de construction, comme sont les piles et chaînes d'un rez-de-chaussée.

Pour tous les matériaux autres que la pierre, le montage fait partie du prix de la main-d'œuvre ; il ne sera donc jamais compté séparément. Mais lorsque des massifs, des voûtes ou des arcs auront été exécutés à plus de 8 mètres du sol du rez-de-chaussée : il sera alloué par mètre cube, pour plus-value de montage des matériaux, 1 franc.

4. Personnel du chantier. — Parmi les ouvriers qui concourent à la construction du bâtiment, le *maître compagnon* se place en première ligne. C'est lui qui forme le trait d'union entre l'architecte et l'entrepreneur et est sur le chantier le vrai représentant de ce dernier. A lui incombent les tâches difficiles : il plante le bâtiment, reçoit les matériaux, embauche les ouvriers, tient la comptabilité des journées, veille aux étaiements, etc. C'est dire qu'il doit réunir de grandes qualités : probité, intelligence, entente des travaux et fermeté de volonté. Aussi cet utile auxiliaire n'est-il pas payé ordinairement à l'heure comme un simple ouvrier, mais bien au mois et sans déduction des jours de chômage.

Sous son autorité viennent se ranger, outre les *terrassiers* dont nous avons déjà parlé :

1° Le *limousin*, chargé de monter les murs en moellons et meulières ;

2° Le *maçon* proprement dit, à qui sont dévolus les travaux plus difficiles et plus minutieux, tels que les enduits en plâtre, les corniches, les moulures, les hourdis, etc. ;

3° Les *briqueteurs*, qui ne s'occupent que des ouvrages en briques, dont ils font leur spécialité ;

4° Les *carreleurs*, qui posent les carreaux en terre cuite formant les revêtements du sol ;

5° Le *poseur*, chargé de mettre en place les pierres de taille qui arrivent du chantier d'appareillage. Le poseur est aidé du *contre-poseur* qui est plus spécialement chargé du maniement de la pince, et du *ficheur* qui introduit dans les joints le mortier ou le plâtre ;

6° Les *bardeurs*, par équipes de 5 à 6 hommes, qui s'occupent du roulage de la pierre ; les *pinceurs* soulèvent la pierre avec la pince pour y introduire les rouleaux. Ces deux catégories font également le montage des pierres.

Les limousins, maçons, briqueteurs et carreleurs sont toujours accompagnés d'un *garçon* qui prépare le mortier et les aide.

Enfin il y a encore au chantier le *tailleur de pierre* proprement dit et le *tailleur de pierre pour ravalement*.

Ces ouvriers se payent à Paris sur les bases suivantes :

HEURES DE JOUR. — ÉTÉ ET HIVER.	PRIX PAYÉ par l'Entrepreneur	PRIX de réglement
De tailleur de pierre pour ravalement, compris outillage...........	1.00	1.30
tailleur de pierre —	0.75	0.97
poseur —	0.75	0.97
contreposeur —	0.65	0.77
ficheur —	0.60	0.77
pinceur —	0.60	0.77
bardeur —	0.60	0.77
moucheteur ou enduiseur	1.00	1.25
maçon —	0.75	0.96
limousin —	0.60	0.77
garçon maçon ou limousin —	0.475	0.62
briqueteur —	0.725	0.94
garçon briqueteur ou moucheteur —	0.50	0.64
gardien de rue —	0.35	0.55

La durée de la journée est de 10 heures en été, du 1er mars au 31 octobre, et de 8 heures en hiver.

Les prix ci-dessus ne comprennent pas les plus-values à débattre entre patrons et ouvriers, notamment lorsque l'ouvrier est chargé de diriger un travail et de remplir les fonctions de chef d'équipe.

Heures supplémentaires jusqu'à 8 heures du soir, le même prix que les heures de jour.

Heures de nuit, de 8 heures du soir à 6 heures du matin, payées double des heures de jour.

5. Des échafauds. Matériaux servant à les construire. — On appelle *échafauds* des espèces de planchers provisoires supportés par une charpente légère et que l'on établit sur les ateliers de maçonnerie pour faciliter le travail ; on les élève au fur et à mesure que la construction monte.

Les échafauds doivent être établis avec la plus grande solidité, de manière qu'ils puissent supporter les ouvriers et les matériaux qui peuvent, à certains moments, y être accumulés ; l'entrepreneur est responsable des accidents dus à l'imperfection des échafauds.

Les échafaudages qui nécessitent l'emploi de bois de charpente et dont les assemblages sont maintenus par des boulons ne sont employés que dans le cas où les travaux doivent durer plusieurs années ; ce sont de véritables ouvrages de charpente. Nous ne parlerons ici que des échafaudages que construisent eux-mêmes les maçons, et nous dirons d'abord quelques mots des matériaux nécessaires à leur établissement.

1° *Les cordages ou troussières.* — On les désigne sous différents noms suivant leur grosseur :

Les *câbles* sont de gros cordages de 0m 025 à 0m 050 de diamètre employés à élever les matériaux à l'aide des chèvres ou des treuils, ou même à fixer et à attacher ces appareils.

Les *câbleaux* sont des câbles de plus petit diamètre qui s'emploient pour les moufles.

Les *cordages à main ou troussières* sont des cordes de 0m 010 à 0m 15 de diamètre et de 2 à 5 mètres de longueur qu'on emploie pour relier entre elles les diverses pièces des échafauds.

Les *lignes et cordeaux* sont de petites cordes de 2 à 5 millimètres de diamètre dont se servent les maçons pour implanter les murs ; le cordeau retors employé pour le fil à plomb s'appelle *fouet*.

Nous croyons utile de faire connaître les moyens employés pour allonger les cordages trop courts et pour lier les fardeaux. Ces opérations s'appellent les *entures*, les *nœuds* et les *ligatures* ou *amarrages* (pl. IV).

ENTURES. — Les entures, qu'on appelle aussi *épissures*, ont pour objet de lier l'un à l'autre deux bouts de corde, ou d'en faire une corde sans fin, avec ou sans nœud saillant ; ce dernier deviendrait un obstacle si ce cordage devait s'enrouler autour de la gorge d'une poulie.

Il y a trois sortes d'épissures : 1° l'épissure longue ; 2° l'épissure carrée ; 3° celle à double cul-de-porc. Nous donnons quelques-uns des exemples les plus souvent employés.

On forme (fig. 1, 2, 3, 4, 5, pl. IV), à l'extrémité des cordes, un bouton ou bourrelet, afin de l'arrêter, ou de la réunir fortement avec d'autres objets, pour l'empêcher de s'échapper en glissant. On sépare les torons, on les enlace, comme on voit (fig. 1, 2), puis on resserre plus étroitement ces enlacements, en faisant repasser chaque toron au-dessus du bourrelet, de manière que les torons sortent tous du centre, et là, on les lie ensemble avec de la ficelle. Quelquefois, on les enlace de nouveau au-dessus du bourrelet même.

NŒUDS. — Les nœuds servent à plusieurs usages : 1° à réunir deux ou un plus grand nombre de cordes ; 2° à réunir les deux extrémités d'une même corde ; 3° à attacher une des extrémités ou le milieu d'une corde à un autre objet ; 4° à lier les fardeaux qu'on doit tirer ou élever ; 5° à raccourcir la longueur d'une corde sans la couper.

Les fig. 6, 7, 8, 9, 10, pl. IV, représentent différentes manières de réunir deux cordes. Celle indiquée fig. 7 est utile, quand on veut à une corde en attacher plusieurs autres, pour pouvoir tirer simultanément avec plusieurs bouts.

Les fig. 11, 12, 13, pl. IV, représentent des nœuds qui servent simplement pour réunir les deux extrémités d'une même corde. Les nœuds (fig. 14, 15, 16, 17, 18, 19, 20) servent à serrer fortement les objets liés avec des cordes, et à finir les amarrages.

Les nœuds (fig. 21, 22, pl. IV) servent pour attacher l'extrémité d'une corde à un anneau, ou à un autre objet fixe; les nœuds (fig. 23, 24, 25, 26, pl. IV) sont pour lier ou pour amarrer les fardeaux que l'on veut soulever. On appelle nœuds coulants ceux qui sont faits de manière que le poids et l'effort que l'on fait en tirant le bout libre de la corde, les serrent de plus en plus, les nœuds (fig. 24, 25) sont de cette espèce. Les fig. 27, 28, 29, 30, 31, 32, pl. IV, sont d'autres nœuds dont il est aisé de voir l'usage.

Amarrages. — La fig. 33 donne diverses espèces d'amarrages : A est un amarrage à ceinture; B, à cloche; C, à ceinture double; D, à chaînette; E est un amarrage à une perche.

La fig. 34 est un assemblage de perche et d'échasse. Il se fait simplement à l'aide de cordes de 0^m10 à 0^m12 de section et d'un nœud particulier que les maçons connaissent très bien, et qu'ils font très solide, maintenu qu'il est, d'ailleurs, par un puissant frottement, qui prend plusieurs fois les deux extrémités de la corde entre les spires et le bois lui-même, de telle sorte que plus lourde est la charge, plus complet est le serrage en question.

A Paris, comme les constructions sont très élevées, puisque certains murs mitoyens peuvent atteindre jusqu'à trente mètres de hauteur du fond des cours au faîte, on ne trouve pas toujours d'échasses assez longues. En ce cas, on complète la hauteur au moyen d'une enture (fig. 35). Cette enture se fait d'une manière très élémentaire. Les deux échasses sont placées bout à bout verticalement en se croisant sur une bonne longueur, et on les relie avec une corde faisant un grand nombre de spires; la solidité de la liaison est simplement assurée par la précaution de saisir les deux extrémités de cette corde plusieurs fois entre les bois et les spires extrêmes.

2° *Les Échasses ou Écoperches.* — Ce sont des pièces de bois de brin, aune ou sapin, assez légères pour être manœuvrées facilement; elles ont de 5 à 10 mètres de long et de 0^m15 à 0^m25 de diamètre au pied; le diamètre utilisé ne doit jamais avoir moins de 0^m07 à 0^m08; les échasses se dressent verticalement et servent à supporter les autres pièces des échafauds.

3° *Les Boulins.* — On désigne sous ce nom des morceaux de bois rond, aune ou chêne, de $2^{m}50$ de longueur et $0^{m}10$ à $0^{m}15$ de diamètre qu'on emploie pour former les traverses horizontales des échafauds. Les boulins en chêne doivent être préférés parce qu'ils sont plus résistants.

Les morizets sont des boulins de 4 mètres de long qui servent à exécuter les échafauds pour faire les plafonds.

4° Les Planches. — Les planches employées pour construire les échafauds ont ordinairement 4 mètres de longueur; $0^{m}30$ à $0^{m}35$ de largeur, et $0^{m}04$ à $0^{m}05$ d'épaisseur; on les empêche de fendre en clouant en trois points de leur longueur des bandelettes de fer feuillard.

5° Les Échelles. — On les construit avec des dimensions très diverses; pour les plus grandes, les montants sont en bois de brin et on les maintient à l'écartement convenable à l'aide de boulons en fer; les échelons en bois de charme ou d'aune sont espacés de $0^{m}28$. Pour faciliter le montage, on doit donner à une échelle une inclinaison égale au quart de sa longueur.

Lorsque les échelles sont longues et ont à supporter de fortes charges, on peut les étançonner en leur milieu à l'aide d'écoperches formant arcs-boutants.

6° Les Chevalets. — Ce sont des appareils très simples, avec lesquels on peut installer rapidement des échafaudages en particulier pour les intérieurs des bâtiments. On ne peut s'en servir pour établir des échafauds élevés qu'en les consolidant à l'aide de cales, d'entretoises et de liens de cordes.

6. Diverses espèces d'échafauds construits par les maçons. — Les échafaudages les plus employés peuvent être divisés en trois classes : 1° les échafaudages sur plans verticaux; 2° les échafaudages sur plans horizontaux; 3° les échafaudages volants.

1° Échafauds sur plans verticaux. — Ils servent à construire les murs, les pans de bois, les cheminées, à faire les ravalements.

Leur construction est très simple; on commence par placer verticalement à $1^{m}50$ du mur à construire des échasses écartées de 2 mètres entre elles; on les scelle dans le sol au moyen de petits massifs en moellon et plâtre appelés *patins* (fig. 9, pl. II).

Tous les $1^{m}75$ de hauteur environ, et au fur et à mesure que la construction s'élève, on place horizontalement des boulins qu'on lie d'un bout aux échasses à l'aide de cordages à main, et qu'on scelle de l'autre d'au moins $0^{m}10$ dans le mur. On relie tous les boulins d'un même étage à l'aide de pièces longitudinales appelées *filières.* Sur les boulins, on place les planches, en ayant soin de ne pas les mettre en bascule; on transporte les planches d'un étage à l'autre à mesure que la construction s'élève, mais on laisse les boulins en place. Lorsque les échasses sont trop courtes, on les prolonge par d'autres dont les pieds doivent autant que possible reposer sur des boulins horizontaux, et qu'on fixe sur les premières à l'aide d'entures en cordes, comme nous l'avons dit plus haut.

Si le mur est construit en pierre de taille, on ne peut y sceller les boulins ; on a soin alors de placer les écoperches en face des fenêtres, et, sur les appuis de celles-ci, on fixe dans des patins des boulins verticaux sur lesquels on lie les boulins horizontaux (fig. 10, pl. II).

Si les fenêtres sont trop espacées, on place contre le mur un second rang d'échasses et les boulins vont d'un rang à l'autre. On étrésillonne l'échafaudage à l'aide d'échasses formant arc-boutant en avant (fig. 11, pl. II).

2° *Échafauds sur plans horizontaux.* — Ils servent à construire les plafonds et à faire les rejointoiements et les enduits de voûtes (fig. 12, pl. II).

Pour construire un échafaudage de ce genre, on place des boulins debout contre les deux murs opposés de la pièce à plafonner, en les espaçant de 2 mètres l'un de l'autre, et à ces boulins on attache à la hauteur convenable des traverses horizontales sur lesquelles on pose le plancher de l'échafaud. Ces traverses sont ordinairement formées par des écoperches ou par des morizets qu'on peut assembler bout à bout lorsqu'ils sont trop courts. On soutient les traverses en des points intermédiaires par des boulins verticaux.

L'échafaud doit être placé de manière que le plafond soit à 6 ou 7 centimètres de la tête des ouvriers.

Dans les murs en petits matériaux, il est possible de sceller les extrémités des morizets au lieu de les attacher aux boulins verticaux.

3° *Échafauds volants.* — Ils sont employés pour faire les ravalements partiels ou les réparations de peu d'importance.

On peut placer une rangée de boulins horizontaux posés sur l'appui d'une fenêtre par l'une de leurs extrémités et supportés à l'autre extrémité par des boulins inclinés, scellés dans le sol ou posés à l'aide de patins au plâtre ; pour empêcher la chute de l'échafaud, on maintient les boulins horizontaux dans l'intérieur de la construction en les fixant à d'autres boulins arc-boutés contre le mur de face (fig. 13, pl. II).

Si l'échafaud doit s'élever sur plusieurs étages, on peut employer la disposition de la fig. 14, pl. II.

S'il n'y a pas de place pour mettre les écoperches sur la façade, et si l'on peut disposer du premier étage, on établit un *échafaud en bascule* (fig. 15, pl. II) ; on se sert pour cela de fortes pièces de bois qu'on pose horizontalement sur les appuis des fenêtres et dont on empêche le mouvement de bascule en les calant sur le plancher et en les serrant par-dessus à l'aide d'un boulin ou d'un poteau arc-bouté contre le plafond. Sur la partie en porte à faux de ces pièces on peut établir un premier plancher, puis y sceller avec des patins en plâtre, et, comme on le ferait sur le sol, une rangée d'écoperches verticales.

Pour des réparations peu importantes, on emploie quelquefois des boulins liés aux extrémités de deux cordages, et sur lesquels on pose des planches; les cordes sont fixées d'autre part à la partie supérieure du bâtiment (fig. 16, pl. II).

On emploie encore quelquefois un plancher mobile suspendu par deux palans à deux poutrelles placées en saillie au haut de la construction, de sorte que les ouvriers placés sur le plancher le montent ou l'abaissent eux-mêmes.

Enfin les badigeonneurs et les fumistes emploient la *corde à nœuds* à laquelle l'ouvrier accroche une *sellette* sur laquelle il s'assied; le diamètre de la corde est de 34 millimètres, et la distance des nœuds varie de 0^m30 à 0^m40.

7. Prix des Échafauds. — Les échafauds sont mesurés d'après leur superficie et réduits en légers ouvrages. (Voir les prix de ces ouvrages au chapitre des maçonneries.)

Échafauds horizontaux ou verticaux. — Dans les cas ci-après et seulement pour travaux exécutés à plus de 4 mètres de hauteur (cette hauteur calculée du sol sur lequel a été établi l'échafaud sans avoir égard à la hauteur séparant ce sol de celui extérieur).

Pour ravalements en pierre ou en plâtre sur murs vieux ou même sur murs neufs, lorsqu'il aura été constaté régulièrement que les échafauds ayant servi à la construction n'ont pu servir, et qu'ils ont été déposés par ordre avant l'exécution dudit ravalement	0.085
Pour construction avec échafauds de fond de murs isolés pour lesquels il n'aura pas été possible de se servir de planchers intermédiaires	0.085
Pour enduit en plâtre ou ravalement en pierre, de plafonds, voûtes, voussures, exécuté à plus de 4 mètres de hauteur du sol avant la pose des parquets en travaux neufs, et à plus de 4 mètres du parquet si l'échafaud porte dessus	0.04
Pour échafauds en bascule dans les étages supérieurs ou établis isolément et spécialement au-dessus des combles, mesurés suivant leur surface réelle, horizontale ou verticale, et y compris toutes difficultés quelconques	0.17
Lorsqu'un échafaudage fait pour les travaux à exécuter par d'autres corps d'état aura servi aux maçons avant sa démolition, l'évaluation ci-dessus sera réduite à	0.10
Lorsque l'entrepreneur se servira, pour établir un échafaud spécial aux autres professions, des équipages déjà apportés sur le chantier, l'évaluation sera réduite à	0.15

Lorsqu'un échafaud déjà fait par les maçons servira, par ordre de l'architecte, pour les travaux des autres professions l'évaluation sera réduite à....... 0.10

Les échafaudages qui seront demandés aux maçons pour les besoins des autres professions seront payés, compris main-d'œuvre, et travaux accessoires ci-dessus désignés et compris location pour une durée moyenne de 3 mois.. 0.20

Pour chaque mois en plus, sans interruption de service (les fractions de mois comptées par jour à raison de 1/30).............................. 0.05

Tous les prix de toutes les évaluations de légers portées à la série comprennent la valeur des échafauds nécessaires.

Le prix des échafauds ne sera donc admis que dans les cas exceptionnels et seulement comme plus-value sur ceux déjà compris dans lesdits prix et évaluations pour les travaux de réparations partielles.

Les échafauds seront mesurés et comptés comme suit : ceux horizontaux pour les plafonds, voûte, voussures, d'après la superficie horizontale ; ceux verticaux, d'après la superficie verticale, la hauteur mesurée depuis le sol sur lequel l'échafaud aura été établi jusqu'au plancher supérieur seulement, sans rien ajouter pour les planchers horizontaux élevés de $1^{m}50$ à 2 mètres d'intervalle et ayant jusqu'à 2 mètres de largeur.

Lorsque les boulins des échafauds verticaux ne pourront être scellés dans les murs et qu'il sera nécessaire de mettre un double rang d'échasses, la surface sera augmentée de 1/3.

Les deux dernières évaluations ne seront acquises à l'entrepreneur qu'autant que le matériel d'équipage nécessaire à la confection de l'échafaud aura été apporté spécialement et qu'il aura de plus été déposé et enlevé sans avoir été employé à quelque autre service. La plus-value de durée ne sera jamais applicable aux échafauds servant aux maçons.

Les prix des échafaudages comprennent les scellements et descellements des échasses, les planchers espacés de 2 mètres en 2 mètres, le garde-fou et le garde-gravois par le bas, la pose des échelles, tout l'établissement nécessaire, conforme aux ordonnances de police, et l'enlèvement des gravois provenant des descellements.

Il n'est dû, supplémentairement à l'entrepreneur, que les rebouchements des trous, soit en plâtre, soit en pierre, le gardiennage et l'éclairage, s'il y a lieu.

DEUXIÈME PARTIE

LES MATÉRIAUX ET LES ORGANES DES CONSTRUCTIONS

CHAPITRE V

Classification des matériaux et des organes des constructions

1. Classification des organes de la Construction. — Lorsqu'on examine, au point de vue de la construction seulement, les différentes parties d'un édifice, on reconnaît qu'elles sont composées d'organes qui peuvent être classés de la manière suivante :

1° *Fondations.* Partie de l'édifice cachée dans le sol, et dont l'importance est cependant considérable, puisque c'est elle qui portera toute la construction.

2° *Organes verticaux*, comprenant les piles, les piliers, les colonnes, les murs, les pans de bois ou de fer; ces organes sont destinés à supporter les autres organes de l'édifice, et à en reporter les charges sur la fondation; ils servent en même temps à former clôture pour l'ensemble de la construction, ou séparation entre ses différentes parties dans le sens horizontal.

3° *Organes horizontaux*, comprenant les planchers et les voûtes; ils constituent les surfaces habitables horizontales et doivent porter les habitants et les objets que l'édifice est destiné à recevoir; ils forment séparation entre les différentes parties de la construction dans le sens vertical, qu'on nomme les étages.

A ces organes, on peut ajouter les plans inclinés et les escaliers, qui permettent l'accès des différents étages.

4° *Combles* constituant la partie supérieure de l'édifice, et qui ont pour objet de soutenir la couverture.

1. D'après M. Émile Trélat.

5° *Couvertures* destinées à protéger l'édifice contre la chute de la pluie.

6° *Revêtements*, comprenant les revêtements horizontaux, dallages et parquets, et les revêtements verticaux, enduits des murs, lambris, tapisseries.

7° *Organes mobiles* ; ce sont les portes et les fenêtres.

8° *Organes abducteurs des eaux*, destinés à recueillir les eaux de pluie tombées sur l'édifice et à les en écarter.

9° *Organes sanitaires* ; ils ont pour but d'assurer l'hygiène de l'habitation, au point de vue de l'éclairage, du chauffage, de la ventilation ; d'en évacuer tous les résidus de la vie et les eaux polluées.

2. Rôles des organes des édifices. — En résumé, les divers organes qui constituent un édifice doivent, dans leur ensemble, et chacun en particulier, posséder des propriétés qui leur permettent :

1° *De durer dans l'espace*, c'est-à-dire de conserver intacte la figure sous laquelle ils ont été construits, et cela malgré l'influence des agents atmosphériques.

2° *De résister aux attaques mécaniques*, c'est-à-dire de ne pas se déformer ou se détruire sous les charges qu'ils ont pour but de porter, ou sous les actions extérieures en vue desquelles ils ont été créés. Ainsi un pilier ne doit pas s'écraser, une poutre ne doit pas fléchir ni se rompre sous les charges ; un dallage ne doit pas s'user au frottement des pieds.

3° *De fournir de la stabilité* ; il n'est pas admissible, en effet, qu'il se produise dans un édifice aucun bousculement ni aucun renversement de ses différents organes.

4° *De fournir de la résistance aux changements de température des milieux* ; un édifice n'est habitable que si sa température intérieure reste sensiblement constante, quelle que soit la température extérieure.

5° *De dégager les qualités plastiques de l'édifice* ; il est bien évident que la contexture matérielle des organes visibles d'un édifice exerce une grande influence sur sa physionomie.

3. Les matériaux. Leurs propriétés constructives. — Si l'on étudie en eux-mêmes les organes dont nous venons de parler, on voit qu'ils sont plus ou moins complexes et composés d'éléments parfois multiples qu'on appelle *matériaux*. Ce sont eux qui fournissent aux divers organes les *propriétés constructives* qui leur sont nécessaires pour que chacun d'eux joue dans l'édifice le rôle qui lui est assigné ; ces propriétés sont les suivantes :

1° *Persistance de constitution*, propriété qui permet aux matériaux de ne pas se désagréger ni se décomposer sous l'influence de l'air, de l'eau, de la chaleur, de la lumière et de l'électricité.

2° *Permanence de figure*, propriété qu'ont les corps de ne pas changer sensiblement de figure sous l'influence de la chaleur et de l'humidité. Les corps dont la dilatation ou la contraction est considérable sous l'influence des variations de température, comme certains métaux, ou ceux qui gonflent beaucoup sous l'influence de l'humidité, pour se rétracter fortement lorsqu'ils se dessèchent, comme certains bois, ne peuvent recevoir que des applications très limitées.

3° *Résistances mécaniques*. Le constructeur ne peut employer que les matériaux susceptibles de fournir aux organes les résistances qui limiteront leurs défigurations sous l'action des charges, lorsqu'ils seront comprimés comme un pilier; tendus, comme une tige de suspension; fléchis, comme une poutre; cisaillés, comme l'est une console; frottés, comme un dallage.

4° *Capacité stabilitaire*, propriété qui permet aux organes d'être stables, c'est-à-dire de ne pas se renverser ou se déplacer les uns par rapport aux autres; elle dépend en grande partie de la densité des matériaux, mais aussi de l'aptitude qu'ils présentent à s'assembler morceau par morceau de manière à former un tout solidaire.

5° *Capacité d'isolement*, propriété qu'ont certains matériaux de ne pas se laisser traverser facilement par la chaleur; d'être, comme disent les physiciens, mauvais conducteurs de la chaleur.

6° *Capacité plastique* qui résulte de ce que les matériaux posséderont de la *massivité*, c'est-à-dire un développement en volume suffisant pour permettre d'obtenir des formes bien étoffées; qu'ils renverront la lumière dans des conditions convenables d'intensité et de couleur; qu'ils pourront être assemblés entre eux pour former un tout solidaire; qu'enfin ils permettront les *retouches* après leur mise en œuvre.

7° *Capacité économique*, qui est la possibilité, pour une matière, de se laisser approprier aux conditions et aux figures d'un ouvrage, sans dépenses excessives de travail ou d'argent.

Il n'existe aucune matière qui possède à la fois et au même degré toutes ces propriétés constructives; il en est même qui n'en possèdent pour ainsi dire aucune, et le constructeur ne les emploie pas.

La plupart ont principalement une ou deux de ces propriétés, et ne sont que médiocrement pourvues des autres; nous appellerons *matériau* tout corps plus ou moins pourvu de propriétés constructives.

4. Classification des matériaux. — D'après ce que nous venons de dire, nous pourrons, en ne considérant pour chacun des matériaux que sa propriété principale, les classer de la manière suivante :

1° *Matériaux massifs*, dont le type est la pierre de taille; ces matériaux ont une faible résistance mécanique et, par suite, doivent être employés en grandes masses, qui introduisent dans les édifices de larges surfaces visibles favorables au développement de la forme.

2° *Matériaux reliants*, dont le type est le mortier; ces matériaux sont les complémentaires des premiers; ils les accompagnent pour les réunir et permettre d'en former des organes.

3° *Matériaux isolants*, dont la propriété principale est d'empêcher la transmission de la chaleur entre les milieux qu'ils séparent; le type de ces matériaux est le bois.

4° *Matériaux à résistances symétriques*, qui offrent aux actions mécaniques des résistances considérables aussi bien à la traction qu'à la compression; ces matériaux, qui seront généralement employés par suite sous un faible volume, ne possèdent presque pas la capacité plastique; le fer en est le type.

5° *Matériaux à constitution persistante*, qui conservent leur intégrité de composition et de figure sous l'action destructive de l'atmosphère; le bronze en est un exemple

6° *Matériaux transparents*, qui ont la propriété de se laisser traverser par la lumière et, par suite, ne possèdent en aucune manière la capacité plastique; ce sont les verres, et par leur transparence ils fournissent au constructeur des ressources tout à fait spéciales.

5. Ordre adopté pour l'étude des matériaux et des organes de la construction. — En nous plaçant au point de vue philosophique, nous devrions donc étudier tout d'abord les matériaux, puis les organes qu'ils servent à constituer, en observant les classifications que nous venons d'établir; cette manière de procéder, excellente dans un cours où il peut être intéressant et utile de revenir plusieurs fois sur les mêmes questions pour pouvoir les présenter sous leurs diverses faces, nous entraînerait à des redites qui augmenteraient outre mesure les dimensions déjà considérables de cet ouvrage; elle aurait de plus l'inconvénient de séparer et de disperser en divers points de l'ouvrage les différentes questions relatives à chacune des parties principales de la construction d'un édifice.

C'est pourquoi nous adopterons la classification par corps de métier en suivant l'ordre indiqué dans la série des prix de la Société centrale des architectes, ordre qu'on observe toujours dans la rédaction des devis. Le lecteur trouvera ainsi dans chacun des chapitres de cette seconde partie tout ce qui concerne pour chaque corps de métier d'abord les matériaux et leur emploi, puis les organes de construction qu'ils servent à constituer, et enfin le prix de ces matériaux et des ouvrages.

CHAPITRE VI

Maçonneries

§ 1. — MATÉRIAUX MASSIFS NATURELS

1. Caractères généraux des pierres à bâtir. — Les matériaux de construction employés dans la maçonnerie sont extraits du sol; les uns sont mis en œuvre tels qu'on les tire de la carrière, sans autre opération que la taille, destinée à leur donner une figure convenable: ce sont les *matériaux naturels*. D'autres ont besoin d'être transformés par des combinaisons chimiques, par l'action de la chaleur; on les nomme *matériaux artificiels*.

Une pierre à bâtir doit présenter une résistance suffisante pour ne pas se laisser écraser sous les charges qui lui seront appliquées; elle doit résister aux agents atmosphériques et ne pas se laisser désagréger ou décomposer par eux; enfin elle doit pouvoir être mise en œuvre sans trop de dépenses, et pour cela il faut qu'elle se taille assez facilement; elle doit bien adhérer aux matériaux reliants, mortiers ou plâtre.

Les pierres à bâtir doivent donc présenter d'abord une *cohérence* suffisante, une *structure homogène* qui permet de compter sur des résistances régulières. Elles ont une *densité* variable : il en est de très légères, comme les pierres ponces, dont le mètre cube pèse 600 kil.; de très lourdes, comme certains basaltes, pesant 2.800 à 2.900 kil. le mètre cube. La densité est le plus souvent proportionnelle à la *dureté*. La dureté est importante à considérer au point de vue de la durée des ouvrages et de la facilité de la taille. Lorsqu'une pierre est assez dure, elle est susceptible de pouvoir être polie.

La résistance au choc n'est pas toujours proportionnelle à la dureté; ainsi les silex, qui sont très durs, sont cependant très fragiles.

La flexibilité est une conséquence de l'élasticité des pierres, elle est en général peu apparente. L'élasticité d'une roche se reconnaît le plus souvent à sa grande sonorité sous le choc d'un marteau, et elle n'est pas toujours en rapport avec sa dureté.

La conductibilité des pierres pour la chaleur est généralement assez faible, d'où il résulte qu'elles sont aptes à constituer les parois de nos habitations.

Leur coefficient de dilatation est faible mais n'est cependant pas négligeable. On a constaté qu'un mur dont une face recevait pendant quelques heures l'action du soleil, tandis que l'autre face restait à l'ombre, se cintrait légèrement par suite de la différence entre la température de ses deux faces.

Les pierres, au sortir de la carrière, renferment une certaine quantité d'eau qu'on nomme *l'eau de carrière*. Les roches de sédiment en renferment parfois jusqu'à 0.25 de leur poids. Dans certains calcaires tendres, l'évaporation de cette eau de carrière, à l'air libre, amène un durcissement de la surface de la pierre, qui la protège contre les actions extérieures; si on enlève alors cette surface, on trouve une pierre plus tendre qui ne peut plus durcir.

Enfin les différentes pierres naturelles possèdent chacune une *couleur* qui leur est propre et qui est un élément important de décoration dans la construction.

2. Défauts des pierres à bâtir. — On appelle *gélives ou gélisses* celles qui se dégradent sous l'action de la gelée. Certaines pierres se fendillent et se décomposent en feuillets parallèles : on dit qu'elles se délitent; d'autres se désagrègent par la surface, de sorte qu'il se produit sur leurs parements des sortes de vermiculures.

Certaines pierres ne sont gélives que tant qu'elles contiennent encore leur eau de carrière; il suffit alors de les exploiter pendant la belle saison, et de s'arranger pour qu'elles soient sèches avant l'hiver; elles résisteront ensuite très bien au froid, même si elles ont été de nouveau exposées à l'humidité. D'autres pierres, généralement peu compactes et susceptibles d'absorber beaucoup d'eau, restent toujours gélives; il faut avoir soin de ne les employer que dans les parties de la construction où elles ne subiront jamais la gelée.

L'expérience a fait reconnaître que certaines pierres sont gélives; mais lorsqu'on doit se servir de pierres provenant de nouvelles carrières, il faut avoir recours au *procédé Brard* : il consiste à tailler dans la pierre à essayer un cube de 0.05 de côté qu'on fait bouillir, pendant une demi-heure, dans une dissolution saturée à froid de sulfate de soude (sel de Glauber), en l'immergeant complètement; on le retire et on le met dans une soucoupe ayant au fond quelques millimètres de la même dissolution, et on le place pendant huit jours environ dans une chambre à 15° environ; pendant ce temps, la pierre se couvre d'efflorescences ressemblant à du salpêtre. Si elle est gélive, ses angles se désagrègent plus ou moins, et on en retrouve les débris dans la soucoupe; une bonne pierre doit rester intacte.

On dit qu'une pierre est *pleine* lorsqu'elle est bien homogène et qu'elle n'a pas de défauts; elle produit alors en général un son plein lorsqu'on la frappe.

Les défauts d'homogénéité s'appellent *fils ou poils*, lorsque la pierre est traversée par des veines très minces de matière terreuse, qui, à la longue, absorbe l'humidité et fait éclater la pierre : on dit que la pierre est *moyée* si elle renferme des trous remplis de matière terreuse; si les *moyes* sont peu profondes et superficielles, on peut souvent les faire disparaître par la taille; si elles sont profondes, les pierres ne doivent être employées qu'en libages.

Le *bousin* est une partie tendre qui se trouve souvent interposée entre les lits de carrière dans les calcaires; il doit être soigneusement enlevé.

Une pierre est dite *moulinée* lorsqu'elle est graveleuse et s'égrène à l'humidité ou sous le choc de l'outil; les parties qui se désagrègent ainsi s'appellent *cendres terrasses ou pouffes* : on dit que ces pierres ont les arêtes *pouffes*.

Les pierres qui renferment une ou plusieurs bandes ou zônes très dures, de la hauteur de leur banc, s'appellent *pierres ferrées*.

Les *clous* sont des rognons très durs disséminés dans la pierre et qui en rendent la taille très difficile.

Enfin des *fissures* parfois très fines traversent souvent dans le sens vertical les différents bancs d'une carrière, et elles limitent les dimensions des blocs qu'il est possible d'obtenir.

3. Roches constituant les pierres à bâtir. — Les roches qui constituent les pierres à bâtir comprennent deux grandes catégories : les *roches siliceuses* et les *roches calcaires*.

Les *roches siliceuses* donnent des étincelles par le choc de l'acier; elles ne se décomposent pas par la chaleur, et ne font pas effervescence aux acides; elles comprennent des roches d'*origine ignée*, qui sont les granits, les porphyres; des *roches volcaniques*, les basaltes, les laves; des *roches de sédiment*, les grès, les silex, la meulière.

Les *roches calcaires* chauffées à température élevée se décomposent et donnent de la chaux; elles font effervescence aux acides et sont rayées par le fer, mais rayent le cuivre; ce sont les matériaux de construction les plus répandus; elles sont toutes d'origine sédimentaire.

4. Roches siliceuses d'origine ignée. — *1° Les granits*. Le *granit* est composé de trois éléments : le *quartz*, le *feldspath* et le *mica*; le quartz s'y présente sous forme de fragments d'apparence vitreuse; le feldspath est en lamelles cristallines diversement colorées, roses, blanches, grises, bleuâtres, rarement vertes; le mica se distingue des deux autres éléments par sa texture feuilletée, brillante; il est blanc, gris, jaune, brun ou noir. La densité du granit varie de 2.500 à 2.750 kil. le mètre cube; le plus lourd et le plus résistant est celui dont les grains sont fins et serrés.

Le granit est un des matériaux les plus chers; son extraction et sa taille sont très difficiles; on ne l'emploie couramment pour les constructions que dans les pays qui le produisent : la Bretagne, la Normandie, le Limousin, les Vosges. On en tire également de la Côte-d'Or, des Alpes, des Pyrénées, le Centre de la France. On l'emploie en dallages ou en bordures de trottoirs.

Le *gneiss*, dont les éléments sont les mêmes que ceux de granit mais où le mica se trouve rassemblé en bandes ondulées, est surtout employé à l'état de moellons.

La *syénite*, qui ne contient que du feldspath et de l'amphibole, se polit mieux que le granit, et fournit des matériaux de luxe.

2° *Les porphyres*. Le *porphyre* est composé uniquement de *feldspath* sous forme de pâte, au sein de laquelle se sont formés des cristaux de même matière mais diversement colorés. Le porphyre se travaille très difficilement mais prend un beau poli ; on l'emploie surtout dans la décoration. Certains porphyres grossiers sont employés à faire des pavés, ou des empierrements de chaussées.

On classe aussi dans les rochers porphyriques la *serpentine* ou *vert de mer* qui a la dureté du marbre ; elle se taille, se tourne et se polit assez facilement ; on l'emploie en marbrerie.

5. Roches volcaniques. — 1° *Les laves*. Elles ont coulé sur les flancs des volcans et présentent une texture cellulaire et une couleur gris foncé ; la plus estimée est celle de Volvic (Puy-de-Dôme) ; on l'emploie dans tout le Centre de la France pour faire des dalles, des marches d'escaliers, des assises de soubassements. Elles pèsent environ 2.200 kil. le mètre cube. On peut y appliquer à chaud, grâce à leur propriété de supporter sans se fendre l'action de la chaleur, un émail qui les rend complètement imperméables.

2° *Les trachytes*, employée dans le Centre de la France comme pierre de taille et comme moellon. La *pierre ponce* est un trachyte dont le poids varie de 550 à 920 kil. le mètre cube.

3° *Les basaltes*, roches lourdes, compactes, de couleur noire, très résistantes, mais dont la taille est très difficile ; on les emploie en moellons ou en pavés ; les débris donnent de bons matériaux d'empierrement. Le mètre cube de basalte pèse 2.950 kil.

6. Roches siliceuses de sédiment. — 1° *Les grès*. Le *grès* est formé de sable siliceux agglutiné par un ciment naturel siliceux, argileux ou calcaire.

Les *grès à ciment siliceux* sont les plus résistants ; tels sont le grès de Fontainebleau, recherché pour le pavage et qui est gris clair ; le grès rouge ou grès bigarré des Vosges.

Les grès ont la propriété d'absorber très facilement l'humidité, aussi ne doit-on jamais les employer à faire des murs en élévation pour les habitations ; il faut les réserver pour les fondations, les seuils, les marches d'escaliers, les bordures de trottoir, les pavages, ou bien pour les murs de soutènement ou de clôture. Leur poids varie de 2.070 à 2.570 kil. le mètre cube, suivant leur provenance.

Les *grès à ciment argileux* sont employés sous le nom de *molasse* dans le Sud-Est de la France; ils se taillent facilement au sortir de la carrière, mais prennent ensuite une assez grande dureté.

2° *Les silex.* On les trouve en rognons de faibles dimensions dans la craie et on les emploie aux constructions ordinaires en Normandie et en Picardie; on les emploie aussi aux empierrements des routes.

Les *galets* et les *cailloux* charriés par les rivières dans les pays montagneux sont formés par des débris de silex; ils sont employés pour le pavage, ou pour faire des moellons lorsque leurs dimensions sont suffisantes. Les plus petits servent à faire du béton.

3° *Les meulières.* La *meulière* est une pierre formée soit de concrétions siliceuses dont la masse est criblée de trous, et c'est la *meulière proprement dite* ou *meulière caverneuse*, soit de masses compactes à cassure unie qu'on nomme *caillasse*.

La meulière caverneuse forme d'excellents moellons, adhérant parfaitement au mortier; elle comporte elle-même deux variétés : l'une est légère, poreuse et tendre, et susceptible de se tailler facilement avec arêtes régulières; l'autre, plus compacte, se taille difficilement et s'emploie pour les constructions hydrauliques.

La caillasse sert à faire les meules de moulins; lorsqu'elle est en plaquettes, on peut l'utiliser comme moellon; enfin en fragments, on l'emploie pour l'empierrement des chaussées ou pour faire du béton.

Les meilleures meulières dures pour travaux hydrauliques proviennent des vallées de la Seine et de la Marne; on les exploite à Corbeil, à Montgeron, à Villeneuve-Saint-Georges; les carrières de Mézières, près Mantes, et de Triel en fournissent également, ainsi que celles de Bordes, près Laqueue-en-Bry, de la Ferté-sous-Jouarre, d'Auzouer-le-Vouljis, de Tournau, de Gresse, de Villepatour, de Brie. On exploite les meulières tendres aux environs de Versailles, de Buch et de Brunoy.

La meulière brute hourdée au mortier de ciment devient presque immédiatement incompressible et fournit une maçonnerie très résistante pour les grosses fondations.

Comme la meulière est ordinairement mélangée à des argiles rougeâtres, et que ses cavités en sont remplies lorsqu'elle vient d'être extraite, il ne faut l'employer qu'après l'avoir fait nettoyer, au besoin, à l'eau et à la brosse.

7. Roches calcaires. — Les roches calcaires sont formées de carbonate ou de sulfate de chaux; ce dernier sera étudié à propos du plâtre, et nous n'allons parler que des *carbonates de chaux*.

Les calcaires sont de plusieurs espèces; les uns sont très compacts, à grain fin comme la *pierre lithographique* et ne sont employés que pour les ouvrages fins ou les carrelages.

Les *calcaires oolithiques* du Jura ont un grain ayant l'aspect d'œufs de poissons juxtaposés et agglutinés.

Les *calcaires à entroques* sont formés de débris d'animaux sous forme de grains brillants soudés entre eux; tel est le calcaire d'Euville ou de Lérouville (Lorraine).

Les *calcaires coquilliers* sont formés de débris de coquilles reliés par un ciment calcaire.

Les *travertins* sont des calcaires lacustres résistants et légers très employés en Italie pour faire de grandes voûtes d'églises. La pierre de Château-Landon et celle de Souppes ont une origine analogue, mais ce sont des pierres dures, susceptibles de prendre le poli.

Le *calcaire grossier*, formé de roches à texture plus ou moins compacte, à grains irréguliers et qui forme la masse de la pierre exploitée aux environs de Paris.

Les *calcaires crayeux*, dont le type est la *craie blanche de Meudon*, très tendre et friable : elle pèse 1.300 kil. le mètre cube et peut absorber 20 0/0 de son poids d'eau ; elle ne peut pas servir de pierre à bâtir.

La *craie tufeau*, qui se trouve en Touraine et dans l'Ouest de la France, est moins pure et renferme de l'argile ; elle est plus résistante que la craie blanche et plus lourde : elle pèse 1.400 kil. par mètre cube et résiste à 75 kil. par cent. carré ; on l'emploie dans nombre de constructions en Touraine.

Le *calcaire bitumineux* est un calcaire imprégné de matières bitumineuses, tels le *calcaire de Seyssel* (Ain), connu sous le nom d'*asphalte*.

Le *calcaire de Soignies* (Belgique), pierre très dure employée aussi comme marbre.

Les *marbres*, dont nous renvoyons l'étude à l'article *Marbrerie*.

8. Calcaire grossier. — Les calcaires se divisent en deux catégories : les *pierres dures*, qui se scient à l'eau et au grès et pèsent de 2.200 kil. à 2.800 kil. le mètre cube, et les *pierres tendres*, qui se débitent à la scie à dents et pèsent de 1.400 kil. à 2.200 kil. le mètre cube.

1° *Pierres dures.* Les pierres dures sont désignées par ordre de dureté décroissante par les noms suivants :

a) Les *liais*, pierre à grain fin, à texture compacte et uniforme et ne contenant aucune empreinte de coquilles; elles se taillent bien et ne sont pas gélives lorsqu'on a eu soin de les exploiter à la belle saison et qu'elles ont perdu leur eau de carrière avant les gelées.

On emploie les liais, qui se trouvent en bancs de faible épaisseur, pour marches d'escaliers, tablettes, dalles, etc. Ils pèsent de 2.280 à 2.420 kil. par mètre cube.

On divise les liais en trois espèces :

Les *liais durs*, à grain fin, de Bagneux, de Clamart, d'Arcueil et de Saint-Denis, en blocs de 3 à 4 mètres sur 1 m 50 à 2 mètres et 0 m 25 à 0 m 30 de hauteur de banc ; on en tire aussi de Château-Landon, de Corgoilin (Côte-d'Or), de Lharrys-du-Bief (Yonne) et de Morley (Meuse).

Les *faux liais*, aussi durs que les précédents, mais à grains plus gros, se trouvent dans les mêmes carrières, et avec des hauteurs de bancs de 0 m 35 à 0 m 40 ; ils sont assez difficiles à travailler.

Le *liais rose* ou *liais tendre* se tire de Maisons-Alfort et de Créteil, où sa hauteur de banc est de 0 m 25 à 0 m 30, et de l'Isle-Adam, où elle est de 0 m 30 à 0 m 40 ; il s'emploie pour carrelages, tablettes et chambranles de cheminées.

On donne d'une manière générale le nom de liais à un grand nombre de pierres dures dont on fait usage à Paris, et qu'on tire de Bel-Air, de Pacy, de Conflans-Sainte-Honorine, de Nogent-sur-Oise, de Senlis et du Laonnais.

Le *cliquart* est une pierre de grain fin et très régulier, contenant peu de débris coquilliers, et qu'on extrayait en blocs de 0 m 30 à 0 m 35 d'épaisseur des carrières de Montrouge et de Vaugirard ; cette pierre a été souvent substituée au liais.

Le *liais cliquart*, de Bagneux, Clamart et Val-sous-Meudon, est une pierre moins dure et moins fine qui gèle facilement.

b) La *roche*, pierre très dure, à grain serré, souvent coquilleuse, que l'on trouve en plusieurs bancs superposés ; la plus dure se tire de Bagneux et de la Butte-aux-Cailles ; elle a 0 m 45 à 0 m 70 de hauteur de banc, mais le plus souvent 0 m 52 à 0 m 56 ; on trouve également un banc qui n'a que 0 m 19 à 0 m 22 de hauteur et qu'on nomme *roche plaquette*. Arcueil fournit une roche dont il faut ébousiner avec soin les lits inférieurs qui sont marneux. La roche pèse jusqu'à 2.300 kil. par mètre cube.

Il faut encore signaler la roche dure de Saillancourt (Seine-et-Oise) dont la hauteur d'assise atteint 1 m 50 ; celles de Saint-Nom, de l'Isle-Adam, de Silly, de Sainte-Marguerite, de Souppes et de Château-Landon. Ces dernières, qui sont très dures, ont de 0 m 30 à 1 mètre de hauteur de banc ; elles prennent le poli comme le marbre ; mais elles ont des moyes qu'il faut nettoyer et remplir avec soin. Elles sont si homogènes qu'on peut les poser en *délit*.

c) Le *banc-franc* ou *pierre franche* est moins dur que la roche ; son grain est plus fin et plus égal ; il ne renferme ni parties coquilleuses, ni empreintes ; son épaisseur de banc varie de 0 m 30 à 0 m 40 et atteint quelquefois 0 m 60 ; il ne résiste bien ni à la gelée ni à l'eau, de sorte qu'il ne peut pas être employé dans les endroits humides ; on l'exploite à Montrouge, Bagneux, Châtillon, Arcueil, l'Isle-Adam (Seine-et-Oise), Méry, le Val (Oise), La Ferté-Milon, Palotte (Yonne). Il pèse en moyenne 2.000 kil. le mètre cube.

On comprend aussi dans les pierres franches un banc de 0 m 30 à 0 m 35 de hauteur, de très bonne qualité, qui tient le milieu, par sa densité, entre la roche et le liais, et qui se trouve dans les carrières d'Ivry, de Vitry, de Montrouge et de Charenton.

Dans toutes les carrières de pierre dure, les bancs de qualité trop inférieure pour être employés comme pierres de taille fournissent des *libages* pour fondations. Le *grignard* est un banc-franc coquillier; le *rustique* présente des parties dures qui rendent la taille difficile.

Toutes ces pierres, qui se trouvaient en grande abondance aux environs de Paris, sont en grande partie épuisées et on en fait venir aujourd'hui de plus loin pour y suppléer; telles sont les pierres de Montbard, de Châtillon-sur-Seine (Côte-d'Or), de l'Isle et de Tonnerre (Yonne); les pierres d'Euville, de Lérouville et de Mécrin, près Commercy, de Savonnières, près de Bar-le-Duc; les pierres de Belvoye, de Damparis ou Saint-Ylie (Jura); les roches de La Ferté-Milon, de Valangoujard, de Soissons, de Laversine, de Comblanchien, de Vilhonneur (Charente), de Victoire, près Senlis, de Ravière (Yonne), de Saint-Maximin (Oise), de Courville (Marne), d'Échaillon (Isère), de Lussac-les-Châteaux (Vienne). Les carrières du Poitou fournissent les roches dures de Chauvigny, demi-dures de Bonuillet, de Fontaine-du-Breuil, de Bonnes, de Lavoux, de Tercé-Normandoux.

2° *Pierres tendres*. Ces pierres, en commençant par les plus dures, sont :

a) Les *Bancs-Royals*, à grain très fin, par bancs de 0m 40 à 2m 30 d'épaisseur, dont on tire des blocs de toutes les tailles pour la sculpture et la décoration monumentale; le gisement le plus rapproché de Paris est Conflans, sur l'Oise, d'où le nom de *Conflans* donné à cette pierre, qui se trouve aussi à Savonnières, à Jouy-le-Comte, à Méry, à Butry, à Presles, à Saint-Maximin, à Saint-Vaast (Oise), à l'abbaye du Val, à Vassens, à Vierzy (Aisne) et à Château-Gaillard (Vienne). Ils pèsent environ 2.250 kil. le mètre cube. Une seconde espèce, connue plus particulièrement sous le nom de *Conflans*, est à grain un peu plus gros et plus tendre, et ne pèse que 2.000 kil. le mètre cube; enfin une troisième espèce, appelée *lambourde*, est à grain aussi fin que le banc-royal, mais beaucoup plus tendre et de qualité inférieure.

b) Le *Saint-Leu* est un calcaire gras, d'un grain assez fin; il s'écrase sous de faibles charges et résiste peu aux influences atmosphériques; il lui faut laisser le temps de perdre son eau de carrière pour qu'il ne soit pas gélif. Il se trouve par bancs de 0m 50 à 0m 80 d'épaisseur à Saint-Leu, à Trossy, à Laigueville, à Neuilly-sous-Clermont, à Rousseloy, à Saint-Vaast, à Saint-Maximin. Ce calcaire s'attache aux outils lorsqu'on le travaille, il pèse environ 1.700 kil. le mètre cube.

Le *Parmain* est à peu près de même qualité, mais plus tendre et d'un grain plus fin; sa hauteur de banc varie de 0m 60 à 1m 50; il provient d'une carrière de l'Isle-Adam.

c) Les *Vergelés*. Ce sont des pierres maigres résistantes, provenant d'un banc supérieur au Saint-Leu, dans les mêmes carrières; ils sont formés de l'agrégation d'un sable calcaire rubané de veines ocreuses. Il y en a de deux qualités : l'un assez dur, quoique à gros grains; l'autre à grains plus gros et plus tendre. Les carrières de Silly fournissent un vergelé plus gras, un peu marneux; celui de Saint-Vaast a des bancs de 0^m 40 à 2^m 20 d'épaisseur. Ces pierres gèlent facilement tant qu'elles n'ont pas perdu leur eau de carrière, tant qu'elles sont *vertes*, suivant l'expression des ouvriers; d'où leur nom de vergelés. Leur poids est de 1.750 kil. le mètre cube.

d) Les *Lambourdes tendres*, pierres à gros grains mélangés de nombreuses coquilles dont on fait des moellons et des pierres d'appareil ordinaire; la plus recherchée provient de Saint-Maur, et sa hauteur de banc varie de 0^m 65 à 0^m 95. On en trouve avec la même puissance de banc à Carrières-sous-Bois, près Saint-Germain-en-Laye. Les carrières de Gentilly, Nanterre, Carrières-Saint-Denis, Houilles, Montesson fournissent une qualité inférieure et d'une moindre hauteur de banc. Les lambourdes tendres pèsent 1.850 kil. environ le mètre cube.

9. Sables. Cailloux. — Les sables sont *siliceux*, *ou quartzeux*, *ou calcaires*; les sables siliceux proviennent de la décomposition des roches ignées; leurs grains sont arrondis ou anguleux; ils sont le plus souvent jaunis par de l'oxyde de fer. Les sables calcaires sont moins résistants et d'un emploi moins convenable pour la maçonnerie. Le sable à grains uniformes et très fins est du *sablon*; lorsque les grains dépassent 0^m 001 de grosseur, le sable est dit *fin*; de 0^m 001 à 0^m 005, il est *gros*; au-dessus, c'est du *gravier*; enfin le gros gravier s'appelle *caillou*. Dans la plupart des gisements, toutes ces sortes sont mélangées et on les sépare par le criblage. Suivant leur provenance, on distingue les sables en *sables de rivière* que l'on trouve dans les alluvions des cours d'eau, *sables de plaine*, *de mine ou de carrière* qu'on trouve en couches plus ou moins épaisses dans certaines localités, et *sables de mer* qui forment des plages de grande étendue. Ces divers sables sont souvent un mélange d'éléments siliceux et d'éléments calcaires; ils renferment quelquefois, et surtout ceux qui sont extraits des carrières, de la terre argileuse dont il faut les débarrasser par des lavages.

Le sable de mer contient des sels déliquescents qui peuvent, dans certains cas, le faire rejeter, en particulier lorsque les travaux dans lesquels il entre doivent rester exposés à l'air; on peut l'employer sans inconvénient pour les travaux à la mer. On peut cependant en faire usage si l'on a eu soin de l'approvisionner longtemps d'avance et de l'exposer en tas de 0^m 30 au plus d'épaisseur, à l'action de la pluie. Dans certains pays de montagne où l'on n'a pas à proximité de sable naturel, on peut le produire artificiellement par le broyage de certaines roches siliceuses convenablement choisies; toutes ne donnent pas un bon sable; les grès, par exemple, ne doivent jamais être employés dans ce cas.

Les *cailloux*, qu'on tire du sable par criblage, sont généralement de forme arrondie, de même que les galets marins; on en obtient artificiellement d'excellents en cassant des pierres dures, telles que les meulières caillasses, les silex de la craie. Le sable pèse ordinairement de 1.400 à 1.430 kil. le mètre cube lorsqu'il est sec; son poids atteint 1.900 kil. lorsqu'il est humide.

§ 2. — MATÉRIAUX RELIANTS.

10. Caractères généraux des matériaux reliants. — Les *matériaux reliants ou agglutinants* sont destinés à réunir entre elles les pierres naturelles ou artificielles pour leur permettre de constituer des ensembles ou organes de constrution; ils doivent donc être susceptibles d'être mis en pâte plus ou moins fluide avec laquelle on remplira les vides que les matériaux laissent entre eux; cette pâte devra ensuite durcir et devenir presque aussi solide que les matériaux qu'elle est chargée de relier; elle devra adhérer fortement à ces matériaux de manière à donner à l'ensemble formé par leur juxtaposition une cohésion aussi grande que possible.

Les matériaux reliants doivent être d'un prix peu élevé, d'une manipulation facile; ils doivent conserver leurs propriétés de dureté et d'adhérence pendant un temps indéfini.

Les matériaux reliants employés en maçonnerie sont les *mortiers* composés, comme nous le verrons, de *sable* et de *chaux* ou de *ciment*, et le *plâtre*.

11. Les chaux. — *1° Généralités.* Lorsqu'on cuit du calcaire, à une température suffisamment élevée, d'environ 1000°, l'acide carbonique est chassé et on obtient de la chaux, qui, au sortir du four, s'appelle de la *chaux vive*. Cette chaux conserve l'aspect du calcaire qui l'a fournie; si on l'arrose d'eau, elle ne tarde pas à se fissurer et à augmenter de volume en produisant un crépitement accompagné d'un échauffement plus ou moins considérable et de dégagements de vapeur d'eau. La poussière fine obtenue, lorsque cette réaction est terminée, a un volume qui peut, dans certains cas, atteindre trois fois le volume primitif; on la nomme de la *chaux éteinte* ou *chaux hydratée*. La chaux est caustique, aussi les ouvriers ne la manient que par l'intermédiaire de truelles en acier qu'ils maintiennent toujours propres, et dont le manche est toujours sec.

Si on ajoute à la chaux éteinte une nouvelle quantité d'eau, on obtient une pâte qui, mélangée à du sable, formera le mortier.

La chaux en pâte met un certain temps à devenir bien homogène, par suite du degré de cuisson différent des divers morceaux : il s'y trouve des parties peu cuites qu'on nomme *incuits*, et des parties trop cuites qu'on nomme *biscuits ou frittes*, si elles sont en partie vitrifiées.

Suivant la qualité et la composition des calcaires employés à la fabrication de la chaux, on obtient des *chaux grasses*, des *chaux maigres* ou des *chaux hydrauliques*.

La pâte de chaux exposée à l'air durcit en se desséchant et en absorbant par sa surface l'acide carbonique de l'air, de manière à reconstituer du carbonate de chaux ; mais la *carbonatation* est très lente et ne se produit que de quelques millimètres par an, d'après Vicat. C'est pourquoi on peut conserver des provisions de chaux éteinte dans des fosses où il suffit de recouvrir la pâte préparée d'une couche de sable de 0 m 30 d'épaisseur qui empêche l'accès de l'air, et par suite la dessication et la carbonatation de se produire, si la chaux n'est pas hydraulique.

2° *Chaux grasse et chaux maigre.* La *chaux grasse* est celle qui provient de la calcination des calcaires durs ne renfermant pas un dixième de matières étrangères ; elle foisonne beaucoup et développe une grande quantité de chaleur en s'éteignant. La pâte qu'elle forme ensuite avec l'eau est grasse au toucher. Un mètre cube de chaux grasse fournit deux mètres cubes et souvent deux mètres cubes et demi de chaux éteinte ; si on la laisse s'éteindre lentement à l'air, elle se réduit peu à peu en poudre et absorbe l'acide carbonique de l'air ; c'est de la chaux *éventée*. La pâte de chaux grasse immergée dans l'eau s'y conserve indéfiniment sans durcir, s'il n'y a pas accès d'acide carbonique ; dans une grande quantité d'eau constamment renouvelée, la chaux finit par disparaître, bien qu'elle soit peu soluble. Il ne faudra donc employer les mortiers de chaux grasse que dans les ouvrages en élévation soustraits à l'action de l'eau.

La *chaux maigre* se réduit en poudre par l'extinction, mais elle foisonne peu et l'élévation de température n'est pas sensible ; elle ne forme pas une pâte liante avec l'eau. Son durcissement n'est pas plus rapide que celui de la chaux grasse, et elle a, comme celle-ci, l'inconvénient de ne pas résister à l'action de l'eau. Elle provient de la cuisson de calcaires impurs qui renferment de 10 à 20 0/0 de matières étrangères. Son emploi n'est pas à recommander.

3° *Chaux hydrauliques.* Certains calcaires, qui renferment plus de 10 à 15 0/0 d'argile ou de silice à l'état très divisé, donnent une chaux qui s'éteint à la manière d'une chaux maigre, mais qui, mise en pâte et laissée sous l'eau, y durcit au bout d'un certain temps et y acquiert la dureté du calcaire.

Vicat a divisé ces chaux en trois séries, d'après le temps nécessaire à leur prise :

1° Chaux *faiblement hydrauliques*, qui ne commencent à faire prise qu'après plus de huit jours.

2° Chaux *hydrauliques proprement dites*, qui font prise de six à huit jours ;

3° Chaux *éminemment hydrauliques*, dont la prise est plus rapide et a lieu du deuxième au quatrième jour.

Vicat a démontré que l'hydraulicité d'une chaux est due à la présence de la silice et de l'alumine dans le calcaire qui a servi à la préparer, et qu'elle varie proportionnellement à la quantité d'argile que contient le calcaire.

On nomme *Indice d'hydraulicité* d'une chaux le rapport du poids d'argile au poids de chaux pure qu'elle contient.

Nous donnons ci-dessous, d'après *la Chimie appliquée à l'art de l'Ingénieur*, de M. Durand-Claye, le tableau des chaux hydrauliques et de la composition des calcaires qui les fournissent :

DÉSIGNATION DES CHAUX	INDICE D'HYDRAULICITÉ	PROPORTION SUR 100 DE CALCAIRE	
		ARGILE	CARBONATE DE CHAUX
Chaux grasse ou maigre	0.00 à 0.10	0.00 à 5.30	100.00 à 94.70
Chaux faiblement hydraulique	0.10 à 0.16	5.30 à 8.20	94.70 à 91.80
Chaux moyennement hydraulique	0.16 à 0.31	8.20 à 14.80	91.80 à 85.20
Chaux hydraulique proprement dite	0.31 à 0.42	14.80 à 19.10	85.20 à 80.90
Chaux éminemment hydraulique	0.42 à 0.50	19.10 à 21.80	80.90 à 78.20
Chaux limite	0.50 à 0.65	21.80 à 26.70	78.20 à 73.30

Les *chaux limites* donnent une pâte qui fait prise sous l'eau comme les chaux hydrauliques, mais qui, après plusieurs jours de prise, se gonfle, se ramollit et forme une pâte molle comme la chaux grasse. Nous verrons plus loin qu'en les cuisant à température plus élevée elles fournissent des ciments à prise lente.

La belle découverte de Vicat a permis de créer de toutes pièces des chaux hydrauliques de telle qualité qu'on le veut, par le mélange du calcaire pur et de l'argile.

Les chaux hydrauliques les plus employées sont celles du Theil (Ardèche), de Montélimart (Drôme), de Doué (Maine-et-Loire), de Paviers (Indre-et-Loire), de Saint-Quentin, de la Hève et de Sassenage (Isère), d'Échoisy (Charente), de Castelnaudary (Aude), d'Angoumé (Basses-Pyrénées), de Rochefort (Var), de Senouches (Eure-et-Loir), de Ville-sous-la-Ferté (Aube), de Try (Marne), de Beffes (Cher), d'Argenteuil et de Bougival (Seine-et-Oise), de Meudon, des Moulineaux, de Champigny, de Bondy et de Romainville.

La chaux hydraulique doit être conservée en tonneaux à l'abri de l'humidité ; elle peut être gardée ainsi pendant un an.

4° Extinction de la chaux. La chaux grasse s'éteint par *fusion* ; on place la chaux dans un bassin construit en maçonnerie ou simplement avec des plats bords maintenus par des chevillettes en fer ou des piquets de bois et garnis de glaise ou de plâtre ;

on y verse la quantité d'eau convenable, et on agite avec un rabot. Il faut deux mètres cubes d'eau environ pour éteindre un mètre cube de chaux : l'opération exige six heures de limousin et six heures de garçon.

Pour éteindre la chaux hydraulique, on l'étend par couches de 0m 20 à 0m 25 d'épaisseur sur lesquelles on jette de l'eau au fur et à mesure ; mais il faut bien se garder de remuer la masse et de la transformer en pâte. Au bout de vingt-quatre heures, la chaux est complètement éteinte et bien ferme, et on l'extrait à la pelle.

Lorsque la chaux hydraulique est livrée éteinte au chantier, la réduction en pâte se fait au fur et à mesure de la consommation.

L'extinction sèche par immersion se fait en plongeant dans l'eau un panier d'osier rempli de fragments de chaux, pendant quelques instants ; on l'en retire ensuite avant toute fusion pâteuse. On obtient le même résultat par *aspersion* en versant de l'eau, à l'aide d'un arrosoir, sur la chaux répandue sur une aire en couches de 0m 10 à 0m 15 d'épaisseur. On obtient alors la chaux sous forme pulvérulente qui permet de la transporter en barils.

12. Les ciments. — 1° *Généralités.* Les calcaires qui renferment plus d'argile que ceux qui fournissent la chaux limite donnent par la cuisson des produits qui ne s'éteignent pas au contact de l'eau, mais qui, écrasés d'abord à sec, puis réduits en pâte avec de l'eau, donnent une pâte capable de faire prise au bout d'un temps qui varie de dix minutes à vingt-quatre heures, et même dans l'eau. Ces produits sont les *ciments* ; ils se divisent en deux classes : 1° les *ciments à prise rapide*, dont la prise se produit au bout de cinq à vingt minutes et qu'on désigne aussi sous le nom de *ciments romains* ; 2° les *ciments à prise lente*, qui prennent au bout d'un temps variable toujours supérieur à un quart d'heure, et qu'on désigne sous le nom de *ciments de Portland*.

Nous donnons ci-dessous la composition de ces calcaires, d'après M. Durand-Claye :

DÉSIGNATION DES PRODUITS	INDICES D'HYDRAULICITÉ	PROPORTION SUR 100 DE CHAUX	
		ARGILE	CARBONATE DE CHAUX
Ciment à prise lente	0.50 à 0.65	21.80 à 26.70	78.20 à 73.30
Ciment à prise rapide	0.65 à 1.20	26.70 à 40.00	73.30 à 60.00
Ciment maigre	1.20 à 3.00	40.00 à 62.60	60.00 à 37.40
Pouzzolane	au-dessus de 3.00	au-dessus de 62.60	au-dessus de 37.40

Les calcaires, pour fournir du ciment, doivent être cuits à température plus élevée que les pierres à chaux, de manière à produire un commencement de vitrification à la surface des morceaux.

2° *Ciments à prise rapide.* Le *ciment à prise rapide* ou *ciment romain* ne doit pas être employé aussitôt fabriqué, car alors il fait prise immédiate; après quelque temps, il ne fait plus prise qu'en un quart d'heure environ. Il n'éprouve aucun retrait en faisant prise, et gonfle plutôt un peu; il durcit pendant quelques jours et on admet qu'il a acquis toute sa dureté lorsqu'il a fini de sécher, s'il est employé à l'air libre; dans l'eau, le durcissement est beaucoup plus lent. Sa couleur varie du brun foncé au jaune clair. Ces ciments sont connus sous le nom de ciments de Vassy, de Boulogne, de Pouilly, de Bourgogne; ils pèsent, non tassés, environ 1.150 kil. le mètre cube et sont expédiés à Paris dans des sacs de toile de 40 à 50 kil.

3° *Ciments à prise lente.* Les *ciments à prise lente* ou *Portland* ont d'abord été préparés avec des calcaires naturels ayant la composition convenable; après les travaux de Vicat, on les a préparés avec des mélanges de calcaire et d'argile; ils pèsent, non tassés, de 1.200 à 1.350 kil. le mètre cube. Fraîchement fabriqués, ils font prise en un quart d'heure, mais au bout de quelque temps la prise exige plusieurs heures; leur durcissement est très lent et se continue pendant plusieurs mois; leur couleur varie du brun foncé au gris. Les plus connus sont ceux de Boulogne, de la Porte-de-France (Isère), de la Grande-Chartreuse (Vicat), de Voreppe (Isère), de Beffes (Cher), de Saint-Quentin, de Desvres (Pas-de-Calais), de Valbonnais (Aisne).

4° *Ciment de laitier.* On peut le considérer comme un ciment à prise lente; on le fabrique en ajoutant au laitier de haut fourneau, finement pulvérisé, de la chaux grasse éteinte et bien blutée, de manière à constituer un mélange dans lequel se trouvent, avec les proportions voulues, les éléments d'un ciment à prise lente. Ce ciment ne pèse guère que 1.050 kil. le mètre cube; sa prise commence trois heures après le gâchage, et elle dure de quatre à six heures; il est éminemment hydraulique et il peut remplacer le ciment ordinaire dans toutes ses applications; il a même l'avantage d'être blanc. Lorsqu'on l'emploie à l'air, il faut le maintenir couvert et humide pendant au moins une semaine, parce qu'il fixe encore de l'eau pendant la première période de son durcissement, qui est assez lent.

13. Les Pouzzolanes. — Les *pouzzolanes* sont des matières inertes par elles-mêmes, mais qui, mélangées à la chaux grasse, lui communiquent des propriétés hydrauliques.

Les *pouzzolanes naturelles* sont des produits d'origine volcanique qu'on trouve à l'état de poussières mélangées de parties plus grossières et poreuses; les plus anciennement connues viennent de Pouzzoles, au pied du Vésuve; on en trouve aux environs de Rome, de Livourne, de Civita-Vecchia (Italie), de Santorin (Grèce), sur les revers sud des montagnes de l'Auvergne, entre Chaudesaigues et la Guiolle, dans le Vivarais, dans l'Hérault, à Bessan et à Rachgoun (Algérie).

Certains *sables*, après torréfaction, ont des propriétés analogues; on en trouve aux environs de Brest et en Basse-Bretagne, à Saint-Astier (Dordogne).

Le *trass*, employé en Hollande et qui vient d'Allemagne, la *gaize*, roche siliceuse qu'on trouve dans les Ardennes, jouissent des mêmes propriétés.

Les *pouzzolanes artificielles* se composent le plus ordinairement d'argile cuite connue sous le nom de *ciment de tuileau*; on peut employer également le gneiss torréfié, les cendres de houille ou de tourbe, le mâchefer, les laitiers de haut fourneau.

Les ciments à prise rapide ou à prise lente, lorsqu'ils sont éventés, forment une bonne pouzzolane.

14. Essais des pierres à chaux. — 1° *Essai chimique.* Les caractères physiques des pierres calcaires ne permettent pas de connaître la qualité de la chaux qu'on peut en retirer. La couleur, la structure, la dureté, la densité ne peuvent faire prévoir si les pierres peuvent fournir de la chaux grasse ou de la chaux plus ou moins hydraulique. Ce qu'on peut dire assurément, c'est que tous les calcaires donnent de la chaux par la calcination. Mais de quelle qualité? Nul ne peut le savoir sans procéder à des essais. Quelques praticiens prétendent, cependant, que les calcaires qui produisent la chaux hydraulique sont d'une couleur grisâtre assez terne et exhalant à la chaleur de l'haleine une odeur argileuse, etc. Ce ne sont là que des indications vagues et peu précises. A Senonches, par exemple, où se fabrique une chaux hydraulique justement réputée, le calcaire sortant du puits est blanchâtre, onctueux au toucher, et comme il est fortement hydraté, puisqu'on l'extrait d'un véritable cours d'eau souterrain, on ne peut vérifier l'odeur argileuse qui se produit sous la chaleur de l'haleine.

Il faut donc toujours recourir à des essais certains : l'*analyse* et la *cuisson*.

L'analyse chimique proprement dite comporte des manipulations qui demandent une certaine habitude des laboratoires et que nous nous garderons de décrire ; on peut opérer assez simplement de la manière suivante :

On pulvérise un morceau de calcaire à essayer et l'on passe la poudre au tamis de soie; on met 10 grammes de cette poudre dans un verre et on y ajoute peu à peu de l'acide chlorhydrique ou nitrique étendu, en agitant continuellement avec une baguette de verre ou de bois. On cesse d'ajouter de l'acide lorsqu'il ne se produit plus d'effervescence. L'acide dont on se sert doit être étendu d'eau dans la proportion d'un volume d'eau pour un volume d'acide.

Pendant que l'on verse l'acide sur le calcaire, l'acide carbonique se dégage; la chaux, la magnésie et l'oxyde de fer sont dissous, tandis que l'argile et les substances siliceuses restent à l'état insoluble. On évapore la dissolution à une douce chaleur jusqu'à l'état pâteux; on la délaye alors dans un demi-litre d'eau, et la liqueur ainsi obtenue est décantée sur un filtre de papier. L'argile et le sable quartzeux restent en dépôt sur le filtre, tandis que la chaux et la magnésie en dissolution passent à travers.

On fait sécher le dépôt resté sur le filtre devant le feu et on le calcine dans un creuset de porcelaine. Si ce résidu est de l'argile pure, on le reconnaît à l'aspect, parce qu'il forme alors une poudre légère et douce au toucher. Si, au contraire, ce résidu contient des grains de quartz, pressé entre les doigts, il est dur et rugueux.

Le poids du résidu comparé à celui du carbonate pulvérisé donne la mesure de la quantité de matière étrangère que renferme la pierre calcaire essayée.

Si le *carbonate en poudre* se dissout entièrement, c'est-à-dire s'il ne reste sur le filtre qu'un dépôt nul ou faible d'argile, c'est une preuve que la chaux est pure et qu'elle sera grasse.

Si le dépôt n'est qu'un *sable très fin*, la chaux sera maigre et non hydraulique.

Si le dépôt est abondant et se compose de *silice gélatineuse*, la chaux sera hydraulique.

Si le résidu obtenu sur le filtre ne contient que de l'*argile*, on sera en présence d'un calcaire qui donnera, par la cuisson, une chaux hydraulique ou du ciment, suivant l'abondance de l'argile.

Si le résidu est un mélange de *sable fin* et d'*argile*, il faut séparer le sable de l'argile par lavage et décantation, et évaluer le poids de chacune des substances, afin de déduire la qualité de la chaux.

Enfin, lorsque le calcaire se dissout lentement avec effervescence, cela indique que l'on est en présence d'un calcaire magnésien, et, dans ce cas, il suffit d'un dépôt d'argile assez peu volumineux (5 à 7 0/0) pour que le résultat de la cuisson soit déjà de la chaux très hydraulique.

2° *Essai par calcination.* Il ne faut pas croire que cette épreuve consiste simplement à soumettre à l'action du feu le calcaire que l'on veut éprouver. Cette opération, très simple par elle-même, demande une sérieuse attention et de nombreuses observations. — On sait, en effet, que l'action d'un feu trop violent peut opérer, sur le calcaire et autres matières qui composent la pierre à éprouver, un commencement de fusion, et, par conséquent, enlever à la chaux la propriété de se réduire en pâte au contact de l'eau.

D'un autre côté, la chaleur doit être assez forte pour que le calcaire soit torréfié, c'est-à-dire que l'acide carbonique en soit complètement expulsé ou à peu près, car, sans cela, il resterait des parties incuites qui altéreraient les propriétés des chaux grasses.

Le degré de cuisson ou de calcination des pierres à chaux est donc important, et il faut se garder de le pousser trop loin. Pour apprécier les différents degrés de calcination auxquels un carbonate de chaux peut être soumis, on les compare pratiquement à la cuisson de la terre à brique (il est évident que *scientifiquement* on évaluerait ces degrés au pyromètre de Wedgwood).

On sait que la brique change de couleur, suivant la température à laquelle elle est exposée. Ainsi, elle devient d'abord rose, puis passe au rouge et arrive à la vitrification en passant par la couleur noire. Donc, en plaçant dans le four, au milieu du calcaire à éprouver, quelques fragments de terre à brique, on pourra facilement reconnaître les divers degrés de calcination :

Le *premier degré* de calcination correspond à la brique *rose* ;

Le *deuxième degré* à la brique *rouge* ;

Le *troisième degré* à la brique *noire* ;

Enfin, le *quatrième degré* de calcination correspond à la brique *vitrifiée*.

Le degré d'énergie des hydrates de chaux a été déterminé au moyen d'expériences faites avec beaucoup de soin. Il résulte de ces expériences :

1° Que la *chaux grasse* peut avoir un certain degré d'hydraulicité quand elle est mal cuite, c'est-à-dire quand elle n'est qu'au premier degré de calcination, et ensuite quand elle est surcalcinée, ce qui répond au quatrième degré de cuisson; qu'elle atteint son *maximum d'énergie* au *deuxième degré* de calcination, et qu'enfin elle n'a aucun degré d'hydraulicité quand elle est au terme de cuisson complète, c'est-à-dire au *troisième degré* de calcination.

2° Que la *chaux hydraulique* parvient à son *maximum d'énergie* un peu avant le *deuxième degré* de calcination. L'hydraulicité diminue ensuite jusqu'au *troisième degré* de calcination, puis augmente de nouveau jusqu'au *quatrième degré*.

3° Que le *ciment à prise rapide* a sa *plus grande énergie* au *deuxième degré* de calcination.

4° Que le *ciment à prise lente* a son *maximum d'énergie* au *troisième degré* de calcination.

5° Que la *pouzzolane d'argile* a sa plus grande énergie à la cuisson correspondant au *deuxième degré* de calcination.

15. Essais des chaux et des ciments. — 1° *Essai de prise*. On fait, dans un mortier de porcelaine, en s'aidant du pilon, une pâte ferme bien homogène et bien liante, avec la chaux ou le ciment à essayer : on met cette pâte au fond d'un verre sans pied où on la tasse en frappant le fond du verre sur le creux de la main ; on la recouvre d'eau, et on l'observe ensuite pour reconnaître à quel moment elle aura fait prise.

On dit que la chaux *a fait prise* lorsqu'elle porte sans dépression une aiguille à tricoter de $0^{m}\ 0012$ de diamètre, limée carrément à son extrémité et chargée d'un poids de 300 grammes. Dans cet état, la matière supporte facilement la pression du pouce appuyé avec la force moyenne du bras ; on ne peut la changer de forme sans la briser. L'aiguille ainsi employée est l'*aiguille de Vicat* ; la pression qu'elle exerce sur la surface en contact de sa pointe est de 26 kil. 5 par centimètre carré. L'aiguille est maintenue verticalement par deux petites planchettes horizontales soutenues par un trépied et elle se termine par un entonnoir dans lequel on ajoute les poids nécessaires pour compléter le poids total de 300 grammes (fig. 1, pl. V).

La durée de prise peut servir à classer les chaux, mais d'une manière peu certaine, parce qu'elle varie suivant la quantité d'eau introduite dans la pâte, et suivant que celle-ci est plus ou moins malaxée ; on a constaté également que, pour une même chaux, la prise est bien plus rapide en été qu'en hiver.

2° *Essais de résistance.* Ces essais sont de deux sortes : les *essais de rupture par traction* et les *essais par compression*, et on prépare pour ces deux genres d'essais des éprouvettes de forme différente ; pour les essais par traction, ce sont des briquettes de $0^m 04$ d'épaisseur ayant une forme rectangulaire, avec, au milieu, une partie rétrécie de $0^m 04$ de largeur (fig. 2, pl. V), de manière que la section minimum est de 16 centimètres carrés ; pour les essais de compression, ce sont des cubes de $0^m 05$ d'arête.

On les prépare dans des moules en bois ou même en métal (fig. 2 et 3, pl. V) que l'on pose sur une table bien unie, après les avoir huilés, et qu'on emplit à la truelle avec la pâte à essayer, sans appuyer et en affleurant la surface avec soin. Lorsque la prise est faite, on enlève les goupilles qui tiennent les traverses extrêmes du moule, que l'on démonte de manière à démouler sans secousses.

On conserve les briquettes à l'air humide ou dans l'eau, suivant le genre d'expériences que l'on veut faire ; dans ce dernier cas, on construit le long d'un mur, avec du mortier de ciment, une série de tablettes formant de petits bassins qu'on divise, par des cloisons verticales en compartiments ; on les numérote pour faciliter la notation des essais (fig. 4, pl. V).

a) Pour les *essais de compression*, on peut adopter la disposition suivante (fig. 5, pl. V) : le cube est placé sur un support bien plan disposé sur une table d'expériences ; sur le cube et par l'intermédiaire d'un chapeau également bien dressé, vient appuyer un levier BC retenu en B par un couteau renversé, relié à la table et portant en C un plateau en forme de caisse dans lequel on met du sable ou de la grenaille ; un guide D, muni d'un arrêt, limite la course du plateau. Les bras de levier sont dans le rapport de 1 à 10, de sorte que le cube en expérience supporte un effort décuple du poids renfermé dans le plateau. On charge lentement jusqu'à ce que l'écrasement se produise ; on pèse alors ce que contient le plateau, on le multiplie par 10, et, comme la section du cube est de 25 centimètres carrés, on divise le nombre obtenu par 25 pour avoir la résistance par centimètre carré ; cela revient, comme on le voit, à prendre les 2/5 du poids contenu dans le plateau.

b) Pour les *essais à la traction*, on emploie un dispositif très simple (fig. 6, pl. V) : une griffe en fer, de forme convenable pour bien embrasser une des têtes de la briquette, est accrochée à un point fixe ; une autre griffe de même forme prend la tête inférieure de la briquette, et porte suspendu un plateau-caisse que l'on charge de poids, puis de sable et de grenaille jusqu'à ce que la rupture se produise. On divise alors le poids du plateau par 16, puisque la section rétrécie de la briquette est de 16 centimètres carrés, pour avoir la charge de rupture par centimètre carré. Il faut faire un certain nombre d'essais et en prendre la moyenne.

Ces essais peuvent être effectués sur des pâtes de chaux hydraulique ou de ciment pur, ou sur des mortiers faits avec un *sable normal quartzeux*.

Nous n'avons donné ici que les appareils permettant de faire un essai de chantier, mais on emploie aujourd'hui dans les laboratoires des appareils beaucoup plus perfectionnés et qui permettent d'obtenir une plus grande précision dans les résultats.

On a constaté que la résistance d'un ciment était variable aussi bien à l'arrachement qu'à la compression, avec le temps depuis lequel la pâte a été moulée, mais cependant qu'en général le rapport entre la résistance à la compression et la résistance à l'arrachement variait de 6 à 8 ; de sorte qu'on se borne le plus souvent à déterminer la résistance à l'arrachement ; on la multiplie par 7 pour avoir la résistance à la compression.

3° *Principales clauses des cahiers des charges pour les fournitures de ciment.* Les grandes administrations qui emploient des quantités considérables de ciment stipulent dans leurs cahiers des charges qu'un contrôle effectif pourra être exercé par leurs agents sur la fabrication à l'usine. Ils prescrivent, de plus, des essais qui ont pour but de vérifier :

Que le ciment est livré sec et sans atteinte d'humidité préalable ;

Que la mouture a la finesse désirable ;

Qu'il a une composition chimique déterminée ;

Qu'il a la densité voulue ;

Quelle est la durée de la prise ;

Qu'après la prise, il ne se fissure pas ;

Qu'il présente la résistance voulue à la traction et à la compression soit en pâte pure, soit en mortier de sable normal, et après des périodes de temps déterminées, lorsqu'il a été conservé à l'air ou dans l'eau.

Nous renvoyons, pour les détails, au cahier des charges de l'ingénieur du Port de Boulogne, qui renferme à ce sujet les prescriptions les plus complètes.

On pourra consulter également, pour tout ce qui concerne ces essais, les travaux de la commission des méthodes d'essai des matériaux de construction (1re session).

16. Mortiers. — *1° Généralités.* On donne le nom de *mortiers* à des mélanges de différentes matières qui s'emploient à l'état de pâte fluide et qui durcissent ensuite soit par simple dessication, soit par combinaison chimique, en adhérant plus ou moins fortement aux matériaux qu'ils sont destinés à relier.

Les mortiers sont de plusieurs espèces, qu'on peut classer en deux catégories : 1° les *mortiers simples*, qui sont les mortiers de terre ou d'argile ; 2° les *mortiers composés*, qui sont les mortiers de chaux, les mortiers de ciment et les mortiers divers, composés de sable, et de chaux ou de ciment, avec addition, dans certains cas, de pouzzolane naturelle ou artificielle.

Le *sable* employé doit toujours être très pur, exempt de terre et d'argile ; l'*eau* dont on se sert doit être autant que possible l'eau de rivière, ou l'eau de source non minérale ; il faut éviter l'emploi des eaux séléniteuses, des eaux saumâtres ou des eaux sales. L'eau de mer ne devra jamais être employée pour des travaux devant rester à l'air ; elle n'aura pas d'inconvénients, dans la plupart des cas, pour les travaux qui seront baignés par la mer.

Il faut veiller à ce que les mortiers ne se dessèchent pas trop rapidement après leur emploi ; et à cet effet, il faut les abriter du soleil pendant les chaleurs, et au besoin arroser les pierres, surtout celles qui sont très poreuses, avant de les mettre en place.

Les mortiers ont généralement l'inconvénient de geler pendant environ six mois après leur emploi ; les mortiers à fort dosage de sable échappent plus rapidement que les autres à l'action de la gelée. Les mortiers gâchés avec une eau contenant 8 0/0 de sel marin ne gèlent pas et peuvent être employés même par le froid.

2° Dosage des mortiers. Pour constituer un mortier, on commence par déterminer les proportions des différentes matières qui doivent y entrer ; on mesure les quantités de ces matières, ce qu'on appelle faire le *dosage des matières*. On les mélange ensuite par un travail à bras ou à la machine ; les matières mélangées donnent une masse plus compacte, mais dont le volume est moindre que la somme des volumes mélangés ; c'est ce qu'on nomme la *contraction*. Un *mortier plein* est celui dont la contraction est faible ; il faut tenir compte de cette contraction dans le dosage.

Le dosage des matières s'opère commodément au moyen de brouettes de capacité déterminée ; les proportions de matières qui entrent dans la composition d'un mortier normal doivent toujours être telles que la pâte fluide de chaux ou de ciment remplisse exactement les vides du sable ; on les apprécie toujours en volume.

La première opération à faire est donc la détermination des vides du sable dont on se sert ; elle se fait facilement en remplissant de sable un vase de capacité connue dans lequel on verse ensuite de l'eau jusqu'à ce qu'elle vienne affleurer le niveau supérieur du sable ; le volume de l'eau versée donne le volume des vides.

Il ne faut pas ajouter d'eau dans le mortier en dehors de l'eau nécessaire à la mise en pâte de la chaux ou du ciment; il faut même avoir soin de tenir cette pâte beaucoup plus ferme, si le sable qu'on emploie est très humide.

Si la quantité de pâte de chaux ou de ciment n'est pas suffisante pour remplir exactement les vides du sable, on dit que le *mortier est maigre*; si elle est supérieure au volume des vides du sable, on dit que le *mortier est gras*.

3° *Durcissement des mortiers*. Le *durcissement des mortiers* se produit par simple *dessication* d'abord comme dans les mortiers de terre; il se produit en outre par *combinaison chimique* dans les mortiers de chaux ou de ciment.

Dans les *mortiers de chaux grasse*, l'acide carbonique de l'air se porte sur la chaux qui entoure les grains de sable, et la transforme lentement en carbonate de chaux; le rôle du sable dans ces mortiers est de diviser la chaux, de la rendre perméable à l'air et en même temps de former les noyaux autour desquels se cristallise le carbonate de chaux formé. Lorsque les maçonneries sont épaisses, la solidification, qui commence par la surface, ne devient complète qu'au bout d'un temps fort long; enfin le sable empêche le mortier de prendre par la dessication un trop grand retrait, et il le rend incompressible.

Le durcissement des *mortiers de chaux hydraulique* et celui des *mortiers de ciment* se fait aussi bien dans l'eau que dans l'air par suite des combinaisons chimiques qui se forment entre la chaux hydratée, la silice et l'alumine, combinaisons qui cristallisent ensemble, si la chaux ou le ciment sont de bonne qualité; les grains de sable servant encore de noyaux autour desquels se produit la cristallisation. Si la chaux ou le ciment sont de mauvaise qualité, ou renferment de la chaux non éteinte ou du plâtre, les cristallisations des divers éléments ne seront plus concordantes. La prise aura lieu dès que les premières cristallisations se produiront; mais celles qui viendront ultérieurement auront pour effet de disloquer et de faire fendiller la masse.

17. Mortiers de terre et d'argile. — Le *mortier de terre* est employé dans des constructions rurales, ou pour des murs de clôture; il est fait avec une terre argilo-sableuse analogue à la terre à briques, qui devient assez dure par simple dessication, mais qui a l'inconvénient d'être ramollie par l'eau. Il ne faut donc l'employer que dans les endroits qui ne sont pas susceptibles d'être inondés; il faut garantir la partie haute des constructions et leurs parements contre l'action de la pluie par un enduit étanche ou des jointoyages au plâtre ou au mortier de chaux. Ce mortier de terre éprouve un assez grand retrait en se desséchant.

Pour faire le mortier de terre, on étale la terre sur une aire plane, on la débarrasse des cailloux et des herbes, puis on en forme une sorte de bassin circulaire dans lequel on verse de l'eau; on rabat les bords à la pelle pour faire un premier mélange, que l'on rend ensuite bien homogène à l'aide du *rabot*.

On se sert du *mortier d'argile* qu'on appelle *terre à four* pour relier les briques des fourneaux dans lesquels la chaleur sera souvent assez forte pour cuire l'argile. La terre à four se compose d'un mélange de deux parties de terre argileuse, deux parties de terre calcaire et une partie de sable ; on peut encore la composer d'un mélange en parties égales d'argile pure et de sable ou de brique réfractaire pilée ; la pâte ainsi obtenue s'appelle un *coulis*.

18. Mortiers de chaux grasse. — *1° Mortiers non hydrauliques.* Ces mortiers sont obtenus de la manière suivante : on dispose en un tas circulaire, en formant un bassin au milieu, le sable nécessaire à la confection du mortier ; on y ajoute la chaux, préalablement éteinte, à l'état de pâte ferme, qu'on place au milieu du bassin, et une très faible quantité d'eau strictement nécessaire pour permettre d'incorporer peu à peu au moyen du *rabot* le sable à la pâte de chaux. Il vaut mieux travailler d'abord sur la pâte ferme de chaux et n'ajouter de l'eau que lorsque le sable est trop sec et l'exige absolument. La qualité du mortier dépend en grande partie de la manière plus ou moins soignée dont le malaxage en aura été fait ; la pâte obtenue doit être bien homogène et bien consistante. Ce travail ne doit jamais être fait sur le sol, mais sur une aire pavée ou dallée, ou recouverte de planches jointives. Lorsque les quantités de mortier à faire sont plus considérables, on emploie les *malaxeurs* à bras ou à manège. Le plus simple est connu sous le nom de *manège à roues* (fig. 7, pl. V) ; il se compose de deux ou quatre roues dont les essieux pivotent sur un axe vertical et qui parcourent une auge circulaire peu profonde où elles écrasent et mélangent les matières : des rateaux en fer, fixés aux essieux, remuent sans cesse le mortier et le forcent à passer sous les roues. Quand le mélange est parfait, on ouvre une trappe placée au fond de l'auge, et le mortier, poussé par une rable en fer, tombe au-dessous du manège. L'appareil est mis en mouvement par deux chevaux attelés aux extrémités d'un essieu prolongé à cet effet, à une distance suffisante en dehors des roues. On peut fabriquer avec cet appareil 24 mètres cubes de mortier en 10 heures.

Le *malaxeur ordinaire* ou *tonneau à mortier* (fig. 8, pl. V) est formé d'un cylindre en tôle ouvert par le haut et fixé à la partie inférieure sur une plaque de fer posant sur deux madriers en bois servant d'assise à l'appareil ; au centre de ce cylindre tourne un arbre vertical le long duquel sont fixés, à différentes hauteurs, des bras en fer ; des tiges de fer sont, d'autre part, fixées au pourtour de l'appareil dans les intervalles des bras de l'arbre vertical. Les matières sont jetées à la pelle dans le malaxeur ; on y vide, d'autre part, la quantité d'eau nécessaire, puis on le met en mouvement. Lorsque le mortier est bien formé, on le fait écouler par une petite trappe située à la base du cylindre. Un tonneau peut fabriquer environ 30 mètres cubes de mortier par jour.

Le mortier de chaux grasse durcit lentement, surtout s'il est employé dans des endroits humides et peu exposés à l'air; aussi est-il à peu près abandonné aujourd'hui. On emploie encore cependant les mortiers suivants de chaux grasse : 1° *mortier ordinaire*, formé de 1 partie de chaux éteinte en pâte épaisse et 2 parties de sable, pour gros murs ou fondations ; 2° *mortier fin à poser*, employé principalement pour la pose des pierres de taille, les rejointoiements et les enduits, et formé de 2 parties de chaux éteinte en pâte épaisse et 3 de sable très fin passé à la claie fine ; 3° *mortier fin*, employé pour les cheminées de briques dans l'intérieur, les cloisons ou refends en briques et composé de 1 partie de chaux vive réduite ensuite en bouillie épaisse et 2 parties de sable très fin ; 4° *mortier bâtard*, formé de parties égales de mortier ordinaire et de plâtre en poudre gâché avec la quantité d'eau nécessaire ; on ne doit le faire qu'au fur et à mesure de son emploi et ne l'employer que pour les intérieurs. Il est toujours de fort mauvaise qualité ; 5° *blanc en bourre*, formé de chaux grasse et de sable, ou bien de chaux grasse et d'argile, et auquel on ajoute de la *bourre*, c'est-à-dire du poil provenant du tannage des peaux ; on l'emploie pour faire des enduits de plafonds dans les pays où le plâtre manque.

2° *Mortiers hydrauliques de chaux grasse*. On peut avec la chaux grasse obtenir des mortiers hydrauliques à la condition d'y incorporer des pouzzolanes naturelles ou artificielles. Ce sont : 1° le *mortier de pouzzolanes volcaniques*, employé dans le Midi de la France et composé de 2 parties de chaux en poudre, cette chaux ayant été éteinte par immersion et 3 parties de pouzzolane ; si on l'emploie à l'air, il faut s'en servir de suite ; si on l'emploie dans l'eau, il faut le laisser quelque temps à l'air avant de le mettre en œuvre ; lorsque les pouzzolanes renferment des matières inertes, il faut prendre 12 à 15 parties de chaux pour 100 de pouzzolane. Enfin on mélange quelquefois parties égales de chaux éteinte, de sable et de pouzzolane ; 2° le *mortier de trass*, employé dans le Nord et composé de 2 parties de chaux éteinte en poudre et 1 partie de trass ; 3° le *mortier de ciment de tuileaux*, composé de parties égales de sable, de ciment de tuileaux et de chaux vive en poudre qu'on amalgame avec 2 parties d'eau ; on l'employait autrefois pour les pavages et les maçonneries de soubassement ; mais on lui préfère aujourd'hui les mortiers de chaux hydraulique ; 4° le *mortier de mâchefer*, composé de 200 à 250 kil. de chaux par mètre cube de mâchefer, de scories de forges ou de crasses de grilles ; les deux matières sont mélangées et triturées sous des meules verticales, avec la quantité d'eau strictement nécessaire ; on obtient ainsi un mortier qui peut servir à faire d'excellent *pisé* ; 5° le *mortier de cendrée* ou *cendrée de Tournai*, composé de 3 parties de chaux vive et 2 parties de cendrée. La cendrée est le résidu qui reste au fond des fours à chaux chauffés à la houille lorsqu'on en extrait la chaux ; on met la chaux éteinte en poudre et on la bat sans eau avec la cendrée ; on obtient, au bout de plusieurs jours de repos, une pâte grasse et fine ; on l'emploie surtout dans le Nord de la France ; 6° le *mortier de chaux et ciment* dans lequel le ciment éventé joue le rôle de pouzzolane et qui se compose de 10 à 30 parties de chaux caustique pour 100 de ciment suivant qu'on désire une prise plus ou moins rapide. Ce mortier, à cause de sa prise très lente, est avantageux pour la construction des cheminées d'usine et des carrelages mosaïques, parce qu'il permet un redressement des surfaces et une régularisation après coup ; 7° le *mortier hydraulique bâtard*, obtenu en ajoutant à un mortier ordinaire de chaux grasse de 1/5 à 1/10 de son volume de ciment à prise rapide en poudre.

19. Mortiers de chaux hydraulique. — Ce sont aujourd'hui les plus employés ; ils conviennent aussi bien aux maçonneries en élévation qu'aux maçonneries en fondation ou dans l'eau. La proportion la plus convenable pour un mortier ordinaire est de 1 volume 1/2 à 2 volumes de sable pour 1 volume de pâte de chaux ; pour les mortiers destinés à être immergés, on ne doit pas dépasser 1 volume 1/2 de sable pour 1 de chaux en pâte ; pour les fondations établies dans une terre constamment fraîche, on peut employer jusqu'à 2,40 volumes de sable pour 1 de chaux en pâte.

A Paris, on emploie des mortiers de proportions définies dénommés par les numéros suivants :

Mortier n° 1, 1 partie de chaux et 5 parties de sable, ne doit être employé qu'avec de très bonnes chaux pour des massifs peu chargés servant de remplissage ; c'est un mortier maigre.

Mortier n° 2, 1 partie de chaux et 3 parties de sable, mortier communément employé pour les hourdis de maçonneries ordinaires.

Mortier n° 3, 1 partie de chaux et 2 parties de sable, réservé pour les travaux très soignés qui doivent présenter une certaine étanchéité ; c'est un mortier gras ; on l'emploie aussi aux crépis ou enduits.

Mortier n° 4, 1 partie de chaux pour 1 partie de sable, employé pour les hourdis de maçonneries étanches, et comme enduit.

On peut constituer des mortiers hydrauliques avec des chaux peu hydrauliques auxquelles on ajoute des pouzzolanes ; on obtient ainsi les mortiers suivants :

1° *Mortier de chaux hydraulique, pouzzolane volcanique et sable*, formé de :

2 parties de chaux éteinte en poudre ;
1 — de pouzzolane volcanique ;
1 — de sable.

2° *Mortier de chaux hydraulique, trass et sable*, formé de :

4 parties de chaux hydraulique vive, réduite en pâte ;
5 — de trass ;
5 — de sable.

3° *Mortier de chaux hydraulique, ciment de tuileaux et sable*, formé de :

1 partie de chaux hydraulique vive en poudre ;
1 — ciment de tuileaux ;
1 — sable fin de rivière ;
2 — d'eau.

4° *Mortier de chaux hydraulique, pouzzolane artificiel et sable*, formé de :

8 parties de chaux hydraulique éteinte en poudre ;
3 — de schiste calcaire, basalte, grès ferrugineux ou terre ocreuse ;
3 — de sable.

5° *Mortier de chaux hydraulique, cendrée, et sable*, formé de :

3 parties de chaux hydraulique mesurée en pâte ;
2 — de cendrée ;
1 — de sable.

Ce mortier est très employé dans le Nord de la France.

6° *Mortier de chaux hydraulique, cendres de houille et sable*. Il est formé de :

3 parties de chaux hydraulique mesurée en pâte ;
2 — de cendres de houille passée au tamis de 36 mailles par centimètre carré ;
1 — de sable.

20. Mortiers de ciment à prise rapide. — L'inconvénient principal de l'emploi du ciment romain réside dans la rapidité de sa prise ; il faut le gâcher en petites quantités et l'employer immédiatement.

Le *gâchage* se fait dans une *auge* carrée horizontale reposant sur des tréteaux et munie de rebords sur trois côtés seulement ; il n'y en a pas en avant (fig. 9, pl. V). Le sable et le ciment, dont le volume total ne dépasse pas 5 à 6 litres pour chaque gâchée, sont d'abord mêlés à sec, puis le mélange est disposé en forme de digue sur le côté avant de l'auge ; l'ouvrier verse l'eau en une fois, puis y pousse rapidement par petites parties tout le mélange avec le bout de la truelle ; il agite alors le mélange et le place tout entier d'un côté de l'auge ; il le fait ensuite repasser successivement par petites parties de l'autre côté en broyant avec soin sous la truelle les moindres parcelles ; il recommence ensuite la même opération une deuxième fois. Ce gâchage doit être fait avec peu d'eau, et à la force du poignet ; la pâte obtenue doit être molle, avec une surface légèrement huileuse : le volume d'eau employé doit être moindre que la moitié du volume du ciment en poudre. Ce mortier s'applique par *jet à la truelle* ;

il ne faut jamais employer la taloche et on ne doit lisser la surface que dans le cas d'enduits, et très légèrement, avant que le mortier ait commencé à durcir, ce qu'on reconnaît à l'échauffement produit. Le mortier une fois durci, on peut en racler la surface à la truelle brettée, et même le tailler au ciseau comme la pierre.

Les proportions les plus employées sont, pour les *limousineries*, de 1 partie de ciment romain pour 2 parties de sable, et pour les *enduits*, de parties égales de l'un et de l'autre.

La pâte de ciment pur est employée pour l'étanchement des fuites d'eau ou des sources; elle fait prise presque instantanément.

Les mélanges à 3 ou à 2 de ciment pour 1 de sable, ou à 3 de ciment pour 2 de sable, ou parties égales de ciment et de sable servent à faire les enduits de réservoirs, citernes, fosses d'aisances.

Les mortiers à 2 de ciment pour 3 de sable, 1 de ciment pour 2 de sable, ou 1 de ciment pour 2,5 de sable servent à hourder les maçonneries, à faire les rejointoiements, les chapes et enduits; on les emploie pour les reprises de maçonneries en sous-œuvre, pour la restauration des vieux parements de pierre de taille.

Les mortiers à 1 de ciment pour 3 ou 3,5 de sable sont employés pour les hourdis de murs, voûtes ou massifs, qui ne seront pas de suite soumis à de fortes pressions, et qui n'ont pas besoin d'être bien imperméables.

Les mortiers à 1 de ciment pour 4 ou 4,5 de sable sont maigres et n'ont plus les mêmes qualités d'imperméabilité et d'adhérence; ils sont encore très bons pour faire des massifs ou des remplissages.

Enfin le mortier à 1 de ciment pour 5 de sable, qui durcit encore en deux heures sous l'eau, peut dans bien des cas remplacer le mortier de chaux hydraulique.

On retarde la prise du ciment en y ajoutant moins de 1/2 0/0 de sucre.

21. Mortiers de ciment à prise lente. — Ces mortiers se font de la même manière que les mortiers de chaux hydraulique, mais souvent avec plus de soin; on ne doit en gâcher que la quantité strictement nécessaire. Les proportions de sable et de ciment sont variables suivant la nature des ouvrages et les résistances qu'on doit leur demander.

Pour des murs très chargés ou devant donner une étanchéité absolue à l'eau, on emploie parties égales de sable ou de ciment; ce même mortier sera employé pour les enduits horizontaux destinés à garantir les rez-de-chaussée de l'humidité inférieure; on l'emploie encore pour les enduits de réservoirs ou de citernes; c'est le *mortier n° 4* de Paris.

Le *mortier n° 3* renferme 1 partie de ciment pour 2 de sable et s'emploie pour les maçonneries ordinaires soignées et très chargées, mais qui n'ont pas besoin d'être étanches.

Le *mortier n° 2*, qui contient 1 de ciment pour 3 de sable, est le plus communément employé pour les hourdis de murs, pour la construction de massifs encaissés et très chargés.

Le *mortier n° 1*, qui est formé de 1 de ciment pour 5 de sable, équivaut à un mortier de chaux hydraulique ordinaire.

Un mortier composé de 1 de ciment pour 4 de sable peut remplacer le mortier de ciment romain ordinaire. Enfin on peut se servir de mortiers renfermant plus de 5 parties de sable et jusqu'à 7 à 8 pour 1 de ciment, mais il faut les traiter par les procédés de fabrication des bétons Coignet, que nous décrirons plus loin, les gâcher avec très peu d'eau, et les soumettre à une forte compression; la prise exige alors plusieurs jours.

22. Mortiers divers improprement dénommés ciments. — 1° *Ciment de fontainier.* C'est un mortier hydraulique composé d'un mélange de mâchefer broyé, de tuileaux, de grès tendre en poudre, et de chaux éteinte pulvérisée.

2° *Ciment à poser.* C'est un mortier hydraulique employé dans la Manche et le Calvados, et formé de 2 parties de tuileaux ou de verre pilé, 1 partie de crasse de verre ou de scories de forges et 2 parties de pâte de chaux éteinte.

3° *Ciment à l'eau-forte.* C'est une combinaison d'argile ferrugineuse, de potasse et de quelques sels alcalins provenant des résidus de fabrication de l'acide nitrique ou eau-forte; ce ciment est très cher et peu employé.

4° *Ciment métallique.* Il comprend en poids : 2 d'oxyde de zinc, 2 de calcaire dur, écrasé, et 1 de grès pilé; on broie, on mélange intimement et on ajoute un peu d'ocre pour donner le ton de la pierre; on gâche 1 kil. de cette matière avec 1/3 de litre d'une liqueur obtenue en faisant dissoudre 6 parties de limaille de zinc dans l'acide chlorhydrique du commerce, y ajoutant 1 partie de chlorhydrate d'ammoniaque, et étendant le liquide obtenu avec les 2/3 de son volume d'eau.

Ce ciment sert à la réparation des pierres; il fait prise très rapidement et devient très résistant.

23. Le Plâtre. — 1° *Généralités.* Le *plâtre* est du *sulfate de chaux anhydre*; on l'obtient par la cuisson à basse température (de 130 à 140°) de la *pierre à plâtre* ou *gypse*, qui est du *sulfate de chaux hydraté.* La cuisson le transforme en sulfate anhydre que l'on réduit en poudre; si à cet état on le mélange avec de l'eau, il s'échauffe notablement et fait prise en quelques minutes par l'absorption de cette eau, en redevenant du sulfate de chaux hydraté de même composition que le gypse.

Le plâtre est une poudre blanche qui adhère aux doigts, et est doux et onctueux au toucher, lorsqu'il est de bonne qualité. S'il est insuffisamment cuit, il est graveleux; s'il est trop cuit, il refuse l'eau et s'égrène; les enduits qu'on fait avec du mauvais plâtre gercent facilement. On apprécie encore la qualité du plâtre en formant des fuseaux qu'on laisse durcir et qu'on essaye ensuite de briser par flexion.

Le plâtre *s'évente* à l'air en absorbant l'humidité: le plâtre éventé ne prend plus bien, ou même plus du tout. Pour transporter le plâtre, il faut le mettre dans des tonneaux.

2° *Différentes sortes de plâtre.* Le *plâtre ordinaire* ou *plâtre au panier* est celui qui se vend à Paris, pulvérisé incomplètement; il sert pour la limousinerie et pour les crépis. Lorsqu'on le crible au tamis de crin, le plâtre qui passe au tamis s'appelle *plâtre au sas* et est employé pour les ouvrages fins, enduits, moulures, etc. Ce qui est resté sur le tamis porte le nom de *mouchette*; on mélange la mouchette à du plâtre au panier pour faire certains gros ouvrages, tels que les hourdis de planchers, les scellements de lambourdes. Le *plâtre passé au tamis de soie* s'emploie pour faire des enduits très soignés ou des moulures très fines. Enfin le *plâtre à la pelle* est celui qu'on obtient en faisant sauter du plâtre sur une pelle, et recueillant la poussière très fine qui s'attache au métal; il sert à boucher les petits trous dans les moulures fines. Le *plâtre à mouler*, qui est fabriqué avec des pierres de choix et d'une manière particulièrement soignée, n'est pas employé par les maçons. Le plâtre est ordinairement livré en sacs de 25 litres.

3° *Mortier de plâtre.* On appelle *mortier de plâtre* la pâte obtenue en gâchant le plâtre avec de l'eau; la *prise* a lieu par cristallisation de la masse, qui s'épaissit et devient dure. Au moment de la prise, il y a un léger dégagement de chaleur; le plâtre gonfle ensuite, et ce *gonflement* atteint 1 0/0 au bout de 24 heures; on prévoit ce gonflement, et on a soin, par exemple dans les hourdis de planchers, de laisser tout autour des pièces un espace de $0^{m}05$ pour que ce gonflement ne pousse pas sur les murs; dans les murs, on laisse le même intervalle le long des chaînes en pierre ou des anciennes maçonneries, et on ne remplit ce vide que plus tard.

En séchant, le plâtre subit un *retrait* qui peut atteindre 1 0/0 et est toujours supérieur au gonflement; il en résulte qu'un mur hourdé au plâtre et monté rapidement tasse ensuite en séchant; si donc un mur ainsi hourdé se rattache à un mur hourdé au mortier de chaux ou de ciment, en raison des tassements différents, il pourra se produire aux environs de leur jonction des crevasses sérieuses déterminant des surcharges imprévues et des désordres dans la construction. Il faut donc avoir soin de construire tous les gros murs d'un bâtiment en les hourdant de la même manière à chacun des étages, de manière que les tassements soient bien égaux.

Le plâtre adhère bien aux pierres, mais cette adhérence diminue avec le temps

Il s'altère sous l'action de l'eau, parce qu'il y est un peu soluble; il est gélif lorsqu'il est imbibé d'eau, de sorte qu'on ne doit l'employer que le moins possible comme enduit extérieur, à moins qu'on ne prenne la précaution de le protéger par des peintures souvent renouvelées. L'humidité du sol, lorsqu'elle atteint le plâtre, a pour effet de le *salpêtrer*; l'humidité y persiste continuellement, et lorsque le temps est sec, le plâtre se couvre d'efflorescences salines. Il est alors très sensible à la gelée; de sorte que peu à peu, un enduit salpêtré se gonfle, éclate et tombe en morceaux.

Le plâtre est bon dans les intérieurs, et au sec; il ne résiste que très mal à l'extérieur, et il est tout à fait mauvais près du sol.

4° *Gâchage du plâtre*. On *gâche* ordinairement le plâtre avec une égale quantité d'eau; on met d'abord l'eau dans l'auge, puis on y verse le plâtre en le remuant bien à la truelle pour que le mélange soit parfait. La quantité d'eau employée est variable suivant l'usage auquel le plâtre est destiné; ainsi on emploie 30 litres d'eau pour 25 litres ou un sac de plâtre au sas destiné à faire des enduits, tandis qu'il ne faut que 18 litres pour la même quantité de plâtre au panier pour hourdis et crépis.

On dit que le plâtre est *gâché serré* si on y met le minimum d'eau; il doit être alors employé vivement parce qu'il prend très vite et il devient alors très dur. Le plâtre est *gâché clair* lorsqu'on met plus d'eau: il prend moins vite et devient moins résistant. On *gâche très clair* pour les enduits de plafonds et pour les grandes surfaces sur lesquelles on n'applique que de faibles épaisseurs: on emploie aussi le plâtre gâché très clair sous le nom de *coulis* pour faire couler le plâtre dans les endroits qu'on ne peut atteindre; le danger, dans ce cas, est d'avoir un *plâtre creux*, c'est-à-dire trop poreux. Le plâtre gâché trop clair n'a aucune solidité et on l'appelle *plâtre noyé*.

Au moment où le plâtre commence à prendre, les maçons disent qu'il *coude*; quand le plâtre est gâché très clair, on attend qu'il coude pour commencer à l'employer, mais il faut alors procéder très rapidement. Ce sont les garçons maçons qui gâchent le plâtre; *gâcher un voyage*, c'est mettre dans l'auge deux seaux d'eau avec le plâtre nécessaire: *deux truellées* signifient 1 seau 1/2; *une truellée*, un seau; *une demi-truellée*, un demi-seau; *une poignée*, un quart de seau, et *gros comme un œuf* veut dire un huitième de seau.

Le poids du mètre cube de plâtre varie de 1.200 à 1.600 kil.; on le tire des carrières des environs de Paris, à Pantin, Montreuil, Ménilmontant, Clamart, Villejuif.

24. Asphalte et Bitume. — *L'asphalte* est une roche calcaire imprégnée de *bitume*; le bitume est un carbure d'hydrogène, qui est solide à la température ordinaire, noir et brillant avec des reflets rougeâtres; il fond à 50° et passe, avant de fondre, par l'état pâteux. Il pèse environ 1.000 kil. par mètre cube. L'asphalte ressemble en été à une pierre tendre; en hiver, elle a l'aspect d'une roche dure d'un grain fin, de couleur chocolat; elle devient friable et s'écrase sous la pression des doigts lorsqu'elle est chauffée à 50 ou 60°; si on la chauffe davantage, elle se désagrège et tombe en poussière, qui, chauffée à 100° et comprimée fortement, s'agglomère de nouveau.

L'asphalte se trouve en France à Seyssel, à Chiavaroche, et en Suisse au Val-de-Travers. Le bitume se trouve à l'état natif en Auvergne, au Mexique, à Cuba et à l'île de la Trinité.

Le *mastic d'asphalte* est un composé obtenu en fondant dans une chaudière 15 1/2 0/0 de bitume libre et 84 1/2 0/0 d'asphalte pulvérisée qu'on y ajoute peu à peu; après quelques heures, on coule la masse complètement liquéfiée en pains ronds ou hexagones de 25 kil. Si on fond le mastic d'asphalte à 180° avec 4 0/0 de bitume et 30 0/0 de gravier, on obtient une sorte de mortier d'asphalte qui sert à revêtir la surface des trottoirs.

Le *bitume factice* est un composé de blanc de Meudon, de terre à four et de bitume, auquel on ajoute des résidus de distillation des schistes et du brai de gaz; ce produit ne vaut rien pour l'extérieur parce que les changements de température finissent par le décomposer; il ne peut être employé que pour revêtir des sols de caves ou de sous-sols, ou pour faire des fondations de machines.

§ 3. — MATÉRIAUX MASSIFS ARTIFICIELS

25. Produits céramiques. — Ces produits se fabriquent avec l'*argile* qui est un silicate d'alumine plus ou moins pur. Les argiles sont douces au toucher; elles ont une odeur particulière lorsqu'on les frotte, et qu'on les mouille; sèches, elles happent fortement à la langue et s'écrasent sous une assez faible pression. L'argile est avide d'eau avec laquelle elle donne une *pâte plastique* qui durcit par l'exposition à l'air, en se desséchant; elle perd la plus grande partie de son eau à 100°, et la totalité vers 200 ou 300°; elle ne peut plus alors prendre aucune plasticité. Si on élève davantage la température, l'argile prend une grande cohésion, et dans certains cas une dureté suffisante pour faire feu au briquet; l'argile est *cuite*. Dans cet état, elle est inattaquable par l'eau et constitue une véritable pierre. L'argile, en se desséchant et en cuisant, prend un *retrait* qui augmente avec la température subie et qui peut atteindre 1/5 en dimensions linéaires.

Les argiles très pures sont presque blanches et sont *réfractaires*, c'est-à-dire infusibles aux plus hautes températures; le *kaolin ou terre à porcelaine* est le type le plus parfait de ces argiles.

L'*argile plastique* proprement dite renferme quelques impuretés, sable, carbonate de chaux, oxyde de fer; elle sert à faire les faïences fines.

L'*argile figuline ou terre à potier* est moins pure, et c'est elle qu'on emploie pour la fabrication des faïences communes et des *terres cuites* pour le bâtiment; grâce à l'oxyde de fer qu'elle contient, elle se colore en rouge par la cuisson. On l'appelle aussi *terre glaise*.

Les *marnes* sont des argiles mélangées de calcaire; on les nomme *marnes argileuses* lorsque la proportion de calcaire ne dépasse pas 10 à 12 0/0; elles sont très plastiques, durcissent bien à la cuisson et sont employées à la fabrication des produits communs.

Les *marnes calcaires* qui renferment plus de 10 à 12 0/0 de calcaire ne sont pas suffisamment plastiques pour être employées à la fabrication des produits céramiques.

Les produits céramiques qui constituent des éléments importants de construction et de décoration sont les briques, les poteries pour tuyaux de fumée, entrevous de planchers, les tuiles, les carreaux de dallages et tous les produits de décoration, tels que têtes de cheminées, arêtiers ornés, garnitures de rives, panneaux de terre cuite, balustres, etc. Nous ne parlerons ici que des briques et nous renverrons pour les autres produits céramiques aux chapitres concernant leur emploi.

26. Les Briques. — *1° Définitions. Qualités des briques.* Les *briques* sont des parallélipipèdes en argile moulée, de dimensions régulières, susceptibles par leur juxtaposition de constituer des massifs à parements parfaitement plans et à assises horizontales bien réglées.

La *terre à briques* ne doit être ni trop grasse ou argileuse, parce qu'alors elle sèche difficilement et prend trop de retrait, ni trop maigre ou sableuse, parce que, dans ce dernier cas, elle donne des briques poreuses et manquant de cohésion. Une argile trop grasse sera mélangée de *matières dégraissantes* qui sont le sablon, la poudre d'argile cuite, les escarbilles de foyers, les mâchefers, les poussiers de coke, quelquefois des marnes calcaires; si l'argile est trop maigre, on y ajoute des marnes argileuses ou de l'argile plastique.

Une bonne brique doit être homogène dans toute sa masse, avoir une texture bien égale, une cassure brillante ne renfermant ni fissures, ni défauts; elle doit être dure, capable de supporter de fortes charges, ne pas fendre facilement; elle doit avoir des formes et des dimensions bien régulières, ce qui assurera l'homogénéité de la construction élevée avec les briques, la régularité de ses assises et de ses parements; enfin elle doit se laisser tailler et couper assez facilement. Une bonne brique rend un son clair par percussion.

Sans entrer dans le détail de la fabrication des briques, pour laquelle nous renvoyons aux ouvrages spéciaux, nous dirons qu'on les fabrique de deux manières : par moulage en *pâte molle*, c'est-à-dire en pâte un peu liquide, et par moulage en *pâte dure*, la pâte étant pétrie avec le minimum d'eau et moulée par compression énergique. Les briques moulées en pâte molle sont supérieures comme qualité. Les briques en pâte dure ont, par la manière même dont elles sont préparées, un aspect feuilleté ; elles se taillent moins bien et sont plus sujettes à geler; elles ont sur les premières l'avantage d'une plus grande régularité de forme et d'un prix de revient moins élevé.

Les *dimensions* à donner aux briques doivent être établies de manière qu'il y ait une relation simple entre elles et qu'on puisse alterner les joints dans la construction aussi bien dans le plan des assises horizontales que dans les plans verticaux, c'est ce qui a conduit aux dimensions adoptées le plus généralement, la longueur double de la largeur, laquelle est double de l'épaisseur; on a dû cependant, pour ne pas être obligé, dans certains cas, de tailler les briques, faire des *demi-briques* qui n'ont que la moitié de la longueur d'une brique ordinaire, et d'autres qui n'ont que la moitié de l'épaisseur; on les nomme aussi *briquettes* (fig. 11, pl. V). Nous allons voir quelles sont les différentes sortes de briques les plus employées.

2° *Briques crues*. On emploie dans certains pays, dans le Midi et en Champagne, des *briques crues* d'argile mêlée de sable; on en fait aussi avec la boue des routes; on les expose à l'air et au soleil pour obtenir leur dessication complète, ce qui est nécessaire pour qu'elles ne soient pas gélives. Elles ne résistent pas à l'humidité à moins qu'on ne les recouvre d'un enduit protecteur ou d'une peinture. On leur donne plus de solidité et un moindre retrait par la dessication, en y incorporant de la paille hachée, de la bourre, ou d'autres matières filamenteuses.

3° *Briques cuites pleines* (fig. 10, pl. V). La brique que l'on emploie à Paris est de plusieurs espèces : la *brique de Bourgogne*, qui se fabrique en Bourgogne; la *brique de Montereau et de Salins*, et la *brique du pays*, fabriquée aux environs de Paris, mais dont la qualité est inférieure; on les appelle briques *façon Bourgogne*.

La brique de Bourgogne a $0^{m}22$ de long, $0^{m}11$ de large et $0^{m}054$ d'épaisseur ; elle est rouge pâle, parsemée de taches brunes; le mille pèse 2.250 kil. ; il y en a 630 au mètre cube.

La brique de Montereau a $0^{m}22 \times 0^{m}107 \times 0^{m}048$ à $0^{m}050$; elle est de même couleur, mais avec moins de taches brunes, et pèse 2.060 kil. le mille.

La brique de pays a pour dimensions $0^{m}22 \times 0^{m}11 \times 0^{m}065$; il y en a 560 au mètre cube, et elle pèse 1.935 kil. le mille; elle est d'un rouge foncé, et plus cassante que la brique de Bourgogne.

La *brique de Sarcelles* a des dimensions de $0^{m}19$ à $0^{m}22$ sur $0^{m}10$ à $0^{m}11$, sur $0^{m}045$ à $0^{m}050$; elle est rouge vif, plus fragile et plus légère que les précédentes; le mètre cube ou le mille pèse 1.750 kil.

Les briques de Vernon, de Saint-Quentin, d'Amiens, de Compiègne sont également employées à Paris.

Au point de vue de leur utilisation, on peut classer les briques en plusieurs catégories :

Les *briques de grosse construction*, les plus communes, et dont les dimensions sont de $0^m 24$ à $0^m 27$ sur $0^m 100$ à $0^m 077$, sur $0^m 06$ à $0^m 07$; il en est de $0^m 30$ à $0^m 36$ de long, $0^m 20$ à $0^m 24$ de large et $0^m 04$ à $0^m 05$ d'épaisseur ; les plus grosses, dites *briques anglaises*, sont légères et contiennent souvent des fragments de coke ou de mâchefer.

Les *briques pour fours, fourneaux, cheminées et carrelages* doivent être dures, lourdes, compactes et très bien cuites. Ce sont des briques de *bonnes marques*.

Les *briques pour réservoirs et aqueducs* doivent être les plus compactes et les plus cuites ; on prendra de préférence celles qui présentent à leur surface des traces de vitrification ; on prépare aussi à cet effet des briques vernissées sur une ou plusieurs faces.

Les *briques réfractaires* sont fabriquées avec des argiles pures ne renfermant ni calcaires, ni alcalis, ni oxyde de fer ; les plus estimées sont celles du Moutet (Saône-et-Loire), de Forges-les-Eaux (Seine-Inférieure), de Sept-Veilles et de Courpières (Puy-de-Dôme), et celles des bonnes marques de Bourgogne.

On en fabrique, sous le nom de briques *de pays ou de plaines*, aux environs de Paris ; elles sont de qualité inférieure.

Les *briques légères* sont des briques réfractaires formées d'un mélange d'argile, d'alumine, de chaux et d'oxyde de fer ; elles ne pèsent que 450 kil. le mille.

Les *briques poreuses* sont fabriquées en incorporant à l'argile du lignite ou de la sciure de bois, jusqu'à moitié de son volume ; elles sont très légères et bonnes surtout pour les cloisons et remplissages intérieurs.

Les *briques cintrées Gourlier* destinées à la construction des conduites de fumée dans les murs, et dont nous parlerons en détail à propos de la construction de ces conduites.

Les *briques cintrées de Montchanin* qui ont la forme de voussoirs correspondant à diverses dimensions de voûtes et sont cintrées soit sur champ, soit sur plat (fig. 13, pl. V) ; et les voussoirs ordinaires (fig. 12, pl. V), pour voûtes de $0^m 11$ ou de $0^m 22$.

4° *Briques creuses*. Les *briques creuses* sont percées ordinairement, dans le sens de leur longueur, d'un certain nombre de trous de forme généralement rectangulaire ou carrée ; on distingue les briques à grandes, à moyennes et à petites cavités ; ces dernières sont plus légères à égalité de résistance.

Ces briques sont légères, assez résistantes, quoique inférieures, à ce point de vue, aux briques pleines ; elles se lient bien, ne conduisent pas la chaleur, ne transmettent pas l'humidité et atténuent les bruits ; on peut les employer pour la ventilation (briques à 18 trous) (fig. 14, 15, 16 et 22, pl. V).

On leur donne souvent les mêmes dimensions et les mêmes formes qu'aux briques pleines, mais on en fabrique un plus grand nombre de modèles différents (fig. 17, 18, 19, 20, pl. V). Elles sont employées avec avantage pour tous les remplissages, cloisons et hourdis de planchers pour lesquels on recherche avant tout la légèreté, et on leur donne des formes spéciales appropriées à leur emploi. On fait des briques creuses émaillées pour revêtements ainsi que pour cloisons (fig. 23, pl. V).

Telles sont les *briques circulaires pour voûtes* dans lesquelles certaines briques formant voussoirs, d'autres forment les sommiers de voûtes (fig. 17, 19 et 20, pl. V); les *briques Robert-Avril* (fig. 21, pl. V), à saillie et entaille s'emboîtant les unes dans les autres pour constituer des cloisons légères ou des voûtes plates légères pour planchers; les *briques creuses cintrées pour entrevous de planchers*, système Verdier, système Gilardoni ou Muller, capables de s'assembler à emboîtement et de former des voûtes légères et résistantes. Nous reviendrons sur ces matériaux à propos des hourdis de planchers.

5° *Briques diverses. Briques en porcelaine Mouret.* Ce sont des briques creuses de $0^{m}22 \times 0^{m}12 \times 0^{m}06$, en porcelaine, complètement imperméables et inaltérables; elles ont l'inconvénient de coûter fort cher (0 fr. 65 la pièce).

Briques en laitier. On fabrique à Saint-Dizier-Marnaval avec les laitiers et scories de hauts fourneaux, des briques d'une couleur gris blanchâtre, mais qu'on peut colorer diversement; elles ont $0^{m}22$ ou $0^{m}24 \times 0^{m}105$ ou $0^{m}160 \times 0^{m}06$ ou $0^{m}105$ et pèsent 2 kil. 6 ou 4 kil. 5; elles se taillent facilement, ont un grain assez gros, mais cependant les arêtes vives, et elles donnent de beaux parements; elles conduisent mal la chaleur et résistent bien aux intempéries et à la gelée; elles se comportent bien pour les maçonneries sous l'eau. Prises à l'usine, elles coûtent de 30 à 33 francs le mille pour les petites, et de 50 à 55 francs le mille pour les grosses.

Briques de liège. Ce sont des agglomérés fabriqués avec du liège pulvérisé et qui pèsent, à dimensions égales, cinq à six fois moins que la brique de Bourgogne, soit 300 kil. le mètre cube; elles ne sont pas hygrométriques, peu sonores et peuvent être employées pour remplissages de cloisons, voûtes non chargées, etc.; le plâtre y adhère bien. Leurs dimensions sont $0^{m}22 \times 0^{m}11 \times 0^{m}06$; il en faut 38 par mètre carré sur champ et 67 à plat.

27. Produits obtenus au moyen du plâtre. — 1° *Plâtras.* Ce sont des morceaux de démolition d'ouvrages en plâtre, assez gros pour être utilisés comme de petites pierres pour construire des maçonneries d'ailleurs fort peu résistantes, des remplissages ou des hourdis de planchers. Il faut avoir la précaution de n'employer que les plâtras blancs et rejeter tous ceux qui ont été en contact avec des fumées et qui sont souillés de suie, ainsi que ceux qui sont salpêtrés.

2° *Briques de plâtre*. On fabrique des briques de plâtre à section carrée et portant sur leur tranche des rainures et languettes pour les emboîter l'une dans l'autre et les relier à l'aide de plâtre; elles servent à faire des cloisons. On les fait à l'aide d'un mélange de plâtre et de plâtras blancs. On peut en obtenir également en mélangeant 1/3 de plâtre et 2/3 de poudre de briques.

3° *Carreaux de plâtre*. Ces carreaux qui servent à construire des cloisons légères ont ordinairement $0^{m}48$ de long, $0^{m}32$ de large et une épaisseur qui varie de $0^{m}055$ à $0^{m}160$; l'épaisseur la plus usitée est de $0^{m}080$, conforme à l'équarrissage des huisseries et des poteaux de remplissage des cloisons. On les pose de champ, et on les relie par du plâtre que l'on coule dans les joints; à cet effet, leurs bords sont toujours creusés d'une rainure (fig. 24, pl. V). Lorsque ces carreaux ont une épaisseur suffisante, on peut les faire creux; ils sont alors légers et peu sonores. Quelquefois, leur surface est striée pour assurer l'adhérence des enduits (fig. 25, pl. V). On fabrique de la même manière des pièces pour entrevous de planchers; nous en parlerons à propos des hourdis de planchers.

On ajoute quelquefois au plâtre de l'alun, de la limaille, du mâchefer, et on fait avec ce mélange des poteries auxquelles on donne le nom de *tuyaux ferrugineux*. Ce ne sont pas des produits à recommander: le plâtre, malgré l'addition de ces substances, résistant très mal à l'action de la chaleur.

28. Pierres factices. — On fabrique à l'aide de divers mélanges des *pierres artificielles* économiques pour seuils, marches, dalles, bordures de trottoirs, carreaux dits mosaïques, etc.

M. Darroze emploie le mélange suivant :

Chaux hydraulique, 2 parties;		Total, 10 parties.
Ciment ou oxyde terreux, 2 parties;		
Cendres,	1 —	
Sable,	5 —	

Il faut employer des sables ferrugineux ou des sables de rivière; les cendres jouent le rôle de pouzzolanes.

M. Heeren indique de son côté la composition suivante :

Chaux,	10 à 15	parties;
Sable ou grès et calcaire,	60 à 75	—
Litharge,	5	—
Huile siccative,	5	—

Les matières sont broyées à la meule, puis passées au tamis fin, mélangées et pétries à l'huile siccative qui est ordinairement de l'huile de lin ; on les moule ensuite en blocs de $0^{m}40$ à $0^{m}60$ de côté que l'on sèche dans une étuve où l'on fait arriver le courant d'acide carbonique venant d'un four à chaux. On ajoute souvent au mélange un peu de silicate d'alumine.

Enfin nous renvoyons à l'article *Béton aggloméré* pour la fabrication de produits moulés en mortier de chaux hydraulique ou de ciment.

§ 1. — EXÉCUTION DES MAÇONNERIES

29. Maçonnerie de pierre de taille. — 1° *Définitions et principes généraux.* On donne le nom de *pierre de taille* à tout bloc de pierre dont le poids est trop considérable pour qu'un homme puisse le porter ou le manœuvrer seul.

Dans la construction en pierre de taille, il faut toujours procéder par rangées horizontales, ou *assises*, de hauteur égale ou variable dans toute la hauteur de la construction ; il faut alors dresser au moins deux faces parallèles de la pierre, qu'on nomme *lits*. Si une pierre n'est dressée que sur ses lits, on l'appelle un *libage* ; les libages sont employés dans les fondations.

Les pierres de taille proprement dites sont taillées sur toutes leurs faces ; on appelle *parement* toute face qui reste apparente dans la construction ; *joints*, les faces latérales par lesquelles les diverses pierres d'un même ensemble se touchent ; il y a toujours deux joints perpendiculaires au parement. On nomme également joint l'espace rempli de mortier qui sépare deux pierres contiguës.

Toutes les pierres stratifiées présentent deux lits naturels de carrière ; les lits de la construction doivent avoir en principe la même direction que les lits de carrière, parce qu'il a été reconnu qu'en général la pierre ainsi posée est plus résistante. On dit que la pierre est *posée en délit* si le lit de pose ne correspond pas au lit de carrière. Pour les pierres très dures ou pour les roches d'origine ignée, la pose en délit ne présente aucun inconvénient.

La *hauteur d'assise* est la distance verticale entre deux lits de pose successifs ; si cette hauteur est la même pour toute la construction, on dit qu'elle est montée par *assises réglées de hauteur*.

D'après cela aussi, on désigne sous le nom de *pierres de haut ou de bas appareil*, celles dont les hauteurs de bancs en carrière sont plus ou moins grandes que $0^{m}30$ et permettent d'obtenir des assises plus ou moins hautes que cette dimension.

Les *joints verticaux* de deux assises successives ne doivent jamais se correspondre ; ils doivent *se croiser* d'au moins $0^{m}20$ aussi bien dans le sens de la longueur du mur que dans le sens de son épaisseur. C'est ce qu'on appelle donner de la *découpe*.

Lorsque toutes les pierres employées dans la construction présentent des parements de même largeur, on dit que la construction est *réglée de largeur*.

La dimension d'une pierre, perpendiculairement à son parement, s'appelle la *queue de la pierre*. Une pierre qui est plus longue en parement qu'en queue s'appelle un *carreau*; une pierre plus longue au contraire en queue qu'au parement est une *boutisse*. Enfin une pierre qui traverse toute l'épaisseur d'un mur et qui présente deux parements s'appelle un *parpaing* (fig. 1, pl. VI, *a* est un carreau, *b* une boutisse, *c* un parpaing).

Le détail de la disposition des pierres dans une construction se nomme *l'appareil*. *Appareiller* c'est faire le tracé des formes et des dimensions des pierres qui seront employées dans une construction; c'est le travail confié à *l'appareilleur*. Cet ouvrier est le chef du chantier de *taille des pierres*; il doit être intelligent, connaître les défauts et les qualités des pierres dont il aura à se servir; il doit être capable de tracer les *épures* suivant les dessins qui lui sont remis par l'architecte, et de faire tailler les pierres d'après ces épures.

2° *Divers appareils des murs en pierre de taille*. Les appareils employés pour la construction des édifices les plus anciens sont souvent de forme irrégulière; on trouve en Asie et en Grèce des murailles exécutées avec des blocs polygonaux de toutes dimensions (fig. 2, pl. VI); c'est *l'appareil polygonal* ou *opus incertum*. On rencontre quelquefois *l'appareil irrégulier* dans lequel des pierres de toutes dimensions sont ajustées par assises rompues; il a été fréquemment employé par les Romains (fig. 3, pl. VI). Aujourd'hui, on construit soit par assises horizontales égales, constituant *l'appareil à assises réglées* ou *opus isodomum* des Grecs (fig. 4, pl. VI), dans lequel les assises sont de plus réglées en largeur, soit par assises horizontales d'inégale hauteur ou *opus pseudisodomum* (fig. 5, pl. VI).

Dans le sens de l'épaisseur du mur, l'appareil peut être constitué tout en parpaing, ou bien par parpaings, carreaux et boutisses (fig. 1, pl. VI).

Lorsque les murs doivent être soumis à des efforts obliques, comme dans le cas des parapets de ponts ou de quais, on peut employer *l'appareil enchaîné* dans lequel les joints sont brisés au milieu de leur épaisseur par un arrondi, la partie convexe d'une pierre s'engageant dans la partie concave de l'autre (fig. 6, pl. VI).

Pour les ouvrages à la mer, comme les phares, on emploie un appareil enchaîné dans lequel les pierres d'une même assise et celles de deux assises consécutives sont reliées entre elles par des crampons de métal; les anciens avaient employé ce procédé; grâce à la taille parfaite des pierres et à l'emploi des crampons pour les relier, ils ont pu élever sans employer de mortier un grand nombre de leurs plus beaux édifices.

Au *croisement de deux murs formant encoignure* on peut employer deux dispositions, destinées à rendre les deux murs solidaires dans cet endroit ; dans la première, qui est la plus économique, on met les pierres en *besace*, de telle sorte que la pierre d'angle appartient tantôt à un mur, tantôt à l'autre dans les assises successives, en ayant comme largeur, la largeur du mur auquel elle appartient (fig. 7, pl. VI). Dans la deuxième disposition, les pierres d'angle sont avec *harpes*; on doit alors employer des pierres plus grosses, chaque assise appartenant à la fois aux deux murs et faisant saillie dans l'un et dans l'autre. Les saillies sont variables de longueur et sont appelées *harpes* (fig. 8, pl. VI). La pierre qui lance une forte harpe dans un mur en lance une courte dans l'autre, de manière à permettre de croiser les joints. Ce système donne plus de déchet de pierre, mais donne une liaison meilleure que l'appareil en besace.

Lorsque *deux murs se rencontrent à angle droit* comme un mur de façade et un mur de refend par exemple, on peut encore appliquer les mêmes dispositions (fig. 9 et 10, pl. VI).

3° *Taille de la pierre*. La pierre sortant de la carrière est livrée au chantier en blocs *tout venant* ayant des hauteurs déterminées; on les débite au moyen de la scie sans dents, ou en les faisant fendre au moyen de *coins* à faces planes ou à faces courbes qu'on appelle *aspigots*.

Le *scieur de pierre dure* emploie la *scie sans dents* (fig. 11, pl. VI) et le grès en poudre délayé dans l'eau ; un ouvrier habile arrive à produire des faces de sciage bien planes qu'on peut utiliser sans retouches pour parements vus. La scie a pour objet de peser et d'appuyer sur le grès pour user la pierre; l'ouvrier assis sur un chevalet à siège mobile donne à la scie un mouvement alternatif en jetant de temps en temps de l'eau mêlée de grès dans le trait de scie.

Le *scieur de pierre tendre* emploie la *scie à dents* ou *passe-partout* (fig. 12, pl. VI) à laquelle on donne la *voie* nécessaire au moyen du *tourne à gauche*.

La pierre débitée est livrée au *tailleur de pierre* qui procède à la *taille proprement dite*, comprenant : 1° les *tailles préparatoires* qui dressent les faux parements nécessaires aux tracés, et comprennent aussi l'*épannelage* ou dégrossissement des moulures, les *abatages*, les *évidements* et *refouillements* ; 2° la *taille des lits et joints* qui doivent être bien dressés, mais présenter cependant une surface un peu rugueuse pour faciliter l'adhérence du mortier ; 3° la *taille des parements vus*, d'un fini plus parfait que la précédente. Les parements sont dits *poinçonnés*, lorsqu'ils sont faits avec la pioche ou le poinçon; *bouchardés*, lorsqu'ils sont achevés avec la boucharde ; *layés* ou *gradinés*, lorsqu'ils sont exécutés avec la laye ou gradine.

Les outils de tailleur de pierre sont :

La *pioche*, marteau en fer terminé par des pointes aciérées à quatre pans ; on abat avec cet outil les aspérités principales des faces de la pierre. Les traces des coups de pioche doivent être bien parallèles et également réparties (fig. 29, pl. VII).

Le *poinçon* sert à obtenir les mêmes résultats ; on le frappe avec une masse en fer emmanchée (fig. 28, pl. VII).

La *boucharde* est un gros marteau à têtes carrées taillées en un grand nombre de pointes de diamant symétriquement et régulièrement disposées ; on frappe de ces pointes les parements dégrossis à la pioche et au poinçon, de manière à écraser les aspérités jusqu'à dressement parfait. Il existe des bouchardes de plusieurs numéros pour des tailles de plus en plus fines.

La *laye* ou *marteau bretté*, marteau à deux têtes dont les tranchants sont parallèles au manche ; un des tranchants est taillé en petites pointes de diamant ; elle sert à finir la taille des parements vus (fig. 31, pl. VII).

La *gradine*, sorte de ciseau dont le tranchant est dentelé, sert à la taille des pierres dures ; on la remplace par des *ciseaux* de diverses longueurs (fig. 31, pl. VII). On s'en sert, en les frappant à l'aide de la masse, pour faire sur les bords des parements, des *ciselures* qui permettent de ne pas frapper trop près des arêtes avec la pioche, la laye ou la boucharde.

La *ripe* est un outil formé d'une tige de fer dont les extrémités sont larges, aplaties et recourbées en sens contraire ; elles sont aciérées et tranchantes ; l'une est dentelée, l'autre lisse ; elle sert à donner à la pierre le dernier poli (fig. 24, pl. VII).

Le *chemin de fer*, qui, pour les pierres tendres, remplace la ripe et produit le même travail plus économiquement, est une sorte de rabot à 5 ou 7 lames d'acier dentées ; il est pourvu d'une poignée à l'aide de laquelle on le fait glisser en l'appuyant fortement sur les surfaces à unir (fig. 13, pl. VI).

Nous dirons, à propos des notions sur l'art du trait, par quelles méthodes on opère la taille des pierres.

4° Pose de la pierre de taille. La pierre étant amenée sur le chantier est montée comme nous l'avons exposé au chapitre IV, n° 3, et amenée à la place qu'elle doit occuper dans la construction ; on la présente à cette place en la calant au moyen de morceaux de bois, réglés d'avance à l'épaisseur du joint et placés à quelque distance des angles pour éviter les écornures ; on donne en général au joint une épaisseur de 5 à 10 millimètres. On soulève la pierre, on l'abat sur un de ses côtés en lui faisant faire quartier, puis on nettoie et on arrose l'assise inférieure et le lit de dessous de la pierre, et on étend une couche de mortier fin un peu plus épaisse que les *cales*. On remet la pierre en place, et on frappe sur le lit de dessus avec une masse en bois jusqu'à ce que le mortier reflue et que la pierre porte sur les cales. Quand le mortier est assez durci, on enlève les cales. On remplit ensuite les joints verticaux avec du mortier qu'on fait entrer à l'aide de la *fiche à dents en fer* (fig. 14, pl. VI).

On peut encore placer la pierre sur ses cales à sec, puis remplir le joint de lit avec du mortier liquide qu'on pousse avec la *fiche à dents*. Mais le premier procédé indiqué est le meilleur.

On pose quelquefois les pierres à sec, et on remplit les joints avec un *coulis de plâtre* qu'on verse en le remuant bien ; on ferme le pourtour des lits et joints avec un cordon d'étoupe ou un bourrelet de plâtre, en ménageant des trous de sortie pour l'air. Il ne faut pas employer le coulis de mortier, qui donne de mauvais résultats. Lorsque toutes les pierres d'une assise sont posées, si quelques-unes sont plus hautes que les autres, on enlève les saillies et on dresse le lit supérieur, ce qu'on nomme *araser l'assise*.

Une équipe composée de un poseur, un contre-poseur et deux garçons, pose un mètre cube en 4 heures dans les conditions ordinaires ; elle ne pose qu'un mètre cube en 10 heures dans les voûtes.

5° *Ravalement. Ragréement. Rejointoiement de la pierre de taille. Ravaler* et *ragréer* une construction en pierre de taille, c'est tailler ou retoucher et unir dans leur ensemble les moulures et les raccordements de toutes les surfaces vues. Cette opération,qui met en valeur les détails d'architecture, doit être très soignée ; l'*ouvrier ravaleur* trace son travail sur les plus grandes surfaces possibles, pose les repères nécessaires, puis ravale le nu des murs de manière à avoir un parement bien vertical, en réservant les masses dans lesquelles seront taillées les saillies qu'il exécute ensuite en commençant par les parties hautes et descendant graduellement jusqu'à la base de la construction. Le ravalement sur *le tas* permet d'obtenir une rectitude et un fini d'exécution que l'on n'obtient pas si on fait la taille définitive de chaque pierre avant la pose.

L'ouvrier ravaleur est un spécialiste ; son outillage se compose, outre les outils employés ordinairement à la taille de la pierre, de différentes espèces de rabots en bois garnis de lames d'acier qu'on nomme *guillaumes* et *chemins de fer*, et qui lui servent à produire les différents profils de moulures et les parties planes.

A mesure que le ravalement avance, on exécute les *rejointoiements* ; pour cela, on enlève, sur une profondeur de 0^{m}02, le mortier qui remplit les joints ; on se sert à cet effet d'un crochet de fer. On lave bien les joints ainsi dégradés, puis on les remplit de mortier ferme et très fin que l'on presse fortement pour le faire adhérer aux surfaces ; on enlève ensuite les bavures. Dans les pierres tendres, on fait un *joint plat*, le mortier arasant le mur.

Dans les pierres dures, dont les arêtes ne sont pas sujettes à s'épaufrer, on peut faire le *joint creux* ou le *joint en boudin* qui est ainsi protégé et donne, au point de vue décoratif, un aspect satisfaisant en dégageant les arêtes, et donnant aux parements une apparence de solidité et de régularité en rapport avec ce genre de pierres.

Enfin, on fait quelquefois le joint en ciment, en lui donnant une légère saillie et une largeur de 5 à 6 millimètres, mais il est moins solide que les précédents.

Quelquefois, dans le cas des joints arasés, on accuse le joint en traçant dans le mortier une légère empreinte au moyen du tire-joint.

30. Maçonnerie de moellons. — *1° Définitions et principes.* On nomme *moellons* des pierres de faibles dimensions telles qu'un homme puisse les manœuvrer facilement.

L'exécution de la maçonnerie de moellons est soumise à peu près aux mêmes règles que celle de la maçonnerie de pierres de taille ; il faut toujours procéder par assises horizontales ; croiser les joints d'une assise avec ceux de l'assise inférieure ; mettre aussi souvent que possible des parpaings ; poser les moellons sur mortier épais, placé à la truelle, et les bien asseoir en les frappant sur le dessus avec la hachette ; lorsque les pierres de chaque parement sont posées, remplir tous les joints avec du mortier lancé fortement avec la truelle, et y chasser au marteau de petits morceaux dits *garnis* ; araser l'assise bien de niveau. On mouille les moellons lorsqu'ils sont trop secs et absorbants.

2° Classification des moellons. Les moellons sont classés au point de vue du travail de taille qu'ils subissent de la manière suivante :

Les *moellons bruts*, qui ont un seul parement simplement dégrossi ;

Les *moellons ébousinés* qui ont leur parement à peu près dressé, et qu'on taille légèrement sur les lits et joints au moment de leur emploi ;

Les *moellons taillés*, qui sont taillés plus proprement ;

Les *moellons piqués*, taillés avec plus de soin, avec des arêtes droites sur leur parement ;

Les *moellons d'appareil*, qui sont de véritables petites pierres de taille, et qui subissent un ravalement après la pose.

Au point de vue de la nature de la pierre, on divise les moellons en *moellons durs ou de roche*, employés pour les fondations, les soubassements, les travaux hydrauliques et les parties d'un bâtiment qui portent charges ; *moellons demi-durs* ou *traitables*, moyennement tendres, ou de banc franc, qui forment le corps des murs ordinaires ; *moellons tendres*, employés pour les parties hautes des constructions.

3° Outils du maçon. Les outils du maçon sont les suivants (voir pl. VII) :

La *hachette* (fig. 1), marteau dont le fer est carré d'un bout et tranchant de l'autre. Elle sert à refendre les moellons, à ébousiner les pierres, à enlever les vieux enduits, à refaire des trous au travers des hourdis, à hacher le crépis, à enfoncer les broches, etc.

Le *décintroir* (fig. 2), marteau muni de deux taillants, perpendiculaires l'un à l'autre, et qui sert à équarrir les trous ébauchés, à démolir, écarter les joints des pierres, à décarreler, etc.

La *truelle brettée* (fig. 3), lame d'acier, munie d'un manche disposé de façon à maintenir la lame dans son plan ; l'un des bords est taillé en dents de scie, et l'autre en biseau. Cet outil sert à gratter la surface d'un enduit avant de le nettoyer, à lisser les plâtres, etc. Cet outil a besoin d'être solidement construit, la lame doit être en acier bien trempé et sans paille.

La *truelle à plâtre* (fig. 4), lame en fer ou en cuivre en forme de trapèze, munie d'un manche recourbé. Elle sert à étendre le mortier sur les joints, à faire les enduits de plâtre, etc. La truelle à plafond, qui sert à donner aux enduits le dernier lissage, est plus longue et plus effilée.

Truelle triangulaire et pointue (fig. 5), employée généralement pour les ciments. Les couvreurs l'emploient également pour les solins.

Guillaume (fig. 6), rabot dont le fer, au lieu d'être au milieu de l'outil, est à son extrémité ; il est employé généralement pour raboter les moulures et les arêtes quand le plâtre n'est pas tout à fait sec.

Gouges, *Riflards*, *Grattoirs* (fig. 7, 8, 9, 10, 11, 12, 13). Outils en fer, à lames tranchantes ou à dents de scie, servant à gratter ou nettoyer la surface d'un enduit, à faire les raccords et angles de moulures en plâtre. *Niveaux* (fig. 14, 15, 16), instruments qui servent à déterminer la ligne horizontale ; nous ne citerons que trois sortes de niveaux : le *niveau rectangulaire* (fig. 14), châssis en bois dont les angles doivent être parfaitement d'équerre, de manière à pouvoir s'en servir à plat pour tracer des lignes perpendiculaires l'une à l'autre. Ce niveau peut s'appliquer par sa partie supérieure en dessous des pièces horizontales, ou par sa partie latérale, contre une pièce dont les faces doivent être verticales. Sur la traverse inférieure est tracée une encoche dans laquelle se loge le fil quand le niveau est d'aplomb. Le *niveau triangulaire* (fig. 15) est un châssis en bois composé de trois règles, dont deux doivent former un angle droit ; il s'emploie en général pour le montage des murs. On s'en sert comme du précédent. Le *niveau à bulle d'air* (fig. 16) est un tube en verre enchâssé dans une douille métallique perforée et reposant sur une platine en métal. Le tube est rempli d'eau ou d'alcool ; on ménage la place d'une bulle d'air, qui, quand l'instrument est de niveau, vient se placer au milieu d'une échancrure ménagée dans l'enveloppe métallique.

On ne se sert jamais de ces instruments seuls, car ils n'ont pas assez de longueur. On prend ordinairement une règle en bois bien dressée, de 4 ou 5 mètres de longueur, que l'on place de champ sur les points que l'on veut mettre de niveau ; on place dessus le niveau et on hausse ou l'on baisse l'une des extrémités de cette règle au moyen de cales jusqu'à ce que l'instrument indique un niveau exact.

L'*équerre* (fig. 17), instrument de bois ou de fer qui sert à tracer les angles et élever les perpendiculaires.

La *taloche* (fig. 18), outil composé d'une planchette en sapin bien dressée munie d'une poignée plantée d'aplomb au milieu ; elle sert à étendre le plâtre sur le parement des murs.

Le *fil à plomb* (fig. 19) se compose de deux pièces; la première est un tronc de cône métallique, par le milieu duquel passe un fil ou fouet qui sert à le suspendre, la deuxième est une plaque carrée ou ronde appelée *chas*, au milieu de laquelle passe aussi le fil, et dont la dimension est celle du diamètre le plus grand du plomb. Cet instrument sert à mesurer les talus et les différences d'aplomb, et à reconnaître si un mur est vertical. Pour s'en assurer, on place le chas contre le parement du mur en haut; si le plomb tombant librement touche, sans s'y appuyer, la partie inférieure de ce parement, on est assuré que le mur est vertical.

La *broche* (fig. 20) est une cheville de fer à pointe servant à tendre les lignes, à supporter les règles, etc.

L'*auge* (fig. 21), caisse en bois de sapin ; l'ouverture a environ $0^{m}70$ sur $0^{m}45$; cette caisse va en se rétrécissant vers le fond; les maçons et les couvreurs l'emploient pour gâcher le plâtre.

L'*oiseau* (fig. 22), caisse ouverte, pourvue à sa partie antérieure d'une planchette qui s'appuie contre le dos du manœuvre et de deux bras s'appuyant sur les épaules ; il sert à transporter le mortier que l'on charge à la pelle.

Le *marteau de maçon* (fig. 23), marteau carré d'un bout et pointu de l'autre et bien aciéré. Il sert à casser ou fendre les moellons durs et les meulières.

La *sciotte* (fig. 25), petite scie à main incrustée dans un morceau de bois rectangulaire ; on l'emploie pour amorcer les filets des moulures.

Le *tétu* (fig. 26), marteau à tête carrée d'un bout ; on l'emploie pour pratiquer de larges sillons, à abattre la pierre pour la dégrossir près des arêtes.

La *ripe*, le *ciseau*, la *masse*, la *pioche* ou *pic*, la *boucharde*, la *laie* ou *marteau brette*, qui ont déjà été décrits comme outils appartenant aussi aux tailleurs de pierre.

4° *Exécution d'un mur en moellons.* On dispose les moellons en se réglant sur leur parement; à cet effet, chaque face du mur a son alignement indiqué par un cordeau ou ficelle tendue entre des piquets au pied du mur et par une autre placée à $0^{m}50$ environ au-dessus de l'assise que l'on construit; c'est ce que l'on appelle *construire entre lignes*. On alterne avec soin les moellons formant carreaux et boutisses dans chaque assise en ayant soin de les tenir tous d'égale hauteur pour que l'assise soit bien réglée partout à la même épaisseur; on place des parpaings tous les deux mètres environ, si c'est possible. Les moellons d'une assise croisent constamment leurs joints avec ceux de l'assise inférieure (fig. 15, pl. VI).

A la rencontre de deux murs formant encoignure, on emploie les plus grands moellons qu'on a eu soin de mettre d'avance de côté et on les place de manière qu'ils forment le mieux possible liaison entre les deux murs (fig. 10, pl. VI).

Les murs hourdés au mortier de chaux et sable ne tassent pas sensiblement. On hourde quelquefois au plâtre; il faut alors prendre des précautions à cause de la prise rapide du plâtre. Le maçon doit approcher et préparer d'avance les moellons qui doivent former la portion d'assise correspondant à une gâchée. Il faudra également se rappeler que cette maçonnerie subit un fort tassement.

On pose quelquefois les moellons à sec pour former des *perrés* revêtant les talus des remblais pour leur donner la résistance qui leur manque.

Le temps employé pour exécuter un mètre cube de maçonnerie de moellons dans différents cas, avec hourdis au plâtre, est le suivant :

Massifs, blocages, remplissages de reins de voûtes, sans ébousinage des moellons	3^{h}
Murs de fondation, de terrasses sans parement et au-dessus de $0^{m}30$ d'épaisseur, les moellons ébousinés	4
Les mêmes, de moins de $0^{m}30$ d'épaisseur	5
Voûtes en berceau et murs de cave ou de clôtures de plus de $0^{m}40$ d'épaisseur à deux parements, les moellons étant smillés avant leur emploi	5
Les mêmes, de moins de $0^{m}40$ d'épaisseur	6
Murs en élévation de plus de $0^{m}40$ d'épaisseur, jusqu'à 3 mètres de hauteur, les moellons étant ébousinés	6
Les mêmes, de 3 à 8 mètres de hauteur	8 1/2
Les mêmes, sur plan circulaire	9^{h}
— — de 3 à 8 mètres de hauteur	12
Maçonnerie de moellons piqués pour parements de cours, de caves, de terrasses, de clôtures, les moellons étant piqués d'avance	11
Moellons posés à sec pour perrés	4

31. Maçonnerie de meulières. — La meulière peut être *smillée* ou *taillée* par des ouvriers spéciaux qu'on appelle piqueurs de meulière; ils emploient un couperet et un marteau qui ressemble à celui qu'emploient les paveurs pour débiter et refendre les pavés. Un piqueur taille dans une journée de 10 heures 25 blocs pour faire 1 mètre carré de parement; il peut smiller 160 blocs formant 5 à 6 mètres carrés de parement.

La maçonnerie de meulières se construit suivant les mêmes principes que la maçonnerie de moellons; elle doit être de préférence hourdée au mortier de chaux hydraulique et non au plâtre, car on l'emploie en général pour des murs portant de lourdes charges. On construit quelquefois cette maçonnerie avec appareil polygonal; ce travail doit être fait par de bons ouvriers très soigneux.

Le jointoiement des parements peut être fait comme dans une maçonnerie en pierre; mais on peut encore *rocailler* les joints; à cet effet, on les dégrade puis on les remplit de nouveau de mortier fin dans lequel on insère de petits fragments de meulière concassée ne dépassant pas l'alignement du parement. On peut également, et surtout lorsqu'on emploie l'appareil polygonal, adopter les joints saillants.

Enfin on obtient avec des meulières inférieures de petites dimensions, hourdées au mortier de ciment, une maçonnerie très résistante et étanche employée à la construction des *égouts*.

32. Maçonnerie de briques pleines ou creuses. — Ces maçonneries sont faciles à exécuter puisque les éléments des assises ont tous la même épaisseur et que les proportions des briques sont favorables à une bonne disposition et à un enchevêtrement régulier. Il faut observer dans ces maçonneries le principe de *découpe* dans tous les sens, comme pour les précédentes. Il faut toujours mouiller les briques avant de les poser.

On peut construire des murs d'épaisseur déterminée avec une, deux, trois, etc., briques d'épaisseurs; ces murs sont très résistants et moins conducteurs de la chaleur que les murs en pierre et en moellons, ce qui permet souvent d'en réduire l'épaisseur. Le temps nécessaire à la construction d'un mur en briques peut s'évaluer ainsi :

Pour 1 mètre carré de cloison d'épaisseur égale à celle de la brique.......		0 h	50
— 1 — — à la largeur de la brique...		1	50
— 1 — — à la longueur de la brique..		3	50
— 1 mètre cube de maçonnerie de 0m 22 d'épaisseur y compris échafaudage et montage des matériaux à 7 ou 8 mètres de hauteur..........		15	»

Les principales dispositions adoptées pour les maçonneries de briques sont les suivantes :

1° *Briques de champ* pour *cloisons* appelées aussi *galandages*, ayant 0m 055 d'épaisseur sans crépis ni enduits (fig. 1, pl. VIII); il faut 38 briques de 0m 22 × 0m 11 par mètre superficiel. Ces cloisons ont peu de stabilité par elles-mêmes; il faut les consolider tous les deux mètres par des poteaux en bois. Elles ont 0m 08 d'épaisseur avec les enduits.

2° *Briques à plat* pour cloisons plus résistantes, ayant 0m 105 à 0m 11 d'épaisseur, sans crépis ni enduits (fig. 2, pl. VIII); il faut 70 briques de Bourgogne de 0m 22 × 0m 11 × 0m 054 par mètre superficiel et seulement 65 briques façon Bourgogne de $0^m 22 \times 0^m 11 \times 0^m 65$. Ces cloisons ont $0^m 15$ d'épaisseur avec les enduits; elles sont nommées cloisons en *briques panneresses*.

3° *Murs en briques de $0^m 22$*, formés de briques posées à plat et qu'on peut disposer de plusieurs manières. Une première solution consiste à disposer toutes les briques des assises successives en parpaings, de manière qu'elles présentent en parement leur face de $0^m 11 \times 0^m 054$ (fig. 3, pl. VIII).

On peut encore composer uniformément toutes les assises de deux briques en long formant carreaux, suivies d'une brique formant parpaing, et ayant toujours soin de croiser les points des différentes assises (fig. 4, pl. VIII).

Enfin on peut former une assise au moyen de briques en parpaings, et la suivante au moyen de briques formant carreaux dans toute la longueur de l'assise (fig. 5, pl. VIII).

Dans un mur en briques de $0^m 22$, il entre 140 briques de Bourgogne de $0^m 22 \times 0^m 11 \times 0^m 054$ par mètre superficiel, ou 130 briques façon Bourgogne de $0^m 22 \times 0^m 11 \times 0^m 065$.

4° *Murs en briques de $0^m 35$*. On peut procéder par assises toutes semblables dans lesquelles les briques seront toutes employées entières, comme l'indique la fig. 6, pl. VIII. Mais cette disposition ne convient pas lorsqu'on veut avoir en façade un arrangement régulier de briques symétriquement disposées; il faut alors avoir recours à la disposition de la figure 7, pl. VIII; toutes les assises sont encore semblables, mais on croise les joints de manière que la boutisse d'une assise repose sur le milieu du carreau de l'assise inférieure. On voit qu'il faut employer des demi-briques à l'intérieur du mur.

Il entre de 620 à 630 briques de Bourgogne dans un mètre cube de mur, et 560 briques façon Bourgogne seulement.

5° *Murs en briques de $0^m 46$ à $0^m 48$* employés pour des murs très résistants; on y applique l'appareil indiqué par la fig. 8, pl. VIII, dans lequel toutes les assises sont identiques; on croise les joints en plaçant la brique formant carreau d'une assise au milieu de la brique formant boutisse de l'assise inférieure. On peut encore employer une autre disposition (fig. 9, pl. VIII), mais elle ne donne pas une régularité et une symétrie suffisantes en parement.

Les murs plus épais de $0^m 58$ à $0^m 60$, de $0^m 70$ à $0^m 74$, s'appareillent suivant les mêmes principes.

6° *Rencontre de deux murs formant encoignure*. Il faut avoir soin de croiser les joints au point de jonction, ce qui nécessite l'emploi de briques recoupées. Nous donnons dans la figure 10, pl. VIII, la disposition à employer pour des murs de $0^m 22$; on remarquera qu'il est nécessaire d'y employer des demi-briques.

On ferait d'une manière analogue le croisement de deux murs plus épais.

7° *Murs creux en briques.* On peut, par économie, et pour certaines constructions peu chargées, construire des murs creux dont nous donnons quelques exemples.

La figure 11, pl. VIII, représente un mur creux de 0m 22 ; une des assises est formée de briques sur champ posées en carreaux et séparées par un intervalle de 0m 11 ; l'assise suivante est formée de briques à plat formant parpaings.

Dans la fig. 12, pl. VIII, toutes les assises sont identiques et formées de briques sur champ posées successivement en barreaux et en parpaings.

On peut imaginer, d'après les mêmes principes, des combinaisons de murs creux d'épaisseur supérieure aux précédents.

8° *Maçonnerie de briques creuses.* Les briques creuses sont employées pour cloisons légères ou pour murs peu chargés ; elles sont hourdées soit au mortier de chaux, soit au plâtre, soit même au ciment, si l'on veut avoir plus de résistance. Il faut appliquer dans l'emploi de ces matériaux les mêmes principes que dans celui des briques pleines; on doit, de plus, avoir soin que les trous des briques ne traversent jamais l'épaisseur d'un mur, mais soient, au contraire, toujours disposés dans le sens de sa longueur; on y arrive facilement par la combinaison des différents modèles de briques creuses que nous avons indiqués. La maçonnerie de briques creuses est meilleur marché que celle de briques pleines.

Nous pouvons encore signaler dans ce genre de constructions les murs de clôture construits en briques creuses, dites *briques moellons*, de la Société des tuiles isolantes, à Ivry-Port ; ces briques ont 0m 33 × 0m 22 × 0m 22 et elles peuvent constituer des murs de 0m 22 sans enduits; les faces qui doivent former les lits sont pourvues de nervures pour rendre parfaite l'adhérence du mortier.

Enfin, nous pouvons rappeler qu'on peut, avec des briques, constituer des *voûtes* dont il sera parlé dans un paragraphe suivant.

33. Maçonnerie de béton. — 1° *Définition et composition du béton.* Le béton est un mélange homogène de mortier de chaux hydraulique ou de ciment, et de cailloux ou de pierres cassées.

On l'emploie surtout pour les travaux hydrauliques et pour les fondations; on le moule dans un *encaissement* dont il prend la forme exacte en se solidifiant.

Les proportions des éléments du béton sont variables; les cailloux ou pierres cassées employés doivent être exempts d'argile et de terre; on les mesure dans des brouettes à fond grillé où on les asperge d'eau pour les bien laver. Les pierres anguleuses sont les meilleures. Le volume des vides entre les cailloux doit être rempli par le mortier pour qu'on ait un *béton normal*, ou *béton plein*; ces vides ont un volume variable, suivant la qualité des cailloux employés, et on doit le mesurer comme on l'a fait pour les vides du sable servant à faire le mortier. Si les vides ne sont pas complètement remplis par le mortier, on dit que le béton est *maigre*; on le dit *gras*, s'il y a excès de mortier.

Les proportions les plus ordinaires sont les suivantes :

1°	Béton gras	$0^{m^3}55$ de mortier,	$0^{m^3}77$ de sable	pour réservoirs, radiers;
2°	— ordinaire	0 52 —	0 78 —	pour ouvrages hydrauliques;
3°	— ordinaire	0 48 —	0 84 —	pour fondations dans l'eau;
4°	— un peu maigre	0 45 —	0 90 —	pour fondations en terrains humides et mouvants;
5°	— maigre	0 38 —	1 00 —	pour fondations ordinaires.

Pour travaux ordinaires, on emploie le mortier n° 2; pour travaux très soignés, le mortier n° 3; enfin pour maçonneries étanches, le mortier n° 4.

2° *Fabrication du béton.* On fabrique le béton à *bras* ou à la *machine.*

Dans le premier cas, on prépare une aire, comme pour la fabrication du mortier, puis on mesure les matériaux à la brouette; on verse sur l'aire une première brouette de cailloux qu'on étale bien, puis on jette dessus, à la pelle, une certaine quantité de mortier; on superpose une nouvelle couche de cailloux, et ainsi de suite. On triture l'ensemble soit en le changeant de place à la pelle, soit en le remuant avec des *griffes*, sortes de fourches à dents recourbées (fig. 13, pl. VIII). Ce broyage à la main est coûteux. On emploie de préférence diverses machines qui sont :

La machine à coffres formée d'un grand bâti en charpente sur lequel sont montés à la suite les uns des autres dix coffres ou boîtes en tôle tournant autour de tourillons et munis de poignées. On place les matériaux dans le premier coffre en les y jetant à la pelle; lorsqu'il est plein, l'ouvrier le vide dans le second, puis le second dans le troisième et ainsi jusqu'au dixième d'où le béton est rejeté prêt à être employé.

Le couloir à béton, inventé par M. Krautz, ingénieur des ponts et chaussées, est une grande caisse rectangulaire en bois dans laquelle sont disposées une série de cloisons inclinées; on la place presque verticalement, et on y jette le béton grossièrement mélangé à la pelle; par la chute d'un plan incliné sur l'autre, le mélange se produit économiquement; le béton tombe dans des brouettes ou sur une aire où on le reprend pour l'emploi (fig. 14, pl. VIII).

La *bétonnière verticale*, qui se construit en tôle, n'est qu'un perfectionnement de l'appareil précédent; les plans inclinés y sont remplacés par une série de croisillons en fer placés en tous sens (fig. 15, pl. VII).

La *bétonnière à hélice* est un cylindre en tôle, à peu près horizontal, qui peut tourner autour d'un axe sur lequel il est monté; ses parois sont pourvues de cloisons en hélice. Le béton est versé dans le cylindre par un entonnoir, puis remué violemment par la rotation du cylindre à l'extrémité duquel il sort (fig. 16, pl. VIII).

3° Emploi du béton. Le béton s'emploie en encaissement dans les fouilles en rigoles ou dans des encaissements en planches ; il n'est pas possible de l'employer en parements verticaux découverts parce qu'il ne tiendrait pas, au moins pendant les premiers temps de son emploi. On l'étale par couches de $0^{m}\ 20$ d'épaisseur que l'on pilonne fortement avant que le mortier ait eu le temps de prendre ; il faut éviter d'employer les ciments à prise rapide, qui ne permettraient pas d'effectuer le pilonnage.

On procède par redans successifs en s'arrêtant à chaque redan suivant un plan incliné, de manière à assurer une bonne liaison des différentes parties.

4° Béton aggloméré Coignet. Le béton aggloméré diffère essentiellement du précédent par l'absence de cailloux ; ce n'est, en réalité, qu'un *mortier*.

On fait un mélange homogène de sable, de chaux hydraulique ou de ciment Portland auxquels on n'ajoute que la quantité d'eau strictement nécessaire ; le mélange est malaxé et trituré dans des appareils spéciaux que nous ne décrirons pas ; puis la pâte formée est versée dans des moules où elle est pilonnée fortement ou comprimée à la presse hydraulique. On obtient ainsi des pierres factices moulées de toutes formes, pour dalles, caniveaux, chapiteaux, même des statues. On peut exécuter avec ce béton aggloméré des maçonneries pour massifs de fondations, murs, voûtes ; le pilonnage se fait toujours en moulant la matière entre banches, comme nous le verrons pour la maçonnerie de pisé ; les massifs ainsi obtenus sont absolument monolithes.

34. Maçonnerie de pisé. — Ce mode de construction est très usité dans le Midi de la France ; les climats du Midi sont plus favorables à sa conservation que ceux du Nord ; mais il peut cependant convenir pour des constructions rurales ou très économiques.

La *terre à piser* doit être une terre franche, ni trop grasse, ni trop maigre, et un peu graveleuse ; toutes les terres qui forment des berges presque verticales peuvent être employées comme terre à piser. Pour préparer la terre, on la fait passer à travers une claie qui retient toutes les parties de la grosseur d'une noix, puis on l'humecte avec de l'eau, et on la malaxe comme la terre à briques. Elle est suffisamment travaillée lorsqu'en prenant une poignée et la jetant sur le tas elle garde la forme qu'on lui avait donnée ; cette terre doit être exempte de parties végétales qui, en pourrissant, formeraient des vides, causes d'affaiblissement.

Les outils employés pour la confection du pisé sont un *pisoir* et un *moule*. Le *pisoir* est une sorte de pilon formé d'un gros rondin de bois dur monté à l'extrémité d'un manche rond de 1 mètre environ de longueur. Le *moule* ou *châssis* est formé par deux tables verticales de bois de sapin appelées *banches*, reposant sur des traverses horizontales et maintenues par des poteaux ou aiguilles ; ces poteaux sont assemblés dans les traverses, et leur écartement est maintenu par des traverses supérieures. Ces pièces sont assemblées à tenons, mortaises, et clefs, et d'un démontage facile.

On commence par asseoir la construction sur un soubassement en maçonnerie ordinaire de moellons ou briques s'élevant à un mètre au-dessus du sol ; on place ensuite le moule sur ce soubassement en écartant les banches d'une quantité égale à l'épaisseur du mur, les traverses basses étant logées dans des cavités ménagées dans la face supérieure du soubassement ; comme les banches ont de 3 mètres à 3m 40 de longueur, on opérera par portions de cette longueur. Les aides apportent la terre et la foulent avec les pieds, puis avec le pisoir pour en former d'abord une couche de 0m 10 d'épaisseur que le battage réduit de moitié ; ils procèdent ensuite de la même manière par couches successives jusqu'à ce que les banches soient remplies ; c'est ce qu'on appelle faire une *banchée*.

On enlève alors le moule et on remonte l'appareil à côté, en ayant soin de faire joindre les parties d'un même rang suivant un plan incliné. Lorsque la première assise horizontale est terminée, on attend qu'elle soit assez durcie pour commencer la seconde. On bouche ensuite les trous laissés par les traverses avec de la terre.

On donne aux murs en pisé un fruit de 0m 07 à 0m 08 par mètre, ce qu'il est facile d'obtenir en resserrant les banches aux différentes assises successives. On augmente la résistance de pisé en y noyant des lattes et autres menus bois. On doit, pendant la construction, le garantir de la pluie à l'aide de paillassons, de chaume ou de tuiles.

La terre étant amenée à pied d'œuvre, deux ouvriers peuvent monter 8 à 9 mètres cubes de pisé en 12 heures. Cette maçonnerie doit être exécutée à la belle saison afin d'être sèche avant l'hiver, de manière qu'on puisse l'enduire d'un mélange de une partie de chaux et quatre d'argile, avec une certaine quantité de bourre. La partie supérieure des murs de clôture en pisé doit être protégée contre la pluie par une couverture en chaume et par un chaperon en terre qu'on doit renouveler souvent.

On fait souvent les jambages et linteaux de la construction en bois, en briques ou en pierre ; il faut éviter de faire les chaînes d'angle en pierre à cause des tassements inégaux dans les deux modes de construction. On augmente la résistance du pisé lorsqu'on le prépare avec de l'eau de chaux.

Le pisé de terre étant hygrométrique, on a proposé de le remplacer par les mélanges suivants : le premier, qui n'est pas beaucoup meilleur et ne doit jamais être employé dans les endroits inondés, se compose de :

9 parties de chaux vive ;
27 — de terre argileuse crue ;
64 — de sable et gravier.

Le second, qui constitue un véritable béton, renferme :

13 parties de chaux grasse ou hydraulique ;

9 parties de cendres de houille pilées;
8 — de terre argileuse cuite et pilée;
70 — de sable et gravier.

On nomme *maçonnerie en bauge ou en torchis* une sorte de pisé de qualité très inférieure exécuté avec de la terre franche humectée à laquelle on ajoute du foin et de la paille hachés en fragments de 0^{m} 10 à 0^{m} 15 de longueur, ou même laissés dans toute leur longueur; ce pisé n'est pas moulé, mais seulement entassé à la fourche; on lisse les parements avec la truelle, et on les recouvre d'un enduit comme le pisé.

35. Maçonneries mixtes. — *1° Définitions et principes.* On désigne sous ce nom des maçonneries dans lesquelles on combine différents matériaux afin de réaliser une économie par leur emploi plus judicieux; on emploiera les matériaux les plus résistants là où se trouvent soit les causes probables de destruction, soit les plus grandes charges à soutenir, les autres joueront souvent le simple rôle de remplissage.

Par exemple, dans des murs de soutènement, des murs de quais, des piles de ponts, les parements seront établis en pierre de taille, tandis que la masse intérieure de maçonnerie sera en moellons ou en meulières. Dans ce cas, il faudra toujours que l'on observe les prescriptions suivantes : 1° employer des pierres de taille dressées bien carrément et telles que leur hauteur corresponde à un certain nombre d'assises des petits matériaux; 2° donner à ces pierres de taille plus ou moins de queue dans les assises successives de manière qu'elles forment bien liaison avec la maçonnerie intérieure; 3° avoir une construction uniforme dans toute l'épaisseur; 4° croiser avec le plus grand soin les joints des pierres de taille et ceux des petits matériaux à l'intérieur; 5° répartir d'une manière aussi uniforme que possible sur tout l'ensemble les charges à supporter; 6° employer des mortiers parfaitement incompressibles de sable et de chaux ou ciment, de manière à éviter les tassements inégaux.

Dans ces maçonneries, la pierre, si elle ne constitue pas le parement tout entier, pourra être employée de trois manières : 1° par blocs isolés; 2° par assises, chaînes horizontales ou bandeaux; 3° par chaînes ou piles verticales.

2° Emploi de la pierre en blocs isolés. — *La pierre employée en blocs isolés* se rencontre dans les *pilastres* ou *piles isolées* servant d'appui à des grilles ou à des portes; elle forme alors le *soubassement* et le *couronnement* des piles; le joint entre le soubassement et la maçonnerie de petits matériaux doit être protégé contre l'accès de l'eau de pluie; à cet effet, la pierre est plus large que la pile, et elle ne se rétrécit à la largeur de celle-ci qu'un peu au-dessous du joint; le dessus de la saillie est taillé en plan incliné (fig. 1, pl. IX).

La pierre de couronnement est plus large que la pile qu'elle doit protéger contre la pluie; sa surface supérieure est taillée suivant quatre pentes qui ne permettent pas à l'eau de séjourner sur la pierre; pour que l'eau qui coule le long des parements verticaux n'aille pas atteindre le joint compris entre la pierre et la maçonnerie de petits matériaux, on creuse une petite rigole renversée sous la face inférieure de la saillie; c'est un *larmier* ou *mouchette* (fig. 1, pl. IX).

On trouve encore des pierres isolées formant *dés* pour soutenir des poteaux en bois ou en métal; ou encore des pierres isolées formant dans un mur les supports des *portées* des pièces de charpente.

3° *Emploi de la pierre par assises horizontales*. On le rencontre très fréquemment; les *bandeaux* en sont un exemple. Un bandeau est une assise horizontale de pierre séparant deux maçonneries d'espèce différente : l'une étant par exemple de la meulière, employée pour former un soubassement; l'autre, du moellon. Le bandeau fait saillie sur le nu du mur, et son rôle est encore d'éloigner l'eau aussi bien de son lit supérieur que de son lit inférieur; son profil doit donc comporter une pente à la partie supérieure et un larmier à la partie inférieure (fig. 2, pl. IX).

Un autre exemple se présente dans les murs de clôture d'une certaine importance dont le *soubassement* peut être en pierre, de même que le *chaperon*; nous n'avons qu'à considérer un tel mur comme une pile de très grande longueur pour comprendre quels doivent être le rôle et la forme de ces organes.

4° *Emploi de la pierre par chaînes verticales*. On l'emploiera alors pour constituer des points d'appui très résistants dont on accusera ainsi davantage l'importance ou simplement pour consolider un mur de grande longueur, ou pour servir de jonction entre deux murs perpendiculaires, et marquer extérieurement l'existence de cette jonction.

Le premier exemple est celui d'une *chaîne d'angle* à la rencontre de deux murs formant encoignure d'un bâtiment. Les pierres seront appareillées soit en *besace*, soit avec *harpes*, de manière à bien lier la maçonnerie de petits matériaux en observant les principes établis précédemment (fig. 3, pl. IX).

La *chaîne en pierre* située à la rencontre de deux murs perpendiculaires sera appareillée comme il a été dit à propos des maçonneries en pierre de taille; les harpes ou *décrochements* formeront liaison avec les petits matériaux (fig. 4, pl. IX), que l'on emploie l'appareil en *besace* ou l'appareil avec *harpes*.

Les *jambes* sont des chaînes verticales formant piliers dans la longueur d'un mur; on nomme *jambe boutisse* celle dont la tête forme liaison entre les deux *murs de face* de deux *édifices mitoyens*, et dont la queue forme liaison des murs de face avec le *mur mitoyen*; elle se dispose comme il vient d'être dit.

On nomme *jambe étrière* une pile isolée dans le mur de face de deux maisons voisines, mais dont la queue fait liaison avec le mur mitoyen; les dimensions des jambes étrières sont fixées par les règlements; on les trouve dans le cas où les vestibules des deux maisons sont contigus.

Une *jambe parpaigne* est celle dont les assises forment toutes parpaing dans l'épaisseur du mur.

Une *jambe sous poutre* est une chaîne en pierre que l'on doit placer dans les murs mitoyens pour y faire reposer des poutres ; lorsqu'une jambe sous poutre est très chargée, on donne à la pierre une saillie sur le nu du mur ; cette saillie se nomme *dosseret* ou *pilastre* (fig. 5, pl. IX).

5° *Maçonneries mixtes diverses*. Dans certaines maçonneries mixtes on ne trouve pas de pierre, mais seulement des moellons, des briques, de la meulière ; la brique y joue ordinairement le rôle qui appartient à la pierre dans les constructions plus importantes ; c'est elle qui forme les pilastres, chaînes, bandeaux, etc. ; sa résistance et la régularité de ses formes permettent d'en former des massifs qui remplacent des blocs de pierre.

Dans d'autres cas, c'est au contraire le moellon, surtout si c'est du moellon dur qui prendra la place de la pierre de taille, tandis que la brique servira seulement de remplissage.

36. Légers ouvrages. Enduits et revêtements des murs. — 1° *Définitions*. On appelle *légers* tous les ouvrages de maçonnerie qui ne constituent pas le *gros œuvre*.

Ces ouvrages comprennent :

Les hourdis de planchers, dont il sera parlé plus loin aux chapitres des planchers ;

Le *ravalement extérieur* des maçonneries et le *ravalement intérieur*, comprenant les *crépis*, *enduits*, *jointoiements*, les *remplissages de pans de bois ou de fer*, la construction des *cloisons en carreaux de plâtre* et leur ravalement, les *plafonds*, les *moulures* et *corniches* en plâtre, la *pose des conduits de fumée adossés*, les *percements de trous* et *scellements*.

2° *Jointoiements*. Lorsque l'emploi des ciments à prise lente n'était pas aussi généralisé qu'aujourd'hui, on employait souvent pour les jointoiements des mortiers spéciaux, par exemple le *mastic de Dihl*, composé de brique pilée, de litharge et d'huile de lin ; on se sert souvent encore, pour les jointoiements et réparations à l'intérieur, de *plâtre aluné* appelé *ciment anglais*.

Lorsque les murs en petits matériaux ne sont pas recouverts d'un enduit, on procède au rejointoiement à l'aide de mortier fin ou de plâtre, suivant que la maçonnerie est hourdie au mortier ou au plâtre ; nous avons vu comment on procédait pour la meulière ; pour la brique, on forme le *joint creux* en le passant au fer, comme pour la pierre et le moellon, ou bien on fait un joint en saillie ayant 0^{m} 002 d'épaisseur, que l'on découpe à la règle pour lui donner une largeur uniforme ; lorsque ce joint est fait en mortier blanc composé principalement de chaux grasse, on l'appelle *joint anglais* ; on fait quelquefois aussi le *joint plat*.

3° *Crépis et enduits.* Lorsque les matériaux ne doivent pas rester apparents, on les recouvre d'une couche de mortier ou de plâtre ayant pour but soit de les protéger, soit d'obtenir des surfaces planes, lisses et convenables pour recevoir des peintures, des tentures.

Les enduits en plâtre se font généralement à deux couches : la première, appelée *crépi*, est en gros plâtre et s'applique directement sur les matériaux ; la seconde, qui est faite avec du plâtre tamisé, est l'*enduit proprement dit*. Pour appliquer le crépi, on dégrade les joints, pour produire des surfaces rugueuses facilitant l'adhérence, et on mouille fortement. On gâche ensuite le plâtre et on le jette à la *truelle* au moment où il *coude* ; c'est ce qu'on appelle le *gobetage* ; on l'étend, lorsqu'il est devenu plus épais, au moyen de la *taloche* ; on finit de le dresser à la truelle ou à la truelle brettelée, qui forme des aspérités auxquelles s'attachera bien l'enduit. Celui-ci est d'abord jeté à la truelle pendant qu'il est clair, puis étendu à la taloche lorsqu'il coude ; on finit de régler la surface avec le tranchant denté de la truelle brettelée, puis avec son tranchant uni. On opère de même pour la confection des plafonds, qui s'appliquent sous les hourdis de planchers.

Quelquefois les crépis doivent rester apparents, et on peut alors les asperger au balai et constituer ce qu'on nomme du *crépi moucheté* ; on les fait au plâtre ou au mortier.

Les mortiers de chaux peuvent servir à constituer des enduits qui se font de la même manière que les enduits au plâtre.

Il faut observer que des enduits de plâtre ne tiennent pas sur des maçonneries de chaux ou de ciment, si l'on n'a pas pris soin de dégrader fortement les joints et de nettoyer complètement la surface des matériaux.

Lorsqu'on a besoin de recharger certaines parties mal dressées d'une construction avant de faire l'enduit, et si l'épaisseur à rattraper est supérieure à cinq centimètres, on remplit les creux avec une maçonnerie spéciale de petits matériaux hourdée avec le mortier du crépi ; c'est ce qu'on appelle *faire un renformis*.

Quand on veut empêcher l'humidité du sol de pénétrer les matériaux par capillarité, on peut interposer dans le joint horizontal situé directement au-dessus du sol une couche d'asphalte ou de ciment à prise lente.

On appelle *cueillie d'angle* l'ensemble de deux nus formant par leur rencontre un angle rentrant. Une *arête* est la rencontre de deux nus formant un angle saillant.

Le *pigeonnage* consiste à faire en plâtre pur de petites cloisons de 0^{m} 08 que l'on dresse à la main au fur et à mesure, avant la prise ; c'est ainsi que se font les *hottes de cheminées* de cuisine.

Lorsqu'on veut poser un enduit sur des pièces de bois, on les larde d'abord de *clous à bateau*, à grosse tête et à tige carrée.

4° *Corniches et moulures.* Pour faire une corniche en plâtre, on forme à la place qu'elle doit occuper une masse de plâtre dont la saillie soit un peu moindre que celle de la corniche, et qui est soutenue par des *rappointis*, bouts de ferraille de 0^m 10 à 0^m 20 de long, pointus par un bout ; on fixe sur le mur, parallèlement à la corniche et au-dessous, une règle droite ; puis on applique une couche de plâtre clair contre la masse solide, et on forme les moulures en passant à plusieurs reprises un *calibre en bois* garni de tôle qui reproduit le profil demandé, et qu'on guide par son sabot sur la règle fixée au mur ; on finit avec du plâtre au tamis ; c'est ce qu'on appelle *traîner des moulures* (fig. 6, pl. IX). Pour les moulures de plafonds, le calibre est guidé sur deux règles, l'une fixée au mur, l'autre au plafond.

5° *Revêtements en briques ou carreaux émaillés.* On peut revêtir dans certains cas les murs à l'aide de pièces émaillées, *briquettes* ou *plaques à nervures* qu'on pose à bain de plâtre ou mieux de mortier, et dont nous donnons des exemples dans les figures 7 et 8, pl. IX.

On peut encore employer, pour des murs peu chargés, des *briques creuses émaillées* qu'on incorpore au milieu des briques pleines et qui donnent une construction économique ; nous montrons fig. 9 et 10 de la pl. IX deux dispositions dans lesquelles on utilise les briques creuses émaillées du modèle donné à la fig. 23 de la pl. V.

La maison Mouret fabrique des plaques de revêtement en *opaline laminée*, de superficie variable de 1/2 mètre à 20 mètres, pouvant servir à faire des revêtements absolument inattaquables aux acides et susceptibles de recevoir une décoration polychrome également inaltérable.

37. Résistance des Maçonneries. — Les matériaux employés dans les maçonneries y sont presque toujours soumis à des efforts de *compression* ; cependant dans quelques cas on trouve des pierres dont certaines parties résistent à des efforts de *flexion*, par exemple les *consoles* ou les *linteaux*.

1° *Résistance à la compression.* Si l'on considère une maçonnerie homogène en chacune de ses sections horizontales, la compression des matériaux est proportionnelle au poids de la maçonnerie placée au-dessus, de sorte que cette compression augmente du sommet à la base où elle a pour valeur, par unité de surface, le quotient du poids total de la construction et de ses surcharges par la surface comprimée.

Lorsqu'un corps est soumis à des efforts de compression, il se déforme et subit un raccourcissement, mais il reprend sa forme primitive lorsque ces efforts cessent d'agir, à la condition que ceux-ci n'aient pas dépassé une certaine limite. Si l'effort de compression devient de plus en plus grand, il arrive un moment où le corps, comprimé, se brise ; c'est la *rupture par écrasement*.

Pour les pierres, les déformations sont en général très faibles ; on peut les considérer comme presque *incompressibles* ; elles se désagrègent très brusquement dès que la *charge de rupture* est atteinte.

On a fait un grand nombre d'expériences pour déterminer les charges qui produisent l'écrasement des divers matériaux de construction, et on a remarqué que les pierres dures rompent plus brusquement que les pierres tendres, bien que sous des charges plus considérables. On a constaté également que si l'on soumet à l'expérience trois blocs d'une même pierre, l'un cubique, l'autre cylindrique et l'autre en forme de parallélipipède à base rectangle, ayant tous les trois la même hauteur et la même surface de base; les résistances sont proportionnelles aux trois nombres suivants :

Cube	806
Parallélipipède	703
Cylindre	917

Ce qui montre que la forme circulaire est la meilleure à donner aux supports isolés.

Nous donnons ci-dessous le tableau des poids par mètre cube et des charges d'écrasement d'un certain nombre de matériaux.

DÉSIGNATION DES MATÉRIAUX	POIDS du MÈTRE CUBE	CHARGE DE RUPTURE par écrasement
Basalte d'Auvergne	2.950 kil.	2.000 kil.
Porphyre	2.870	2.470
Granit gris de Bretagne	2.742	640
Granit vert des Vosges	2.850	650
Granit gris des Vosges	3.643	420
On peut, d'après M. de Perrodil, classer les granits en quatre catégories. 1° granits inaltérés à grains fin		1.000 à 1.500
2° granits inaltérés à gros grains		700 à 1.000
3° granits plus ou moins altérés à grains fins		600 à 900
4° granits plus ou moins altérés à gros grains		400 à 600
On peut de même, pour les grès, remarquer qu'il y a un rapport assez bien établi entre leur poids spécifique et leur résistance et les classer de la manière ci-contre :	1.870	150
	1.950	200
	2.500	300
	2.100	400
	2.200	500
	2.300	700
	2.570	900
Lave de Volvic	2.200	350
Marbre noir de Flandre	2.722	790
— de Dinant	2.694	1.390
Marbre blanc de Saint-Béat (Haute-Garonne)	2.750	745
Marbre blanc statuaire	2.694	310

DÉSIGNATION DES MATÉRIAUX	POIDS du MÈTRE CUBE	CHARGE DE RUPTURE par écrasement
Pierre meulière compacte de Châtillon près Paris........	2.423 kil.	» kil.
Meulière ordinaire..	1.500 à 2.200	30 à 150
Pierre calcaire dure de Château-Landon ou de Souppes...	2.500 à 2.600	700 à 800
— — Corgoloin........................	2.700	900 à 1.000
— — Belvoye........................	2.600 à 2.700	800 à 900
— — Comblanchien..................	2.700	900
— — Villebois........................	2.600 à 2.700	800 à 900
Liais d'Echaillon blanc de Saint-Quentin...............	2.500	750
Roche de Laversine..	2.300	300 à 450
Liais de Clamart..	2.300 à 2.500	400 à 500
Liais de Bagneux..	2.440	440
Roche de Bagneux..	2.200 à 2.400	300 à 350
Roche fine de Saint-Maximin..............................	2.100 à 2.300	100 à 150
Pierre d'Euville..	2.300	300 à 350
Roche de Lérouville..	2.300	250 à 300
Pierre de Ravières..	2.200	280 à 330
Banc franc de Courson....................................	1.900	85
— de Palotte..	1.750	130 à 150
Banc royal dur de Méry....................................	1.700 à 1.800	90 à 130
Banc royal de Marly-la-Ville..............................	1.750	80 à 90
Banc royal de Saint-Waast..................................	1.550 à 1.650	60 à 80
Vergelé de Saint-Leu......................................	1.750 à 1.790	80 à 100
— de Saint-Maximin..................................	1.500 à 1.600	50 à 70
— de Saint-Waast....................................	1.500 à 1.600	50 à 70
Lambourdes..	1.500 à 1.600	20 à 35
Calcaire crayeux..	1.400 à 1.600	15 à 35
M. de Perrodil indique qu'on peut approximativement obtenir la résistance d'une pierre calcaire d'après son poids spécifique, comme nous le montrons ci-contre.	1.500	50
	1.700	100
	1.900	150
	2.100	200
	2.250	300
	2.350	400
	2.450	600
	2.600	1.000
	2.650	1.400
	2.700	1.800
Briques pleines de Bourgogne, bien cuites..............	2.195	150
— de Montereau, bien cuites..............	1.780	110

DÉSIGNATION DES MATÉRIAUX	POIDS du MÈTRE CUBE	CHARGE DE RUPTURE par écrasement
Briques pleines de Sarcelles, bien cuites................	1.995 kil.	125 kil.
Briques de bonne qualité de Vaugirard................	1.500	90
Briques de pays....................................	1.750 à 2.000	28 à 100
Briques creuses....................................	1.160 à 1.200	80 à 100
Plâtre de Paris au panier, gâché serré 30 heures après l'emploi (sec il ne pèse plus que 1.400 kil.)...........	1.570	52
Mortier ordinaire (chaux grasse et sable)..............	1.600	35
— (chaux hydraulique et sable)..........	1.800	70 à 140
Mortier de ciment à prise rapide......................	2.110	80 à 150
— prise lente........................	2.300	200 à 350
Béton ordinaire....................................	2.300	40 à 50
— de ciment.................................	2.300	50 à 140
— aggloméré Coignet, suivant composition..........	2.200 envir.	180 à 500

La résistance d'une pierre mise en œuvre dans un massif de maçonnerie est beaucoup moins grande que la résistance de cette pierre prise isolément; Rondelet et Vicat ont mis en évidence cette diminution de résistance. Rondelet, en opérant sur trois cubes superposés, a constaté que la résistance était réduite aux deux tiers environ. Vicat a montré qu'un cube perd un cinquième de sa résistance s'il est composé de quatre prismes égaux, et un sixième s'il est composé de huit petits cubes. Il faut donc ne compter dans la pratique que sur des résistances très inférieures aux charges de rupture données plus haut et ne dépassant jamais 1/10 de ces charges; c'est ce qu'on appelle la *charge de sécurité*.

Pour les maçonneries en petits matériaux et à joints épais, il faut adopter la charge de sécurité du mortier qui les compose; mais l'influence du mortier est d'autant moindre que les joints sont plus minces et qu'on emploie des moellons mieux équarris, et on peut alors prendre la charge de sécurité égale à 1/5 de la charge de rupture du mortier.

On pourra adopter en général les *coefficients de sécurité* suivants :

Pour massifs de fondation ou des sous-colonne	1/10	de la charge de rupture des pierres.
— Piliers d'une hauteur de 6 à 10 diamètres	1/15 à 1/20	—
— Murs d'une hauteur de 10 à 12 fois l'épaisseur	1/20 à 1/30	—
— Voûtes en petits matériaux	1/50	—
— Voûtes en pierres de taille	1/30	—

DÉSIGNATION DES MAÇONNERIES	POIDS DU MÈTRE CUBE	CHARGE DE SÉCURITÉ PAR CENT. CARRÉ		
		MASSIFS	MURS OU PILIERS	VOUTES
Moellons tendres, hourdés en plâtre...	1.600 à 1.700	3 à 4k	1.5 à 2	» »
Moellons traitables id. ...	1.700 à 1.800	4 à 5k	2 à 3	» »
Béton ou moellons avec mortier ordinre	2.300 à 2.400	5 à 7k	2.5 à 3.5	0.5 à 0.7
Briques avec mortier ordinaire.......	1.700 à 1.800	6 à 8k	3 à 4	0.6 à 0.8
Briques dures, moellons équarris en calcaire tendre avec mortier ordinaire	2.200 à 2.300	8 à 10k	4 à 5	0.8 à 1.0
Béton de ciment, moellons calcaires très durs avec mortier ordinaire....	2.300 à 2.400	10 à 14k	5 à 7.5	1.5 à 2
Briques dures avec ciment	1.800 à 1.900	10 à 20k	5 à 10	1.5 à 3
Pierre de taille très dure avec mortier ordinaire.......................	2.350 à 2.600	15 à 25k	7.5 à 12.5	2.5 à 4
Pierre de taille dure avec mortier ordinaire...........................	2.400 à 2.700	30 à 40k	15 à 20	4.5 à 6

2° *Résistance des pierres à l'usure par frottement.* Les matériaux qui sont employés à faire des dallages ou des pavements doivent présenter une grande résistance à l'écrasement, mais en outre une *résistance* spéciale à l'*user* qui ne peut être reconnue que par l'expérience directe. *M. Émile Muller* a fait, de 1869 à 1872, dans son usine d'Ivry, une longue série d'expériences sur la résistance à l'user des principaux matériaux employés au revêtement des sols; il employait à cet effet une machine dans laquelle une plaque du corps soumis à l'expérience est frottée par un bloc frotteur, animé d'un mouvement de va-et-vient avec interposition de sable blanc de Fontainebleau.

La qualité d'un matériau est appréciée d'après l'usure produite par 10.000 coups de frottoir aller et retour, soit 20.000 coups effectifs; nous donnons dans le tableau suivant les résultats de cette étude; l'unité d'usure admise est le centième de millimètre, de sorte que la matière non usée après 20.000 coups ayant le coefficient 0, la matière qui sera usée de 7m/m32 par exemple aura le coefficient 732.

PROVENANCES ou NOMS DES FABRICANTS	NATURE DES MATÉRIAUX	COEFFICIENT DE DURETÉ RÉSULTAT de L'EXPÉRIENCE
1° Granits et Roches Volcaniques.		
Carrières de Conte (Cantal)	Trachyte d'Aurillac	64
Carrières de Volvic (Puy-de-Dôme)	Lave de Volvic	106
Carrières de Pradette (Haute-Loire)	Trachyte porphyroïde de Montusclat	131
Carr. de Notre-Dame-du-Grau (Hérault)	Roche Basaltique d'Agde	168
2° Schistes et Grès.		
Carrière de Pouvray (Orne)	Grès de Pouvray	32
Carrière du Châtelet (Haut-Rhin)	Grès bigarré de Saint-Germain	55
Carrière de Champenay (Vosges)	Grès rouge de Plaine	107
Carrière de Quarante-Semaines (Vosges)	Grès vosgien d'Épinal	165
Carrière de Couffes (Ariège)	Grès de Roumengoux	238
Carrière du sieur Débry (Ardennes)	Schiste ardoisier gris rosé de Monthermé	276
Carrière de Razimont (Vosges)	Grès bigarré d'Épinal	282
Carrière de Chattemoue (Mayenne)	Schiste ardoisier de Javron	290
Carrière des Lavières (Haute-Marne)	Grès infraliasique de Provenchères	717
Carrière du sieur Debry (Ardennes)	Schiste ardoisier gris vert de Monthermé	878
3° Pierres Calcaires.		
Carrières du Haut-Blanc (Pas-de-Calais)	Marbre de Ferques, dit Steinkal	36
Carrière de Boncour (Haute-Savoie)	Pierre de Meillerie	57
Les Grandes Carrières (Drôme)	Roche blanche de Toulignan	62
Carrière du sieur Morin (Pas-de-Calais)	Calcaire gréseux de Maninghen	67
Carrière de la Baconnerie (Mayenne)	Marbre de la Jallerie	70
Carrière du Signal (Hérault)	Pierre froide de Frontignan	75
Carrière de Castelas (Bouches-du-Rhône)	Pierre lithographique de Fuveau	76
Carrière de Bellevue (Côte-d'Or)	Pierre marbre de Comblanchien	80
Carrière de Montmerle (Ain)	Pierre de Montmerle	83
Carrière de Nemont (Jura)	Pierre du Nemont	90
Carrière du Pont-de-Sartres (Ariège)	Dalles de Celles	94
Carrières de Chomérac (Ardèche)	Pierre de Chomérac	96
Carr. Ste-Catherine au st Gilles (Vaucluse)	Pierre de Vaison	97
Carr. de Roche-sur-Forest (Haute-Savoie)	Marbre de Roche-sur-Forest	98
Carr. des sieurs Herail frères (Hérault)	Pierre blanche de Vendargues	102

PROVENANCES ou NOMS DES FABRICANTS	NATURE DES MATÉRIAUX	COEFFICIENT DE DURETÉ RÉSULTAT de L'EXPÉRIENCE
Carr. du Val Saint-Dizier (Haut-Rhin) ...	Pierre dure de Saint-Dizier	106
Carr. du sieur Brouillard (Côte-d'Or)	Calcaire à entroques de Brochon	110
Com. de Crannes, s[r] Leblanchière (Sarthe).	Calcaire gréseux de Chandolin	112
Carrière de Roubas (Haute-Garonne)	Marbre de Cier de Rivière	112
Carrière du Félon (Haute-Saône)	Pierre dure de Bucy-lès-Gy	119
Carrières de Pontlevoy (Loir-et-Cher) ...	Calcaire lacustre de Pontlevoy	126
Carrière de Montlibre (Allier)	Calcaire compact de Gannat	131
Carrières de Marpent (Nord)	Marbre dit de Saint-Anne	134
Carr. de la Reusse, au sieur Périer (Loiret).	Calcaire lacustre de Briare	137
Carr. de M. Desroziers (Aisne)	Liais de Venderesse	149
Commune de Saint-Péray (Ardèche)	Pierre de Crussol	158
Commune de Charroux (Vienne)	Pierre de la Fosse-en-Breuil	163
Carrière de la Pente-Combe (Haute-Marne).	Calcaire à entroques de Grenant	166
Carrière de la Belle-Épine (Meuse)	Pierre châline d'Aubreville	166
Carr. des sieurs Mérise et Plissot (Vendée)	Pierre dure de Corps	174
Commune de Silly-la-Poterie (Aisne) ...	Liais de Troësnes	175
Carrière du sieur Winqz (Belgique)	Pierre bleue de Soignies	197
Carrière du sieur Fournier (Seine-et-Oise).	Pierre de Chérence	203
Carrière du sieur Gouzon (Meuse)	Pierre blanche de Dieue	210
Carrière de Venterol (Drôme)	Pierre de Venterol	210
Carr. du sieur Gabriel Privat (Hérault) ..	Pierre grise de Vendargues	214
Carr. de Villentrois (Indre)	Calcaire compact de Villentrois	224
Carr. du sieur Quesnel (Seine-et-Oise) ...	Pierre de Tessancourt	230
Carr. du sieur Mantelet (Yonne)	Liais de Lézines, dit Tonnerre	244
Carr. de la Croix-Blanche (Vienne)	Pierre de Chauvigny	255
Carr. de la Limoise (Charente-Inférieure).	Pierre d'Echillais	296
Carr. du Thor blanc (Bouches-du-Rhône).	Pierre de Saint-Remy	298
Carr. du sieur Mailha (Haute-Garonne) ..	Pierre de Montoulieu	322
Carr. du sieur Manuel (Seine-et-Oise)	Roche de Saint-Nom	354
Carr. d'Ambly (Meuse)	Pierre blanche d'Ambly	374
Carr. de Ranzon (Gironde)	Banc franc de Frontenac	382
Carr. de Glenat (Bouches-du-Rhône)	Pierre de Barbantane	401
Carr. de Bégrolle (Deux-Sèvres)	Pierre rouge de Saint-Pézenne	446
Carr. de Malsefique (Tarn)	Pierre de Laroque et Puycelci	482
Carr. de Saint-Martin (Meuse)	Pierre fine d'Haudainville	518
Carr. du sieur Redortier (Drôme)	Pierre de Beaume de transit	708

PROVENANCES ou NOMS DES FABRICANTS	NATURE DES MATÉRIAUX	COEFFICIENT DE DURETÉ RÉSULTAT de L'EXPÉRIENCE
	4° Bétons et Mortiers.	
Port de Nice (Alpes-Maritimes)	Trottoirs en ciment du port de Nice	71
Garcin, fabricant à Paris	Dalles en mortier de ciment, 3 mois de fabrication	147
	Matières diverses.	
Leclercq-Aubry, à Metz	Quartzites des pavés bleus	11
Coignet, Sté Gle, 98, r. Miroménil, Paris.	Bétons agglomérés (vieux)	26
Service Municipal de Paris	Granit des trottoirs	31
Maume et Chassin, à Paris	Béton aggloméré à base de chaux vive	46
Coignet, Sté Gle, 98, r. Miroménil, Paris.	Bétons agglomérés (béton d'un an)	48
Boch frères, à Mettlach (Prusse)	Carrelages mosaïques en grès cérame	51
Le Tessier de Launay, à Paris	Agglomérés de ciment à la mécanique	61
Cortet et Cie, rue d'Enfer, 18, à Paris	Ciment moulé (Portland de Boulogne)	75
Bourdon, à Montereau (Seine-et-Marne)	Carreaux en terre cuite	80
Bock, 56, rue de Provence, à Paris	Bitume factice	95
Service municipal de Paris	Grès Morin des trottoirs	98
Émile Muller et Cie, 6, rue Nationale, Ivry.	Carreaux en terre cuite	100
Constantin frères, à Nancy (Meurthe)	Asphalte de Seyssel	102
Gabriel Privat, à Montpellier	Pierre blanche de Vendargner (Hérault).	102
Hénon d'Harveng et Cie, à Soignies (Belgique)	Pierre bleue sciée de Soignies	106
Gabriel Privat, à Montpellier	Béton aggloméré	110
Ch. Avril et Cie, à Montchanin (Saône-et-Loire)	Terre cuite	118
Chabrier et Cie, 31, rue de la Victoire, à Paris	Chaussée d'asphalte relevée	122
Damiens, à Villenavotte (Yonne)	Carreaux de terre cuite	123
E. Bonnard, à Piegiraud (Vaucluse)	Terre cuite	132
Gabriel Privat, à Montpellier	Ciment pur de Poiyol à Bédarieux	138
Constantin frères, à Nancy (Meurthe)	Bitume factice	140
Bellefille, à Montigny-Leucoup (Seine-et-Marne)	Carreaux en terre cuite	140
Chabrier et Cie, 31, rue de la Victoire, à Paris	Asphalte, dalle naturelle	146

PROVENANCES ou NOMS DES FABRICANTS	NATURE DES MATÉRIAUX	COEFFICIENT DE DURETÉ RÉSULTAT de L'EXPÉRIENCE
Carpentier, à Forges-les-Eaux (Seine-Inférieure)	Carreaux en terre cuite	150
Bock, 56, rue de Provence, à Paris	Asphalte naturelle (peu de sable)	156
Émile Muller et Cie, 6, rue Impériale, à Ivry	Terre cuite et mâchefer	158
E. Jacquet et Cie, à Chalon-sur-Saône	Carreaux de chaux hydraulique	160
L. Prevost, gérant des Carr. de Soignies (Belgique)	Pierre des carrières Rombaux	166
L. Damon, à Viviers (Ardèche)	Carreaux polychromes	189
Hémard, à Pontchartrain (Seine-et-Oise)	Carreaux de terre cuite	210
Gabriel Privat, à Montpellier	Pierre grise de Vendargues (Hérault)	214
Davioud, architecte à Paris	Pierre d'Argentan	227
Lemaître, à Sannois (Seine-et-Oise)	Carreaux de terre cuite	228
Pilleux, à Montigny (Seine-et-Oise)	— — —	422
Gilardoni frères, Altkirsch	— — —	684

§ 5. — REVÊTEMENTS DES SOLS

38. Revêtements des sols extérieurs. — *1° Définitions et généralités.* Les *sols extérieurs* des bâtiments sont généralement réglés comme surfaces, niveaux et pentes, pour résister aux frottements dus aux circulations diverses et pour éloigner les eaux des bâtiments. Ces sols peuvent constituer des voies publiques, dont l'établissement ne peut entrer dans le cadre de cet ouvrage, ou bien des cours intérieures. Le sol extérieur doit toujours être en pente pour écarter l'eau du pied des murs ; si la pente est la continuation du sol voisin, c'est un *dévers* ; si elle est surélevée d'une marche au-dessus de ce sol, c'est un *trottoir*. Les dévers s'exécutent en pavage, ou en enduit d'asphalte ; les trottoirs se font en dallages ou en enduits de diverses catégories limités sur leur bord externe par une rangée de matériaux durs et stables formant une *bordure*. Les pierres de bordure doivent être massives pour soutenir le trottoir, et bien fondées de manière à ne pas s'affaisser. Dans les cours, ces bordures ont ordinairement $0^{m}18$ de hauteur et $0^{m}24$ de largeur si elles ne risquent pas d'être soumises au choc des roues de voitures; sans quoi on leur donne 0^m30 sur 0^m30. On les pose sur un mur de fondation en petits matériaux et mortier assis lui-même sur le terrain suffisamment solide. Ces bordures se font en granit ou en pierre dure de Souppes, de Belvoye, d'Hauteville. Le corps du trottoir se fait en pavage, en dalles de granit, ou de pierre dure, en mastic d'asphalte ou en ciment.

Dans les *courettes* où les voitures ne peuvent avoir accès, le sol est revêtu comme un trottoir; dans les *grandes cours*, le sol, en dehors des trottoirs, est traité comme une *chaussée* de manière à pouvoir résister au roulage des voitures; on traite de même le sol des passages de portes cochères.

Un trottoir a une pente transversale destinée à écarter l'eau du pied du mur; une pente longitudinale est donnée à la partie de chaussée qui longe la bordure, pour écouler les eaux vers des points bas.

Les parties en chaussées présentent un *bombement* qui force les eaux à s'écouler vers les bordures des trottoirs. Une chaussée s'exécute en *pavés*, en *empierrement*, ou en *asphalte comprimé*. Elle doit avoir une *fondation* qui a pour but de transmettre au sol naturel et de répartir sur lui les poids dont les roues de voitures chargent la surface supérieure. La fondation d'une chaussée se fait à l'aide d'une simple couche de sable ou *forme* de 0^m25 à 0^m30 d'épaisseur, ou mieux, à l'aide d'une couche de béton de ciment de Portland de 0^m20 d'épaisseur.

2° *Pavages en pierre*. On emploie pour ces pavages les *pavés de grès* de Fontainebleau de 0^m22 en tous sens; les pavés cubiques de 0^m18 à 0^m20 de côté, dits *pavés bâtards*; les *pavés méplats* de $0^m19 \times 0^m19 \times 0^m10$, ou de $0^m16 \times 0^m16 \times 0^m07$, ou de $0^m14 \times 0^m14 \times 0^m07$, également en grès; les pavés de porphyre de Belgique; ceux de *granit* des Vosges.

On nomme *pavés de deux* des pavés obtenus par la refente des pavés cubiques et ayant par conséquent moitié moins d'épaisseur.

L'*ouvrier paveur*, lorsqu'il pose le pavé sur forme de sable, se sert *d'un marteau* qui présente d'un côté une tête pour frapper le pavé et l'assujettir, et de l'autre a la forme d'une cuiller, pour permettre de creuser le sable à la place du pavé. A mesure qu'il a placé les pavés, un autre ouvrier affermit chaque pavé à sa place en le frappant avec une *hie* ou *demoiselle* qui pèse de 35 à 40 kil.; on répand ensuite à la surface une couche de sable qui pénétrera ensuite dans les joints.

On peut encore pilonner d'abord la forme de sable, en régler la surface, puis y poser les pavés à sec, et remplir ensuite les joints avec du sable répandu sur leur surface, arrosé à grande eau et remué au balai.

Dans les cours intérieures, pour éviter que le sous-sol s'imprègne d'eau, on rend le pavage imperméable en scellant les pavés au mortier de chaux ou de ciment; on fait un rejointoiement au mortier fin une fois le pavage achevé. Il vaut mieux dans ce cas, si le pavage est appelé à supporter des voitures lourdes, le poser sur forme en béton. Lorsque les pavages ont peu de fatigue, il est économique de les exécuter en pavés méplats ou en pavés de deux.

Dans la pose des pavés, il faut avoir soin de bien croiser les joints; on évite l'emploi des demi-pavés le long des trottoirs en se servant de pavés *boutisses* qui ont une fois et demie la longueur des autres.

3° Pavage en bois. On emploie à cet effet des *pavés en bois* de sapin créosoté, ayant une hauteur de $0^{m}14$ à $0^{m}18$ et une surface de $0^{m}22 \times 0^{m}08$; on les pose en bois debout, sur forme en béton recouverte d'un enduit de ciment, et on les appareille comme les pavés de pierre, en laissant un joint de $0^{m}015$ entre eux ; ce joint est régularisé par de petites règles en bois qu'on laisse le plus souvent au fond des joints ; ceux-ci sont remplis de mortier de ciment qu'on répand au balai. Il faut laisser un écartement de $0^{m}05$ entre le pavage et le bord du trottoir pour prévoir le gonflement du bois ; ce vide est rempli de terre glaise.

Ce pavage ne doit jamais être employé pour des sols destinés à recevoir des détritus organiques ou des substances animales, comme les sols d'écuries par exemple. Il peut être employé dans les intérieurs, pour des sols d'ateliers ou de magasins ; on ne lui donne alors que $0^{m}08$ à $0^{m}10$ d'épaisseur, et on peut faire les joints au mastic d'asphalte.

4° Pavage en grès cérame. On emploie pour les cours ou les passages des *pavés en grès cérame* qui, bien cuits, présentent une dureté considérable ; on les pose à bain de ciment sur forme en béton. Il y en a de deux sortes : les uns sont unis sur leur face supérieure, d'autres ont cette même face divisée en quatre par deux stries profondes ; ils servent pour les passages accessibles aux chevaux.

5° Dallages en pierre. Les dalles ont une épaisseur variable avec leurs dimensions en surface : plus elles sont larges, plus elles doivent être épaisses ; elles se font en *granit*, en *lave de Volvic*, en *calcaire dur*. On les établit sur une fondation de $0^{m}10$ en béton, et on les pose sur mortier pour bien remplir le joint inférieur ; on les assujettit avec un pilon ou *dame en bois*. On emploie souvent aussi des *dalles moulées en ciment* ou en *pierre artificielle*.

6° Dallages en ciment. On exécute des revêtements économiques en les construisant au *mortier de ciment à prise lente* ; on opère de la manière suivante : on applique sur le terrain bien damé une couche de $0^{m}08$ à $0^{m}16$ de béton fin formé de 5 de gravier, 1 de ciment à prise lente et très peu d'eau, que l'on pilonne fortement ; on arase la surface à $0^{m}02$ en contrebas du sol futur. Par-dessus cette forme, on étend une couche de mortier fin formé de parties égales de sable fin tamisé et de Portland que l'on dresse à la spatule, en pressant fortement avec l'outil jusqu'au moment où la prise commence.

A ce moment, on procède au quadrillage de la surface ; il a pour but de la rendre moins glissante, et de produire des lignes de moindre résistance suivant lesquelles l'enduit pourra rompre s'il prend trop de retrait ; les ruptures, s'il s'en produit, seront ainsi peu apparentes. On peut sur cette surface en ciment tracer tel dessin que l'on veut imitant une disposition de dallage en pierre. Lorsque le dallage est pris, on le recouvre d'une couche de 0^m05 à 0^m06 de sable fin que l'on maintient humide, et on ne l'enlève qu'au bout de 15 jours ; le durcissement du mortier est alors presque complet, et on peut mettre le dallage en service.

7° *Revêtements en mastic d'asphalte.* Le *mastic d'asphalte* se pose sur une fondation en béton de 0^m10 d'épaisseur, dont on achève de régler la surface avec une couche de mortier de 0^m01 qu'on étend à l'aide d'une grande spatule en bois. Lorsque la forme est sèche, on y pose le mastic d'asphalte fondu dans une chaudière spéciale ; la couche d'asphalte de 0^m015 d'épaisseur est étendue au moyen d'une *spatule* en bois ; l'épaisseur est obtenue à l'aide de *règles en fer* posées sur le sol, et sur lesquelles l'ouvrier se guide dans son travail. Lorsque la couche d'asphalte vient finir contre un mur, il faut en relever le bord de quelques centimètres contre ce mur, et l'y appliquer fortement.

8° *Revêtements d'asphalte comprimée.* Nous avons dit que la *poudre d'asphalte* chauffée et comprimée se resoude à elle-même et reconstitue la roche primitive. On étend donc sur une forme en béton de 0^m16 à 0^m20 d'épaisseur une couche de poudre d'asphalte de 0^m04 ou 0^m05 : cette poudre a été préalablement chauffée avant d'être amenée à pied d'œuvre. On en égalise la surface avec un râteau, puis on la pilonne fortement avec des pilons circulaires en fonte, de 0^m20 de diamètre, que l'on chauffe préalablement afin que leur contact ne refroidisse pas la poudre. On lisse ensuite la surface avec des fers chauds.

9° *Pavage en pavés d'asphalte comprimée.* On fabrique depuis quelques années des *pavés d'asphalte comprimée* à la pression de 600 kil. par cent. carré, extrêmement résistants à l'usure et présentant toutes les qualités de l'asphalte, imperméabilité et insonorité ; leur épaisseur varie de 0^m025 à 0^m050 ; ils sont plans ou chanfreinés sur les bords, suivant qu'ils doivent être employés pour trottoirs ou pour chaussées. On les pose sur forme en béton de 0^m10 d'épaisseur dont la surface est régalée avec une couche de mortier fin de ciment de 0^m015 ; c'est sur ce mortier frais qu'on pose les pavés en les frappant avec un maillet en bois, jusqu'à ce que l'épaisseur du mortier ne soit plus que de 0^m010. Les pavés sont juxtaposés absolument les uns aux autres, sans interposition de mortier. On remplit les joints après la pose, en coulant à la surface un lait bien clair de ciment ou de chaux hydraulique, qu'on étend avec un balai. On enlève, quelques minutes après, l'excédent de chaux ou de ciment par un lavage à grande eau.

39. Revêtements des sols intérieurs. — *1° Carrelages en terre cuite.* Pour ces revêtements, la fondation est en général préparée d'avance, c'est l'aire supérieure du plancher ; sinon on la prépare comme pour les revêtements extérieurs, mais avec une épaisseur moindre.

Les *carrelages* sont ordinairement exécutés en *carreaux de terre cuite*, carrés, hexagonaux, triangulaires ou octogonaux, par les *carreleurs*. On pose les carreaux au plâtre ou au mortier. Dans le premier cas, l'ouvrier étale sur l'aire du plancher une couche de plâtras en poudre fine tamisée, qu'on appelle la *forme* et qu'il règle et bat avec soin ; il pose d'abord les carreaux à sec pour les bien assembler, puis, en les reprenant un à un, il les scelle avec un *coulis de plâtre fin*. Les joints doivent être tenus aussi fins que possible et bien remplis.

Pour la pose au mortier, l'ouvrier étend une forme de sable ou de béton maigre, dont il règle la surface par un enduit de mortier de 0^m01 d'épaisseur, sur lequel il pose les carreaux en les scellant avec un mortier clair de ciment pur. On termine par les raccords le long des murs ; ils sont faits à l'aide de *pièces* (carreaux coupés parallèlement à une de leurs arêtes) et de *pointes* (carreaux coupés perpendiculairement à une arête).

2° Carrelages en grès cérame, en mortiers comprimés. On emploie aussi les *carreaux en grès cérame* qu'on obtient avec des colorations et des décorations polychromes variées et que l'on pose toujours au mortier de ciment sur forme en béton ; les *carreaux de mortier de chaux ou de ciment*, comprimés à la presse hydraulique et qui se posent de la même manière que les précédents.

3° Carrelages en pierres naturelles. Les carreaux employés sont en *pierre de liais*, en *pierre lithographique* ou en *marbre*, et ils sont posés par les *marbriers* (voir Marbrerie.)

4° Dallages en ciment. Lorsqu'on veut établir un sol en dallage en ciment, il faut faire les hourdis de planchers en petits matériaux avec mortier de ciment à prise rapide ; on fait la fondation préalable en béton maigre, et on procède ensuite comme on l'a vu pour les dallages en ciment à l'extérieur.

5° Revêtement en mastic d'asphalte. On l'emploie dans les magasins, dans les caves ou sous-sols, dans les ateliers ; la pose se fait de la même manière que pour les revêtements extérieurs. Dans certains cas, où le sol devra supporter des manutentions de caisses ou de tonneaux de marchandises lourdes, on donne 0^m018 à la couche de mastic d'asphalte, ou même on en superpose deux couches de 0^m012 à 0^m015 d'épaisseur.

6° Dallages en mosaïque. Ce dallage qui est construit par les *marbriers* (voir Marbrerie) consiste à former la surface résistante du revêtement à l'aide de petits cubes de marbre, de diverses couleurs, de 0^m01 à 0^m04 de côté, enchâssés dans du mortier et posés sur un béton bien établi. Le mortier est ordinairement de chaux grasse, ce qui permet de faire les retouches nécessaires; mais il est préférable d'y ajouter un tiers ou un quart de ciment à prise lente. Le dessin de la mosaïque est toujours formé de cubes bien rangés les uns à côté des autres, tandis que les fonds peuvent être constitués par un semis irrégulier dont les fragments ne sont pas des cubes.

§ 6. — DES FONDATIONS

40. Nature et qualités du sol. — Selon nous, on doit entendre par *fondement* le sol naturel ou artificiel sur lequel doivent reposer les fondations, en un mot les fondements sont *les fondations des fondations*.

La solidité et par suite la durée d'une construction dépend surtout de la nature du sol sur lequel elle est élevée : il faut que ce sol soit capable de résister au poids qu'on lui fait supporter, et que, la maçonnerie achevée, elle ne soit pas exposée à faire de mouvements n'importe en quel sens; il faut qu'il n'y ait ni *tassements*, ni *poussées*. Il est donc nécessaire d'apporter le plus grand soin à l'examen du sol. Il faut tenir compte du poids approximatif dont on veut le charger; tel sol, qui résistera suffisamment à une légère construction, s'affaissera sous un édifice important; tel autre, ne se trouvant pas d'une contexture partout égale, sera suffisant dans une partie et insuffisant dans une autre, ou bien encore l'édifice ayant des portions d'une pesanteur inégale, le sol présentera une résistance suffisante sur un point et pas sur une autre. Il faudra donc tenir compte de ces éléments divers, et si on n'a pas la liberté de choisir son terrain, prendre les précautions que nous allons indiquer pour rendre un sol imparfait en état de porter sans fâcheux résultats les constructions projetées.

On peut, au point de vue de l'établissement des fondations, diviser les terrains en trois catégories :

1° *Terrains incompressibles et inaffouillables*. Ce sont les *terrains de roches*; ils peuvent recevoir directement la fondation s'ils sont assez près du sol, après qu'on a dérasé la surface, et qu'on y a établi à la pioche une fouille de 0^{m} 25 à 0^{m} 30 de profondeur pour éviter tout glissement; lorsque le rocher présente de trop grandes inégalités qu'il serait coûteux de niveler, on l'égalise au moyen d'une épaisse couche de béton.

Si le terrain rocheux est trop enfoncé dans le sol, on établit la *fondation sur piliers*, comme nous le verrons plus loin.

2° *Terrains incompressibles, mais affouillables*. Ce sont les *terrains graveleux, sablonneux,* formés de gravier, de cailloux, de sable; les *terrains argileux*, formés d'argile compacte et sèche.

Les *terrains sablonneux*, lorsqu'ils sont encaissés dans des étendues limitées, sont très résistants et incompressibles ; mais lorsqu'ils sont imprégnés d'eau, et que le sable est fin, ils arrivent à perdre toute cohérence et à former ce qu'on appelle des *sables mouvants* et des *sables bouillants*.

On augmente beaucoup la résistance d'un terrain graveleux ou sablonneux sec en mettant au fond de la fouille une couche de sable de 0m 25 à 0m 30, bien pilonnée, qu'on peut même arroser avec un lait de chaux très épais, et en ajoutant au-dessus un béton de 0m 20 à 0m 25 d'épaisseur.

Les *terrains argileux*, lorsqu'ils sont secs, sont durs et résistants, mais dès qu'ils sont humides, ils perdent toute consistance et sont capables de refluer sous le poids de la construction, ou de provoquer des glissements de la construction sur sa base.

Les fondations sur les sols de ces dernières catégories exigeront l'emploi d'ouvrages défensifs ayant pour objet de protéger la fondation contre les affouillements. On fera reposer l'ouvrage en maçonnerie sur des *pieux* ou *pilotis*.

3° *Terrains compressibles et affouillables*. Ce sont les *terrains limoneux* et *tourbeux*; les *limons* sont *sableux*, *argileux* ou *marneux*, et on les trouve ordinairement à l'état de boue liquide appelée *vase*.

La *tourbe* est une matière spongieuse formée de végétaux en décomposition ; entre les lits de tourbe sont souvent intercalées des couches de limon vaseux.

Pour exécuter une fondation dans ces terrains, il faut arriver à lui créer une base incompressible et inaffouillable, opération qui présente les plus grandes difficultés.

Pour apprécier la résistance d'un sol à la compression, on peut employer une table carrée en chêne de 1m 50 de côté placée sur un pied carré en bois dont la section sera par exemple de 900 centimètres carrés, si on lui a donné 0m 30 de côté. Lorsque le terrain est mis à nu et qu'on est arrivé au niveau approximatif de la fondation, on place en un point donné la table que l'on charge avec des pierres ou des blocs de fonte jusqu'au moment où le pied commence à s'enfoncer dans le sol ; on abandonne alors l'appareil à lui-même pendant quelques jours, et si au bout de ce temps aucun enfoncement ne s'est produit, en divisant le poids placé sur la table par 900, on aura la charge que peut supporter le terrain par centimètre carré ; on prendra le dixième de cette charge pour valeur de la *charge de sécurité* à imposer au terrain.

Les terrassiers reconnaissent la *dureté* et la *cohérence* du terrain à la manière dont il se laisse entamer par la pioche et la pelle ; et ces deux qualités sont souvent l'indice de l'*incompressibilité*.

Pour bien reconnaître un terrain, il faut de plus savoir quelle est l'épaisseur approximative de la couche dans laquelle on va établir la fondation, sur quelles couches profondes elle repose, si sa résistance ne varie pas avec la profondeur ; il faut également se préoccuper de savoir si le terrain sur lequel on doit construire n'a pas été à une époque plus ou moins éloignée fouillé et remblayé. On se rendra compte des qualités du terrain en observant la manière dont les constructions qui l'avoisinent ont été construites et se sont comportées; enfin, en cas de doute, on pourra toujours faire effectuer des *sondages*. Nous ne décrirons pas ici les méthodes employées pour faire un sondage.

41. Fondations sur bons terrains. — *1° Le bon terrain est près du sol.* La fouille étant creusée jusqu'au bon sol, on en régale bien le fond, et on y coule un *massif de béton* bien pilonné, de 0m 50 d'épaisseur au moins, ou bien on monte directement une *limousinerie* en posant la première assise à bain de mortier.

Le massif ainsi établi au fond de la fouille a toujours une largeur supérieure à celle du mur qui posera sur lui; cette augmentation de largeur de la fondation s'appelle *empattement*; elle a pour but de répartir sur une plus grande surface du terrain la pression que le mur va exercer. La première assise de maçonnerie pourra être exécutée en *libages* formant *parpaing* sur toute l'épaisseur du mur.

Si les fondations sont partout à même profondeur, le fond des rigoles est horizontal; dans le cas contraire, on découpe les fondations par gradins successifs horizontaux.

Si le bon sol est à un niveau supérieur à celui des caves, on enfonce cependant toujours la construction d'au moins 0m 50 au-dessous du sol des caves.

Lorsque le terrain solide est de faible épaisseur, et qu'au-dessous se trouve un mauvais terrain, on ne peut y établir que des constructions très légères; si l'on a à faire des constructions importantes, il faut le traiter comme un mauvais terrain.

2° Le bon terrain est à assez grande profondeur. Fondations sur piles ou sur puits. Si le bon terrain ne se trouve qu'à une certaine profondeur, nécessitant le creusement de rigoles de plus de 2 à 3 mètres de hauteur, qui deviendraient dangereuses et exigeraient des étaiements coûteux, on opère de la manière suivante :

On élargit la base du mur, et au lieu de faire une rigole continue on creuse des trous successifs placés à 3 ou 4 mètres d'axe en axe les uns des autres; leur espacement est d'ailleurs déterminé par les positions des points les plus chargés du mur; ils sont ordinairement rectangulaires et assez larges pour bien reporter la pression sur le sol inférieur; on les descend de 0m 50 dans le sol résistant, puis on les remplit de béton; on taille alors le terrain du fond de la fouille en forme de cintres sur lesquesl on construit des *voûtes* en moellons ou meulière hourdés au mortier de chaux hydraulique, et reposant sur les différentes *piles*. On arase l'extrados de ces voûtes suivant un plan horizontal à 0m 20 en contrebas de sol des caves, et l'on monte le mur des caves sur cette fondation (fig. 11, pl. IX).

Lorsque le bon sol est à une très grande profondeur, on opère de même, mais en construisant des *puits circulaires* assez profonds pour atteindre le bon sol et y pénétrer, de 0m 50, et auxquels on donne 1 mètre à 1m 40 de diamètre en moyenne. On peut foncer ces puits presque sans étayer, lorsque le terrain est peu ébouleux, en prenant seulement la précaution de faire un enduit de 4 à 6 cent. d'épaisseur avec du plâtre, aux endroits où la paroi s'égrène un peu, de manière à former un anneau de la hauteur de la partie ébouleuse ; cela s'appelle *chemiser le puits*. Lorsque le terrain est ébouleux sur une grande épaisseur, on garnit les parois de planches verticales qu'on maintient appliquées au pourtour au moyen de cercles en fer ; on chemise en plâtre par-dessus pour boucher les interstices.

Chacun des puits une fois foncé est rempli de béton de bonne chaux hydraulique que l'on pilonne dans le fond par couches de 0m 20 d'épaisseur ; le puits est empli ainsi jusqu'au niveau de la naissance des voûtes qu'on monte comme dans le cas précédent, de manière que leur extrados soit arasé un peu au-dessous du sol des caves. On peut encore quelquefois monter les arcs dans la hauteur des caves, ce qui nécessite des rigoles moins profondes ; alors le béton des puits est arasé à 0m 50 au-dessous du sol des caves et on constitue les cintres des voûtes avec de la maçonnerie de remplissage qui repose sur le fond des rigoles, sur le terrain ordinaire (fig. 12, pl. IX).

Il faut foncer les puits avant de faire la fouille en excavation des caves pour éviter toutes les chances d'éboulements pendant le fonçage.

On remplit quelquefois les puits avec de la maçonnerie ordinaire et de la maçonnerie de meulière hourdée au mortier de chaux hydraulique ou de ciment à prise lente.

42. Fondations sur mauvais terrains. — 1° *Le terrain résistant se trouve à grande profondeur. Fondations sur pilotis.* Lorsque le terrain résistant est à très grande profondeur, on peut être amené à fonder sur *pilotis*, à la condition surtout que le terrain dans lequel ils seront contenus soit aquifère, et que les pilotis soient toujours noyés ; le bois toujours immergé sous l'eau s'y conserve en effet indéfiniment. Nous verrons plus loin, au chapitre *Charpente*, comment sont établis ces pilotis. On les *bat jusqu'à refus*, à l'aide d'un *mouton*, de manière à les enfoncer dans le terrain jusqu'à ce que leur pointe atteigne le terrain résistant, ou tout au moins que le frottement exercé par le terrain sur leur surface soit suffisant pour leur permettre de supporter sur leur tête une charge considérable.

S'il s'agit de la fondation d'un mur, on dispose les pieux par paires à 1 mètre ou 1m 50 l'une de l'autre ; on *recèpe* les pieux horizontalement à la hauteur convenable pour que tous les bois employés soient toujours noyés ; puis on assemble sur les pieux de chaque paire des pièces transversales de 0m 25 à 0m 20 sur 0m 20 à 0m 12, appelées *racineaux* ou *traversines*, que l'on broche par une pointe de fer sur la tête de chaque pieu. On place alors sur les racineaux des pièces longitudinales jointives appelées *plate-formes*, que l'on broche sur les racineaux. C'est sur le plancher ainsi constitué qu'on maçonne la première assise de la fondation (fig. 13, pl. IX).

Si le mur est plus épais, on multiplie le nombre des pieux de chaque rangée transversale, de manière qu'il s'en trouve un nombre suffisant pour porter le poids de l'ouvrage ; on les réunit dans chaque rangée transversale par un *racineau*, puis on relie les racineaux par des *longrines* longitudinales non jointives sur lesquelles on cloue un plancher épais ; l'ensemble constitue ce qu'on nomme un *grillage* ou *gril de charpente*.

Il faut avoir soin d'enlever, après le recépage, la terre qui entoure la tête des pieux et de la remplacer par des *enrochements* bien bloqués ou par un béton qui englobe la tête des pieux. On peut alors, au lieu d'établir un plancher sur les longrines, couler du béton formant un massif de fondation qui englobe à sa partie inférieure les racineaux et les longrines (fig. 14, pl. IX).

2° *Le terrain solide ne peut être atteint. Fondations sur le mauvais sol amélioré.* Lorsque le terrain solide est à une trop grande profondeur pour qu'on puisse l'atteindre, même avec des pilotis, on est obligé de s'établir sur le terrain compressible, et alors on doit, pour diminuer la charge par unité de surface sur la fondation, donner aux murs des empattements considérables et améliorer autant qu'on le peut le terrain au-dessous.

On peut *améliorer le terrain* en y battant de *petits pieux* ou *pilots* qui ont pour but de resserrer le terrain et d'augmenter sa cohésion ; on remplace avantageusement dans les terrains non affouillables les pilots en bois par des *pilots de sable*, de 2 mètres au plus de longueur et de $0^m\ 20$ à $0^m\ 25$ de diamètre. On enfonce dans le sol un pilot de bois qu'on arrache ensuite et on remplit le trou avec du sable que l'on arrose et que l'on comprime fortement. On peut encore opérer à l'aide d'un tube en tôle de $0^m\ 30$ environ de diamètre qu'on enfonce dans le sol, à la sonnette, et qu'on arrache lorsqu'on l'a rempli de sable. On a quelquefois employé avec avantage dans des glaises peu compactes des *pilots en béton* exécutés de la même manière que les pilots de sable.

Dans certains sols argileux, un drainage convenablement établi assèche le terrain à l'endroit où doit être élevée la construction et l'améliore ainsi notablement.

Lorsque le terrain est susceptible de se soulever au pourtour de la construction, il faut le maintenir par des *encaissements en pieux et palplanches* qui encadrent toute la partie du terrain sur laquelle reposera la fondation.

Le sol étant ainsi amélioré, on établit l'*empattement* de la fondation de différentes manières : 1° soit par une couche épaisse de béton formant au pourtour de la construction une plate-forme solidaire sur laquelle seront montés les murs. On peut encore, pour mieux répartir la pression sur toute la fondation, employer le système des *voûtes renversées* dont les naissances sont placées sous les socles des divers piliers qui supportent les charges principales ; il faut avoir soin de ménager aux deux extrémités des murs des massifs importants formant culées pour ces voûtes (fig. 15, pl. IX).

2° Lorsque le terrain est encore moins résistant, et si la base de la fondation est inondée, on établit sur le fond de la fouille une *plate-forme en bois* composée de la même manière qu'une plate-forme sur pilotis.

3° Lorsque le terrain est peu résistant, mais sec, on peut remplacer la plate-forme en bois par une *plate-forme en fers à planchers* dont toutes les pièces sont ensuite noyées dans un mortier de chaux hydraulique ou de ciment à prise lente qui les protège de la rouille. Les fers double T sont placés dans le sens transversal, à 1 mètre au plus les uns des autres, et reliés à leurs extrémités par deux fers longitudinaux auxquels ils sont assemblés par des équerres en cornières ; ils sont de plus entretoisés solidement par des boulons (fig. 16, pl. IX).

On a toujours intérêt dans les terrains secs à pilonner dans le fond de la fouille une couche de sable de 0^{m} 25 à 0^{m} 30 d'épaisseur, sur laquelle on établira la plate-forme.

4° Enfin, lorsque le terrain est tout à fait mauvais, on établit une plate-forme continue ou *radier général en béton* sous le bâtiment tout entier, en ayant soin de lui donner une épaisseur de 1^{m} 50, 2 mètres, 2^{m} 50, d'autant plus grande que les murs sont plus écartés, et que la surface que recouvre le radier général est plus grande (fig. 17, pl. IX). On donne une solidité et une rigidité encore plus grandes à ce radier en l'établissant sur plate-forme générale en fer, ce qui permet d'en diminuer l'épaisseur. La couche de béton formant le radier n'est pas imperméable, aussi dans les terrains aquifères on devra revêtir la partie supérieure de ce radier, ainsi d'ailleurs que les murs de caves, d'un *enduit en ciment* de 0^{m} 07 d'épaisseur posé en deux couches : la première, de 0^{m} 04 environ, formée de 1 de ciment Portland pour 5 de sable ; la seconde, de 0^{m} 03, formée de 1 de ciment Portland pour 1 de sable (fig. 17, pl. IX).

3° Exécution d'une fondation dans un terrain aquifère. Lorsque le fond de la fouille sur lequel on établit la fondation est au-dessous du niveau de l'eau, on est obligé d'employer, suivant les cas, les procédés suivants :

1° Si le terrain laisse passer peu d'eau, on enclôt par un *batardeau* étanche l'emplacement de l'ouvrage à construire, et on enlève par *épuisement* la faible quantité d'eau qui envahit peu à peu les travaux ;

2° Si le terrain laisse passer beaucoup d'eau par le fond de la fouille, les épuisements deviennent plus importants, et quelquefois trop coûteux ; il faut alors rendre étanche le fond de la fouille en le garnissant de terre glaise qu'on recouvre d'un plancher en bois jointifs, ou mieux en coulant sur le fond de la fouille un béton suffisamment épais ;

3° Si le fond de la fouille doit être à plus de 2 m 50 ou 3 mètres au-dessous du niveau de l'eau, les méthodes précédentes ne sont plus applicables, et il faut foncer la fouille et exécuter la fondation à l'aide de *caissons étanches à air comprimé*. Nous renverrons pour la description de ces appareils et pour leur emploi aux nombreux ouvrages qui traitent des travaux publics.

43. Fonçage et construction d'un puits. — Le *fonçage d'un puits* s'exécute de la même manière, soit qu'il doive fournir de l'eau, soit qu'il doive servir à former les piliers de la fondation d'une construction; on est, en effet, obligé dans certains terrains très ébouleux et aquifères de creuser les puits de fondation en les chemisant en maçonnerie à mesure de leur avancement.

Lorsqu'un puits doit fournir de l'eau, on le fonce jusqu'à la couche aquifère, dans laquelle on pénètre de 2 ou 3 mètres; si le terrain est suffisamment solide et non ébouleux, on peut ne pas blinder le puits, ou le chemiser simplement comme nous l'avons dit précédemment à propos des puits de fondations; on établit alors sur le fond de la fouille un *rouet* ou anneau circulaire en bois de chêne sur lequel on monte la maçonnerie de revêtement. Cette maçonnerie, dans la hauteur de la couche aquifère, est exécutée en pierres sèches ou en briques creuses hourdées au mortier de chaux hydraulique, les trous étant dirigés suivant le rayon du puits; au-dessus, on fait la maçonnerie en matériaux durs, résistant à l'eau et hourdés au mortier hydraulique, en ayant soin de la bien bloquer contre le terrain, sans laisser de vides. Les matériaux sont appareillés en *voûte horizontale* et on ne donne pour cette raison au revêtement que 0 m 20 à 0 m 25 d'épaisseur. On épuise l'eau tant que la maçonnerie ne s'élève pas au-dessus de la couche aquifère. Lorsque le puits traverse des couches rocheuses bien solides, il est inutile d'y appliquer un revêtement à cet endroit.

On prolonge le revêtement au-dessus du sol par une maçonnerie à deux parements formant la *margelle* du puits sur laquelle s'installe l'appareil destiné à élever les seaux; elle doit avoir au moins 0 m 80 de hauteur.

Lorsque le terrain est peu consistant, il faut étayer comme nous l'avons dit; mais ce moyen peut être insuffisant si l'on doit traverser des terrains de sables aquifères coulants; on opère alors par *trousse coupante*. On fonce le puits comme à l'ordinaire tant que le terrain est solide; au moment où on atteint le terrain ébouleux, on descend dans le puits un rouet sur lequel on commence à monter la maçonnerie de revêtement; sous ce rouet est une *trousse coupante en bois* (fig. 18, pl. IX). On provoque l'enfoncement progressif en fouillant sous le rouet, en même temps qu'on surélève la maçonnerie, et on s'arrange pour que l'ensemble descende bien verticalement. Au lieu d'un simple rouet en bois on peut employer une *trousse coupante en tôle et cornières* sur laquelle on monte la maçonnerie (fig. 19, pl. IX). Lorsque le puits a la profondeur voulue, on garnit le dessous de la trousse avec de gros graviers ou des galets. Pendant tout le temps de la construction il faut épuiser les eaux qui envahissent le puits.

Lorsque les couches aquifères que l'on traverse ont une grande puissance, il faut employer l'air comprimé.

§ 7. — LES MURS

44. Diverses espèces de murs. — On distingue plusieurs espèces de *murs* suivant leur situation ou leur destination.

a) Les *murs de fondation*, murs généralement épais et construits au-dessous du niveau du sol.

b) Les *murs en élévation*, qui comprennent :

1° Les *murs de simple clôture*, dont le but est de séparer deux héritages contigus, mais qui ne portent aucune construction ;

2° Les *murs de face*, placés en façade du bâtiment, et donnant ordinairement sur la rue ; ils sont soumis de ce fait à des règlements de voirie ;

3° Les *murs séparatifs ou murs mitoyens*, qui séparent deux héritages contigus, en même temps qu'ils portent des constructions soit des deux côtés, soit d'un seul ;

4° Les *gros murs intérieurs* ou murs de refend, qui séparent les diverses parties d'un bâtiment et portent des constructions;

5° Les *contre-murs*, petits murs qu'on doit, dans certains cas, établir pour renforcer ou garantir des murs déjà construits ;

6° Les *murs d'allège*, qui supportent les appuis des croisées ;

7° Les *murs dosserets*, que l'on construit en exhaussement des murs latéraux de la construction pour y adosser des souches de cheminées.

c) Les *murs de soutènement*, destinés à soutenir des terres dont le niveau est supérieur au niveau du terrain contigu, et les *murs de barrages* ou de *réservoirs*, destinés à contenir les eaux.

45. Murs de fondation. — *1° Murs d'un bâtiment sur terre-plein.* Le *mur* est monté sur le *massif de fondation* en béton ou en maçonnerie ordinaire, jusqu'au niveau du sol de rez-de-chaussée ; ce niveau doit être supérieur d'au moins 0^m50 à celui du sol extérieur. Le *soubassement* de la construction, formé par le mur, est couronné le plus souvent d'un *bandeau* en pierre, s'il est en maçonnerie de moellons ou de meulière; il peut être constitué lui-même entièrement en pierre de taille; il n'aura jamais moins de 0^m50 d'épaisseur. Le *terre-plein* est remblayé au-dessus du sol extérieur à l'aide d'un remblai sec bien pilonné, sur lequel on établit la *forme* en béton pour le carrelage ou le parquet (fig. 1, pl. X).

Il faudra, dans ce cas, prendre des précautions spéciales contre l'humidité, en interposant dans le joint de maçonnerie situé directement au-dessus du sol extérieur un enduit hydrofuge couche *de mastic d'asphalte*, *glu marine*, *bitume de Judée*, *mastic Machabée*, etc., ou simplement une plaque de *plomb* ou une plaque de *tôle noyée dans un bain de ciment*. Il sera bon également de hourder la maçonnerie au mortier de chaux hydraulique.

2° *Murs d'un bâtiment sur caves*. Les *caves* sont limitées par les murs extérieurs dont l'épaisseur dépend de celle des murs du rez-de-chaussée, et de la *poussée* qu'exerceront sur eux les *voûtes* des caves et le terrain extérieur; dans les maisons ordinaires, où les murs de face ont 0^m 50 d'épaisseur, on ne donne jamais moins de 0^m 65 à 0^m 75 aux murs extérieurs des caves, et souvent davantage s'ils doivent recevoir des voûtes. On évite ordinairement d'appuyer les voûtes sur les murs de face, et on les fait retomber de préférence sur les murs de refend. Ceux-ci, lorsqu'ils portent seulement les murs supérieurs, peuvent avoir de 0^m 55 à 0^m 60 d'épaisseur; mais s'ils portent des retombées de voûtes, il faut les tenir plus épais.

D'ailleurs, on ne peut se rendre un compte bien exact des dimensions à donner à ces murs qu'en dressant le *calepin du mur* qu'ils doivent supporter en élévation; on nomme ainsi le dessin en plan et élévation du mur en question, sur lequel on se rend compte des dimensions à donner au mur en ses différents points et des charges qui portent sur lui.

Les *portes* à ménager dans les murs de cave doivent être assez larges pour laisser passer un tonneau, de sorte qu'il faut leur donner au moins 1 mètre et mieux 1^m 05; la hauteur minima doit être de 2 mètres. Elles sont toujours construites en voûtes de mêmes matériaux que les murs et d'au moins 0^m 40 d'épaisseur, quand ceux-ci sont en moellons. Lorsqu'ils sont en meulière, on peut construire la *voûte* en briques sur 0^m 22 d'épaisseur, et de même faire les *jambages* de la porte en briques dans lesquelles les scellements de gonds se feront plus facilement que dans la meulière.

Les *voûtes* qui recouvrent les caves sont toujours faites en petits matériaux, moellons, meulières ou briques. Une voûte en moellons ou en meulières n'aura jamais moins de 0^m 40 d'épaisseur; une voûte en briques, jamais moins de 0^m 11, pour voûtes peu chargées et de faible portée; de 0^m 22 pour les voûtes chargées ou de portée un peu forte (fig. 2, pl. X).

Pour les voûtes en moellons, on peut calculer l'*épaisseur à la clef* par la formule de M. Léonce Reynaud :

$$e = 0^m 20 + 0^m 02 \text{ D}$$

dans laquelle e est l'épaisseur à la clef, D l'ouverture entre piédroits.

Si ces voûtes sont très chargées, on prendra :

$$e = 0^{m}30 \text{ ou } 0^{m}40 + 0^{m}03 \text{ à } 0^{m}04 \text{ D}$$

Les *reins de la voûte* seront remplis en béton, ce qui lui donne une résistance plus grande.

On remplace souvent aujourd'hui les voûtes de caves par un plancher en fer hourdé en maçonnerie ; les linteaux des baies sont alors formés d'un filet en fer double T ; on arrive ainsi à gagner un peu de hauteur, mais on a l'inconvénient que les caves sont moins fraîches.

Les *soupiraux* sont les baies qui servent à éclairer et à aérer les caves et les sous-sols ; ils débouchent près du sol dans le soubassement, au-dessous du bandeau du rez-de-chaussée ; on leur donne les dimensions les plus grandes possibles lorsqu'ils doivent éclairer le sous-sol. On les place généralement dans l'axe des baies du rez-de-chaussée, de manière à ne pas affaiblir les parties portantes du bâtiment.

Nous donnons, fig. 3, pl. X, un soupirail dans un mur de cave dont la voûte est cintrée perpendiculairement à la façade.

Fig. 4, pl. X, un soupirail dans une voûte cintrée contre le mur de face.

Fig. 5 et fig. 6, pl. X, un soupirail percé dans une marche.

Fig. 7, 8 et 9, pl. X, les dispositions à adopter lorsque le soubassement a une certaine hauteur.

Fig. 10, pl. X, la disposition employée pour l'éclairage d'un sous-sol de boutique.

Fig. 11, pl. X, la disposition d'un sous-sol éclairé par une *cour anglaise* ; cette cour n'est autre chose qu'un fossé régnant le long du mur de face de la construction et qui a 1 mètre à $1^{m}50$ de largeur ; il est limité par un mur de soutènement pourvu d'une balustrade ; le sous-sol devient alors un véritable rez-de-chaussée par rapport au sol de la cour anglaise.

46. Des fosses d'aisances. — La construction des *fosses d'aisances fixes* est réglée par les ordonnances de police du 24 septembre 1819 et du 23 octobre 1850 pour Paris, et par une ordonnance du 1er décembre 1853 pour les communes rurales du ressort de la préfecture de police ; on devrait toujours s'y conformer rigoureusement, même dans les autres localités. (Voir les chapitres consacrés à la Législation du bâtiment.)

Le *tuyau de chute* se fait ordinairement en fonte ; il doit avoir au moins $0^{m}20$ de diamètre ; on le place dans un angle autant que possible, et on le maintient par des *colliers en fer*, à un mètre les uns des autres. Le *tuyau de ventilation* se fait de même en fonte et monte en général à côté du tuyau de chute. La dalle formant *tampon d'extraction* doit avoir au moins $0^{m}20$ d'épaisseur et être pourvue d'un anneau. Nous donnons fig. 12, 13 et 14, pl. X, les dessins d'une fosse fixe établie conformément aux règlements.

On place ces fosses dans la cave même, ou bien sous la cour, de manière à avoir le *tampon d'extraction* au dehors (fig. 15, pl. X), ou encore dans la cave, le long d'un mur extérieur, avec couloir et cheminée reportant le tampon d'extraction au dehors (fig. 16, pl. X). Quelle que soit la disposition adoptée, les murs de la fosse n'auront jamais moins de 0^m 50 d'épaisseur; ils seront construits en bonne meulière avec mortier de chaux hydrauliques et enduits intérieurement au mortier de ciment lissé à la truelle; lorsqu'on adossera la fosse à l'un des murs de la construction, on devra toujours construire du côté de ce mur un *contre-mur* de 0^m 32 d'épaisseur.

Lorsqu'on emploie des *fosses mobiles* ou *tinettes*, on les place dans le sous-sol dans une *chambre à tinettes* dont la construction est réglée par les ordonnances de police du 5 juin 1834 et du 1er décembre 1853. La surface de la chambre ne peut avoir moins de 2 mètres; la hauteur sous-clef est au minimum de 2 mètres; la largeur, de 1 mètre; les murs et la voûte sont en maçonnerie étanche; si la voûte est remplacée par un plancher, il doit être hourdé en matériaux hydrauliques; le sol doit être imperméable et former cuvette; si le caveau est compris dans la hauteur des caves, il doit être éclairé par un soupirail; il doit être, dans ce cas, fermé par une porte ou trappe en bois solide et ouvrant du dehors (fig. 17, pl. X).

47. Murs de clôture. — *1° Construction des murs de clôture.* Les *murs de clôture* doivent avoir 2^m 60 de hauteur dans les villes dont la population est de moins de 50.000 âmes, et 3^m 20 dans celles dont la population dépasse ce chiffre; on leur donne une épaisseur variable qu'on peut calculer en prenant au minimum 1/8 de la hauteur si le mur est construit en matériaux de bonne qualité; il faut donner une épaisseur plus grande si les matériaux sont de qualité inférieure.

La *fondation* doit toujours être établie en mortier de chaux hydraulique, ainsi que le *soubassement*, jusqu'à 0^m 50 au-dessus du sol; le reste de la construction peut être fait en maçonnerie moins résistante, à la condition de placer des *chaînes verticales* en matériaux résistants tous les trois ou quatre mètres.

La partie supérieure du mur doit être couverte d'un *chaperon*, dont la pente déverse les eaux sur le terrain de celui à qui le mur appartient si le mur n'est pas mitoyen; il présente deux pentes déversant les eaux de part et d'autre si le mur appartient aux deux propriétaires. On devra pourvoir ce chaperon d'un *larmier* au bas de chaque pente, comme nous l'avons expliqué précédemment. Les *chaperons* exécutés en *plâtre* ne valent rien; mais on peut les faire en *mortier* de chaux hydraulique ou de ciment. Les chaperons en *pierre* sont les meilleurs, parce qu'ils forment en même temps chaînage horizontal pour relier la construction en petits matériaux; on les forme quelquefois d'une *dalle plate* posée sur le mur, mais cette disposition est mauvaise parce qu'elle favorise la stagnation de l'eau sur le dessus du mur. On peut enfin constituer les chaperons par des *tuiles avec faîtière en terre cuite*, comme nous le montrons dans les fig. 1, 2, 3, 4, 5 et 6, pl. XI.

Lorsque les matériaux du mur sont gélifs, il est bon de le recouvrir d'un *crépi* et d'un *enduit* sur ses deux faces ; dans tout autre cas, on peut laisser les matériaux apparents et se servir de leur disposition pour former la décoration des parements.

Dans bien des cas, on peut remplacer certaines portions d'un mur de clôture par des *grilles dormantes* ; on établit alors un soubassement en maçonnerie ayant environ 0^{m} 85 à 1 mètre de hauteur, et de place en place, des *pilastres* en maçonnerie entre lesquels on fixe les grilles, qui sont portées aussi par le mur de soubassement ; les pilastres ont une hauteur supérieure à celle du reste du mur.

2° *Baies dans les murs de clôture.* On doit établir dans les murs de clôture des *portes pour piétons* et des *portes dites charretières* pour le passage des voitures.

Une *porte pour piétons* doit avoir 1^{m} 10 environ de largeur et 2^{m} 40 de hauteur ; ses *jambages* ou *piédroits* seront ordinairement formés de matériaux de même nature que ceux du reste du mur, mais appareillés avec plus de soin, ou bien, dans des constructions très soignées, de pierre de taille. Un *linteau* en pierre ou, si l'on emploie de petits matériaux, une *petite voûte* en *arc* ou en *plate-bande* formera la partie supérieure. A la partie inférieure, au niveau du sol, on placera entre les deux jambages de la porte une pierre appelée *seuil*.

Enfin, comme la baie sera fermée par une *porte* en menuiserie, on dispose une *feuillure* pour recevoir le *bâti dormant* de cette porte ; la partie comprise entre le parement extérieur du mur et la feuillure s'appelle le *tableau* ; la partie comprise en arrière de la feuillure, et qui est légèrement évasée pour permettre à la porte de s'ouvrir plus largement, s'appelle *l'ébrasement* (fig. 7, pl. XI).

Une *porte charretière* doit avoir une largeur de 2^{m} 90 à 4 mètres et une hauteur d'au moins 3 mètres ; aussi on ne ferme pas, le plus souvent, ces portes à la partie supérieure. La partie mobile, *porte* ou *grille*, qui doit fermer la baie étant en général assez lourde, on termine le mur par des *pilastres* formant les jambages de la porte ; ils sont plus épais que le mur, et plus hauts que lui ; souvent même, ils sont renforcés à l'arrière par une saillie formant *contrefort* (fig. 8, pl. XI). Les pilastres peuvent être construits en pierre de taille ou en petits matériaux ; dans ce dernier cas, il est bon de traverser le pilastre dans sa hauteur par une barre de fer verticale de 0^{m} 04 à 0^{m} 05 de côté reliée par une barre de fer horizontale de 3 à 4 mètres de long au reste du mur, dans lequel cette dernière est noyée. On relie également à la barre verticale les ferrements qui supportent la porte ou la grille de fermeture ; cette barre de fer verticale peut être prolongée jusque dans la fondation lorsque le soubassement lui-même est construit en petits matériaux.

Le seuil de la porte est formé par plusieurs pierres dures; les deux pierres extrêmes servent à sceller des bornes en fonte ou des pièces en fer appelées *chasse-roues*; la pierre du milieu reçoit *le butoir* et *la gâche* de la grille ou de la porte (fig. 8, pl. XI).

Si l'on veut couvrir par le haut une porte charretière, il faut faire porter aux pilastres un *linteau* en bois ou en fer, ou bien une voûte en petits matériaux; il faut alors relier entre eux ces deux pilastres au-dessus de la voûte par une barre de fer horizontale attachée à deux barres verticales qui les traversent dans leur hauteur (fig. 9, pl. XI).

48. Murs de face des bâtiments. — *1° Construction de ces murs.* Autant que possible, le *soubassement* sera en pierre dure et non gélive; s'il est en petits matériaux, ils devront être d'excellente qualité et hourdés au mortier de chaux hydraulique ou de ciment à prise lente. Le corps du mur sera élevé en matériaux de nature quelconque, pierre de taille ou petits matériaux, mais toujours avec beaucoup de soin. Dans ce dernier cas, on accusera souvent les étages par des *bandeaux* en pierre ou de matériaux différents de ceux qui composent la masse du mur; on terminera le mur à sa partie supérieure par une assise de pierre faisant saillie avancée avec *larmier*, et nommée *corniche*, destinée à écarter les eaux du nu du mur. Des *chaînes verticales* accuseront dans certains cas des points particulièrement résistants de la construction, ou les angles de l'édifice.

L'*épaisseur* à donner aux murs va en diminuant de la base au sommet de l'édifice; la diminution se prend sur l'intérieur en gardant le parement extérieur vertical.

On peut la calculer par les formules suivantes de Rondelet :

1° Pour murs d'édifices ne portant qu'un comble.

$$e = \frac{h}{12}\,\frac{L}{\sqrt{L^2 + h^2}}$$

2° Pour murs d'édifices reliés par des murs intérieurs, par des combles ou des planchers.

$$e = \frac{h}{18}\,\frac{L}{\sqrt{L^2 + h^2}}$$

3° Pour murs de maisons d'habitation simples en profondeur.

$$e = \frac{L + \frac{h}{2}}{24}$$

4° Pour murs de maisons doubles en profondeur.

$$e = \frac{L + h}{48}$$

Dans ces formules, e est l'épaisseur du mur, h sa hauteur totale, L la largeur du bâtiment entre murs. Elles ont été établies pour des maçonneries de moellons et chaux grasse ou moellons et plâtre comme on les faisait autrefois ; elles donnent des résultats un peu forts pour les matériaux hourdés à la chaux hydraulique ou au ciment ; on peut donc considérer ces résultats comme des maxima. Il est facile de ramener ces épaisseurs à ce qu'elles doivent être avec d'autres matériaux en remarquant que si la maçonnerie de moellons bruts a une épaisseur donnée par 15, celle de moellons piqués aura 10; celle de briques, 8, et celle de pierre de taille, 5 à 6. Pour un travail soigné, on ne devra jamais descendre au-dessous des épaisseurs suivantes :

Pierre de taille	0m 20
Moellons piqués	0m 45
Moellons bruts	0m 60

Enfin, les épaisseurs généralement adoptées pour les maisons d'habitation ordinaires sont, suivant les matériaux employés :

MURS DES DIVERS ÉTAGES	ÉPAISSEUR DES MURS		HAUTEURS D'ÉTAGES
	DE FACE	DE REFEND	
Fondations	0.75 à 1.00	0.70 à 0.85	
Caves	0.55 à 0.80	0.50 à 0.65	2.20 au minim.
Rez-de-chaussée	0.50 à 0.65	0.44	3.25 à 5.00
1er Étage	0.45 à 0.55	0.44	3.00 à 4.25
2e Étage	0.44 à 0.50	0.34	2.80 à 3.50
3e Étage	0.34 à 0.44	0.22 à 0.34	2.80
4e Étage	0.34 à 0.44	0.22 à 0.34	2.70

La maçonnerie la plus épaisse étant du moellon, la plus mince de la brique ou de la pierre de taille.

On a remarqué que dans les bâtiments actuels, le rapport de la superficie occupée par les murs, déduction faite des vides des portes à la superficie des espaces qu'ils renferment est d'environ 1/8.

La construction des murs de face est soumise à des règlements qu'on trouvera aux chapitres réservés à la législation du bâtiment.

2° *Les baies dans les murs de face.* — *a*) *Portes.* Une *porte* se construira dans un mur de face d'une manière analogue à celle que nous avons étudiée pour les portes de piétons dans les murs de clôture. Le *tableau* d'une porte aura en général une largeur qui sera un peu inférieure à la moitié de l'épaisseur du mur ; la *feuillure* aura de 0m 06 à 0m 08 suivant l'épaisseur des menuiseries. Le *seuil* de la porte sera toujours formé d'une pierre dure ayant comme longueur juste la largeur de la baie, de manière à ne pas pénétrer sous les *jambages* ; il présentera une légère pente vers le dehors.

b) *Fenêtres.* Une *fenêtre* a comme la porte un *tableau*, une *feuillure* et un *ébrasement*, seulement la feuillure n'a que 0m 055 à 0m 060 ; la partie inférieure de la fenêtre est formée par un petit mur dit *mur d'allège*, qui est surmonté d'une pierre dure dite *pierre d'appui*, qui a comme longueur la largeur libre entre les piédroits ; elle est pourvue d'une *pente* vers l'extérieur pour écouler les eaux, les deux bords vers les piédroits restant relevés pour écarter l'eau du joint, et elle fait saillie sur le mur d'allège ; la face inférieure de la saillie est creusée d'un *larmier*.

c) *Fermeture des baies à leur partie supérieure.* Lorsque la baie n'est pas large, on peut la fermer, comme nous l'avons déjà vu, par un *linteau* en pierre portant sur les deux jambages, et dont on peut diminuer la portée par l'adjonction de *corbeaux* qui font partie de la dernière assise des jambages (fig. 10, pl. XI). On peut aussi diminuer la charge sur le linteau par l'emploi d'*arcs de décharge* qui reportent sur la masse des jambages les charges supérieures (fig. 11, pl. XI).

On peut encore couvrir la partie supérieure d'une baie par un *arc* constitué au moyen de pierres appareillées qu'on nomme *claveaux* ou *voussoirs* ; le *sommier* est le voussoir qui repose sur les jambages ; la *clef* est le voussoir du milieu de l'arc ; la partie en parement de chaque voussoir s'appelle sa *face* ; la partie qui forme la surface courbe intérieure de l'arc s'appelle sa *douelle* ; l'ensemble de toutes les douelles forme l'*intrados* de l'arc ; la surface extérieure s'appelle l'*extrados*. Lorsque l'extrados forme une surface continue parallèle ou sensiblement parallèle à l'intrados, on dit que l'arc est *extradossé* ; les différentes assises du mur viennent reposer sur l'extrados de l'arc, et pour éviter d'avoir des joints rencontrant l'extrados sous des angles trop aigus, on dévie le joint horizontal des assises pour l'amener à être perpendiculaire à l'extrados, dans le voisinage du point de rencontre ; on forme ainsi ce qu'on nomme des *crossettes* (fig. 12, pl. XI). On raccorde quelquefois directement les voussoirs de l'arc avec les assises du mur, en employant l'appareil *en tas de charge* (fig. 13, pl. XI).

Un arc est *plein cintre* lorsque son intrados a la forme d'une demi-circonférence, dont le centre est sur la *ligne des naissances*, c'est-à-dire sur la ligne des joints horizontaux des sommiers (fig. 12 et 13, pl. XI). Il est *surbaissé* en *arc de cercle* ou en *anse de panier*, suivant que son intrados est un arc de cercle ayant son centre au-dessous des naissances, ou que c'est une courbe à plusieurs centres appelée anse de panier (fig. 14 et 15, pl. XI). Il est *outrepassé* s'il se compose d'un arc de cercle plus grand qu'une demi-circonférence (fig. 16, pl. XI).

L'arc *ogive* est formé de deux arcs de cercle qui se coupent à la clef, et dont les centres sont sur la ligne des naissances (fig. 17, pl. XI).

Une *plate-bande* est un linteau composé de plusieurs pièces en forme de voussoirs; cette voûte pousse beaucoup sur ses piédroits et ne présente qu'une stabilité insuffisante, aussi lorsqu'on l'emploie pour une baie, a-t-on l'habitude de la consolider par une barre de fer carré de $0^{m}05$ de côté, posant de $0^{m}20$ à $0^{m}25$ sur chacun des sommiers et logée au-dessus de la feuillure, dans une entaille ad hoc. Il faut de plus maintenir les jambages contre la poussée à l'aide de chaînages horizontaux (fig. 18, pl. XI).

Enfin on peut former la partie supérieure d'une baie d'un *linteau* en bois ou en fer; les linteaux de grande portée s'appellent *poitrails*. On n'emploie presque plus les linteaux en bois; on leur préfère les linteaux en fer double T dont nous parlerons ainsi que des poitrails au chapitre *Charpente en fer et serrurerie*.

Les *lucarnes* sont des fenêtres de façade placées au-dessus de la corniche et raccordées à la toiture. Lorsqu'elles sont en maçonnerie, elles se composent de deux jambages supportant un linteau au-dessus duquel est placée une portion de mur triangulaire appelée *pignon* qui se raccorde à la toiture (fig. 19, pl. XI).

3° *Les balcons*. Les *balcons* sont des constructions horizontales en saillie sur le parement extérieur des murs de face. A Paris, on ne peut les établir à moins de 6 mètres du sol de la rue, et ils ne peuvent avoir plus de $0^{m}80$ de saillie sur le nu du mur; on ne les admet que dans les rues de plus de 10 mètres de largeur.

Un balcon en pierre se compose d'une *dalle* de pierre dure soutenue par des *consoles* ou *corbeaux*. La dalle est encastrée dans le mur de toute l'épaisseur; on la pose d'abord de telle sorte qu'elle ne touche pas sur les consoles, pour éviter les ruptures en cas de tassements, et on fait le jointoiement au moment du ravalement. Les dalles ont de $0^{m}25$ à $0^{m}30$ d'épaisseur. Le dessus du balcon présente une *pente*, comme une pierre d'appui cette pente se continue dans le tableau des baies; il présente un larmier sur sa face inférieure.

Les consoles font partie d'une assise complète du mur; elles sont généralement établies sur le côté de chacune des baies placées au-dessous du balcon; les dalles sont assemblées au droit des consoles (fig. 20, pl. XI).

49. Murs de refend. Murs mitoyens. — 1° *Construction de ces murs*. La construction des *murs de refend* se fait généralement en petits matériaux; la pierre de taille n'y est employée que pour former des *pilastres* ou *dosserets* destinés à supporter de lourdes charges, ou pour constituer les murs de certains vestibules ou escaliers.

Leur *épaisseur* peut se calculer par la formule

$$e = \frac{L + h}{36}$$

dans laquelle e est l'épaisseur du mur, h sa hauteur totale, L la longueur totale du bâtiment.

Les *baies* auront toujours des feuillures disposées pour recevoir les bâtis des menuiseries ; leur partie supérieure sera toujours formée de linteaux en bois ou en fer.

Les *murs mitoyens* sont des murs de refend ; leur épaisseur peut être établie par convention entre les deux propriétaires voisins ; mais leur construction est réglée par des lois et par des ordonnances qu'on trouvera aux chapitres où es traitée la législation du bâtiment.

En l'absence de toute convention, on leur donne 0^m 65 d'épaisseur en fondation et 0^m 50 en élévation ; on peut y établir des conduites de fumée, mais il vaut mieux ne pas le faire ; il est préférable de leur donner par convention une épaisseur moindre et d'adosser de part et d'autre les souches de cheminées.

Un mur mitoyen fait saillie au-dessus des combles, dont il épouse les pentes ; si les combles ne sont pas de même hauteur, la partie supérieure du mur forme *mur-pignon* ; on la termine par un couronnement formé de pierres de taille appareillées de manière à éviter les joints sous des angles aigus (fig. 21, pl. XI), et qui se traite comme un chaperon de mur de clôture.

2° *Construction des tuyaux de fumée dans les murs de refend.* Ces tuyaux se construisent en *briques ordinaires*, en *briques cintrées* ou en *wagons.*

a) *Tuyaux en briques ordinaires.* Lorsque la fumée qui passe dans les tuyaux est très chaude, il faut les construire en briques ordinaires ; on donne aux parois 0^m 11 d'épaisseur ainsi qu'aux *languettes* ou cloisons qui séparent les cheminées entre elles ; on fait la maçonnerie bien pleine, de manière qu'il ne puisse y avoir aucune communication d'une cheminée avec une autre, ni avec le dehors, et on forme des *harpes* de liaison ayant une hauteur de 4, 5 ou 6 assises de briques, pour relier les tuyaux avec les autres matériaux. On enduit intérieurement les tuyaux avec du plâtre en arrondissant les angles pour empêcher que la suie s'y arrête. On voit que les murs devant contenir des tuyaux en briques auront toujours au moins de 0^m 50 à 0^m 55 d'épaisseur.

Entre le dernier tuyau d'une série et une baie de porte, on doit laisser une partie pleine de 0^m 34 de largeur, qu'on nomme *dosseret* ; on la réduit quelquefois à 0^m 22 lorsqu'il est impossible de faire autrement. Pour incliner ou *dévoyer* un tuyau, on avance les briques en gradins les unes sur les autres et on corrige les irrégularités de la construction avec l'enduit intérieur en plâtre.

Les tuyaux de fumée destinés à un étage partent d'une hauteur variant entre $0^m 90$ et 2 mètres du plancher bas de cet étage, suivant la nature de l'appareil de chauffage qui y sera installé; c'est dans cette hauteur que l'on construit le foyer. Pour cela, on laisse dans le mur une baie de dimensions appropriées, dont on construit les jambages en briques; on cintre au-dessus un arc dans lequel on réserve l'ouverture du tuyau de fumée qui vient se monter au-dessus; pour une cheminée ordinaire, la baie a $0^m 70$ à $0^m 90$ de large sur $0^m 90$ de haut. On bouche le parement opposé avec une murette en briques de $0^m 11$ ou de $0^m 22$ pour les cheminées importantes (fig. 1, pl. XII).

b) Tuyaux en briques cintrées. Les *briques cintrées* sont exécutées pour trois dimensions de murs : pour mur de $0^m 40$ ravalé, pour mur de $0^m 45$, pour mur de $0^m 50$. Pour chaque dimension, il y a quatre formes, que l'on désigne sous les noms suivants :

A *équerre*
B *plat à barbe*
C *chapeau de commisaire*
D *violon*.
(fig. 2, pl. XII).

Elles ont l'épaisseur des briques ordinaires, façon Bourgogne, soit $0^m 065$ ou $0^m 075$. En les juxtaposant comme l'indiquent les figures 3, 4, 5 et 6, pl. XII, on obtient des tuyaux à section circulaire dont les matériaux forment *harpes* pour se relier aux matériaux voisins; on met à l'intérieur un enduit en plâtre de $0^m 01$ d'épaisseur, et à l'extérieur un renformis de $0^m 03$ et un enduit par-dessus; pour avoir une paroi plus épaisse, ainsi que nous l'indiquons sur la figure 4, pl. XII, il faut alors, si l'on veut faire un mur de $0^m 45$, prendre les briques cintrées pour murs de $0^m 40$. Nous donnons le tableau du nombre des pièces nécessaires pour constituer 1, 2, 3 ou 4 tuyaux sur un mètre de hauteur; on remarquera qu'il faut 30 briques en plus pour chaque tuyau ajouté.

NOMBRE DE TUYAUX	PIÈCE A	PIÈCE B	PIÈCE C	PIÈCE D	TOTAL
1	36	12			48
2	36	24	12	6	78
3	36	36	24	12	108
4	36	48	36	18	138

On a essayé d'employer d'autres briques cintrées pour éviter d'avoir un aussi grand nombre de joints verticaux faisant communiquer entre eux les tuyaux de fumée correspondant à des cheminées différentes. Dans la disposition indiquée par la figure 7, pl. XII, il y a des pièces de deux modèles seulement et un seul joint vertical au lieu de deux entre deux tuyaux voisins. Dans la disposition de la figure 8, pl. XII, il n'y a qu'un seul modèle de pièces, et il n'y a plus de joint vertical entre deux tuyaux voisins; ce sont les *wagons Courtois*.

c) Tuyaux en wagons. Ce sont des tuyaux spéciaux en terre cuite, fabriqués d'un seul morceau par tronçons de 0^{m}16 à 0^{m}20 de longueur et d'une épaisseur de 0^{m}05 à 0^{m}06; ils ont la forme d'un D et peuvent s'emboîter les uns contre les autres pour constituer des tuyaux adjacents; leur forme leur permet également de former des harpes dans les matériaux voisins. On les fait pour des épaisseurs de murs de 0^{m}25, 0^{m}35, 0^{m}40, 0^{m}45 et 0^{m}50; ils sont *droits* ou *dévoyés* suivant qu'ils doivent servir à construire des parties de tuyaux verticales ou obliques (fig. 9 et 10, pl. XII). Il faut toujours, comme avec les briques cintrées, faire un renformis par-dessus les wagons afin d'avoir une paroi suffisamment isolante.

L'inconvénient du joint vertical de communication, entre deux tuyaux voisins, n'existe plus avec ces wagons, mais il reste encore dans toute la hauteur des tuyaux un grand nombre de joints horizontaux par où des communications peuvent s'établir si le hourdis n'a pas été très bien fait; pour y remédier, on a imaginé les *wagons solidaires* des types Lacôte ou Duprat, dans lesquels on peut croiser les joints horizontaux, grâce à ce que les saillies formant harpes des wagons n'existent que sur la moitié de la hauteur (fig. 11, pl. XII). Ils se construisent droits ou dévoyés comme les wagons ordinaires; les *wagons Duprat* sont construits à paroi creuse, ce qui donne un meilleur isolement et plus de solidité (fig. 12, pl. XII).

Lorsqu'on emploie les wagons pour construire les tuyaux de fumée, on les soutient à la partie inférieure, non plus par une voûte en briques comme dans le cas où on se sert de briques ordinaires ou de briques cintrées, mais par des fers carrés de 0^{m}025 à 0^{m}030 de côté.

3° *Construction des tuyaux de fumée adossés aux murs de refend.* — *a) Tuyaux en pierre de taille.* Ces tuyaux peuvent être construits en maçonnerie de pierre de taille en employant des *pierres tendres* posées au mortier ou au plâtre, en donnant aux *costières*, c'est-à-dire aux parois extérieures et aux *languettes* de face, une épaisseur de 0^{m}12 à 0^{m}25. On encastre les pierres dans une tranchée de 0^{m}05 creusée dans le mur, et on assure leur fixité par des crampons en fer.

On peut également les construire en *pigeonnage de plâtre* de 0^{m} 08 d'épaisseur.

Dans tous les cas, le mur auquel on appuie un tuyau de cheminée ne peut avoir moins de 0^{m}25; on tolère seulement 0^{m}15 au dernier étage de la construction.

b) *Tuyaux en briques*. On les exécute en *briques à plat*, et pour bien relier les briques au mur contre lequel elles sont placées, on fait dans le mur une tranchée de $0^{m}05$ de profondeur et on les y fait pénétrer. On consolide encore cette liaison par des *ceintures en fer* avec traverses au milieu des languettes, le tout scellé dans le mur; on les place tous les $1^{m}50$ ou 2 mètres. On doit donner $0^{m}22$ d'épaisseur aux costières quand la hauteur dépasse $1^{m}50$. On enduit ces tuyaux intérieurement d'une chemise de plâtre avec angles arrondis; on les enduit aussi extérieurement.

c) *Tuyaux en boisseaux Gourlier*. Les *boisseaux Gourlier* sont des tuyaux en terre cuite de section carrée aux angles arrondis, ayant $0^{m}33$ de hauteur, et pourvus d'un léger emboîtement servant à les maintenir les uns au-dessus des autres (fig. 13, pl. XII); ils ont environ $0^{m}04$ seulement d'épaisseur, et leur surface extérieure est striée pour que le plâtre y adhère mieux. On scelle les boisseaux contre le mur auquel ils sont adossés, soit au mortier de chaux, soit au plâtre, et on les maintient tous les 1 mètre ou $1^{m}50$ par des *ceintures en fer* feuillard scellées dans le mur (fig. 14, pl. XII). Lorsque plusieurs tuyaux sont placés côte à côte, on remplit bien de mortier les intervalles, et on a soin de croiser les joints horizontaux.

Les boisseaux sont recouverts d'un *renformis* et d'un *enduit*, de manière à augmenter d'environ $0^{m}04$ à $0^{m}05$ l'épaisseur des parois. On fait aujourd'hui des boisseaux à parois creuses qui donnent un isolement plus parfait.

4° *Souches de cheminées*. Les tuyaux de fumée doivent sortir au-dessus de la couverture et dominer les constructions voisines et le faîtage du bâtiment, dont ils font partie, d'au moins $0^{m}50$ à $0^{m}60$; la partie hors comble s'appelle *souche de cheminée*; elle doit être traitée comme un mur de clôture, les matériaux restant apparents s'ils sont capables de bien résister aux intempéries; sinon, on les recouvre d'un enduit. Dans tous les cas, le dessus de la souche est recouvert par un *chaperon* ou *couronnement* généralement en pierre, de $0^{m}15$ à $0^{m}20$ d'épaisseur, s'il est en pierre dure; de $0^{m}25$ à $0^{m}30$, s'il est en pierre tendre, percé de trous correspondant aux divers tuyaux et sur chacun desquels on vient sceller un *mitron* ou une *mitre*. Si le chaperon est en pierre tendre, il est bon de recouvrir sa face supérieure d'une feuille de zinc pour le préserver de l'humidité. Il est toujours pourvu de *pentes* à sa partie supérieure, et d'un *larmier* à sa partie inférieure.

Un *mitron* est un tuyau en terre cuite ouvert aux deux bouts et de forme légèrement cônique, pour augmenter la vitesse de sortie des gaz chauds et leur permettre de mieux vaincre l'action perturbatrice du vent (fig. 16, pl. XII).

Une *mitre* est un grand mitron dont la base est ordinairement de forme carrée, ou bien encore une sorte de hausse en terre cuite, remontant l'orifice ou le mitron d'une certaine quantité au-dessus du couronnement (fig. 17, pl. XII); enfin on peut remplacer le mitron par une *lanterne* (fig. 18, pl. XII). Nous verrons au chapitre *Fumisterie* qu'on emploie aussi des mitres métalliques.

Lorsque les tuyaux de fumée sont en briques, la souche forme simplement leur prolongement ; elle doit être exécutée en bonnes briques bien cuites, hourdées au mortier de chaux hydraulique ou de ciment et bien jointoyées au ciment. On opère de même lorsque les tuyaux sont construits en briques cintrées.

Quand les tuyaux de fumée sont construits en wagons, on monte la souche en briques de 0^{m} 11 d'épaisseur, ou encore en briques cintrées, en soutenant le porte à faux des briques à la partie inférieure par un renformis du haut des tuyaux, ou par des barres de fer soutenues dans la charpente du comble.

On opère de même lorsqu'il s'agit de tuyaux adossés, seulement alors le *mur d'ados* est prolongé jusqu'au niveau de la partie supérieure de la souche, et le couronnement en pierre est commun à la souche et au mur.

Nous donnons, fig. 15, pl. XII, la vue d'une souche de cheminée terminant des tuyaux de fumée construits en wagons dans un mur de refend, et fig. 19, pl. XII, la vue d'une souche de cheminée de tuyaux adossés.

5° *Dimensions des tuyaux de fumée et des mitrons*. Nous donnons ci-dessous, d'après le général Morin, les dimensions que doivent avoir les tuyaux de fumée et les mitrons qui les terminent pour les cheminées d'habitations ordinaires.

a. Conduits de fumée en briques ordinaires ou cintrées.

CAPACITÉ DES PIÈCES	SECTION DES CONDUITS DE FUMÉE	DIMENSIONS		DIAMÈTRE QUAND LA SECTION EST CIRCULAIRE	SECTION DES MITRONS	DIAMÈTRE DES MITRONS
		LONGUEUR	LARGEUR			
100^{m3}	$0^{m2}.0926$	0.37	0.25	0.27	$0^{m2}.0463$	0.19
120	0.1110	0.37	0.30	0.30	0.0555	0.21
150	0.1388	0.46	0.30	0.33	0.0694	0.23
180	0.1666	0.55	0.30	0.37	0.0833	0.26
220	0.2036	0.58	0.35	0.40	0.1018	0.28
260	0.2406	0.60	0.40	0.44	0.1203	0.31
300	0.2776	0.66	0.40	0.47	0.1388	0.33

b. Tuyaux en wagons.

CAPACITÉ DES PIÈCES	SECTION DES CONDUITS DE FUMÉE	DIMENSIONS INTÉRIEURES DES WAGONS	SECTION DES MITRONS	DIAMÈTRE DES MITRONS
100 à 140^{m3}	0^{m2}.0711	0.31 × 0.20	0^{m2}.0491	0.25
80 à 100	0.0588	0.29 × 0.20	0.0381	0.22
60 à 80	0.0418	0.26 × 0.21	0.0283	0.19
40 à 60	0.0360	0.22 × 0.17	0.0202	0.16

c. Tuyaux Gourlier.

CAPACITÉ DES PIÈCES	SECTION DES CONDUITS DE FUMÉE	DIMENSIONS INTÉRIEURES DES BOISSEAUX	SECTION DES MITRONS	DIAMÈTRE DES MITRONS
100 à 140^{m3}	0^{m2}.0750	0.30 × 0.25	0^{m2}.0491	0.25
80 à 100	0.0550	0.25 × 0.22	0.0381	0.22
60 à 80	0.0400	0.25 × 0.16	0.0283	0.19
45 à 60	0.0328	0.19 × 0.17	0.0202	0.16

50. Murs de soutènement. — Les *murs de soutènement* sont destinés à soutenir des terres ou de l'eau ; tels sont les murs de terrasses ou de réservoirs ; ils doivent résister à *la poussée des terres ou de l'eau*. La construction de ces murs est plutôt, lorsqu'ils présentent une certaine importance, du domaine de l'Ingénieur que de celui de l'Architecte ; c'est pourquoi nous renverrons pour leur étude complète aux ouvrages spéciaux, et nous nous contenterons de donner quelques indications suffisantes pour les cas les plus ordinaires des murs de soutènement de terrasses.

Les *murs de soutènement* peuvent être construits de plusieurs manières : 1° avec les deux parements verticaux ; 2° avec le parement intérieur vertical, et le parement extérieur incliné ; on nomme *fruit* l'inclinaison du parement d'un mur sur la verticale ; on l'estime en fraction de la hauteur ; on dit par exemple que le fruit d'un mur est de 1/10e si son épaisseur à la partie supérieure est moindre que son épaisseur à la base de 1/10e de sa hauteur ; 3° le mur peut avoir son parement extérieur vertical et un fruit intérieur ; 4° enfin le fruit intérieur peut être remplacé par des *redans* successifs de 0^{m} 15 à 0^{m} 30 de saillie, qu'on assimile à un fruit intérieur dont la ligne fictive passerait par le milieu de chaque retraite.

Un *mur à parements verticaux* est le moins économique, parce qu'il exige le plus grand volume de maçonnerie ; s'il est construit en bonne maçonnerie ordinaire, et si les terres sont assez sèches, on a toute sécurité en lui donnant une épaisseur égale aux 3/10e de sa hauteur. Dans les mêmes conditions, on pourra donner aux murs des trois autres types les dimensions indiquées dans le tableau ci-dessous, qui indique l'épaisseur du mur à son sommet (la terrasse est supposée horizontale).

FRUIT DU MUR	MUR AVEC FRUIT EXTÉRIEUR ET PAREMENT INTÉRIEUR VERTICAL	MUR AVEC FRUIT INTÉRIEUR ET PAREMENT EXTÉRIEUR VERTICAL	MUR A REDANS INTÉRIEURS
1/4	0.0830 h.	0.1663 h.	0.0763 h.
1/5	0.1214 h.	0.1944 h.	0.1222 h.
1/6	0.1683 h.	0.2127 h.	0.1527 h.
1/7	0.1835 h.	0.2257 h.	0.1740 h.
1/8	0.1957 h.	0.2352 h.	0.1901 h.
1/9	0.2055 h.	0.2427 h.	0.2024 h.
1/10	0.2205 h.	0.2486 h.	0.2148 h.
1/12	0.2358 h.	» »	» »
1/15	0.2513 h.	» »	» »
1/20	0.3000 h.	» »	» »

On peut encore construire les murs de soutènement avec *contreforts* extérieurs ou intérieurs ; la partie de mur comprise entre deux contreforts se nomme alors *masque*.

Lorsque les *contreforts* sont *extérieurs*, la *poussée des terres* tend à appuyer le mur de masque contre les contreforts ; on éloigne ceux-ci de 3 à 4 mètres environ les uns des autres, et on leur donne une largeur sensiblement égale au 1/4 de leur écartement et une saillie égale à l'épaisseur du masque que l'on peut prendre égale à 1/5 ou 1/6 de la hauteur du mur.

L'emploi de ces murs, qui sont les plus économiques de tous, est très borné à cause de la place qu'occupe la saillie des contreforts sur le nu du mur ; on ne peut pas s'en servir en général sur une voie publique par exemple. C'est pourquoi on emploie souvent les *contreforts intérieurs* bien qu'ils soient moins avantageux ; ils doivent être très fortement liés avec le masque, que la poussée des terres tend plutôt à décoller et à séparer des contreforts. On pourra, dans ce cas, conserver à ceux-ci les mêmes dimensions que précédemment, mais on devra porter l'épaisseur du masque à 1/4 de la hauteur. Nous donnons ci-dessous un tableau des dimensions calculées pour divers murs de soutènement à contreforts intérieurs, dans les conditions d'une terre moyenne sèche et d'une bonne maçonnerie ordinaire.

HAUTEUR DU MUR	ÉPAISSEUR DU MASQUE		CONTREFORTS	
	EN HAUT	EN BAS	LARGEUR	SAILLIE
1.88	0.47	0.63	pas de contreforts	
2.51	0.70	0.95		
3.12	0.86	1.11	1.26	0.78
3.76	1.08	1.33	»	»
4.55	1.25	1.60	1.56	0.94
5.02	1.40	1.83	»	»
5.64	1.60	2.00	»	»
6.28	1.75	2.26	1.88	1.02
7.70	2.12	2.75	2.20	1.18
9.40	2.66	3.30	2.51	1.31
11.00	»	»	2.82	1.41
12.60	3.52	4.54	3.14	1.57
15.70	4.40	5.64	3.77	1.88
18.80	5.00	6.44	4.40	2.00

On a voulu prévenir le danger de séparation du masque et des contreforts en reliant ceux-ci entre eux au moyen d'*arcs de décharge*; les voûtes ainsi établies ont l'avantage de rendre bien solidaires toutes les parties de la construction et de rompre la poussée; la charge de terre qui agit sur elles augmente la stabilité des contreforts. Ce système est généralement adopté aujourd'hui pour les murs de quais. L'épaisseur à donner dans ce cas au masque est de 1/6 de la hauteur, s'il est à deux parements verticaux, les contreforts conservant les mêmes dimensions que dans le cas précédent; on peut placer un étage de voûtes tous les 2^m 25 ou 2^m 50 de hauteur, environ (fig. 22, pl. XI). Pour assurer une bonne liaison on a, dans certain cas, relié les contreforts au masque par des *ancrages en fer*.

Lorsque des *murs de soutènement* sont construits en *pierres sèches*, on doit augmenter leur épaisseur de 1/4 de celle que nous avons indiquée pour les maçonneries ordinaires. Lorsqu'un mur de soutènement supporte un *cavalier de terre*, on peut calculer son épaisseur, en le supposant à parements verticaux par la *formule de Poncelet*,

$$e = 0{,}285\ (H + h)$$

dans laquelle H est la hauteur du mur et h la hauteur de la surcharge au-dessus du mur, en supposant des terres moyennes, et des maçonneries ordinaires.

Pour passer d'un mur vertical ainsi calculé à un mur avec fruit extérieur, on peut appliquer *la règle de Vauban* qui consiste à tracer d'abord le parement vertical extérieur, et à le faire pivoter pour lui donner le fruit voulu autour d'un point situé au 1/9 de sa hauteur, à partir de la base. Cette règle est aussi applicable aux murs de réservoir d'eau.

On doit remblayer derrière les murs de soutènement en jetant les terres par couches de $0^m\ 20$ d'épaisseur et les pilonnant par couches ; si on dispose, pour faire le remblai, de débris pierreux, il faudra les placer avec soin de manière à éviter les tassements ultérieurs.

Lorsque les terres qu'on doit soutenir sont humides ou sont susceptibles d'être imprégnées d'eau, il est indispensable de prendre les dispositions convenables pour les assécher ; à cet effet, on établit derrière le mur un blocage en pierres sèches, sur une certaine épaisseur, et on ménage de distance en distance dans le pied du mur des ouvertures de $0^m\ 08$ à $0^m\ 10$ de largeur sur $0^m\ 50$ à $0^m\ 60$ de haut, appelées *barbacanes*, destinées à l'écoulement des eaux (fig. 23, pl. XI). On en pratique quelquefois en plusieurs points de la hauteur des murs élevés, là où l'on peut craindre l'accumulation des eaux, en ayant soin que les barbacanes des différentes rangées horizontales ne soient pas à l'aplomb les unes des autres.

Les murs de soutènement doivent être construits en bons matériaux, moellons durs ou meulière, posés à bain de mortier de chaux hydraulique ou de ciment à prise lente.

§ 8. — LES VOUTES

51. Des voûtes en général. — Les *voûtes* sont des constructions de maçonnerie composées de pierres de taille, moellons, briques ou autres matériaux, réunis suivant des conditions données, de manière à se soutenir dans le vide en couvrant l'espace subjacent.

Les pierres de taille dont se compose une voûte reçoivent le nom de *claveaux* ou *voussoirs*. Chaque voussoir a plusieurs faces qui demandent à être exécutées avec la plus grande attention : 1° la face qui doit faire parement et être par conséquent visible se nomme *douelle* et réclame des soins spéciaux ; 2° les faces par lesquelles les voussoirs consécutifs s'appliquent les uns contre les autres se nomment *joints*. La partie intérieure et concave d'une voûte s'appelle *intrados* et la partie extérieure *extrados*. Les faces internes des murs qui soutiennent la voûte reçoivent le nom de *pieds-droits* ou *piles*. La ligne de raccord des pieds-droits et de l'intrados est *la ligne de naissance*; *les reins* de la voûte sont les parties de l'extrados comprises entre la ligne de naissance et *la clef*. Les *contre-clefs* sont les deux voussoirs adjacents à la clef; les *sommiers*, les premiers voussoirs qui reposent directement sur les naissances. On nomme *imposte* la dernière assise des pieds-droits ; elle est souvent ornée par une moulure à laquelle on donne ce nom.

Dans une voûte, les matériaux ne se soutiennent que par leur arc-boutement ; il en résulte sur les pieds-droits une action horizontale tendant à leur renversement et qu'on appelle la *poussée de la voûte*.

On nomme *ouverture de la voûte* l'écartement des pieds-droits aux naissances ; on nomme *montée de la voûte* la hauteur qui sépare l'intrados à la clef du joint des naissances.

Les voûtes se construisent en pierre de taille, ou en petits matériaux, ou le plus souvent en maçonnerie mixte, et alors les parties les plus résistantes, là où la voûte est susceptible de recevoir les plus fortes charges, se font en pierre de taille, tandis que les autres parties se font en petits matériaux ; on relie par des harpes les deux sortes d'ouvrages. Lorsque les voûtes sont construites en petits matériaux, on les enduit souvent à l'intrados.

Pour construire une voûte, on commence par en monter le *cintre* (voir au chapitre *Charpente en bois*) ; on pose sur ce cintre successivement les différents voussoirs, en partant des sommiers, en ayant soin qu'il ne reste aucun corps étranger interposé entre le cintre et les voussoirs ; on tasse bien les voussoirs les uns contre les autres, après avoir enduit de mortier les *lits de pose*. On doit monter en même temps les deux côtés d'une voûte en partant des naissances, et ne commencer chaque assise qu'après achèvement de l'assise inférieure pour éviter que le cintre se déforme ; pour la même raison, on le charge à la clef pendant la construction des reins, avec des matériaux. On pose la clef pour fermer la voûte, et on la serre suffisamment pour qu'au *décintrement* il ne se produise pas de tassements importants. A cet effet, après avoir bien enduit de mortier les deux lits de pose, on enfonce la clef avec un fort maillet en bois, de 15 à 20 kil. ; on a préalablement enlevé les couchis du cintre placés au-dessous. On serre les joints en y introduisant des éclats de pierre dure. Quelquefois on pose la clef à sec, et on fiche les joints pour les remplir de mortier. On ne doit faire tous les travaux complémentaires des voûtes, tels que enduits, chapes, ragréement ou rejointoiement, qu'après le décintrement, et lorsque le tassement est terminé.

Dans les *voûtes en briques*, les joints sont toujours plus ouverts à l'extrados qu'à l'intrados, et on les garnit quelquefois avec des éclats de pierre, ou bien on taille légèrement les briques ; on emploie avec avantage des briques spéciales en forme de coins. Les voûtes en briques se font par *rouleaux de briques*, sur champ ou même à plat, ce qui rend moins sensible l'inégalité des joints ; il faut les hourder au mortier de ciment, et s'arranger pour croiser les joints dans les assises successives et dans les rouleaux concentriques.

Dans les voûtes en berceau, on donne souvent une épaisseur moindre à la clef qu'aux naissances ; on augmente la résistance de ces voûtes en remplissant leurs reins de béton ou de maçonnerie.

52. Différentes espèces de voûtes. — Les voûtes peuvent être classées en plusieurs catégories :

1° *Voûtes cylindriques* ou *en berceau* ;
2° *Voûtes en plate-bande*, qu'on peut considérer comme dérivées des premières ;
3° *Voûtes cylindriques composées* ;
4° *Voûtes côniques* ;
5° *Trompes* ;
6° *Arrière-voussures* ;
7° *Voûtes annulaires* ;
8° *Voûtes sphériques*.

Les *voûtes cylindriques* ou *berceaux* ont leur intrados formé d'une portion de cylindre ; le *berceau* est dit *droit* lorsque ses génératrices sont horizontales et perpendiculaires au *plan de tête* de la voûte (fig. 1, pl. XIII) ; il est *biais* lorsque les génératrices du cylindre sont biaises par rapport au plan de tête (fig. 2, pl. XIII). On nomme *voûte en descente* un berceau dont les génératrices ne sont pas horizontales (fig. 3, pl. XIII).

Dans les berceaux en petits matériaux, on forme en pierre de taille certains arcs formant *chaînes* dans la voûte ; on remplace quelquefois ces chaînes par des surépaisseurs qui constituent ce qu'on appelle des *arcs doubleaux* (fig. 4, pl. XIII).

Un berceau est dit *plein cintre* si son intrados est un demi-cercle ; il est dit *surbaissé* si la montée de la voûte est inférieure à la demi-ouverture. La voûte peut être en *arc de cercle* ou en *anse de panier*, suivant la forme de son intrados (fig. 5 et 6, pl. XIII).

Le berceau est *surhaussé* lorsque sa montée est supérieure à sa demi-ouverture ; le type de ce berceau est l'*ogive* (fig. 7, pl. XIII).

Les *voûtes en plate-bande* sont des berceaux dont l'intrados s'est surbaissé au point de devenir une ligne droite (fig. 8, pl. XIII)

Les *voûtes cylindriques composées* sont formées par la combinaison de deux ou plusieurs berceaux simples ; lorsqu'un berceau en rencontre un autre ayant même plan de naissance et dont la montée est supérieure à la sienne, on dit qu'il forme *lunette*. La lunette est *droite* ou *biaise* suivant que les deux berceaux se rencontrent sous un angle droit ou sous un angle différent (fig. 9, pl. XIII).

Lorsque les deux berceaux ont même plan de naissance et même montée, leur rencontre forme une *voûte d'arête* (fig. 10, pl. XIII).

La voûte en *arc de cloître* est obtenue également par la pénétration de deux berceaux droits de même montée ; mais on y conserve précisément les portions des deux cylindres qui sont au contraire enlevées dans les voûtes d'arête (fig. 11, pl. XIII). La voûte en arc de cloître se tient en équilibre sans avoir besoin d'être fermée à sa partie supérieure, de sorte qu'on peut n'en exécuter qu'une partie voisine des naissances, mais suffisamment étendue, et laisser une ouverture à sa partie supérieure, ou bien fermer cette partie supérieure par un plafond horizontal.

Les *voûtes côniques* ont peu d'applications directes dans les constructions, si ce n'est dans certaines pénétrations de voûtes. On trouve, par exemple, des *lunettes côniques* formées par la pénétration d'une voûte cônique dans une voûte cylindrique (fig. 12, pl. XIII).

Les *trompes* sont des parties de voûtes dont les voussoirs sont placés en porte à faux en *encorbellement* et supportent des parties en saillie de la construction ; elles peuvent être établies sur des murs droits, c'est la *trompe cylindrique supportant tour ronde* (fig. 13, pl. XIII) ; ou bien sur un angle saillant, et alors c'est la *trompe cylindrique sur l'angle* (fig. 14, pl. XIII) ; ou bien sur un angle rentrant, et c'est la *trompe cônique sur l'angle* (fig. 15, pl. XIII).

Les *arrières-voussures* sont des voûtes qui recouvrent l'ébrasement au-dessus des baies cintrées percées dans des murs épais : elles ont pour but de permettre aux menuiseries ouvrantes dont le milieu est surélevé de se développer complètement sans frotter au plafond ; l'une est l'*arrière-voussure de Marseille* dans laquelle la partie interne de l'ébrasement est en arc, l'autre l'*arrière-voussure de Montpellier* dans laquelle cet arc est remplacé par une droite horizontale.

Les *voûtes annulaires* sont engendrées par le mouvement d'une courbe verticale dont une extrémité se déplace sur une autre courbe qui lui sert de directrice, et dont le plan reste toujours normal à la directrice (fig. 16, pl. XIII). Lorsque la directrice est une hélice, et que la courbe verticale est dans un plan qui passe toujours par l'axe du cylindre sur lequel l'hélice est tracée, la voûte est une *vis Saint-Gilles*, employée pour couvrir les escaliers; c'est une voûte annulaire en descente (fig. 17, pl. XIII).

Les *voûtes sphériques* sont celles qui sont constituées par une ou plusieurs portions de sphère ou de toute autre surface de révolution. La plus simple est la *voûte sphérique sur plan circulaire* qui est formée d'une demi-sphère. Cette voûte est telle que chaque assise forme un anneau fermé qui se tient de lui-même sur les assises inférieures ; on peut donc arrêter la voûte à telle assise que l'on veut, et la laisser ouverte par le haut (fig. 18, pl. XIII). Une pareille voûte, mais limitée à ses intersections avec quatre plans verticaux élevés suivant les côtés d'un carré inscrit dans son cercle de naissance, constitue la *voûte sur pendentifs* ; elle permet de recouvrir un espace carré ; elle sert de base à la construction des *coupoles* (fig. 19, pl. XIII).

Lorsqu'une voûte sphérique, sur plan circulaire, est réduite à sa moitié, on l'appelle *voûte en cul de four* (fig. 20, pl. XIII).

53. De la coupe des pierres. Tracé des épures et procédés de taille. — La *coupe des pierres* est l'art de donner aux pierres qui entrent dans une construction les formes qui conviennent le mieux pour assurer la stabilité de l'édifice.

Du projet tracé par l'architecte, *l'appareilleur* tire les *épures* qu'il trace en grandeur d'exécution sur un parquet horizontal ou sur un mur vertical et sur lesquelles il combine *l'appareil* de la construction en pierre de taille.

Une fois le tracé de l'appareil terminé, l'appareilleur fait la *préparation du trait*, c'est-à-dire qu'il cherche pour chaque pierre, par des opérations graphiques, à préparer tous les éléments nécessaires à l'exécution.

Enfin le *tailleur de pierre*, en utilisant tous les éléments ainsi préparés, prend des blocs de pierre bruts venant de la carrière, et en tire différentes parties de l'appareil.

Chacune des faces d'une pierre qu'il s'agit de tailler s'appelle un *panneau*; on distingue dans un voussoir les *panneaux de tête*, le *panneau de lit de dessous*, le *panneau de lit de dessus*, le *panneau de douelle d'intrados.*

On construit, en les relevant sur l'épure, les figures de ces panneaux à l'aide de règles minces de bois assemblées à mi-bois et fixées par des pointes. On construit de même des *contre-panneaux*, c'est-à-dire des planchettes de bois qui s'appliquent perpendiculairement sur la pierre et qui portent en creux l'empreinte des saillies qu'on doit y ménager. On nomme *cerce* le contre-panneau d'une courbe d'intrados ou d'extrados (fig. 21, pl. XIII).

Un *biveau* est l'ensemble de deux règles formant entre elles un angle déterminé, qui sert à passer d'une face à une autre de la pierre ; le biveau est droit, et on l'appelle *équerre* si les deux faces sont perpendiculaires.

Un *biveau cerce* est celui dont une branche est une cerce ; il sert à passer d'un lit à une douelle.

La *fausse équerre* est un ensemble de deux règles articulées en un point et qui sert à tracer et à reporter les angles d'une pièce sur une autre.

Une *jauge* est une tige de bois recoupée à la longueur exacte que l'ouvrier devra donner à une ligne ou à une arête d'une pierre.

On emploie deux méthodes principales de taille : la *taille pour équarrissement* ou *par dérobement* et la *taille directe.*

Dans la première, on prépare d'abord un solide géométrique, ordinairement un parallélipipède capable de contenir la pierre, puis l'on opère en retranchant successivement de ce solide les parties qui ne doivent pas rester.

Dans la taille directe, on taille sur le bloc sortant de la carrière l'une des faces de la pierre à obtenir, et on passe de cette face aux autres à l'aide des biveaux et des panneaux; on taille ordinairement des *douelles plates* tout d'abord, au lieu des douelles courbes que l'on creuse seulement ensuite.

La première méthode est plus exacte, mais demande généralement plus de travail et d'habileté de la part de l'ouvrier.

Sans revenir sur les notions de géométrie descriptive indispensables pour étudier la coupe des pierres, nous allons donner quelques-unes des épures qui pourront se présenter le plus fréquemment dans la pratique.

54. Épure d'une baie plein cintre dans un mur droit (pl. XIV). — Soient donnés un plan (fig. 5 *bis*) et son élévation (fig. 6 *bis*) dont on veut avoir l'épure. On conçoit facilement que si la croisée ou la porte dont ces figures sont la représentation était d'une seule pièce, son épure serait ces figures elles-mêmes, puisque l'une en est la projection horizontale et l'autre la projection verticale. Mais si cette croisée, ou porte, est composée de différentes pièces, qu'on appelle *claveaux* ou *voussoirs*, on voit que pour obtenir la projection de chacun de ces objets, il faut avoir recours aux diverses lignes qui, partant des points marquants de ces objets, se projettent et sur un plan horizontal et sur un plan vertical. Par ce moyen on reconnaît d'abord la longueur, la largeur et la hauteur totales que doit avoir chacun des objets, et ensuite la forme même qu'il faut leur donner. Cette construction n'offrant point de difficulté, ainsi qu'on peut s'en convaincre à la vue des fig. 5 et 6, nous passons de suite à l'application sur la pierre.

La fig. 5 représente donc une voûte en plein cintre, composée de cinq claveaux semblables, en ce que, la voûte portant la même épaisseur dans toute sa circonférence, le développement d'un seul suffira pour les avoir tous; la quantité des claveaux, suivant le diamètre, ne change rien à leur forme : ainsi les cinq claveaux, y compris la clef dont se compose cette voûte, pourraient être, pour un plus grand diamètre, divisés en onze, treize ou quinze claveaux et davantage (il est observé que quelle que soit l'espèce de voûte, le nombre des claveaux doit toujours être impair), que l'on aurait toujours le même résultat dans leur coupe ou leur développement.

Le plan et l'élévation tracés, et les rayons des claveaux conduits exactement au centre de la voûte, il faudra prendre la largeur de la clef par-dessus, au moyen des divisions 1, 2, 3, 4, 5 et 6 qui y sont marquées, parce que la partie en est courbe (nous prévenons qu'on ne peut obtenir le développement quelconque d'une courbe sans en subdiviser le contour). Ayant pris cette largeur, on établira le dessus de la clef prise sur le plan *ab* et sur l'élévation *cd*, et on aura le tracé du dessus de la clef : on prendra la hauteur *gd* ou *ce*, qu'on reportera sur l'épure, on tirera la parallèle *eg*, et l'on marquera de chaque côté de l'axe les distances *hg* et *he*, ce qui marquera la douelle, ou *cbd* l'extrados de la voûte ; le point *f* étant le rayon *ih*, ce qui marquera la cerce pour les joints ou coupes, on prendra les distances *dg* ou *ec* que l'on portera sur l'épure comme on le voit en *ecd*. On tracera l'autre tête de claveau en faisant la même opération ; après quoi l'on tracera le tableau *m*, la feuillure *k* et l'ébrasement *l* : de cette manière on aura les six faces du claveau.

Pour faire ces voussoirs, nous avons tracé les panneaux nécessaires ; ils sont au nombre de deux : le premier, qui est la cerce A, qui forme les courbures du claveau et les joints ou coupes ; le second, B, forme le tableau, la feuillure et l'ébrasement. Pour tailler la pierre, on commence provisoirement par présenter sur cette pierre les deux panneaux, dans le but de s'assurer qu'il ne s'y trouve pas de défaut, puis on fait le parement d'une tête, on présente le cercle et l'on trace un joint et la douelle ; on fait le joint suivant la coupe et d'équerre avec le parement de tête ; on fait ensuite l'autre joint, puis l'autre, puis l'extrados ; et lorsqu'on a placé une première ciselure suivant la courbe du panneau, on en trace une seconde sur le joint et l'équerre sur le parement de face, ciselure sur laquelle on pose une règle pour dégauchir ce parement avec la ciselure cintrée ; cette seconde ciselure droite faite, on place de nouveau le panneau sur l'autre parement de tête et l'on trace la seconde courbe, ce qui termine les quatre ciselures du parement ou extrados du voussoir. En opérant de la même manière pour la douelle, on aura l'extrados de ce voussoir, qui sera alors terminé.

Nous pensons que ces explications sont suffisantes, et que l'intelligence de l'ouvrier pourra faire le reste ; cependant nous ajouterons que pour d'autres espèces de pierre on commence le plus ordinairement la taille par un des lits, dont on prend le moins de pierre possible ; c'est ce qu'on appelle, en termes du métier, *faire le lit au bénéfice de la pierre*.

55. Épure d'une baie en anse de panier dans un mur droit (pl. XIV et XV). — Soient le plan (fig. 8) et l'élévation (fig. 9, pl. XIV), dont le cintre est de forme elliptique ou anse de panier, portant tableau, feuillure et ébrasement évasé. Lorsqu'on aura conçu et exécuté la première figure, il ne s'agira plus que d'en suivre le tracé, et le développement de la clef fera comprendre celui du voussoir suivant ou contre-clef.

Après avoir fait l'ellipse à trois points, avoir divisé les claveaux en sept comme ayant un diamètre en conséquence, et avoir marqué la hauteur des joints qui viennent les couper, on tracera, ainsi qu'en la fig. 10, le dessus de la clef, prise sur le plan *ab* et sur la face *cd* ; on portera de chaque côté du parement et des joints sa hauteur jusqu'à la crossette *e*, dont on marquera la retraite sur le parement et le développement au joint de la crossette *e* ; on prendra ensuite la distance depuis le centre *f* de l'arc jusqu'au sommet de la clef *g*, que l'on portera d'un côté et de l'autre du développement.

on abaissera les deux joints de la clef au point du centre f; puis prenant sur l'élévation du même point de centre f, sous la voûte h, et le reportant sur les joints abaissés, on aura la longueur de la clef sur la face, ainsi que celle du côté opposé, qui deviendra plus courte par rapport à la feuillure i et à l'ébrasement K. De ce même côté, on tracera la largeur dudit ébrasement et sa profondeur l, dont le rétrécissement d'un côté sera donné soit par l'enfoncement de la feuillure ponctuée sur la face c et i, soit en portant du bord même de l'ébrasement m sa distance jusqu'au centre f, prise sur l'élévation sous la clef h; ensuite on y joindra la largeur du tableau N. Il restera donc à ajouter les deux côtés ou parements de la clef pris au-dessous des crossettes : leur longueur est donnée par le développement eh O. On y indiquera le tableau n, la feuillure l et l'ébrasement k; puis, en découpant, comme on a fait à la figure précédente, on aura le résultat de l'opération.

Pour le voussoir ou la contre-clef (fig. 1, pl. XV), voici comment on opérera : Après avoir pris sur le plan la profondeur de la tête du claveau ab, et sa face 1-2 sur l'élévation, on ajoutera la ligne du centre de la voûte, prise de la tête du claveau 1 sous la crossette, puis on la tracera perpendiculairement et parallèlement à la profondeur de la tête du claveau 1-1 ; de ces mêmes points 1-1, prenant sur la face tracée sa distance jusqu'au centre f de la voûte, on la marquera sur cette ligne du milieu, d'un côté et de l'autre, et on y abaissera les lignes de rayon formant le joint 1-ic à la clef; ensuite la largeur du claveau 3 sous la voûte, ou en douelle ; ensuite la crossette 5, la hauteur de l'assise 6, que l'on reportera en suivant ; plus la profondeur de la crossette 5, et celle du rayon de joint 3. La même opération, répétée du côté opposé, est indiquée par la portion de cercle ponctué; ensuite, on indique la largeur du tableau n, celle de la feuillure li, dont le pli se prend, depuis le dessous du tableau ci, sous le centre de la voûte, porté sur la ligne d'axe en f, et enfin la largeur de l'ébrasement k.

La fig. 2, pl. XV, donne les panneaux du sommier; la fig. 3, pl. XV, les panneaux du claveau placé au-dessus du sommier.

56. Épure d'une baie plein cintre dans un mur courbe d'épaisseur inégale (pl. XV). — Après avoir établi le plan (fig. 5) et fait l'élévation (fig. 4), on tracera la distribution des claveaux en cinq; on donnera à la hauteur de claveau ou épaisseur de voûte 0^{m} 55 environ; on divisera cette épaisseur en deux parties égales, tel qu'on le voit par la ligne ponctuée e; on tracera aussi, par une ligne ponctuée, les lignes de joints de milieu des claveaux, puis on descendra perpendiculairement en plan toutes les lignes sur les joints et mi-joints, tant extrados qu'intrados : ces lignes seront, par conséquent, parallèles à la ligne d'axe. On tracera les tableaux f, les feuillures g et les ébrasements h; on fera la ligne de direction AB, prise à volonté sur le plan (fig. 5).

Pour établir la coupe ou les panneaux de douelle et de joints (fig. 6), on tirera une ligne horizontale CD, qui sera la ligne directrice ; on descendra la ligne d'axe et les deux lignes de douelle de la clef : ensuite on tracera les panneaux de douelle B, et les panneaux de joints A. Pour faire cette opération, on prendra la largeur des joints et mi-joints suivant la courbure du cintre, que l'on portera sur la ligne directrice en *mnopq* ; on en fera autant de l'autre côté de l'axe, et l'on aura les distances cotées B.

Pour les panneaux de joints, on prendra l'épaisseur de la voûte, qui donnera sur l'épure les distances cotées A. Pour avoir la coupe des têtes, on prendra sur le plan (fig. 19) la distance *r*, qu'on portera sur l'épure, comme on le voit, de la ligne directrice à la tête extérieure *r* ; puis la distance *ms* à la tête extérieure. La distance pour le demi-joint se prendra sur la ligne *n*, c'est-à-dire de *n* à *t* ; la distance *ov* se prendra de même, ainsi que la distance *q* et toutes les autres : ce qui formera les panneaux de douelle. Pour les panneaux de joints, on prendra également sur le plan les distances de la directrice à la tête extérieure sur les lignes *u*, *x*, ainsi de suite pour les autres panneaux.

On voit, par cette épure, qu'il faut trois différents panneaux pour tailler un claveau de cette sorte de cintre : il est en outre aisé de remarquer qu'il n'y a pas un claveau semblable. La taille se fera de la même manière qu'il a été dit plus haut, seulement les panneaux de douelle et de joints donneront les longueurs de pierre ou épaisseurs de murs.

57. Épure d'une baie cintrée en arc de cercle (pl. XV). — Pour faire cette épure, on prendra la largeur de la clef sur le plan *a b*, et sa face à son extrémité sur l'élévation *cd* (fig. 7, 8 et 9). Après avoir tracé la ligne d'axe ou de milieu, on ajoutera d'un côté, sur cette ligne, la longueur perpendiculaire de la clef, prise au milieu sur sa face *e*, et, de l'autre, la longueur jusqu'à la lettre *f* ; de l'un et de l'autre point on portera en avant l'axe *g* de la courbe pour avoir le rayon du point *h* ; on ajoutera, du côté de la plus grande face, la largeur du tableau *i*, prise sur le plan *t*, la profondeur de la feuillure *k* prise sur le plan *u*, son retour d'équerre *l* sur le plan *v*, jusqu'à l'embrasure, et, ensuite l'ébrasement *m*, sur le plan *x*. Du bord du tableau *n* on portera la distance prise sur l'arc *e* jusqu'à son centre *g* au point *o* sur la ligne d'axe, puis on y fera tendre le biais du point *p* qui correspond sur l'élévation à l'angle rentrant de la feuillure ; on établira à ce point la largeur de l'ébrasement *q*, on prendra sur l'élévation celle de la clef formant angle à la lettre *f*, et on la portera sur le développement *r* ; ensuite on tracera les deux faces ou parements de la clef *s*, d'après leur longueur, déjà donnée par la ligne *h* ; on y ajoutera, d'après le plan, la largeur du tableau *t*, la feuillure *u* et son retour d'équerre *v*, et l'on tracera la ligne de l'ébrasement *x*.

58. Épure d'une porte en plate-bande (pl. XVI). — Nous étudierons le panneau voisin du sommier; on remarquera que les joints sont ramenés à la verticale dans la hauteur du tableau. Après avoir tracé le plan (fig. 1) et l'élévation (fig. 2), on donne l'épure (fig. 3); après avoir pris sur le plan la largeur du claveau *ab*, et sur l'élévation, la tête du claveau *cd*, on prendra la distance de *c* à la ligne du centre *e*, on la portera parallèlement à la face *c-c* de l'épure, et du même point *c* sur l'élévation, en mesurant jusqu'au centre du rayon des claveaux *f*, on reportera cette distance, à partir du point *c*, sur l'épure, vers la ligne du milieu *e* jusqu'à sa rencontre en *f*, qui sera l'axe où l'on fera tendre les deux joints de face du claveau. On répétera la même opération du côté opposé, pour avoir les rayons des mêmes joints : leur longueur sera donnée, d'un côté, par la face *y*, en observant la partie du joint droit *h*, dans la hauteur de la feuillure *i* sur l'élévation, et, de l'autre côté, jusqu'à l'ébrasement *k*; on ajoutera ensuite le développement de la face de chaque joint *l*, et sur celui du côté de l'ébrasement on portera la largeur du tableau *m*, celle de la feuillure *n* et de sa profondeur *o*, prises sur le plan, puis le développement de l'ébrasement concave *p* par le moyen des divisions. Les deux biais différents seront relevés sur l'élévation ; ces biais sont occasionnés par la tendance des rayons au centre, comme on peut le voir par le renvoi des chiffres 1 et 2 pour le côté de la clef, et 3 et 4 pour le côté du sommier.

59. Faire le plan, l'élévation et l'épure d'une porte biaise (pl. XVI). — Soient les fig. 4 et 4 *bis*, dont les plans sont d'un biais différent. Après avoir fait le plan (fig. 5 *bis*), suivant le biais relevé sur place avec le plus grand soin (la meilleure méthode pour relever un biais, c'est de marquer une mesure de 2 mètres sur chacun des deux côtés de l'angle, et ensuite de mesurer bien juste le troisième côté de l'angle, qui sera la diagonale prise ou désignée par les deux marques que l'on aura faites sur les deux autres côtés), on tracera, comme précédemment, l'élévation et, en suivant les mêmes principes, on descendra sur la ligne de niveau les lignes d'extrados et d'intrados prises sur les joints du voussoir; on dirigera ces mêmes lignes suivant le biais, dans toute l'épaisseur du mur; on établira la ligne directrice, qui doit être perpendiculaire ou d'équerre sur ces lignes biaises; ensuite on fera l'épure ou coupe des panneaux ; on commencera par tirer une ligne qui sera la directrice (fig. 6 ou 6 *bis*), on élèvera la perpendiculaire, ligne milieu de l'arc, et les deux lignes de douelle de la clef, on prendra le développement de douelle du claveau de contre-clef et celui du sommier, que l'on tracera perpendiculairement sur la même directrice; après quoi l'on prendra l'épaisseur de la voûte pour avoir la hauteur des joints que l'on tracera également sur la directrice. Toutes ces lignes ainsi tracées, on prendra avec un compas, sur le plan, la distance *cd*, que l'on reportera sur l'épure, la distance *ef*, la distance *gh*, la distance *ij*, celle *kl*, et celle *mn*. Si le mur est d'égale épaisseur, on reportera cette épaisseur sur chaque ligne, ce qui déterminera les points au-dessous de la directrice ou les têtes intérieures; si au contraire le mur est d'inégale épaisseur, on prendra les distances avec soin pour les rapporter comme précédemment, c'est-à-dire de *o* en *p*; ensuite pour les panneaux de joints on prendra de même les distances des lignes *q*, *r*, *s*, *t*, toujours de biais à la ligne directrice.

Pour faire l'épure des voussoirs développés, on commencera par établir le panneau de douelle comme on vient de l'expliquer; on tracera aussi une directrice dans la même situation que celle de la fig. 6, tel qu'on le voit fig. 7; on tracera les panneaux de joints à droite, et à gauche le panneau formant le dessus du claveau prendra le même biais en proportion de celui de douelle. Pour tracer les panneaux de têtes, on élèvera une perpendiculaire sur le point milieu de la ligne de tête; sur cette ligne on prendra le rayon ou la ligne montante *tuv* sur l'élévation qui sera rapportée sur l'épure, et *u* sera le point de centre. Pour tracer les joints ou coupes *y*, *y*, et, par conséquent, les courbes *z*, on fera la même opération pour l'autre tête, et l'on aura ainsi le développement du claveau.

Pour les baies en talus, il faudra faire autant d'opérations qu'il y aura de claveaux dans le cintre que l'on se propose, comme on le voit par les fig. 7, 8 et 9. Si le mur est d'égale épaisseur, ces trois opérations suffisent; mais, en cas d'épaisseur inégale, à cinq ou sept claveaux il faudra faire cinq ou sept opérations.

60. Faire l'épure d'une baie de porte cochère en mur d'égale épaisseur et en plein cintre, avec tableau, feuillure et ébrasement, voussure de Marseille, partie concave en tête du tableau. — Après avoir établi le plan (fig. 1, pl. XVII) où l'épaisseur du mur *ab* fait voir le panneau de plan dont *c* est l'ébrasement, *d* la feuillure, *e* la partie carrée du tableau et *f* la partie concave; et après avoir établi l'élévation (fig. 2) en plein cintre, dont *g* est le cintre du tableau carré, *h* le fond de la feuillure et *i* le cintre extérieur de la partie concave, on tracera et distribuera les claveaux au nombre de dix-sept; on élèvera la ligne perpendiculaire *k*, qui est le fond de la feuillure; on tracera la portion de cercle *l*, dont le rayon est *km*, et l'on élèvera une perpendiculaire *n*, de l'ébrasement jusqu'à la hauteur de la partie supérieure de la porte, c'est-à-dire de la portion de porte restant dans l'épaisseur du mur lorsqu'elle est ouverte. Pour connaître cette hauteur, on descendra la ligne *o* de l'extrémité de la portion de cercle *l* et sur la ligne du nœud de l'ébrasement et de la feuillure; du point *p* on décrira la portion de cercle *q*; et, en élevant la perpendiculaire *r*, qui coupe l'arc d'ouverture de la porte au point *l*, on aura la hauteur demandée de ladite porte, ou de la partie restant dans l'épaisseur du mur lorsqu'elle est ouverte. Pour avoir les panneaux de joints, on tirera les lignes de joints ou de coupes jusque sur la ligne verticale ou aplomb *sn*, puis on tracera les lignes horizontales *t*, *u*, qu'on prolongera sur la ligne *rl*, on tracera les lignes *v* et *x* parallèles aux lignes *t* et *u* jusque sur la ligne *o*; du point sur la ligne *o* au point sur la ligne *lr* on tracera une ligne penchante qui coupera l'arc *t* aux points *y*, *z*, et de ces points on renverra les parallèles 1 et 2 sur les lignes de coupes, ce qui donnera les points de pli 3 et 4; on tracera sur le plan des lignes 5 et 6, qui sont données par les lignes perpendiculaires venant des points *y* et *z*; on élèvera des perpendiculaires 7, 8 et 9; après quoi l'on prendra les distances 4-*u* en élévation, que l'on portera en plan sur la ligne horizontale 5, puis la distance de *u* au cercle formant le fond de feuillure, que l'on portera en 7-*o*, ce qui formera le premier panneau avec son pli. Pour le second panneau on prendra la distance *t*-3 sur l'élévation, que l'on portera en plan sur la ligne 6; puis on prendra la distance *t*-10, que l'on portera également en plan en 8-*o*. En tirant, comme on le voit, les lignes *o*-3 et 3-11, le panneau aura la forme voulue. Pour le troisième panneau on prendra tout simplement la distance *s*-12, que l'on portera sur le plan 9-*o*, et de *o* au point 13 on tirera une droite, laquelle formera le panneau.

Pour les autres panneaux, il ne s'agira que de prendre la distance 14-15 en élévation, que l'on portera sur plan; pour l'autre joint, on prendra aussi en élévation 15-16, qu'on portera en plan 15-16, et ainsi de suite pour tous jusqu'à la clef. L'ébrasement de chaque claveau sera gauche.

La fig. 4, pl. XVII, donne le tracé de l'ébrasement d'une *arrière-voussure réglée*.

La fig. 3, pl. XVII, est une *plate-bande* dont les arêtes des tableaux sont chaufreinées; on voit en plan le tracé des joints des différents voussoirs.

61. Arrière-voussure de Marseille vraie (pl. XVIII). — Cette voussure diffère de la précédente, en ce que les voussoirs sont appareillés de manière que le haut de la porte est, lorsqu'elle s'ouvre, toujours parallèle aux claveaux.

Après avoir fait le plan (fig. 1) et l'élévation (fig. 2), dont on distribuera l'arc A et B en sept claveaux ou voussoirs, on fera la fig. 3 sur l'ébrasement même; puis, après avoir tracé l'arc A' pour l'ouverture de la porte, on tracera les lignes ponctuées perpendiculaires à la ligne d'ébrasement jusqu'à la rencontre de l'arc; on élèvera les perpendiculaires (aussi ponctuées) sur la ligne de face du mur, lesquelles partiront des points pris sur la ligne d'ébrasement tel qu'on le voit sur les mêmes points donnés par les précédentes perpendiculaires; ensuite, pour avoir la forme de l'angle rentrant de l'ébrasement avec le pli des claveaux, ou ce que les ouvriers appellent *gigot*, on prendra la longueur de la ligne *nz* (fig. 3), que l'on portera en élévation (fig. 2); la longueur de la ligne etc.-10, qu'on portera également en élévation, et ainsi des autres lignes, qui seront reportées de la même manière; ce qui dessinera l'arc $A^{10}Z$; on prolongera la ligne de coupe R en *m* sur la ligne *nz*, on prendra la distance de A au point de rencontre de la ligne de coupe R sur la ligne à plomb du fond de feuillure, que l'on portera de A' en *b* sur la ligne perpendiculaire à l'extrémité de l'arc (fig. 3), ensuite on prendra la distance *mn* sur la ligne *z* (fig. 2), qu'on reportera sur la ligne *nz* (fig. 3), et l'on tirera la droite *mb*. A la rencontre de l'arc au point *q*, on descendra la ligne perpendiculaire en *p*, ce qui donnera le point du pli avec la ligne perpendiculaire descendue du point R, qui est le fond du feuillure au lit supérieure du claveau ; ensuite on prendra les distances 1, 2 et 3 au point A (fig. 2) pour être reportées sur la ligne A' *b* telles quelles sont tracées aux points 1, 2 et 3 ; les petites lignes croisées sur l'arc seront descendues perpendiculairement jusque dessus l'ébrasement, comme on le voit entre A, et P ; et de ces points, sur l'ébrasement, on tracera les parallèles *a*, R, A', sur chacune desquelles on portera les distances R*p*, R*o*, R*n* et R*k'* (fig. 38), sur RA' (fig. 1), ce qui produira les droites 1-*p*, 2-*o*, 3-*n*, 4-*k*, et au point où ces droites feront des intersections avec les droites 1-5, 2-6, 3-7, 4-1, ce seront les vrais panneaux courbes pour les claveaux de pli ; ensuite on prendra la distance R*m* (fig. 2) pour du point T tracer le point G, dont on mènera la droite G-4 : *e*, *f*, *g*, R, 1, 2, 3, 4 et G est le panneau total du claveau qui a un pli. Pour le deuxième panneau, on divisera le deuxième joint en autant de parties qu'on le jugera nécessaire : soient les divisions *a*, *b*, *c*, *d* (fig. 2), dont on posera les hauteurs (toujours prises du point A) sur la ligne A'*b* (fig. 3) ; on aura les points *abc*, sur l'arc desquelles on descendra les perpendiculaires *a*-4, *b*-5, et *c*-6. Du point A' pris pour centre, on décrira les portions de cercle 4-4, 5-5 et 6-6, puis des points *x*, *a*, *b*, *c*, on descendra les perpendiculaires de ces points sur la ligne *cb* prolongée jusqu'à ce qu'elle rencontre leurs arcs correspondants en plan aux points *h*, *i*, *m*, desquels seront menées les droites parallèles de *h*-6, *i*-7 et *m*-8. Ensuite, pour avoir les points T' et H, on descendra la perpendiculaire *q*, qui marquera ce point T' sur la ligne inférieure du mur ; et en menant la ligne biaise T'*x*, on aura l'ébrasement. On voit que ce point est la perpendiculaire de *x* en élévation. Pour avoir le point H, on prolongera la ligne *q*T ; on décrira l'arc LH, dont A est le point du centre ; ensuite, du point *x* aux points *a*, *b*, *c* et *q* (fig. 4), que l'on portera en plan (fig. 1) de T*a*, T*b*, *c* et *q*, on mènera la droite *q*R, qui fera le pli ; puis en élevant les perpendiculaires *a*, *b*, *c*, on aura les points F, E, D, *d*, qui seront les vrais panneaux. Mais, pour avoir le point *d* il faut avoir le joint en plan ; à cette fin, du point M (fig. 3), qui est le terme de l'arc, on descendra la droite ML, puis du point L on décrira, comme nous l'avons dit, l'arc LH avec la ligne droite *q*H, et le point H sera le terme de la courbe *xhimy* ; donc H est le point deuxième en plan ; on prendra *y*T' pour le porter de *q* en *d*, et ce dernier point sera le terme de la courbe RDEF*q*. Pour le troisième claveau ou voussoir de contre-clef, on prendra l'espace *r* (fig. 2), et on le portera à la fig. 1 des points T, *a*, *r*, qui seront le joint près de la clef, etc.

62. Arrière-voussure de Marseille ordinaire, démontrée par l'hypoténuse. —

Cette voussure est composée de sept claveaux dont les deux premiers seulement forment pli à leurs joints.

Pour tracer les panneaux, on fera l'arc ABd (fig. 4) conforme à l'arc *kqm* (fig. 2, pl. XIX), puisque c'est le cintre que forme la porte à son extrémité ; ensuite on tracera la ligne horizontale *ox*, qui marquera le point *x* sur la perpendiculaire A ; de ce point *x* on tracera la ligne penchante en C ; pour avoir le point C on tracera la ligne E, qui est la distance *qb* de l'ébrasement (fig. 3), portée en AE, et on prendra la distance *a*G ou *be* que l'on portera sur la ligne AE, ce qui marquera le point C. La droite inclinée coupe l'arc au point B : de ce point B il sera mené une parallèle à la ligne *ox*, qui marquera sur le joint des claveaux le point C ; de ce point on descendra une ligne perpendiculaire, qui marquera sur l'ébrasement le point *a*, et la hauteur de *ok* sera portée de *q* en *x* sur la ligne perpendiculaire levée à l'extrémité de l'arc de la partie supérieure de la porte ou de l'arc de fond de feuillure ; puis on prendra la distance *a*G sur la ligne verticale *ab*, et on la portera sur la ligne *b*&, ce qui donnera le point C. On tirera une droite C*x*, et du point B, où elle coupe l'arc, on descendra la perpendiculaire au point *a* sur l'ébrasement ; de ce point au point A, on mènera la droite A*a* qui sera le pli. Pour avoir le pli de l'autre panneau, on mènera aussi la droite *at*, sur laquelle on marquera le point V, qui sera pris de la distance *qc*, sur la ligne de joint des claveaux en élévation (fig. 2). Pour avoir le point C, on élèvera la perpendiculaire de *a* sur la ligne de joint *da*, puis on prendra la distance *qa* pour être portée de B en S, ce qui fera le joint de pli ; 1-2-3 A*a* et *b* est le joint en plan qui a un pli, et celui 6-9-7-8 V et S est le même, mais en élévation. Les joints 8-10 et 8-12 sont aussi deux joints en élévation ; les joints marqués en ligne ponctuée sont en cas de plus grand évasement, comme la ligne ponctuée II (fig. 2) ; et les joints FE, BR sont deux joints en plan, desquels on peut se passer ; mais ils servent à la démonstration par l'hypoténuse, tel qu'on le voit fig. 2.

63. Faire l'épure d'une trompe dont deux seront semblables et doivent supporter une tourelle sur un des angles d'un bâtiment. — La fig. 1, pl. XX, représente le plan d'une trompe ; la fig. 2, l'élévation ; la fig. 3, les panneaux de douelle et de tête ; la fig. 3 est l'épure du développement des panneaux de joints et de douelle pour couper les têtes suivant la courbure du cintre sur la face ; la ligne directrice CD n'est autre que celle de la face droite du mur. On prendra donc la longueur de la ligne E en élévation, que l'on portera sur l'épure de 1 à 2, puis la longueur de F, que l'on portera de 3 à 4 ; ainsi l'on voit que la ligne 3 à 1 de la tête est suivant la douelle, et que la distance 4 et 2 est la largeur de douelle 4-2 : c'est donc la ligne ponctuée qui est le cintre de la direction. Pour avoir le panneau de joint, on prendra la distance 5 et 6, que l'on portera sur l'épure de la ligne 1-2-6 ; la ligne 5 formera ce panneau de joint, en rapportant sur la ligne 5 la distance 7-8 de la ligne en plan G, ce qui marquera le point 8, et la ligne 8-1 sera la coupe de joint, en faisant les deux ciselures ou arêtes sur la pierre, suivant ces panneaux, et en dégauchissant le parement. Pour avoir les deux autres arêtes, la tête du voussoir sera suivant la courbure du cintre à sa place respective ; on opérera de même pour les autres voussoirs. Pour tracer les lits hauts et bas, et former les crossettes du tas de charge, on se reportera aux panneaux (fig. 4). On voit aussi que pour former cette figure, il faudra descendre les lignes verticales de l'élévation (H sont les lignes de douelle, et I les lignes de joints); il faudra descendre ces lignes jusque sur la courbe en plan, et les renvoyer horizontalement sur la ligne milieu H, prolongée de K en L et de M en N. Pour avoir la cerce représentant la coupe verticale de la trompe dans son milieu, la ligne O sera la corde de l'arc de la moitié du cintre, ou enfin le rayon sur lequel on élèvera les perpendiculaires MN et KL. En opérant de même à l'égard de toutes les autres lignes, on aura la cerce pour faire les panneaux de tête et les douelles intérieures de la trompe.

64. Faire l'épure d'une porte biaise et en talus d'un côté, rachetant berceau droit de l'autre côté, et en plein cintre (pl. XXI). — D'après ce qui a été dit pour les problèmes précédents, on voit qu'il s'agit de tracer le plan (fig. 4) et l'élévation (fig. 1, 2 et 3) et d'abaisser, des différents points marquants de l'élévation, des perpendiculaires sur la face droite ou supposée telle, de plan, afin de déterminer, au moins dans un sens, la position des lignes dont ces points indiquent les extrémités. Et comme il ne suffit pas d'avoir la position de ces lignes, mais qu'il faut aussi en connaître la longueur, on y parvient en traçant d'abord une ligne verticale PQ (fig. 3) qu'on suppose élevée sur le point 24 de la ligne GH (fig. 4) et en traçant aussi la ligne QT (fig. 3) représentant la ligne de talus, c'est-à-dire la distance dont la face du mur s'éloigne de la verticale, ce qui facilitera la détermination des lignes relativement au talus. Pour obtenir cette même détermination du côté du berceau, ou relativement au rachat du berceau, on aura aussi la ligne SR (fig. 2), censée élevée sur le point 21 de la ligne IK (fig. 4) et la courbe SF, représentant la forme du berceau; puis ensuite tirant des différents points qu'on voudra déterminer des lignes verticales et des lignes horizontales, qu'on fera parvenir à la rencontre de la ligne de talus ou de la courbe du berceau, on obtiendra et les longueurs et les hauteurs des différentes lignes, et par conséquent des différentes faces qu'on aura intérêt de connaître ; après quoi l'on pourra facilement en faire l'application sur la pierre.

Par exemple, soient demandées la grandeur totale de la pierre qui doit former le claveau B, et la forme exacte que doit avoir ce claveau.

D'abord, pour connaître la grandeur totale de la pierre, il faut prendre sur le plan (fig. 4) l'espace renfermé par les lignes qui, partant du point 25, se rendent successivement sur les points 15, 12, 33, et reviennent à 25, et sur l'élévation (fig. 1) il faut prendre la hauteur déterminée par la distance qui se trouve entre la ligne 62-56 et celle 74-51, ou bien entre les points 62 et 74, ce qui revient au même.

En effet, il est facile de s'apercevoir qu'il n'y a que la ligne 28-5 de la fig. 4 qui, de tout le plan 25, 15, 12, 33, 25, doive rester comme partie constituante du claveau ; il faut pourtant, afin que, par suite, il ne se trouve point de défectuosités à cette pierre, la considérer d'abord comme si les parties 62, 64, 55, 56, et 56, 55, 53, 57 (fig. 1) devaient rester en entier, quoique la dernière, qui se trouve dans l'intérieur de la porte, doivent être entièrement enlevée ; et l'autre, qui est du côté du lit, doive disparaître en partie seulement, car il doit lui rester la portion désignée par 39, 38 et 37, pour le rachat du berceau (fig. 2).

Ensuite, pour déterminer la forme exacte du claveau, il faut, après avoir équarri la pierre (si on la taille par équarrissage), tracer sur la face de chacune des extrémités, et sur les lits supérieurs et inférieurs de cette pierre, c'est-à-dire sur la face dont une extrémité est indiquée (fig. 1) par la ligne 74-62, et sur celle dont une extrémité est indiquée par la ligne 51-57, ainsi que sur les lits indiqués par les lignes 51-74 et 62-57, il faut tracer une ligne 9-20 faisant partie d'une ligne générale IK (fig. 4) qui en ferait tout le tour, et toujours parallèlement à la face indiquée par la ligne 12-15, sur laquelle face il est censé que toutes les autres dont il vient d'être parlé sont bien perpendiculaires ou d'équerre. Puis, ensuite, pour avoir les arêtes qui doivent se trouver au lit de dessus, on trace, à la distance indiquée par 49-48 du rachat du berceau (fig. 2), la ligne parallèle 11-17 sur laquelle on élève la perpendiculaire 17-26 ; ou, plutôt, on trace, à la distance indiquée par l'abaissement de la ligne 52-17, partant du point 52, qui, dans la fig. 1, représente une extrémité de cette ligne 17-26 ; on trace cette même ligne 17-26 parallèle à 15-27, qui, elle-même, est représentée dans son extrémité par le point 53 (fig. 1) et qui est perpendiculaire à 9-20 ; après quoi l'on prend sur la fig. 3 la distance 75-74, qui est la quantité dont, par son talus, le mur s'éloigne de la perpendiculaire à la hauteur de ce point indiqué par 74-51, et l'on porte cette distance sur l'épure de 33 en 35, pour en soustraire la quantité 33-32, porter le restant sur cette face supérieure ou de dessus de la pierre, du point 33 au point 34, et tirer sur la ligne 35-26 parallèle à la ligne 33-29, qui l'est elle-même avec celle GH.

Pour avoir les lignes qui doivent être tracées sur le plan ou lit de dessous, il n'est de même question que de tracer la ligne 5-29 parallèlement à la ligne du bas de la face indiquée par la ligne 15-25 (fig. 4) et le point 57 de la fig. 1, puis ensuite de tracer une perpendiculaire 10-6 à cette ligne 5-29, et qui, en même temps, serait parallèle à la face 12-15, de même qu'à la ligne de construction générale IK, dont elle serait éloignée de la distance indiquée par 42-37, du rachat du berceau (fig. 2) et qu'on aurait portée de 4 en 6, et de 9 en 10 ; puis encore on tracerait la ligne 7-30, parallèle à la ligne 5-29 (fig. 4) et qui, pour le moment, serait indiquée dans une de ses extrémités, par le point 58 de la fig. 1 pour obtenir par suite, et quand le recreusement serait opéré, la ligne ou angle creux dont l'extrémité se voit en 55 (fig. 1). On voit facilement que, pour connaître la distance qui doit exister entre cette ligne 7-30 et la ligne 5-29, il n'y a qu'à prendre la distance entre les points 56 et 58 de la fig. 1. On mène aussi sur cette ligne 7-30 la ligne 7-8, qui lui est perpendiculaire en même temps qu'elle est parallèle à la ligne IK, dont elle doit être éloignée de quantité indiquée par la distance entre 38 et 39 du rachat du berceau (fig. 2). On pourrait bien aussi tracer la ligne 34-30, parallèle à la ligne 33-29, mais autant vaut prendre la hauteur 62-64 (fig. 3), et la porter sur la face qu'indiquent les lignes 74-62 de cette figure et 12-33 de la fig. 4. Enfin, on peut encore voir que pour terminer le tracé de cette pierre, il ne s'agit que de tirer une ligne dont l'extrémité est indiquée par le point 58 de la fig. 1 et la direction sur la ligne 15-25 de la fig. 4, à la hauteur du point 47 du rachat du berceau; or, pour cela, il est facile de voir que lorsque la pierre est équarrie, on peut aisément tracer au point 53 une ligne dont la place se trouve naturellement indiquée par la distance entre le point 53 et les points 51 et 57; de même que la place de la ligne dont on voit l'extrémité en 47 se trouve indiquée par la distance entre le point 50 et les points 49 et 41, marqués sur la ligne SR du rachat du berceau.

Pour avoir les courbes qu'offre le développement des panneaux, on voit que la moitié de ces courbes 101, 76, 80, 84, 89 et 91, ainsi que 100, 99, 97, 95, 74 et 93, a été obtenue en portant successivement sur la ligne LM les points 92, 90, 83, etc., pris sur les extrémités et le milieu des douelles de chaque claveau (fig. 1), et en élevant sur chacun de ces points des perpendiculaires sur lesquelles on a reporté de côté et d'autre les distances correspondantes indiquées par le plan (fig. 4) telle que 92-91, qui a été prise sur 21-22, qui elle-même provenait de 45-46 du rachat du berceau (fig. 5), 92-93, qui a été prise sur 21-33, qui elle-même avait été donnée par le retranchement 24-23, indiqué par 71-70 (fig. 3), côté du talus; telles encore que 89-90 prise sur 20-14 (fig. 4), qui elle-même provenait de 43-44 du rachat du berceau (fig. 2) et 90-94, prise sur 20-27 (fig. 4), qui elle-même avait été donnée par le retranchement indiqué par 68-69 de la fig. 3, côté du talus; 83-84, prise sur 18-16 de la fig. 4, qui elle-même provenait de 40-40 du rachat du berceau (fig.) 2; et 83-95, prise sur 18-28, provenant elle-même du reste, après le retranchement indiqué par 66-67 de la fig. 4, côté du talus, etc., etc., ainsi de suite.

On voit de même que les développements ou projections perpendiculaires des panneaux de joints ont été obtenus par les distances données par le plan et par les longueurs mêmes de ces joints prises sur l'élévation. Ainsi, pour avoir le panneau du joint le plus élevé du claveau, dont on s'est déjà occupé, il faut tracer à la distance indiquée par 53-52 (fig. 1), la ligne 82-96 (fig. 5), parallèle à 90-94, représentant la ligne de jonction de la douelle avec le joint; élever ensuite sur la ligne LM, qui est censée représenter la ligne IK, la perpendiculaire 86-85 (les prolongations 90-99 et 82-81 ayant dû être faites d'abord), et porter sur les différentes lignes les longueurs correspondantes, données par le plan.

65. Voûte en pendentif sur un carré, les premiers voussoirs étant de forme carrée. — On voit, par les fig. 9, 10, 11, pl. XXI, le tracé de ces voûtes : la portion de cercle *s* sera divisée de *ab* en trois parties, et de *aq* en trois parties et demie, en sorte qu'il y ait toujours un claveau d'alignement *aef* qui soit juste au point C; on mettra donc entre *ab* et *aq* autant de claveaux qu'on le jugera à propos : on sait que le point *a* est au milieu de *bq*, et que les points de division seront 1, 2, *a c*, *d* et *g*. On mènera les droites *b*, P, ce qui donnera les lignes 8-*g*, 7-*d*, 6-*c*, etc., lesquelles seront continuées jusque sur *b*B, et retournées sur BD et D*q* ; puis on mènera les droites *m*, *n*, *o*, *p*, qui seront continuées jusqu'à ce qu'elles rencontrent l'arc D*q*, aux points *a*, *b*, *c*, *d*.

Il est observé que l'on ne continue les droites *m*, *n*, *o*, *p*, que parce qu'elles sont les seules qui dépendent des claveaux venant poser sur le mur, droit de face, mais plein cintre du haut; la droite N ne peut aller rejoindre le pignon, mais elle forme un enfourchement tel que le voussoir indiqué par *hhhh*, dont les lits seront concaves dessous et convexes dessus.

Des points *a*A, *b*B, *c*C, *d*D (fig. 9) sont les termes des longueurs des voussoirs qui viennent poser sur les pignons, et les arcs *a*A, *b*B, *c*C, *d*D sont les concavités et les convexités des lits supérieurs et inférieurs de ces voussoirs.

Les fig. 12, 13, 14 représentent le plan, l'élévation et la coupe d'une autre sorte de voûte sphérique ; nous nous dispenserons d'entrer dans des explications pour celle-ci, en ce sens qu'il suffira, pour la tracer, d'avoir exécuté la précédente.

66. Épures diverses. — Nous donnons en outre, mais sans qu'il soit nécessaire d'expliquer le détail des constructions, les épures suivantes :

Mur en tour ronde et en talus, fig. 15, pl. XXI.
Mur en pan coupé et en talus, fig. 16, pl. XXI.
Porte biaise en tour ronde et en talus, fig. 6, 7 et 8, pl. XXI.
Voûte d'arête sur plan carré, fig. 5, 6, 7 et 8, pl. XVII.
Voûte en arc de cloître sur plan carré, fig, 9, 10, 11 et 12, pl. XVII.
Descente en berceau, rachetant berceau et en talus, fig. 1 et 2, pl. XXII.
Lunette entre deux berceaux, fig. 3 et 4, pl. XXII.
Voûte sphérique sur une circulaire, fig. 9 et 10, pl. XX.

Voûte sur plan ovale, fig. 5 et 6, pl. XIX.
Voûte annulaire sur noyau, fig. 7, pl. XIX.
Trompe en niche sur le coin, fig, 6, 7 et 8, pl. XX.

§ 9. — LES ESCALIERS EN PIERRE

67. Généralités sur les Escaliers. — Un *escalier* est une construction destinée à *racheter deux niveaux* différents et à permettre de passer facilement de l'un à l'autre.

Lorsqu'on dispose d'un espace horizontal considérable, un *plan incliné* constitue la meilleure disposition à adopter, mais si cet espace est restreint, le plan incliné aurait une pente trop rapide, et on lui substitue une série de plans horizontaux étagés appelés *marches* ou *degrés* dont l'ensemble constitue l'*escalier*; la largeur de la partie horizontale d'une marche s'appelle *giron*; la *hauteur* de la marche est la différence du niveau qu'elle rachète; la partie verticale d'une marche s'appelle *contremarche*.

L'*emmarchement* est la longueur totale comprise entre les arêtes de deux marches consécutives, suivant la ligne rampante.

L'*échappée* de l'escalier est la distance verticale comprise entre le giron d'une marche et le dessous de la partie d'escalier située au-dessus; cette échappée pourrait à la rigueur être égale à la hauteur d'une personne, mais en réalité elle ne doit jamais être inférieure à 2 mètres.

Pour que la montée ou la descente d'un escalier s'accomplissent facilement, il est nécessaire que l'enjambée à faire pour passer d'une marche à l'autre ne soit pas trop considérable; on établit pour cela une relation entre la largeur l du giron et la hauteur h de la marche; cette relation, connue sous le nom de *formule de compensation de Blondel*, est la suivante :

$$l + 2h = 0^m 64.$$

Les dimensions ordinairement adoptées pour les escaliers de nos habitations sont $l = 0^m 32$ $h = 0^m 16$, qui donne environ 3 marches par mètre en plan, et 6 en élévation; pour les escaliers extérieurs, on adopte souvent $l = 0^m 40$, $h = 0^m 12$; enfin pour les escaliers de service, ou de peu d'importance, on arrive à $l = 0^m 24$ h $0^m 20$. Il est bien évident que toutes les marches d'un escalier doivent avoir la même hauteur.

Le développement en plan d'un escalier se mesure sur la *ligne de foulée*, ligne qui passe par le milieu de la largeur de toutes les marches dans les escaliers ordinaires, et à $0^m 50$ ou $0^m 60$ de la *rampe* ou *main-courante* dans les escaliers de grande largeur.

La place occupée par un escalier dans l'intérieur d'un édifice s'appelle la *cage de l'escalier*.

Les *paliers* sont des girons plus étendus que ceux des marches et qui servent de repos, soit à l'extrémité de chaque étage, soit à chaque point où l'escalier change de direction. La dernière marche, qui fait corps avec le palier, s'appelle *marche d'arrivée* ou *marche palière*; la première marche de l'escalier s'appelle *marche de départ*; elle repose sur le sol; la première marche d'un étage intermédiaire s'appelle *marche remontoir*.

On nomme *rampe* ou *volée* d'un escalier une suite non interrompue de marches comprise entre deux paliers consécutifs; la volée peut être droite ou courbe. Quand l'escalier présente des volées droites raccordées par des parties courbes, on l'appelle *escalier à quartier tournant*.

On appelle *jour d'un escalier* la partie laissée vide entre les rampes, et qui permet de voir depuis le haut jusqu'en bas.

Les escaliers se construisent en pierre, en bois, en fer; nous n'étudierons ici que les *escaliers en pierre*. Ils sont de deux sortes : les *escaliers extérieurs* qu'on nomme *perrons* lorsqu'ils ont un petit nombre de marches, et les *escaliers intérieurs*.

La pierre dont les marches sont formées doit toujours être une pierre pleine, dure, résistant bien à l'user et aux intempéries; telles sont les pierres dures, les liais et les cliquarts.

68. Escaliers extérieurs ou Perrons. — *1° Perron à marches parallèles à la façade avec retours* (fig. 1, 2 et 3, pl. XIII). On donne aux marches une légère pente vers l'extérieur pour rejeter les eaux; on les pose sur un massif en maçonnerie aussi bien fondé que possible pour que l'escalier n'ait pas tendance à se séparer de l'ouvrage. Les joints des pierres formant les marches sont croisés et hourdés au bon mortier de ciment; les marches se recouvrent de 0^m 02 à 0^m 03; on les engage de 0^m 04 environ dans le soubassement de la construction. On peut arrondir les angles des marches ou les faire à pans coupés.

2° Perron à marches parallèles à la façade et comprises entre murs.

Dans ce cas, les marches sont limitées à droite et à gauche par deux murs perpendiculaires à la façade du bâtiment, et appelés *murs d'échiffres*; ils dépassent le niveau des marches de 0^m 20 à 0^m 30 (fig. 9, pl. XXIII); ils ont quelquefois leur surface supérieure disposée suivant la pente de l'escalier et ils reçoivent dans certains cas une *balustrade* formant main courante. Dans d'autres escaliers, ces murs ont une égale hauteur dans toute leur étendue (fig. 5, 6 et 7, pl. XXIII). Quelquefois, ils sont disposés en gradins (fig. 4, pl. XXIII). Enfin, ils n'ont pas toujours en plan une forme rectiligne; dans certains perrons, on évase la partie inférieure de l'escalier pour en faciliter l'entrée, et on termine les murs d'échiffres par deux piles verticales sur lesquelles on pose souvent des vases décoratifs (fig. 9, 10, 11, 12, pl. XXIII).

Lorsque les perrons sont un peu élevés, le massif de fondation devient important, et on peut alors en restreindre le volume par plusieurs moyens : si le mur est de très bonne qualité, et si les murs d'échiffres sont peu écartés, on leur fait porter les marches qui ne sont ainsi soutenues que par leurs extrémités (fig. 5, 6 et 7, pl. XXIII); si le perron est plus large, on peut y établir une murette intermédiaire parallèle aux échiffres (mêmes figures). On peut, dans certains cas, évider les échiffres et les remplacer par une voûte (fig. 8, pl. XXIII).

Enfin, avec de bonne pierre dure, on peut appareiller les marches de manière qu'elles forment voûte et se soutiennent par elles-mêmes (fig. 9, 10, 11 et 12, pl. XXIII).

3° Perrons dont les marches sont perpendiculaires à la façade. Les marches sont alors scellées dans le mur du bâtiment d'environ 0^{m} 20, et elles reposent sur un massif évidé par une voûte, ou bien seulement sur le *mur d'échiffre*, qui est alors parallèle au mur de façade, et qui peut être plein ou voûté. Une *balustrade* doit toujours dans ce cas surmonter le mur d'échiffre ; elle se fait en pierre ou en fer.

On peut, dans ces perrons, appareiller les marches de manière qu'elles constituent une voûte se soutenant par elle-même, ainsi que nous l'avons montré dans l'exemple des figures 9 à 12 (pl. XXIII).

4° Grands perrons. Lorsque les perrons sont plus élevés, on peut combiner les formes précédentes de manière à créer des paliers de repos, ou à faire varier la direction des marches ; on peut, par exemple, faire décrire à l'escalier un quart de cercle en plan, de manière que les marches soient d'abord parallèles à la façade, puis lui deviennent perpendiculaires ; il faut alors deux escaliers symétriquement disposés, et ayant chacun deux murs d'échiffre courbes.

On peut encore faire partir les marches parallèlement à la façade, de manière à aboutir à un premier palier intermédiaire, d'où elles s'élèveront ensuite en prenant une direction perpendiculaire à la façade, jusqu'au niveau du palier supérieur.

69. Escaliers intérieurs en pierre. — *1° Escaliers droits posés entre murs.* Les marches de l'escalier sont disposées suivant des *volées* droites et reposent par leurs deux extrémités sur les murs de la cage d'escalier, si l'on passe directement d'un étage à l'autre par une seule volée ; dans le cas où les marches ont une grande longueur, on les soutient par une voûte en descente placée au-dessous.

S'il y a des paliers intermédiaires, et que l'escalier ait alors deux volées, la cage d'escalier est divisée longitudinalement en deux par un mur vertical d'échiffre, servant à appuyer les marches par une de leurs extrémités, tandis que l'autre repose dans le mur de la cage (fig. 13, 14 et 15, pl. XXIII).

Le dessous des marches, lorsqu'elles sont apparentes, peut être taillé de manière à former une surface continue ou une surface brisée plus ou moins ornée. On peut soutenir les marches à leurs extrémités par des *corbeaux*, qu'on relie les uns aux autres, en retournant verticalement leur profil de manière à constituer une véritable crémaillère (fig. 16 et 17, pl. XXIII).

Les paliers sont formés par une dalle reposant dans des feuillures ménagées, d'une part, dans la marche palière, et, d'autre part, dans une pierre placée le long du mur, parallèlement à celle-ci, et dans des pierres placées le long des murs de la cage et soutenues par des corbeaux, ou formant elles-mêmes encorbellement. Le palier peut être soutenu par un simple solivage de plancher en bois ou en fer.

2° *Escaliers à vis.* Si on donne la forme circulaire à un escalier, l'un des murs d'échiffre devient le mur d'une *tour*, tandis que l'autre forme le *noyau de l'escalier*; un tel escalier se nomme *escalier à vis* (fig. 18 et 19, pl. XXIII).

L'escalier peut être à *noyau plein*; alors les marches de cet escalier sont appareillées de manière que chacune d'elles porte la partie du noyau qui lui correspond, si le noyau est de petites dimensions, et est encastré à l'autre extrémité de 0^{m} 10 dans le mur extérieur; ou bien, si le noyau est de dimensions suffisantes, il est construit séparément, et les marches s'y encastrent de 0^{m} 10 environ.

Si les dimensions de l'escalier sont encore plus considérables, les marches peuvent reposer à leurs extrémités sur deux *crémaillères* : l'une faisant partie du mur; l'autre, du noyau.

Enfin, les marches peuvent être soutenues à leur partie inférieure sur une voûte rampante dont nous avons déjà parlé et qu'on nomme *vis de Saint-Gilles*.

Si le noyau est à jour, l'escalier est dit *escalier vis à jour*, le mur circulaire constituant le noyau est alors lui-même évidé entre les différentes spires de l'escalier.

3° *Escaliers à quartiers tournants entre murs.* C'est la combinaison de l'escalier droit et de l'escalier à vis; on relie deux volées droites par une portion d'escalier à vis placé à l'endroit qui était occupé par un palier intermédiaire dans l'escalier à volées droites.

On doit alors rendre moins difficile le passage des marches droites aux marches en pointe du quartier tournant, en faisant le *balancement des marches*; il consiste à incliner progressivement les marches bien avant d'atteindre la partie tournante (fig. 20, pl. XXIII).

Ces escaliers s'emploient peu dans les étages des habitations; on les réserve pour les escaliers de caves.

4° *Escaliers suspendus.* Ces escaliers sont établis dans des *cages*, de forme le plus souvent rectangulaire ou carrée, et ordinairement l'escalier fait un tour de cage pour chaque étage à desservir, les différentes révolutions étant placées les unes au-dessus des autres.

Chaque marche est scellée par une de ses extrémités dans le mur d'échiffre extérieur; les différentes marches sont appareillées de manière à se soutenir les unes sur les autres, comme nous l'avons vu pour les perrons.

Si la cage est à contours rectilignes, on construit ordinairement ces escaliers par volées droites suivant les côtés de la cage, avec *paliers de repos* intermédiaires : c'est ce qu'on appelle *les escaliers à la Française.*

Si la cage présente des contours curvilignes, l'escalier franchit ordinairement tout d'une traite chaque révolution, et on le nomme *escalier à quartier tournant.*

Les *paliers* doivent avoir toute la solidité possible, puisqu'ils servent d'appuis aux différentes volées successives.

Ces escaliers se construisent souvent avec *limon*; le limon est une portion de mur vertical rampant suspendu aux marches le long de la courbe de jour et dans lequel elles sont encastrées; il est constitué en plusieurs pierres reliées les unes aux autres par des *joints brisés.* Ce limon a pour effet de rendre solidaires un certain nombre de marches et par suite de répartir sur elles toute la charge appliquée à l'une d'entre elles.

Nous n'entrerons pas davantage dans le détail de la construction de ces escaliers qui ne sont pas appliqués, en général, aux habitations ordinaires, mais seulement aux édifices publics.

L'escalier est toujours pourvu du côté du jour d'une *balustrade* ou d'une *rampe* en pierre ou en métal, qui se termine à sa partie inférieure par un *pilastre* reposant sur deux ou trois marches inférieures auxquelles on a donné à cet effet un développement en *volutes*

70. Épures de divers escaliers. — Comme les principes suivant lesquels se construisent les épures d'escaliers sont les mêmes, que ces escaliers soient en pierre ou en bois, nous avons réuni ici un certain nombre d'épures relatives à ces divers escaliers.

1° Escalier sur pilastres avec volées droites, paliers de repos et à limon (pl. XXIV). Dans notre exemple nous établissons seulement sur un pilastre en avant le premier étage de l'escalier. Les deux paliers sont supportés par des quartiers tournants, et par une plate-bande formant cul-de-lampe avec le limon, et portant, de l'autre bout, sur le mur; les paliers sont engagés dans le mur par deux de leurs côtés, ainsi qu'on le voit par le plan (fig. 1), et l'élévation (fig. 2). La plate-bande portant sur le pilastre est à coupe secrète, c'est-à-dire que les joints paraissent en parement, en ligne verticale ou aplomb, et que l'intérieur est en coupe ordinaire, comme le montrent les lignes ponctuées; ce qui nécessite un refouillement, assez facile à exécuter du reste.

Fig. 3 : Second étage construit en quartiers tournants. La grande plate-bande du haut est en coupes d'une autre espèce. Pour faire ces coupes d'une solidité suffisante, il faut tracer la ligne de pente comme plate-bande ordinaire, c'est-à-dire que l'on fera un angle de 60 degrés; puis, pour établir les coupes rentrant dans le joint et formant une dent qui doit entrer d'au moins 0 m 08 dans le sommier, on fera deux petits angles de 45 degrés, lesquels, par leur rencontre, formeront, à la pointe intérieure, un angle droit, comme le montre la figure.

2° *Tracé de la courbe rampante d'un quartier tournant* (pl. XXV, fig. 7). On commence par tracer le plan A, puis à élever des perpendiculaires sur la ligne horizontale B, lesquelles perpendiculaires devront passer par les points de rencontre des marches sur les lignes intérieure et extérieure de l'épaisseur du limon, ces lignes de marches, étant divisées sur les lignes courbes en dehors du limon; seront tirées du point du centre C, ce que l'on nomme *former le nœud intérieur et extérieur des marches*. Ensuite on tracera les lignes horizontales *a*, *b*, *c*, *d*, *e*, suivant la hauteur que l'on voudra donner aux marches; puis, après avoir fait la ligne ponctuée D sur l'arête du nœud des marches, on tracera la courbe intérieure ou extérieure du limon, en observant une distance de 0 m 12 ou 0 m 14 au-dessus du nœud des marches pour le dessus du limon, et en laissant la même distance en dessous desdites marches pour leurs coupes ou joints, comme on le voit fig. 8 : c'est ce qui donnera la hauteur du limon. Cela fait, on tirera la ligne EI, qui sera la ligne rampante, et au point de rencontre sur cette ligne, on élèvera des lignes perpendiculaires de la ligne horizontale en plan; puis on élèvera, sur la ligne rampante, d'autres perpendiculaires, telles que F, G, H, etc.; après quoi, pour former la courbe rampante, qui doit tracer la cerce dont on se servira pour tailler ou couper ledit limon, on prendra en plan, avec une ouverture de compas, du n° 1 au n° 2, que l'on reportera de 1 à 2, en élévation, pour la ligne courbe intérieure; et, pour la ligne extérieure, on prendra la distance de 3 à 4, en plan, que l'on reportera, en élévation, de 3 à 4. En opérant de même pour toutes les marches tracées sur le limon en plan, on aura la courbe rampante ou le tracé de la cerce. Il faudra avoir soin de conserver le tracé des marches sur cette cerce, afin de pouvoir tirer les lignes aplomb desdites marches sur le limon tant intérieur qu'extérieur, pour avoir facilité de former le débillardement, et de donner une bonne direction à la branche de l'équerre qui doit tracer le parement de dessus du limon. On pourra cependant tenir la ligne intérieure du débillardement un peu plus forte, ce qui donnera plus de grâce au parement.

3° *Plan des premier et deuxième étage d'un escalier placé dans une tourelle* (fig. 6,

7 et 8, pl. XXIV). L'élévation (fig. 8) fait voir le tracé de la manière de couper les marches, les limons, les culs-de-lampe, et les plate-bandes qui contre-butent les limons, en portant les paliers.

Les fig. 5 et 6 de la même planche représentent le plan et l'élévation qui servent à tracer la cerce ou courbe rampante.

Pour le reculement de la cerce, c'est-à-dire du parement du dessus au parement du dessous, on prendra (pl. XXIV, fig. 5) la distance de IK ; pour tracer les joints, on mènera tout simplement une perpendiculaire ou ligne d'équerre suivant le rampant du limon, laquelle doit former un crochet dans le milieu de sa hauteur : ce crochet portera 0m 08 d'entaille pour être solide, comme on peut le voir fig. 8.

4° *Plan d'un escalier qui peut se construire à noyau plein ou à petit jour de 0m 08, 0m 10, 0m 12 ou 0m 15* (fig. 1, 2, pl. XXV). Comme le représente l'élévation (fig. 2), pour établir ce plan d'escalier en pierre ou en bois, on commencera par marquer la ligne ponctuée du milieu de la cage, qui fait aussi le tracé d'une marche, et l'on tracera ensuite l'épaisseur du noyau. Pour l'escalier en menuiserie, on tracera d'abord l'échiffre tel qu'on le voit en plan, et l'on tracera ensuite la ligne de giron ou d'emmarchement, qui sera de 0m 04 ou 0m 05 plus près du limon ; c'est-à-dire qu'au lieu de placer cette ligne au milieu de la longueur des marches, on la mettra de 0m 04 plus près du limon, afin de donner un emmarchement plus convenable. Cela fait, on divisera sur cette ligne la largeur du giron des marches ; mais on aura soin, pour rendre plus commode l'emmarchement de l'escalier, de donner à ce giron un développement de 0m 50, c'est-à-dire que lorsque les marches auront 0m 16 de hauteur, leur largeur devra être de 0m 34, y compris la moulure du devant de la marche. Cependant, lorsqu'on sera limité par le manque de place, et que l'escalier ne sera pas d'une grande importance, on pourra ne pas tenir rigoureusement aux mesures fixées ci-dessus, et ne donner au développement que 0m 43 ou 0m 44. Nous croyons utile de répéter ici ce que nous avons déjà dit : c'est que si l'on veut que l'escalier soit tout à la fois commode, gracieux et solide, il faudra, dans la division des marches tournantes, que l'augmentation ou la diminution de largeur ait lieu de manière à ce que la différence paraisse le moins sensible ; cela se fait en empruntant sur les marches carrées, en les *faisant balancer*.

La figure 3 (pl. XXV) donne l'élévation d'un escalier en bois à noyau plein. Le noyau devra avoir de 0m 22 à 0m 25 d'épaisseur et être arrondi au droit de la portée des marches ; les limons s'assembleront dans ce noyau, comme on le voit par la figure.

5° *Escalier en pierre dont les têtes de marches portent limon* (fig. 4, pl. XXV). Une partie de ces marches est en coupes de claveaux et est retenue par une plate-bande posant sur le mur ; cette plate-bande porte le palier du haut ou d'arrivée. La seule inspection de la figure suffira pour l'exécution de ce genre d'escalier.

6° *Plan d'un escalier placé dans l'angle d'un bâtiment, et dont les étages supérieurs sont dans une tourelle* (fig. 5 et 6, pl. XXV). On voit que le commencement de cet escalier est porté sur un massif et est tracé comme une échelle de meunier jusqu'à la dix-septième marche ; après quoi les marches se posent dans un limon circulaire et forment un jour d'environ 0^{m} 75 de diamètre. Il est facile de se rendre compte de la manière de tracer le limon droit et sa volute, pour le bas, ainsi que le bout des marches qui se pourtourne suivant ladite volute ; du reste, l'élévation (fig. 6) montre le tracé de cet escalier.

Pour la partie circulaire, on fera la courbe rampante comme nous l'avons enseigné plus haut.

7° *Plan d'un escalier double, ou à double révolution* (fig. 1, 2, 3, 4, 5, pl. XXVI). Les deux jours forment chacun un ovale allongé, tel qu'on le voit par la figure 1.

Cet escalier est placé dans une grande tour. Les premières marches, au nombre de cinq, forment perron et arrivent sur le grand palier. La figure fait voir suffisamment le tracé.

Fig. 2 : Élévation qui montre les différentes coupes des joints de limons, et des plate-bandes portant les paliers et contre-butant lesdits limons, lesquels forment par-dessous cul-de-lampe.

Fig. 3 : Plan de la moitié de l'ellipse, figurant l'épaisseur du limon et le tracé des nœuds de marches en plan.

Ces marches, comme nous l'avons dit, sont divisées sur la ligne ou courbe extérieure, et sont tirées de leur centre respectif, c'est-à-dire que les marches contenues dans le petit foyer sont tirées du centre A, et que les autres contenues dans le grand foyer sont tirées du point du centre supposé B, ou du sommet de l'angle qui est de 60 degrés. Après ce tracé, on élève à la hauteur voulue, suivant le rampant de l'escalier, les perpendiculaires sur la ligne horizontale C, passant sur les points des nœuds des marches tant intérieures qu'extérieures ; ensuite on tire les lignes horizontales ou traversantes, suivant la hauteur de chaque marche qui est ordinairement de 0^{m} 15 à 0^{m} 16, et c'est ce qui forme l'intervalle de ces lignes. Cela fait, on marque le nœud desdites marches ou l'arête (fig. 4), ce qui forme la ligne ponctuée D, et l'on fait une ligne E (parallèle à cette dernière D), qui est la ligne supérieure extérieure du limon. Pour former la ligne intérieure, on trace la petite ligne horizontale *a* qui part du point de rencontre de la ligne E avec la perpendiculaire du nœud extérieur de la marche, et le point où cette petite ligne rencontre la perpendiculaire du nœud intérieur de la même marche est le point où doit passer la ligne supérieure formant l'arête inférieure du limon. On opérera de la même manière pour toutes les marches, et l'on aura la ligne F.

Pour tracer les dessous du limon, ce qui déterminera sa hauteur, on opérera de même, en ayant soin de donner une force suffisante de pierre (ou bois, si c'est en charpente) pour soutenir le poids des marches ; c'est-à-dire que l'on laisse ordinairement 0^m 10 à 0^m 12 d'intervalle entre l'arête inférieure du limon et le pas ou encastrement des marches, comme on le voit indiqué fig. 4. On mènera la ligne rampante G, et du point où les perpendiculaires tirées ci-devant rencontrent cette ligne rampante, on élèvera d'autres perpendiculaires sur cette ligne rampante, qui sert à tracer la grande cerce, dont on prendra en plan, avec un compas, la distance de 1 à 2 (fig. 3), que l'on portera de 1 à 2 (fig. 5) ; puis on dira :

1 — 2 (fig. 3) = 1 — 2 (fig. 5)
3 — 4 (fig. 3) = 3 — 4 (fig. 5)
+ 5 — 6 (fig. 3) = 5 — 6 (fig. 5)
+ 7 — 8 (fig. 3) = 7 — 8 (fig. 5)
+ 9 — 10 (fig. 3) = 9 — 10 (fig. 5) ;

ainsi de suite pour toutes les autres. En faisant rencontrer tous ces points, on aura la cerce formant l'épaisseur et la longueur du limon ; et si l'on ne trouve pas une pierre de longueur, on pourra faire deux parties ou panneaux de cette cerce. On aura soin, comme nous l'avons dit, de conserver le tracé des marches sur ladite cerce ou partie de cerce, afin de pouvoir rapporter les lignes d'aplomb aux lignes de devant des marches, lesquelles doivent être tracées à l'extérieur et à l'intérieur du limon.

8° *Épure d'un escalier dont les marches sont portées par deux limons* (fig. 6, 7, 8, 9 et 10, pl. XXVI). On voit sur le plan (fig. 6) le limon formant le jour de l'escalier comme à l'ordinaire, et le limon portant l'autre extrémité des marches, lequel se nomme *faux limon*, quoique ce soit cependant le même tracé que le limon formant le jour. Les fig. 7, 8, 9 et 10 en donnent la preuve ; on voit par ces figures qu'on ne s'occupe pas, pour faire les cerces, des épaisseurs de limon : au limon du jour on prend le nœud des marches extérieurement. Du reste, toutes les lignes sont assez distinctes pour que l'on puisse opérer sans aucun embarras, car la seule différence en ce qui concerne les cerces consiste à opérer sur la même perpendiculaire pour former l'épaisseur du limon ou faire le tracé de la courbe intérieure et celui de la courbe extérieure. La construction de cette sorte d'escalier est plus particulièrement du ressort des menuisiers.

9° *Épure d'un escalier dans un emplacement triangulaire* (fig. 1 à 9, pl. XXVII). Cette épure nous donne : fig. 2, tracé du limon en face le palier, et coupe de ces joints ; fig. 3 et 4, coupe des joints sur le plan : les lignes en plan montrent suffisamment cette coupe ; fig. 5, limon à crémaillère en élévation, où l'on voit le tracé des marches par les lignes, perpendiculaires et traversantes, et la manière de couper les joints. La fig. 6 montre l'effet que doit produire cet escalier en élévation, en représentant les marches l'une sur l'autre; mais cette figure devenant inutile au tracé de l'escalier, on peut se dispenser de la reproduire.

Fig. 7, plan de la courbe d'un limon d'angle; fig. 8 et 9, manière de tracer la courbe rampante pour exécuter la coupe de cet escalier d'une autre façon, c'est-à-dire comme les courbes du limon. Quoique cet escalier soit représenté en bois, on peut également le construire en pierre; alors on fera les coupes en coupes de pierre.

10° Épure d'un escalier en pierre bandé par claveaux (fig. 10 à 16, pl. XXVII). Le plan (fig. 10) fait voir le tracé des marches en plan et le tracé de la volute au bas du limon; la fig. 11 est l'élévation des claveaux formant limon, ce qui démontre la coupe des joints; la fig. 12, représentant une partie du limon qui se trouve surchargée d'un parpaing en pierre en cas de séparation, montre la manière de couper et de faire solides les joints de ces parpaings, quoique cette construction s'emploie très rarement.

Fig. 13, coupe d'un claveau; fig. 14, plan d'une partie de limon pour tracer un claveau par équarrissement (fig. 15); fig. 16, tracé des panneaux, qui fait voir le claveau sur six faces, tant en joints qu'en parements.

11° Escalier à quartier tournant avec paliers de repos (fig. 1 à 4, pl. XXVIII). Le plan de cet escalier est donné par la fig. 1, et nous avons indiqué la coupe d'une portion de limon avec un joint (fig. 2) pour faire voir le profil des marches, ainsi que le joint boulonné; ce limon est donc vu de face.

Pour obtenir une bonne division de marches dans les quartiers tournants, il faut toujours avoir soin de la prendre sur une ligne tracée au milieu de l'emmarchement *k*, et même, pour le mieux, un tant soit peu plus près du limon que du mur, en sorte que, sur cette ligne, les marches aient toutes une égale largeur de giron; et pour que les bouts aux quartiers tournants ne soient pas trop resserrés vers le centre du limon, on doit prendre sur les marches du bas qui en approchent le plus *l*, pour reporter sur les autres, comme nous l'avons indiqué en *m*, en les calculant de manière à ce que le limon tournant soit toujours de même hauteur au-dessus de l'angle ou nœud des marches, et monte sans jarreter; ce qui sert à contourner son bois et à marquer les entailles des marches sur la coupe intérieure du limon.

Les fig. 3 et 4 donnent la vue de deux marches palières portant chacune avec elle deux quartiers de limon, l'un montant, l'autre descendant.

12° Escalier à quartier tournant sans repos intermédiaires (fig. 5, 6 et 7, pl. XXVIII). L'élévation (fig. 6) montre l'escalier vu de face, le développement des premières courbes de son limon, le profil, la base de ce limon, ou du patin, et des premières marches qui lui servent comme d'empattement. Le patin du limon se termine en volute *o* (fig. 5), à la hauteur de la seconde ou troisième marche ; la courbe de la première marche est idéale et subordonnée, dans son contour, à l'emplacement de l'escalier.

La fig. 7 représente l'élévation du deuxième étage de l'escalier vu de face, le côté long du jour, et le tracé des joints du limon avec leurs boulons, ainsi que la marche palière pour former un palier sur la plus grande longueur du plan ; cette marche palière porte la coupe de deux limons en quartiers tournants, l'un en montant, l'autre en descendant.

13° Escalier en bois à noyau plein dit escalier dérobé (fig. 8, 9, 10 et 11, pl. XXVIII). La construction de cette sorte d'escalier est du ressort des menuisiers : avec un limon tournant, il peut être de même établi dans une partie carrée. Sa révolution sur lui-même est de douze marches, ce qui est suffisant pour l'échappée du dessous ; les marches ont ordinairement 0^{m} 18 à 0^{m} 19 de hauteur de degré. Cet escalier est établi dans un emplacement circulaire, de 1 mètre seulement de diamètre : le limon intérieur est formé par une colonne ou poteau rond, d'environ 0^{m} 20 de diamètre ; et l'autre bout des marches porte sur un faux limon ou limon extérieur.

La fig. 9 représente l'élévation du poteau ou colonne ; la fig. 10, l'élévation et le tracé du limon circulaire de la courbe d'une révolution, et la fig. 11, le tracé de la courbe rampante ou cerce ; nous avons fait connaître précédemment la manière de tracer cette sorte de cerce ou calibre.

On construit à Paris des escaliers en l'air et à jour ; ces escaliers, qui ont beaucoup de légèreté et qui ne manque pas d'une certaine élégance, ne déparent point les cafés et les boutiques ornées, dans lesquels ils sont placés. Leur projection verticale est circulaire ; ils n'ont d'autre appui que le sol et l'ouverture.

14° Escalier conique ou entonnoir renversé en forme de spirale (fig. 6 et 7, pl. XXIX). Dans l'escalier conique, on commencera par faire le plan (fig. 6) ; la spirale s'obtient en deux coups de compas. Après avoir tracé la ligne de base à volonté comme KL, on marquera, aussi à volonté, les deux points H, I, et du point M, on décrira un demi-cercle, qui sera le dehors du limon auquel nous avons donné 0^{m} 11 d'épaisseur ; puis prenant le point milieu du rayon en N, on décrira les petits demi-cercles G et I, lesquels, en se rapportant avec les premiers demi-cercles, formeront entre eux une spirale telle qu'on le voit par la figure. On tracera sur la ligne de base, et au milieu du plan, les points P, Q, suivant la largeur que l'on voudra donner au cône ; entre ces deux points ou au point O, on élèvera une perpendiculaire R, sur laquelle on marquera toutes les hauteurs de marches à partir de la ligne de base ; on tirera les lignes droites PR, QR, et les lignes horizontales parallèles à la base, qui devront partir des divisions des marches ; on élèvera une perpendiculaire sur la ligne de base et au dehors du limon, en forme de spirale pour marquer le point S, au sommet ; on tirera la ligne S-19, puis la ligne ST, parallèle à RQ, et sur cette ligne, qui sera de pente, on joindra toutes les lignes horizontales, qui sont les hauteurs de division des marches : le point T est le milieu de l'emmarchement de tous les points de réunion des marches de la ligne TS. On descendra les verticales ponctuées sur la ligne de base, et sur toutes les lignes on fera passer les cercles en plan, dont le point O fera le centre ; ce qui donnera la pente au limon sur la hauteur de chaque marche. Les marches sont distribuées en plan, comme on peut le voir par le dessin représentant un escalier ordinaire ; la première marche, cintrée en plan sur le devant, sera taillée de chaque bout en portions de cercle ou en espèce de volute.

La ligne A est une droite en plan pour relever la courbe du faux limon et pour établir la cerce (fig. 7) ; on peut voir par cette figure qu'il n'y a pas plus de difficulté à faire le tracé de cette cerce que celle des escaliers ordinaires, comme nous l'avons démontré précédemment, et que celles qui sont marquées C, C, et D, également en plan (fig. 6).

Dans l'escalier conique, il faut toujours avoir au moins de 2m 40 à 2m 80 de hauteur à monter pour avoir une échappée convenable. Le plan est d'une exécution plus difficile que celui des autres escaliers ; mais quant au tracé des débillardements et des crémaillères, il est le même que pour les escaliers ordinaires.

15° Escalier dont le limon forme l'entonnoir (fig. 1, 2, 3, 4 et 5, pl. XXIX). Le plan de cet escalier se trace de la même manière que celui de l'escalier en spirale. On figure de chaque côté de l'entonnoir l'épaisseur du limon ; le limon du dehors tombant aplomb, il ne sera pas alors plus difficile à couper qu'un limon d'escalier ordinaire. Toutefois, il n'en sera pas de même pour le limon intérieur, qui devra suivre de chaque côté la pente de l'entonnoir.

Pour cela, on tracera le plan (fig. 1) tant du limon intérieur que du limon extérieur, ainsi que la distribution des marches en plan, lesquelles seront au nombre de vingt et une, et la marche palière : pour le limon intérieur, il ne s'agira que de tracer une volute suivant les procédés que nous avons fait connaître ; et pour trouver le développement de ce limon, on décrira en plan un cercle à volonté, on marquera un point *a*, à l'extrémité de ce cercle sur la ligne de base, puis de ce point *a* on élèvera une perpendiculaire, qui coupera au point *b* la ligne du limon figurant un des côtés de l'entonnoir ; du point *b* au point *c*, où la ligne de pente du limon coupe la ligne du milieu de l'entonnoir, on prendra la distance de *b* en *c*, et avec un compas, on décrira la portion de cercle *df*, en partant du poing *g* comme centre (fig. 2). Pour former la portion de cercle *h*, on prendra la distance en plan du point *c* au point *i*, laquelle sera la distance *gh* (fig. 2) ; on tirera la ligne à volonté du point *g* comme centre aux points *h* et *d*, on prendra en plan la largeur du bout des marches sur le cercle, en commençant par la première, et la distance *ae*, que l'on rapportera de *d* en *e* (fig. 2), ensuite la distance, toujours en plan, de *ef*, que l'on rapportera de *e* en *f* (fig. 2), puis la distance de *fk*, également en plan, qu'on rapportera de *fk*, toujours sur la fig. 2; et ainsi de suite pour toutes les autres marches, jusqu'à la vingt et unième : on aura ainsi tous les rayons partant du centre *g*, rayons qui détermineront tous les devants de marches ou contre-marches. Enfin l'on tirera les différentes lignes horizontales qui seront le dessus des marches, suivant les hauteurs qu'on voudra donner à l'emmarchement; dans notre dessin, cette hauteur de marche est de 0^{m} 155.

Pour former la ligne du dessus du limon, on marquera un point sur chaque ligne de rayon à 0^{m} 16 au-dessus du nœud de la marche; et pour avoir la ligne du dessous, qui sera la largeur ou hauteur du limon, on fera plusieurs sections au point où devra passer la ligne cherchée. Cette ligne sera toujours à une distance raisonnable du dessous du derrière des marches, afin de leur donner une solidité convenable.

La retombée des deux champs du dessous et du limon étant tracée au plan, le premier limon, à partir de la première à la neuvième marche, ne peut être débillardé que d'aplomb, comme si c'était un limon ordinaire; la volute en empêche le sciage suivant la pente. Pour le premier limon, qui n'a que le premier débillardement, voir la fig. 5.

Pour débillarder un limon d'un seul trait suivant la pente, il faut tracer sur le bois les deux calibres rallongés du dessus et du dessous; ces deux calibres sont différents. La fig. 4 en indique le tracé.

Pour tracer ce limon, on mènera, comme on l'a fait à l'égard des autres limons d'escaliers, la ligne de base en plan, d'après les lignes de la coupe du joint des limons; puis on tirera des lignes d'équerre depuis la base des points de la ligne du devant de chaque marche au champ du dessus du limon, et l'on fera de même au champ du dessous, comme pour deux limons distincts. Les lignes du champ du dessus servent à figurer la ligne et le gauche du dessus du limon; et les lignes du champ du dessous, à figurer la ligne et le gauche du dessous de ce même limon. Les lignes qui représentent les lignes aplomb des nœuds des marches ne sont pas parallèles, elles sont tirées des points de la ligne du dessus du limon aux points de la ligne du dessous; mais les lignes de gauche sont parallèles. Au point où ces lignes couperont les lignes droites qui devront toujours affranchir le dessus et le dessous du limon, on tirera des lignes perpendiculaires ou d'équerre à ces mêmes lignes droites, et sur celles-ci l'on portera les points des distances qu'on relèvera en plan, de la ligne de base aux lignes des deux champs du limon, pour tracer les deux calibres rallongés, celui du dessus et celui du dessous.

Les deux calibres étant tracés sur le bois, on aura soin, pour scier ce bois, de tenir la scie suivant la direction de chaque nœud de marches.

Le contour de la surface de ce limon est conique, et le développement (fig. 2) est tracé d'après les principes du développement de la surface d'un cône droit. L'entonnoir figuré, autour duquel l'escalier monte, est un cône renversé.

§ 10. — PRIX DES OUVRAGES DE MAÇONNERIE

Les prix de règlement sont composés de diverses parties qui sont :

1° Les déboursés pour la main-d'œuvre et les fournitures ;

2° Les faux frais calculés sur la main-d'œuvre seulement et fixés à 17 0/0 ;

3° Les bénéfices appliqués aux prix des fournitures et de la main-d'œuvre, et aux faux frais, et comptés à raison de 10 0/0.

Béton au mètre cube.

De cailloux, composé de 0m 500, mortier A, n° 2, et 0m 800 de cailloux lavés, et sable par couches de 0m 20 d'épaisseur, compris façon du mortier, du béton, et pilonnage......... 20.20
De meulière, 0m 500 de mortier A, n° 2, et 0m 800 de meulière 25.40

Plus-value pour emploi de mortier n° 2.

AVEC CHAUX EN POUDRE				AVEC CIMENT						
B	C	D	E	F	G	H	I	J	K	L
0.36	0.55	4.15	8.10	4.31	6.34	10.50	14.80	17.05	22.40	12.65

Boisseau Gourlier au mètre linéaire.

Rectangulaire pour tuyaux de cheminée, suivant dimensions, de .... 3.80 à 5.95
Circulaire pour ventouses — .... 2.85 à 4.30

Brique cintrée, dite Gourlier, au mètre linéaire.

	POUR UN SEUL TUYAU	POUR CHAQUE TUYAU AU PLUS formant groupe avec le premier
Hourdée en plâtre, compris enduit intérieur :		
En mur de 0m 50 d'épaisseur ravalé	11.50	7.00
— 0m 45 —	11.00	6.10
— 0m 40 —	9.85	5.95

Brique pleine par mètre cube, hourdée au plâtre ou au mortier A, n° 2.		POUR MASSIFS ET MURS en fondation	MURS EN ÉLÉVATION jusqu'à 10 m. de hauteur	PAR VOUTES OU HOURDIS de planches, combles, etc.
Briques de Bourgogne première qualité, et briques repressées ou rebattues, suivant provenances		de 74.25 à 60.60	de 75.75 à 61.95	de 77.35 à 63.75
Briques façon Bourgogne de bonne qualité, suivant provenances		de 54.55 à 48.60	de 55.90 à 49.95	de 57.70 à 51.70
Briques de Paris dites de plaine		39.00	40.35	42.10
Briques de Vaugirard pour tuyaux dans les murs		»	»	86.65
Brique creuse au mètre cube, hourdée en plâtre ou en mortier A, n° 2.	du bassin de Paris, 1re qualité, suivant dimensions	de 34.40 à 50.00	de 35.20 à 51.55	de 37.20 à 53.85
	de Gournay, Sannois, Bondy, des Tarterets, suivant dimensions	de 35.90 à 91.05	de 36.45 à 92.50	de 38.10 à 94.20
	brique carrée de la rive gauche	53.45	53.45	53.45

Plus-value pour emploi de mortier n° 2.

	AVEC CHAUX EN POUDRE				AVEC CIMENT ET SABLE TAMISÉ						
	B	C	D sable tamisé	E sable tamisé	F	G	H	I	J	K	L
Briques pleines	0.14	0.22	3.05	5.05	2.60	3.20	4.55	6.10	6.90	8.85	5.30
Briques creuses de 0m04 à 0m065	0.13	0.21	3.05	5.08	2.59	3.18	4.51	6.08	6.90	8.84	5.30
Briques creuses de 0m07 à 0m11	0.11	0.18	2.60	4.33	2.23	2.74	3.89	5.24	5.94	7.62	4.55

Brique au mètre superficiel. — Pleine ou creuse.

On ne compte au mètre superficiel que les parties de la construction dont l'épaisseur ne dépasse pas la plus grande dimension de la brique employée. Nous renvoyons pour ces prix, qui sont essentiellement variables suivant la qualité et les dimensions de la brique employée, et suivant l'ouvrage auquel elle est employée à la série de la Société centrale des architectes, et nous ne donnerons ici que les prix extrêmes.

Briques pleines, hourdées au plâtre ou au mortier n° 2.	pour cloisons	0.22............	de 8.75 à 17.30
		0.11............	de 4.45 à 8.80
		0.06............	de 2.45 à 4.65
	pour hourdis ou voûtes	0.22............	de 9.70 à 18.30
		0.11............	de 5.10 à 9.40
		0.06............	de 2.80 à 4.95
Briques creuses, hourdées au plâtre ou au mortier A n° 2.	pour cloisons	de 0.30 à 0.22.....	de 9.20 à 17.80
		de 0.22 à 0.11.....	de 4.10 à 10.90
		de 0.11 à 0.045....	de 2.40 à 4.95
	pour hourdis ou voûtes	de 0.30 à 0.22.....	de 10.30 à 18.70
		de 0.22 à 0.11.....	de 4.70 à 12.90
		de 0.11 à 0.045....	de 2.80 à 5.55

Plus-value pour emploi de mortier n° 2.

ÉPAISSEUR des BRIQUES	AVEC CHAUX EN POUDRE				AVEC CIMENT						
	B	C	D	E	F	G	H	I	J	K	L
De 0.045 à 0.065	0.01	0.01	0.10	0.17	1.08	0.10	0.15	0.20	0.23	0.29	0.17
— 0.11 à 0.21	0.02	0.02	0.34	0.51	0.29	0.35	0.50	0.68	0.77	0.98	0.60
— 0.22 à 0.30	0.03	0.05	0.68	1.02	0.57	0.70	1.00	1.36	1.53	1.96	1.18

Briques (unité de taille), compris ragréement. { *Brique dure de Bourgogne*........ 4.20
Briques façon Bourgogne et autres. 2.95

Calibre en hêtre tout ferré (le mètre linéaire de développement) 5.00

Ils ne sont comptés que pour ouvrages en raccord ne dépassant pas 1^{m}50.

Carreaux de faïence. Carré 1er choix, fourniture et pose. 0.17

— — 2e choix, — 0.16

Chape en mortier n° 2, composé de 1 de chaux ou ciment et 3 de sable au mètre superficiel.

	CHAUX					CIMENT						
	A	B	C	D	E	F	G	H	I	J	K	L
Épaisseur 0^{m}03	1.30	1.30	1.35	2.05	2.40	1.70	1.90	2.20	2.55	2.75	3.20	2.35
Chaque centimètre en plus ou en moins	0.30	0.30	0.35	0.60	0.70	0.45	0.50	0.60	0.75	0.80	0.85	0.68

Ciment métallique pesant au moins 2 kil. 500 par décimètre cube.

Garnissage en ciment métallique pour raccords de pierre, scellements en saillies masses de moulures, compris enduits des faces, au mètre cube, les premiers décimètres en épaisseur ; l'un	2.00
les décimètres en plus par parties au-dessus de 0m 08 d'épaisseur	1.75
Enduit au mètre superficiel de 0m 001 d'épaisseur ; le mètre superficiel	2.60
pour chaque 0m 001 en plus —	2.00
Bouchement de trous sur pierres coquilleuses ; parties unies —	3.00
sur parties moulurées développées au cordeau —	4.50
Enduit de 0m 03 à 0m 12 de largeur et 0m 01 d'épaisseur ; le mètre linéaire	1.00
chaque 0m 001 en plus —	0.20
Taille de moulures comptée suivant le mode de métré de la pierre de taille ; le prix de la taille unité est de	5.00
Joints. Unis comprenant dégradation préalable ; le mètre linéaire	0.80
Raccords ou bouchements de trous. Raccord d'enduit. *Unis la pièce*	0.50
Moulurés, moitié en plus.	

Dallage au mètre superficiel.	De 0.05 d'épaisseur	Chaque 0.01 en plus
En ciment à prise lente, pesant 1.100 k. le mètre cube	1.55	0.55
— — — 1.200 k. —	1.95	0.70
— à prise très lente { de Grenoble et de Valbonnais	5.30	0.71
— à prise très lente { de Vicat artificiel	5.60	0.73
— de laitier	1.40	0.56

Dallage en dalles portatives en ciment de Portland ; le mètre superficiel.	De 0.08 d'épaisseur	Chaque 0.01 en plus
A prise lente, pesant plus de 1.200 kil. le mètre cube	12.00	1.00
A prise très lente { de Vicat	13.50	1.15
A prise très lente { de la Porte-de-France et de Valbonnais	12.45	1.05
A prise lente de laitier	11.75	0.98

Dallage en asphalte pour écuries.

De 0m 03 d'épaisseur en deux coulées compris enduit en mortier et cannelures spéciales ; le mètre superficiel 14.00

Dallages en pierre au mètre superficiel.

Les dalles ayant 0m 10 au plus d'épaisseur, les prix varient suivant les provenances ; de 21.00 à 18.00
Chaque centimètre en moins est l'objet d'une moins-value qui varie de . . . . . 0.85 à 2.65

Le prix des dalles comprend tout ce qui est indiqué aux prix de pierre de taille neuve au mètre cube, les parements, lits et joints et la pose sur une arase de $0^m 03$ en mortier A, n° 2, en plâtre.

Démolition au mètre cube.	EN PLATRAS	EN MOELLONS	EN MEULIÈRES briques ou béton
De massif, mur de clôture, mur en fondation, voûte, jusqu'à $0^m 80$ d'épaisseur, compris triage et rangement des matériaux — sans descente ni montage des matériaux...	1.25	2.10	2.90
Avec montage ou descente des matériaux par jets ou coulisses...	1.85	2.50	3.20
Pour *reprise ou percement* avec montage ou descente des gravois...	2.15	3.20	3.90
De mur, voûte ou radier de fosse (matières infectées)...	»	5.55	5.80

Plus-value pour murs hourdés en ciment... 1.75
Pour murs de plus de $0^m 80$, les prix ci-dessus sont réduits aux 3/4.
Ils seront doublés pour démolition entièrement au coin et au ciseau.
Pour les démolitions de murs entiers pouvant se faire par sape, abatage, tranchée ou renversement de murs et ne comportant ni montage, ni descente, on appliquera, pour toute espèce de matériaux, le prix unique de... 1.35
De *légers ouvrages en plâtre*, tout compris ; le mètre cube... 3.15
Emmétrage de meulière, moellons ou plâtre, non fournis... 0.80

Enduit ordinaire en mortier n° 3, au mètre superficiel.

	MORTIER DE CHAUX					MORTIERS DE CIMENT						
Sur :	A	B	C	D	E	F	G	H	I	J	K	L
Moellon ou brique neufs...	1.30	1.35	1.35	1.75	1.95	1.60	1.70	1.95	2.15	2.30	2.60	2.05
id. vieux..	2.00	2.00	2.00	2.95	3.05	2.40	2.55	2.90	3.25	3.40	3.85	3.05
Meulière neuve...	1.65	1.70	1.70	2.30	2.50	2.00	2.15	2.40	2.70	2.85	3.25	2.55
id. vieille...	2.30	2.35	2.35	3.30	3.50	2.80	3.00	3.40	3.75	4.00	4.50	3.55
Plus-value pour enduit de fosse de $0^m 03$...	1.20	1.20	1.20	1.85	1.85	1.45	1.55	1.80	2.05	2.15	2.45	1.90
Plus-value pour chaque cent. au-dessus de $0^m 02$...	0.35	0.35	0.35	0.55	0.55	0.40	0.45	0.50	0.60	0.65	0.75	0.55

Enduit en ciment Portland formant dallage d'écurie :

De $0^m 10$ compris $0^m 08$ de béton et toutes plus-values ; le mètre superficiel... 9.25

Enduit tyrolien, jeté au balai, trois couches, avec crépi, compris garnissage des joints en mortier et échafauds volants.

	SUR MOELLONS OU BRIQUES NEUFS	SUR MEULIÈRE NEUVE
1° En mortier de chaux C et sable de rivière tamisé......	2.75	3.00
2° — ciment de Porland —	5.25	6.10

Sur vieux murs, les enduits sont exécutés aux mêmes prix, mais tous les travaux accessoires sont payés à part suivant les évaluations portées aux légers ouvrages.

Des plus-values sont attribuées pour les parties courbes, pour arêtes, pour coloration de l'enduit, et pour dessin d'appareil de pierre.

Jointoiement en mortier n° 4, compris dégradation préalable et garnissage des joints au mètre superficiel.

		CHAUX HYDRAULIQUE					CIMENT						
		A	B	C	D	E	F	G	H	I	J	K	L
Moellon	neuf...............	0.55	0.60	0.60	0.90	0.95	0.75	0.85	1.00	1.20	1.30	1.50	1.10
	vieux..............	1.15	1.15	1.20	1.55	1.65	1.45	1.60	1.80	2.10	2.20	2.55	1.95
Meulière	neuve..............	0.85	0.85	0.90	1.20	1.25	1.10	1.15	1.35	1.55	1.65	1.90	1.45
	vieille.............	1.40	1.45	1.50	1.90	2.00	1.80	1.95	2.10	2.50	2.70	3.05	2.30
Brique..	neuve..............	1.60	1.60	1.70	2.20	2.25	2.05	2.20	2.50	2.85	3.00	3.45	2.70
	vieille.............	2.05	2.10	2.15	2.70	2.85	2.60	2.80	3.20	3.60	3.85	4.35	3.40

Plus-values pour joints lissés au fer ou tirés au crochet et noircis. { sur moellons 0.20
{ sur briques 0.40

Plus-value pour joints saillants sur *opus incertum*.................................. 1.00

LÉGERS OUVRAGES EN PLATRE AU SAS

La *cloison légère* de 0m08 d'épaisseur prise *pour unité de légers*......................... 4.00

Cette cloison se divise dans les évaluations ci-après comme suit :		
	Hourdis	0m 33 × 4 fr. = 1 fr. 320
	2 lattis, chaque 0.085	0m 17 × 4 fr. = 0 fr. 680
	2 enduits, chaque 0.025	0m 50 × 4 fr. = 2 fr.
	Ensemble	1m 00 × 4 fr. = 4 fr.

Pour obtenir le prix, en argent, du mètre superficiel de chacun de ces ouvrages évalués en légers, il suffit de multiplier l'évaluation par 4 fr., prix de l'unité.

Exemple : L'aire en plâtre vaut 0m 25 de légers à 4 fr., soit 1 fr.
L'auget ordinaire vaut 0m 42 de légers à 4 fr., soit 1 fr. 68.
L'auget cintré vaut 0m 50 de légers à 4 fr., soit 2 fr.

Toutes les évaluations ci-dessous s'appliquent à chaque mètre superficiel de l'ouvrage indiqué.

Tous les travaux en réparations (légers ou autres), faits sur comble ou échafaudage volant, seront payés 15 0/0 en plus, non compris l'échafaudage.

Dans les prix et évaluations des légers sont compris les nettoyages et descentes des gravois.

ÉVALUATIONS EN LÉGERS

Aire en plâtre de 0m 03 d'épaisseur	non compris bardeaux	0.25
	avec bardeaux	0.50
	avec bardeaux BPY de 0m 33 × 0m 33 et 0m 045 posés avec garnissage en plâtre	0.50
	chaque centimètre en plus ou en moins	0.65
Auget ordinaire	ayant au moins 0m 02 d'épaisseur au fond, non compris lattis	0.42
	Cintré en gorge ayant au moins 0m03 d'épaisseur au fond	0.50
	En sous-œuvre plus-value sur les évaluations ci-dessus.	0.05

Il ne sera admis d'augets cintrés qu'autant que leur exécution aura fait l'objet d'un ordre spécial et par écrit.

Cendrier de fourneau de cuisine	1.50
Cloison de 0m 08 d'épaisseur, légère, avec hourdis plein, 2 lattis ; les lattes espacées de 0m 10 d'axe en axe et 2 enduits de plâtre au sas	1.00
Cloison, id., mais enduite de plâtre au panier	0.92

Nota. — Pour cloison montée avant la pose du parquet ou carrelage, il y a lieu d'ajouter 0m 05 de hauteur en plus de la partie vue, pour le hourdis caché

Cloison	en carreaux de plâtre enduit des deux faces	1.00
	en carreaux de plâtre jointoyés seulement sur les 2 faces.	0.75
	en carreaux de plâtre, les carreaux non fournis, pour pose et jointoiement sur les deux faces	0.35
Crépi plein, compris gobetage sur briques, moellons et meulières	sur mur neuf	0.17
	sur mur vieux compris hachement de l'ancien crépi ou enduit	0.25
	moucheté au balais	0.30
	renformis derrière tuyaux de cheminée de chute et autre par chaque centimètre d'épaisseur	0.07
	renformis sur tuyaux de fumée pour atteindre l'épaisseur réglementaire en plus de l'enduit par chaque centimètre d'épaisseur	0.07

Enduit en plâtre au panier, compris crépi et gobetage de $0^{m}01$ à $0^{m}02$ d'épaisseur	sur partie neuve au-dessus de $0^{m}35$ de large..........	0.21
	sur partie vieille au-dessus de $0^{m}35$, compris hachement de l'ancien crépi ou enduit........................	0.29

Enduit en plâtre au sas, compris crépi et gobetage de $0^{m}01$ à $0^{m}02$ d'épaisseur sur moellons, briques, pans de bois, etc.

de $0^{m}35$ de largeur et au-dessous	sur embrasure, champ, saillie	sur partie neuve...........	0.33
		sur partie vieille, compris hachement de l'ancien crépi ou enduit...............	0.41

au-dessus de $0^{m}35$ de largeur	sur partie neuve...................................	0.25
	sur partie vieille compris hachement de l'ancien crépi ou enduit..	0.33
	sur plafonds et lambris neufs en bois ou en fer.........	0.50
	sur plafonds et lambris vieux en bois ou en fer, compris hachement de l'ancien enduit......................	0.58
Plus-value sur les évaluations ci-dessus	pour tous crépis ou enduits en plâtre au panier ou au sas, sur meulière....................................	0.08
	circulaire à simple courbure sur mur cloison de........	0.05
	sur plafonds et lambris en bois ou en fer..............	0.075
	circulaire à double courbure sur mur cloison, etc......	0.15
	sur plafond et lambris............................	0.25
Entrevous, enduit en plâtre	entre solives en bois, mesuré sans déduction des bois compris nus....................................	0.33
	entre solives en fer mesuré sans déduction des fers compris nus...	0.60
Hourdis plein en plâtre et plâtras fournis	pour cloison de $0^{m}08$ d'épaisseur....................	0.33
	par chaque centimètre d'épaisseur en plus.............	0.05
	pour pan de bois de $0^{m}16$ à $0^{m}20$.................	0.50
	par chaque centimètre d'épaisseur en plus de $0^{m}20$.. ..	0.05

A la hauteur vue, il sera ajouté $0^{m}05$ pour évaluation du hourdis de la partie cachée.

En plâtre fourni, et plâtras non fournis	pour cloison de $0^{m}08$ à $0^{m}16$ d'épaisseur.............	0.27
	par chaque centimètre d'épaisseur en plus de $0^{m}16$....	0.03
	pour pan de bois de $0^{m}16$ à $0^{m}20$.....................	0.32
	par chaque centimètre d'épaisseur en plus de $0^{m}20$....	0.03
Pour planches et voûtes en bois et en fer compris façon en augets cintrés sur le dessus et cintrage en planches dessous, *en plâtre et plâtras fournis*	de $0^{m}12$ d'épaisseur pour planchers et voûtes en bois mesuré sans déduction des bois et suivant la nature des solives..	0.60
	par chaque centimètre d'épaisseur en plus ou moins....	0.045
	de $0^{m}08$ d'épaisseur pour planchers et voûtes en fer, mesuré sans déduction des fers et suivant la hauteur réduite entre solives...........................	0.55
	par chaque centimètre d'épaisseur en plus ou moins....	0.45

En plâtras non fournis et plâtre	de 0 m 12 d'épaisseur pour planchers, voûtes en bois, mesuré sans déduction des bois et suivant la hauteur réduite entre les solives........................	0.50
	par chaque centimètre d'épaisseur en plus ou moins de 0 m 08 d'épaisseur pour planchers et voûtes en fer, mesuré sans déduction des fers et suivant la hauteur réduite entre solives............................	0.50

Les hourdis en plâtras posés à sec seront comptés à 1/2 des évaluations ci-dessus.
Les plâtras contaminés par la suie seront refusés et devront être enlevés.
Pour tout hourdis de plancher, les cintres sont compris dans l'évaluation.

Jointoiement et crépi apparent	sur mur neuf compris dégradation nécessaire des joints.	0.125
	sur mur vieux — — —	0.17
	sur brique neuve ou vieille compris dégradation nécessaire des joints................................	0.17
Lambourdes	scellées avec tranchées dans l'aire..................	0.17
	élevées et scellées sur l'aire avec solin droit ou cintré de chaque côté..................................	0.33
	élevées et scellées sur petits murs avec solin droit ou cintré de chaque côté et chaîne en travers espacées de 0 m 80 au plus avec écartement minimum de 0 m 45 d'axe en axe ou 2 m 25 linéaires comme à la menuiserie.....	0.42

Une plus grande quantité de lambourdes donnera lieu à une plus-value proportionnelle.

Pour les scellements de plus de 0 m 15, jusqu'à 0 m 25 de hauteur, il sera alloué pour chaque centimètre en plus.. 0.01

Languettes cintrées	de 0 m 06 d'épaisseur pigeonnée et ravalée des deux côtés, intérieur et extérieur..............................	0.85
	de 0 m 06 d'épaisseur, ravalée d'un seul côté............	0.60
	pour chaque centimètre en moins de 0 m 06 d'épaisseur il sera diminué..................................	0.125
Lardis de clous à bateau	sans fourniture de clous...........................	0.05
	avec fourniture de clous, même espacement proportionnel qu'aux évaluations au mètre linéaire............	0.10
Lattis espacés de 0 m 10 d'axe en axe, en cœur de chêne et cloué	pour cloison, pan de bois, plafond..................	0.085
	jointif, non cloué pour aire.........................	0.25
	cloué avec pattes en travers pour aire...............	0.33
	cloué avec pattes en travers pour cloison, pan de bois et plafond..	0.45
	lattis ou bardeaux vieux non fournis pour aire, montage et pose...	0.05
Paillasse	de fourneau de cuisine sans déduction des vides.....	0.40

Plaque de fonte de contre-cœur : pour pose, coulis, solins et scellements de pattes	jusqu'à 0^{m}50 de surface	0.45
	au-dessus de 0^{m}50 de surface	0.33
Recouvrement en plâtre : de cloison, pan de bois et lambris	avec lattis espacés de 0^{m}10 de milieu en milieu	0.33
	avec lattis jointif	0.75
	avec lattis espacés et augets ordinaires	1.00
	avec lattis jointif	1.00
	de plafond rampant d'escalier, compris lattis	1.00

Nota. — L'évaluation de 1^{m}00 comprend la plus-value de circulaire ou de courbure pour les plafonds rampants.

Recouvrement de boisseaux ronds ou rectangulaires pour tuyaux adossés y compris garnissage des angles 0.33

ÉVALUATIONS AU MÈTRE LINÉAIRE

Pour obtenir le prix en argent du mètre linéaire de chacun des ouvrages évalués en légers il suffit de multiplier l'évaluation par le prix de l'unité de légers, 4 francs.

Arête	droite	0.65
	arrondie	0.06

Les arêtes sur les languettes pigeonnées sont comprises dans l'évaluation des languettes.

Bandeau ou champ saillant entourant des panneaux compris arête et épaisseur	jusqu'à 0^{m}15 de hauteur ou largeur, crépi moucheté		0.15
	— — enduit en plâtre au sas		0.20
	pour chaque centimètre de hauteur en plus		0.01
Capucine simple en plâtre			0.25
Crevasse hachée en queue d'aronde, bouchée en plâtre	jusqu'à 0^{m}12 de largeur	En mur, pan de bois, cloison	0.05
		en plafond ou en ravalement	0.08
		à la corde à nœud	0.15

Descellement au pourtour des bâtis, huisseries, dormant des croisées et pour réfection des solins 0.15

Entaille et scellement en moellons et plâtras, jusqu'à 0^{m}05 inclusivement de largeur et de profondeur, ou l'équivalent; chaque centimètre en plus de largeur ou de profondeur, 1/10 en plus. Le scellement seul, la moitié des évaluations ci-dessus 0.08

Feuillure en plâtre 0.10

Joints tirés au crochet sur enduits 0.03

Lardis de clous sur deux rives (espacement de 0^{m}10) sans fourniture de clous 0.015

Moulure traînée au calibre sur ravalement neuf ou vieux.	chaque face plane jusqu'à 0^{m}10 de large	0.75
	chaque face courbe ou mixtiligne jusqu'à 0^{m}10 de largeur	0.15
Faite à la main pour ouvrages en raccords quelle qu'en soit la longueur, moitié en plus, soit	chaque face plane jusqu'à 0^{m}05 de largeur	0.075
	chaque face courbe ou mixtiligne jusqu'à 0^{m}10 de largeur	0.15

Au-dessus de ces dimensions chaque face plane ou moulure courbe sera comptée à l'entier de légers, pour son développement réel, si elle est traînée au calibre et moitié en plus si elle est faite à la main.

Toutefois lorsque dans les corniches, frises, tables renforcées ou saillantes, champs ou bandeaux unis, réservés entre deux profils, la largeur de la partie plane dépassera 0m20, l'excédent sera réduit à moitié, compris renformis.

Pour les moulures faites en raccord, ne dépassant pas 1m50 en longueur, lorsque l'entrepreneur fournira un calibre, celui-ci lui sera payé, mais les moulures lui seront comptées comme traînées au calibre.

Dans les travaux neufs les calibres sont au compte du maçon.

Le mesurage de toutes les moulures sera fait en longueur au milieu de leur saillie.

Il ne sera point compté de saillie jusqu'à 0m16; au delà, elles seront comptées pour leur valeur réelle en moellons, briques ou plâtres.

Les dégagements entre moulures pour former noirs, ainsi que les aplanissements des arêtes aiguës ne seront point comptés comme moulures s'ils n'excèdent pas 0m005.

Sur murs, il ne sera payé aucun enduit à l'emplacement occupé par les moulures.

Sur plafonds, la valeur de l'enduit, dans la surface occupée par les moulures, sera réduite à 1/2.

Les angles retournés sur surfaces verticales ou horizontales seront ajoutés à la longueur des moulures	celui saillant, pour	0.15
	celui rentrant, pour	0.20
	les amortissements, pour	0.05
Les angles formés par la rencontre d'une partie droite avec une partie circulaire seront comptés	celui saillant, pour	0.20
	celui rentrant, pour	0.35
Les angles formés par la rencontre de deux parties circulaires seront comptés	celui saillant, pour	0.30
	celui rentrant, pour	0.40
La moulure courant circulairement soit sur un plan droit, soit sur une surface circulaire ou elliptique, sera évaluée 1/3 de plus de *celle droite*		1.33
Celle sur surface à double courbure sera évaluée en double de son développement		2.50
Pour l'emploi du plâtre, passé au tamis de soie dans l'exécution des moulures, le produit en légers sera, s'il a été prescrit par ordre spécial et écrit, multiplié par		1.10
Naissance	de 0m12 à 0m20 de largeur	0.08
	de 0m21 à 0m30 de largeur	0.10
	de 0m31 à 0m35 de largeur	0.20

Au-dessus, les parties d'enduit seront comptées en surface.

Pot dit tuyau à ventouse, en terre cuite, de 0^m32 de hauteur, fourni et posé

	De 0.11	De 0.13	De 0.16	De 0.19	De 0.22	De 0.25
Posé nu	0.40	0.50	0.55	0.65	0.75	0.85
Avec chemise en plâtre de 0^m03 d'épaisseur	0.70	0.80	0.90	1.00	1.20	1.30
Avec collets en mastic et chemise en plâtre	0.80	0.90	1.05	1.15	1.40	1.55

Pot dit tuyau anglais, en terre cuite, de 0^m32 de haut, fourni et posé

	De 0.27	De 0.30	De 0.32
Posé nu	1.00	1.20	1.45
Avec chemise en plâtre de 0^m03 d'épaisseur	1.50	1.75	2.05
Avec collets en mastic et chemise en plâtre	1.75	2.05	2.35

Rejointement sur vieille construction en pierres, compris dégradation des joints........... 0.05

Solin ou calfeutrement
- au pourtour des dormants de croisés, de planchers en menuiserie, collets de marche, etc................ 0.05
- de mangeoires, tuyaux de descente.................. 0.10
- d'auvent et autres semblables...................... 0.20

Pour les solins faits en ciment il sera alloué 1/4 en plus.

Tranchée
- Biaise sur moellon, meulière ou brique pour former sommier devant recevoir un arc ou une voûte....... 0.10
- pour un arc entre dosserets, chaque tranchée.......... 0.05
- et scellement en moellons ou plâtre, jusqu'à 0^m10 à l'équerre.................................. 0.10

Chaque centimètre en plus, à l'équerre 1/10 en plus.
Le scellement seul, 1/2 des évaluations ci-dessus.

Tuyau en fonte, compris pose trous et scellements de brides et crochets en moellon, brique et pierre tendre
- pour chutes et autres de plus de 0^m11 de diamètre posé nu.. 0.30
- avec chemise en plâtre de 0^m03 d'épaisseur............ 0.80
- pour ventouse ou descente d'eau de 0^m11 de diamètre au plus...
- posé nu.. 0.25
- avec chemise en plâtre de 0^m03 d'épaisseur minimum... 0.60

ÉVALUATIONS A LA PIÈCE

Chambranle de cheminée à la capucine et à moellons pour pose, compris trous et scellements de pattes
- sans foyer............. 0.60
- avec foyer............. 0.75

Planche, *gorge* ou *manteau* sous les tablettes de cheminées............................ 0.40

Poissonnière, pour pose et scellement		0.20
Réchaud, pour pose et scellement		0.15
Réchaud économique, pour pose, compris rétrécissements et ventouse		0.50
Soupirail (façon de), évaluation comprenant l'ouverture en glacis, les talus, le pâté pour cintre, etc. ; le vide du soupirail non déduit		1.00
Siège d'aisance à effet d'eau et à bascule, pour pose, compris massif et solins		0.50
Scellement	pot de siège ordinaire, compris massif et solins	0.30
	d'un pied de bâtis	0.05
	et pose d'un boulon d'écartement	0.10
	d'un croissant de cheminée	0.10
	d'une lambourde pour seuil ou frise de parquet	0.05
	en ciment romain 1/2 en plus du scellement en plâtre	
Trous compris scellement	d'ancres, chaînes, tirants en moellons ou plâtras ; le mètre linéaire	1.10
	jusqu'à 0m32 de côté et par centimètre de profondeur	
	en moellons ou plâtras ; à la pièce	0.01
	en meulière ou béton ; à la pièce	0.015
En pierre	trou suivant le métrage indiqué aux évaluations de taille ; à la pièce	
	scellement par centimètre de profondeur	0.005
En briques	trou suivant le métrage indiqué aux évaluations de taille (à la pièce)	
	scellement par centimètre de profondeur	0.005

Au-dessus de 0m32 de côté les trous seront comptés en refouillement suivant la nature des matériaux. Les scellements seront payés au prix du mètre cube (en reprise), de la matière employée pour les effectuer, et sans déduction de l'emplacement des pièces scellées.

Les trous et scellements ne seront accordés en travaux neufs que pour les pièces de bois et de fer, qui n'auront pu être posées ou dont les trous n'auront pu être ménagés en montant la construction.

Liège aggloméré, en briques, de 0m06 × 0m11 × 0m22, le mètre superficiel.	0m06	0m11	0m22
Pour cloisons	5.20	11.20	21.35
Pour voûtes et planchers	6.45	11.70	22.30

En carreaux pour hourdis de cloisons, suivant dimensions	1.80 à 6.60
N° 0 pour hourdis de planchers, compris façon en augets et cintrage au-dessous de 0m10 d'épaisseur	5.00
Chaque centimètre d'épaisseur en plus	0.40
Aire en plâtre cintrée avec solin sur le dessus	0.70

Mitre. Mitron et Lanterne à la pièce, compris garnissage et solins intérieurs.

Mitre en terre cuite ou grès.. 2.00
Mitrons ronds, suivant diamètres.. 1.06 à 2.00
Mitrons carrés, suivant dimensions.. 2.62 à 1.69
Lanternes, suivant diamètres.. 2.75 à 1.77

		Fourni	Non-fourni
Meulière au mètre cube, hourdée en plâtre ou en mortier A, n° 2	Pour mur en fondation de soubassement, de soutènement, de cave, jusqu'au niveau du plancher du rez-de-chaussée, ou de l'extrados des voûtes jusqu'à 1 mètre d'épaisseur; pour mur de clôture ordinaire jusqu'à $0^{m}80$ d'épaisseur...	28.25	13.90
	pour mur en élévation à 10 mètres réduits de hauteur, et jusqu'à $0^{m}80$ d'épaisseur.......	29.60	15.30
	pour voûte en berceau et en ogive, compris le scellement et le descellement des cintres....	30.80	16.55

Moins-value — Les prix des murs en fondation de plus de 1 mètre d'épaisseur et les prix des murs en élévation de plus de $0^{m}80$ d'épaisseur seront diminués de 6 0/0.

Plus-value — Il sera alloué pour toute construction à 2 parements élevés entre 2 lignes et de moins de $0^{m}40$ d'épaisseur une plus-value en meulière fournie de................ 1.10
en meulière non fournie de........................ 0.90

La plus-value de faible épaisseur ne s'appliquera pas aux petits murs sous les lambourdes ni aux allèges de croisées.

Plus-value. Opus incertum — Il sera alloué par mètre cube de meulière apparente posée en opus incertum une plus-value de.......... 3.20

On calculera le cube de meulière employée pour ce travail en comptant une épaisseur maxima de $0^{m}25$.

Plus-value pour emploi dans le hourdis de :

MORTIER N° 2											MORTIER N° 1			
AVEC CHAUX EN POUDRE				AVEC CIMENT							AVEC CIMENT			
B	C	D	E	F	G	H	I	J	K	L	I	J	K	L
0.22	0.35	4.35	7.65	3.60	4.60	6.80	9.40	10.75	14.00	8.10	4.90	5.70	7.65	4.40

	Fourni	Non-fourni
Meulière (à la pièce) lancée, compris fouillement hourdis et pose	0.90	0.65
Moellon, au mètre cube, hourdé en plâtre ou en mortier A, n° 2 — pour massif	22.60	0.65
pour mur en fondation, de soubassement de soutènement, de cave jusqu'au niveau du plancher du rez-de-chaussée ou de l'extrados des voûtes jusqu'à 1m 00 d'épaisseur; pour mur de clôture ordinaire jusqu'à 0m 80 d'épaisseur	28.15	12.75
pour mur en élévation à 10 mètres de hauteur et jusqu'à 0m 80 d'épaisseur	29.55	14.45
pour voûte en berceau et en ogive, compris le scellement et le descellement des cintres	30.80	14.70

Moins-values. Les prix des murs en fondation de plus de 1 mètre d'épaisseur et les prix des murs en élévation de plus de 0m 80 d'épaisseur seront dimimués de 6 0/0.

L'emploi du moellon de qualité inférieure, Issy ou Vaugirard, donnera lieu à une moins-value de 2.00

L'emploi de vieux moellons fourni donnera lieu à une moins-value de 4.00

Plus-value de faible épaisseur — Il sera alloué pour toute construction à 2 parements élevée entre 2 lignes et de moins de 0m 40 d'épaisseur, par (mètre cube) une plus-value pour moellon fourni de 1.10
pour moellon non fourni 0.90

La plus-value de faible épaisseur ne s'appliquera pas aux petits murs sous les lambourdes ni aux allèges des croisées.

Plus-value opus incertum — Il sera alloué par mètre cube de moellon posé en opus incertum une plus-value de 2.75

On calculera le cube de moellon employé à ce travail en comptant une épaisseur moyenne de 0m 20.

Plus-value pour emploi dans le hourdis de :

MORTIER N° 2											MORTIER N° 1			
AVEC CHAUX EN POUDRE				AVEC CIMENT							AVEC CIMENT			
B	C	D	E	F	G	H	I	J	K	L	I	J	K	L
0.14	0.23	2.90	5.90	2.40	3.05	4.50	6.25	7.20	9.35	5.85	3.25	3.80	5.10	2.95

Tous parements nus seront développés et mesurés.

		Souppe Châteaulandon Comblanchien	Dur de roche
Moellon pour maçonnerie parementée, fourni, posé, hourdé, en plâtre ou en mortier A, n° 2, compris plus-value de parement, au mètre superficiel, de 0m25 à 0m30 de queue.	avec parements smillés sans ciselures	20.50	20.50
	smillés entre ciselures non relevées au pourtour	27.10	22.50
	smillés entre ciselures relevées au pourtour	33.70	27.10
	à bossages sans ciselures	20.50	20.50
	à bossages avec ciselures non relevées au pourtour	27.10	22.50
	à bossages avec ciselures relevées au pourtour	33.70	27.10
	bouchardé à la 100 dents avec ciselures relevées au pourtour	35.90	28.20
	layé ou brettelé	42.50	31.50

Moellons ordinaires de 0m25 de queue, sur 0m25 de long, et 0m18 de haut.	dur de roche	13.90
	franc, dit traitable	13.10
	tendre	12.10
	de choix (lambourde blanche)	25.75

Dans le cas où il serait demandé un appareil réglé, il serait ajouté une plus-value de 1/10.

Parement piqué sur la meulière poreuse (Joints et lits piqués) neuve, fournie (le mètre superficiel), compris déchets 14.75

Parement sur moellon neuf, ordinaire en œuvre au mètre superficiel.	SMILLÉ sur moellon		PIQUÉ sur moellon		BOUCHARDÉ ou rustiqué sur moellon dur de roche	
	DUR DE ROCHE	FRANC	DUR ET FRANC	TENDRE	AVEC CISELURES	SANS CISELURES
	1.85	1.40	3.10	2.70	11.60	9.65

Mortier au mètre cube.			N° 1 composé d'une partie de ciment et cinq parties de sable de rivière	N° 2 composé d'une partie de chaux ou de ciment et de 3 parties de sable de rivière	N° 3 composé d'une partie de chaux ou de ciment et de 2 parties de sable de rivière	N° 4 composé d'une partie de chaux ou de ciment et d'une partie de sable de rivière
De chaux hydraulique en poudre	A	du Parc aux Princes de Tournay	»	17.10	19.30	20.85
	B	de Berry au Bac de Bougival	»	17.80	20.35	23.05
	C	de Beffes de Bondy d'Echoisy des Moulineaux de Mortcerf de Sénonches	»	18.25	20.85	25.45
	D	du Teil	»	31.25	39.70	42.00
	E	de Saint-Quentin	»	42.55	55.00	57.25
De ciments dits Romains ordinaires à prise rapide.	F	de Boulogne d'Argenteuil de Grenoble (Vicat)	»	29.00	34.85	41.20
De ciments dits de Vassy première qualité à prise rapide.	G	de Vassy de Pouilly de Frangey	»	32.30	39.40	50.87
De ciments dits de Portland à prise lente pesant plus de 1.100 kilos le mètre cube	H	de Bondy de la Porte-de-France du Teil	»	39.70	49.80	66.85
De ciments dits de Portland à prise lente pesant plus de 1.200 kilos le mètre cube.	I	de Boulogne de Desvres de Grenoble de Valbonnais de Voreppe de Vicat	33.40	48.40	62.85	84.55
De ciments dits de Porland à prise très lente pesant plus de 1.200 kilos le mètre cube.	J	de la Porte-de-France de Valbonnais	36.10	52.95	68.50	93.70
	K	de Vicat	42.50	63.75	83.10	115.45
De ciments dits de Portland de laitier à prise lente pesant environ 1.000 kilos le mètre cube.	L	de Donjeux de Saulnes de Vitry-le-François	31.85	45.80	55.47	75.20

A moins d'ordre spécial et d'attachement indiquant et constatant la nature et l'emploi de chaux et de ciment il ne sera accordé que le prix du mortier A, n° 2

Plus-value de jointoiement sur parement piqué ou smillé de meulière ou moellon en mortier n° 4.

AVEC CHAUX					AVEC CIMENT						
A	B	C	D	E	F	G	H	I	J	K	L
0.80	0.85	0.90	1.10	1.25	1.10	1.20	1.40	1.60	1.70	2.00	1.50

PIERRE DE TAILLE NEUVE AU MÈTRE CUBE

Pour assises courantes, appuis, seuils, marches, piles isolées, colonnes, tablettes, parpaings, dalles au-dessus de 0^m 10 d'épaisseur, de toutes formes droites ou circulaires.

Les prix de pierres comprennent :

La *fourniture*, le transport au chantier et l'octroi (prix payé par l'entrepreneur) ;

Le *transport* au bâtiment ou au chantier de taille ;

La *taille des lits et joints* et les sciages perdus ;

La *main-d'œuvre* nécessaire pour donner à la pierre la forme indiquée par l'appareil et par l'épannelage ;

La *sortie des rangs et le bardage* jusqu'à 100 mètres pour mener la pierre à pied d'œuvre ;

Le *roulage*, la pose par tous moyens ;

Le *fichage* au plâtre ou au mortier de chaux A, n° 2 ;

L'*enlèvement des déchets* ;

L'*établissement des échafauds* nécessaires à leur descente ou à leur élévation ;

Les pierres sont mesurées par équarrissement sans aucune plus-value pour tous évidements dont l'exécution aura pu être faite avant la pose, mais avec compensation de l'entier de taille à accorder au parement qui résulte de ces évidements.

Le volume est obtenu en inscrivant la pierre dans le plus petit parallélipipède rec tangle possible ; le mesurage est fait sur les dimensions prescrites, après ravalement.

Les pierres superposées sont mesurées y compris l'épaisseur des joints ; dans aucun cas, la distance des joints ne peut être moindre que 0^{m} 16.

Les excédents de pierre laissés sur des faces ne comportant pas de parement, comme des libages, ne sont pas comptés.

PIERRE EN BLOC

TAILLE	NOMS	PROVENANCES	DIMENSIONS	PRIX de RÈGLEMENT
N° 1 Pierres compactes susceptibles de poli, taille, 18 fr.	Chateau-Landon (roche).	Seine-et-Marne	jusqu'à 1,000 cube et ne dépassant pas 2,00 de longueur	174.75
	Corgoloin et Villard (liais) premier choix de comblanchien	Côte-d'Or	jusqu'à 0,500 cube et ne dépassant pas 2,00 de longueur	186.05
			de 0,500 à 1,000 cube et ne dépassant pas 2,00 de longueur	220.05
			de 1,000 à 2,000 cube et ne dépassant pas 2,000 de longueur	242.70
	Belvoye-Damparis, dite Saint-Ylie (roche)	Jura	toutes dimensions	169.15
N° 2 Pierres compactes susceptibles de poli, taille, 15 fr. 45.	Comblanchien et Villars (roche)	Côte-d'Or	n'excédant pas à 0,500 cube ou 2,00 de long	171.40
			de 0,500 à 1,000 cube et ne dépassant pas 2,00 de longueur	182.85
			de 1,010 à 2,000 cube ou 3,00 de longueur	188.60
	Gissey-sur-Ouche, roche dite de la garenne	Côte-d'Or	de 1,010 à 2,000 cube et 2,00 de longueur	177.15
	Hauteville (roche)	Ain	jusqu'à 1,500 en cube ou 2,50 de longueur	211.45
	Hydrequent	Pas-de-Calais	toutes dimensions	177.45
	Souppes (roche)	Seine-et-Marne	jusqu'à 2,00 en longueur et 0,80 en largeur	160.00
			jusqu'à 2,00 en longueur et 1,00 en largeur	171.40
	Villebois (roche)	Ain	jusqu'à 1,500 en cube ou 2,50 longueur.	171.45
			de 1,510 cube à 2,500 ou 3,500 et ne dépassant pas 2,50 de longueur	182.85

PIERRE EN BLOC (*suite*)

TAILLE	NOMS	PROVENANCES	DIMENSIONS	PRIX de RÈGLEMENT
N° 3 Roches et liais très durs, taille, 12 fr. 55.	Ancy le Franc roche jaune	Yonne	de 0,50 jusqu'à 0,80	196.05
			de 1,01 à 2,00 de longueur	209.80
			de 0,810 à 2,000 cube	218.95
	Ancy le Franc roche blanche	Yonne	de 0,500 à 0,800 cube	157.15
			de 1,01 à 2,00 de longueur	170.85
			de 1,010 à 2,000 en cube	191.35
	Échaillon blanc (liais) commune de Saint-Quentin	Isère	jusqu'à 1,500 en cube ou 2,50 en longueur	283.00
			jusqu'à 1,500 en cube ou 3,50 en longueur	311.90
			de 1,510 à 2,500 en cube ou 3,50 en surface	311.90
			jusqu'à 1,500 en cube et 5,00 en surface	352.75
			jusqu'à 4,50 en longueur et 5,00 en surface	386.95
	Grimault (liais)	Yonne	banc de 0,50 à 1,50	171.50
	Laverse (roche)	Aisne	banc de 0,75 à 1,00	158.30
	Vilhonneur (roche fine)	Charente	toutes dimensions	179.05
N° 4 Roches et liais durs, taille, 10 fr. 60.	Anstrudes, roche jaune	Yonne	banc de 0,30 à 0,80 le mètre cube	132.10
	Arrues (liais)	Châtillon (Seine)	de 0,55 à 0,70 de hauteur, le mètre cube	135.95
	Aumont	Oise	banc de 0,55 à 0,60 et 2,50 de longueur, le mètre cube	138.00
			de 2,51 à 4,00 de longueur, le mètre cube	149.90
	Bagneux (liais)	Seine	jusqu'à 0,50 de hauteur, le mètre cube.	149.90
	CarrièresSt-Denis (liais)	Seine-et-Oise	banc de 0,30 à 0,40, le mètre cube	143.95
	Chassignelles (liais).	Yonne	de 0,80 à 1,30, le mètre cube	132.10
	Clamart (liais)	Seine	banc de 0,20 à 2,40, le mètre cube	142.90
	Coulmiers (roche)	Côte-d'Or	banc de 1,00 à 1,50 —	126.15
	Damply (roche)	Seine-et-Oise	banc de 1,00 à 2,00 —	132.10
	Pierrechèvre (roche)	Côte-d'Or	banc de 1,00, à 1,50 —	126.15
	Puits (roche)	Côte-d'Or	banc de 1,00 à 1,50 —	126.15
	Savoisy (roche)	Côte-d'Or	banc de 1,00 à 1,50 —	126.15
	Semond (roche)	Côte-d'Or	banc de 1,00 à 1,50 —	126.15
	Verger (roche dure)	Nièvre	banc de 1,20 —	132.10
	Victoire (roche) Senlis	Oise	banc de 0,50 à 0,70 —	138.00
	Villers-Cotterets (roche)	Aisne	banc de 0,80 à 0,90 —	126.15

PIERRE EN BLOC (*suite*)

TAILLE	NOMS	PROVENANCES	DIMENSIONS	PRIX de RÈGLEMENT
N° 5 Roches et liais durs, taille, 9 fr. 65	Anstrudes (roche blanche)	Yonne	banc de 0,30 à 0,80 — ...	125.35
	D'Aubigny (roche)	Calvados	banc de 0,40 à 0,60 — ...	149.65
	Bagneux (roche)	Seine	jusqu'à 0,50 de hauteur — ...	125.35
	Béthisy Saint-Pierre (liais)	Oise	banc de 0,40 à 0,70 — ...	125.35
	Chatillon (roche)	Seine	banc de 0,40 à 0,50 — ...	125.35
	Chalvraines (roche)	Haute-Marne	banc de 0,15 à 0,40 — ...	119.35
	Clamart (roche)	Seine	banc de 0,70 — ...	125.35
			toutes dimensions — ...	139.75
	Euville roche	Meuse	jusqu'à 2,50 de longueur 1,20 de large le mètre cube..................	169.70
	Euville roche de choix		jusqu'à 2,50 de longueur 1,20 à 1,30 de largeur, le mètre cube..........	181.70
	Euville pour marbrier.		jusqu'à 2,50 de longueur, 1,30 à 2,00 de largeur, le mètre cube.........	215.25
	Garchy (demi-roche)	Nièvre	banc de 0,30 à 1,00, le mètre cube...	119.35
	Givrauval, Joli-Bois (liais)	Meuse	toutes dimensions — ...	131.35
	Larrys-du-Bief (liais)	Yonne	banc de 0,40 à 1,20 — ...	131.35
	Morley, Beffroi, Saint-Joire (liais)	Meuse	toutes dimensions — ...	131.35
	St Maximain roche Pajat dure ou roche fine dure	Oise	banc de 0,80 à 1,30 — ...	119.35
	Saint-Maximain (roche fine).	Oise	banc de 0,45 à 0,70 — ...	119.35
	Saint-Quentin (roche)	Oise	banc de 0,80 à 1,30 — ...	128.85
N° 6 Roches et liais 1/2 durs, taille, 7 fr. 70	Béthisy Saint-Pierre (roche 1/2 dure)	Oise	banc de 0,40 à 0,70 — ...	116.75
	Charentenay	Yonne	toutes dimensions — ...	116.75
	Chauvigny (roche dure)	Vienne	toutes dimensions — ...	140.95
	Courville (roche)	Marne	banc de 0,55 à 0,60 — ...	128.35
	Jonchery-sur-Vesle (roche)	Haute-Marne	banc de 0,25 à 0,35 — ...	128.35
	La Ferté-Milon (roche)	Aisne	banc de 0, 90 — ...	110.70

PIERRE EN BLOC (*suite*)

TAILLE	NOMS	PROVENANCES	DIMENSIONS	PRIX de RÈGLEMENT
N° 6 (suite). Roches et liais 1/2 durs, taille, 7 fr. 70	Lavoux { roche 1/2 dure jaune grenue	Vienne	toutes dimensions — ...	134.90
	Lavoux { roche 1/2 dure blanche fine	Vienne	toutes dimensions — ...	126.45
	Lerouville et Boncourt (roche)	Meuse	toutes dimensions — ...	116.75
	Malvaux (banc franc)	Nièvre	banc de 0,50 à 1,20 — ...	110.70
	Mécrin (roche)	Meuse	toutes dimensions — ...	124.80
	Mézangère (roche)	Meuse	toutes dimensions — ...	122.80
	Pargny	Aisne	banc de 0,50 à 0,90 — ...	122.80
	Ravières	Yonne	toutes dimensions — ...	116.75
	Saillancourt et Tessancourt (roche)	Seine-et-Oise	banc de 0,70 à 1,00 — ...	122.80
	Saint-Maximin (roche)	Oise	banc de 0,80 à 1,30 — ...	110.70
	Tercé (roche demi-dure)	Vienne	toutes dimensions — ...	122.80
	Vandeuil (roche)	Marne	banc de 0,50 à 0,60 — ...	122.80
	Villette (roche)	Haute-Marne	banc de 0,65 à 0,75 — ...	116.75
	Vitry (roche)	Seine	banc de 0,32 à 0,35 — ...	110.70
N° 7. Roche douce, banc franc, banc royal dur, taille, 4 fr. 85.	D'Allemagne (banc franc)	Calvados	banc de 0,60 à 1,20 — ...	88.85
	Bagneux (banc franc)	Seine	banc de 0,30 à 0,60 — ...	105.40
	Brauvilliers (banc franc)	Meuse	jusqu'à 1,00 de hauteur — ...	120.30
	Béthisy Saint-Pierre (roche dure)	Oise	banc de différentes hauteurs, le mètre cube	101.65
	Châtillon (banc franc)	Seine	banc de 0,30 à 0,60, le mètre cube...	101.65
	Chevillon (banc franc)	Haute-Marne	jusqu'à 1,00 de hauteur — ...	120.30
	Clamart (banc franc)	Seine	banc de 0,30 à 0,60 — ...	101.65
	Courson { banc franc	Yonne	toutes dimensions — ...	114.10
	Courson { banc royal	Yonne	toutes dimensions — ...	107.85
	La Ferté-Milon (roche douce)	Aisne	toutes dimensions — ...	101.65
	Gissey-sur-Ouche (banc franc dit de la Garenne)	Côte-d'Or	banc de 0,35 à 1,00 et 2,00 de longueur, le mètre cube..................	114.10
	L'Isle-Adam (banc franc)	Seine-et-Oise	banc de 0,40 à 1,00, le mètre cube...	91.70

PIERRE EN BLOC (*suite*)

TAILLE	NOMS	PROVENANCES	DIMENSIONS	PRIX de RÈGLEMENT
N° 7 (suite) Roche douce, banc franc royal dur, taille, 4 fr. 85.	Hameret (roche douce)	Aisne	banc de 0,60 à 1,00 le mètre cube.....	114.10
	Méry (banc royal dur)	Seine-et-Oise	banc de 0,35 à 1,00 — ...	104.10
	Migné-les-Lourdines Château-Gaillard	Vienne	toutes dimensions — ...	111.60
	Migné-les-Lourdines banc franc Planterie	Vienne	toutes dimensions — ...	107.85
	Morley (banc royal)	Meuse	toutes dimensions — ...	107.85
	Palotte (banc franc)	Yonne	banc de 0,80 à 1,40 — ...	99.20
	Quilly (banc franc)	Calvados	banc de 0,80 à 0,90 — ...	104.15
	St Maximin roche douce	Oise	banc de 0,35 à 0,65 — ...	91.70
	St Maximin libage ferré	Oise	banc de 0,35 à 0,65 ...	86.75
	Savonnière banc franc ordinaire	Meuse	jusqu'à 1,00 de hauteur — ...	111.60
	Savonnière banc franc fine,	Meuse	jusqu'à 1,00 de hauteur — ...	116.55
	Savonnière banc franc demi-fine	Meuse	jusqu'à 1,00 de hauteur — ...	124.05
	Villers Adam (banc franc)	Seine-et-Oise	banc de 0,35 à 1,50 — ...	105.40
	Vitry banc franc libage	Seine	banc de 0,30 à 0,60 — ...	76.80
	Vitry banc royal dur	Seine	banc de 0,38 — ...	91.70
	Vitry roche douce	Seine	banc de 0,50 à 0,70 — ...	91.70
	Vitry banc d'argent	Seine	banc de 0,25 à 0,30 — ...	101.65
N° 8 Banc royal franc, taille, 3 fr. 15.	Autrichis (banc royal)	Aisne	différentes hauteurs — ...	89.30
	Béthisy Saint-Pierre (banc royal)	Oise	de différentes hauteurs — ...	80.50
	Chancelade roche douce	Dordogne	banc de 0,80 à 1,50 — ...	102.75
	Conflans Sainte-Honorine (banc royal)	Seine-et-Oise	banc de 0,40 à 1,00 — ...	99.35
	Genainville (banc royal)	Seine-et-Oise	jusqu'à 1,00 de hauteur — ...	80.50
	Laigneville (banc royal)	Oise	banc de 0,50 à 1,30 — ...	86.80
	Marly-la-Ville	Seine-et-Oise	jusqu'à 1,30 de hauteur — ...	93.10
	Méry (banc royal) tendre	—	banc de 0,30 à 1,00 — ...	86.80
	Palotte (banc royal)	Yonne	toutes hauteurs — ...	93.10
	Parmain (commune de Jouy-le-Comte)	Seine-et-Oise	jusqu'à 1,00 de hauteur — ...	86.80
	Quilly (banc royal)	Calvados	banc de 0,60 — ...	101.85

PIERRE EN BLOC (*suite*)

TAILLE	NOMS	PROVENANCES	DIMENSIONS		PRIX de RÈGLEMENT
N° 8 (suite) Banc royal franc, taille, 3 fr. 15.	Rousseloy (banc royal)	Oise	toutes hauteurs,	le mètre cube...	86.80
	Saint-Leu (banc royal)	—	banc de 0,35 à 0,70	— ...	86.80
	Saint-Maximin (banc royal)	—	banc de 0,40 à 0,60	— ...	86.80
	Saint-Waast-lès-Mello (banc royal)	—	toutes hauteurs	— ...	86.80
	Vassens (banc royal)	Aisne	banc de 0,40 à 1,50	— ...	86.80
	Viersy (banc royal)	—	banc de 0,40 à 1,50	— ...	81.80
	Buisson Richard	Seine-et-Oise	jusqu'à 1,00 de hauteur	— ...	71.05
N° 9 Pierres tendres et vergelées, taille, 2 fr. 50	Carrières Saint-Denis (vergelé)	—	banc de 0,45 à 1,50	— ...	68.50
	Genainville (vergelé)	—	jusqu'à 1,00 de hauteur	— ...	71.05
	Laigneville (pierre tendre)	Oise	banc de 0,45 à 1,10	— ...	79.90
	Longpont	Aisne	banc de 0,45 à 1,10	— ...	73.60
	Neuilly-sous-Clermont	Oise	banc de 0,40 à 2,00	— ...	76.10
	Parmain (vergelé)	Seine-et-Oise	toutes hauteurs	— ...	79.90
	Roussoloy (vergelé)	Oise	—	— ...	76.10
	Ressous (vergelé)	Aisne	—	— ...	76.10
	Saint-Leu (pierre tendre)	Oise	banc de 0,35 à 0,70	— ...	76.10
	Saint-Maximin (vergelé)	—	banc de 0,35 à 0,70	— ...	76.10
	Saint-Waast-lès-Mello (vergelé)	—	toutes hauteurs	— ...	76.10
	Vassens (vergelé)	Aisne	banc de 0,40 à 1,50	— ...	76.10
	Vierzy (vergelé)	—	banc de 0,40 à 1,50	— ...	73.60

Plus-value pour fichage avec mortier n° 2 (sable tamisé).

AVEC CHAUX EN POUDRE				AVEC CIMENT						
B	C	D	E	F	G	H	I	J	K	L
0.14	0.16	0.85	1.40	0.70	0.85	1.25	1.70	1.90	2.45	1.45

Plus-value pour pose dans l'embarras des étais.......................... le mètre cube 4.50
— — dans l'embarras des étais, en reprise................. — 6.75

Plus-value pour pose en reprise par incrustement dans l'embarras des étais.

		NUMÉROS DE TAILLE							
		N° 1	N° 2	N° 3	N° 4	N° 5	N° 6	N° 7	N°s 8 et 9
1° De morceaux contigus		18.80	17.60	16.40	14.50	13.70	11.90	10.20	9.65
2° De morceaux isolés		30.20	26.70	23.70	20.45	19.00	17.50	14.55	12.60
Plus-value de taille	pour sommiers à une ou deux retombées	12.10	10.40	8.40	7.50	7.00	5.45	4.45	3.60
	pour voûtes et échelles	26.45	25.40	20.20	18.25	16.65	15.20	12.45	10.20
	par arcs extradossés	40.40	34.90	30.65	24.45	22.80	16.95	13.10	11.80
	pour sommiers portant au moins trois retombées	47.35	41.40	29.75	27.20	24.50	22.50	16.80	14.10
	pour crêtes de voûtes	62.65	57.20	17.25	34.95	31.45	27.75	17.90	16 80

Plâtras pour constructions de toutes épaisseurs hourdées en plâtre, au mètre cube	pour massif	17.00	10.45
	pour mur en fondation et de clôture	18.65	12.05
	pour mur en élévation et pour renformis	21.05	14.45
	pour voûte en berceau, arc, etc., compris scellement et descellement des cintres	21.35	14.80

Plâtre au sac	le sac, dit au panier	0.47
	le sac, au sas	0.52
Plus-value diverses sur les prix de construction en béton, meulière, moellon, plâtras ou brique, au mètre cube	dans l'embarras des étais ou étrésillons	1.10
	en surélévation, au-dessus de 4 mètres de hauteur, compris échafaud	1.45
	en reprise par arrachement	1.60
	par épaulées et par petites parties dans l'embarras des étais et avec cales en maçonneries	3.25

Les parties de construction appliquées sans arrachement au droit d'anciennes constructions telles que bouchements de baies ou autres ne seront pas comptées comme faites en reprises; on allouera seulement une plus-value de 0,05 en légers par mètre courant de développement de la jonction de la nouvelle construction avec l'ancienne.

De mur en moellon ou meulière	pour toute saillie en matériaux neufs, compris déchet	2.50
	en matériaux non fournis	1.95
De mur en moellon, plâtras, brique ou meulière	pour mur circulaire en plan de 4 mètres de diamètre et au-dessus	0.85
	de 3 m 99 de diamètre à 2 mètres	1.60
	au-dessous de 2.00 de diamètre	2.40

De mur circulaire	pour mur de puits jusqu'à 10 mètres de profondeur. La construction faite au fur et à mesure des fouilles et dans l'embarras des étais		6.95
	pour arcs de décharge compris pâtés ou cintres avec scellement ou descellement.	de 1m000 à 0m75..	3.65
		de 0m750 à 0m501..	6.95
		de 0m500 à 0m251.	10.50
		au-dessous de 0m250	14 00

De voûte en moellons, meulière ou brique pour voûtes sphérique ou d'arête, compris scellement et descellement des cintres. 8.70

Pot au globe de Vaugirard hourdé en plâtre, pour plancher de voûtes, compris cintrage ; au mètre superficiel.

de 0m06 de hauteur sur 0m16 de diamètre. 4.85
de 0m16 de hauteur sur 0m13 de diamètre en haut et 0m12 en bas. 7.50
de 0m14 de hauteur sur 0m13 de diamètre en haut et 0m11 — 7.95
de 0m11 de hauteur sur 0m11 de diamètre en haut et 0m10 — 8.50

Rocaillage au mètre superficiel, en mortier n° 4.

		AVEC CHAUX				
		A	B	C	D	E
Parement bien fait	*En plein*, compris dégradation des joints et jointoiement en meulière brûlée posée à bain de mortier.	3.90	4.00	4.10	4.70	5.25
	En joints, compris dégradation des joints et jointoiements en meulière concassée posée à bain de mortier sur mur et voûte en meulière.	1.45	1.50	1.50	1.75	2.05

		AVEC CIMENT						
		F	G	H	I	J	K	L
Parement bien fait	*En plein*, compris dégradation des joints et jointoiements en meulière brûlée posée à bain de mortier.	4.80	5.05	5.65	6.30	6.65	7.45	5.95
	En joints, compris dégradation des joints et jointoiements en meulière concassée posée à bain de mortier sur mur et voûte en meulière.	1.85	2.00	2.25	2.55	2.70	3.10	2.40

Taille de pierre neuve et vieille au mètre superficiel, prix des unités de taille, compris déchets de sciage ou de parements perdus.	pierre n° 1	18.00
	— n° 2	15.45
	— n° 3	12.55
	— n° 4	10.60
	— n° 5	9.65
	— n° 6	7.70
	— n° 7	4.85
	— n° 8	3.15
	— n° 9	2.50

Évaluations de taille de pierre au mètre cube

Abatage, Recoupement, Évidement, Refouillement avant la pose sur pierre non fournie ou fournie, mais dans ce dernier cas accidentellement et par changement.

		ÉVALUATION EN SURFACE DE TAILLE COMPRENANT LA TAILLE DES LITS ET JOINTS, LE RUSTIQUAGE OU DRESSEMENT DES FACES, OBTENUES PAR LES ABATAGES, RECOUPEMENTS, ÉVIDEMENTS, ETC.	
		Sur le chantier à pied d'œuvre	Sur le tas après le montage
Abatage et recoupement,	le mètre cube	5.00	5.50
Évidement entre deux côtés	id.	5.50	6.05
Refouillement à la pioche	id.	6.05	6.55
id. à la masse et au poinçon	id.	7.30	8.05

Ragrément avec passage au grès après refouillement pour cuillers, fonds d'éviers, auges et autres partie de pierre ne se reliant qu'indirectement à la construction. 0.10

Épannelage. Taille des premiers épannelages des moulures faites sur le chantier ou sur le tas avant la pose. Il sera alloué pour ce travail (en taille unité). 1.00

Cette évaluation pourra être diminuée. Elle sera payée suivant sa perfection.

L'évaluation de 1,00 de taille unité se rapporte à une taille layée ou à une taille faite à la boucharde à 100 dents avec arêtes bien dressées et ciselures relevées au pourtour.

Parement droit. — Taille à la boucharde à 100 dents avec arêtes bien dressées et ciselures au pourtour pour les trois premiers numéros de taille à l'exception du liais Grimault. Taille layée pour le liais Grimault et les nos 4, 5, 6, 7, 8, 9. . . . . 1.00

Moins-value sur les parements droits : taille rustiquée avec ciselures au pourtour. 0.20

Plus-value sur les parements droits	pour talus	0.10
	pour parements circulaires ou courbes	0.33
	à double courbure	1.00
	de galbe de colonne	0.50

Parement de sciage à la main
- pour les 3 premiers numéros de taille à l'exception du liais Grimault. 1.10
- pour le liais de Grimault et les nos 4, 5, 6, 7, 8, 9. . . . . . 1.00

Ragrément :

A LA RIPE			RECOUPEMENT DE BALÈVRES FROTTAGE AU GRÈS ET JOINTOIEMENT DE DALLES, PARPAINGS, ETC.
DES APPUIS, SEUILS, MARCHES, ETC.	AVEC FROTTAGE AU GRÈS ET JOINTOIEMENT SUR MURS NEUFS	AVEC FROTTAGE AU GRÈS ET JOINTOIEMENT SUR MURS VIEUX	
0m 08	0m 10	0m 20	0m 125

Ragrément à vif (dit *ravalement*) sur pierre, nos 1, 2, 3. — Pour les trois premiers nos de taille, à l'exception du liais de Grimault, l'opération du ravalement sera évaluée ainsi qu'il suit : 0m 10 de taille pour le passage successif d'une boucharde à l'autre et selon qu'il aura été fait usage de celles à 144, 196, 256, 324 ou 400 dents.

L'opération étant amenée à 400 dents, il sera alloué y compris l'égrisage ou préparation au poli évalué à 0,25. . . . . 0.75

Égrisage sur parement de sciage. 0.15

Plus-value sur ravalements
- surface courbe. 0.33
- surface à double courbure. 1.00
- galbe de colonne 0.50

Évaluations de taille de pierre (mesurage au mètre linéaire).

Gorge pour fonds d'éviers, d'auges ou dessus d'appui. 0.10
Ses gorges d'éviers ou d'auges ne seront jamais comptées comme moulures.

Trous d'ancre en battant le beurre par centimètre de profondeur. 0.01

Moulure sur pierre nos 1, 2 et 3, le liais Grimault excepté
- taille complète compris refouillement dans les premiers épannelages et taille sur le tas ou sur le chantier des derniers épannelages nécessaires pour le dégagement des moulures. Celles faites à la boucharde à 400 dents entre ciselures ou au ciseau, quand leur développement ne permet pas l'emploi de la boucharde. 2.00
- celles entièrement au ciseau avec égrisage et préparation au poli. 3.00

Moulures sur pierre nos 4, 5, 6, 7, 8, 9, et le liais de Grimault
- taille complète compris refouillement dans les premiers épannelages nécessaires et taille sur le tas des derniers épannelages pour le dégagement des moulures compris enfin ravalement ou ragrément au grès et jointoiement. 1.35
- pour les moulures qui ne seraient pas exécutées avec un très grand soin, la taille sera réduite à. 1.25

Mode de mesurage des moulures.

Les moulures ou corps de moulures seront mesurés suivant leur longueur réelle prise au milieu de la saillie, et il sera ajouté à cette longueur pour chaque :

Angle saillant ou rentrant 0.15
Amortissement 0.05
Moulure courant circulairement ; on comptera par mètre courant 1.33
Moulure sur surface à double courbure ; on comptera par mètre courant 2.00
Moulure taillée en plafond ; on comptera par mètre courant 1.40
Chaque moulure courbe jusqu'à 0,10 de développement ; on comptera par mètre courant 0.15
Chaque face plane entre moulures courbes jusqu'à 0,075 de largeur ; on comptera par mètre courant 0.075
Amortissement { d'une cannelure sur plan droit 0.06
Amortissement { d'une cannelure de forme sphérique 0.12

Évier	ANGLE INTÉRIEUR	ANGLE EXTÉRIEUR ET ARRONDI	ENTAILLE POUR PASSAGE DE TUYAUX	NERVURE POUR BORDURE
Taille	0.05	0.10	0.10	0.05

Oreillon. Évidement et entaille d'appui de croisée 0.12

Trou	D'AGRAFE ET DE GOUJON POUR DALLES	POUR GRAND BALCON	POUR GOUJON DE MONTANT
Taille	0.05	0.05	0.05

Jusqu'à 0m30 de côté les trous seront évalués 0m01 de taille unité par chaque centimètre de profondeur 0.01

Tube ou Bardeau en terre cuite pour planchers, voûtes, compris cintrage et hourdis en plâtre, longueur 0m 30.

Largeur	0.12	0.15	0.11	0.16	0.15
Épaisseur	0.10	0.07	0.11	0.08	0.045
Le mètre superficiel....	5.50	4.95	5.55	4.80	4.05

Wagon ordinaire pour tuyau dans l'épaisseur des murs droit ou dévoyé, hauteur 0m 16 (six au mètre), épaisseur des parois au minimum 0m 035, hourdé en plâtre et jointoyé à l'intérieur.

Épaisseur des murs ravalés	0.50	0.45	0.40	0.38	0.27
Dimensions intérieures	0.20 × 0.34	0.20 × 0.29	0.22 × 0.56	0.21 × 0.26	0.17 × 0.22
Le mètre linéaire	7.95	7.40	6.90	6.55	5.75

Wagon harpé se montrant à joints coupés de 0m 15 de haut chaque et 0m 05 d'épaisseur face extérieure. Même prix que pour le wagon ordinaire.

Les wagons de deuxième qualité (rive droite) seront dépréciés de 10 0/0.

Wagon solidaire pour tuyau dans l'épaisseur des murs, hauteur 0m 25 (quatre au mètre), épaisseur des parois 0m 06, hourdé en plâtre et jointoyé à l'intérieur.

Épaisseur des murs ravalés	0.50	0.45	0.40	0.38	0.30
Le mètre linéaire	7.80	7.20	6.60	6.40	5.70

CARRELAGE

Les prix de règlement comprennent :

1° Les déboursés pour la main-d'œuvre et les fournitures.

2° Les faux frais calculés sur la main-d'œuvre seulement à raison de 20 %.

3° Les bénéfices appliqués aux prix des fournitures, de la main-d'œuvre et des faux frais, et évalués à 10 0/0.

		PRIX PAYÉ par L'ENTREPRENEUR	PRIX de RÈGLEMENT
Heure de jour	de compagnon carreleur, compris outillage	0.80	1.05
	de garçon carreleur	0.55	0.72

Carrelage en carreaux ordinaires, au mètre superficiel.

Les prix de règlement comprennent :

1° *La fourniture et le montage* à pied d'œuvre de tous les matériaux nécessaires.

2° *La forme en poussière de plâtre* de 0.05 d'épaisseur.

3° *La pose et le scellement* au plâtre.

4° *Le nettoyage* parfait.

5° *La descente* de tous résidus, coupes ou gravois, provenant de travails, sauf les gravois provenant de surplus de forme.

Carreaux hexagones rouges suivant dimensions et provenance . . . . de	4.00 à 6.60	
Carreaux hexagones phocéens rouges, noirs ou blancs . . . . de	5.80 à 9.00	
Carreaux carrés ou à bandes rouges, suivant dimensions et provenances . . . . de	4.10 à 6.30	
— — de l'Oise rouges, noirs et blancs . . . . de	7.10 à 13.70	
— — phocéens rouges, noirs ou blancs . . . . de	5.55 à 13.65	
Plus-value pour scellement au ciment, compris forme en sable de 0m06 et nettoyage à la sciure de bois	ciment romain	1.35
	ciment de Vassy	1.45

Carrelage en carreaux vieux remaniés, comprenant :

1° le rétablissement de la forme;

2° La pose et le scellement au plâtre;

3° Le nettoyage et la descente des résidus et gravois.

1° Avec décarrelage et décrottage des carreaux . . . . de	1.80 à 1.90
2° Sans décarrelage ni décrottage . . . . de	1.35 à 1.55

Carreaux neufs posés en recherche, à la pièce, comprenant :

1° Le décarrelage.

2° La fourniture, pose et scellement au plâtre des carreaux.

3° Le remaniement de la forme, avec fourniture nécessaire.

4° Le nettoyage.

5° La descente des résidus ou gravois.

Pour carreaux hexagones, suivant dimensions . . . . de	0.14 à 0.33
Pour carreaux carrés — . . . . de	0.14 à 0.32
Carreaux vieux posés en recherche, compris décarrelage et décrottage et le reste comme dessus; suivant dimensions, la pièce . . . . de	0.12 à 0.32

PAVAGE

Les prix de règlement comprennent :

1° Les déboursés pour les fournitures et la main-d'œuvre ;

2° Les faux frais calculés sur la main-d'œuvre seulement à raison de 17 0/0 ;

3° Les bénéfices appliqués aux prix des fournitures, de la main-d'œuvre et aux faux frais et fixés à 10 0/0.

		PRIX PAYÉ PAR L'ENTREPRENEUR	PRIX DE RÈGLEMENT
Heure de jour	de compagnon paveur, compris outillage...........	0.75	0.97
	d'aide-paveur....................................	0.50	0.64
	de piqueur de grès...............................	0.80	1.03

Pavage au mètre superficiel.

EN PAVÉS NEUFS OU REMANIÉS Non compris la forme, mais comprenant pour les pavés remaniés le repiquage du sol pour recevoir la nouvelle forme et pour tous les pavages, le sablage sur le dessus en sable de plaine de 0.01 d'épaisseur, et l'enlèvement de tous les résidus du chantier (non compris les terres et gravois provenant des déblais).	POSÉS AVEC SABLE DE PLAINE DANS LES JOINTS		PLUS-VALUE AVEC JOINTS EN MORTIER DE								
			CHAUX DE				CIMENT				
										de tuiles concassées	
	Neufs	Remaniés	Montreuil	Argenteuil, etc.	Beffes, etc.	Mortier dit bâtard	Romain	de Vassy	de Portland	Ordinaire	Fin
En gros pavés de 0.225 en moyenne sur les 3 dimensions (17 pavés au mètre). de Fontainebleau...........	12.10	1.27	0.43	0.44	0.45	0 62	0.88	1.03	1.20	0.71	0.81
d'Yvette ou de la Juine 1er choix................	15.30	1.27	0.43	0.44	0.45	0.62	0.88	1.03	1.20	0.71	0.81
d'Yvette ou de la Juine 2e choix................	13.60	1.27	0.43	0.44	0.45	0.62	0.88	1.03	1.20	0.71	0.81
En pavés bâtards de 0.18 à 0.19 sur les 3 dimensions (24 au mètre). de Fontainebleau..........	10.95	1.38	0.62	0.63	0.65	0.86	1.23	1.40	1.65	1.00	1.13
d'Yvette ou de la Juine.....	11.35	1.38	0.62	0.63	0.65	0.86	1.23	1.40	1.65	1.00	1.13
pavés de 0.14 × 0.20 × 0.16	16.92	2.16	0.62	0.63	0.65	0.86	1.23	1.40	1.65	1.00	1.13
2e choix..................	15.90	2.16	0.62	0.63	0.65	0.86	1.23	1.40	1.65	1.00	1.13
pavés de 0.10 × 0.16 × 0.16	19.70	2.40	0.62	0.63	0.65	0.86	1.23	1.40	1.65	1.00	1.13
2e choix..................	17.30	2.40	0.62	0.63	0.65	0.86	1.23	1.40	1.65	1.00	1.13
En pavés de deux de 0.18 à 0.20 de côté (22 au mètre). de Fontainebleau 0.08 à 0.10 d'épaisseur..............	8.00	1.61	0.62	0.63	0.65	0.86	1.23	1.40	1.65	1.00	1.13
d'Yvette ou de la Juine, de 0.10 à 0.12 d'épaisseur....	7.05	1.61	0.62	0.63	0.65	0.86	1.23	1.40	1.65	1.00	1.13
En pavés refendus en deux de 0.225 de côté et de 0.10 à 0.11 d'épaisseur..											
De Fontainebleau provenant de gros pavés (17 au mètre).	7.70	1.61	0.62	0.63	0.65	0.86	1.23	1.40	1.65	1.00	1.13
En pavés cubiques de l'Yvette ou de la Juine posés en rangées droites											
de 0.19 au panneau (de 26 au mètre)....................	14.55	1.75	0.63	0.65	0.67	0.92	1.31	1.52	1.80	1.06	1.21
de 0.16 au panneau (37 au mètre).......................	15.35	2.20	0.82	0.84	0.86	1.19	1.72	2.00	2.36	1.38	1.58
En pavés méplats de l'Yvette ou de la Juine posés en rangées droites											
de 0.19 au panneau, 0.10 d'épaisseur (26 au mètre)........	9.10	1.72	0.63	0.65	0.67	0.92	1.31	1.52	1.80	1.06	1.21
de 0.16 au panneau, 0.16 d'épaisseur (37 au mètre)........	10.65	2.17	0.75	0.78	0.80	1.10	1.58	1.83	2.17	1.28	1.46
de 0.14 au panneau, 0.14 d'épaisseur (49 au mètre)........	12.20	2.60	0.85	0.87	0.89	1 22	1.75	2.02	2.36	1.42	1.61

	EN PAVÉS DE 0.22	0.19	0.16	0.14
Jointoiement à la Française de pavés cubiques ou méplats en ciment de Portland ou de Boulogne, le mètre superficiel.........	2.00	2.45	2.95	3.45

Forme sous pavage au mètre superficiel,	EN SABLE DE RIVIÈRE	EN SABLE DE PLAINE
De 0m 10 d'épaisseur, réduite à 0m 08 par tassement	0.88	0.75
Chaque centimètre d'épaisseur tassé, en plus ou en moins ...	0.08	0.06

Pavage en bois comprenant une forme en béton de cailloux et ciment de Portland, une chape en mortier de ciment idem, de 0m 02 d'épaisseur, la fourniture et la pose des pavés, le garnissage des joints en mortier de ciment idem (sable et ciment en parties égales), garnissage de la bordure en terre glaise, le sablage du dessus en gravillon et l'enlèvement de tous les résidus provenant du chantier.	SUR FORME NEUVE — En béton de 0,10 d'épaisseur	SUR FORME NEUVE — En béton de 0,15 d'épaisseur	SUR FORME ANCIENNE CONSERVÉE compris arrachage des anciens pavés — Chape conservée	SUR FORME ANCIENNE CONSERVÉE compris arrachage des anciens pavés — Chape refaite
Pavés en bois neufs de 0m 10 de hauteur..............	16.00	17.40	13.10	14.60
Pavés en bois neufs de 0m 15 de hauteur	20.70	21.95	17.85	19.35
Pavés en bois vieux fournis de 0m 11 à 0m 14 de hauteur..	10.40	12.70	8.50	10.00

OUVRAGES AU MÈTRE LINÉAIRE

Bordure formée avec des boutisses en gros pavés posés sur sable de plaine joints en ciment, Le mètre linéaire	de 0m20 de largeur et 0m28 de hauteur compris joints en ciment surcuit..................................	6.05
	remaniée..	1.40
	neuve en pierre de Chateau-Landon piquée, posée sur sable de plaine et joints idem......................	8.50
	neuve en grès piqué, posée sur sable de plaine et joints idem..	8.35
	remaniée en pierre ou en grès.........................	1.20

Caniveau et bande en grès piqué de 0.30 de largeur et 0.22 d'épaisseur	neuf, posé sur sable de plaine avec joints en ciment surcuit	10.00
	remanié	1.50
Plus-value	pour bordures, bandes et caniveaux neufs fournis circulaires en plan, 1/3 en plus des prix ci-dessus.	
	pour emploi de sable de rivière au lieu de sable de plaine.	0.04
	pour arase en mortier de chaux hydraulique d'Argenteuil et sable de rivière au lieu de sable de plaine	0.30
Dépose et rangement de bordures, caniveaux et bandes		0.15

OUVRAGES A LA PIÈCE

	EN GRÈS	CHATEAU-LANDON	REMANIÉ compris dépose
Dé de 0m45 sur 0m45 de côté sur 0m23 d'épaisseur, posé sur forme en sable de plaine et scellé sur mortier hydraulique d'Argenteuil, compris toute taille, mais sans trous	7.10	7.90	0.75

GRANIT

Les prix de règlements comprennent :

1° Les déboursés pour la main-d'œuvre et les fournitures ;

2° Les faux frais calculés sur la main-d'œuvre seulement à raison de 17 0/0 ;

3° Les bénéfices appliqués à la main-d'œuvre, aux fournitures et aux faux frais et fixés à 10 0/0.

		PRIX PAYÉ par L'ENTREPRENEUR	PRIX de RÈGLEMENT
Heure de jour	de tailleur granitier, piqueur de granit, compris outillage	0.85	1.10
	de poseur de granit	0.70	0.90
	d'aide poseur	0.50	0.64

Bande de 0m10 d'épaisseur compris dressement, massif en moellons neufs de 0m20 d'épaisseur et arase en mortier de chaux hydraulique et sable, pose et joints au ciment romain. Au mètre linéaire.	de 0m30 de largeur	10.05
	de 0m35	11.15
	de 0m40	12.40

Bordures droites neuves. Au mètre linéaire	*de $0^{m}18$ de largeur*, sur $0^{m}23$ à $0^{m}25$ d'épaisseur, compris dressement de l'encaissement massif en moellons neufs de $0^{m}20$ d'épaisseur sur $0^{m}25$ de largeur arase en mortier de chaux hydraulique et sable de rivière, pose et joints en ciment romain		11.95
	de $0^{m}30$ de largeur	de $0^{m}20$ à $0^{m}25$ d'épaisseur, compris mêmes mains-d'œuvre et fournitures mais le massif de $0^{m}30$ de largeur	15.90
		de $0^{m}29$ à $0^{m}30$ d'épaisseur, avec mêmes mains-d'œuvre et fournitures que ci-dessus	20.00
		à refouillement de $0^{m}36$ d'épaisseur, compris mêmes mains-d'œuvre et fournitures que ci-dessus	35.15

Bordures neuves circulaires convexes ou concaves jusqu'à $3^{m}50$ de rayon au plus, mesurés sur l'arête donnant le plus de développement (mètre linéaire).

de $0^{m}18$ de largeur, de $0^{m}23$ à $0^{m}25$ d'épaisseur, compris mêmes mains-d'œuvre et fournitures que ci-dessus 19.00

de $0^{m}30$ de largeur, de $0^{m}29$ à $0^{m}30$ d'épaisseur, compris mêmes mains-d'œuvre et fournitures que ci-dessus 29.00

de $0^{m}30$ de largeur, à refouillement de $0^{m}36$ d'épaisseur, compris mêmes mains-d'œuvre et fournitures que ci-dessus 46.40

Les prix des bordures circulaires ci-dessus seront diminués de 3 fr. 50 par mètre lorsque le rayon excédera $3^{m}50$.

Les déblais nécessaires à l'encaissement seront payés à part et suivant les prix portés à la série de Terrasse.

Caniveau neuf choisi dans de fortes dalles de $0^{m}10$ d'épaisseur, compris les mêmes mains-d'œuvre et fournitures que pour les bordures ci-dessus. Au mètre linéaire.	de $0^{m}30$ de largeur	14.85
	de $0^{m}35$ —	16.85
	de $0^{m}40$ —	18.70

Dalle en granit de $0^{m}10$ d'épaisseur, neuve, posée sur forme en sable de plaine de $0^{m}10$ d'épaisseur avec arase en mortier de chaux hydraulique et sable de rivière de $0^{m}02$ d'épaisseur joints en ciment dit de Portland et compris dressement de l'encaissement (mètre superficiel) 26.20

Plus-value pour appareil régulier 3.00

Dalle non-fournie pour dépose et repose compris tous autres travaux et fournitures portés ci-dessus. Le mètre superficiel 3.70

Gargouille de $0^{m}30$ de largeur sur $0^{m}29$ à $0^{m}30$ d'épaisseur, refouillée en demi-cylindre avec deux feuillures, compris mains-d'œuvre et fournitures comme pour les bordures. Le mètre linéaire 34.20

Pose de granit. La pose par morceaux cubant de $0^{m}151$ jusqu'à $0^{m}500$ au plus, avec mortier de chaux hydraulique pour l'arase et mortier de ciment dit Portland pour les joints. Le mètre cube 29.80

La pose des morceaux cubant 0^m150 et au-dessus sera comptée à la pièce aux prix portés ci-après.

Pose de gargouilles à feuillures et plaques ou gargouilles carrées en fonte. Le mètre linéaire.	avec joints en ciment, sur arase en mortier	1.00
	avec massif en moellons et mortier compris joints et ciment	1.40
Pose de blocs de granit compris mortier pour arase et joints en ciment.	jusqu'à 0^m100 cubes inclusivement chaque	3.35
	de 0^m100 jusqu'à 0^m151 inclusivement	4.20
Taille. Prix de l'unité. Le mètre superficiel		18.60

ÉVALUATIONS

		Évaluations ou surface de taille
Abatage pour chanfreins, pans coupés et parties circulaires		10.00
Évidement et refouillement	entre deux faces conservées, le mètre cube	15.00
	entre trois	20.00
	entre quatre	30.00

Lorsque les abatages, évidements ou refouillements seront faits sur du granit déjà posé et scellé, les évaluations de taille ci-dessus seront augmentées de 1/6.

Parements	à la boucharde 64 dents ou à la petite pointe	1.00
	à la boucharde à 100 dents faits sur ordre exprès, avec relevés des ciselures et passage successif des parements aux bouchardes de 64, 81 et 100 dents	1.35
	circulaires	1/3 en sus.
	après abatage, évidement ou refouillement	0.50
	de lits et joints	0.50
	de carrière repris et retaillé à la boucharde ou à la petite pointe, pour travaux très soignés, par ordre écrit et compris relevé des ciselures	0.50
Trou	refouillé sur le tas, c'est-à-dire la pierre posée et scellée de 0^m05 de profondeur et au-dessous, chaque	1.20
	chaque centimètre de profondeur en plus jusqu'à 0^m20 de profondeur inclus	0.22
	au-dessus de 0^m20 de profondeur	0.29

Moins-value. Lorsque les trous seront faits dans des blocs de granit non posés ni scellés, les prix ci-dessus seront diminués de 1/6.

L'entrepreneur aura droit à l'application du prix de refouillement prévu plus haut lorsque les dimensions demandées ou obligées pour les trous donneront un cube suffisant pour produire une somme supérieure à celle qui serait obtenue en appliquant les prix ci-dessus.

ASPHALTE-BITUME

Les prix de règlement comprennent :

1° Les déboursés pour la main-d'œuvre et les fournitures ;

2° Les faux frais calculés sur la main-d'œuvre seulement et fixés à 17 0/0 ;

3° Les bénéfices appliqués aux prix de main-d'œuvre, des fournitures, et aux faux frais et fixés à 10 0/0.

	PRIX PAYÉ par L'ENTREPRENEUR	PRIX de RÈGLEMENT
Heure de jour d'applicateur d'asphalte comprimé, d'asphalte de bitume coulé, compris outillage	0.70	0.90
Heure de jour d'aide	0.50	0.64

Béton au mètre superficiel	De 0,08 d'épaiss. compris 0,01 de tasseaux.	Chaque centimètre en plus ou en moins.
Composé de cailloux et mortier de chaux hydraulique	2.00	0.20
— — mortier de ciment de Bourgogne	2.73	0.27

Asphalte au mètre superficiel

Mastic d'asphalte composé d'asphalte natif et de goudron minéral et additionné de 30 à 35 0/0 de gravier.	De 0,015 d'épaisseur.	CHAQUE MILLIMÈTRE EN PLUS ou en moins. jusqu'à 0,02	CHAQUE MILLIMÈTRE EN PLUS ou en moins. au delà de 0,02
Coulé pour dallage 1re qualité	4.90	0.30	0.36
Coulé pour dallage 2e qualité	4.20	0.28	0.34
Pour terrasses et balcons compris tout montage 1re qualité	8.75	0.65	
Pour terrasses et balcons compris tout montage 2e qualité	8.30	0.62	

	De 0,04 d'épaisseur.	Chaque centimètre en plus ou en moins.
Comprimé en asphalte natif, sans aucun mélange, pour chaussée ou passage de porte cochère.		
1re qualité	12.85	2.20
2e qualité	11.35	2.03

Ordinaire pour chaussée ou passage de porte cochère, fait en deux coulées, dont la première en bitume factice de 0m02 d'épaisseur, la seconde, en mastic d'asphalte de 0m02 d'épaisseur, compris cannelures. 1re qualité... 10.50
2e qualité... 9.80

Bitume factice, le mètre superficiel	De 0,15 d'épaisseur.	Chaque millimètre en plus ou en moins. jusqu'à 0,020	Chaque millimètre en plus ou en moins. au delà de 0,020
Dallage	2 80	0.15	0.18

OUVRAGES AU MÈTRE LINÉAIRE

Solins	En asphalte de 0m05 à 0m08 de développement sur 0m03 d'épaisseur	0.70
	chaque centimètre de développement en plus de 0m08...	0.12
	en bitume factice de 0m05 à 0m08 de développement sur 0m03 d'épaisseur	0.42
	chaque centimètre de développement en plus de 0m08...	0.07

VIDANGE

Vidange	par tous les systèmes autorisés *de matières ordinaires.* Le mètre cube	4.50
	par tous les systèmes autorisés de *matières fortes.* Le mètre cube...	14.00

Si la fosse fixe est éloignée du tonneau de vidange ou si elle est à une profondeur anormale, il sera accordé une plus-value à débattre d'avance.

Toute fosse vidée isolément et ne cubant pas 6 mètres sera comptée pour ce cube.

Au cas où l'entrepreneur n'aura pas fait reconnaître au préalable la nature de matières, elles seront comptées comme matières ordinaires.

Enlèvement d'appareil diviseur	sur égout intérieur. La pièce	1.50
	sur égout extérieur. —	2.00

Location et entretien à l'année d'appareils mobiles, comprenant la fourniture des pièces mobiles, la pose et l'installation.

1° *Tonneau en bois* contenant au moins 280 litres. La pièce		30.00
2° *Appareil diviseur en métal* de 95 à 100 litres. —		20.00
Vidange de tinettes	1° *de repérage* de 100 litres, la pièce	1.50
	2° *de siège* de 100 litres compris location, la pièce	2.00
	3° *de tonneaux mobiles*, la pièce	2.50

CHAPITRE VII

Charpente en bois

§ Ier — ÉTUDE DE BOIS

1. Préliminaires. — On nomme *charpente* toute construction ou partie de construction constituée par des pièces de fortes dimensions en *bois* ou en *métal* ; ces pièces s'y trouvent généralement employées sous de grandes longueurs.

On construit en charpente les planchers, les pans, les combles, les escaliers, les échafaudages, les étaiements, les cintres ; suivant la matière employée, on distingue la *charpente en bois* et la *charpente en fer*.

On réserve le nom de *menuiserie* aux petits ouvrages exécutés en bois et comprenant les croisées, les portes, les parquets, les escaliers légers, et tous les poteaux et huisseries n'excédant pas $0^{m}15$ d'équarrissage.

Les bois étant employés aussi bien en charpente qu'en menuiserie, nous en ferons ici l'étude complète.

2. Propriétés générales des bois. — Le bois se compose de deux parties bien distinctes. Si on coupe un tronc normalement à son axe, on voit une partie extérieure nommée *écorce*, et une partie intérieure nommée *bois* ou *ligneux*.

L'écorce se compose de l'épiderme et du *liber*, ainsi nommé parce que le plus souvent il peut se diviser comme les feuillets d'un livre.

La partie ligneuse est composée de couches concentriques d'un tissu fibreux qui se divisent elles-mêmes. Celles du côté de la circonférence sont généralement plus pâles et plus tendres, et forment *l'aubier* ou *faux bois* ; celles du centre, plus dures et plus foncées, constituent le *cœur* ou *vrai bois*.

Dans le centre de l'arbre se trouve un conduit central, très étroit, rempli d'une matière molle et spongieuse appelée *moelle*. Ce conduit central, ou *canal médullaire*, est en communication avec l'écorce au moyen d'une infinité d'autres petits conduits ou *rayons médullaires*. Quand le bois est coupé verticalement, ces rayons présentent des lames ou surfaces miroitantes appelées *mailles*, et qui sont surtout apparentes dans le chêne et le hêtre. Ces rayons médullaires sont souvent causes de ces petites fentes, allant du centre à la circonférence, que l'on rencontre dans les bois.

L'aubier est plus épais dans les arbres vigoureux qui ont poussé très rapidement et est presque nul dans ceux qui ont poussé lentement dans un sol pauvre et pierreux. L'aubier n'a aucune solidité, ni aucune résistance, il se pique très vivement par les vers, et se transforme en peu de temps en une poussière blanche. On doit rejeter complètement toute pièce de bois qui contiendrait, étant prête à être mise en œuvre, une trace d'aubier.

Entre le liber et l'aubier se trouve une couche très mince appelée *cambium*. Ce tissu produit chaque année une couche de liber et une couche d'aubier, et, pendant ce temps, une couche d'aubier passe à l'état de bon bois. Comme les couches nouvelles se trouvent au dehors des couches anciennes, il en ressort que celles du centre sont les plus anciennes, et par conséquent les plus dures.

Les couches concentriques formées chaque année sont généralement visibles et permettent, surtout pour nos bois de France, d'indiquer facilement leur âge, car il suffit de couper un arbre près du pied et de compter les couches dont il se compose.

Les couches varient d'épaisseur, non seulement d'un arbre à l'autre, mais encore dans le même arbre, suivant le sol, l'exposition, le climat au milieu desquels il s'est développé. On peut toujours en déduire que plus il y a de couches dans une même largeur, plus le bois est dur et pesant.

Les *bois tendres* atteignent assez rapidement leur maximum de grosseur et de hauteur, et à partir de ce moment s'arrêtent, et leur bois tend plutôt à perdre de ses qualités. Au contraire, les *bois durs* ne grossissent et ne grandissent que très lentement, et n'atteignent toute leur croissance qu'au bout d'un ou deux siècles.

Le bois est très hygrométrique ; il absorbe l'eau par les temps humides et se dessèche pendant les temps secs ; il en résulte des variations de ses dimensions transversales qui augmentent lorsqu'il est humide pour diminuer lorsqu'il sèche ; la longueur est le plus souvent invariable. Le meilleur moyen de s'opposer en partie à ces mouvements consiste à recouvrir la surface du bois d'une peinture qui l'isole de l'air extérieur.

Le bois nouvellement abattu sèche en perdant 1/10 de son poids au bout de six mois, et souvent jusqu'à 1/5 au bout de deux ans ; le bois débité sèche plus vite que le bois en grume, et peut être bon à employer au bout d'un an ; mais il ne faut employer les bois en grume que deux années au moins après l'abatage.

L'air sec n'a aucune action sur le bois ; mais l'air humide lui fait subir une décomposition lente qui lui enlève toute résistance.

Le bois immergé dans l'eau s'y conserve indéfiniment, mais il est promptement décomposé s'il subit des alternatives d'immersion et de dessication à l'air.

Il ne faut jamais abattre les arbres dans la sève ; il est préférable de les abattre pendant l'hiver, en novembre, décembre et janvier, et jamais plus tard que le 15 février.

Nous donnons dans le tableau ci-dessous la hauteur et le diamètre que présentent le plus souvent certaines essences d'arbres, quand elles ont atteint tout leur développement. Nous y joignons leur *poids spécifique moyen.*

ESSENCES	HAUTEUR DU TRONC	DIAMÈTRE	POIDS SPÉCIFIQUE
			Kilog.
Chêne le plus dur (cœur)	5 à 15	0.80	1.17
Chêne le plus léger	5 à 15	0.80	0.85
Châtaignier	5 à 15	0.80	0.80
Hêtre (densité très variable)	5 à 15	0.75	0.64 à 0.84
Bouleau	5 à 15	0.75	0.60
Aune	5 à 15	0.75	0.51
Acacia	5 à 10	0.50	0.78
Orme	5 à 15	0.80	0.70
Érable	5 à 12	0.70	0.74
Saule	5 à 15	0.30	0.41 à 0.46
Alisier	5 à 15	0.70	0.75
Frêne (densité très variable)	5 à 15	0.60	0.69 à 0.78
Peuplier blanc	10 à 20	0.80	0.41
» d'Italie	10 à 20	0.80	0.33
Platane	5 à 15	0.90	0.48 à 0.65
Sapin (densité très variable)	10 à 30	1.20	0.54 à 0.63
Mélèze	10 à 30	1.00	0.63
Pin sylvestre	5 à 20	0.85	0.78
» maritime	5 à 20	0.90	0.68
Charme	4 à 10	0.55	0.70
Buis	3 à 7	0.25	0.91 à 1.32
Cèdre	12 à 40	1.00	0.60
Cormier	4 à 12	0.45	0.91
Epicea	8 à 30	0.30	0.57
Noyer	2 à 5	0.92	0.78 à 0.87
Tilleul	5 à 15	0.66	0.55

3. Essences de bois employées dans la construction. — Les bois employés dans la charpente ou la menuiserie sont classés en quatre catégories :

1° Les *bois durs*, qui sont le chêne, le châtaignier, le hêtre, l'orme, le frêne et l'acacia;

2° Les *bois blancs*, qui comprennent les peupliers, le bouleau, l'aulne, le tilleul, le platane, le charme, l'érable ;

3° Les *bois résineux*, qui sont les pins, les sapins, les cèdres, le pitchpin, le mélèze;

4° Les *bois fins* comprenant le noyer, le sorbier, le poirier, le pommier, le merisier, le cornouiller, le buis, le teak, le gaïac, etc.

Nous allons indiquer les caractères principaux des plus importants :

Acacia. Bois dur et liant, servant à la charpente et au charronnage, mais peu employé en menuiserie. Il est de couleur jaunâtre, et son grain, quoique peu serré, prend assez bien le poli. Il n'est pas attaqué par les vers et sa qualité de bien résister à l'humidité le fait employer pour faire des pilotis excellents et de très bons échalas. Le charronnage l'emploie presque exclusivement pour la fabrication des rais de roues.

Ailante. L'ailante donne un bois sans consistance quand il est jeune, mais à un certain âge, les fibres se resserrent et leurs intervalles se remplissent d'une sorte de gomme ou de résine, qui lui donne beaucoup de résistance. Il peut alors, au sec, donner de bonnes charpentes provisoires ; débité en planches, il se conserve assez bien dans les ouvrages mouillés.

Alisier. Arbre de la famille des rosacées employé le plus souvent dans la menuiserie mécanique, et pour la fabrication de certains outils, tels que rabots, varlopes, etc. Il est presque aussi dur que le cormier; il est compact et il prend un beau poli.

Amandier. Arbre de la même famille, dur, très bon pour la menuiserie et le tour. Il est excellent pour faire des manches d'outils tranchants, mais à la condition d'être très sec, car sans cela il se fend facilement.

Aune ou *Aulne*. Bois tendre, blanc, très léger, non employé en charpente, car il se pourrit facilement à l'air, mais il se conserve très longtemps sous l'eau. C'est un des meilleurs bois pour faire des pilotis. Les menuisiers s'en servent peu, quoiqu'il reçoive bien les moulures et prenne bien le poli. On en fait principalement des chaises communes ou des perches.

Bouleau. Arbre de la famille des amentacées. C'est un bois blanc nuancé de rouge, léger, peu dur et se travaillant bien. C'est le seul bois qui se façonne plus aisément quand il est vert ; il bourre sous l'outil quand il est sec. Il est, en somme, peu employé en menuiserie, si ce n'est pour faire des bâtis.

Buis. C'est le plus dur de nos bois de France : il n'est dépassé comme dureté que par quelques essences dites d'Amérique ou des Iles. Malgré sa dureté, il se travaille bien et est surtout employé pour faire des ouvrages exigeant de grandes résistances. Son tissu est serré, fin, uniforme et prend un beau poli. Il est principalement employé pour mettre des pièces aux rabots, varlopes, etc., et pour la charpenterie des machines, pour faire des vis, des coussinets, des dents de roue, des poulies, etc. On en fait aussi d'excellents manches d'outils.

Charme. Bois blanc, d'un grain serré et fin, qui prend en séchant un grand retrait qui le rend très dur, raide, liant, et d'une longue durée. Il est plus résistant à la charge que le chêne, mais son défaut d'élasticité lui fait perdre cet avantage.

Il est difficile à travailler en menuiserie, car il présente cette particularité curieuse que, au contraire des autres arbres dont les couches concentriques sont circulaires, celles du charme sont ondulées en zigzag. Ce fait particulier fait qu'il bourre sous l'outil et se lève par éclats sous le rabot.

A côté de cela, il a une grande qualité, c'est de très bien se travailler au tour. Il est excellent aussi pour la confection des objets demandant une grande résistance; tels que flèches, timons, etc. Ainsi que le buis, il est employé pour faire des poulies, des vis, des cames, des dents de roues, etc. On s'en sert aussi pour faire des manches d'outils, des serre-joints, des rabots et des varlopes.

Châtaignier. Arbre de la famille des amentacées qui est très commun en France. Le terrain qui lui convient le mieux est le sable.

Ce serait un excellent bois pour la charpente s'il n'avait le défaut de se pourrir facilement lorsqu'il est noyé dans le plâtre. On devra donc le rejeter chaque fois qu'il sera possible de se procurer une autre essence.

Une erreur assez accréditée a fait croire que les charpentes de beaucoup de monuments du moyen âge et de la Renaissance étaient en châtaignier. Des travaux récents ont prouvé que ces bois étaient du *chêne blanc* avec lequel le châtaignier a une grande ressemblance.

Le châtaignier n'est guère employé que pour faire des pilotis, car ce bois se conserve très bien dans l'eau, ainsi que des manches d'outils et des échalas.

Chêne. Arbre de la famille des amentacées, donnant le meilleur bois à employer dans la construction, soit comme charpente, soit comme menuiserie, au point de vue de la résistance et de la durée. Sa durée à l'air est de quatre ou cinq siècles; il durcit sous l'eau et devient presque indestructible.

Ce dernier avantage fait qu'il est presque exclusivement employé dans les endroits exposés à une certaine humidité, tels que les faîtages, les chéneaux, les sablières, les bâtis dormants, les planchers et parquets, etc.

Le chêne est de couleur jaune plus ou moins foncée, légèrement brune et prend une couleur plus accusée à la suite de son exposition à l'air ou sous l'eau. Selon la manière dont il est fendu, il est soit de teinte uniforme, soit strié de nombreuses plaques brillantes produites par les rayons médullaires que les ouvriers appellent mailles et qui produisent un heureux effet décoratif.

Les deux espèces principales de chêne que l'on trouve en Europe sont le *chêne tendre* ou *chêne rouvre*, et le *chêne dur* ou *chêne rustique*.

La première de ces deux espèces produit de gros glands, le plus souvent isolés ; son bois est élastique et résistant quand le terrain est gras. Quand il est cultivé dans un endroit humide, il est facile à travailler et convient bien aux ouvrages de menuiserie.

La seconde croît dans les terrains caillouteux et fournit un bois plus serré et plus dur, plus résistant et par conséquent plus durable. On s'en sert de préférence dans les endroits soumis aux intempéries de l'air, mais, par contre, il est noueux et plus difficile à travailler. Son poids spécifique est d'environ 0, 900, tandis que celui du premier est d'environ 0, 760.

Les chênes de France ont des qualités différentes au point de vue de leur emploi en charpente et en menuiserie ; nous dirons quelques mots de chacun d'eux.

Chêne de Champagne. Le meilleur des chênes de France ; il est dur, peu noueux ; ses fibres droites et serrées le rendent excellent pour les assemblages. Refendu en planches et sur *mailles*, il fait de beaux panneaux pour portes et pour lambris.

Pour le chêne de Champagne comme pour les autres, on devra toujours, pour les panneaux devant rester en bois apparents, exiger du bois fendu sur *mailles*. Outre l'avantage d'avoir des bois d'un aspect plus agréable, on a celui d'avoir des bois produisant un meilleur travail, car on sait que ces bois se fendent difficilement et ne *jouent* pas, tandis que ceux débités d'une manière différente se fendent souvent à l'air. Presque tous les bois de Champagne sont flottés.

Chêne du Bourbonnais. Il est plus dur que le précédent. Il est d'un gris pâle, noueux, difficile à travailler, et il se tourmente facilement. Son aubier, très épais, s'échauffe vivement et tombe en poussière. Les vers s'y développent de suite et pénètrent dans le bois sain qui se détériore en cinq ou six ans. Il ne vaut rien en panneaux, car il se gondolent ou se fendent presque inévitablement. Il ne peut être employé que pour des ouvrages grossiers ne demandant que de la solidité.

Chêne des Vosges. C'est un bois plus tendre que celui de Champagne ; il est *gras* et peu convenable pour faire des assemblages demandant de la force et de la résistance. Sa couleur d'un beau jaune clair parsemé de points rouges le fait surtout apprécier pour faire de beaux panneaux et des ouvrages sculptés.

Chêne de Fontainebleau. Il est plus dur que celui des Vosges et plus tendre que celui de Champagne. Son principal défaut est d'être souvent attaqué par un ver spécial qui y vit en creusant des trous ayant jusqu'à 15 millimètres de diamètre et dont la trace ne se voit que très difficilement sur l'extérieur du bois. La couleur de ce bois est plus foncée que celle des espèces dont nous venons de parler.

Chêne dit de Hollande. Ce bois ne doit son nom qu'à la manière dont il est débité, c'est-à-dire *sur mailles*. On a cru bien longtemps que ces bois étaient originaires de Hollande et que c'était à la composition de ses fibres que la surface de ses planches étaient recouvertes de ces stries ou mailles si recherchées. C'était tout simplement des chênes de Champagne, des Vosges et de l'Alsace, coupés de 2m 80 de longueur environ, voiturés en Hollande et revenant en France tout débités. Pendant de nombreuses années, l'industrie hollandaise a su cacher son mode de préparation. Aujourd'hui, les bois *fendus sur mailles* nous arrivent directement des pays de production, tels que l'Aisne et la Champagne.

Son prix de revient est plus élevé ; cela tient aux frais de sciage qui sont plus élevés et au plus grand déchet de bois auquel entraîne son mode de fabrication ; mais la différence de prix est amplement compensée par la beauté des bois et l'avantage qu'ils ont de ne pas gauchir et se déformer.

Chêne de Hongrie. Il est très droit et très beau, présente peu de nœuds, et donne des ouvrages de belle apparence ; mais il est un peu creux et n'offre pas une grande résistance, ce qui le fait réserver pour les travaux de menuiserie.

Chêne du Nord. Depuis quelque temps, il nous arrive de magnifiques bois de chêne de Russie. Il est dur, sans nœuds, sans gerçures et sans roulures. Il est d'une belle couleur jaune et, à cause de ses fibres serrées et de sa nature compacte, est aussi bon pour faire de solides assemblages que de beaux panneaux.

Chêne de bateaux. Par la Marne, la Seine et l'Yonne, il arrive une grande quantité de bateaux apportant à Paris des bois à brûler ne pouvant pas être flottés et des charbons. Comme les frais de remonte de ces bateaux seraient trop considérables pour la valeur des bois employés, ils sont construits légèrement et de manière à être déchirés aussitôt après leur déchargement. Ces bois, de qualité inférieure, ne sont employés que pour faire des barrières, des cloisons et des séparations dans les greniers et dans les caves.

Cormier ou sorbier des oiseaux. Bois fin, très dur, très compact, d'une belle couleur brun rouge entrecoupée de veines noires et de lignes roses allant vers le cœur. Son retrait, en séchant, est considérable, aussi ne doit-on l'employer que lorsqu'il est très sec. Ce bois sert dans la mécanique à faire des vis de pressoir, des rouages, etc. Son principal emploi est dans la fabrication des fûts de rabots, varlopes, bouvets, colombes, etc. C'est un des meilleurs bois à employer pour la sculpture, à cause de la facilité qu'a l'outil de le couper dans tous les sens.

Cornouiller. Bois noueux, flexible, très dur, à grain fin et très serré. Il sert à faire les meilleurs manches d'outils à frapper. On en fait de très bons échelons, des engrenages de roues, etc.

Cyprès. Bois de couleur pâle, veiné de rouge, résineux, à grain dur, compact, le plus incorruptible dans l'eau et n'étant pas sujet à la vermoulure. Il est susceptible de prendre un beau poli. On en fait principalement des objets fixés en terre, tels que pilotis, pieux pour palissades, échalas, treillages, etc. On en fait aussi des tuyaux d'orgues et des instruments de musique.

Érable. L'érable est un de nos meilleurs bois de France et un des plus employés. Il est de première grandeur. Les deux variétés sont : l'*érable sycomore* et l'*érable plane*, ou *faux sycomore*, ou encore *érable blanc*.

L'érable sycomore est le meilleur, son bois est des plus durs et est de couleur jaunâtre ; le grain fin, légèrement marbré, est susceptible d'un beau poli. Il n'est pas attaqué par les vers, ne se déjette pas et se travaille facilement, soit au rabot soit au tour. Il est employé par les luthiers, les ébénistes, les menuisiers, les tourneurs et les sculpteurs, et résiste bien à l'eau et à l'air.

L'érable plane est moins employé, car son grain en est moins fin et moins pesant. Il est ferme, prend un beau poli et sert comme l'érable sycomore sans pourtant en avoir les qualités.

Frêne. Arbre de première grandeur dont le bois est de couleur blanchâtre, assez tendre quand il est fraîchement abattu et devenant très dur lorsqu'il est très sec. Il est élastique et résiste très bien à la flexion.

Il est sujet à la vermoulure et n'est pas de longue durée, aussi il est peu employé en charpente, mais en revanche il est excellent pour le charronnage et la fabrication de certains outils, tels que scies, serre-joints, presses, maillets, leviers, etc.

Gayac ou Gaïac. C'est un bois d'Amérique dont la densité est de 1,32 à 1,34 ; il est très compact et très dur, de couleur brune légèrement veinée de jaune ; il prend un beau poli. On le travaille sur le tour, et on en fait des coussinets de machines, des roulettes de meubles, des poulies, des dents d'engrenages, des manches d'outils. On l'emploie quelquefois en menuiserie pour des ouvrages qui exigent des bois très durs.

Grisard. La meilleure variété du peuplier ; c'est un bois très blanc, moins tendre que les autres espèces de peuplier. Il se travaille facilement, reçoit bien les assemblages et est susceptible d'un beau poli. On en fait de belles boiseries d'une grande durée quand elles sont posées dans un endroit très sec. Il produit de bons parquets de grande durée lorsque sa dessication est complète.

Hêtre. Arbre de la famille des amentacées dont le bois, à fibres serrées, est d'un fauve clair. Ce bois se reconnaît aux papilles nombreuses qui se trouvent en contact avec l'écorce, et, quand il est fendu, aux innombrables facettes brillantes semblables à celles du chêne, mais beaucoup plus petites et beaucoup plus nombreuses.

Ce bois n'est pas très fort, il se tourmente, se fend facilement et se retraite beaucoup. Son grain, peu homogène, ne reçoit pas très bien le poli. Il est sujet à la vermoulure surtout quand il n'a séjourné au moins six mois dans l'eau. Le hêtre pour avoir toute sa qualité doit être abattu au commencement de l'été, alors qu'il est dans toute la force de sa sève. On ne peut s'en servir en charpente que pour des combles d'appentis ou de construction très légère ; mais il est employé avec succès pour les constructions hydrauliques, les moulins à eau, les tables de cuisine, les étaux à bouchers, les établis, les bâtis de machines, les varlopes, des outils, etc.

Le hêtre sert encore beaucoup dans la fabrication des articles de boissellerie.

Mélèze. Arbre de la famille des conifères dont la variété principale est le *mélèze commun*. C'est le meilleur des bois blancs.

Le mélèze, plus résistant encore sous l'eau que le chêne, y acquiert une extrême dureté et y devient impérissable. Ce bois, qui n'est pas d'une très belle teinte, est employé en menuiserie aux mêmes usages que le pin et le sapin. Dans le Midi de la France, on en fait de très bons tonneaux.

Une grande partie des constructions en Suisse est faite en mélèze. Les murs sont formés de pièces de bois équarries sans être recouverts de plâtre ni de peinture. La couverture est faite de même bois refendu en bandeaux, et la résine qui en découle sous l'influence du soleil bouche tous les trous et forme à sa surface un vernis qui devient imperméable à l'air et à l'eau.

Merisier. Il donne un bois dur susceptible de poli, d'une belle teinte rouge qu'on accentue encore par des applications de certains produits chimiques ; il s'emploie très peu en charpente, et est réservé à l'ébénisterie.

Noyer. Arbre de la famille des inglandées qui donne un bois brun, légèrement veiné, d'un grain serré qui le rend facile à travailler et à recevoir un beau poli; il ne se gerce pas.

La facilité avec laquelle il se laisse piquer des vers, pourrir à l'humidité et son peu de résistance aux efforts de flexion en font rejeter l'emploi en charpente. Mais c'est un bois précieux pour l'ébénisterie, pour la fabrication des meubles, soit à l'état de panneaux ou planches, soit à l'état de placage. Il sert beaucoup dans la décoration des appartements ; on en tire un très heureux parti dans les lambris et les portes, en faisant les bâtis et moulures en noyer, et les panneaux en sapin. Le tout recouvert d'une couche de vernis.

Orme. Arbre de première grandeur, de la famille des ulmacées. Ce bois, de couleur jaunâtre, est ferme, liant, facile à travailler quand il est jeune, mais au bout de quelque temps, il se tourmente, devient cassant et est piqué par les vers, ce qui le fait rejeter par les menuisiers. On ne l'emploie guère que pour des pièces cintrées, des poinçons de combles à plusieurs égouts devant recevoir un grand nombre d'assemblages, des pièces pour moulins, pressoirs, des corps de pompes et tuyaux de conduite, ainsi que d'autres ouvrages devant être en contact avec l'humidité. On en fait aussi des dessus de tables, des billots, des crics, etc.

Une variété de l'orme dite *tortillard* est surtout utilisée pour la fabrication des moyeux de roues. La loupe d'orme sert à faire de beaux travaux de placage.

Peuplier. Arbre de la famille des salicinées, dont le bois, facile à travailler, est de contexture uniforme, léger et tendre.

Les différentes variétés sont : le peuplier blanc, ou *blanc de Hollande*, le *peuplier d'Italie*, le *peuplier noir*, le *peuplier du Canada*, *celui de Virginie* et le *peuplier grisard* dont nous avons parlé précédemment.

Le *peuplier blanc*, le plus estimé de tous après le grisard, est très bon pour les charpentes légères et est très employé pour certains ouvrages de menuiserie.

Le *peuplier d'Italie* donne un bois qui se travaille bien ; il n'est pas sujet à se fendre ni à se tourmenter, ni à se retirer. Il est excessivement léger et sa dessication s'opère très vivement. Il est très employé pour la menuiserie légère et pour les lambris. Sa nature spongieuse doit le faire rejeter lorsqu'on doit le poser dans un endroit humide. C'est le bois dont se servent presque exclusivement les emballeurs pour la confection de leurs caisses.

Le *peuplier noir* ne peut servir qu'à des charpentes très légères et pour la menuiserie commune.

Le bois du *peuplier* peut, en général, servir pour les charpentes légères, les faîtages exceptés. On ne doit jamais l'employer pour les planchers à cause de sa nature trop cassante. On s'en sert en menuiserie pour faire des portes, des tablettes, des lambris. Les couvreurs l'emploient en guise de volige pour les couvertures en ardoises ou en zinc.

Pin. Arbre de la famille des conifères dont les qualités sont d'autant plus grandes qu'il est plus âgé. Cet arbre présente de nombreuses variétés dont les principales sont : le *pin rouge* ou *pin d'Écosse*, qui croît en Écosse, dans les Alpes et dans les Pyrénées.

Le *pin de Corse* ou pin *laricio* ou *laryx*, le meilleur de tous et qui est employé en charpente dans la construction des édifices.

Le *pin maritime* qui croît principalement dans les sables au bord de la mer ; son bois, de mauvaise qualité, est peu employé, si ce n'est comme pilotis où il a une grande durée.

Le *pin du Canada*, qui sert aux constructions navales.

Le *pin* est généralement inférieur comme qualité au sapin, surtout pour la menuiserie. On doit faire grande attention, avant de l'acheter et de l'employer comme charpente ou comme menuiserie, qu'il n'ait pas été saigné pour en retirer la résine, car ce bois est d'autant meilleur pour la construction qu'il en contient davantage.

Pitchpin. C'est un bois d'un remarquable conifère, qui nous vient de la Floride et de la Géorgie ; il se présente en très grandes dimensions, très droit avec très peu de défauts et de nœuds; lorsqu'il est raboté, il offre une surface chaudement colorée sur laquelle se détachent agréablement les fibres parallèles de l'arbre; dans son pays d'origine, on l'appelle *Yellow pine* à cause de sa couleur jaune orangé.

Le pitchpin a une résistance très grande qui atteint presque celle du chêne, et dépasse notablement celle de nos bois de sapin ordinaires; la résine qui remplit ses tissus le préserve de la pourriture et des vers. Il est malheureusement d'un prix élevé, de sorte qu'on le réserve pour les travaux de menuiserie, ou pour certains travaux de charpente très soignées où les pièces doivent rester apparentes.

Platane. Arbre de la famille des amentacées dont le bois a de l'analogie avec celui du hêtre, mais il est plus brun et moins dur. Son tissu est fin et bien résistant; il est compact, reçoit bien les moulures les plus fines et prend un beau poli. Il se coupe bien dans tous les sens et, quand il est bien sec, il ne se tourmente pas et fournit de très bons assemblages. Il se conserve bien sous l'eau et dans les endroits humides. Son seul défaut est de se laisser attaquer facilement par les vers. Il est fréquemment employé en menuiserie et le serait plus encore si sa couleur uniforme ne le faisait rejeter quelquefois.

Poirier. Arbre de la famille des rosacées dont le bois est à grain fin, serré, uniforme et de couleur rougeâtre. Il se rabote et se coupe bien dans tous les sens, se fend rarement et prend facilement le poli. Ces qualités le font rechercher surtout pour la fabrication des règles, tés, équerres, etc., nécessaires pour le dessin. Il est employé aussi pour les rouages de l'industrie des machines, pour les montures d'outils de menuisiers.

La facilité avec laquelle on le teint en un beau noir et avec laquelle on le polit fait que c'est le bois presque exclusivement employé pour imiter l'ébène dans la fabrication des meubles. Il est recherché aussi par les sculpteurs sur bois, à cause de la facilité avec laquelle on peut le couper dans tous les sens.

Pommier. Arbre de la famille des rosacées, qui fournit un bois à tissu fin et résistant. Il se rabote et se polit assez mal, tout en étant assez facile à travailler. On ne doit le mettre en œuvre que quand il est parfaitement sec; sans cette précaution, il est sujet à se fendre et à se déjeter. On s'en sert, dans la charpenterie des machines, à faire des fuseaux de lanternes, des roues dentées, des vis d'établi, etc., et des affûtages de rabots, varlopes, etc.

Sapin. Arbre résineux, de la famille des conifères, dont le tronc est droit et de grande élévation. Sa hauteur s'élève souvent à plus de 40 mètres, et le tronc peut être employé en charpente dans des longueurs de 30 mètres.

Les deux principales variétés sont : le *sapin de France* et le *sapin du Nord.*

Les *sapins de France* viennent de la Moselle et de la Meurthe (sapin de Lorraine), des Vosges (sapin des Vosges), du Cantal et du Puy-de-Dôme (sapin d'Auvergne). Ces bois ont le désavantage d'avoir peu de durée, car presque tous ont été saignés pour en extraire la résine ; cependant, ils jouent peu. On doit éviter de s'en servir pour les travaux soignés.

On désigne, sous le nom de *sapins du Nord*, les sapins de la Norvège, de la Suède et de la Russie, et les mélèzes de ces mêmes pays. Tous ces bois sont d'excellente qualité, ainsi que d'une grande durée. On attribue ces avantages à ce qu'ils n'ont pas été saignés comme nos arbres de France, et que les arbres ont été abattus à leur parfaite maturité. La variété dite *sapin rouge* est préférée. Le sapin rouge est aussi résistant que le chêne, se travaille aussi bien et est plus léger. Ses nuances variées et ses veines colorées produisent un bel effet, et ce bois peut être employé sans peinture, s'il est destiné à être placé dans des endroits non sujets à l'humidité.

Les sapins doivent être écorcés aussitôt après l'abatage, parce que ce bois est sujet à être piqué par les vers, comme tous les bois résineux.

Le bois de sapin est à grain fin et à fibres très flexibles ; il est tendre et se travaille bien, mais il est sujet à l'échauffement et à la vermoulure.

Le sapin s'emploie comme bois de charpente et de menuiserie ; celui du Nord nous arrive le plus souvent débité en planches, bastings, madriers, poutrelles, etc. Les difficultés de transport ne permettent pas de les faire arriver en grandes poutres. Nous donnons, au chapitre suivant, les différents échantillons de ces bois tels qu'on les trouve dans le commerce.

Teak. C'est un arbre des Indes où il est très répandu ; son bois se fend peu, n'a pas de nœuds, est de droit fil et a une densité moyenne de 0,75 ; on l'exploite à l'âge de 50 ou 60 ans, et sa hauteur atteint alors de 25 à 35 mètres ; son diamètre, de $0^{m}60$ à $0^{m}80$. Il est surtout employé dans les constructions navales. Une variété de Teak de Java est de couleur jaune verdâtre lorsqu'il est fraîchement coupé ; il devient ensuite brun très sombre par l'exposition à l'air.

Tilleul. Arbre de la famille des *tiliacées* dont la hauteur moyenne est d'environ 20 mètres, dont le bois, trop tendre pour faire de solides assemblages, est rejeté en charpente, mais est souvent employé pour la menuiserie, l'ébénisterie et la sculpture.

Ce bois est tendre, facile à travailler, se coupe aisément dans tous les sens ; il ne se tourmente pas et ne se laisse pas attaquer par les vers ; il est liant et reçoit un beau poli. On s'en sert quelquefois à l'état de voliges pour la toiture.

Tremble. Sorte de peuplier dont le bois est tendre et blanc. Il perd en séchant 2/5 de son poids, et son retrait est tel qu'il perd près de 1/6. Il est peu employé en construction, si ce n'est pour des constructions très légères, et à condition d'être à l'abri de toute humidité. Il faut qu'il soit abattu au milieu de l'hiver, écorcé de suite, et mis à même d'être privé vivement de toute humidité. Il est très apprécié des tourneurs, sculpteurs, graveurs et ébénistes.

4. Maladies et défauts des bois. — Avant d'employer du bois, l'ouvrier doit s'assurer qu'il est sans défaut, qu'il est exempt de toute maladie venant soit du fait de l'arbre lui-même, soit d'un défaut de dessication ayant amené l'échauffement ou la pourriture. Il doit avoir soin de le purger de tout aubier et de toute partie abîmée ou pourrie accidentellement à un endroit. Le bois de bonne qualité se reconnaît au son clair qu'il produit sous le choc, tandis qu'il rend un son mou, sourd ou étouffé quand le bois est atteint d'un commencement d'altération. De plus, on doit être sûr que le bois est parfaitement sec, que sa dessiccation est complète, car il commencerait, étant ouvré, par se déjeter et se coffiner, et il finirait par s'échauffer et se pourrir, lors même qu'il serait couvert de peinture et exposé à l'air.

Les maladies des arbres ont des causes très diverses, telles que les entailles, les coups, la morsure de certains animaux, le séjour de certains insectes et leurs larves, les végétations parasites, les coups de soleil, les fortes gelées, la nature du sol, etc. Nous dirons quelques mots sur chacune d'elles.

Pourriture. Défaut des bois qui résulte des alternatives de sécheresse et d'humidité, et qui transforme le ligneux en poussière brune ou blanchâtre. Cette maladie se développe quelquefois quand les arbres sont sur pied, mais, le plus souvent, elle provient du trop long séjour des arbres abattus sur la terre et qui sont laissés trop longtemps en forêt ou sur les ports.

Échauffement. L'échauffement est un commencement de pourriture qui se manifeste par une odeur particulière, différente de celle du bois sain, et par des taches noires, blanches ou rouges, qui lui font donner le nom de *bois blanc*, *bois rouge*, *bois pouilleux*. Tout bois affecté de cette maladie doit être rejeté, ne fût-il atteint qu'à un seul endroit. Son action est telle que, non seulement la maladie s'étend sur toute la pièce de bois qui en est atteinte, mais encore s'étend aux pièces de bois qui sont en contact avec elle. On doit donc même les éloigner du chantier et du magasin. Les bois qui ne sont pas suffisamment secs sont très sujets à l'échauffement quand ils sont noyés dans la maçonnerie, soit parce qu'ils n'ont pu continuer à sécher, soit parce que la sève a fermenté au contact de l'humidité fournie par la maçonnerie.

Carie. La carie est une pourriture avancée, qui atteint surtout la matière ligneuse, qui tombe alors en poussière. Elle se manifeste au dehors par des moisissures, agarics, champignons, etc. On nomme *carie sèche* une variété de la carie qui provient surtout du séjour prolongé des bois dans des pièces telles que : séchoirs, mines, écuries, etc., où l'air est toujours chaud et non renouvelé.

Chancres ou ulcères. Maladie très grave de certains arbres dont le siège est, croit-on, dans les racines, et qui se manifeste au dehors par une suppuration de sève qui se porte en abondance à un point quelconque du tronc ou des branches. Cette suppuration est intérieure ou extérieure. Dans ce dernier cas, l'ouverture par laquelle la sève s'écoule se nomme gouttière. Cette maladie est assez grave pour faire mourir l'arbre et le rendre impropre aux travaux de construction.

Gerçures. On nomme *gerçures* de petites fentes, peu profondes, qui se voient sur le bois, dans une direction perpendiculaire à celle des fibres. Elles sont produites par l'action du hâle, de la sécheresse, ou par une brusque exposition aux rayons directs du soleil. Ces gerçures étant peu profondes et n'attaquant pas le reste de l'arbre, il suffit d'enlever la partie attaquée pour se servir du reste du bois.

Il se produit aussi des gerçures sur les bois mis en œuvre qui ne sont pas suffisamment secs.

Roulures. De grands froids prolongés, des vents d'une grande violence, *saisissent* quelquefois les arbres, désorganisent les fibres des couches annuelles les plus proches de la circonférence, lesquelles ne se soudent pas aux couches des années suivantes. Il en résulte une solution de continuité qui s'étend quelquefois sur toute la circonférence. Ce défaut est des plus graves, car ce bois, dit *roulé*, se rompt plus facilement, parce que les fibres du bois ne sont plus solidaires; de plus, ces intervalles deviennent des réceptacles d'insectes, de pourriture et d'humidité. Les bois roulés doivent être impitoyablement rejetés de toute construction.

Vermoulure. C'est une des maladies les plus graves qui puissent atteindre les arbres. Elle est causée par le séjour et le travail des larves qui s'introduisent dans les bois, surtout près des racines. Elles ne manifestent leur présence que par de petits trous nécessaires à leur entrée et à leur sortie.

Cette maladie est plus fréquente sur les arbres arrivés à leur limite d'âge et qui sont plus ou moins échauffés, ce qui permet aux insectes de les percer plus facilement pour y introduire leurs œufs.

Torsion. On désigne ainsi une difformité du bois provenant de l'action du vent sur les jeunes arbres qui offrent plus ou moins de prise d'un côté que de l'autre. Les fibres du bois se contournent alors en vis. On nomme le bois de ces arbres bois *tordu ou rebours.*

Ce bois ne peut plus servir à l'équarrissage, ni à la menuiserie, parce que les fibres se présentent dans tous les sens et souvent au rebours du mouvement de l'outil. Les fibres se trouvent tranchées et n'offrent plus aucune résistance.

Nœuds. Les nœuds proviennent soit de l'enchevêtrement des fibres, soit de la naissance d'une branche sur le tronc. Ils ne sont pas tous vicieux. Ne sont mauvais que ceux qui, formés de bois mort, peuvent amener la pourriture du bois qui se communique peu à peu aux parties saines.

Les bois noueux sont difficiles à travailler et doivent être rejetés pour tout travail de charpente et de menuiserie un peu délicat. On nomme *bois tranché* celui dont les nœuds vicieux ou les fibres obliques coupent la pièce et lui retirent toute solidité.

Loupes. Excroissances d'une contexture confuse produite par une affluence de sève se portant sur un point quelconque du tronc et qui détermine une détérioration des lobes.

Quelquefois les *loupes* proviennent de la piqûre faite par certaines mouches, de blessures, de végétations parasites.

Elles empêchent de tirer bon parti d'un arbre et d'en obtenir des pièces de longueur, puisqu'on est obligé de les couper au-dessus et au-dessous des loupes. Dans certaines essences de bois, telles que l'orme, le noyer commun, les loupes sont utilisées, étant débitées en feuilles de placages, à produire des effets de décoration assez riches à cause de leurs veines et de leurs accidents de coloration.

Gélivures. La succession brusque de fortes gelées et de dégels produit sur les arbres une contraction de la sève qui, en se dégelant, fait éclater le bois, du centre à la circonférence. D'autres gerçures, dites *gélivures simples*, produites aussi par la gelée, diffèrent des précédentes, en ce qu'elles vont de la circonférence au centre. Elles ne traversent habituellement que l'écorce et l'aubier.

Il ne faut pas les confondre avec celles produites sur les bois par une trop prompte dessiccation après l'abatage.

Bois fendus. Défaut produit sur les bois lorsqu'on néglige après l'abatage des arbres de les faire sécher graduellement. Il se produit des gerçures qui se dirigent dans le sens des rayons. Une dessiccation trop rapide produit aussi, dans le sens des fibres, de brusques fissures qui pénètrent plus ou moins profondément et quelquefois même jusqu'au cœur. Ces bois prennent le nom de *bois fendus*.

Retour. Maladie qui frappe les arbres quand ils commencent à périr de vieillesse. Elle se reconnaît au dessèchement des branches les plus élevées où la sève ne peut plus atteindre et à une multitude de petites gerçures disposées en travers des fibres ; le bois a, quand on le coupe, une apparence terne.

On nomme *bois passé* celui qui est arrivé à un degré de caducité encore plus avancé que celui du bois en *retour*.

5. Conservation des bois[1]. — Exposés à l'influence des agents atmosphériques et aux alternatives de sécheresse et d'humidité, les bois s'altèrent, pourrissent et finalement tombent en poussière. L'action de la sève qui renferme des matières solubles, susceptibles de fermenter, est la cause principale de la détérioration du bois ; c'est donc ce liquide qu'il faut chasser ou dont il faut annuler les effets. La dessiccation naturelle ou artificielle des bois doit, par conséquent, précéder leur emploi, l'introduction dans le tissu fibreux d'agents chimiques destinés à combattre le travail de fer-

1. D'après le Dictionnaire des termes employés dans la construction de Chabat.

mentation de la sève constitue un procédé plus récent. Parlons d'abord du séchage.

Dessiccation des bois. — Cette opération se fait par l'exposition à l'air libre ou par immersion; dans tous les cas on doit d'abord, après l'abatage, enlever toutes les parties altérées, vider les nœuds pourris et les remplir de goudron. La *dessiccation naturelle* à l'air est le système le plus ancien et le plus répandu. On dépose les bois sous des hangars ou on les empile de manière que l'air puisse circuler autour, sans toutefois amener un séchage trop rapide. A cet effet, on pose les premiers rangs sur des *chantiers* et on en place d'autres au-dessus, en interposant des pièces de rebut appelées *tasseaux* ou *épingles.*

Si on manque de hangars, on emploie le même procédé en couvrant les bois de paille ou de paillassons; l'exposition dure trois ans.

La *dessiccation artificielle* se fait par la vapeur; on comprend dans cette opération : le *lessivage*, dans lequel on soumet les bois à l'action de la vapeur dans un réduit clos en maçonnerie; l'*essorage* ou exposition : on expose des pièces pendant un mois, dans un local sec bien aéré; l'*étuvage*, ou séjour des bois pendant un mois également, dans une salle chauffée à 25 ou 30 degrés. Les bois ainsi desséchés deviennent quelquefois cassants et toujours très hygrométriques, ce qui nuit à leur durée.

L'*immersion* ou *flottage des bois*, employée surtout pour les bois durs, a pour but de hâter la dessiccation en dissolvant les matières solubles contenues dans la sève; l'eau courante est préférable à l'eau stagnante pour cette opération; trois mois d'immersion et trois ou quatre mois d'exposition à l'air suffisent pour donner des bois bons à mettre en œuvre.

L'immersion dans l'eau de mer rend les bois hygrométriques et les fait pourrir rapidement. La vase et le sable humide peuvent, suivant les circonstances locales dans lesquelles on se trouve, remplacer l'eau pour l'immersion.

On a encore proposé d'expulser la sève par compression, par l'action de la chaleur, de l'eau bouillante ou par le séchage à l'étuve; mais de tous ces procédés le meilleur est encore le plus simple, c'est la dessiccation lente à l'air qui donne les meilleurs résultats. Néanmoins, la plupart des bois employés à Paris dans les constructions sont des bois flottés.

Injection des bois. — Ce système de conservation est basé sur le principe de la transformation dans le bois, par les agents chimiques, des substances solubles, fermentescibles et attaquables aux insectes, en substances insolubles et à l'abri de la fermentation et des attaques. A cet effet, on introduit dans les canaux séveux un liquide contenant une matière antiseptique, telle que le sublimé corrosif, le sulfate ou le pyrolignite de fer, le chlorure de zinc, un mélange de sulfate ou de sulfure de baryum, la créosote et le sulfate de cuivre. Ces divers réactifs sont introduits par *immersion*, *pression* ou *succion*.

L'immersion dans un bain de sublimé corrosif (bichlorure de mercure), employé dans le procédé Kyan, donne de bons résultats, mais trop dispendieux.

L'idée de l'injection des bois par pression est due à M. Bréhant; le principe est le suivant : soumettre les bois, dans un appareil disposé à cet effet, à une pression de plusieurs atmosphères; cette idée a été réalisée sur une grande échelle par M. Pann et perfectionnée par MM. Léger et Fleury-Pironnet, de telle sorte que l'on peut exécuter une injection complète en deux heures et renouveler plusieurs fois l'opération dans une même journée.

Le procédé par succion a été inventé par M. Boucherie. Un réservoir contenant une dissolution de sulfate de cuivre ou de pyrolignite de fer entoure le pied de l'arbre encore debout ou récemment abattu et garni de ses feuilles. La force naturelle qui produit le mouvement de la sève détermine l'absorption du liquide par deux fortes entailles pratiquées sur le tronc. Cette méthode quoique très simple a l'inconvénient d'exiger que le travail d'injection se pratique en forêt; M. Boucherie l'a remplacé par l'infiltration, sous une pression convenable, dans le sens des cellules longitudinales, de la substance antiseptique.

A cet effet, la dissolution sortant d'un réservoir placé assez haut, est amenée par un tube sur l'extrémité de la pièce ou sur une fente pratiquée au milieu, et finit par remplir toutes les veines du bois, si bien que le liquide sort à l'extrémité opposée à celle par laquelle il est entré.

Le chêne se laisse moins bien pénétrer que les autres bois de construction.

Le procédé Boucherie est en usage pour la préparation des bois destinés aux traverses de chemins de fer, poteaux télégraphiques, etc.

Les matières employées dans cette opération, le sulfate de cuivre et le pyrolignite de fer, ne préviennent pas seulement la pourriture et la vermoulure, mais encore rendent la combustion plus difficile et durcissent les fibres du bois; il en résulte que l'on peut employer, après les avoir soumis à l'injection, des bois rejetés jusqu'ici comme trop tendres.

On emploie encore le chlorure de zinc, les goudrons de bois ou de houille, la créosote; les prix de revient, par mètre cube de bois, sont les suivants :

Procédé Boucherie........................ 12 à 15 fr.

Méthode Bréhant perfectionnée avec emploi de :

Sulfate de cuivre........................	8 à 9 fr.
Huile créosotée........................	16 à 18 fr.
Chlorure de zinc........................	8 fr.
Goudron de bois et de houille........................	14 à 16 fr.

Sel ordinaire .... 4 fr.
Tannate de fer .... 8 à 12 fr.

Carbonisation des bois. — Un autre procédé de *conservation* des bois bien répandu depuis quelque temps, grâce aux travaux de M. Lapparent, consiste dans la *carbonisation superficielle* des bois. Sous l'action d'un jet de gaz enflammé, il se forme une pellicule au-dessous de laquelle le bois présente une couche brunâtre, torréfiée, dans laquelle se trouvent développés des produits créosotés qui sont évidemment antiseptiques. Ce mode de *conservation* est applicable en particulier au chêne, qui se laisse pénétrer difficilement par les liquides.

Conservation des bois ouvrés. — Les agents les plus efficaces pour préserver de la destruction des bois mis en œuvre, après dessiccation, sont la peinture à l'huile et les enduits au goudron.

6. Du mesurage ou métrage des bois en grume. — Le mesurage des arbres sur pied se fait, dans les forêts, à l'aide d'un cordeau avec lequel on prend la circonférence au milieu de la hauteur, et le diamètre ne se compte, pour les arbres mesurés au tiers de la circonférence, que de 0 m 08 en 0 m 08 : ainsi une circonférence de 1 m 24 ou de 1 m 27 n'est comptée que pour 1 m 22 ; comme un arbre de 1 m 60 n'est compté que pour 1 m 54. En outre, dans cette opération, on déduit l'écorce de l'arbre : savoir : 0 m 827 pour les arbres qui ont 0 m 38 de diamètre, et 0 m 05 pour ceux au-dessus. Cette déduction opérée, il existe quatre manières différentes de réduire les arbres au carré, ce qui dépend des conventions que l'on a faites, ou de l'usage des localités.

La première consiste à prendre le 1/3 de la circonférence ou les 33/100 ; ainsi un arbre de 1 m 03 de diamètre, déduction faite de l'écorce qui n'est comptée que pour 0 m 97, est considéré comme devant produire une pièce de 0 m 32 en carré.

Cette convention, comme on le voit, est très avantageuse pour le vendeur, et ne peut produire que des bois de charpente presque ronds ; aussi ce mode est-il peu en usage.

La seconde manière consiste à prendre le 1/4 de la circonférence ou les 25/100 ; ainsi un arbre de 1 m 03 est supposé devoir produire une pièce de 0 m 25 sur 0 m 27 de grosseur ; c'est l'équarrissage dont on fait usage dans les forêts de la Picardie, dans celles aux environs de Paris.

La troisième manière consiste à déduire le 1/6 de la circonférence et à prendre le 1/4 du reste de cette circonférence, ce qui correspond aux 21/100 ; de sorte qu'un arbre de 0 m 97 n'est compté que pour 0 m 81, dont on prend le 1/4 ; ce qui produit un équarrissage de 0 m 20, que l'on compte pour 0 m 19 sur 0 m 22 ; c'est le mode en usage dans les forêts de la Champagne.

Enfin, la quatrième consiste à déduire le 1/5 de la circonférence et à prendre de même le 1/4 du reste de cette circonférence, ce qui correspond aux 20/100 : de sorte que le même arbre de 0m 97 ne produit qu'un équarrissage de 0m 19. Ce dernier mode de réduction est rarement en usage.

L'octroi de Paris emploie le cubage au 1/10 déduit dans lequel on ne retranche que le 1/10 de la circonférence.

Dans les chantiers des marchands de bois où les arbres sont grossièrement équarris avec flaches sur les arêtes, le cube commercial fait abstraction des flaches ou inégalités; mais, pour tenir compte du cube manquant, on ne mesure les côtés d'équarrissage que de 0m 03 en 0m 03, et la longueur par accroissements de 0m 05; l'acheteur bénéficie de tout ce qui excède en équarrissage le plus grand multiple de 0m 03, et en longueur le plus grand multiple de 0m 25.

Le *cubage à la ficelle*, employé dans l'Est de la France, consiste à mesurer avec un ruban le contour de la section moyenne et à adopter, pour côté d'équarrissage, le plus petit multiple de 0m 02 ou de 0m 03 contenu dans le quart du contour.

7. Débit des bois. Bois du commerce. — Les gros bois destinés à la charpente ne sont pas débités suivant des équarrissages fixes; on utilise les bois en grume tels qu'ils se présentent, de manière à avoir le moindre déchet et la meilleure utilisation possible. Ces bois en grume sont d'abord écorcés, puis équarris avec arêtes flacheuses, et on les distingue alors en *bois ordinaires* et *bois de qualité*.

Pour le *chêne*, le *bois ordinaire* est celui d'équarrissage inférieur à 0m 30 et de longueur au-dessous de 8m 00; au-dessus, c'est le *bois de qualité*, comprenant :

Le *petit arrimage*, de 0m 30 à 0m 39 d'équarrissage et au-dessous de 8m 00 de longueur; le *moyen arrimage*, de 0m 40 et 0m 41 d'équarrissage, et de toutes longueurs; le *gros arrimage*, de 0m 42 à 0m 50 d'équarrissage, et de toutes longueurs; le *gros bois*, de 0m 51 d'équarrissage et au-dessus, et de toutes longueurs.

Le *sapin* de toutes longueurs est considéré comme *bois ordinaire* jusqu'à 0m 27 de grosseur; au-dessus, c'est le *sapin de qualité*, comprenant deux catégories :

1° de 0m 28 à 0m 36 d'équarrissage;

2° de 0m 37 et au-dessus.

Les bois se vendent encore dans le commerce, débités à des dimensions plus ou moins fixées par le sciage ou par l'action de la hache; ce sont les *bois de sciage* et les *bois refendus*.

L'*équarrissement à la cognée* est vite fait, mais ne produit que des débris appelés *ételles*; l'*équarrissement à la scie* est plus coûteux, mais donne des levées irrégulières appelées *dosses*, dont on a souvent l'emploi, ce qui paye l'excédent de main-d'œuvre. On doit toujours, dans les deux modes d'équarrissement, enlever complètement l'écorce et l'aubier.

Les bois qui ont des flaches sur les angles se nomment *bois flaches*, et ceux qui sont équarris à vives arêtes, *bois vifs*. On a longtemps débité, suivant les rayons, les chênes de France ; les bois ainsi obtenus, connus sous le nom de chênes de Hollande, sont stables et maillés ; on les dit *débités sur mailles* ; les planches obtenues ont une épaisseur inégale, et on n'enlève du bois, pour leur donner la même épaisseur sur les deux bords, que sur une face, de manière à conserver la maille sur l'autre ; le déchet est donc considérable. Le procédé le plus simple et le plus employé consiste à débiter les *billes* de bois de longueur découpées dans les arbres, en planches parallèles, par *sciage en long*, en enlevant d'abord deux dosses pour obtenir des planches d'égale largeur (fig. 1, pl. XXX) ; il reste deux petites dosses de chaque côté. Les premières planches de chaque côté ont les bords en biseau ; on les appelle *chons*. Ce mode de débit est défectueux parce que les planches obtenues tendent à se gondoler et à se cintrer ; les mailles situées sur l'une des faces de la planche sont plus nombreuses et plus rapprochées que celles qui sont sur l'autre face, et, par suite, l'humidité ne produit pas sur ces deux faces le même effet. De plus, les faces sont sujettes à se gercer et à se fendre à cause de l'inégale dessiccation des deux faces.

Le *sciage* exécuté *sur mailles* ne présente pas le même inconvénient, mais il exige plus de main-d'œuvre. On refend d'abord les arbres en quatre ou six quartiers, et on incline également les traits de scie par rapport aux deux faces de chaque quartier (fig. 2, pl. XXX).

On peut encore diviser la bille en quatre quartiers, et diriger les traits de scie alternativement parallèles aux faces de chacun (fig. 3, pl. XXX).

Les dimensions des bois de sciage sont différentes suivant qu'il s'agit du sapin, du chêne, ou d'autres bois ; on les trouvera indiquées au paragraphe relatif aux prix des ouvrages de *menuiserie* auxquels ils sont surtout destinés.

Les *bois de fente ou de refend* sont généralement de peu de longueur, de 1 m 33 à 1 m 45 ; ils forment des planches appelées *merrains* ou des *lattes* ; les merrains de chêne servent à faire des parquets choisis ou des panneaux ; ils ont une épaisseur de 0 m 033 à 0 m 040 ou 0 m 047 sur 0 m 13 à 0 m 16 de largeur.

La *latte de chêne* a 0 m 005 à 0 m 010 d'épaisseur, 0 m 04 de largeur et 1 m 33 de long ; on distingue la latte ordinaire et la latte de cœur.

Le *bardeau* est une latte de 0 m 33 de longueur.

La *latte de châtaignier* sert surtout à faire des treillages ; elle est supérieure à la latte ordinaire du chêne, mais inférieure à la latte de cœur.

8. Transport des bois. — Le transport des bois de fort équarrissage et des billes de bois en grume s'effectue au moyen de *fardiers*, véhicules composés de deux grands limons horizontaux réunis par des traverses appelées *espars* et posés par l'intermédiaire de pièces de bois mobiles sur un essieu portant deux grandes roues (fig. 23, pl. XXX).

Un treuil avec chaînes sert à soulever les pièces de bois au moyen d'un grand levier ou *flèche* et à les maintenir soulevées entre les roues et en contrebas de l'essieu ; on les lie aux limons en avant, et au levier en arrière.

Le *diable* est un fardier plus petit, destiné à être traîné par des hommes, et qui sert au transport des pièces trop fortes pour être portées à l'épaule. Les pièces de bois sont liées à l'essieu et à la flèche du diable par des cordes (fig. 24, pl. XXX).

Le *triqueballe* est composé d'un diable dont la flèche vient poser par un axe vertical sur le milieu d'un avant-train à roues basses. Il se dirige plus facilement que les fardiers (fig. 25, pl. XXX).

Pour transporter des pièces très longues, on combine quelquefois deux diables pour en faire une sorte de triqueballe. On pose les bois sur l'essieu d'un des diables par leur extrémité arrière ; on les attache à cet essieu et à la flèche du diable ; on les fait reposer par leur extrémité avant sur une sellette en bois ou en fer, articulée en son milieu par un axe vertical, sur l'essieu du second diable, qui forme ainsi avant-train, et qui reçoit la traction directe d'un ou de plusieurs chevaux. Dans les chantiers, les bois sont *coltinés* à l'épaule par une équipe d'hommes, sous la direction d'un chef. Les bois de sciage sont ordinairement transportés sur une charrette ; lorsqu'ils sont longs, on les soulève par l'avant, de manière à les faire passer au-dessus du cheval.

9. Résistance des bois. — Dans les pièces de charpente, le bois peut être soumis à des efforts de compression longitudinale, de traction, ou de flexion.

Pour le bois soumis à une *compression*, il y a lieu de distinguer entre les *pièces courtes*, comme des dés, des cales, et les *pièces longues*, comme des poteaux, des arbalétriers de fermes, etc.

Pour les pièces courtes, l'*écrasement par compression* se produira sans que la pièce ait fléchi transversalement ; on adoptera comme résistance de sécurité 1/7 à 1/10 de la charge de rupture, ce qui donnera en moyenne 40 à 60 kil. par cent. carré.

D'après les expériences de Rondelet et de Hodgkinson, les charges, par centimètre carré, produisant l'écrasement, sont les suivantes :

Aune	480k	Sapin rouge de Prusse	457k	Pin résineux	477k
Frêne	610	Sapin blanc	477	Sycomore	498
Hêtre	543	Sureau	524	Teak très sec	850
Bouleau	232	Orme très sec	726	Noyer	426
Cèdre	399	Acajou	576	Saule	203
Pommier sauvage	457	Chêne de France	385	Prunier	579
Peuplier	218	Chêne d'Angleterre	456		

Dans les pièces longues, la rupture ne se produit pas par écrasement, mais par *flambage* ou par *voilement*; la pièce commence par se fléchir transversalement, et d'autant plus rapidement qu'elle est plus longue. D'après le général Morin, on doit réduire la résistance de sécurité en tenant compte du rapport de la longueur l de la pièce à sa plus petite dimension transversale b, d'après le tableau suivant, dans lequel R' représente la résistance de sécurité à admettre, si R est la résistance à la compression d'une pièce courte.

$\frac{l}{b} =$	0	12	14	16	18	20	22	24	28	32	36	40	48
$\frac{R'}{R} =$	1	0.74	0.70	0.66	0.62	0.58	0.54	0.50	0.43	0.37	0.32	0.28	0.17

La *résistance des bois à l'extension* est variable, et on peut admettre, comme résistance de sécurité le 1/10 environ de la charge de rupture, soit 60 à 80 kil. par cent. carré de section. D'après Poncelet, les charges de rupture sont les suivantes par centimètre carré.

Chêne	600 à 800^k	Frêne	1.200^k	Teak	1.100^k
Sapin	800 à 900	Orme	1.040	Poirier	690
Tremble	600 à 700	Hêtre	800	Acajou	560

§ 2. — LES ASSEMBLAGES DE CHARPENTE

10. Outils de charpentier (pl. XXX). — *Besaiguë* ou *Bisaguë* (fig. 4). Outil formé d'une barre de plat aciéré à ses extrémités, ayant environ 1^m 20 de longueur, sur 4 à 5 centimètres de large, et munie, en son milieu, d'une douille formant poignée, qui sert à manœuvrer l'outil dans les deux sens. L'une des extrémités est formée d'un ciseau large et plat, qui n'a qu'un seul biseau exactement semblable au ciseau qu'emploie le menuisier; il sert à dresser le bois en le coupant parallèlement à son fil, après le travail de la cognée; l'autre extrémité est formée d'un bédane suivant un plan perpendiculaire à celui du tranchant opposé, il sert spécialement à faire les mortaises.

Haches ou *Cognées*. — Outils servant à trancher le bois et à faire des entailles profondes. Ils se composent d'une lame de forme un peu triangulaire en fer corroyé avec tranchant aciéré et à un ou deux biseaux. Les cognées (fig. 5 à 9 inclus) servent à faire les gros ouvrages et à parer les ouvrages grossièrement ébauchés.

Doloire. — Outil en fer corroyé et à lame tranchante en acier, beaucoup plus plate que la cognée; elle a la forme analogue à une épaule de mouton; du reste, c'est ainsi que les ouvriers charpentiers la nomment vulgairement, elle sert à planer ou plutôt à polir le bois. C'est, pour mieux dire, l'instrument qui fait l'office de rabot dans la charpente, tout en étant employé par percussion (fig. 10).

Herminette ou *Essette*. — Hache de charpentier qui a son tranchant dans un plan perpendiculaire au manche et son biseau intérieur.

L'Herminette sert à planer et unir le bois ; sa plus grande utilité est dans le travail des pièces courbes (fig. 11).

L'*Herminette à gouge* (fig. 12) a son fer contourné en gouge, le tranchant est circulaire ; cet outil, comme le précédent, porte une tête de marteau, et sert à creuser les bois en gouttière.

L'*Herminette à main* (fig. 13). On ne la fait agir que d'une main, le manche est en forme d'S et est maintenu avec le fer par un anneau serré par un coin en métal.

On distingue encore l'*Herminette à ciseau* (fig. 14) et l'*Herminette à cognée* (fig. 15).

Scie de charpentier (fig. 16). — Lame d'acier fixée dans deux montants en bois avec les dents au dehors. La lame entre dans des fentes qu'elle remplit exactement afin de ne pas vaciller et est retenue à chaque extrémité par un clou rivé qui la traverse ainsi que les montants. Une pièce de bois parallèle à la lame fixe l'écartement des montants et s'y assemble au milieu de leur longueur. Ces bras sont, en outre, réunis par une corde tournée plusieurs fois d'un montant à l'autre et les brins en sont tordus. Une pièce de bois appelée clef est passée dans les brins et sert à produire la torsion ainsi qu'à la conserver.

Le haut des montants se rapproche d'autant plus que la torsion est plus forte, et la scie se trouve ainsi tendue.

Cette scie a environ 1^{m} 30 et est manœuvrée par deux hommes. Elle sert à couper les bois de longueur et à ébaucher les tenons et entailles d'assemblages. Les dents de la scie ont la forme de triangles isocèles et coupent des deux côtés.

Passe-partout. — Cette scie (fig. 17) sert à refendre les grosses pièces que la scie ordinaire ne peut traverser. On ne s'en sert que pour le débit des pièces dont la grosseur est plus forte que la distance entre les dents et la traverse de la scie dont nous venons de parler.

La lame passe-partout est droite sur le dos et arrondie en arc de cercle du côté des dents. Cette lame est munie à chaque extrémité d'une douille recevant un manche cylindrique en bois. La scie est manœuvrée par deux hommes qui appliquent chacun leurs deux mains à chacun des manches. La courbure de la lame a pour but de lui donner plus de largeur et par conséquent plus de durée, l'aiguisement des dents devant être très souvent répété.

Les dents de cette scie, ayant un grand trajet à faire avant de rejeter leurs copeaux, doivent être tenues assez espacées ; on leur donne assez généralement de 0^{m} 016 à 0^{m} 020 d'axe en axe.

Scie de long (fig. 18). — Cet outil est formé d'une forte lame montée sur un châssis en bois assemblé à tenons passants et mortaises. Deux poignées servent à manœuvrer ce châssis : l'une, supérieure, appelée *chevrette*; l'autre, inférieure, appelée *renard*. Elle sert à refendre les pièces de bois, quelle que soit leur longueur.

La lame est placée parallèlement aux montants et dans un plan perpendiculaire au châssis. Elle est fixée au châssis au moyen de boucles carrées en fer ; une des boucles est munie d'une vis de tirage qui sert à tendre la lame.

La pièce de bois à refendre est montée sur deux chevalets. L'un des deux hommes monte dessus et relève la scie en ayant soin d'empêcher que les dents ne touchent le bois; au moment où elle redescend, il la guide pour qu'elle suive bien le trait qui est placé sur la pièce de bois à refendre, en exerçant une légère pression. Celui qui est en bas exerce la forte pression qui doit faire faire à la scie tout son effet.

La forme des dents est telle que la scie ne peut scier qu'en descendant.

Quand le trait de scie a déjà une certaine longueur, l'ouvrier qui est en bas chasse à coups de maillet, par le bout où la scie est entrée, un coin de bois qui a pour effet de déterminer un écartement qui évite la pression du bois sur les côtés de la scie et empêche les parties séparées de vibrer.

Piochon. — Outil en tout semblable à la besaiguë, mais moins long et de forme recourbée (fig. 19). Sa longueur ne dépasse guère 0^{m} 50. Un manche est adapté dans la douille pour pouvoir s'en servir à percussion. On s'en sert habituellement pour percer les mortaises.

Cet outil est moins commode et moins employé que la besaiguë.

Tarières. — Les tarières sont de grandes vrilles que l'on manœuvre à deux mains et qui servent à percer des trous dans les pièces de bois; elles sont formées d'une mèche en acier et d'un manche perpendiculaire en bois, dans lequel la mèche est fixée.

Dans la *tarière ordinaire*, la mèche est terminée par une cuiller à spirale échancrée, dont la partie travaillante est taillée en biseau ; on doit d'abord amorcer le trou avec une gouje, puis retirer les copeaux à mesure qu'ils se forment (fig. 20, pl. XXX).

La *tarière anglaise* est formée d'une vis à filets carrés et à arêtes coupantes, et terminée en forme de vrille ; elle s'amorce elle-même et débourre ses copeaux (fig. 21, pl. XXX).

La *tarière à trépan* est élargie et présente deux taillants latéraux ; elle est également terminée par une vrille; on s'en sert pour les grands trous (fig. 22, pl. XXX).

Les *lacerets* sont de petites tarières qui servent à percer les trous de chevilles.

11. Classification des assemblages. — On peut assembler deux pièces de bois d'un grand nombre de manières, suivant la position qu'elles occupent l'une par rapport à l'autre et suivant les actions mutuelles qu'elles exercent l'une sur l'autre. Ces efforts seront tantôt des tensions qui tendront à les séparer, tantôt des compressions, tantôt des glissements, enfin, dans certains cas, des efforts alternatifs de ces différentes espèces.

Au point de vue de la manière dont les pièces se rencontrent, on peut classer les assemblages de la manière suivante :

a) Les pièces se rencontrent sous un certain angle.	1° Les deux pièces se croisent et passent chacune d'un côté à l'autre du point de croisement.	*Assemblages par entailles.*
	2° L'une des deux pièces ne dépassant pas le point de croisement.	*Assemblages à tenons et mortaises.*
	3° Aucune des deux pièces ne dépasse le point de croisement.	*Assemblages d'angles.*
b) Les deux pièces se joignent en ligne droite bout à bout		: *Entures.*
c) Les deux pièces s'assemblent parallèlement l'une à l'autre		: *Assemblages jumelés.*

12. Assemblages par entailles. — *1° Assemblage à mi-bois* (fig. 26, pl. XXX). Les deux pièces sont entaillées chacune de la moitié de leur épaisseur, sur une largeur égale à celle de l'autre pièce ; les deux pièces étant réunies s'arasent sur deux faces si elles ont même hauteur. Les deux pièces peuvent être soit d'équerre, soit obliques l'une sur l'autre.

2° Assemblage à mi-bois avec embrèvement (fig. 27, pl. XXX). Lorsque les deux pièces sont très obliques l'une sur l'autre, il y aurait à craindre que la pression de l'angle aigu de l'une des pièces fît éclater le bois de l'autre : on pratique alors un *embrèvement*. C'est une sorte d'épaulement régnant sur toute la largeur de la pièce et dont la fonction est plus spécialement de recevoir et de répartir la pression sur une surface d'une étendue suffisante. L'about de l'embrèvement est, en général, dirigé suivant la bissectrice de l'angle des faces des deux pièces.

13. Assemblages à tenons et mortaises. — *1° Assemblage à mi-bois* (fig. 28, pl. XXX). Cet assemblage est employé pour pièces horizontales : l'une des pièces, celle qui passe de part en part du croisement, et qui est la pièce importante, reçoit une *mortaise*, qui n'est ici qu'une entaille faite sur la moitié de sa hauteur, et ayant comme largeur la largeur de l'autre pièce ; celle-ci est entaillée de la moitié de sa hauteur sur son about, de manière à constituer un *tenon*. Les faces supérieures et inférieures des deux pièces sont arasées.

2° Assemblage à paume. Si l'on ne veut pas affaiblir la pièce portante, on remplace l'entaille à mi-bois par une simple entaille inclinée (fig. 29, pl. XXX) et on a alors l'*assemblage à paume* ; par suite du glissement qui tend à se produire de la face inférieure du tenon sur la face de la mortaise, la pièce portante subit une poussée latérale que l'on évite en ménageant un repos horizontal appelé *épaulement* (fig. 30, pl. XXX). Si la paume est inclinée en bout comme l'indique la figure, on l'appelle *paume grasse*; si elle est d'équerre, c'est la *paume droite* (fig. 31, pl. XXX).

3° *Assemblage à mi-bois à queue d'hironde.* Lorsque l'assemblage à mi-bois de deux pièces horizontales doit s'opposer à la disjonction des pièces, on donne à l'entaille et au tenon correspondant la forme de trapèze, la plus grande largeur étant vers l'about (fig. 32, pl. XXX).

4° *Assemblage simple à tenon et mortaise.* Dans cet assemblage, l'une des pièces, celle qui s'arrête au point de croisement, porte un *tenon* à son about; ce tenon s'engage dans un trou correspondant, nommé *mortaise*, pratiqué dans l'autre pièce. Cet assemblage convient aussi bien à deux pièces horizontales qu'à une pièce horizontale et une pièce verticale.

Dans le cas où les deux pièces sont horizontales, le tenon présente sa plus grande largeur dans le sens horizontal (fig. 1, pl. XXXI).

Si les deux pièces sont dans un même plan vertical, le tenon présente sa plus grande largeur dans le sens vertical (fig. 2, pl. XXXI).

Le tenon est toujours maintenu dans la mortaise à l'aide d'une *cheville* qui traverse l'assemblage. Le tenon peut être double comme l'indiquent les figures 3 et 4, pl. XXXI, que les pièces soient perpendiculaires ou obliques l'une sur l'autre.

Lorsqu'on veut assembler une pièce verticale dans une pièce horizontale sur laquelle elle repose, comme dans le cas de l'assemblage d'un poteau de pan de bois sur une sablière, on emploie un tenon carré (fig. 5, pl. XXXI).

5° *Assemblage à tenon passant.* Quand les deux pièces assemblées à tenon et mortaise tendent à être séparées l'une de l'autre, la cheville de l'assemblage n'est pas suffisante pour les retenir en place, et on peut employer le tenon passant; la mortaise traverse toute l'épaisseur du bois de la première pièce, et on fait dépasser le tenon qu'on arrête par une véritable clef s'appuyant sur la face arrière de cette pièce (fig. 6, pl. XXXI).

On peut employer également un double tenon (fig. 7, pl. XXXI).

Enfin, on peut appliquer la même disposition, mais avec joues apparentes (fig. 8 et 9, pl. XXXI).

6° *Assemblage à tenon, mortaise et queue d'hironde.* Lorsque les deux pièces assemblées tendent, comme précédemment, à être séparées l'une de l'autre, on peut encore employer l'assemblage à tenon, mortaise et queue d'hironde, dans lequel le tenon a la forme de queue d'hironde; le petit côté de la mortaise a alors une largeur au moins égale à la plus grande largeur du tenon, et il faut fixer l'assemblage à l'aide d'une *clef*, morceau de bois destiné à remplir le vide restant entre le tenon et la mortaise lorsque l'assemblage est en place (fig. 10, pl. XXXI).

7° Assemblage à tenon et mortaise sur l'arête. Cet assemblage est destiné à réunir deux pièces qui se présentent sur l'angle, et qui ont une section carrée et le même équarrissage. La pièce verticale porte une entaille dans laquelle s'engage l'about de la pièce horizontale, taillé en sifflet par deux plans à 45° ; au fond de l'entaille est pratiquée la mortaise qui reçoit le tenon de la pièce horizontale (fig. 1, pl. XXXII).

8° Assemblages à tenons renforcés. Lorsqu'une pièce horizontale assemblée dans une autre pièce horizontale est fortement chargée, on renforce le tenon à l'aide d'un épaulement supérieur qu'on nomme *renfort en chaperon* (fig. 11, pl. XXXI). L'épaulement peut avoir sa face d'équerre et on l'appelle *renfort carré* (fig. 12, pl. XXXI).

On peut encore renforcer le tenon par-dessous, comme l'indique la fig. 13, pl. XXXI.

9° Assemblage à tenon, mortaise et encastrement. Lorsqu'une pièce horizontale fortement chargée est assemblée dans une pièce horizontale, on cherche à soulager le tenon en augmentant la surface de repos ; à cet effet, on fait pénétrer la pièce horizontale dans toute sa largeur et sur une longueur de 0^{m} 01 à 0^{m} 03 dans la pièce verticale (fig. 14, pl. XXXI).

10° Assemblage à tenon et mortaise avec embrèvement. Cet assemblage est employé pour relier des pièces obliques dans le cas où la pièce portant le tenon est appuyée sur l'autre par un effort de compression assez énergique ; on peut alors craindre que le tenon ne soit rompu et on le renforce par un *embrèvement*; la pièce portant tenon est encastrée par toute sa largeur dans l'autre, ce qui augmente la surface d'appui, et évite en même temps que l'arête aiguë de la première pièce forme coin tendant à faire éclater le bois de la seconde. L'about de l'embrèvement peut être perpendiculaire à la face de la pièce qui le porte, ou à la face de l'autre pièce, lorsque celle-ci est plus large que la pièce oblique (fig. 15 et 16, pl. XXXI).

On peut employer le même assemblage, mais dans un but un peu différent, dans le cas où une pièce horizontale très chargée est assemblée dans une pièce verticale (fig. 17, pl. XXXI); l'embrèvement ainsi obtenu sert à créer une surface de repos pour la pièce horizontale.

11° Assemblage à tenon, mortaise à double embrèvement. Lorsque les deux pièces sont très obliques l'une par rapport à l'autre, on forme un double embrèvement, et comme alors les deux pièces tendent généralement à être fortement appuyées l'une sur l'autre, on fait le tenon très court, et il ne sert qu'à empêcher tout déplacement latéral. Si cependant on craint que les pièces tendent à se disjoindre, on peut faire un tenon plus long (fig. 18 et 19, pl. XXXI).

12° Assemblage à tenon mortaise, embrèvement et encastrement. Dans le cas où la pièce embrevée est plus étroite que l'autre, on encastre l'embrèvement comme l'indique la fig. 20, pl. XXXI.

13° Assemblage à embrèvement et enfourchement dit joint anglais. Dans cet assemblage, le tenon disparaît, tandis que les embrèvements prennent un développement plus considérable; la pièce embrevée est légèrement entaillée au milieu de son about, tandis que l'autre pièce porte entre les deux embrèvements une partie pleine correspondant à cette entaille (fig. 21, pl. XXXI).

14° Assemblage à oulice. C'est un assemblage à embrèvement servant à assembler le pied d'une pièce verticale dans une pièce oblique (fig. 22, pl. XXXI).

14. Assemblages d'angle. — *1° Assemblage à mi-bois* (fig. 2, pl. XXXII). Si l'assemblage ne tend pas à se déformer, comme dans le cas de deux pièces horizontales, cet assemblage peut être suffisant.

2° Assemblage à tenon et mortaise (fig. 3, pl. XXXII). La mortaise est ouverte dans toute l'épaisseur de l'une des deux pièces, de sorte que le tenon apparaît sur deux faces; l'assemblage est consolidé par deux chevilles.

Si on dirige le joint des deux pièces suivant la diagonale, on a les *assemblages d'onglet*, plus spécialement employés en *menuiserie*.

15. Entures. — *1° Assemblage à mi-bois.* Si deux pièces sont bien soutenues en tous leurs points, on peut les assembler simplement à mi-bois (fig. 4, pl. XXXII).

Si les pièces devaient subir une tension longitudinale tendant à les séparer, il faudrait les réunir par des *plate-bandes en fer* assujetties par des vis ou des boulons.

Si les pièces n'étaient pas bien soutenues, il faudrait, pour les empêcher de fléchir, les maintenir assemblées au moyen d'étriers.

On peut encore obvier au même inconvénient en taillant en biais dans les deux sens sur les extrémités des coupes; on forme ainsi une sorte de queue d'hironde qu'on peut consolider encore par des ferrements (fig. 5, pl. XXXII).

2° Assemblage à tenon et mortaise. On emploie quelquefois, pour réunir deux pièces bout à bout, une enture à tenon et mortaise, lorsqu'aucun déplacement latéral n'est possible, sans cela le tenon pourrait faire éclater l'extrémité de la pièce (fig. 6, pl. XXXII).

3° Assemblage par quartiers à mi-bois. C'est un assemblage dans lequel chacune des pièces conserve la moitié de sa section, mais par quartiers obtenus en traçant dans l'about de chaque pièce deux traits de scie perpendiculaires (fig. 7, pl. XXXII).

4° Assemblage à tenon et tenaille en croix. Cette enture, comme la précédente, s'emploie surtout pour les poteaux verticaux. L'une des pièces porte un tenon en croix; l'autre, une mortaise correspondante laissant sur chacun des angles de la pièce un petit parallélipipède de bois (fig. 8, pl. XXXII).

5° *Assemblage à sifflet* (fig. 9, pl. XXXII). Cet assemblage résiste mieux que les précédents aux efforts de flexion, mais moins bien aux efforts de compression ; la coupe est faite en plan incliné avec deux crossettes extrêmes perpendiculaires à la coupe inclinée ; celle-ci est allongée le plus possible. On peut consolider le tout par des plate-bandes en fer.

6° *Assemblage à enfourchement* (fig. 10, pl. XXXII). C'est la combinaison de deux assemblages en sifflet en sens inverse ; cet assemblage est bien plus stable et résiste mieux que le précédent aux efforts latéraux ; on peut cependant, si ces derniers sont considérables, le consolider par des plate-bandes en fer.

7° *Enture en queue d'hironde à mi-bois.* Cette enture s'emploie pour le cas où les pièces ont à supporter de légers efforts de traction, mais sont bien soutenues latéralement ou reposent sur le sol ou sur une plate-forme.

Les deux pièces sont entaillées à mi-bois, mais l'extrémité de chacune d'elles est découpée en queue d'hironde s'engageant dans une entaille correspondante de l'autre (fig. 11, pl. XXXII).

8° *Assemblage à trait de Jupiter.* Cet assemblage peut remplacer tous les précédents, et, de plus, il peut résister à une tension longitudinale considérable. Il consiste dans deux coupes inclinées et allongées, séparées par une encoche et terminées par des crossettes d'équerre. Un coin ou *clef* en bois dur ou en métal entré à force dans l'encoche tend à rapprocher les deux pièces ; la jonction est d'autant plus solide que les coupes sont plus allongées et le coin plus serré. Pour empêcher les deux pièces de se déplacer transversalement l'une par rapport à l'autre, on donne aux crossettes des abouts de forme triangulaire ; on peut consolider l'assemblage par des ferrures (fig. 12, pl. XXXII).

Quand les pièces ont à résister à de grands efforts, on emploie les assemblages à deux ou à trois traits, mais on ne dépasse jamais trois (fig. 13, pl. XXXII).

16. Assemblages de pièces jumelées. — 1° *Assemblage à endents pour poutres en deux pièces.* Pour constituer des poutres de très fort équarrissage, on superpose quelquefois deux pièces de bois que l'on rend alors solidaires en les enchevêtrant par une série d'embrèvements appelés *endents.* Ils doivent être combinés de telle sorte qu'ils se serrent dès que la pièce se déforme sous l'action des charges qui lui sont appliquées.

Pour assurer une liaison suffisante, on maintient les pièces serrées les unes contre les autres au moyen de *boulons en fer* avec rondelles suffisamment larges (fig. 14, pl. XXXII).

Les coupes doivent être exécutées avec la plus grande précision pour qu'il n'y ait aucun jeu dans les endents. Comme ce résultat est difficile à obtenir, on préfère tracer les endents de manière qu'ils laissent entre eux des vides dans lesquels on enfonce des *clefs* en bois dur ou en fer qui les serrent fortement les uns contre les autres (fig. 15, pl. XXXII).

2° *Assemblage par moises*. On appelle *moises* deux pièces de bois parallèles comprenant entre elles d'autres pièces qu'elles sont destinées à relier; aux croisements avec les autres pièces, les moises sont entaillées de quelques centimètres; il en est de même des pièces rencontrées, et chaque point de jonction est maintenu par un *boulon* traversant l'ensemble des moises et de la pièce, ou par deux boulons placés dans les moises seulement, de chaque côté de la pièce rencontrée (fig. 16, pl. XXXII).

Lorsque les moises ont à porter de fortes charges, ou à résister à des chocs, on complique les entailles pour obtenir une plus forte liaison, comme l'indique la fig. 17, pl. XXXII.

17. Assemblages de planches et de madriers. — Pour assembler côte à côte des planches ou des madriers d'égale épaisseur, on peut les placer simplement en contact, ce qui s'appelle l'*assemblage à plat joint*; il ne peut s'employer que si les bois sont maintenus par des pièces transversales auxquelles ils sont fixés, et lorsque la surface n'a pas besoin d'être bien régulière (fig. 18, pl. XXXII).

Quand on ne veut pas qu'il se produise de jour par suite du retrait des bois, on emploie l'*assemblage à recouvrement* (fig. 19, pl. XXXII).

Mais le plus ordinairement, on emploie l'*assemblage à rainure et languette*; la rainure est une sorte de mortaise longitudinale dans laquelle s'engage la languette (fig. 20, pl. XXXII).

Pour les madriers, on emploie l'*assemblage à double rainure et languette* (fig. 21, pl. XXXII).

On économise une certaine quantité de bois en faisant sur les deux rives une rainure et en y engageant des *languettes rapportées* en bois dur taillées dans des bois de petit échantillon (fig. 22, pl. XXXII).

Enfin on se contente souvent pour les assemblages de grosses planches ou de madriers de l'*assemblage à grain d'orge*, dans lequel la rainure et la languette ont la forme triangulaire (fig. 23, pl. XXXII).

18. Établissement des bois. — 1° *Épures. Ételon.* Le *projet* d'une charpente se fait sur des dessins à petite échelle indiquant la disposition générale des pièces et les dimensions d'ensemble; ce dessin, sur lequel on marque avec soin les lignes d'axes des pièces, est livré au charpentier; le *chef d'atelier* ou *gâcheur* commence par le reproduire en grandeur d'exécution sur une aire en salpêtre, quelquefois recouverte d'un enduit en plâtre. Cette épure des axes ainsi tracée s'appelle *ételon*;

les lignes droites y sont tracées à l'aide d'un cordeau enduit de sanguine, et fixées par un trait de *rainette*, petite lame d'acier dont l'extrémité recourbée en crochet court est affûtée en tranchant.

On trace ensuite les pièces de bois avec leurs épaisseurs et dimensions ; on marque sur l'épure toutes les dispositions de détail, en faisant les rabattements nécessaires. Le gâcheur livre alors l'épure aux *compagnons charpentiers* chargés de l'établisement des bois et de leur exécution.

2° *Établissement des bois*. Cette opération comprend :

a) *Le choix des bois*, qui se fait d'après les données de l'épure.

b) *La mise sur lignes*, qui consiste à présenter les pièces de bois sur l'ételon dans la position qu'elles occuperont réellement en plaçant leurs axes bien à plomb des axes tracés sur l'ételon ; il faut rendre d'abord les axes des pièces apparents sur leurs faces par l'opération du *lignage*.

La mise sur lignes a pour but de relever sur la pièce les tracés de l'épure et d'y indiquer le travail à exécuter ; on commence par effectuer le *piqué des bois*, pour faire apparaître sur les faces des pièces les occupations de celles qui devront s'y assembler ; on indique les points importants du tracé par des piqûres faites avec la pointe du compas ; on trace ensuite en se guidant sur une règle les contours des rectangles ou parallélogrammes d'occupation.

Le *contre-lignage* reporte sur les faces opposées les tracés exécutés sur une face dans la mise sur lignes.

On *marque* ensuite les bois en y reportant les signes conventionnels dont on s'est servi pour indiquer sur l'épure les vides, les coupes, les arasements, etc.

On procède alors sur les diverses pièces au *tracé des assemblages* en se basant sur l'épure et sur les tracés précédents.

c) *La mise sur chantiers* des pièces consiste dans la confection des tenons, mortaises, assemblages et coupes diverses.

d) *L'assemblage provisoire* ou *mise dedans* permet de compléter les tailles difficiles, de rectifier les assemblages, et de terminer tout le travail que doit subir le bois.

3° *Pose des bois sur place*. La pose sur place comprend les opérations suivantes :

a) *Le triage des bois* après le transport pour réunir et classer les pièces dans l'ordre où doit se faire le montage.

b) *Le levage*, qui a pour objet de procéder au montage de chaque pièce au niveau auquel elle doit être placée dans la construction.

c) *La mise en place* dans laquelle la charpente est terminée, chaque pièce étant mise à sa place et assemblée aux pièces voisines, les assemblages chevillés, les ferrures placées.

Dans ces diverses opérations, le chef de chantier doit veiller à ce que tout se passe avec ordre, en évitant les fausses manœuvres, pour éviter les pertes de temps et les accidents.

§ 3. — LES PLANCHERS

19. Généralités. Poids et surcharges d'un plancher. — Un *plancher* est un ensemble de pièces de charpente destiné à séparer deux étages consécutifs d'une construction et à supporter, d'une part, l'aire horizontale formant le sol de l'étage supérieur, et le plafond de l'étage inférieur, d'autre part.

Le plancher se compose de pièces de charpente placées horizontalement et qui reposent par leurs extrémités sur les murs de la construction ; elles doivent présenter des dimensions transversales suffisantes pour supporter sans fléchir, d'une manière sensible, la charge qui leur est imposée, et la reporter sur les murs sans exercer sur ceux-ci de poussées latérales.

Le procédé le plus simple consiste à placer parallèlement l'une à l'autre, et à intervalles égaux, des pièces de bois appelées *solives*, que l'on fait porter par leurs extrémités sur deux murs opposés de la construction, d'une longueur d'au moins $0^{m}\,15$; c'est le *solivage parallèle*.

Ce système ne convient que si les murs qui reçoivent les abouts des solives ne sont pas percés de baies qui leur donnent une résistance inégale; dans ce dernier cas, on établit de fortes pièces dites *solives d'enchevêtrure* que l'on fait porter sur les points du mur où la résistance est la plus grande, et dans ces pièces, on assemble des pièces transversales appelées *linçoirs*, dans lesquelles s'assemblent à leur tour des solives; c'est *le plancher à enchevêtrures* ou *plancher enchevêtré*.

La même disposition est employée pour éviter les tuyaux de fumée et les cheminées, mais la pièce transversale prend alors le nom de *chevêtre*.

Enfin si l'écartement des murs, qu'on appelle *portée des solives*, devient considérable on est conduit à donner aux solives un très fort équarrissage, et il est alors préférable, au point de vue économique, de relier les murs par de fortes pièces de charpente appelées *poutres*, qui sont appuyées sur des points très résistants, et de poser les solives sur ces poutres, comme si c'étaient des murs; c'est le *plancher à poutrages*.

Un plancher doit porter d'abord son propre poids qu'on nomme aussi *poids mort*, et une *charge utile* ou *surcharge* qui varie suivant la destination de la construction.

Le poids propre du plancher dépend de la manière dont il est construit, et aussi de la surcharge qu'il devra supporter; on peut adopter comme valeurs moyennes les chiffres donnés dans le tableau suivant et qui se rapportent à 1 mètre carré de plancher.

Poids mort.

Garnissage à peu près fixe.

Parquet.	Sapin	de 0^m027	16^k		186^k
		de 0^m034	20		190
	Chêne	de 0^m027	24		194
		de 0^m034	30		200
Aire supérieure.	Lambourdes chêne de $0^m08 \times 0^m056$ espacées de 0^m50		8^k	83^k	
	Aire en plâtre de 0^m04 compris bardeaux et solins des lambourdes		75		
Plafond.	Augets en plâtre de 0^m05 d'épaisseur moyenne		45^k	87^k	
	Plafond compris lattes et enduit de 0^m03 d'épaisseur		42		

Solivage variable avec la surcharge et la portée l des solives.

Pour surcharges ordinaires de 100 à 300^k.	Sapin	$8^k 30 \times l.$
	Chêne	$12\ 00 \times l.$
Pour surcharges fortes de 300 à 600^k.	Sapin	$12\ 00 \times l.$
	Chêne	$17\ 00 \times l.$

Charge utile.

Greniers	40
Chambres d'habitations ordinaires, étages sous combles, chambres à coucher, petits salons	100
Salons, salles de réception ordinaires, bureaux, salles de travail, salles d'hôpitaux	200
Grands salons, casernes, salles d'assemblées	300
Salons pour grandes réunions, salles de bal	400
Magasins pour marchandises légères et encombrantes	450
— — lourdes	de 900 à 1.200

Lorsque des magasins ont une destination spéciale, il est indispensable de se rendre compte exactement de la surcharge que produiront les marchandises dans chaque cas particulier.

Les bois les plus généralement employés pour la construction des planchers sont le *chêne* et le *sapin*; le chêne sera adopté pour toutes les pièces de bois qui doivent être noyées dans les maçonneries, ou pour les grosses pièces qui reposent dans les murs extérieurs. On emploiera le sapin pour les pièces apparentes ou pour des constructions de peu de durée. Il ne faut jamais employer le *peuplier* qui se pique aux vers et que l'humidité détruit rapidement.

20. Planchers à solivages parallèles. — *1° Dimensions des solives.* Les solives sont espacées d'axe en axe d'une distance de $0^m\ 33$ à $0^m\ 50$; leurs dimensions sont variables avec la portée et la charge. Pour des maisons d'habitations ordinaires, on peut adopter les dimensions suivantes, avec espacement d'axe en axe de $0^m\ 33$.

0^m 15 à 0^m 16 de hauteur	sur 0^m 06 à 0^m 11 de largeur;	pour portée jusqu'à 3^m 00
0^m 16 à 0^m 18 »	» 0^m 07 à 0^m 13	» » de 3^m à 4^m 00
0^m 20 à 0^m 22 »	» 0^m 08 à 0^m 15	» » de 4^m à 5^m 00

Dans tout autre cas, il faudra calculer les dimensions à donner aux solives en tenant compte des charges qu'elles doivent supporter.

Si on appelle l, la portée des solives; d, leur espacement d'axe en axe; a, leur largeur; b, leur hauteur; Q, la charge totale par mètre carré, poids mort et surcharge, que doit porter le plancher; R, la résistance de sécurité du bois, ces quantités sont liées par l'inégalité :

$$Q\,d\,l^2 < \frac{4\,R\,a\,b^2}{3}$$

On peut admettre pour R de 400.000 à 600.000 kil.; dans cette formule, les quantités l, d, a et b sont exprimées en mètres. Le problème peut se poser de quatre manières différentes :

1° On se donne l'écartement d'axe en axe d des solives et leur hauteur b; il faut calculer la largeur a à leur donner. On a alors :

$$a > \frac{3\,Q\,d\,l^2}{4\,R\,b^2}$$

La valeur que l'on trouve pour a ne doit pas être trop faible et ne devra jamais être inférieure à 1/3 de b, car la pièce ainsi réalisée aurait alors trop peu de largeur et tendrait à se gauchir, à se voiler. Si la valeur trouvée ainsi pour a est trop faible, il faudra refaire le calcul en se donnant une valeur plus grande de l'écartement d, ou une valeur plus faible de la hauteur b.

2° On se donne l'écartement d des solives d'axe en axe, et leur largeur a; il faut calculer la hauteur b. On a alors :

$$b > \sqrt{\frac{3\,Q\,d\,l^2}{4\,R\,a}}$$

Si la valeur trouvée pour b dépasse trois fois la valeur qu'on s'est donnée pour a, il faut diminuer l'écartement des solives ou augmenter leur largeur.

3° On se donne l'écartement d des solives et le rapport $m = b : a$ entre leur hauteur et leur largeur, ce rapport étant compris entre 1 si on prend des solives à section carrée, ce qui n'est pas économique, et 3, qui est un maximum à ne pas dépasser, comme nous l'avons dit tout à l'heure. Le rapport le plus favorable est 1, 4, équarrissage suivant le rectangle de Palladio. On applique alors la formule :

$$a > \sqrt{\frac{3\,Q\,d\,l^2}{4\,R\,m^2}}$$

4° On se donne les dimensions des solives et on en déduit l'écartement d'axe en axe à leur donner :

$$d < \frac{4 R a b^2}{3 Q l^2}$$

On a ce problème à résoudre lorsqu'on veut utiliser pour construire un plancher des bois débités qu'on possède sur le chantier, ou des bois de sciage du commerce, des madriers, par exemple.

Nous donnons, à titre d'indication, le tableau des dimensions à donner aux solives pour des habitations ordinaires.

PORTÉE des SOLIVES	MINIMUM D'ÉQUARRISSAGE POUR DES ÉCARTEMENTS D'AXE DE : 0^m 50		0^m 70		0^m 80	
3^m	0.15 sur	0.11	0.17 sur	0.12	0.17 sur	0.12
4^m	0.18	0.13	0.20	0.14	0.21	0.15
5^m	0.21	0.15	0.24	0.16	0.25	0.17
6^m	0.23	0.17	0.26	0.18	0.27	0.19
7^m	0.25	0.18	0.29	0.20	0.30	0.21

Dans aucun cas, la largeur libre restant entre les solives ne devra être inférieure à 0^m 18 ; si elle était moindre, il ne serait plus possible aux maçons d'exécuter les *augets* du hourdis ; l'espacement d'axe en axe *d* ne doit jamais dépasser 0^m 50, dans les planches à augets, parce qu'alors les *augets* en plâtre auraient trop de largeur et n'auraient plus une solidité et une adhérence aux solives suffisantes. Nous verrons cependant que, dans le cas où l'on emploie les hourdis en *entrevous* de terre cuite, on va jusqu'à des écartements de 0^m 80.

L'épaisseur d'un plancher se compose de l'épaisseur des solives, augmentée des épaisseurs du parquet, de l'aire supérieure en plâtre et de l'enduit formant plafond ; elle est, en moyenne, supérieure de 0^m 11 à 0^m 12 à la hauteur des solives : celle-ci doit, d'après Rondelet, être prise égale à 1/24 de leur portée environ.

2° *Détails de construction du plancher*. Les solives doivent être scellées dans les murs de 0^m 20 à 0^m 25 ; mais on peut aussi les faire reposer par leurs extrémités sur des *lambourdes* placées le long des murs et ne faire porter dans le mur qu'une solive tous les 2^m 00 environ, afin de bien relier et entretoiser les deux murs opposés.

Les lambourdes sont des pièces de bois qui ont à peu près la même largeur que les solives, mais peuvent avoir une hauteur 1 fois 1/2 aussi grande. Elles peuvent être portées par des *consoles* ou *corbeaux* en pierre faisant partie des assises du mur (fig. 1, pl. XXXIII) et espacés de 1 m 25 à 1 m 50, très rarement de 2 m 00 d'axe en axe.

Les corbeaux en pierre peuvent être remplacés par des corbeaux en fer carré, coudés en crochets et munis d'une *queue de carpe* pour le scellement dans le mur; on les fait en fer carré, de 0 m 030 à 0 m 040, et souvent on les loge dans des entailles pratiquées dans la lambourde, sur laquelle ils font saillie; on les appelle improprement alors *corbeaux entaillés* (fig. 2, pl. XXXIII). Dans ces deux cas, la lambourde reste apparente; mais si on veut qu'elle soit cachée dans l'épaisseur du plancher on y assemble les solives à paume ou à tenon, renforcé de manière que leur face supérieure arase celle de la lambourde, qui est alors de même hauteur que les solives (fig. 3, pl. XXXIII).

21. Hourdis des planchers en bois. — La partie comprise entre deux solives de plancher s'appelle un *entrevous*.

Les entrevous sont remplis, en partie ou en totalité, sur la hauteur de la solive, d'un *hourdis* en plâtre, en maçonnerie de matériaux légers, ou en terre cuite, de manière à présenter par-dessous une surface convenable pour former le plafond; ce remplissage a encore pour effet d'entretoiser les solives; il donne aux planchers une sonorité moindre lorsqu'il est exécuté dans des conditions convenables.

1° Hourdis plein. On trouve d'anciens planchers dans lesquels le *hourdis* est *plein*, c'est-à-dire que les entrevous sont remplis de maçonnerie de matériaux légers qui arase le niveau supérieur et le niveau inférieur des solives. Le hourdis est retenu par de grandes *chevilles en bois* enfoncées transversalement dans les solives, chevilles qu'on peut remplacer par des *clous à bateau*. Les solives sont entretoisées par des plates-bandes et des boulons. Ce hourdis charge beaucoup la charpente, mais il donne des planchers peu sonores.

2° Hourdis en augets (fig. 4, pl. XXXIII). Le hourdis des planchers en bois se fait aujourd'hui, le plus ordinairement, de la manière suivante :

On larde des *clous à bateaux* sur les faces latérales des solives, et on cloue horizontalement en dessous des *lattes* espacées tant plein que vide, qu'on dispose perpendiculairement aux solives. On établit alors sous les solives, et les touchant, un plancher provisoire en planches jointives, soutenues et calées au moyen de boulins; c'est le *cintrage provisoire*. On construit une maçonnerie de plâtre et plâtras blancs remplissant à peu près la moitié de la hauteur des entrevous, en lui donnant une forme cintrée à la partie supérieure; c'est ce qu'on appelle les *augets*. Lorsque le plâtre a fait prise, on enlève le cintrage provisoire, et on fait le *plafond* à l'aide de deux couches successives de plâtre bien dressé : la première, de 0^{m} 02 d'épaisseur, est le *crépi*, exécuté en plâtre au panier ; l'autre, d'environ 0^{m} 01 en plâtre au sas, est l'*enduit*, dont la surface est lissée à l'aide de la truelle brettelée jusqu'à ce qu'on obtienne un plan parfait.

L'aire supérieure du plancher, destinée à recevoir le carrelage ou le parquet se construit de la manière suivante : on couvre les intervalles des solives avec des *bardeaux* jointifs sur lesquels on coule une couche de plâtre formant une *aire* de 0^{m} 04 à 0^{m} 05 d'épaisseur, dont la surface supérieure est bien plane et horizontale. Sur cette aire, on établit la *forme du carrelage* ou les *lambourdes* destinées à recevoir le parquet.

Ces lambourdes ont 0^{m} 08 de large et 0^{m} 04 à 0^{m} 06 d'épaisseur; on les pose sur l'aire en les réglant à hauteur convenable pour que leurs faces supérieures forment un plan bien horizontal; on les scelle au plâtre, et on établit de chaque côté un *solin*, petite partie en pente, et on consolide le tout par de petites murettes transversales un peu moins hautes que les lambourdes et qu'on nomme *chaînes en travers*; on les place tous les 1^{m} 50 à 2^{m} 00.

3° Planchers creux (fig. 5, pl. XXXIII). On se contente souvent, par économie et pour avoir des charpentes plus légères, de faire un hourdis très mince, dans lequel on supprime les augets en ne mettant, au-dessous des solives, que le crépi et l'enduit de plafond, plus un peu de plâtre par-dessus les lattes, dans les entrevous, le tout n'ayant que 0^{m} 05 environ d'épaisseur. On fait l'aire supérieure comme il a été dit plus haut. Pour des planchers économiques, on supprime cette aire supérieure et on pose directement le parquet sur la face supérieure des solives.

4° Planchers à solives apparentes. Lorsqu'on veut laisser les solives apparentes à leur partie inférieure, on peut employer un certain nombre de dispositions, qui sont les suivantes :

On peut clouer le long des faces latérales des solives, et bien de niveau, des tringles de bois, ou *tasseaux* moulurés ou non, sur lesquels on pose des planches courtes, assemblées à rainure et languette, et appelées *bardeaux* ; on remplit l'entrevous au-dessus avec du *mâchefer* qu'on arase à la face supérieure des solives, et, sur l'aire ainsi formée, on établit les lambourdes et le parquet (fig 6, pl. XXXIII).

On peut, au lieu de mâchefer, employer pour le remplissage de la maçonnerie de plâtre et plâtras blancs.

Pour obtenir un remplissage avec enduit dans les entrevous, on place sur les tasseaux, un peu plus élevés que dans les cas précédents, des bardeaux espacés, tant pleins que vides, on les recouvre d'un hourdis en plâtre et plâtras, en faisant le cintrage en dessous à l'aide d'une planche placée en long dans l'entrevous ; ce hourdis arase la face supérieure des solives. Par-dessous, on fait, entre les solives, un enduit de plafond ordinaire et on cache le joint entre le plâtre et le tasseau par une *baguette* ou *parclose* en forme de quart de rond (fig. 7, pl. XXXIII).

On peut encore faire le remplissage des entrevous à l'aide de pièces creuses, moulées en plâtre, appelées *panneaux-hourdis* (fig. 8, pl. XXXIII). Ces pièces ont une largeur un peu inférieure à celle de l'entrevous et portent de chaque côté une rainure longitudinale ; à la hauteur de ces rainures sont cloués, sur les solives, des tasseaux en bois. On cintre par-dessous à l'aide de planches longitudinales, puis l'on coule du plâtre entre le panneau et la solive ; ce plâtre, lorsqu'il a fait prise, forme le scellement des panneaux contre les solives.

La maison Muller, d'Ivry, a établi pour le remplissage des entrevous une série de modèles de *bardeaux en terre cuite* qui portent aussi le nom d'*entrevous*. Les uns se posent directement sur la face supérieure des solives, ou bien sur tasseaux, entre elles, suivant leur espacement ; ils sont à recouvrement ; la nervure qui forme leurs bords, ainsi que celle qui est ménagée en leur milieu, leur donnent une assez grande résistance ; ils ont 0 m 33 de long sur 0 m 20 de large (fig. 9 et 18, pl. XXXIII) ; chacun d'eux pèse environ 2 kil. On peut remplir l'intervalle des solives avec une maçonnerie de plâtre et plâtras, ou avec du mâchefer.

Lorsque les bardeaux ne sont pas chargés on peut leur donner simplement la forme plate (fig. 11, pl. XXXIII), ou la forme nervée (fig. 12, pl. XXXIII), et les poser sur tasseaux ; la première convient à des écartements de solives entre faces de 0 m 40 ; la deuxième, à des écartements variant entre 0 m 60 et 0 m 80. Les *entrevous nervés* pèsent 38 kil. par mètre carré ; ils ont de 0 m 20 à 0 m 25 de longueur.

On peut encore former une voûte d'une solive à l'autre, en la constituant d'*entrevous à rainure et languette* sur toutes leurs faces, et en lui donnant comme sommiers des tasseaux en bois cloués aux solives ; on complète par une mince couche de plâtre placée par-dessus le scellement des différents voussoirs (fig. 13, pl. XXXIII). Ces entrevous peuvent rester apparents et former plafonds ; leurs faces inférieures sont alors décorées par des reliefs, et même par des émaux colorés (fig. 14, pl. XXXIII). L'usine Muller, d'Ivry, construit également des *carreaux creux* d'une épaisseur de 6 cent. environ, sur 0 m 33 à 0 m 40 de long, qui peuvent, étant posés sur les solives, former à la fois carrelage et plafond (fig. 15, pl. XXXIII). La face inférieure de ces carreaux peut être décorée, ainsi que le montre la fig. 16, pl. XXXIII.

Enfin M. Laporte a imaginé des *bardeaux creux* de forme spéciale remplissant presque complètement l'entrevous, et qui sont disposés pour être placés sur tasseaux ; leur face inférieure est située de manière qu'on puisse y accrocher l'enduit du plafond, et on remplit l'intervalle restant entre leur face supérieure et le dessus des solives, et qui est de 0 m 04 avec du plâtre pour former une surface plane sur laquelle s'établit le carrelage ou le parquet (fig. 17, pl. XXXIII).

22. Planchers enchevêtrés. — *1° Dispositions générales.* Pour ne pas appuyer toutes les solives dans les murs, on peut placer tous les $1^{m}50$ ou $2^{m}00$ de grosses solives, appelées *solives d'enchevêtrure*, scellées de $0^{m}35$ à $0^{m}40$ dans les murs ; on assemble entre ces solives des pièces transversales peu écartées des murs, qui sont les *chevêtres* ou les *linçoirs*, et sur lesquelles on assemble les solives intermédiaires.

L'ensemble formé par deux solives d'enchevêtrure et un chevêtre ou un linçoir s'appelle *enchevêtrure* (fig. 18, pl. XXXIII).

Les chevêtres s'établissent à $0^{m}08$ au moins des murs ; mais comme on ne peut faire aboutir deux chevêtres l'un en face de l'autre sur la même solive d'enchevêtrure, afin de ne pas l'affaiblir trop en ce point, on écarte l'un d'entre eux de $0^{m}30$ à $0^{m}35$ du mur, et on remplit le vide à l'aide d'une petite pièce appelée *faux-chevêtre*.

Le chevêtre s'assemble sur la solive d'enchevêtrure au moyen d'un tenon avec renfort, et on consolide l'assemblage par un *étrier en fer* qui embrasse la solive à sa partie supérieure et forme en se retournant à la partie inférieure une sorte de selle sur laquelle s'appuie le chevêtre. L'assemblage du faux chevêtre est de même forme, mais ne comporte pas d'étrier (fig. 19, pl. XXXIII).

Les solives courantes s'assemblent dans le chevêtre par des tenons renforcés, et comme le chevêtre se trouve ainsi entaillé assez fortement sur toute sa longueur, il faut lui donner des dimensions plus fortes que ne l'indique le simple calcul de résistance.

La disposition des planchers enchevêtrés permet de placer les solives d'enchevêtrure au droit des points résistants des murs, en évitant de faire reposer aucune des pièces du plancher sur des baies ; on placera donc toujours les solives d'enchevêtrure de manière qu'elles s'appuient sur les trumeaux entre les baies ; il y aura un chevêtre au-devant de chacune des baies. On donne souvent à ce chevêtre le nom de *linçoir* pour le distinguer de celui dont nous parlerons plus loin, et qui sert à soutenir la trémie d'une cheminée.

2° Calcul d'un chevêtre et d'une solive d'enchevêtrure. Si on appelle l l'écartement des murs, ou la portée des solives, d l'espacement d'axe en axe des solives, l' la longueur d'un chevêtre, a la largeur d'une solive calculée comme il a été dit précédemment, ayant la portée l, la largeur c du chevêtre se calculera par la formule

$$c = a \times \frac{l'^2}{2dl}$$

à la condition de donner au chevêtre la même hauteur qu'aux solives ; on fera bien de prendre une largeur au moins une fois et demie plus grande que la largeur calculée. Si le chevêtre a son axe placé à une distance z du mur, la largeur de la solive d'enchevêtrure, supposée de même hauteur que les solives ordinaires et que le chevêtre, s'obtiendra en ajoutant à la largeur d'une solive ordinaire la largeur supplémentaire.

$$a' = a \times \frac{\delta\, l'}{d\, l}\left(1 + \frac{\delta\, l'}{4\, d\, l}\right)$$

Si la solive d'enchevêtrure reçoit à son autre extrémité un chevêtre à la distance δ' du mur, il faudra lui ajouter une seconde largeur supplémentaire.

$$a'' = a \times \frac{\delta'\, l'}{d\, l}\left(1 + \frac{\delta'\, l'}{4\, d\, l}\right)$$

Lorsqu'une solive doit supporter un cloison légère placée au-dessus d'elle, il faut avoir soin de majorer ses dimensions pour lui permettre de résister à l'excès de charge qui lui est ainsi appliqué. On compte qu'une cloison légère de 0^m 08 d'épaisseur pèse 90 kil. par mètre carré ; si a est la largeur d'une solive ordinaire, et si h est la hauteur de la cloison, en conservant les mêmes notations que précédemment, et Q étant la charge totale par mètre carré de plancher, il faudra ajouter à la largeur de la solive une largeur supplémentaire.

$$a''' = a \times \frac{90\, h}{Q\, d}$$

De sorte que si une solive d'enchevêtrure porte en même temps une cloison, on doit ajouter à sa largeur non seulement la largeur supplémentaire due à la présence d'un ou de deux chevêtres, mais encore celle que nous venons d'indiquer.

On ne doit jamais placer une cloison dans l'intervalle de deux solives; si les cloisons sont placées les unes sous les autres aux divers étages, on ne doit pas considérer qu'elles se portent mutuellement; il faut calculer chaque plancher comme portant les cloisons de son étage.

Si une cloison est placée transversalement aux solives, en appelant d' la distance de son axe au mur le plus rapproché, on devra ajouter à la largeur des solives une largeur calculée par la formule :

$$a'''' = a \times \frac{360\, h\, d'}{Q\, l^2}\left(1 + \frac{90\, h\, d'}{Q\, l^2}\right)$$

3° Disposition des planchers pour éviter les incendies. Les règlements, dans le but d'éviter les incendies, prescrivent que toute pièce de bois doit être distante de 0^m 16 au moins du parement intérieur de tout conduit de fumée ou de tout foyer, construits en maçonnerie, et de 0^m 17 au moins de tout foyer ou tuyau de fumée mobiles construits en tôle ou en métal, et de tout conduit de fumée montant extérieurement.

Les conduits de chaleur des calorifères à air chaud doivent être considérés comme aussi dangereux que les tuyaux de cheminées, et assujettis aux mêmes conditions d'isolement.

Il faut donc, lorsqu'un mur renferme des conduits de fumée, en écarter toutes les pièces de bois d'au moins 0^{m} 08 qui, avec les 0^{m} 08 environ de maçonnerie qui forment les parois des tuyaux de fumée donnent 0^{m} 16; si l'on a besoin de sceller des pièces de bois dans ce mur, il faut ménager au moins 0^{m} 16 entre elles et la face intérieure du tuyau de fumée le plus rapproché.

Enfin, pour établir des foyers de cheminées, il faut s'arranger pour qu'aucune pièce de bois ne passe au-dessous du foyer et pour que la portion du plancher qui le supporte soit formée de matériaux incombustibles; on l'appelle une *trémie*.

Si la cheminée est placée sur la face la plus longue du bâtiment, on établit d'abord deux *solives d'enchevêtrure* en laissant entre le parement intérieur de chacune d'elles et l'extérieur de la cheminée une distance d'au moins 0^{m} 20; si, de plus, des tuyaux venant des étages inférieurs passent dans le mur, on doit s'arranger pour que les solives d'enchevêtrure en soient écartées d'au moins 0^{m} 16, comme il a été dit. On assemble ensuite dans ces deux solives un *chevêtre* placé à 1^{m} 00 de distance du fond du foyer, et mieux, du parement du mur; ce chevêtre reçoit les abouts des solives du plancher qui sont entre les solives d'enchevêtrure et qui reposent par leur autre extrémité soit dans un linçoir, soit sur un mur; on les appelle alors *solives boiteuses*.

La trémie est placée dans le rectangle limité par les deux solives d'enchevêtrure, par le chevêtre et par le mur; elle est remplie de maçonnerie que l'on soutient à l'aide d'une *paillasse* composée d'*entretoises* en fer carré, de 0^{m} 30 à 0^{m} 50 de côté, coudées et contre-coudées pour former un crochet qui s'appuie sur le chevêtre, tandis que l'autre extrémité est *scellée* dans le mur à *queue de carpe*; il y en a trois et on les appelle *bandes de trémie*. Par-dessus, on place transversalement trois *fentons* ou petits fers qui complètent la paillasse (fig. 20, pl. XXXIII).

Quelquefois, on établit les bandes de trémie dans le sens parallèle au chevêtre; elles sont alors coudées aux deux extrémités et accrochées aux solives d'enchevêtrure; cette disposition est préférable parce que la charge de la trémie est ainsi reportée en grande partie sur les solives d'enchevêtrure, le plus près possible du mur, ce qui les fatigue moins.

Si la cheminée est sur la face la plus courte de la construction, la *solive d'enchevêtrure* est parallèle au mur auquel la cheminée est adossée, et à 1^{m} 00 de distance du parement du mur; elle reçoit deux *chevêtres* dont les autres extrémités sont scellées dans le mur et qui portent à leur tour des *solives boiteuses* (fig. 21, pl. XXXIII).

4° *Planchers avec bois courts*. Dans les planchers *enchevêtrés*, rentrent les dispositifs divers de planchers avec bois courts dans lesquels on n'emploie que des bois d'une longueur inférieure à la plus petite dimension de l'espace à couvrir. La solution adoptée varie suivant les cas particuliers, mais elle entraîne toujours à une grande complication dans les assemblages, qui sont nombreux et le plus souvent biais. Ces planchers ne se construisent plus aujourd'hui, puisqu'il est beaucoup plus économique et plus facile d'employer le fer.

23. Ferrements des planchers en bois. — Les assemblages de pièces de bois entre elles ont besoin d'être consolidés par des *ferrements*, parce qu'ils ne se tiennent pas suffisamment par leurs coupes ni par les chevilles qu'on y place; il faut encore employer des ferrements pour maintenir les scellements des pièces dans les murs, de manière que le plancher serve à l'entretoisement de la construction.

Les ferrements les plus employés sont :

1° Le *harpon à queue de carpe*, qui se compose d'un fer plat de 0m 040 sur 0m 009 terminé d'un bout par un retour d'équerre appelé talon, et de l'autre par une queue de carpe pour scellement; il porte plusieurs trous destinés à le fixer à l'extrémité d'une pièce au moyen de *clous mariniers* ou de *tirefonds* (fig. 1, pl. XXXIV).

2° Le *harpon à boulon* ou *boulon à plate-bande*, qui n'est autre que le précédent, mais terminé par une tige filetée; il sert à consolider l'assemblage de deux pièces d'équerre (fig. 2, pl. XXXIV).

3° Le *harpon à ancre* ou *tirant à ancre*, analogue aux précédents, mais de plus grandes dimensions, dans lequel la queue de carpe est remplacée par un œil chantourné ou non dans lequel passe une *ancre* formée d'un morceau de fer carré (fig. 3, pl. XXXIV), il sert à faire le scellement dans les murs des solives d'enchevêtrure. Souvent, il traverse toute l'épaisseur du mur, et l'ancre s'appuie sur le parement extérieur; on peut donner à cette ancre des formes plus ou moins décoratives, de manière qu'elle contribue à orner la façade sur laquelle elle est apparente.

4° Les *étriers* pièces forgées en fer plat, à deux branches, qui servent à soutenir une pièce de bois qui vient en rencontrer latéralement une autre; l'étrier est coudé à plat pour embrasser trois faces de la première pièce; les deux branches verticales sont chantournées à leur partie supérieure, et elles se retournent à plat sur la face supérieure de la seconde pièce; elles se terminent par un talon; les branches horizontales sont percées de trous qui reçoivent des tirefonds (fig. 4, pl. XXXIV). On emploie également, pour relier l'une à l'autre deux pièces parallèles, des étriers à branches droites, terminées par des boulons (fig. 5, pl. XXXIV).

5° Les *plates-bandes* sont des bandes de fer plat percées de trous pour recevoir des tirefonds ou des boulons, et qui servent à l'assemblage des pièces placées en prolongement l'une de l'autre (fig. 6, pl. XXXIV). Leurs extrémités sont souvent terminées par un talon qui pénètre dans les pièces.

24. Planchers à poutrages. — 1° *Dispositions générales.* Quand la portée d'un plancher dépasse 4 ou 5 mètres, il devient plus avantageux, au point de vue économique, d'employer les *planchers à poutrages*, dans lesquels de grosses pièces appelées *poutres* reposent sur les murs, en des points particulièrement résistants, tandis que les espaces restant entre ces poutres ou *travées* sont remplis par des solivages parallèles dont les solives s'appuient sur elles. Les poutres reposent sur les murs par une surface qui doit être assez considérable, sur 0 m 40 au moins de longueur; il est utile d'avoir sous leurs abouts une *pile en pierre de taille* ou en matériaux bien résistants, ou, au moins, une *assise parpaigne* en pierre de taille, de 0 m 50 de longueur et de 0 m 40 à 0 m 50 d'épaisseur, de manière à reporter la charge sur une large surface de la maçonnerie de petits matériaux.

Si les poutres reposent dans des murs humides ou lents à sécher, il est bon de laisser leurs abouts exposés à l'air en ménageant, comme on le voit dans les vieilles constructions, une *chambre d'air* communiquant avec l'extérieur, à l'extrémité de chaque poutre.

Trois dispositions peuvent être employées : ou bien les solives reposeront simplement sur les poutres, ou bien elles seront assemblées dans les poutres, ou enfin, ce qui vaut mieux, elles seront soutenues par des *lambourdes* longitudinales, fixées à la poutre.

Lorsque les solives reposent sur les poutres, il faut que celles-ci aient assez de largeur pour qu'on puisse placer les solives bout à bout; sans quoi il faut les mettre côte à côte, et alors les files de solives ne sont plus en prolongement les unes des autres dans les diverses travées; on peut remédier à cet inconvénient en coupant les solives en biais et les assemblant bout à bout (fig. 7, pl. XXXIV). On entretoise les poutres en chaînant par des plates-bandes à doubles crampons un certain nombre de lignes de solives qu'on relie en outre aux poutres par des équerres tirefonnées.

Si l'on ne dispose pas de bois d'équarrissage suffisant pour former une poutre, on peut la faire en deux pièces jumelées, séparées par un intervalle de quelques centimètres et réunies par des boulons tous les mètres; ces boulons traversent de petites cales d'écartement.

Si l'on assemble les solives dans les poutres, on peut le faire à *paume* et opérer l'entretoisement des poutres, comme nous l'avons dit tout à l'heure, à l'aide de plates-bandes; l'inconvénient de cet assemblage est d'affaiblir les poutres par les mortaises (fig. 8, pl. XXXIV).

On remédie à cet inconvénient en supportant l'extrémité des solives sur des *lambourdes* accolées aux flancs de la poutre et soutenues tous les mètres par des étriers en fer coudés et contre-coudés, et fixées de plus par des broches ou des boulons à la poutre. Les solives peuvent poser sur la lambourde ou être assemblées sur elle à paume (fig. 9, pl. XXXIV).

Si les poutres doivent être logées tout entières dans l'épaisseur du plancher, il faut que leur hauteur ne soit pas trop grande, de manière que, la solive arasant la face inférieure de la poutre, on puisse araser sa face supérieure par les lambourdes de support du parquet.

On pourra encore employer la solution suivante : on refend la poutre à section rectangulaire par une entaille oblique et on assemble, au moyen de boulons placés tous les mètres, les deux pièces ainsi formées de manière à constituer une section trapèze, la grande base à la partie inférieure; les faces biaises se trouvent en dehors et reçoivent les assemblages des solives, remplaçant ainsi la lambourde de l'exemple précédent. On a, de plus, l'avantage de placer à l'extérieur de la poutre le cœur du bois, qui est la partie la plus résistante (fig. 10, pl. XXXIV).

On peut, dans certains cas, diminuer la portée des poutres et, en même temps, leur donner une plus large surface d'appui dans le mur en les soutenant par des *corbeaux* en pierre, qui fournissent en même temps un élément de décoration.

2° *Calcul des poutres.* Soit A, la largeur d'une poutre; B, sa hauteur; L, sa portée entre murs; l, l'écartement d'axe en axe des poutres formant une travée; Q, la charge totale du plancher par mètre carré. Chaque poutre supporte une charge uniformément répartie sur toute sa longueur, charge qui est égale à son poids p, augmenté du poids d'une travée complète du plancher.

On peut admettre, comme première approximation, qu'une poutre en bois a le poids suivant :

Pour surcharges moyennes $\begin{cases} \text{Sapin } p = 3^k \times L^3 \\ \text{Chêne } p = 4^k4 \times L^3 \end{cases}$

Pour fortes surcharges $\begin{cases} \text{Sapin } p = 2^k2 \times L^3 \sqrt{l} \\ \text{Chêne } p = 3^k2 \times L^3 \sqrt{l} \end{cases}$

La formule permettant de calculer les dimensions A et B de la section de la poutre est alors la suivante :

$$Q\,L^2\,l + p\,L < \frac{4}{3}\,R\,A\,B^2$$

On se donnera ordinairement soit la hauteur des poutres, qu'on peut prendre égale à 1/18 de la portée, si on les espace de 3 à 4 mètres, et qui sera imposée si les poutres doivent être comprises dans l'épaisseur du plancher, soit le rapport entre leur hauteur et leur largeur. Dans le premier cas, on aura :

$$A > \frac{3\,(Q\,L^2\,l + p\,L)}{4\,R\,B^2}$$

Dans le second, si on prend $B = m\,A$, en choisissant pour m une valeur comprise entre 1 et 2, au maximum, et en prenant de préférence $m = 1,4$, qui donne l'équarrissage le plus résistant pour le moindre cube de bois, on trouve

$$A > \sqrt[3]{\frac{3(QL^2 l + pL)}{4 R m^2}}$$

Nous donnons, à titre d'indication, le tableau suivant des dimensions pour les cas de charges ordinaires des planchers d'habitations :

PORTÉE des POUTRES	ESPACEMENT des POUTRES	ÉQUARRISSAGE des POUTRES
3 mètres	3 mètres	0.27 sur 0.19
idem	4 —	0.29 0.21
4 mètres	3 —	0.33 0.23
idem	4 —	0.36 0.26
5 mètres	3 —	0.37 0.26
idem	4 —	0.42 0.30

3° *Poutres armées.* Lorsqu'on ne peut trouver de pièces d'équarrissage suffisant pour former une poutre, on la construit à l'aide d'une combinaison de pièces d'équarrissage moindre, qu'on nomme *poutre armée.* Une poutre armée peut être simplement constituée par plusieurs pièces accolées ou superposées au moyen de boulons et d'étriers. On peut employer deux pièces d'égale épaisseur, superposées et assemblées avec *endentures* et *clefs*, comme nous l'avons déjà indiqué à propos des *assemblage de pièces jumelées.*

Le système de l'*armature par arbalétriers* donne d'excellents résultats; on peut l'opérer de deux manières différentes : dans la première, la pièce principale horizontale, qu'on appelle *mèche*, reçoit deux pièces secondaires égales et obliques appelées *fourrures*, qui s'arc-boutent mutuellement au milieu, suivant une face verticale commune et qui s'appuient sur la mèche par des redans analogues à ceux d'un embrèvement; les trois pièces sont, en outre, reliées entre elles par des *brides de fer*. dont une au milieu, et par des *boulons* (fig. 11, pl. XXXIV).

Comme les pièces doivent être exactement assemblées et qu'il serait impossible de tailler les redans avec une exactitude mathématique, on leur laisse un certain jeu, et on les serre, au moment de la pose, à l'aide de *clefs* de bois dur. On introduit de même quelquefois au milieu un coin de bois dur entre les deux fourrures, et on le serre en le maintenant avec la bride milieu.

Dans la deuxième disposition, on remplace la poutre principale par deux poutres jumelles entre lesquelles on laisse un intervalle égal à leur propre largeur; on les relie à leurs extrémités par des traverses auxquelles on donne le nom de *coussinets* et qui sont assemblées à tenon et embrèvement avec les poutres; l'assemblage est, de plus, traversé par deux boulons. Les poutres sont reliées en leur milieu par une *clef* ou *poinçon* en forme de queue d'hironde, qui s'engage dans les joues des deux poutres; le tout est traversé par deux boulons. Les *arbalétriers* sont arc-boutés entre la clef et les coussinets, et taillés de manière à y entrer à force; les trois pièces sont, de plus, reliées entre elles par des boulons horizontaux (fig. 12, pl. XXXIV).

Cette poutre armée agit absolument de la même manière qu'une ferme de comble, et donne le même résultat que si la poutre formée de deux pièces jumelées était soutenue en son milieu par un appui intermédiaire.

On peut constituer une *poutre armée mixte*, en fer et bois, de la manière suivante : deux tiges de fer sont fixées aux extrémités de la poutre à l'aide de plaques de fonte; elles sont reliées à un tirant horizontal placé au-dessous et tendues au moyen d'écrous (fig. 13, pl. XXXIV).

Si l'espace inférieur le permet, il est préférable de descendre le tirant horizontal à une certaine distance au-dessous du niveau inférieur de la poutre et de le soutenir au moyen de potelets qui prennent le nom de *bielles*, tandis que les barres obliques s'appellent *sous-tendeurs* (fig. 14, pl. XXXIV).

On peut enfin n'employer qu'une seule bielle, mais plus haute, placée au milieu de la poutre, et dont l'effet est de créer un appui au milieu de la portée (fig. 15, pl. XXXIV).

On fera bien, dans le calcul des poutres armées, de ne compter que sur les 3/4 de la résistance fournie par le calcul.

On peut encore constituer des *poutres armées mixtes*, en assemblant sur les faces d'une poutre en bois, au moyen de tirefonds et de boulons, des plaques de tôle, ou bien en encastrant sur ses deux faces latérales des fers double Té, ou encore en refendant la poutre en bois et en intercalant, entre les deux pièces, un fer double T. Le tout doit être réuni par un nombre suffisant de boulons.

Ces armatures, qu'on peut employer comme moyens de consolidation d'une poutre existante qu'on est amené à surcharger, ne sont pas à recommander lorsqu'on fait une construction neuve; il est préférable alors, si on ne dispose pas de bois d'équarrissage suffisant, d'avoir franchement recours à l'emploi d'une poutre en fer.

On a quelquefois employé des *poutres d'assemblages* formées par la réunion de pièces de bois d'une longueur moindre que la portée totale à obtenir. Ces pièces sont assemblées à *endentures avec clefs*, et reliées en outre par des *étriers* ou des *boulons*.

Nous en donnons un exemple dans la fig. 16, pl. XXXIV; on en a formé, de cette manière, des pièces de 9, 10 et 11 mètres de long, composées de 10 ou 12 pièces assemblées.

25. Planchers avec points d'appui intermédiaires. — Lorsqu'on le peut, on soulage beaucoup une poutre et on diminue de moitié sa portée en la soutenant en son milieu par un appui intermédiaire ; ses dimensions se trouvent ainsi notablement réduites. Le moyen le plus simple de créer ce point d'appui consiste dans l'emploi d'un *poteau vertical en bois*, placé sous la poutre, à laquelle on l'assemble à l'aide d'un *goujon* ou d'un faible *tenon*, et qu'on fait reposer à sa partie inférieure sur un petit massif en maçonnerie. Pour éviter que le poteau écrase le bois de la poutre, suivant la surface de contact on peut interposer une plaque de tôle ou de zinc. On peut soulager encore davantage la poutre en interposant, entre elle et le poteau, une *sous-poutre*, pièce courte, horizontale, qui concourt, par sa résistance à la flexion, à raidir la poutre dans le voisinage de l'appui (fig. 17, pl. XXXIV).

La sous-poutre peut être remplacée par deux pièces inclinées, appelées *écharpes* ou *contre-fiches*, assemblées de part et d'autre du poteau à tenon, mortaise et embrèvement, et assemblées de même dans la poutre (fig. 18, pl. XXXIV).

Enfin, ces écharpes peuvent être combinées avec une sous-poutre, dans laquelle elles seront assemblées.

Il ne faut pas donner à ces écharpes une trop grande importance, parce qu'alors elles pourraient exercer sur le poteau une action horizontale trop considérable, tendant à le faire fléchir lorsque l'une des travées seulement de la poutre est chargée, tandis que l'autre reste libre.

Lorsque les bâtiments sont très larges, on peut mettre sous la poutre plusieurs poteaux intermédiaires, placés de telle sorte qu'ils soient, autant que possible, également espacés, et que la poutre soit ainsi partagée en travées de 3^{m} 50 à 4^{m} 00 de portée. La poutre ne peut alors être construite d'une seule pièce, mais on s'arrange pour que les entures des différents tronçons soient placées au droit des poteaux.

La partie inférieure d'un poteau repose sur un *dé en pierre*, afin d'isoler du sol l'about de la pièce et d'empêcher l'humidité de l'atteindre ; on l'assemble sur le dé en pierre à l'aide d'un *goujon* en fer galvanisé ou en bronze, de 0^{m} 025 de diamètre, entré à force dans l'extrémité du poteau, qu'il dépasse de 0^{m} 10 ; cette saillie s'engage dans une mortaise correspondante du dé en pierre. Il faut éviter de faire venir à la partie inférieure du poteau un tenon qui s'engage dans une mortaise creusée dans le dé ; cette mortaise sert de réceptacle à l'eau, qui peut atteindre le pied du poteau, et qui fait alors pourrir la mortaise. Si l'on emploie cet assemblage, il faut avoir soin de mettre la mortaise en communication avec l'extérieur par un trou percé obliquement à travers le dé, et qui permet l'éboulement de l'eau et l'accès de l'air sous le tenon. Le dé en pierre est lui-même posé sur un massif de fondation descendant au bon sol.

Lorsqu'on doit superposer plusieurs étages de construction, avec planchers à appuis intermédiaires, on place tous ces appuis bien exactement les uns au-dessus des autres; la charge, dans les poteaux, va donc en augmentant à chaque étage, depuis la partie supérieure jusqu'au sol.

Si la construction est peu élevée, et la charge faible, on peut simplement faire reposer le poteau de chaque étage sur la poutre de l'étage inférieur; dans le cas contraire, il faut faire reposer les poteaux directement l'un sur l'autre par l'intermédiaire d'un *chapeau en fonte*, emboîtant la tête du poteau inférieur et présentant des repos horizontaux suffisants pour la poutre, qui est alors formée de deux pièces jumelées (fig. 19, pl. XXXIV).

Il faut avoir soin, lorsqu'on superpose ainsi des poteaux, que les murs de la construction aient une résistance latérale suffisante pour éviter toute déformation horizontale de la construction, et s'opposer ainsi au *roulement* du bâtiment.

Lorsqu'on peut employer des poteaux en sapin, pour des constructions plus légères ou dont la durée ne doit pas être considérable, on peut faire ces poteaux d'une seule pièce depuis le haut jusqu'en bas. Les poutres sont encore, dans ce cas, jumelées, et c'est au droit des poteaux que se font les entures; des *chantignolles* embrevées dans le poteau forment des repos suffisants pour les poutres.

Dans le cas d'un bâtiment industriel, on peut trianguler la construction dans tous les sens, à l'aide de *contre-fiches* : les unes, placées entre le poteau et la poutre principale; les autres, entre le poteau et une solive principale moisée sur lui (fig. 20, pl. XXXIV).

26. Linteaux. — *1° Linteaux des baies ordinaires.* Quand on ne dispose pas de pierre de taille pour former des *linteaux* de baies et qu'on ne veut pas fermer le dessus des baies par des arcs ou des plates-bandes, il faut employer des *linteaux en bois ou en fer*. Le bois est inférieur à cause de ses propriétés combustibles et de sa facile altération, et on doit le rejeter toutes les fois qu'il est possible de se procurer des fers.

Un *linteau en bois* se fait à l'aide de deux pièces, de $0^m\,18$ sur $0^m\,22$, qui ne sont pas posées au même niveau, celle de l'intérieur étant un peu plus élevée, pour permettre de ménager la feuillure et l'ébrasement (fig. 21, pl. XXXIV). On donne, de chaque côté, au linteau un repos de $0^m\,15$ à $0^m\,20$ sur les jambages et on l'y asseoit convenablement. Il est bon, si on le peut, de relier entre elles les deux pièces du linteau par des plates-bandes aux extrémités et au milieu de la baie. L'enduit se fait par-dessus les linteaux garnis de lattes espacées, tant pleins que vides et lardés de clous à bateau.

Si on le peut, il est préférable, au point de vue de la conservation des linteaux, de les exécuter en bois apparent ; les deux pièces sont alors accolées et mises au même niveau, et on taille la feuillure et l'ébrasement dans la pièce intérieure à laquelle on donne, à cet effet, un peu plus de hauteur qu'à l'autre. Ces linteaux apparents peuvent être portés sur *corbeaux*, comme l'indique la fig. 22, pl. XXXIV.

2° *Poitrails de grandes baies.* Les linteaux de grandes baies se nomment *poitrails* ; il est très mauvais de les exécuter en bois, qui donne trop peu de sécurité au point de vue de la résistance et de la durée, et il est préférable de recourir à l'emploi du fer. On ne peut franchir avec un poitrail en bois qu'une portée de 2 à 3^m 00 au maximum, et on arrive alors à des équarrissages très considérables ; on compose le poitrail de deux pièces jumelées obtenues en recoupant par son milieu la pièce d'équarrissage convenable, et plaçant ces deux pièces à quelques centimètres l'une de l'autre, en mettant le cœur du bois à l'extérieur ; on les relie par des boulons de 0^m 020 à 0^m 022, avec cales d'écartement, placés tous les 0^m 80 à 1^m 00 ; on leur donne, sur les jambages de la baie, un repos de 0^m 35 à 0^m 45.

Lorsqu'un poitrail atteint plus de 2 ou 3^m 00 de portée, on le soutient en un point intermédiaire par une colonne en fonte présentant, à la partie supérieure de son chapiteau, une surface d'appui suffisamment développée.

Dans le calcul d'un poitrail, il ne faut adopter comme résistance de sécurité du bois que la moitié de celle qu'on prend ordinairement pour les pièces de planchers, soit environ 30 kil. par cent. carré.

§ 4. — LES PANS DE BOIS

27. Des pans de bois en général. — On nomme *pan de bois* toute construction en bois pouvant remplacer une construction verticale en maçonnerie, pilier, mur ou cloison.

Les murs de clôture peuvent être remplacés par des *treillages*, des *palissades* ou des *clôtures en bois* ; les murs de façade ou de refend des constructions peuvent être remplacés par des *pans de bois* auxquels on fait supporter les planchers et les combles, comme si c'étaient des murs ; ces pans de bois peuvent, dans certains cas, rester ouverts, s'ils soutiennent des hangars ou des constructions qui n'ont pas besoin d'être closes ; dans d'autres cas, ils forment au contraire clôture et sont remplis soit en planches, soit en maçonnerie.

On distingue les *pans de bois proprement dits* et les *colombages* dans lesquels les bois employés sont ronds, et qui s'établissent du reste de la même façon.

Les *cloisons de remplissage* se construisent aussi en pans de bois, mais très légers, pour remplacer les cloisons légères en maçonnerie.

La construction des pans de bois est régie par une législation remontant à une ordonnance royale de 1560 qui interdit de les construire en bordure sur la voie publique ; cette interdiction est tombée en désuétude dans bien des localités ; elle a été maintenue à Paris.

Il est interdit d'adosser contre un pan de bois une *cheminée* ou ses tuyaux, mais on peut l'établir, ainsi que son *mur dosseret*, en laissant un isolement complet entre ce mur et le pan de bois, l'espace vide appelé *tour du chat* ayant au moins 0 m 16.

On peut construire en pan de bois un mur mitoyen, bien que ce soit une solution défectueuse à tous égards, susceptible de donner lieu à des contestations avec le voisin.

Les pans de bois présentent sur les murs en maçonnerie les avantages suivants : ils augmentent par leur faible épaisseur la superficie intérieure de la construction ; ils permettent de reporter les charges vers les points d'appui les plus stables, de couvrir des vides étendus, au-dessus desquels on ne pourrait établir de cintres en maçonnerie sans dépenses considérables ; ils résistent mieux que la maçonnerie aux secousses des tremblements de terre et à la trépidation produite par le roulement des voitures ; ils relient mieux entre elles les différentes parties de la construction ; ils offrent une plus grande légèreté et peuvent être employés à la construction sur un mauvais sol ; enfin, on peut les préparer à couvert pendant la mauvaise saison, de manière qu'ils puissent être rapidement élevés sur place.

A côté de ces avantages, ils présentent de nombreux inconvénients ; ils ont moins de durée que les murs en maçonnerie, exigent un plus grand entretien, surtout lorsqu'ils sont enduits et que les bois sont enfermés dans la maçonnerie ; ils favorisent le développement des insectes et sont exposés à la pourriture dans les lieux humides. Lorsque les bois sont apparents ils sont très combustibles, et ils le sont encore même recouverts d'enduits.

Nous verrons, à propos de la charpente en fer, qu'en substituant le fer au bois on obtient des *pans de fer*, qui tout en ayant les mêmes qualités que les pans de bois n'ont pas les mêmes inconvénients.

28. Clôtures en bois. — *1° Treillages.* La clôture la plus simple est formée de *treillages*, assemblages de *lattes* de chêne ou de châtaignier, liées et clouées les unes aux autres aux points de jonction et formant des mailles régulières. On les raidit par des lattes placées horizontalement, sur deux rangs, ordinairement dans la hauteur. On maintient ces clôtures verticalement à l'aide de *poteaux* ronds, en frêne, en acacia, en chêne, dont on brûle l'extrémité après affûtage pour la rendre moins attaquable par l'humidité du sol, et que l'on goudronne. Ils ont 0^{m} 08 à 0^{m} 10 de diamètre et on les enfonce de 0^{m} 40 environ dans le sol.

On les espace de 1^{m} 50 à 1^{m} 30	pour treillages de	1^{m} 00 à 1^{m} 15	de haut.
de 1^{m} 30	—	1^{m} 30 à 1^{m} 50	—
de 1^{m} 00 à 1^{m} 30	—	1^{m} 55 à 2^{m} 00	—

Les cours de lattes horizontales appelées *lisses* sont cloués sur les poteaux, et des ligatures en fil de fer galvanisé, placées en divers points de la hauteur, complètent l'assemblage.

Les treillages sont construits et posés par des ouvriers spéciaux, nommés *treillageurs*; nous renverrons, pour les prix de ces ouvrages, à la série de prix placée à la suite des prix des ouvrages de menuiserie.

2° *Clôtures à claire-voie en bois.* On dresse des poteaux verticaux en bois équarri, sur lesquels on assemble au moins deux rangs de *lisses* horizontales d'assez fortes dimensions, l'une un peu au-dessus du sol, l'autre vers la partie haute; l'assemblage avec les poteaux est fait à tenons et mortaises.

Sur ces lisses on cloue des planches verticales, minces, de 0^{m} 015 à 0^{m} 027, suivant la hauteur de la clôture, qui varie entre 1^{m} 10 et 1^{m} 50, et on les écarte les unes des autres, en les disposant de manière que le poteau tienne lieu d'une planche (fig. 1, pl. XXXV).

On emploie pour les lisses une pièce à section rectangulaire ou carrée; mais il est avantageux de prendre une section triangulaire, obtenue en refendant, suivant la diagonale, une pièce à section carrée; on place verticalement l'hypoténuse du triangle formé et on y cloue les planches.

Ces clôtures ou palissades se font généralement en bois brut de sciage, mais on peut leur donner un aspect décoratif en chanfreinant les poteaux et les lisses, et en découpant les planches suivant des profils étudiés (fig. 2, pl. XXXV).

Toutes ces *palissades* pourrissent soit au pied des poteaux, soit aux assemblages des lisses et des planches, soit enfin par la partie haute de celles-ci, et on doit, si on veut prolonger leur durée, les entretenir de peinture sur toute leur surface et reboucher avec soin les fissures de séparation entre les pièces en contact.

3° *Clôtures pleines en bois.* Lorsqu'une clôture doit avoir 2 ou 3^{m}00 de hauteur, on la construit pleine; les poteaux et les lisses sont encore établis comme précédemment, mais avec de plus forts équarrissages, et les planches sont clouées jointives sur la face extérieure.

On recouvre l'intervalle, très faible, qui reste toujours entre les rives de deux planches, et qui ne pourrait que s'accentuer par la dessiccation du bois, à l'aide d'une tringle de 0 m 04 à 0 m 05 que l'on cloue sur une des planches seulement. On consolide la clôture contre les actions horizontales, et en particulier contre l'action du vent, en arc-boutant une contre-fiche inclinée en arrière de chaque poteau (fig. 3, pl. XXXV). Ces palissades doivent être peintes à l'huile; quelquefois, lorsqu'elles sont en bois brut, on les goudronne à chaud.

29. De la triangulation des constructions en charpente. — Une construction en charpente doit être combinée de manière à être *indéformable* dans tous les sens, afin d'éviter le *roulement* de la construction. Il faut, pour cela, que les angles que font entre elles les différentes pièces de la charpente restent invariables ; or, les assemblages des pièces entre elles sont, nous l'avons déjà vu, insuffisants pour fournir cette invariabilité ; il leur faudrait, pour cela, une résistance qu'ils ne peuvent présenter, puisqu'ils constituent toujours plutôt des points faibles dans les pièces ; on ne doit les considérer que comme de simples articulations mobiles.

On leur assure une solidité un peu plus grande en les armant de ferrements, mais on ne peut pas compter sur ces ferrements pour leur assurer l'indéformabilité. On ne l'obtient qu'en constituant des triangles au moyen de pièces obliques appelées *contre-fiches* ou *liens* ; un triangle, dont les trois côtés ont des longueurs fixes, est en effet indéformable, tandis que tout le monde sait qu'une figure de plus de trois côtés, formée par des barres articulées aux sommets, peut prendre toutes les formes possibles lorsqu'on essaye de la déformer ; il n'en est plus de même lorsqu'on a réuni deux à deux les sommets de cette figure par des barres diagonales, de manière à la décomposer en triangles, ou simplement lorsqu'on a formé, dans chaque angle de la figure, un petit triangle, à l'aide d'une barre reliant deux points voisins du sommet sur chacun des côtés de l'angle.

On devra, dans une construction en charpente, opérer cette *triangulation*, à laquelle on donne le nom de *contreventement* dans tous les plans, aussi bien dans le sens horizontal que dans le sens vertical; elle sera obtenue à l'aide de pièces convenablement disposées, indépendamment des ferrements et armatures métalliques, qui ne devront servir que pour renforcer et maintenir les assemblages, mais qu'il ne faudra jamais considérer comme suffisants pour assurer un contreventement.

Dans les planchers en bois, posés sur murs, nous avons vu qu'on ne s'occupait pas du contreventement, parce qu'il est assuré par les murs eux-mêmes, et par les remplissages et hourdis qui, placés entre toutes les solives, empêchent les déformations dans le sens horizontal.

Nous avons vu qu'il y avait lieu de s'en préoccuper, et nous avons montré comment on l'obtenait dans les planchers avec appuis intermédiaires.

Dans les constructions entièrement en charpente, cette triangulation prend une importance considérable, puisque, sans elle, la construction n'aurait aucune stabilité. Il faut effectuer cette triangulation à mesure que la construction s'élève, et veiller à ce que jamais une partie un peu importante de charpente ne soit montée sans être aussitôt contreventée, si l'on veut éviter les accidents.

30. Pans de bois formés de poteaux isolés. — C'est le plus simple qu'on puisse rencontrer ; il est formé d'une suite de *poteaux* verticaux posés sur des dés en pierre et qui supportent une pièce horizontale appelée *sablière*, destinée à son tour à soutenir les solives des planchers de l'étage supérieur ; les poteaux peuvent être espacés de 3 à 5^{m} 00. Le contreventement dans le plan vertical du pan de bois se fait à l'aide de *contre-fiches* ou *liens* placés entre les poteaux et la sablière.

Comme ce pan n'a aucune stabilité dans le sens transversal, il faut le contreventer dans le plan vertical perpendiculaire à la façade. A cet effet, on place une solive du plancher au droit de chaque poteau auquel on la relie par une contre-fiche ; cette solive doit être fortement liée à la sablière ; on consolide tous les assemblages à l'aide de ferrements.

On place ensuite une seconde sablière horizontale par-dessus les solives, et c'est sur elle qu'on appuie les poteaux de l'étage supérieur.

31. Pans de bois fermés (fig. 4, pl. XXXV). — Les pans de bois destinés à être fermés et à constituer les murs entiers de façade ou de refend des maisons d'habitation se construisent à partir de 0^{m} 60 à 0^{m} 80 au moins du sol, sur un soubassement en maçonnerie qui les isole de l'humidité du sol, formé de moellons, de briques ou de pierre de taille dure et qu'on nomme *parpaing* ; il est préférable de le construire en pierre de taille.

Le bois employé est le chêne ; on donne à tous les bois d'un même étage la même épaisseur transversale qui est, pour les pans de bois extérieurs, de 0^{m} 20 à 0^{m} 24 pour le rez-de-chaussée, pour arriver à 0^{m} 14 ou 0^{m} 16 aux étages supérieurs, si la construction a trois ou quatre étages ; pour les pans de bois de refend, l'épaisseur varie de 0^{m} 16 à 0^{m} 22.

On monte aux angles du soubassement des poteaux d'angle appelés *poteaux corniers*, de fort équarrissage ; on les constitue par tronçons entés les uns sur les autres, et ayant au moins la hauteur de deux étages, afin d'assurer une bonne liaison.

On couche sur le mur de soubassement une *sablière* horizontale ou *sablière basse* sur laquelle on appuie les *poteaux d'huisserie* formant les jambages des baies ; on les y assemble par un tenon et une mortaise ; une traverse horizontale ferme la partie supérieure de la baie. Sur les poteaux d'huisserie repose une *sablière* dite *sablière haute* qui est assemblée sur ces poteaux à tenons et mortaises, et qui est également assemblée à tenon et repos dans les poteaux corniers.

C'est sur cette sablière qu'on pose les abouts des solives des planchers, et on s'arrange pour que les solives principales reposent toujours au-dessus d'un poteau d'huisserie. Par-dessus les solives, on place une sablière qui forme la sablière basse de l'étage supérieur.

Dans chaque trumeau, on ajoute le *contreventement* formé par des pièces diagonales appelées *décharges*, *écharpes* ou *guettes*, et le remplissage formé de petits poteaux verticaux appelés *potelets* ou *tournisses*. Les potelets sont plus particulièrement les poteaux placés entre un linteau de baie et une sablière.

On ajoute quelquefois aux écharpes d'autres pièces obliques formant avec elles des *croix de Saint-André* et qui s'assemblent avec elles à mi-bois.

L'assemblage des écharpes se fait à tenon, mortaise et quelquefois à embrèvement si les charges sont importantes; celui des tournisses se fait à tenon et mortaise sur les pièces horizontales, et à houlice sur les écharpes; mais on se contente souvent, pour n'avoir pas à les poser en même temps que les pièces principales, de les couper en sifflet et de les fixer sur l'écharpe à l'aide de fortes broches appelées *dents de loup*.

Lorsque les trumeaux sont larges, on les divise quelquefois en deux parties par un poteau vertical intermédiaire, dit *poteau de remplissage*, qui se traite comme un poteau d'huisserie.

On place tous les poteaux d'huisserie des différents étages les uns au-dessus des autres, ce qui exige que les baies aient la même largeur.

Aux points où les pans de refend rencontrent la façade on place de gros poteaux montant de fond, auxquels on donne le nom de *poteaux d'étrier*; on fait de même pour les poteaux qui forment les jambages d'une grande baie comme une porte cochère ou une devanture de boutique et qu'on nomme *poteaux de fond*.

Au-dessus d'une telle baie, on construit un poitrail auquel on donne une hauteur suffisante pour qu'il puisse supporter toute la partie du pan de bois placée au-dessus. Les huisseries de la baie du premier étage qui surmonte la porte cochère sont arrêtées sur une traverse horizontale formant appui de la fenêtre, et qui est assemblée dans les deux poteaux montants de la porte cochère. Cette traverse est doublée en son milieu par une *sous-poutre* dont les deux extrémités sont butées par des *contre-fiches* assemblées, d'autre part, dans la sablière basse du premier étage, près du croisement avec les poteaux, et reportant ainsi la charge sur les poteaux formant piédroits de la porte cochère. La sablière basse de l'étage, la sous-poutre et les deux contre-fiches forment ainsi un véritable *arc de décharge*.

Les deux sablières et la traverse sont reliées par de grandes *plates-bandes en fer* qui rendent la sablière supérieure du rez-de-chaussée solidaire de l'arc de décharge. On dispose les écharpes du premier étage de manière à reporter le plus possible les charges vers les parties latérales à droite et à gauche de la porte cochère.

Tous les assemblages d'un pan de bois sont consolidés par des plates-bandes ou par des *équerres* posées soit à plat, soit sur champ (fig. 5 et 6, pl. XXXV).

Le poteau cornier se pose ordinairement sur la pierre du socle sur laquelle il est maintenu par un goujon en fer ; quelquefois cependant, on assemble à mi-bois les deux sablières, et on pose dessus le poteau cornier en lui ménageant un tenon d'équerre ; cette disposition est moins bonne que la première, la compression exercée par le poteau sur les sablières peut produire un léger tassement, et, de plus, l'assemblage est compliqué et plus accessible à l'humidité (fig. 7, pl. XXXV).

Le poteau cornier a des dimensions ordinairement supérieures à l'épaisseur du pan de bois ; on lui fait alors un *élégissement* intérieur pour former l'angle rentrant de la pièce.

Dans les pans de bois de refend, on est obligé d'interrompre la sablière basse au droit des portes, et on assemble alors les huisseries dans la sablière haute de l'étage inférieur ; quelquefois même on supprime complètement la sablière basse.

Lorsqu'un pan de bois est relié à des murs, il faut avoir soin que ces murs soient construits en maçonnerie tassant très peu, parce que le pan de bois n'a pas de tassement sensible. La liaison s'obtient en faisant pénétrer les sablières de chaque étage dans les murs, où on les engage d'une certaine quantité et où on les scelle à l'aide d'un *tirant à ancre*.

Nous donnons ci-dessous les dimensions des pièces d'un pan de bois pour une construction à trois étages, ayant de 3^{m} 25 à 3^{m} 90 de hauteur.

Poteaux corniers	0^{m} 244 à 0^{m} 270
— de fond	0^{m} 217 à 0^{m} 244
— d'étrier	0^{m} 217 à 0^{m} 244
Sablières hautes et basses	0^{m} 217 à 0^{m} 244
Poteaux d'huisserie	0^{m} 189 à 0^{m} 217
— de remplissage	0^{m} 162 à 0^{m} 217
Guettes, décharges, croix de Saint-André	0^{m} 162 à 0^{m} 218
Tournisses et potelets	0^{m} 135 à 0^{m} 217

Il faut relier solidement les pans de bois à des murs suffisamment résistants par des refends assez rapprochés, et ne jamais laisser un pan de bois abandonné à lui-même sur plus de 8 à 10^{m} 00 de longueur.

Si un bâtiment est construit entièrement en pans de bois, et que les refends soient très espacés, on peut obtenir un bon contreventement dans le sens horizontal, en établissant des *chaînages* en croix de Saint-André entre les solives principales du plancher de chaque étage ; ces chaînages se font en fer plat de 0^{m} 040 à 0^{m} 050 sur 0^{m} 009, et ils se posent sur les solives ; ils sont ainsi bien soutenus dans leur longueur, et cachés par les lambourdes et le parquet (fig. 8, pl. XXXV).

32. Cloisons de remplissage. — Ces cloisons sont construites avec des bois dont l'équarrissage varie de 0^{m} 08 à 0^{m} 12, et on les traite comme de véritables pans de bois, avec les mêmes assemblages; elles comportent une sablière basse, interrompue au droit des baies; une sablière haute et une série de poteaux de remplissage avec écharpes (fig. 9 et 10, pl. XXXV).

Elles s'établissent, en général, sur une solive du plancher ou en travers des solives dont il faut alors augmenter la section, ainsi que nous l'avons déjà dit. On évite de trop surcharger la solive en reportant par les *écharpes* la plus grande partie de la charge sur les murs latéraux.

Quand les cloisons sont de faible épaisseur, on les compose ordinairement avec des *planches* refendues ayant toute la hauteur de l'étage et maintenues entre trois cours de *lisses* horizontales jumelées assemblées avec les poteaux d'huisserie et les poteaux de remplissage ; le tout est espacé tant plein que vide. On peut remplacer les lisses supérieure et inférieure par des lambourdes creusées d'une rainure et qu'on nomme *coulisses*, dans lesquelles s'assemblent les abouts des planches ; on cloue ces coulisses sur les solives du plancher.

Les cloisons de remplissage ont 0^{m} 08 d'épaisseur pour les étages dont la hauteur est inférieure à 3 ou 3^{m} 50 ; il faut leur donner au moins 0^{m} 10 pour les hauteurs plus grandes.

33. Remplissages et hourdis des pans de bois. — *1° Pans de bois fermés par des planches.* Ce système s'applique aux pans de bois formés par de simples poteaux verticaux, la clôture en planches étant faite rapidement et très économique ; on dispose entre les poteaux des pièces de remplissage formant les *huisseries* des baies, et entre elles et les poteaux d'autres pièces horizontales appelées *lisses* sur lesquelles on cloue les *planches de revêtement*, après avoir eu soin d'araser au même plan vertical les parements extérieurs de toutes les pièces. Les planches ont 0^{m} 22 de large et 0^{m} 018 ou 0^{m} 027 d'épaisseur ; on les pose verticales et jointives, et on recouvre les joints à l'aide de lattes appelées *couvre-joints* comme pour les palissades en planches jointives.

Les dés en pierre supportant les poteaux ont dû être dans ce cas remplacés par une murette en maçonnerie avec sablière basse ; les planches recouvrent non seulement la sablière basse, mais encore débordent un peu sur la maçonnerie, de manière à bien protéger de l'humidité le pied de la charpente.

On peut, dans certains cas, faire le bas de remplissage, jusqu'à la hauteur des appuis des baies, en briques, la partie supérieure seule étant en bois.

Lorsque le revêtement a une grande hauteur, et que toutes les charpentes ne peuvent être arasées au même nu, on forme plusieurs plans différents de revêtement, en ayant soin que les rangs supérieurs de planches fassent recouvrement sur les rangs inférieurs.

On peut obtenir une disposition plus élégante, mais qui protège moins bien les bois de la charpente, en les laissant apparents et remplissant les vides à l'aide de *frises* formant des *panneaux* ; il faut alors que les pièces de la charpente, les huisseries et les lisses soient disposées d'une manière régulière.

Les frises des panneaux sont assemblées entre elles à *rainure et languette*, avec baguettes sur joints (fig. 11, pl. XXXV) ; on assemble les panneaux dans les charpentes en les clouant dans une feuillure constituée par des *tasseaux* rapportés sur les faces latérales de tous les bois.

Dans d'autres cas, on emploie des frises de revêtement placées horizontalement pour former les panneaux, et on peut les assembler à rainure et languette, en plaçant la languette en bas, de manière à éviter que l'eau puisse entrer dans la rainure ; ou bien on place les frises en les imbriquant les unes sur les autres, en ayant soin que celle du bas de chaque panneau recouvre la traverse inférieure (fig. 12, pl. XXXV).

On peut encore employer pour des maisons d'habitation le système suivant, appliqué en Amérique : on forme le remplissage extérieur de deux couches de bois à joints horizontaux, une première couche de planches jointives, et une seconde couche de *bastaings*, assemblés à rainures et languettes, le tout cloué sur la face extérieure des charpentes ; sur la face intérieure, on cloue un lattis à claire-voie sur lequel on fait un crépi, et un enduit de mortier formant le parement intérieur du mur ; on a ainsi un mur à double paroi très isolant. On empêche le renouvellement trop rapide de l'air dans le mur, en plaçant un revêtement de papier entre les deux couches de la paroi extérieure ; le papier employé est du papier de chanvre enduit d'huile siccative ou de goudron.

2° *Remplissage en briques*. On peut remplir les vides entre les pièces d'un pan de bois par des cloisons en briques de 0^{m} 11 ou 0^{m} 22 dans lesquelles sont percées les baies. La maçonnerie de briques suffit en général à former le contreventement du pan de bois dans son plan, lorsqu'elle est bien exécutée.

Les bois restent apparents, le nu de la brique pouvant affleurer leur parement, ou mieux être en retrait de 0^{m} 03 à 0^{m} 04. Pour masquer le joint existant entre la brique et les pièces de la charpente, on peut rapporter sur la face latérale de chaque pièce une baguette en bois ; ou encore, si la maçonnerie affleure le parement de la charpente, on peut fixer une planche formant recouvrement de celle-ci et couvre-joint sur la maçonnerie; enfin on peut encore, s'il n'y a pas inconvénient à cela, entailler légèrement le poteau sur ses deux faces latérales. Le parement intérieur de la cloison est toujours arasé au niveau de la face intérieure de la charpente, afin qu'on puisse faire l'enduit; on fixe, à cet effet, des bouts de lattes sur les bois (fig. 13, 14 et 15, pl. XXXV).

3° *Hourdis en plâtras.* Lorsqu'on exécute un pan de bois qui doit être hourdé en plâtras, on commence par clouer sur la face extérieure des bois des lattes espacées de 0^m 10 les unes des autres; on cloue sur les faces nues des bois de petits bouts de lattes très rapprochés, et on garnit tous les intervalles par l'intérieur, à l'aide d'un *hourdis creux* en plâtras et plâtre; on latte ensuite l'intérieur comme l'extérieur: on fait des deux côtés le crépi, puis l'enduit (fig. 16, pl. XXXV).

On peut remplacer le hourdis creux par une maçonnerie de petits matériaux.

§ 5. — LES COMBLES

34. Généralités sur les combles. Poids et surcharges des combles. — 1° *Différentes formes de combles.* Un *comble* est un ensemble de charpente destiné à couronner un édifice et à en supporter la couverture.

La disposition d'un comble doit être telle qu'il abrite l'édifice de la pluie, et qu'il écarte les eaux pour les rejeter au dehors.

La forme extérieure d'un comble varie beaucoup, suivant la nature de la couverture, chaque genre de couverture exigeant une pente différente; suivant que le comble devra ou non contenir un étage ou simplement un grenier, ou former seulement la paroi supérieure de l'espace couvert; suivant la disposition en plan de la surface à couvrir; enfin suivant qu'on voudra donner au comble en élévation une importance plus ou moins considérable.

Un comble qui n'a qu'une seule pente s'appelle un *appentis*, la surface de ce comble s'appelle un *pan* ou un *rampant*, ou un *égout*, ou un *versant*.

Lorsque le comble a deux pentes, elles sont inclinées en sens contraire, et la ligne suivant laquelle elles se rejoignent à la partie supérieure s'appelle *ligne de faîte*. La ligne de faîte est ordinairement parallèle à la plus grande dimension de l'édifice à couvrir. Si les deux versants se prolongent jusqu'aux murs latéraux, qui sont alors terminés en forme de triangle, ces murs sont nommés *pignons*.

Si les murs latéraux se terminent à la même hauteur que les murs de face, la toiture se termine par deux pans latéraux qu'on nomme *pans de croupe* et qui s'appuient sur les murs latéraux, tandis que les pans qui s'appuient sur les murs de façade s'appellent *longs pans*; les arêtes suivant lesquelles les longs pans sont rencontrés par les pans de croupe s'appellent les *arêtiers de croupe*. L'ensemble de la toiture à chaque extrémité s'appelle une *croupe*; la croupe est *droite* si les murs du bâtiment sont perpendiculaires l'un sur l'autre; elle est *biaise* dans le cas contraire.

Lorsque le bâtiment présente un retour d'équerre, les longs pans de chacune des deux toitures se rencontrent suivant deux lignes : l'une, extérieure, placée au saillant, s'appelle un *arêtier*; l'autre, placée dans l'angle rentrant, s'appelle une *noue*; elle forme une sorte de gouttière où les eaux des deux rampants voisins se déverseront.

Lorsqu'on couvre un bâtiment carré par une toiture à quatre rampants, tous les égouts sont triangulaires et se terminent en un même point à leur partie supérieure ; c'est ce qu'on nomme un *comble à pavillon carré*.

On peut également, dans ce cas, faire la couverture avec quatre pignons et quatre noues. Si on remplace alors chaque pignon par une croupe moins inclinée que les pans des combles, on a la disposition que les charpentiers nomment *cinq-épis* parce qu'elle présente alors cinq poinçons qu'on peut faire sortir au dehors où ils formeront ce qu'on appelle des *épis*.

Une toiture destinée à couvrir un bâtiment sur plan polygonal aura la forme d'une pyramide.

Les *combles brisés* ou *combles à la Mansart*, du nom de l'architecte François Mansart qui les a, non pas inventés, mais remis en usage, sont à deux égouts, mais à rampants brisés ; la partie inférieure, qui est la plus rapprochée de la verticale, s'appelle le *vrai comble* ou *bris*, et on y établit un étage de logements dits *mansardes* ; la partie supérieure, qui est surbaissée, s'appelle le *faux-comble ou terrasson*. Ces deux parties sont séparées par une arête qu'on nomme *arête de brisis*. Ces combles peuvent, comme les combles ordinaires, être terminés par des pignons ou par des croupes.

Les *combles courbes* peuvent affecter la forme d'un cylindre à génératrices parallèles aux murs de face du bâtiment, ce sont les *combles cylindriques*.

Si l'on veut recouvrir une surface sur plan circulaire, on emploie les *combles côniques* ou les *combles sphériques* qui forment ce qu'on appelle des *combles en dôme*.

2° *Poids et surcharges des combles*. Le *poids d'un comble* par mètre carré de surface couverte varie suivant la nature de la *couverture*, d'après les données du tableau ci-dessous.

Quant aux surcharges, elles sont dues au *vent* et à la *neige*, et varient suivant les régions ; en France, on peut en général admettre, quelle que soit l'inclinaison de la couverture, une surcharge de 50 kil. par mètre carré de couverture pour le *vent* et la *neige* réunis, en remarquant que la neige ne tient pas sur les toitures très raides, tandis que le vent n'exerce qu'une action très faible sur les toitures plates.

NATURE DE LA COUVERTURE	POIDS PAR MÈTRE CARRÉ D'ÉGOUT		
	POIDS DE COUVERTURE	POIDS DE CHARPENTE	POIDS TOTAL
Tuiles plates	70 k.	50 k.	120 k.
Tuiles creuses à sec	75 à 90	50	125 à 140
Tuiles creuses maçonnées	138	50	188
Tuiles mécaniques	45	35	80
Ardoises grandes	28	45	73
— petites	24	45	69
Ardoises en tôle galvanisée	5	30	35
Zinc n° 14	7	33	40
Tôle ondulée	9	26	35
Asphalte	25	50	75
Plomb de 3 m/m	33	55	

Nous donnerons à propos des différents genres de couvertures tous les détails qui les concernent; pour les couvertures que nous n'avons pas indiquées dans ce tableau, on prendra par comparaison des chiffres approximatifs pour le poids de la charpente.

3° *Principes généraux de la construction des combles.* Une couverture, quelle qu'elle soit, est toujours posée sur un *lattis* ou sur un plancher mince formé de *voliges*; les lattes ou les voliges sont posées dans le sens horizontal, sur des pièces appelées *chevrons*, placées suivant la pente du rampant. Les chevrons ont un équarrissage qui varie de 0^m 08 sur 0^m 08 à 0^m 07 sur 0^m 10 ou 0^m 06 sur 0^m 11.

On les soutient eux-mêmes tous les 1^m 50, 2 ou 2^m 50 de leur longueur; la charpente du comble a pour but de créer ces points d'appui pour les chevrons.

Elle doit être composée de telle sorte que la charge et les surcharges du comble soient reportées par elle sur les murs, sans exercer sur eux d'actions horizontales ou poussées, mais en agissant seulement suivant la verticale.

La charpente sera en général formée de *fermes*, qui ne sont autre chose que des pans verticaux, et pour la construction desquelles nous appliquerons les principes de *triangulation* ou de *contreventement* déjà appliqués dans les pans de bois.

Une ferme devra former un système rigide et indéformable; on obtiendra l'invariabilité des angles par des triangulations convenablement disposées, ainsi que nous le verrons plus loin par divers exemples.

Les différentes fermes devront en outre avoir une stabilité suffisante qui ne pourra être obtenue, vu leurs faibles dimensions en épaisseur, qu'en les contreventant entre elles dans une direction perpendiculaire à leur plan. Ces *contreventements* ont une importance considérable; ils empêchent le *hiement* de la charpente; on nomme ainsi le déplacement par rapport à la verticale que prendraient les plans des fermes sous l'influence d'efforts agissant dans un sens perpendiculaire à ces plans; comme pour les pans de bois, il faut contreventer chaque forme d'un comble à mesure qu'on la monte pour éviter des accidents toujours graves.

35. Combles en appentis. — Lorsqu'un bâtiment a peu de largeur, de 2 à 2 m 50, on n'a pas besoin de soutenir les *chevrons* autrement qu'à leurs extrémités ; on établit alors, le long du mur le plus solide, une *lambourde* portée sur *corbeaux en fer*, espacés de 1 m 50 l'un de l'autre, pour y clouer, à l'aide de clous de 0 m 16 de long, appelés aussi *broches*, la partie supérieure des chevrons. On les fait reposer, à leur partie inférieure, sur une *sablière* supportée par le mur le plus faible, et sur laquelle on les broche également. On peut, si la pente du rampant est un peu forte, ancrer de distance en distance un chevron dans le mur le plus élevé (fig. 1, pl. XXXVI).

Si la partie du comble dépasse 2 m 50, il faut soutenir le chevron tous les 2 ou 2 m 50 environ, à l'aide de pièces transversales appelées *pannes*; on place en moyenne les pannes à 2 m 00 les unes des autres, en plan; on doit les soutenir elles-mêmes tous les 3 ou 4 m 00. S'il n'y a pas de murs convenablement placés pour former ces points d'appui, on peut placer, de distance en distance, une *jambette* oblique allant s'appuyer sur le gros mur; cette solution n'est pas à recommander. Il est préférable de placer une traverse horizontale ou *entrait* s'appuyant sur les deux murs, et ancrée dans le plus gros, sur laquelle se placera la sablière; en son milieu, on dresse un *potelet* vertical, destiné à soutenir la panne intermédiaire, qui est placée verticalement, et dont la face supérieure est taillée suivant l'obliquité des chevrons (fig. 2, pl. XXXVI).

Si la portée dépasse 4 à 5 m 00, l'entrait, ainsi chargé en son milieu, doit avoir un équarrissage trop fort, et on est obligé de constituer une petite *ferme* tous les trois ou quatre mètres; jusqu'à une portée de 6 ou 6 m 50, on peut employer la disposition suivante : une pièce oblique, parallèle au rampant du comble, et qu'on nomme *arbalétrier*, est établie au-dessous des pannes qu'elle supporte ; elle s'appuie d'une part, sur le mur où elle est ancrée; d'autre part, sur l'extrémité de l'entrait auquel elle est assemblée à tenon, mortaise et embrèvement. On soutient l'arbalétrier en son milieu par une seconde pièce oblique, appelée *contre-fiche*, qui s'assemble, d'une part, dans l'entrait, au pied du gros mur; d'autre part, dans l'arbalétrier, à tenons, mortaises et embrèvements (fig. 3, pl. XXXVI).

Les pannes sont posées sur l'arbalétrier, où elles sont maintenues à l'aide de *chantignolles* clouées et quelquefois embrevées sur l'arbalétrier (fig. 4, pl. XXXVI).

On peut, dans certains cas, donner plus d'importance aux chantignolles (fig. 5, pl. XXXVI), qui ont alors pour mission de relever le niveau des pannes, en même temps qu'elles les épaulent. Lorsque la portée dépasse 6 ou 6m 50, ou si le comble est plus chargé, on complète la ferme par une pièce verticale, appelée *poinçon*, à l'extrémité duquel on fait reposer la panne milieu, et dans lequel on assemble deux pièces obliques, également inclinées : l'une est le tronçon inférieur de l'arbalétrier; l'autre, la contre-fiche de tout à l'heure. L'arbalétrier est alors en deux morceaux (fig. 6, pl. XXXVI).

Le poinçon soutient l'entrait en son milieu par l'intermédiaire d'un *étrier en fer*.

On peut encore établir l'arbalétrier extérieur d'une seule pièce, soutenu en son milieu par une contrefiche, en y rattachant l'entrait par un poinçon moisé.

Lorsque le gros mur n'est pas suffisamment résistant pour y ancrer les pièces du comble, ou s'il est trop bas, on dresse le long de ce mur une file de poteaux verticaux, chacun d'eux supportant une ferme; la sablière de faîtage est alors portée par ces poteaux. Le second mur peut être également remplacé par une file de poteaux verticaux, sur lesquels s'appuient les entraits. Il est, dans ce cas, nécessaire de contreventer transversalement l'appentis à l'aide de pièces obliques, appelées *contre-fiches*, ou *aisseliers* ou *liens*, établies : d'une part, entre les poteaux verticaux les plus hauts et la panne faîtière; d'autre part, entre les poteaux inférieurs et la sablière inférieure; on peut également en établir entre le poinçon et la panne milieu.

Lorsqu'un appentis a une faible portée, on peut le fixer en porte à faux contre un mur, en posant sa sablière inférieure à l'extrémité d'une série de *potences*, espacées de 4m 00 environ les unes des autres. Chaque potence est composée de trois pièces : un entrait, un potelet vertical et une contrefiche; on doit ancrer l'extrémité de l'entrait dans le mur et soutenir le potelet à sa partie inférieure sur un corbeau (fig. 7, pl. XXXVI).

36. Combles à deux pentes sans fermes. — Dans un comble à deux égouts, les *chevrons* sont soutenus à leur partie supérieure par une *panne de faîtage*, commune aux deux versants, et à leur partie inférieure par une *sablière* reposant sur le mur de face de la construction, comme dans un appentis; ils sont de plus soutenus, en des points intermédiaires, par des *pannes*, disposées de deux mètres en deux mètres, en plan.

Les chevrons peuvent venir reposer à leur extrémité inférieure sur le mur de face, ou bien dépasser le parement de ce mur pour en éloigner les eaux recueillies sur la toiture; le porte à faux, qu'on peut ainsi donner aux chevrons, est d'environ 0m 50 dans les conditions ordinaires ; on les appelle *chevrons en queue de vache*.

Lorsque les murs de refend du bâtiment sont peu écartés, et suffisamment résistants pour pouvoir porter la charge de la toiture, on peut leur faire supporter les pannes, sans avoir besoin de fermes en charpente, en observant que la portée d'une panne ne doit pas dépasser 4 à 5^{m} 00; le bâtiment doit être alors terminé par des *murs pignons*, sur ses faces latérales.

37. Combles à deux pentes avec fermes. — Une *ferme de comble* se compose de deux *arbalétriers* destinés à soutenir les pannes, d'un *tirant* ou *entrait*, dans lequel ils sont assemblés par leur pied et qui les empêche de pousser sur les murs; le triangle ainsi formé est indéformable. On y ajoute un *poinçon* dans lequel s'assemblent les arbalétriers à leur partie supérieure, et auquel le tirant est accroché en son milieu par un *étrier en fer*. Le poinçon est soutenu par les deux arbalétriers, et il a pour but d'empêcher l'entrait de fléchir sous son propre poids; le *faîtage* est assemblé sur le poinçon à sa partie supérieure.

Le *contreventement* transversal est obtenu par des *aisseliers* ou *liens* placés entre le poinçon et le faîtage.

On voit que les arbalétriers travaillent à la compression, ainsi que les aisseliers, tandis que l'entrait et le poinçon travaillent par traction.

Pour éviter la flexion des arbalétriers, lorsqu'ils reçoivent des pannes intermédiaires, il faut les soutenir au-dessous de ces pannes, toutes les fois que c'est possible, à l'aide de diverses dispositions que nous indiquerons plus loin, mais qui reposent toujours sur le *principe de triangulation* dont nous avons déjà parlé.

L'arbalétrier est toujours assemblé sur l'entrait à tenon, mortaise et embrèvement simple ou double; on consolide l'assemblage par un boulon traversant les deux pièces, ou par un étrier placé obliquement.

Les deux arbalétriers sont, à leur partie supérieure, assemblés dans le poinçon à tenon, mortaise et embrèvement. Le faîtage est assemblé sur le poinçon de deux manières : soit par une mortaise dans laquelle s'engage un tenon ménagé à la partie haute du poinçon, soit par une mortaise ouverte, taillée dans le haut du poinçon, et dans laquelle s'engage le faîtage convenablement délardé en ce point.

Les contrefiches et les aisseliers sont assemblés à tenon, mortaise et embrèvement dans les pièces qu'ils relient.

38. Croupes. — Nous avons dit ce qu'est une *croupe*, et nous allons maintenant montrer comment on en constitue la charpente. Les *fermes du long pan* supportent le faîtage jusqu'au sommet de la croupe; en ce point, on établit une ferme dite *ferme de long pan*, disposée parallèlement aux fermes du long pan. Suivant la direction des arêtiers, on établit deux demi-fermes, appelées *demi-fermes d'arêtiers*; les *pannes de long pan* sont prolongées jusqu'à ces demi-fermes, qui en supportent les extrémités; enfin, on établit dans l'axe de la croupe une *demi-ferme de croupe*, destinée à offrir des points d'appui intermédiaires aux *pannes de la croupe*. Le *poinçon* de la ferme de long pan sert aussi de poinçon aux trois demi-fermes; en haut de ce poinçon viennent concourir les cinq arbalétriers, et on prend, pour les assemblages, des dispositions permettant de ne pas trop affamer les pièces. L'ensemble des *entraits* des diverses fermes s'appelle l'*enrayure*; comme on ne peut assembler tous ces entraits en un même point, on assemble les entraits de la ferme de long pan et celui de la demi-ferme de croupe à mi-bois et à queue d'hironde; pour lui permettre de résister à la poussée de son arbalétrier, on assemble, entre ces entraits et de chaque côté, une pièce horizontale, appelée *gousset*, embrevée dans les entraits et maintenue sur eux par un boulon; sur ces goussets, viennent se fixer à mi-bois et à queue d'hironde, les entraits d'arêtiers, que l'on nomme aussi *coyers*.

Les arbalétriers de long pan et de croupe sont assemblés dans le poinçon à la manière ordinaire; quant aux arêtiers, ils sont seulement appuyés contre le poinçon et contre ceux des autres fermes par des coupes obliques, appelées *faces d'engueulement*: on dit qu'ils sont *déjoutés*.

Les pannes de long pan et celles de croupe sont réunies sur l'arbalétrier d'arêtier à l'aide d'une *équerre* posée avec des *tire-fonds* ou des *clous mariniers*; elles sont soutenues par une *chantignolle* de forme convenable. Les chevrons sont de deux sortes : ceux de long pan et ceux de croupe; on les appelle *empanons*; leur longueur est variable, et leur extrémité supérieure ne tombe généralement pas sur une panne; c'est pourquoi on a disposé, au-dessus de l'arêtier, une pièce spéciale dite *chevron d'arêtier*, qui est délardée à sa partie inférieure pour reposer sur les pannes du long pan et de la croupe, et sur les faces latérales de laquelle viennent s'appuyer les empanons, qui y sont cloués.

On donne au tirant de la ferme de long pan un équarrissage plus fort qu'à ceux des autres fermes, parce qu'il reçoit l'action latérale des autres tirants de croupe et d'arêtiers; on donne à la croupe, pour diminuer ses poussées, une inclinaison plus forte qu'aux longs pans; ceci permet aussi de réduire la longueur des arêtiers.

Lorsque la *croupe* est *biaise*, si le biais est peu accentué, on place la demi-ferme de croupe perpendiculaire au mur; mais si le biais est accentué, on la place dans le prolongement du faîtage, ce qui égalise la portée des pannes. Si l'on veut alors que les faces latérales des chevrons de croupe soient dans des plans verticaux, il faut les *délarder* et leur donner la section parallélogramme; si on leur laisse la forme rectangulaire, leurs faces latérales sont perpendiculaires au plan de croupe, mais ne sont plus verticales, et les chevrons sont dits *déversés*.

39. Noues. — Une *noue* est l'angle rentrant formé par l'intersection de deux pans de toiture.

Lorsque deux bâtiments se rencontrent en formant un retour, mais sans prolongement d'aucun d'eux, on forme une *noue* et un *arêtier*; on établit alors deux *fermes de long pan*, passant au pied de la noue dans chacun des bâtiments, puis une *demi-ferme de noue* et une *demi-ferme d'arêtier*; il faut y ajouter une demi-ferme sur chaque long pan, partant du sommet de la noue, et quelquefois deux demi-fermes, placées diagonalement, symétriquement aux demi-fermes de noue et d'arêtier.

Lorsque les deux bâtiments se rencontrent à angle droit et qu'un seul d'entre eux se prolonge des deux côtés du point de rencontre, on établit une ferme de long pan, passant dans chacun des deux combles par le pied de la noue, puis deux fermes diagonales, et une demi-ferme dans le prolongement de l'axe du bâtiment d'équerre sur l'autre.

La pièce d'angle formant la noue s'appelle un *noulet* ou *nolet*; on dit que le noulet est droit quand les deux lignes de faîtage des combles sont perpendiculaires entre elles; dans le cas contraire, on dit qu'il est biais.

40. Différents genres de combles à deux pentes, avec entraits. — Lorsque la portée d'un comble ne dépasse pas 4 à 6 ^{m} 00, il ne comporte, pour supporter les *chevrons*, qu'un *faîtage* et une *sablière*, mais pas de pannes intermédiaires. Dès que la portée devient plus grande, surtout si la couverture est lourde, il faut une *panne* par égout; on soutient cette panne par l'*arbalétrier*, et on empêche la flexion de celui-ci à l'aide d'une *contre-fiche*, qu'on y assemble à tenon, mortaise et embrèvement, et qu'on assemble de la même manière à la partie basse du *poinçon* (fig. 8, pl. XXXVI).

Si la portée atteint 12 mètres, il faut deux pannes intermédiaires par égout; la panne la plus haute est soutenue, comme dans le cas précédent, par une *contre-fiche*, l'autre, par un *potelet* ou *jambette* qui repose sur l'entrait, ou mieux par un *lien* s'appuyant dans le mur au-dessous de l'entrait, et qui peut être moisé sur l'entrait et sur l'arbalétrier (fig. 9, pl. XXXVI).

Lorsqu'on veut faire porter au tirant du comble un plancher, il est difficile de conserver les contre-fiches, et on peut les remplacer par un *faux entrait* formé de deux moises horizontales qui soutiennent l'arbalétrier et qui sont aussi reliées au poinçon (fig. 10, pl. XXXVI).

L'emploi d'un faux entrait permet de trouver un troisième point d'appui intermédiaire pour une panne dans le cas où le comble a une portée de 16 ^{m} 00 et où il faut trois pannes par égout (fig. 11, pl. XXXVI).

On peut encore, dans certains cas, avoir une *ferme sans poinçon*, dans laquelle l'arbalétrier est soutenu par un faux entrait et renforcé par un *sous-arbalétrier* arc-bouté entre le faux entrait et l'entrait (fig. 12 et 13, pl. XXXVI).

Le sous-arbalétrier est relié à l'arbalétrier par des boulons ou des étriers. Cette disposition donne moins de liaison et d'homogénéité à la ferme que les précédentes.

On emploie quelquefois pour des combles plats de faible portée des *fermes trapèzes* composées d'un entrait destiné à recevoir un *faux plancher*, de deux poinçons placés au tiers de la portée de l'entrait, de deux arbalétriers arc-boutés entre les poinçons et les extrémités de l'entrait, et enfin d'un faux entrait horizontal reliant les têtes des poinçons et contre-butant les arbalétriers. Ces fermes portent deux cours de pannes supportant les chevrons, qui sont d'un équarrissage de 0m 11 sur 0m 08 un peu plus fort qu'à l'ordinaire, et qui ne portent que sur les pannes et sur les sablières de rive; au faîtage, ils sont assemblés à mi-bois et cloués l'un sur l'autre.

Les chevrons qui correspondent aux fermes ont 0m 12 sur 0m 12, et leur partie basse est liaisonnée avec un *blochet* relié à l'arbalétrier (fig. 14, pl. XXXVI).

Enfin on a fait quelquefois pour des portées de 12 à 15 mètres des *fermes en treillis* dans lesquelles chaque panne est soutenue par une contre-fiche arc-boutée entre l'arbalétrier et l'entrait; celui-ci est lui-même soutenu au point où il reçoit chaque contre-fiche par des *aiguilles pendantes* moisées.

Lorsqu'un comble en bois doit être surmonté d'un *lanternon*, pour l'aérage et l'éclairage du bâtiment, ce lanternon est comme un petit hangar dont les fermes correspondent à celles de la charpente et dont les poteaux reposent sur les arbalétriers de celle-ci. Le poinçon de la grande charpente est prolongé jusqu'au faîtage du lanternon et compris, ainsi que les potelets dans un entrait moisé. Les potelets portent deux sablières qui, avec le faîtage soutenu par le poinçon, reçoivent les chevrons du lanternon (fig. 12, pl. XXXVII).

Cette disposition, suffisante tant que le lanternon n'a pas plus de 4m 00 de largeur, est remplacée lorsqu'il est plus large par la suivante : l'entrait et le poinçon du lanternon sont reliés par deux arbalétriers qui supportent chacun une panne intermédiaire (fig. 13, pl. XXXVII).

41. Combles sans entrait ou à entrait retroussé. — Lorsqu'on veut obtenir une hauteur libre donnée sous comble sans surélever les murs du bâtiment, on établit des *fermes sans entrait* dans lesquelles la triangulation des pièces doit être telle que chaque ferme ait une rigidité suffisante pour résister à la flexion considérable due à l'absence d'entrait et ne pas donner de poussée sur les murs. Cette dernière condition ne sera presque jamais réalisée d'une manière complète, parce que malgré tout le soin apporté aux assemblages, la ferme subira toujours de légères déformations; il faut donc que les murs aient une certaine résistance au renversement, qu'on obtient en leur donnant une surépaisseur et en les armant de *contreforts*.

Nous donnons (fig. 1 et 2, pl. XXXVII) deux exemples de fermes sans entraits;

on remarquera dans la seconde la manière dont on a disposé le pied de la ferme à l'aide d'un *blochet* et de *moises pendantes*, de manière à reporter plus bas sur le mur la pression de la ferme.

On peut arriver à obtenir une grande hauteur sous comble en ne supprimant pas complètement l'entrait, mais en le retroussant, c'est-à-dire en l'attachant aux arbalétriers à une certaine hauteur au-dessus de leur pied ; ceux-ci ont alors besoin d'être fortement renforcés en ce point pour résister à la flexion. On les relie à cet effet avec d'autres pièces intérieures avec lesquelles ils forment une véritable poutre en treillis (fig. 3 et 4, pl. XXXVII).

42. Combles relevés. — Pour rendre le comble plus facilement utilisable, on peut employer la disposition appelée *comble relevé*, dans laquelle l'entrait est relevé à la partie haute de la ferme, l'arbalétrier est alors relié par un *blochet* à une contre-fiche qui vient former avec lui un système indéformable et dont le pied s'assemble dans une poutre inférieure supportant en même temps un plancher, et qui sert de *second entrait* (fig. 5, pl. XXXVII).

On peut encore relier l'arbalétrier vers sa partie inférieure, par une contre-fiche, à un potelet vertical qui repose sur le second entrait (fig. 6, pl. XXXVII).

Enfin une dernière disposition, qui permet d'avoir une grande hauteur de comble libre consiste à monter sur l'entrait inférieur deux jambes inclinées portant un second entrait à sa partie supérieure ; l'assemblage est rendu rigide par une contre-fiche, et l'arbalétrier est relié par un blochet au mur de face de la construction et à la sablière du comble (fig. 7, pl. XXXVII).

On peut soutenir l'entrait inférieur en prolongeant le poinçon de la ferme du haut par une *aiguille pendante*.

43. Combles Mansard. — Ce comble, appelé aussi *comble brisé* à cause de sa forme extérieure, n'est autre chose qu'un comble relevé analogue au précédent, mais dans lequel on a supprimé toute la portion de la charpente comprise en dehors de la jambe inclinée, et la portion du mur placée au-dessus du niveau de l'entrait inférieur, ainsi que le blochet ; la couverture est alors brisée au droit de l'entrait supérieur, et redescend parallèlement à la jambe en formant le *bris* du comble.

Les jambes inclinées prennent le nom d'*arbalétriers de bris* ; on les relie à l'entrait supérieur par une contre-fiche, ou encore, si la contrefiche est gênante, par une forte *équerre en fer* coudée sur plat ou mieux par deux équerres coudées sur champ.

La panne qui se trouve au point de brisure du comble s'appelle *panne de brisis* ou *sablière de brisis* ; elle sert de sablière aux chevrons du *terrasson* ou comble supérieur, et elle reçoit en même temps les *chevrons du bris*, qui sont à cet effet entaillés. On n'a pas besoin de soutenir ces chevrons par une panne intermédiaire, parce qu'ils sont presque verticaux (fig. 8, pl. XXXVII).

Si l'on veut recueillir les eaux dans une gouttière, comme on le faisait beaucoup autrefois, on prolonge chaque chevron du bris par un petit chevron de pente plus douce appelé *coyau* que l'on cloue sur lui et qui repose à sa partie inférieure sur une petite sablière.

44. Combles avec points d'appui intermédiaires. — Nous avons dit qu'on pouvait prolonger en *queue de vache* les chevrons d'un comble, de manière à couvrir un espace en dehors des murs de la construction, mais qu'on ne pouvait dépasser ainsi pour le porte à faux des chevrons $0^m\ 50$.

Si on a besoin d'un porte à faux plus grand, il faut soutenir les chevrons par des *consoles*. Si la saillie doit atteindre $1^m\ 25$ environ, il faut prolonger les arbalétriers, et soutenir les chevrons par une panne supplémentaire ; ils auront encore au dehors un porte à faux de $0^m\ 50$; l'arbalétrier devra être soutenu extérieurement par une contre-fiche (fig. 9, pl. XXXVII). On voit qu'on prolonge ainsi le comble par un véritable *appentis*.

Au delà de $2^m\ 50$ et jusqu'à 4 ou $5^m\ 00$, il faudra deux pannes sur le porte à faux de l'arbalétrier qui sera soutenu aux deux points correspondants par une contre-fiche et par une sorte de blochet moisé (fig. 10, pl. XXXVII).

Enfin si la partie latérale doit dépasser $5^m\ 00$, on ne peut plus la conserver en porte à faux, et il faut la soutenir à son extrémité par un mur ou par une file de poteaux, et l'on arrive à obtenir un *comble à trois travées*.

L'entrait de la partie milieu est alors plus élevé que ceux des côtés ; l'entretoisement transversal est réalisé par les aisseliers de la ferme centrale, et par des croix de Saint-André placées entre les poteaux intermédiaires qui sont de plus reliés entre eux par une moise à la hauteur de l'entrait inférieur (fig. 11, pl. XXXVII).

Au lieu d'avoir un arbalétrier d'une seule pièce au-dessus de la travée centrale et d'une travée latérale, on peut le diviser en deux parties, prolonger les poteaux intermédiaires, et surélever la travée centrale ; on a alors un comble ordinaire sur poteaux au milieu, avec un appentis accolé sur chacune de ses faces latérales.

Enfin, si l'on a à couvrir de grands espaces et qu'il soit possible d'établir des points d'appui intermédiaires en nombre supérieur à deux, on obtiendra des combles industriels très économiques, pouvant s'exécuter avec des bois de faible équarrissage, alors qu'en l'absence des supports intermédiaires on serait amené à des charpentes compliquées et lourdes.

45. Grosseurs approximatives des pièces de bois qui composent les fermes de différentes formes et portées.

DÉSIGNATION DES PIÈCES	FERME SIMPLE			FERME EN ENTRAIT RETROUSSÉ ET ARBALÉTRIER descendant jusqu'au tirant.		
LONGUEUR DANS ŒUVRE	6m00	9m00	12m00	6m00	9m00	12m00
Tirant ne portant pas de plancher	27.24	33.30	40.36	....	....	....
Tirant portant un plancher	32.27	40.32	47.37	42.30	52.30	63.45
Entrait retroussé	....	....	....	21.18	27.23	33.30
Arbalétrier	22.19	26.24	32.30	22.19	26.24	32.29
Poinçon	19.19	24.24	30.30	19.19	24.24	30.30
Jambettes et contre-fiches	16.16	19.19	21.21	15.15	18.18	22.22
Faitage	19.16	20.17	22.19	19.16	20.17	22.19
Liens de faîtage	15.15	16.16	17.17	15.15	16.16	17.17
Aisseliers	....	....	....	19.15	24.18	30.22
Pannes tasseaux et chantignolles	19.19	20.20	22.22	19.19	20.20	22.22
Sablières	12.23	14.25	16.28	12.23	14.25	16.28
Chevrons	09.09	10.10	11.11	09.09	10.10	11.11
Coyaux	08.07	09.08	10.09	08.07	09.08	10.09
Chanlatte	16.03	18.04	20.05	18.03	19.04	20.05

DÉSIGNATION DES PIÈCES	FERME A ENTRAIT RETROUSSÉ et jambes-de-force.			FERME POUR COMBLE en mansarde.		
LONGUEUR DANS ŒUVRE	6m00	9m00	12m00	6m00	9m00	12m00
Tirant portant un plancher	42.30	52.37	63.45	42.30	52.37	63.45
Entrait retroussé	21.19	27.24	33.30	23.20	30.27	36.33
Jambes-de-force	24.19	29.24	35.30	22.20	29.27	34.33
Arbalétrier	18.15	22.18	27.22	20.18	25.23	30.28
Poinçon	15.15	18.18	22.22	18.18	23.23	28.28
Jambettes et contre-fiches	14.14	16.16	18.18	14.14	16.16	18.18
Faîtage	19.16	20.17	22.19	19.16	20.17	22.19
Liens de faîtage	15.15	16.16	17.17	15.15	16.16	17.17
Pannes tasseaux et chantignolles	19.19	20.20	22.22	19.19	20.20	22.22
Aisseliers	19.15	24.18	30.22	20.13	27.18	33.22
Liernes	19.19	20.20	22.22	20.20	21.24	22.22
Sablières	12.23	14.25	16.28	23.12	25.14	28.16
Blochets	18.14	20.15	22.16	18.14	20.15	22.16
Chevrons	09.09	10.10	11.11	09.09	10.10	11.11
Coyaux	08.07	09.08	10.09	08.07	09.08	10.09
Chanlatte	16.03	18.04	20.05	16.03	18.04	20.05

46. Combles cylindriques. — On peut donner à un comble la forme d'un berceau cylindrique extérieurement et intérieurement, en n'employant pas d'entrait, de manière à avoir un espace intérieur libre de toute charpente.

Une des solutions les plus employées a été proposée par *Philibert Delorme*; les fermes sont multipliées et espacées comme des chevrons dont elles jouent le rôle, de $0^m 80$ à $1^m 00$ au plus; elles sont formées de deux cours de *planches* de champ assemblées et clouées les unes sur les autres, de $0^m 06$ environ d'épaisseur totale; les bouts de planches ont $1^m 30$ environ de longueur, et les joints sont chevauchés. Elles sont découpées en forme d'arc, et les diverses fermes sont reliées entre elles par des *entretoises* garnies de *clefs*; elles reposent sur une sablière horizontale; c'est sur ces fermes qu'on établit extérieurement le voligeage et intérieurement le plafond. Malgré les soins qu'on prend dans leur construction, ces fermes arrivent à se déformer un peu et à pousser sur les murs (fig. 1, pl. XXXVIII).

On peut obtenir à l'intérieur la forme courbe, tout en laissant à l'extérieur la forme de comble à deux égouts; tel est le comble du *colonel Emy*. Au lieu de mettre les planches sur champ et de les couper en petits morceaux, le colonel Emy les pose à plat et les emploie sur toute leur longueur. Un cintre, dans cet ingénieux système, est formé de plusieurs planches superposées, qui se plient isolément en vertu de leur flexibilité, et qui se relient fortement ensuite, au moyen d'étriers et de boulons. Il tend à se redresser lorsqu'on le retire du gabarit sur lequel il a été établi, mais l'expérience a prouvé, et il était aisé de pressentir que cette tendance est très faible et que le mouvement qui en est la conséquence est peu prononcé; la force, qui sollicite au redressement, n'équivaut, en effet, qu'à la somme des efforts qu'il a fallu faire pour courber les planches isolées, et elle est suffisante pour produire des contractions et des extensions de fibres un peu considérables.

La fig. 2, pl. XXXVIII, représente une des fermes d'un hangar construit, à Marac, par le colonel Emy; le bâtiment a $20^m 00$ de largeur dans œuvre, et les fermes sont espacées de $5^m 00$; la couverture est exécutée en tuiles creuses.

Les feuilles ou madriers qui entrent dans la composition d'un arc ont $0^m 055$ d'épaisseur, $0^m 13$ de largeur, et 12 à $13^m 00$ de longueur. Deux madriers et demi bout à bout, à joints carrés, suffisent au développement de l'arc. Les joints sont distribués de façon qu'aucun de ceux d'un rang ne répond à un autre joint d'un autre rang, et que tous sont couverts par des moises normales.

Chaque cintre est formé de cinq madriers de sapin, mais il est renforcé, dans une partie de son développement, par d'autres madriers de bois de chêne, et les cinq épaisseurs de planches du sommet sont portées à sept à la base, et à huit à la hauteur des reins. Ces renforts ont pour but de réduire l'élasticité de l'arc, et par suite sa poussée.

La partie droite de chaque ferme est reliée à la partie courbe par des moises normales à la courbe. Les fermes sont maintenues dans leur position, et rattachées les unes aux autres par deux cours de moises horizontales et par des croix de Saint-André assemblées dans le faîtage et dans les poinçons.

Les moises normales et les faces planes des arcs sont entaillées de 0 m 01 de profondeur, de manière à serrer les arcs et à empêcher le glissement des madriers les uns sur les autres. Les boulons qui serrent et maintiennent les madriers sont espacés de 0 m 80 ; ils ont 0 m 018 de diamètre. On a placé, en outre, un étrier en fer dans chaque intervalle de moises, de telle sorte que, entre les boulons, les madriers sont alternativement serrés par une moise et par un étrier.

Ce système comporte moins de main-d'œuvre que celui de Philibert Delorme, et il a, d'ailleurs, l'avantage de ne pas exiger autant de bois, attendu que, les joints y étant beaucoup moins multipliés, on utilise une plus grande partie de la résistance des fibres. Il résulte de l'examen comparatif de deux projets rédigés pour la couverture du manège de Libourne, l'un dans le système de Philibert Delorme, l'autre dans celui du colonel Emy, que le mètre carré d'espace couvert exigeait 0 m 204 de bois de charpente dans le premier, et 0 m 124 seulement dans le second. Mais il convient de faire remarquer que les nombreuses ferrures de ce dernier réduisent, dans une assez forte proportion, les avantages économiques qui viennent d'être signalés.

Nous donnons dans la fig. 3, pl. XXXVIII, un comble d'un système analogue, mais de plus faible portée (10 à 12 m 00), dans lequel l'arc en bois, à plat, du colonel Emy, est remplacé par un arc en bois, sur champ, analogue à ceux du comble Philibert Delorme.

47. Combles coniques. — Lorsqu'on a à couvrir des espaces dont la forme en plan est polygonale ou circulaire, on peut le faire à l'aide d'un *comble* de *forme pyramidale* ou *conique*.

Dans le *comble de forme pyramidale* (fig. 4, pl. XXXVIII), le poinçon reçoit l'extrémité supérieure de tous les arêtiers, dont le pied repose sur la sablière. Les chevrons s'appuient sur les arêtiers et sur la sablière ; si leur longueur dépasse deux mètres, on ajoute un cours de pannes pour les soutenir, et on fait reposer ces pannes sur des demi-fermes, analogues à des demi-fermes d'arêtiers d'une croupe. L'*enrayure* des tirants se fait d'une manière analogue à celle d'une croupe, un certain nombre des entraits seulement venant s'assembler au centre, les autres reposant sur des *goussets*.

D'autres fois, pour les kiosques surtout, quand on veut profiter du comble pour former décoration au-dessous, on supprime les entraits ou tirants ; les arêtiers formant fermes sont assemblés avec le poinçon qui, coupé un peu au-dessous des assemblages, forme pendilif, au moyen d'un cul-de-lampe, avec anneau pour recevoir une suspension. On met alors, au-dessus des chevrons et parallèlement aux sablières, des frises à baguettes qui, formant décoration, servent à recevoir, par-dessus, l'ardoise ou le zinc. Les sablières doivent alors être fortement reliées entre elles, de manière à maintenir la poussée du pied des arêtiers et des chevrons.

Un *comble conique* se construit d'une manière analogue, seulement les sablières et les pannes sont circulaires; les chevrons de remplissage sont dirigés suivant les génératrices du cône, et leur nombre augmente du haut en bas du comble, de manière que leur écartement ne soit pas trop grand (fig. 5, pl. XXXVIII).

Lorsque ces combles sont de grandes dimensions, et qu'on veut laisser libre la partie intérieure du comble, on supprime les entraits et on les remplace par une forte couronne formant chaînage extérieur entre les pieds des arbalétriers pour les empêcher de pousser sur les murs.

Comme on ne peut faire buter à la partie supérieure tous les arbalétriers sur un poinçon qui devrait alors avoir des dimensions impossibles à réaliser, on le remplace par une couronne en charpente présentant une grande rigidité, et dont on se sert en même temps pour former la base d'un lanternon d'aérage.

Nous donnons fig. 6, pl. XXXVIII, le comble du Cirque d'Hiver, à Paris; sa largeur est de 49 mètres, et l'enceinte a la forme d'un polygone de 24 côtés. A cause de ces grandes dimensions, on a dû former les arbalétriers par des *poutres en treillis* dites *poutres américaines*, de hauteur variable et décroissante de la base au sommet; les pannes sont du même système.

48. Combles en dents de scie ou sheds. — Dans les locaux industriels, il est souvent nécessaire d'avoir une lumière abondante, répandue aussi uniformément que possible, tout en évitant l'accès direct des rayons solaires; on emploie alors des combles dont les rampants ont une pente différente; l'un est un égout ordinaire de toit, avec couverture ordinaire; l'autre est presque vertical, et vitré; on le tourne généralement du côté du nord, autant que c'est possible.

La toiture est composée d'une série de travées reposant sur des poteaux intermédiaires, au-dessus desquels sont disposés les chéneaux (fig. 9 et 10, pl. XXXIX).

On donne au rampant vitré une pente de 70 à 80°, et on s'arrange souvent pour que l'angle des deux rampants entre eux soit de 90°, ce qui facilite beaucoup les assemblages.

On donne aux travées des largeurs entre 3 et 12^{m} 00; comme ces fermes ne comportent pas de poinçon, le contreventement, dans le sens perpendiculaire aux fermes, est obtenu par des croix de Saint-André établies d'un arbalétrier à l'autre dans le pan vitré.

49. Combles mixtes. — *1° Comble avec tirants en fer.* On peut remplacer dans un comble les pièces qui résistent à la traction, telles que les entraits, lorsqu'ils ne portent pas planchers, et les poinçons, par des tiges de fer terminées par des *fourches d'assemblage* permettant de les relier aux pièces de bois par des boulons (fig. 7, pl. XXXVIII).

On a, dans certains cas, imaginé de remplacer les bouts d'entraits et de poinçon en bois, qu'on conserve généralement pour faire l'assemblage des arbalétriers, par des pièces en *fonte* faites à la demande et qui permettent une attache plus simple et plus robuste des tirants métalliques (fig. 8, pl. XXXVIII).

Enfin, on peut encore réunir entre elles les pièces d'un comble par des *couvre-joints en tôle* analogues à ceux qu'on emploie dans les combles en fer; on supprime ainsi tout le travail de confection des tenons et mortaises; les bois sont coupés à la longueur, assemblés simplement à plat, puis reliés par les couvre-joints boulonnés. Ces assemblages ont une grande rigidité et n'affament pas les bois, comme le font les assemblages ordinaires.

Nous avons dit que dans les charpentes en bois, les assemblages sont toujours des points faibles; avec le système des couvre-joints en fer, on peut, au contraire, leur donner une résistance et une rigidité aussi grandes qu'on le désire; enfin, ils se prêtent avec une grande facilité à une foule de combinaisons.

2° Comble Pombla. Ce comble se compose de fermes courbes composées chacune d'un madrier courbé et retenu dans cette position par un entrait en fer, attaché par des écrous sur des plates-bandes fixées aux extrémités du madrier. Ces petites fermes s'espacent de 2m 00 à 2m 50, et lorsque la portée est faible on les recouvre par des planches longitudinales jointives.

Si la portée est plus grande, et si l'on écarte davantage les fermes, on doit les relier par des lambourdes auxquelles on donne une forme convenable pour relever la toiture vers le faîtage (fig. 9, pl. XXXVIII). Ces fermes permettent d'aller jusqu'à 12m 00 de portée.

Au-dessus de cette dimension, et jusqu'à 20 mètres, on emploie un autre comble, dont la pièce courbe est doublée par des arbalétriers droits, reliés à cette pièce par des potelets et des liens; on peut alors espacer les fermes de 4m 50 à 6m 00 (fig. 10, pl. XXXVIII).

3° Comble Polonceau. Au lieu de soutenir en son milieu l'arbalétrier d'une ferme par une contre-fiche s'appuyant sur le poinçon, on peut donner à cet arbalétrier la forme d'une *poutre armée* en plaçant, en son milieu, une contre-fiche perpendiculaire, à l'extrémité de laquelle s'attachent deux tirants qui la relient aux deux bouts de l'arbalétrier. Chaque arbalétrier présente ainsi par lui-même une rigidité suffisante, indépendamment des autres pièces de la ferme; si on arc-boute deux arbalétriers semblables par leur partie supérieure, et qu'on relie leurs pieds par un tirant pour les empêcher de pousser sur les murs, on aura constitué une ferme Polonceau. Le type primitif a été construit avec contre-fiches en bois, comme l'indique la fig. 1, pl. XXXIX.

On a ensuite remplacé la contre-fiche en bois par une *bielle* de fonte; les *sous-tendeurs* sont assemblés dans l'arbalétrier par des pièces de fonte ou *sabots*; l'une est double et forme le faîtage; les sous-tendeurs sont alors assemblés auprès de la bielle, entre des flasques en tôle, auxquelles ils sont fixés par des boulons et auxquelles est attaché aussi le tirant, qui est ainsi un peu relevé (fig. 2, pl. XXXIX).

Ces combles permettent d'atteindre des portées de 20^{m}00; pour les portées supérieures, on soutient l'arbalétrier en deux autres points intermédiaires à l'aide de deux petites bielles maintenues par des sous-tendeurs; dans les deux cas, on munit l'entrait d'une lanterne de serrage pour faire le réglage au moment de la pose, et on le soutient par une aiguille pendante (fig. 3, pl. XXXIX).

4° *Comble Baudrit*. Ce comble, très léger, repose sur les mêmes principes que les précédents; l'arbalétrier en bois est soutenu par une pièce en forme de double console, remplaçant la bielle, et qui fournit un meilleur soutien; deux pièces courbes, l'une au faîtage, l'autre au pied de l'arbalétrier, lui donnent deux autres points d'appui (fig. 4, pl. XXXIX).

On peut atteindre ainsi une portée de 15^{m}00 avec un arbalétrier de 0^{m}08 à 0^{m}10 d'équarrissage; on donne aux pannes la forme de *poutres armées* avec deux points d'appui intermédiaires, et on les constitue en bois de 0^{m}08 d'équarrissage, ce qui permet d'espacer les fermes de 4^{m}00.

50. Les lucarnes. — 1° *Lucarnes en bois*. Une façade de *lucarne* en bois se compose de deux *poteaux* montés verticalement à tenon et mortaise sur la sablière du comble, et supportant un *linteau* également en bois; ce linteau est l'entrait d'une petite ferme, formée de deux arbalétriers et un poinçon, qui constitue le *pignon* de la lucarne. Les poteaux portent intérieurement une feuillure pour recevoir la croisée en menuiserie, et ils forment la tête de la *cloison de jouée*; le linteau porte aussi une feuillure (fig. 5, pl. XXXIX).

De la partie supérieure du pignon de la lucarne partent trois pannes : l'une formant le faîtage; l'autre, les sablières de la petite toiture de la lucarne; elles supportent les chevrons. Lorsque les lucarnes sont peu larges, on peut former le linteau et le pignon à l'aide de pièces de bois massives, sur lesquelles on fait venir des moulures; ces lucarnes sont employées de préférence aux précédentes dans les villes, parce qu'elles ont un aspect plus favorable.

2° *Raccord de la lucarne avec le comble.* La lucarne, qu'elle soit en pierre ou en bois, se raccorde au comble de la même manière; nous allons étudier le raccord d'une lucarne en pierre (fig. 6, 7 et 8, pl. XXXIX).

La sablière du comble est interrompue au droit de la lucarne, et les deux parties sont reliées par un fort chaînage en fer plat. Derrière les jambages en pierre de la lucarne sont deux *poteaux* assemblés à mi-bois avec deux chevrons du comble, mais plus forts que les chevrons ordinaires, et qu'on nomme *chevrons de jouée*; une *sablière de jouée*, partant de la partie supérieure du jambage de la lucarne, relie le poteau au chevron de jouée, et l'ensemble de ces trois pièces forme un triangle qui est rempli par des *potelets* et qui, une fois hourdé et enduit, constitue la *jouée de la lucarne*.

Les sablières de jouée forment les sablières du petit comble triangulaire qui raccorde la lucarne au comble. Sa panne de faîtage est soutenue, d'un bout, à scellement dans le pignon de la lucarne, et de l'autre, sur un *linçoir*, porté à la hauteur convenable entre les deux chevrons de jouée; ce linçoir reçoit, en outre, le pied des chevrons du grand comble qui aboutissent au-dessus du vide de la lucarne.

Si le petit comble doit être plafonné, on établit, d'une sablière à l'autre, de petites solives sur lesquelles on cloue le lattis du plafond.

L'assemblage à mi-bois du poteau et du chevron de jouée est représenté fig. 7, pl. XXXIX; il est consolidé par un boulon.

Le linçoir s'assemble à panne avec les chevrons de jouée, et l'assemblage peut être consolidé par une plate-bande.

Le faîtage est assemblé d'angle sur le linçoir, et maintenu par une plate-bande coudée (fig. 8, pl. XXXIX); la sablière de jouée s'assemble, à mi-bois, sur le chevron de jouée, avec un boulon pour consolider l'assemblage.

Le petit comble de raccord forme avec le grand comble une noue; le noulet est formé par un petit chevron convenablement placé entre la panne faîtière du petit comble et le chevron de jouée.

L'encastrement du faîtage dans le pignon en pierre n'a que quelques centimètres de profondeur, et on le consolide à l'aide d'une plate-bande à ancre; on évite ainsi de diminuer d'une manière exagérée la solidité du pignon.

§ 6. — ÉPURES RELATIVES AUX COMBLES.

51. Pavillon carré sur tasseau (pl. XL). — *1° Dispositions générales de l'épure.* Pour le pavillon carré, il faut commencer par tracer le plan 5, 6, 7, 8 (fig. 1), puis l'élévation (fig. 2); on fera en sorte que les lignes d'about des chevrons, tant ceux de la croupe que ceux des longs pans, soient 0^{m} 11 à 0^{m} 12 au moins sur le corps du mur, afin que les sablières ne tombent pas à faux, c'est-à-dire qu'elles ne désaffleurent pas le nu du mur, parce que les abouts des pas sur les plates-formes doivent être à 0^{m} 08 du devant de ladite plate-forme.

On aura soin de faire toujours les croupes plus raides que les longs pans; nous donnons ordinairement 1/9 en plus de raideur; c'est-à-dire qu'après avoir pris la moitié de la largeur du bâtiment hors œuvre on divise cette moitié en neuf parties, dont huit désignent la place de la grande ferme, en partant du nu du mur de croupe.

On observera de ne pas mettre le pied des jambes-de-force à faux, mais de les faire toujours porter au moins des deux tiers de leur épaisseur sur les murs, telles qu'elles paraissent à la fig. 2; on observera aussi de donner une hauteur raisonnable à l'entrait retroussé, afin de pouvoir passer librement dessous; ou bien, si l'on fait des chambres dans les combles, il faudra leur donner au moins, en hauteur, 2^{m} 70; on aura soin de poser le haut des jambes-de-force le plus près possible du dessous du chevron, et l'on placera les aisseliers le plus raide possible; mais ils doivent être placés de manière à former ferme. On observera de faire paraître la grosseur du chevron et de la panne : celle de la panne donne l'espace entre le dessous du chevron et le dessus de l'arbalétrier (on nomme cet espace *occupation* ou *chambrée de la panne*); la grosseur du chevron de ferme donne celle du chevron de croupe, de même que la panne de la ferme donne celle de la croupe. On réduit ces grosseurs en croupe, parce que si la croupe était plus raide que les longs pans, et que l'on posât les chevrons et les pannes de même grosseur, l'un et l'autre occuperaient quelquefois, dans la croupe, plus du double par ligne à plomb que la panne et le chevron de ferme, suivant le plus ou moins de différence de raideur, et cette occupation de plus dans la croupe obligerait d'avoir deux arbalétriers d'arêtier, ou du moins d'en avoir un très large posé de champ, et de l'entailler du côté de la croupe pour recevoir la panne, ce qui ferait de très mauvais ouvrages. Ainsi, pour trouver l'épaisseur du chevron et celle de la panne de croupe, on tracera des lignes horizontales (que les ouvriers nomment *lignes traversantes*), de l'about et de la gorge du chevron de ferme, comme aussi de l'about de l'arbalétrier, jusqu'à la rencontre des lignes de milieu *dg*, *ha* (fig. 3), du chevron de croupe jusqu'aux points *a*, *g*, *h*, et l'on tirera les lignes *d*, T, *d*, *t*, *h*, G; le reculement du chevron de croupe donnera le point T, c'est-à-dire que l'on prendra en plan sur le chevron de croupe du point *a* au point D, que l'on rapportera à la fig. 3, de la ligne du milieu de l'aiguille *dgha* au point T, et la ligne *d*T sera la longueur du chevron de croupe. Ensuite, pour avoir les occupations des empanons et des pannes dans l'arêtier (fig. 5), on fera son élévation en tirant une ligne d'équerre sur la ligne sTR.

Soit *r*R cette ligne d'équerre, de laquelle on rapportera le reculement de l'arêtier; pour le faire, on prendra en plan (fig. 1) la longueur de la ligne *a* 6 ou 7 qu'on reportera en élévation (fig. 5) sur la ligne traversante; du point R au point s, et de ce dernier, on tirera la ligne *rs*, qui sera la longueur de l'arêtier. On voit que la ligne traversante sR de l'arêtier est au même niveau que les plates-formes qui reçoivent les chevrons de ferme (fig. 5) : ainsi il faut que la hauteur de l'arêtier soit la même que celle de la ferme, qui est le point *e*. On nomme, en termes de l'art, le haut de la ferme, ainsi que celui de croupe et d'arêtier, *couronnements*; de sorte que si les abouts des chevrons de croupe d'arêtier et de ferme sont sur une même ligne, telle, par exemple, que la ligne sTR, il faut que les couronnements soient aussi de même hauteur; et, pour leur donner cette hauteur, on tirera la ligne de couronnement de la ferme parallèle à la ligne d'about sTR, qui est celle du dessous des plates-formes, ce qui donnera le point *r* (fig. 5).

Les occupations ou chambrées ne se rapportant pas de ce point *r*, il est nécessaire d'avoir le délardement de l'arêtier : on prendra ce délardement en plan pour le rapporter en élévation. Pour cela, on prendra en plan la partie *d* au pied de l'arêtier, ou la partie *c*, qui sont égales, et l'on rapportera cet espace au pied de l'arêtier (fig. 5), du point s au point *t*; de ce dernier point on tirera ou l'on conduira la ligne *to*, ce qui donnera le délardement de l'arêtier : cette ligne fait l'affleurement du dessus des empanons, et c'est d'elle que doivent être rapportées les occupations desdits empanons. Pour cela on prendra sur la ferme au couronnement, du point *e* au point *m*, et l'on rapportera cet espace sur la ligne de milieu de l'arêtier (fig. 5), du point *o* au point M : ce point sera le dessous des empanons et le dessus des pannes.

Pour rencontrer l'occupation des pannes dans ledit arêtier, on prendra du couronnement de la ferme au-dessus de l'arbalétrier, c'est-à-dire du point *e* au point *n*, pour le rapporter sur la ligne de milieu de l'aiguille ou poinçon de l'arêtier; du point O au point N, et de ce dernier on tirera la ligne N*y*, et ce sera sur cette ligne qu'on établira l'arbalétrier d'arêtier.

Nous démontrerons le délardement dudit arbalétrier lorsque nous aurons enseigné la pente des mortaises ou tasseaux des pannes; on le verra à la ferme (fig. 2), sur laquelle on fera paraître la panne qui est tracée entre le chevron et le dessus de l'arbalétrier; on prolongera le dessous de ladite panne par une ligne perpendiculaire (ou d'équerre), suivant la pente du chevron, jusqu'à ce qu'elle rencontre le dessus dudit chevron de ferme au point *d*, et le milieu de l'aiguille au point *e*; de ces deux points *d* et *e* on conduira des lignes traversantes *e*G et *dbf* (fig. 2, 3 et 5) : la première, *e*G, rencontrant la ligne de milieu de l'aiguille d'arêtier au point G, sera le point fixe du bas de la pente de la mortaise ou du tasseau de long pan. Pour trouver l'autre point d'alignement, on observera l'endroit où la ligne traversante *dbf* rencontre le dessus de l'arêtier au point *f*; de là on conduira la ligne *f*G, et elle sera la vraie pente de la mortaise de la panne ou tasseau de long pan. Ensuite pour trouver la mortaise du côté de la croupe, on remarquera l'endroit où la ligne traversante *dbf* rencontre le dessus du chevron de croupe (fig. 3), au point *h*; de ce point on conduira une ligne d'équerre audit chevron de croupe, jusqu'à ce qu'elle rencontre la ligne de milieu de l'aiguille *ad* au point *a*; de là on mènera la ligne traversante *ak* jusqu'à ce qu'elle trouve la ligne de milieu de l'arêtier (fig. 5), au point *k*, et de ce point on tirera la ligne *kf*; ce qui fera la ligne de pente de la mortaise ou du tasseau. Mais il faut avoir le relèvement de l'un ou de l'autre du délardement de l'arêtier; si cette panne est à tenons de mortaises, et si elle pose sur tasseau, on relèvera celui-ci de son recreusement (c'est toujours le délardement qui donne ce relèvement); mais on observera que si le tasseau est plus épais que l'arêtier, il doit être plus relevé, par la même raison qu'il sera moins relevé s'il est moins épais. Supposons que le tasseau soit de même épaisseur que l'arêtier, ou que cette panne soit à tenons ou mortaises dans l'arêtier, ce qui revient au même : pour avoir le relèvement soit du tasseau, soit de la mortaise, on remarquera l'endroit où la ligne traversante *dbf* rencontre le délardement de l'arêtier *to* au point *h*, et de ce point on conduira une ligne *h*B parallèle à *fk* : cette ligne sera la ligne positive du dessous de la mortaise de la panne ou le dessus du tasseau d'arêtier qui reçoit ladite panne de croupe; d'où il résulte que le tasseau se recreuse de la ligne *ebf* à la ligne *hb*B, et l'arbalétrier se délarde de la ligne BC à la ligne *de*.

Supposons que l'arbalétrier ne soit pas plus gros que l'arêtier (ce qui n'est pas ordinaire, parce que l'arêtier est toujours beaucoup plus petit que l'arbalétrier, l'arêtier n'ayant pas de fardeau à supporter) : si l'on ne veut pas désabouter les pannes, il faut creuser l'arêtier en dessous de ce qu'il se délarde; mais l'usage le plus ordinaire est de désabouter les pannes, parce que cela ne les affaiblit pas, et que l'arêtier, de son côté, se trouve beaucoup moins affaibli, et par conséquent plus solide.

2° *Manière de trouver l'occupation des pannes suivant leur dessus.* Il faut faire paraître la grosseur sur le chevron de croupe (fig. 3, 4 et 5), prolonger la face du dessus de ladite panne, jusqu'à ce que la ligne rencontre le dessus du chevron de croupe au point C; de ce point on conduira une ligne traversante jusqu'à la rencontre du dessus de l'arêtier au point g, ensuite on conduira la ligne *gd* parallèle à celle de pente *fck* : cette ligne est l'occupation de la panne sur la ligne de milieu de l'arêtier, c'est-à-dire l'occupation de la panne sur tasseau, parce que cette panne sur tasseau vient jusque sur le milieu de l'arêtier. Quoique *abcd* soit l'occupation de la panne sur le milieu de l'arêtier, il faut avoir son délardement, ainsi que celui de l'arbalétrier : pour le trouver, on remarquera le point où la ligne traversante *gc* rencontre le délardement de l'arêtier, et où cette même ligne rencontre encore le délardement au point

I ; on conduira la ligne I*e* parallèle à la ligne de la pente de la mortaise : elle donnera le délardement de l'arêtier et de l'arbalétrier, de façon qu'on tirera les petites lignes a*a*, *d*E, *b*B, cD ; ces lignes seront le passage de la panne : de sorte que si l'arêtier était assez large pour recevoir la panne, et qu'on voulût y faire son passage jusqu'à la ligne de milieu pour y être logée entièrement, il faudrait recreuser l'arêtier du côté du dessus suivant les points *aa*, *b*B ; et qu'au contraire pour le dessous, il faudrait, en délardant, faire des points *d*E et cD ; d'où il résulte que les quatre lignes *ab*, *bc*, *cd* et *da* sont les quatre lignes de milieu de l'arêtier, et que les quatre lignes aB, BD, DE, et Da sont celles de la face de cet arêtier ; c'est-à-dire que, mettant la lierne à tenons et mortaises dans l'arêtier, la croupe de ladite lierne couvrirait la fig. aBDE. Si, au contraire, elle était sur le tasseau, qu'elle ne fût pas désaboutée, et par conséquent l'arêtier recreusé, ladite lierne occuperait la fig. *abcd* : c'est tout ce que l'on peut dire de la lierne et de son occupation.

Quant à la mortaise, il est facile de la tracer dans la fig. *a*BDE. On ne doit point ignorer qu'elle doit être tracée parallèlement aux lignes aB et DE, et que la lierne doit l'être avant la mortaise, parce qu'il faut observer la longueur de ladite mortaise et son affleurement, en ce que la longueur peut diminuer ou augmenter au-dessus de la ligne aE selon le plus ou moins de grosseur de la lierne ou panne ; mais elle ne peut jamais descendre plus bas que la ligne BD. La ligne aB est donc celle que la panne doit affleurer, puisqu'elle est celle du dessous du chevron, et que le chevron pose sur la panne.

3° *Manière de couper la panne sur le plan.* On fera paraître l'arête du dehors en plan, et on le déversera suivant le dévers de la rampe du comble ; cette méthode est, sans en excepter aucune, la meilleure et la plus commode :

Pour couper la lierne ou panne du long pan en plan, on peut couper celle de croupe de deux manières :

1° La première consiste à descendre l'arête du dehors (qui est l'arête 3, fig. 2 et 3) jusqu'à ce qu'elle rencontre la face de l'arêtier en plan au point 3, fig. 1, et sur cette ligne on posera l'arête de la lierne, qu'on déversera telle qu'elle doit être en place, c'est-à-dire qu'elle sera déversée comme la rampe du chevron ; de façon que si la lierne, n'étant ni plus ni moins grosse qu'elle est sur la ferme, fig. 2, est déversée en plan sur la ligne 3-3, toutes les arêtes de la panne tomberont sur les lignes 1-1, 2-2, 4-4 et 3-3, qui proviennent de ladite panne (fig. 2).

2° La seconde manière de couper la panne du long pan en plan, et qu'on nomme *tracé par quatre arêtes,* montre les avantages de cette méthode et prouve qu'il n'est pas besoin d'apporter les pannes au chantier : on a, par exemple, sur une planche les arêtes 1, 2, 4 et 3 ; on peut couper les pannes où se trouvent les bois.

Pour en avoir la coupe, on fait un trait carré du point 1 et un autre trait carré sur la panne, à la distance qui se trouve du point 3 au point 5 ; et pour le tenon il faut élever le point 1 du point 2 de 0^{m} 08 à 0^{m} 09 : ce trait carré étant fait sur la panne, on prendra en plan, sur la petite planche, depuis le trait carré 1-5 jusqu'au point 2, et l'on rapportera cet espace sur l'arête du dessus de la panne qui est l'arête 2 (fig. 2) ; ensuite, pour avoir le point sur l'arête 4, qui est celle du dessous, on prendra en plan, depuis le trait carré 1-5 jusqu'au point 3, et l'on rapportera cette distance sur l'arête du dessous, qui est l'arête 4. Quant à l'arête du dehors, qui est l'arête 3, il faut prendre de même en plan depuis le trait carré du point 5 jusqu'au point 3, et rapporter également cet espace sur l'arête du dehors de la panne et du trait carré ; on a ainsi la plus longue arête de la coupe. Il est entendu que le bout de la panne est fait de grosseur bien juste, telle qu'elle paraît sur la ferme. Il arrive quelquefois que la panne n'est pas bien avivée, et que les arêtes ont des défauts : dans ce cas, on fera paraître sur la panne une ligne d'emprunt de laquelle on jugera pour en avoir le rallongement en plan suivant le plus ou moins de largeur, et afin de rapporter ce qu'elle aura produit en plan. Cette panne se coupe ainsi à la herse : lorsque la herse est établie pour la coupe des empanons, on rapporte la panne dessus, en prenant depuis le pied du chevron jusqu'au point *d* (fig. 2) et en rapportant cette grandeur en herse de la ligne d'about; cette ligne sera le dessous de la panne : d'où il suit que l'on doit mettre l'épaisseur en contre-haut.

Pour la coupe des empanons sur celle de la ferme dans les pavillons, on n'établit jamais lesdits empanons sur l'élévation, mais bien à la herse ; en cas de biais, cela produit un petit changement que nous expliquerons plus loin.

Pour tracer les empanons sur le trait, il faut les considérer sur le plan BB (fig. 1), ainsi que les lignes tirées de l'about et de la gorge, qui montent aplomb ou verticalement jusqu'à la rencontre du dessus du chevron de ferme aux points *a* et *b* : le point *b* (fig. 1 et 2) est pour le démaigrissement, et le point *a*, pour l'about ou rengraissement; le démaigrissement est un angle aigu, et le rengraissement un angle obtus.

S'il y avait à l'aplomb de l'empanon BB une demi-ferme, il y aurait conséquemment un petit arbalétrier assemblé dans le grand ; et si ce petit arbalétrier n'était pas plus gros que l'empanon B, les mêmes lignes aplomb, partant des points *a*, *b* (fig. 1), donneraient la coupe de ce petit arbalétrier *k* (fig. 2). Si, au contraire, il était plus épais que le chevron, on le ferait paraître aplomb et l'on élèverait des lignes aplomb des points où les faces dudit arbalétrier croiseraient sur la surface de l'arêtier et donneraient la coupe du petit arbalétrier.

L'empanon de croupe *q* se coupe de façon qu'il se démontre de lui-même ; ces coupes paraissent sur ledit chevron de croupe (fig. 6).

On voit clairement que les lignes partant de la gorge *a* et de l'about *b* (fig. 1) donnent la coupe sur le chevron de croupe aux points *a*, *b* (fig. 6), et couperaient pareillement le petit aisselier, s'il était de même épaisseur que l'empanon en plan.

Pour couper un empanon à *la jauge*, on fait paraître en plan une grosseur moindre que celle de l'empanon, de chaque côté de la ligne du milieu, et l'on suppose que la jauge que l'on veut faire paraître à chaque côté de la ligne milieu de l'empanon B ne soit que de la moitié de l'épaisseur de l'empanon ; puis de ces lignes de jauge qui paraissent en plan, on élève des lignes aplomb jusqu'au-dessus du chevron de ferme : il est évident qu'elles s'approcheront de la ligne de milieu *cc* (fig. 1 et 2) par la coupe, suivant le lattis, coupe qui sera plus forte, attendu que la jauge n'est pas aussi large que le chevron n'a pas d'épaisseur.

On fait paraître la même épaisseur de jauge sur l'empanon lorsqu'il est établi que celle qui est en plan, et que les signes d'emprunt qui sont sur l'empanon sont le vrai point de la coupe de l'empanon qui se rencontre de l'un à l'autre ; mais dans l'exécution (lorsqu'on pratique la coupe de l'empanon à la jauge), on ne trace jamais que la ligne du milieu dudit empanon, par exemple la ligne *cc* (fig. 1 et 2), et lorsqu'elle est tracée on fait paraître en plan la largeur de la jauge de chaque côté de la ligne du milieu, telle qu'elle est à l'empanon G (fig. 1) : d'où il résulte que les points d'attouchement de ladite jauge sur l'arêtier en plan sont les points *d*, *d*.

Pour avoir le rallongement de la jauge, on prend un plan sur l'empanon G de la ligne de milieu a aux points *d*, *d* de cette jauge et l'on rapporte cet espace sur la fig. 2, carrément à la ligne de milieu a, jusqu'à ce qu'elle rencontre le dessus du chevron de terme aux points *p*, *p* : ce sont ces points qui produisent le rallongement de la jauge. Pour rapporter celui-ci sur l'empanon on fait paraître sur face du dessus et du dessous dudit empanon le même espace de jauge de chaque côté de la ligne du milieu *cd*, tel que sur le dessus du chevron (fig. *k*), qui sont les lignes *aa*, *bb* ; on rapporte sur ces lignes le rallongement de ladite jauge, et pour cela on prend l'espace sur le chevron de ferme (fig. 2), du point de milieu de la coupe de l'empanon, qui est le point a, au point *p*, qui se rapporte sur la fig. *k* ; puis sur les lignes *aa*, *bb*, de la ligne aB aux points *p*, *p*, qui sont les points de rallongement de la jauge.

Il faut considérer que la fig. 10 vient d'être établie sur le chevron de ferme (fig. 2), et que la ligne de milieu a est tracée dessus, ce qui a produit la ligne aB sur le dessus dudit chevron (fig. 10), de laquelle a été rapporté le rallongement de la jauge sur les lignes *aa*, *bb* aux points *p*, *p* : de ces derniers points, on tirera la coupe 2 et 3. L'espace du point 4 au point 3 est égal à celui de la coupe de l'empanon sur le chevron (fig. 2), qui sont les points *q*, *q* : par là il est évident que la jauge donne la même coupe que les lignes élevées de l'about et de la gorge des empanons en plan. Si l'on se sert du rallongement de la jauge, c'est à cause du défaut de bois qui se trouve dans les empanons et les petits arbalétriers : en effet, si ces empanons étaient bien carrés, ainsi qu'ils le paraissent en plan, il serait inutile de faire paraître des lignes d'emprunt en plan.

On appelle *lignes d'emprunt* les lignes de jauge que l'on a fait paraître sur l'empanon G et la fig. 10, lignes sur lesquelles on rapporte l'espace *apap* de la fig. 1, qui a donné les points *pp* sur la fig. 10, en tirant par ces points *p*, *p* une ligne produisant la coupe 2 et 3, qui est la même que celles des lignes aplomb partant de la gorge et de l'about de l'empanon G, lequel produit la coupe *qq* sur le chevron de la ferme (fig. 2). Plus on accorde en plan de largeur à la jauge, plus la coupe se rencontre juste : de là il est évident que si les empanons étaient bien avivés et qu'ils fussent tous de même grosseur, on pourrait se dispenser du rallongement de la jauge, et le travailler dans la grosseur totale dudit empanon, laquelle deviendrait ainsi bien moins sujette à l'erreur.

4° *Manière de tracer les mortaises.* Pour trouver les mortaises, on trace un petit trait carré de la tête ou du pied de l'arêtier en plan, et l'on prend de ce trait au point *ab*, qui est à la gorge et à l'about de l'empanon aa, qu'on rapportera en élévation de l'arêtier (fig. 5). Quand on a pris la distance des points *ab* (fig. 1), du trait carré de la tête dudit arêtier, on rapporte cette grandeur en élévation de l'arêtier de la ligne de milieu *r*R (fig. 5) et carrément à cette ligne *r*R ; ce qui donne les lignes des mortaises dudit empanon.

Pour les lignes qui paraissent sur l'arêtier, sur le petit arbalétrier ainsi que sur l'entrait (comme on le voit fig. 5), on prend les distances de l'about et de la gorge dudit empanon a du trait carré du pied de l'arêtier, qui est le point *c* (fig. 1), et on les rapporte en élévation de l'arêtier (fig. 5) de son about, qui est le point S ; cela donne les points A, A : de ces points on élève des lignes aplomb, qui donnent les mortaises de l'empanon et de l'assemblage qu'elles rencontrent, comme du petit arbalétrier et de l'entrait, pourvu que les bois de l'entrait et de l'arbalétrier soient de même épaisseur, comme en plan.

Cette méthode est utile pour faire connaître le rapport des mortaises ; mais, dans l'exécution, elle demanderait trop de temps et trop de travail, parce qu'il faudrait des bois de même grosseur, ce qui ne se trouve presque jamais, par la raison que le petit arbalétrier doit être plus gros que le chevron de l'entrait. Il faut opérer différemment pour avoir ces mortaises ; ainsi, au lieu d'avoir la gorge et l'about des empanons comme il est dit ci-dessus, il n'y a seulement qu'à avoir le milieu des empanons et à les rapporter en élévation de l'arêtier : ces lignes donneront le milieu des mortaises, empanons, petits arbalétriers, aisseliers et contre-fiches, s'il s'en trouve, ainsi que de l'entrait.

A l'égard de l'entrait, cette ligne ne lui sert point, parce qu'il faut que les grands et petits entraits s'établissent en plan, comme s'établissent en général toutes les enrayures.

On fera bien attention que les empanons affleurent la ligne du délardement; d'où il résulte qu'il faut avoir une jauge pour tracer la mortaise : pour ce point, on aura recours au joint du tenon qui doit entrer dans la mortaise, et à celle de l'empanon a (fig. 1) ; de cette manière, la coupe est celle de la croupe (fig. 4).

Pour avoir les affleurements de la mortaise de cet empanon, on prend sur son joint (fig. 6), du point *a* au point *c*, que l'on rapporte sur la ligne aplomb de la ligne du délardement, c'est-à-dire du point *a* au point *b* (fig. 5) ; ce dernier est le point d'affleurement de la mortaise. Pour en avoir la largeur, on prend (fig. 6) sur l'empanon de croupe, du point *c* au point *d*; on rapporte cette grandeur en élévation de l'arêtier (fig. 5), du point *n* au point *m*, et ces points sont, par lignes aplomb, l'occupation de la mortaise. De ces points, on trace des lignes parallèles à celles du délardement, de sorte que ces deux lignes feront la largeur de la mortaise, que l'on percera parallèlement au délardement, c'est-à-dire de pente, comme le délardement de l'arêtier.

5° *Manière de construire les herses.* Pour faire les herses et les comprendre, il faut s'imaginer que le pavillon est monté entièrement, et qu'il s'affaisse, sans cependant que les empanons de croupe et de ferme quittent l'arêtier. Il serait plus juste d'employer le mot *développement*; mais, en termes de l'art, le nom consacré est *herse.* D'après ce que nous venons de dire, il est aisé de voir qu'il s'agit ici de tracer une ligne droite, et d'élever une perpendiculaire sur laquelle il faut porter la longueur du chevron de croupe ; sur l'autre ligne, on portera la longueur de la sablière de croupe, qui formera le triangle ou herse *abc* (fig. 7).

Pour les herses de long pan, il faut prendre la longueur de la sablière 7-8 (fig. 1), et porter cette longueur en herse (fig. 7), du point *c* au point *d*; ensuite, il faut prendre la longueur du chevron de ferme, et la rapporter du point *b* au point *d*, ce qui fera le triangle *bcd*, ou la herse du long pan. Les herses faites, il faut espacer les empanons tels qu'ils sont en plan, ainsi que les délardements, comme nous l'avons enseigné : c'est la face du délardement qui coupe les empanons. Cette ligne étant tracée sur les empanons, il faut, si c'est pour la croupe, prendre la croupe aplomb, suivant le chevron de croupe ; et si c'est pour le long pan, on prendra la croupe aplomb, suivant le chevron de ferme.

Pour couper les pannes à la herse, on les y rapporte dans la même position qu'elles ont sur l'élévation. Pour avoir leur coupe, on fait des traits carrés au couronnement des chevrons de ferme et de croupe, on prend les démaigrissements pièce par pièce, et on les rapporte par ligne aplomb, du nu du délardement, comme nous l'avons enseigné. Du reste, ils sont tracés bien juste à la herse : ce qui suit le fera bien comprendre. Si les pannes étaient sur tasseau, au lieu d'être à tenons et à mortaises, il faudrait rapporter les démaigrissements à la herse de la ligne milieu de l'arêtier, plutôt que de les rapporter de la face, par la raison que, sur tasseau, les pannes vont jusque sur le milieu des arbalétriers d'arêtier. Les pannes peuvent se couper sur le plan, ce qui donne un résultat plus exact, attendu qu'il n'y a pour cela qu'une opération à exécuter : c'est de faire paraître en plan l'arête du dehors de la panne, de la mettre sur cette ligne, et de la déverser telle qu'elle doit l'être étant en œuvre. Après son déversement, il faut piquer la ligne milieu de l'arêtier, si c'est sur tasseau et, si c'est à tenon et mortaise, il faut piquer la face de l'arêtier.

6° *Coupe d'un arêtier et d'un empanon; déjoutements, délardements et dégueulements.* Comme nous l'avons déjà dit, pour bien faire un pavillon il faut que la croupe soit plus raide que le long pan, et que les arêtiers soient dévoyés de façon qu'il n'y ait pas plus de délardement d'un côté que de l'autre, comme on le voit au plan *mm*, *gg* (fig. 8), dont l'alignement *m*P*m* est la ligne milieu de la ferme, et le point P, celui du poinçon ou aiguille. Du point P au point g, on mènera la diagonale Pg.

Pour tracer en plan les épaisseurs des arêtiers, on remarquera que les rencontres des faces T,T de l'arêtier sur les sablières sont d'équerre à la ligne diagonale Pg, afin qu'il n'y ait pas plus de délardement d'un côté que de l'autre; parce que, dans le cas contraire, on serait obligé d'avoir des bois plus gros, en ce sens que les empanons descendraient plus bas que l'arêtier, du côté qu'il serait plus délardé.

Après avoir tracé la grosseur de l'arêtier, il faut marquer celle du chevron de ferme Z, dans lequel on fera entrer l'arêtier autant qu'on le jugera convenable, afin qu'il y ait du *dégueulement* (selon l'expression en usage), ce qu'on remarque à la partie *eot*. On voit donc, par la pénétration que l'arêtier fait avec le chevron de ferme, que ce chevron doit être déjouté de la quantité 3-*q* en plan (fig. 8).

On tracera l'élévation de l'arêtier, afin d'en obtenir la coupe, parce qu'on ne peut tracer le dégueulement sans avoir la coupe du haut.

Pour cette élévation, on mènera une ligne perpendiculaire sur une traversante ou ligne horizontale, telle que la droite MM (fig. 10); on y rapportera la longueur de l'aiguille (fig. 9), attendu que l'arêtier doit monter aussi haut que le chevron de ferme; on prendra en plan (fig. 8) la longueur de la diagonale Pg, et on la rapportera sur la ligne de travers QR (fig. 10), de la ligne MM au point Q; de ce point, on mènera la ligne au point qui est le couronnement de l'aiguille, et l'on aura la ligne QC pour l'arête vive de l'arêtier.

Pour rapporter le délardement de cet arêtier, on fera un trait carré BgB au pied de celui qui est en plan (fig. 8); on prendra l'intervalle BT, et on le rapportera en élévation (fig. 10); du point Q au point *q* de ce dernier, on mènera une ligne *q*a parallèle à QC, et cette ligne sera celle du délardement du dessus.

Pour tracer le dégueulement de l'arêtier, on prendra en plan la distance de l'arêtier et de l'aiguille à la ligne milieu, c'est-à-dire de P en o, et on la rapportera en élévation, carrément à la ligne du milieu M; elle produira la droite Nn, qui est le fond du dégueulement, comme on peut le voir à la figure de l'arêtier vu par-dessus, savoir à la ligne ao.

Pour déterminer le déjoutement de l'arêtier, on prendra les intervalles compris depuis la ligne milieu de l'arêtier ou diagonale Pg, jusqu'aux points c, t, et on les rapportera carrément sur l'arêtier vu par-dessous : le premier est pour le côté du long pan (on appelle ainsi le côté des fermes) et produit les points e, e; le second est pour le côté de la croupe et produit les points t, t.

Pour la naissance du déjoutement de l'arêtier, on prendra en plan l'intervalle du point q, au trait carré R, et on le rapportera sur l'arêtier (fig. 10) de la ligne Nn, pour avoir la ligne q_2q_2, qui tombera aplomb du point q_2, quand l'arêtier sera en place.

Pour la naissance du déjoutement de ce même arêtier, du côté de la croupe, on prendra en plan l'intervalle du point d au trait carré R, on le rapportera en élévation de la droite Nn, et il produira la ligne dd, qui sera le commencement du déjoutement du côté de la croupe.

Pour terminer cette coupe, on prendra du point t, et carrément à la ligne de milieu gP, l'intervalle qui y est compris, on le rapportera carrément aussi de la ligne de milieu de l'arêtier vu par-dessous (fig. 10), de manière à ce que l'on rencontre la ligne du dégueulement oL de cet arêtier, et l'on aura les points t, t, desquels on mènera les lignes td et td.

On fera l'élévation du chevron de croupe en prenant la longueur Pm, qu'on rapportera en élévation sur la traversante QR de la ligne de milieu M au point R, et, de ce point, on mènera au couronnement de l'aiguille la droite RC, qui sera la rampe du chevron de croupe, ainsi que sa longueur, sur laquelle on établira les empanons de croupe.

Avant que de traiter ce point, nous allons parler des déjoutements.

L'inspection de la fig. 1 suffit pour montrer qu'on doit prendre la distance de la face de l'aiguille au point d, et la rapporter en élévation (fig. 10) sur le chevron de croupe, et de la face de l'aiguille, pour avoir la ligne XX et les points dd, d_2d_2, comme on le voit à la fig. G; on voit encore que les points t, t en plan, qui sont sur la surface de l'aiguille, ont produit en élévation sur celle du même chevron G, les points tt et t_2zt.

Cette figure démontre facilement et clairement la manière de déjouter en tour ronde. Il est clair que pour rapporter le fond du déjoutement du chevron de ferme il faut prendre en plan de la ligne de milieu du chevron de ferme Z, et de la face du déjoutement qc, la distance qui y est comprise, et la rapporter de la ligne de milieu du chevron de ferme Z vu par-dessous, qui produira la ligne de déjoutement 7-8.

Pour rapporter le déjoutement 3-q (fig. 9) sur le chevron de ferme, on élèvera, par les points 3-q, des lignes aplomb qui produiront, sur le chevron de ferme en élévation, les points 4, 6, 5, 7 ; de sorte que, le chevron de ferme étant en place, les points 4 et 6 tombent aplomb du point 3, comme les points 5 et 7 tombent aplomb du point q : de plus, la ligne aplomb produite par le point 3 est l'entrée du déjoutement, comme la droite produite par le point q est celle du fond ; le point 5 de cette dernière est celui du dessous, comme le point 7 est celui du dessus.

La fig. 9 est le chevron de ferme vu par-dessous ; ce déjoutement s'appelle *déjoutement en pavillon*, et la manière dont la croupe est déjoutée se nomme *déjoutement en tour ronde*, parce que le côté du chevron de ferme fait en déjoutement un ressaut ou ligne brisée $2qe$; au lieu que celui du côté de la croupe est tout uni du point d au point t, ce qui lui a fait donner ce nom de *déjoutement en tour ronde*, lequel déjoutement tend toujours au centre, et ne peut être à ressaut sans contrevenir aux principes de l'art.

Pour décrire la coupe des empanons, celui qui est désigné par K indique assez clairement que, de sa gorge et de son about, il faut mener des lignes aplomb jusqu'au-dessus du chevron de ferme (fig. 9), puis couper cet empanon tel qu'on le voit en élévation.

Pour couper l'empanon de croupe désigné par X, on prendra en plan la distance du point b à la ligne de milieu de la ferme, on la rapportera en élévation de la ligne MM, et elle produira la ligne Ad_2, qui sera celle du milieu de cet empanon.

Pour avoir son about en élévation, on fera au point b de celui qui est en plan un trait carré 3-b-4, on prendra l'intervalle de 1 à 3, ou son égal de 2 à 4, et la première sera la gorge de l'empanon : la seconde en sera l'about.

Pour avoir dans l'arêtier la mortaise de l'empanon de croupe, ainsi que celle de leur occupation, on prendra à la fig. 9, et par ligne aplomb, l'intervalle ab, qui exprime l'occupation du chevron de ferme, puis on rapportera, aussi par ligne aplomb, sur l'arêtier (fig. 10) ; du point a au point b, on mènera une ligne bY parallèle à celle du délardement aq, qui donnera la grosseur totale de l'arêtier, et on la rapportera au point a, qui est celui du délardement, parce que ce délardement n'est compté pour rien.

Après avoir rapporté cette occupation, on rapportera la mortaise de l'empanon de croupe : à cet effet on prendra en plan l'intervalle Bb, et on le rapportera sur la traversante QR, de Q en 10 ; du point 10, on élèvera perpendiculairement la ligne BD, et l'on aura celle de milieu de la mortaise de l'empanon.

Pour déterminer sa longueur, on prendra en plan un des intervalles b-1, b-2, on le rapportera en élévation de part et d'autre de la ligne Bd, et l'on aura les deux lignes 1-1, 2-2, qui fixeront la ligne cherchée.

52. Manière de construire un nolet carré (pl. XL). — Pour construire ce nolet, il faut commencer par tracer la ferme aplomb qui lui fait face, tels que les points g, c. g, et faire paraître ensuite les grosseurs des bois, ainsi que toutes les différentes pièces qui composent cette ferme, comme les chevrons de ferme 12-C et C-12, l'entrait A, les aisseliers *b*, les contre-fiches *e*, le poinçon *c* et les jambettes *f*.

Lorsque cette ferme sera ainsi tracée, il faudra prendre la longueur du faîte, depuis son poinçon jusqu'au vieux comble, qu'on suppose, dans cet exemple, du point *c* au point *d* (fig. 11), et tirer la ligne ponctuée *d*E ; elle donnera la pente du comble ou la rampe du vieux couvert, sur lequel le nolet doit se coucher. Maintenant, pour tracer le plan du nolet, il faudra prendre la longueur du faîte *cd* (fig. 11) et le rapporter du point E au point F (fig. 12) ; de ce point F, aux extrémités g, g, de la ferme aplomb, il faut tirer les deux lignes droites, qui seront celles du nolet en plan ; ensuite on espacera les empanons sur ce plan, en tel nombre qu'on jugera convenable, comme ils sont indiqués (fig. 12) par les chiffres 1, 2, 3 et 4.

Pour tracer les assemblages du nolet, il faut fixer l'épaisseur de l'aiguille couchée sur la rampe du vieux comble, telle qu'on le juge à propos, comme à la fig. 11, du point E au point *l* ; puis de ce point *l* mener la parallèle *l*, qui formera l'épaisseur des bois de cette aiguille, et de tous ceux qui composeront la ferme couchée.

Cette opération faite, il faut prolonger les lignes du dessus et celles du dessous, tant des jambettes que des aisseliers et contre-fiches, jusqu'au-dessus du chevron de ferme Cg (fig. 11) comme G, H ; puis de ces points G, H, on tirera les lignes traversantes jusqu'à ce qu'elles rencontrent le dessus de l'aiguille couchée sur le vieux comble (fig. 11), aux points G, H, et des lignes ponctuées, G, G, H, H, qui font le pied de l'aisselier.

Pour tracer le haut de ce même aisselier, il en faut prolonger les dessus et dessous, jusqu'à ce qu'ils rencontrent le milieu de la ferme EC, au point & (fig. 11), et de ces points &, tirer les lignes traversantes g et & 14.

A l'égard des contre-fiches, les dessus et dessous en étant prolongés jusqu'à la ligne du milieu de l'aiguille au poinçon, on voit, dans cette fig. 11, qu'ils sont les mêmes que ceux des aisseliers, ce qui deviendrait différent si les contre-fiches ne suivaient pas l'alignement des aisseliers, dans lequel cas on serait obligé de renvoyer leur pied, toujours prolongé jusqu'au milieu du poinçon des lignes traversantes qui doivent joindre l'aiguille couchée. Quant au haut de ces contre-fiches, il faut tirer des lignes traversantes jusqu'à l'aiguille couchée (fig. 1), comme on a fait pour les aisseliers.

On opère de même pour les jambettes, lorsqu'elles ne se rencontrent pas avec le dessus des aisseliers ; mais comme, dans cette figure, elles se rencontrent au point G, ce point de réunion sert pour les deux opérations.

Pour tracer les assemblages du nolet ou ferme couchée, on prendra sur la ferme aplomb (fig. 11) la distance Eg, et on la portera de C en *h* (fig. 13), parce que cette ferme doit être de la même largeur que la ferme aplomb (les lignes ponctuées g, *h*, qui sortent des abouts de ces deux fermes, font voir l'opération, et les lignes ponctuées 12-13 et 12-13 font voir son occupation) : on prendra ensuite la longueur de la rampe du vieux comble au vieux couvert E*d* (fig. 11) et on la rapportera (fig. 13) ; du point C au point K, on tirera les deux lignes K, *h* : elles donneront la longueur des deux branches du nolet et leurs abouts.

Pour avoir l'entrait de cette même ferme couchée, il faut prendre sur la rampe du vieux comble (fig. 11), du point *m* au point 17 pour le dessous, et du même point *m* au point 16 pour le dessus, puis porter ces deux distances parallèlement à la ligne d'about *hh* (fig. 13), aux points *Ta*, *Ta*, qui donneront l'entrait sur la ferme couchée.

Pour rapporter l'aisselier sur cette ferme, il faut prendre sur l'aiguille couchée ou rampe du vieux comble (fig. 11) la distance *m*G, qui fait le dessous du pied de l'aisselier et le haut du devant de la jambette, et la distance *m*H, toujours sur l'aiguille couchée (fig. 11), et rapporter ces deux longueurs par les parallèles à la ligne d'about *hh* (fig. 13) que l'on ponctuera jusqu'à ce qu'elles rencontrent le dessus des branches du nolet *h*K*h*, aux points X et Y : ces points donnent le dessous fixe de l'aisselier, ainsi que le devant du haut des jambettes ; et les points Y, Y donnent aussi le dessus fixe du pied de l'aisselier.

Les points du haut des aisseliers sont beaucoup plus faciles, puisqu'il ne s'agit que de prendre la distance qu'il y a du milieu du poinçon de la ferme aplomb EC (fig. 11) au point 10, qui est le haut de l'aisselier, et le porter de chaque côté du même milieu (fig. 13), du point *o* au point 11 ; ensuite on tirera les lignes 11, X, qui donneront le dessous des aisseliers. On opère semblablement pour le dessus et le pied des jambettes.

Les points fixes des contre-fiches se trouvent de la même manière que ceux des aisseliers, en prenant sur l'aiguille couchée ou rampe du vieux comble (fig. 11), du point *m* au point g, que l'on porte du point C au point N, marqué sur le milieu de ce même poinçon (fig. 13), ce qui fait le point fixe du pied des contre-fiches.

Pour avoir les points fixes du haut, il faut prendre sur la rampe du vieux comble (fig. 11), du point *m* au point 5, et porter cette distance parallèlement à la ligne d'about *hh* (fig. 13) aux points M, M ; au point où cette parallèle MM vient couper le dessus des branches du nolet *h*K*h*, elle donne les points fixes du dessous du haut des contre-fiches. Pour avoir leurs épaisseurs, on prendra sur l'aiguille couchée (fig. 11), du point *m* au point 14, on portera cette distance sur la ligne milieu de la fig. 13, du point C au point Q ; et l'on tirera ensuite la ligne Q-15 parallèle au-dessous de la contre-fiche, qui fait le dessus de ladite contre-fiche.

Ayant fixé l'épaisseur de l'aiguille couchée par la ligne E*l* (fig. 11), il faut déterminer les délardements de toutes les pièces qui composent l'assemblage de ce nolet : pour cela, il faut, après avoir tiré du point E (fig. 11) la ligne d'équerre E*l*, prendre la distance *lm*, qui est le démaigrissement de toutes les pièces, et rapporter cet espace de la ligne d'about *hh* (fig. 13) au point *n*, et du point K au point P, pour avoir la ligne ponctuée du délardement P*n*. Celui de l'entrait se trouve en portant la même distance parallèlement aux lignes T, T, qui donneront les lignes ponctuées a, a (fig. 13). Celui des contre-fiches, aisseliers et jambettes du nolet se rapporte par lignes aplomb, en prenant toujours la même distance du démaigrissement au pied de l'aiguille couchée *lm* (fig. 11), et en la rapportant par lignes aplomb sur tous les abouts et gorges qui se resserrent parallèlement au-dessus et au-dessous de chaque pièce, tel qu'on le voit sur les contre-fiches (fig. 13) aux points Z et R, qui donnent les lignes ponctuées ainsi qu'elles paraissent dans cette même figure.

Pour tracer les fausses coupes des jambettes, entraits, aisseliers et contre-fiches, il faut que toutes les lignes de la ferme couchée, détaillées plus haut, soient tracées pour former le tenon, et l'on posera tous les bois suivant la direction de ces lignes, ensuite on piquera le dessous des pièces et leur délardement, puis on fera rencontrer ces points de l'un à l'autre, ce qui donnera les fausses coupes en question ; on en trouve un exemple sur la branche du nolet, vue du côté de son assemblage, où les fausses coupes du haut et du pied sont marquées par les lignes ponctuées qui sortent de la ferme couchée (fig. 13).

On fait la même opération pour les empanons, parce qu'ils portent aussi fausse coupe par le bas, tel qu'on le voit dans le second empanon marqué P (fig. 11), qui est vu du côté de son assemblage.

Pour rapporter les empanons sur le trait, on prendra les distances de la ligne milieu EF (fig. 12) au second empanon marqué B, qu'on portera sur la fig. 11, jusqu'à ce qu'il rencontre le dessus du chevron de ferme aux points I, H, et de ces points on tirera la ligne traversante 7-8 : la ligne H-8 fera la gorge de l'empanon et du petit aisselier; dans le grand aisselier, la ligne 1-7 en sera l'about. Les mêmes lignes étant prolongées jusqu'à ce qu'elles rencontrent le dessus du nolet (fig. 13), au point S et au point *r*, le point S sera la ligne d'about de la mortaise, et le point *r* en sera la gorge.

On peut les tracer encore d'une autre manière et qui est moins embarrassante, on espace les empanons sur le faîtage (fig. 11), comme ils sont marqués par les chiffres romains I, II, III, IV, et aux endroits où ils coupent la rampe du vieux comble, on tire les lignes traversantes 5, 6, 7 et 8, ainsi des autres.

Pour rapporter les mortaises d'après cette manière, il faut prendre du point *m* au point 18 et au point H (fig. 1), et les rapporter par des lignes traversantes ou parallèles à la ligne d'about *hh* (fig. 13) aux points S et *r* de la branche du nolet, à gauche de cette fig. 13.

53. Manière de construire un pavillon biais sur tasseau et sur semelle traînante, avec jambes-de-force (pl. XLI). — *1° Dispositions générales de l'épure.* On fera paraître le plan (fig. 1) *f*, *b*, *c*, *g*, et l'on aura soin de ne point placer les fermes ou demi-fermes en porte-à-faux. Après avoir tracé le plan selon le biais, on fera paraître les deux arêtiers en plan *ab*, *ac* ou *c*, ainsi que l'épaisseur en les dévoyant. La manière de dévoyer se pratique ainsi : Avec une ouverture de compas, qui doit être de la moitié de la largeur de la pièce, on place une des pointes sur la ligne milieu, de manière que l'autre pointe passe juste sur l'about ; on simblotte sur chacune des rives une section, puis l'on rapporte ou l'on échange de côté ces sections, et l'on fait un petit trait carré sur ledit about, ce qui produit le dévoiement et le délardement ; ensuite on établit la ferme (fig. 2). Il faut faire en sorte que l'entrait soit au moins à 2^{m} 30 de hauteur du sol ou du carreau, pour pouvoir passer librement dessous. On fera paraître les jambes-de-force sous cet entrait, en ayant soin de bien faire poser les pieds desdites jambes-de-force dans l'épaisseur du mur, ainsi qu'on peut le remarquer à la même fig. 2 : pour cela, on le fera paraître en plan, afin de bien placer les jambes-de-force d'arêtiers, ainsi que le chevron de croupe.

Les aisseliers d'arêtiers n'ont pas besoin d'être recreusés, par la raison qu'ils ne font face à rien.

Il se rencontre quelquefois que la croupe est trop grande, et que cela nécessite des demi-fermes : dans ce cas, pour raccourcir la portée des pannes, il peut se trouver des petits aisseliers assemblés dans le grand, ainsi que des petits arbalétriers ; mais alors il est de toute nécessité de régler les aisseliers des arêtiers et de croupe sur ceux de ferme, comme dans un pavillon qui porte son assemblage.

Quant aux arbalétriers, il faut toujours les régler de chambrée ou occupation, suivant la grosseur des pannes.

Les arbalétriers de ferme ou de croupe seront délardés d'une arête à l'autre au droit des pannes seulement, et par conséquent relevés de leur délardement, c'est-à-dire de la moitié. Ce délardement pour la ferme se prend au pied de la ferme (fig. 1), aux parties *r*, *r*, lequel pied sera pris de la ligne d'about au petit trait carré, pour le rapporter en élévation par ligne traversante au pied de l'arbalétrier (fig. 2) ; et le chevron étant plus petit, il produira moins de délardement.

Les contre-fiches se délardent aussi telles qu'elles paraissent au chevron de croupe (fig. 4), aux points *a*, a ; il en est de même des tasseaux ; les parties *r*, *r* (fig. 1), donnent les délardements des tasseaux, qui se rapportent par lignes traversantes de la ligne *m*P (fig. 2), de chaque côté du point *m*, ce qui produira les lignes XN, *qq*, et le tasseau se délardera de cette ligne NN à la ligne *qq*. S'il était plus ou moins large, il y aurait plus ou moins de délardement.

Le tasseau de croupe (fig. 9) se délarde de la ligne *oo* à celle NS, et se relève de la ligne *oo*. La contre-fiche de croupe fait le contraire ; elle se descend en contre-bas de la petite ligne *cc*. Il faut de toute nécessité que les contre-fiches de ferme et de croupe, ainsi que celle des arêtiers, soient délardées en règle, parce qu'elles viennent toutes au même centre du poinçon et se déjoutent : il est, par conséquent, à propos qu'elles se délardent pour racheter le biais, ni plus ni moins que dans un pavillon ordinaire.

Pour avoir les chambrées des pannes et le renvoi des tasseaux, on fera paraître les chevrons carrés tant de la croupe que des longs pans, et sur lesquels paraîtront les pannes aux endroits convenables ; c'est-à-dire que si le chevron a 6 ou 7 mètres de longueur, deux pannes paraîtront en partie égale.

Nous ne faisons voir les lignes de contre-fiches que du pied pour éviter la confusion. Ainsi, la panne étant tracée dans le chevron carré de la ferme (fig. 8), où l'on prolongera le dessous jusqu'au point *n*, et aussi jusqu'à la rencontre de la ligne du milieu de l'aiguille au point *m* (en faisant attention que la ligne doit être d'équerre ou perpendiculaire à la ligne rampante du chevron), on conduira, du point *n*, une ligne traversante *n*N*mn* (fig. 3, 4, 8 et 9), et du point où cette ligne rencontrera le dessus des arêtiers aux points *m*, *n*, on tracera des lignes *mo*, et *no*, qui sont les lignes de pente des tasseaux ou des mortaises de la panne du côté du long pan ; ces lignes ne sont que le fond du tasseau, ou la pente des mortaises tracées sur la ligne milieu de l'arêtier, c'est-à-dire de la même manière que si l'arêtier n'avait aucune épaisseur : mais comme cet arêtier ou tasseau a une épaisseur, il faut relever l'un et l'autre du délardement. En supposant que cette panne soit à tenons dans les arêtiers, il faut tracer les mortaises : pour cela, on remarquera l'endroit où la ligne traversante *n*N*amn* rencontre le délardement des arêtiers aux points a, a, et, de ces points, on conduira les petites lignes *ax*, parallèles aux lignes *om* et *on* : ce sont les vraies lignes du dessous des mortaises, des pannes et des longs pans ; on rapportera le dessus de ces mortaises. Quand la panne est tracée, on prend la longueur de sa coupe, que l'on rapporte sur l'arêtier, suivant la ligne du délardement, ce qui donne la longueur de ladite mortaise du long pan. Pour avoir la pente de la mortaise de la croupe, on remarquera où la ligne traversante *n*Na*mn* rencontre le dessus du chevron carré au point a (fig. 9), et de ce point on fera une ligne d'équerre suivant le chevron, jusqu'à ce qu'elle rencontre la ligne de milieu au point S : de ce point, on conduira la petite ligne traversante *Su*, et du point *u* on tirera les lignes *um un* (fig. 2 et 4), qui seront celles de pente des mortaises ou tasseaux de la croupe.

Il nous reste à parler des traits ramenérés, pour établir les entraits des arêtiers et celui de croupe en plan et en élévation, parce que l'on peut les établir en plan avant de les établir en élévation. Pour les poser à l'élévation, on fera un trait ramenéré sur l'entrait (fig. 3), à 0^{m} 60 ou 0^{m} 80 de la ligne de milieu : telle est la ligne 2-3; on la fera paraître en plan à pareille distance du point milieu de l'aiguille, qui est le point *a*; cela donnera les deux petites lignes 2 et 3, qui sont les traits ramenérés; de sorte qu'il faut que ces dits traits, qui ont été tracés sur les entraits en les établissant sur l'élévation, soient posés en plan sur les lignes 2 et 3, afin d'être directement en plan dans la même position qu'ils doivent avoir en œuvre. On opérera de même pour l'entrait de croupe.

2° *Manière de tracer la herse.* Pour tracer la herse, on tracera en plan (fig. 1), au milieu de l'aiguille, qui est le point *a*, la ligne *a*B d'équerre à celle d'about de croupe *cdb*; ensuite on tirera, sur une ligne droite à volonté *acb*, la ligne d'équerre *cd* (fig. 5), sur laquelle on rapportera la longueur du chevron carré (fig. 9); puis on prendra en plan, sur la ligne d'about de croupe, l'espace de la ligne CB, pour être rapporté en herse (fig. 5); du point C au point *a*, et de ce dernier, on tirera la ligne d'arêtier *ad*, on prendra en plan, sur la ligne d'about, l'espace de B*b*, pour le rapporter en herse (fig. 5); du point C au point *b*, on tirera la ligne *b*', qui devient celle du petit arêtier, après quoi on fera paraître sur la herse le chevron de croupe biais *d*D; pour cela on prendra en plan, sur la ligne d'about de croupe, l'espace B*d*, pour le rapporter en herse sur ladite ligne d'about de croupe, du point C au point D, et l'on tirera la ligne *d*D, qui est celle du chevron de croupe biais.

Les empanons de cette croupe s'établissent parallèlement à cette ligne, et l'on opérera de même pour les longs pans (fig. 5 et 6).

Pour trouver les épaisseurs des arêtiers en herse, on prendra en plan, sur la ligne d'about de croupe, l'espace du point *c* au point *h*, pour être rapporté en herse, du point a au point N (fig. 7), et de ce dernier on conduira une ligne parallèle à la ligne *ad*, qui est la ligne de la face du grand arêtier qui coupe les empanons.

Pour avoir la face du petit arêtier, on prendra en plan, sur la ligne d'about de croupe, l'espace du point *b* au point *k*, pour le rapporter en herse sur la ligne d'about de croupe, du point *b* au point *c*, et de ce dernier on conduira une ligne parallèle à celle du milieu d'arêtier *bd*; c'est encore cette ligne qui coupe les empanons.

Pour trouver la face des arêtiers du côté des longs pans, il faut prendre en plan et au pied de l'arêtier, des points *b c* aux points R, S, pour les rapporter en herse, des points a b, aux points R, S, et de ces points on conduira les lignes R, *r* et S, *t*, qui sont celles des faces desdits arêtiers coupant les empanons du côté du long pan.

Pour avoir le démaigrissement, on coupera un empanon dans la croupe et l'on en prendra la coupe avec une fausse équerre; cette coupe servira pour les autres empanons de la croupe, pour l'arêtier seulement, sur lequel a été tracé l'empanon :

de sorte que, pour avoir la coupe de tous les empanons de ce pavillon, on en tracera quatre, c'est-à-dire un de chaque côté de chaque arêtier.

Les démaigrissements des chevrons et des pannes se prennent sur les chevrons carrés; celui de la fig. 8 sert pour les longs pans, et celui de la fig. 9, pour la croupe. Ces démaigrissements se prennent suivant la rampe desdits chevrons et se rapportent en herse par ligne aplomb. Pour avoir les pannes en herse, on les prendra sur les chevrons carrés (fig. 8 et 9), puis on les rapportera en herse sur les chevrons carrés, parallèles aux lignes d'about de croupe et du long pan.

54. Manière de construire un pavillon carré dans son assemblage et de construire les herses, les aisseliers et les contre-fiches. — Soit le plan *abcd* (fig. 10), dans lequel le point E est la ligne milieu du poinçon. De ce point, on mènera les diagonales E*b*, E*c*; elles seront les arêtiers en plan. En traçant leurs épaisseurs, on observera que si la croupe est plus raide que le long pan, il en faudra plus d'un côté que de l'autre; ce qui s'appelle *dévoyer l'arêtier*, comme il a été expliqué pl. XL.

On tracera les goussets A, A qui doivent recevoir les *coyers d'arêtier*, comme disent les ouvriers; ces goussets doivent recevoir les coyers d'arêtier, parce que s'ils allaient jusqu'à l'entrait aa, il est clair qu'il y aurait quatre mortaises dans l'entrait, de sorte qu'il se trouverait trop affaibli, ce qui en causerait plus promptement la ruine.

On tracera en plan les empanons dans les mêmes emplacements qu'ils doivent occuper étant en œuvre, afin d'y établir les demi-entraits ou petits coyers d'arêtier B, et l'entrait a, qui est celui de ferme en plan.

Pour les mortaises et les coupes, on tracera les empanons en plan, lorsque le pavillon est dans son assemblage; mais lorsque ce sont des pavillons sur tasseau, on peut s'en dispenser, parce qu'ils s'établissent à la herse.

La pièce R est le tirant qui se trace à queue d'aronde sur les sablières des jambettes et sur celles qui reçoivent les chevrons; les pièces désignées par *a* sont les sablières des jambettes, comme on le voit fig. 10, aux lettres *a* de part et d'autre; les pièces désignées par *d* sont celles qui reçoivent les chevrons; les deux pièces X, X sont les entretoises qui contiennent les deux sablières et qui s'assemblent entre elles.

Quand on a la ferme, il faut tracer les demi-fermes d'angles ou d'arêtiers : pour cela on mènera, du couronnement de la ferme, une ligne N*q* parallèle à la ligne horizontale R; ensuite, d'un point quelconque G, on abaissera une perpendiculaire NM, où du point M on rapportera le reculement de l'arêtier, c'est-à-dire que EC en plan égale Mg (fig. 12). Ceci posé, on tirera la ligne Ng, qui sera la longueur de cet arêtier. Le délardement se rapporte comme à la XL.

L'épaisseur des bois se rapporte par ligne aplomb : on mène une ligne perpendiculaire sur le chevron de ferme ; tels sont les joints des empanons qui sont sur cette ferme, et l'on prend ensuite la longueur des joints par ligne aplomb, que l'on rapporte sur l'arêtier de la ligne du délardement, par une ligne également aplomb, ce qui produira l'occupation des empanons sur l'arêtier.

On doit toujours rapporter du délardement, et non de l'arêtier, l'occupation des empanons sur l'arêtier, puisque ce délardement n'est compté pour rien ; ce qui est manifeste, attendu que ce qui est délardé ne s'y trouve plus.

Soit l'empanon X (fig. 10) : de son about et de sa gorge, on élèvera des lignes aplomb jusqu'à ce qu'elles rencontrent l'arêtier ou aisselier; elles produiront l'about et la gorge de la mortaise.

Les herses des contre-fiches ne diffèrent en rien de celle des aisseliers.

55. Manière de construire un cinq-épis carré (pl. XLII). — Pour résoudre ce cinq-épis, il faut faire paraître le plan *abcd* et les quatre poinçons *e*, *f*, *g*, *h*, que l'on placera à volonté ; du milieu des poinçons *e*, *f*, *g*, *h* il faut tirer les arêtiers du milieu du poinçon *f*, tirer aussi les noues et diviser les empanons à l'usage d'un pavillon, et d'équerre au faîtage *aa* et aux sablières, faire paraître l'élévation comme au pavillon, et observer que les couronnements soient d'égale hauteur, comme l'enseigne la ligne *ll*, et que toutes les grosseurs de bois soient réduites de chambrée ou d'épaisseur, selon leur rampe ; pour cela, il faut commencer par la ferme, et du dessous au point T tirer une ligne traversante ; telle est la ligne AA, et le point fixe du dessous de chaque pièce de charpente, tels que noues, arêtiers et chevrons de croupe, se trouvera à l'endroit où cette ligne croise les lignes milieux des poinçons ; on relèvera les noues de leur recreusement. Quant aux arêtiers, il faudra, après les points que la ligne a produits, les surbaisser de leur recreusement, parce que les arêtiers d'un pavillon dans son assemblage sont recreusés de ce qu'ils se délardent, par la raison que lesdits arêtiers font arête par dehors, et angle rentrant par dedans ou par-dessous. La noue fait le contraire par rapport au faîtage ; c'est pourquoi elle se relève et se recreuse au-dessus et se délarde au-dessous. Il en est de même pour les aisseliers, contre-fiches et jambettes.

Nous avons tracé un empanon en coupe des deux bouts, pour montrer seulement que c'est le même trait que dans un pavillon ordinaire. Quant à la coupe du côté Z en plan, ce sont les lignes 3, 4 qui le coupent : la ligne 3 le coupe au point *o* pour la gorge, et la ligne 4 le coupe au point D pour l'about. Pour le pied, les lignes sont comme dans le pavillon ordinaire : ce sont les lignes 1, 2 qui le coupent ; donc la ligne 2 coupe l'empanon au point N pour la gorge, et la ligne 1 le coupe au point E. Quant à l'about des mortaises, il se rapporte comme dans le susdit pavillon, et ces mortaises paraissent sur la noue, ainsi que sur l'arêtier. Si les lignes qui coupent l'empanon rencontraient, en passant, l'aisselier ou la contre-fiche, elles les couperaient de la même manière qu'elles le font pour les empanons. Les herses ne diffèrent pas beaucoup du pavillon : on fera paraître la herse de la croupe, ce qui se pratique comme ci-devant ; cette herse faite, il faut prendre les longueurs des faîtages en plan, rapporter cette grandeur en herse, du point D aux points G, G, prendre la longueur totale de la noue et la porter en herse, des points A, B aux points G, G ; prendre ensuite les longueurs du faîtage en plan, et les reporter en herse, des points G, G, vers les points H, H, en faisant une section ; prendre la longueur de l'arêtier sur l'élévation et la porter en herse, des points A, B vers les points H, H ; puis prendre la longueur des sablières en plan *a*, *b*, *c*, *d*, et rapporter en herse, des points A, B vers les points X, X ; prendre enfin la longueur du chevron de croupe pour la rapporter des points H, H vers les points X, X : ces lignes étant tracées, on rapportera le délardement comme au pavillon, puis on espacera les empanons tels qu'ils sont en plan.

Pour rapporter le passage de la cheminée ronde dans la croupe, il faudra mettre des lignes d'adoucissement dans son passage en plan, puis les rapporter sur son chevron de croupe AK, et sur la herse : si ce passage paraît beaucoup, c'est la raideur du comble qui en est la cause ; s'il paraît en herse quatre lignes, ce sont les délardements par rapport à la grande pente ou inclinaison.

56. Manière de construire un bâtiment carré par derrière et en tour creuse par devant (pl. XLII). — Ce bâtiment à quatre arêtiers forme une croupe à chaque extrémité, de sorte que deux des arêtiers font la pénétration d'un plan incliné dans un corps conoïde, et que les deux autres peuvent, dans trois cas différents, former une parabole, une hyperbole ou une ellipse :

1° Ils formeraient la parabole si la croupe était de même inclinaison que le long pan ;

2° Ils formeraient l'hyperbole si la croupe était en pignon un peu incliné ;

3° Ils formeraient l'ellipse si la tour creuse était plus ou moins raide que les chevrons de croupe.

Pour arriver à la résolution de cette pièce, on commencera par tirer une ligne AB dans le milieu de l'emplacement, et l'on tracera ensuite le faîtage circulaire du même centre Z, avec lequel on a décrit la sablière PBP ; on fixera les deux poinçons aux endroits convenables, afin que les croupes ne soient ni trop raides ni trop plates ; on mènera dans chacune des croupes un même nombre de lignes à égale distance l'une de l'autre et parallèles aux lignes d'about *q*P, P*q* (ici nous en avons mis six, y compris le milieu du poinçon) ; du centre Z, on décrira dans la partie circulaire & un même nombre d'arcs; c'est-à-dire que les points, A, B, C, D, E, qui proviennent de la rencontre de ces arcs avec les lignes qu'on a menées dans la croupe, seront les points fixes qui déterminent les lignes du milieu des arêtiers.

On en sentira facilement la raison si l'on se rend compte que les lignes 1, 2, 3, 4 et 5 (fig. H), ainsi que les lignes 1, 2, 3, 4 et 5 (fig. Z), sont des lattes attachées sur les chevrons de la tour creuse, et qu'étant les unes et les autres de même hauteur, il est évident que leurs rencontres aux points A, B, C, D, E formeront l'arête fixe des grands arêtiers.

Pour tracer les petits arêtiers, il faut continuer le faîtage circulaire jusque dans les croupes et diviser en six parties égales les distances comprises depuis les points 1, 2, 3, 4 et 5 (fig. 1) jusqu'aux points *f*, *g*, *h*, *i*, *l*, produits par les prolongements des lignes menées dans la croupe (fig. II) jusqu'à la rencontre de la sablière AF.

Ces lignes ainsi divisées produiront chacune un point du petit arêtier conoïde; savoir :

La ligne I*f*, qui est la première, donne le point *a*, qui est celui où se termine la première division, en partant du point *f*; la deuxième ligne, 2g, donne le point *b*, qui est celui où se termine la deuxième division, en partant du point *g*; les points *c*, *d*, *e* proviennent, de la même manière, des points 3, 4 et 5 : de sorte que la courbe qui passera par les points *a*, *b*, *c*, *d*, *e* sera la ligne d'arête du petit arêtier conoïde.

Pour avoir la facilité de tracer les lignes d'adoucissement conoïdes, on espacera des lignes parallèles à la ligne AE, autant qu'on le jugera convenable; on les divisera chacune en six parties égales, et l'on fera passer par tous les points de division les lignes conoïdes 1, 2, 3, 4, 5 (fig. Y) jusqu'à la rencontre des lignes 1, 2, 3, 4, 5 de la croupe (fig. H), ce qui produira, comme plus haut, les points *a*, *b*, *c*, *d*, *e*.

Les chevrons de cette partie étant mis d'équerre à sa sablière *qq* se débillardent du haut, d'où l'on voit que ceux qui sont les plus proches de la ligne AB seront moins débillardés que ceux qui approchent davantage des arêtiers, par la raison que cette partie du comble est de la forme du coin conoïde.

Nous avons mis les empanons en plan d'équerre à la sablière, parce que le faîtage n'est pas beaucoup circulaire, et qu'en outre les croupes ôtent beaucoup du gauche.

S'il n'y avait pas de croupe, il faudrait mettre les empanons d'équerre à la troisième ligne, parce que les chevrons qui viendraient près des pignons P*o*, P*q*, érigés sur les lignes 1-*f*, 2-*g*, 3-*h*, etc., seraient trop débillardés du haut et trop sujets à couler vers le bout du faîte ; de plus, il faudrait des bois beaucoup plus gros dans le haut, par rapport au débillardement ; c'est pour cela qu'il est nécessaire que les empanons soient d'équerre au cintre CC.

Pour parvenir à l'élévation des arêtiers, on commencera par tracer en plan leur épaisseur, comme dans le pavillon ordinaire, et on les dévoiera à chaque ligne par rapport à leur cintre ; ensuite on tracera les lignes PR, RQ ; du devant des extrémités de l'arêtier on élèvera sur ces lignes des perpendiculaires, des points de réunion *a*, *b*, c, *d*, *e* pour le petit arêtier D, et A, B, C, D, E pour le grand ; on rapportera sur ces perpendiculaires les lignes de hauteur de la ferme (fig. 2), et les points où ces hauteurs se terminent sur chacune des perpendiculaires auxquelles elles sont relatives seront les points fixes du dessus des arêtiers.

Les chambrées des empanons se rapportent comme dans le pavillon carré (on appelle *chambrée* ce que les empanons occupent par leur coupe dans les arêtiers).

On rapporte les délardements de la même manière qu'au pavillon carré, ainsi que les aisseliers, les jambettes, l'entrait et les contre-fiches.

L'assemblage de l'arêtier de la fig. Q suffit pour faire voir l'effet de toutes les coupes.

La plate-forme ou sablière de la jambette paraît en plan dans une partie de la tour creuse et dans une partie du long pan, dont le recreusement qui est au point B ne diffère en rien d'un pavillon biais du côté de la partie aiguë.

Les mortaises des empanons sont comme dans le pavillon carré ; mais l'établissement de ces derniers diffère beaucoup de ce pavillon, ainsi que du biais, pour ceux qui sont du côté du long pan du coin conoïde.

Les empanons des croupes sont les mêmes que ceux du pavillon carré et ceux de la tour creuse.

Voici ce que l'on doit faire pour couper les empanons du long pan conoïde en la partie D, par exemple l'empanon XX ; on prendra l'intervalle du point G à l'about de cet empanon, on le rapportera en reculement sur une ligne d'équerre quelconque, comme nous l'avons fait sur la ligne traversante de croupe (fig. 4) ; du point D au point *d*, on mènera la ligne D*d* : elle sera la longueur positive du chevron, dans le cas où il n'y aurait point d'arêtier ; mais, comme il y en a un qui arrête le chevron, on conçoit que l'empanon est compris depuis l'arêtier jusqu'au point d'about CX, et que, par conséquent, il faut prendre la distance du point G à la rencontre de l'empanon, sur la face de l'arêtier, puis la rapporter à la fig. 4, par reculement de la ligne *d*G : elle produira la ligne MM ; on prendra ensuite son démaigrissement, comme dans les autres pavillons.

57. Manière de construire un cinq-épis biais avant-corps (pl. XLIII). — Comme nous avons expliqué précédemment la manière de tracer l'assemblage des noues et des arêtiers et que d'ailleurs chaque reculement porte son nom, nous nous contenterons de dire ici que l'empanon E (fig. 1) est celui qui est en élévation E (fig. 2), et dont les deux lignes *ab*, *ab*, sont les deux lignes milieux, aplomb des joints dudit empanon : ces lignes étant tracées sur l'empanon, il faut rallonger la jauge, en prenant en plan le gras et le maigre des traits carrés faits sur les extrémités de l'empanon (fig. 1) ; cet empanon se délarde, parce qu'il est mis en plan parallèlement au faîtage. Tous les autres empanons sont d'équerre au faîtage, pour éviter d'avoir du devers ou du délardement, ce qui fait que ces empanons se tracent à la herse, comme dans un pavillon carré. A l'égard des chambrées ou épaisseurs des bois, il faut employer des chevrons carrés : le chevron carré de croupe pour les croupes, et le chevron carré de ferme pour les noues ; c'est-à-dire que c'est sur ces chevrons qu'il faut fixer les épaisseurs des bois que l'on juge convenables.

Pour construire les herses ou développements de la surface du comble, il faut faire la herse de la croupe (fig. 3), puis il faut avoir recours aux traits carrés qui sont en plan, lesquels sortent du milieu des poinçons, F*b*, F*b* (fig. 1) : ce sont les chevrons de ferme carrée en plan qui se rapporteront en reculement, tels qu'on les voit à la fig. 2 ; il faut en prendre la longueur, que l'on rapportera à la herse du point F, en faire des sections vers les points *b*, revenir de suite en plan prendre les longueurs des sablières *ab*, *ab*, et les rapporter en herse du point *a* vers les points *b*. Des points *b*, on tirera les lignes *ab* et *b*F ; ayant ces lignes, il faut avoir les points où passent les noues sur lesdits chevrons carrés : pour cela, on prendra en plan sur les noues aux points 2 et *d*, qui donneront le point *x*K sur le chevron de ferme carrée (fig. 2) : le point 2 produit le point K, et le point *d* produit le point *x*. Pour rapporter ces points sur la herse il faut prendre du couronnement du chevron carré au point *k* (fig. 2), et rapporter cette grandeur en herse (fig. 3) du point F au point *n* ; pour l'autre côté, on prendra de même sur le chevron de ferme carrée (fig. 2) du point F du couronnement au point *x*, on rapportera cette grandeur en herse (fig. 3) du point F au point *m*, on prendra les longueurs des sablières *a*, *c* en plan, on les rapportera en herse, du point *a* au point *o*, et de ce point *o* on tirera les noues des points *on* et *om*. Ces noues étant tracées, il faut faire paraître les faîtages parallèles aux sablières : pour cela, on fait à volonté, comme la figure l'enseigne, une ouverture de compas pour avoir une portion de cercle *am* au pied de l'arêtier et du chevron de ferme carrée ; avec cette même ouverture de compas, on marque une portion de cercle du point F (fig. 3), et sur cette portion de cercle on rapporte la grandeur de la portion de cercle *am* au pied de l'arêtier, qui donnera celle du haut *dh* ; du point *h* au point F, on tire la ligne du faîtage, sur laquelle on rapporte la grandeur dudit faîtage pris en plan d'un poinçon à l'autre ; cette grandeur étant rapportée en herse, du point F au point *h*, on tire la ligne *ho*, qui sera la noue, et qui, par conséquent, formera les herses A, A, comme les herses B. Il est facile de les rendre conformes, et d'y ajouter les herses des demi-croupes : les herses étant faites, on espace les empanons comme on le juge à propos ; si on les met de biais, on en établit un par démaigrissement bien juste, et il sert à donner la coupe à la fausse équerre pour les autres, parce que les empanons étant de biais, la coupe aplomb ne peut pas servir comme dans un pavillon carré.

Nous avons fait paraître les démaigrissements à toutes les herses ; pour les rapporter en herse, il faut du couronnement du chevron de ferme et de croupe carrée, renvoyer les petites lignes d'équerre du dessous du chevron et du dessous de l'épaisseur de la panne ; tels sont les traits carrés 24 et 25 sur le chevron de ferme carrée et les petits traits carrés 26 et 27 sur le chevron de croupe carrée ; donc les traits carrés du chevron de ferme servent pour les herses des noues, et ceux du chevron de croupe (fig. 2), pour les herses de croupe et de demi-croupe.

Pour rapporter les démaigrissements des empanons des noues, on aura recours au démaigrissement du chevron de ferme carrée (fig. 2), on prendra du couronnement du point 5 aux points 24 et 25, on rapportera ces deux grandeurs en herse des faces d'arêtiers sur les lignes d'équerre F, b, lesquelles donneront les points 24 et 25, et de ces points on tirera des lignes parallèles à la noue dans les herses A, B : les lignes que les points 24, 25 ont produites sont les démaigrissements ; la ligne que le point 24 a produite est le démaigrissement des empanons, et la ligne que le point 25 a produite est le démaigrissement des pannes. Donc la ligne que le point 24 a produite coupe le dessus de la panne.

Pour avoir le démaigrissement des empanons et des pannes dans les croupes, on agit de même que dans les herses des noues, à la réserve toutefois qu'il faut se servir du chevron de croupe carrée (fig. 2), prendre du couronnement T, aux points 26 et 25, et rapporter ces grandeurs comme ci-devant, des faces des arêtiers de croupe et demi-croupe, qui produiront les points 28 et 30 ; de ces points on tirera les lignes de démaigrissement parallèles aux arêtiers : la ligne que le point 28 a produite est le démaigrissement des empanons ; la ligne que le point 30 a aussi produite est le démaigrissement des pannes, et cette ligne de démaigrissement, ou le point 28, sert en même temps à couper le dessus de la panne. On peut couper les pannes comme au pavillon en plan, en déversant la panne selon son devers, qu'il faut prendre sur le chevron carré (fig. 2), et l'on prendra l'arête de la panne sur le même chevron pour la faire tomber en plan, tel qu'on le voit dans les noues et dans les croupes. Nous avons mis un empanon biais en herse dans la noue A, qui marque E en herse, et E en plan : pour enseigner la manière dont on doit le rapporter, il faut considérer le point où ces faces viennent rencontrer le milieu de la noue, et les rapporter en herse, puis profiler le haut de l'empanon jusque sur la ligne qui est d'alignement au faîte, et qui donnera les points p, q (fig. 1), que l'on rapportera en herse, du point h sur la ligne de faîte, ce qui donnera les points p, q, et sera le vrai alignement de l'empanon E. L'usage le plus suivi, c'est de mettre les empanons d'équerre au faîtage : ce qui vaut mieux pour la solidité et la commodité de les tracer, parce que ces empanons n'étant pas d'équerre au faîtage, il faut une coupe autre que la coupe aplomb, qui n'est pas néanmoins difficile à trouver, quoique l'on ait beaucoup plus tôt fait d'en établir une sur la herse par démaigrissement, et de prendre la coupe dessus pour servir à tracer les autres. Beaucoup de charpentiers ne mettent pas les empanons à tenons et mortaises dans les noues, ce qui n'est pas solide, parce que ces sortes d'empanons ne demandent toujours qu'à tomber; c'est pourquoi il faut au moins les mettre à tenons et mortaises du pied, et faire bien attention, dans ce cinq-épis, de placer les faîtages bien parallèlement aux sablières parce que s'ils ne l'étaient pas, au lieu de faire un cinq-épis biais, on ferait un cinq-épis barlong, qui obligerait à débillarder les pannes et les empanons en ailes de moulin à vent. Dans ces sortes d'ouvrages il faut bien proportionner la force des bois suivant leur fardeau, et faire attention que l'on ne peut pas mettre les noues trop fortes, parce que tous les empanons et les pannes contribuent beaucoup à leur ruine; tandis que dans les croupes, au contraire, les empanons soutiennent les arêtiers, qui n'ont pas besoin, à beaucoup près, d'être aussi forts que les noues.

58. Manière de construire un cinq-épis biais sur tasseau composé d'une herse de noue (pl. XLIIII). — Soient le plan désigné par la fig. 1 ; l'élévation de la fig. 2 ; la noue E, qui est en plan et en élévation (fig. 5) ; la grande noue B et les arêtiers C, qui sont à chacun de ses côtés, aussi en plan (fig. 6) et en élévation (fig. 7).

Les fig. 3 et 4 sont les chevrons carrés qui servent à rapporter les occupations des empanons et à trouver les alignements des tasseaux et des mortaises des pannes.

Pour le délardement des chevrons de croupe (fig. 2), on remarquera que *e*, *z*, ou les lignes aplomb ou verticales qui viennent de la fig. 1 rencontrent la seconde : elles seront celles de ces délardements, telles sont le lignes *mm*, *pq*, *pq*.

Pour ceux des poinçons, on élèvera des lignes aplomb des arêtes du dedans et du dehors, qui produiront les délardements et, de plus, les fausses coupes des arbalétriers, faîtes, liens et chevrons.

On remarquera que ce sont les lignes *pq*, *pq* qui produisent celles des fausses coupes, des aisseliers et entraits.

Pour tracer les herses, on aura recours aux lignes *rc*, *rc* (fig. 1), dont on déterminera ci-après les longueurs, parce qu'il faut auparavant trouver celle de la ligne *cbc*.

Pour y parvenir, on opérera comme si ces lignes étaient les faces de la noue, et comme si la noue était de la grosseur positive des lignes *cr*, *cr* : ainsi, pour trouver le recreusement de la noue, en la supposant de la grosseur que nous venons de dire, on prendra (fig. 1) la distance de la ligne *cc* au point 2, qui est le milieu de l'aiguille de la noue ; on rapportera du point *p* (fig. 6), qui est le pied de la noue, au point a ; on mènera *ab* d'équerre à la noue, et ac d'équerre à *ab*, et l'on rapportera sur ac la moitié *cb* de la ligne *cc* (fig. 1), ce qui donnera le point *c*, duquel on mènera *cb*, qui est une des longueurs nécessaire à la construction de la herse.

Pour tracer cette herse, il faut encore déterminer les longueurs des lignes *cr*, *cr* (fig. 8). A cet effet on prendra en plan (fig. 1), celle de la ligne *cr*, on la rapportera en reculement, comme si l'on voulait avoir la longueur d'un arêtier, et l'on aura les longueurs des lignes *cr*, *cr* ; puis avec *cb* on fera le carré long ou parallélogramme *ccrr* (fig. 8). On peut voir facilement que la ligne diagonale d'arêtier *c* est plus longue que la ligne *cr*.

Pour avoir les arêtiers en herse, on prendra au pied *r*, *r* de ceux qui sont en plan, les intervalles *cr*, *cr*, et on les rapportera en herse, des points *r*, *r* aux points *c*, *c*, desquels on mènera les lignes d'arêtier *cc*, *cc*.

Pour avoir la noue, on prendra de son pied B en plan au point D, et l'on rapportera cet intervalle en élévation, du point P au point a (fig. 6) ; de ce point on mènera a B d'équerre à la noue ; ensuite on rapportera à la herse l'intervalle BP ; puis du point *d* on tirera des lignes *dc*, *dc* ; ce seront celles des sablières de l'avant-corps. Ou si on aime mieux, et ce qui revient au même, on prendra en plan les longueurs des sablières *d*, *c*, puis des points *c* en herse on décrira deux arcs de cercle, qui donneront par leur section le même point *d*. Pour déterminer le faîtage de herse, on prendra (fig. 6) la longueur du fond de la noue XX, on la rapportera du point *d* au point 2, et l'on tirera les droites 2*c*, 2*c* ; elles donneront le faîtage de la herse.

Quant aux empanons et aux démaigrissements, ils se rapportent comme il est dit au cinq-épis biais avant corps.

Les chevrons carrés (fig. 3 et 4) servent à avoir les chambrées des empanons ou arêtiers du côté des croupes et demi-croupes, ainsi que les renvois des tasseaux.

Le chevron désigné par la fig. 3 sert à avoir les démaigrissements des empanons dans les herses de noues.

59. Manière de construire un nolet biais avec son assemblage et portant cintre par-dessous (pl. XLV). — On tracera (fig. 2) le biais des deux corps de bâtiment, le nouveau et l'ancien, sur lequel doit être porté le nolet, afin d'avoir celui de leur faîtage, comme il est marqué par la ligne *eg* et les lignes *a*, B, *m*, *f*, *b*, et *d*, qui croisent au point *f* ; on tracera aussi les sablières plate-formes, *a*, P et B, F, parallèles au faîtage du nolet.

On fera l'élévation de la ferme (fig. 1) qui est posée carrément et d'aplomb au droit du nolet ; on figurera la pente du vieux comble, supposé incliné du point K au point *n*, et son épaisseur, comme on le voit par la lettre *e*, puis on tracera l'aiguille biaise qui passe de *e* en *h*.

Pour connaître l'inclinaison du vieux comble, on prendra sur la fig 2 la distance du point N au point *m*, en abaissant une perpendiculaire du sommet N sur les lignes *a*, B, *m*, *f*, *b*, *d*, qui égalent la distance du point K au point *n* (fig. 1). Pour avoir celle de l'aiguille biaise, on prendra la distance ou l'ouverture du point N au point *f*; on portera cette ouverture sur la fig. 1, au point K, et l'on aura le point *h*.

Pour rapporter le berceau tracé par la fig. 1 sur le plan (fig. 2), on fera l'espacement des lignes ponctuées, marquées 1, 2, 3, 4, 5, 6, 7, 8, 9 et 10, de chaque côté et parallèlement au faîtage du nolet (fig. 2) et à la ligne du milieu (fig. 1), puis l'on subdivisera le premier espace près les plate-formes, par la ligne qui passe du point F au point B, afin de tracer avec plus de précision son contour sur le plan du nolet (fig. 2).

Pour parvenir à faire cette opération, il faut tirer autant de lignes parallèles à la base PF*e*, des fig. 1 et 2, à tous les points de rencontre de la circonférence ou contour du berceau (fig. 1), jusqu'à la ligne *he*, inclinaison de l'aiguille biaise ; après quoi l'on prendra, à partir de la ligne de milieu de la fig. 1 ou de son axe marqué K*e*, la distance du point 1, qu'on rapportera sur la fig. 2, en posant une des branches du compas sur le point 6 : l'autre, par section, déterminera le point 7. En continuant d'opérer ainsi, on prendra sur la fig. 1, toujours à partir de la ligne du milieu, la distance du point 2, que l'on rapportera sur la fig. 2 ; on posera une des pointes du compas au point 8, et par section on déterminera le point 9. Pour avoir tous les autres points, on continuera d'opérer ainsi, jusqu'à ce qu'on ait figuré le contour du berceau (fig. 1) en plan sur la fig. 2.

Pour tracer la ferme couchée (fig. 3) on fera sa base d'une longueur déterminée par celle de la fig. 2 et l'on élèvera du point Q au point A, une perpendiculaire égale en longueur au rampant du vieux comble, en prenant la distance du point *e* au point *n* (fig. 1). Pour connaître l'inclinaison de l'aiguille biaise, on prendra avec le compas, sur le plan (fig. 2), l'espace du point *m* au point *f* ; on portera une des pointes du compas au point Q (fig. 3) et par section l'on déterminera le point G ; ensuite on prendra sur la fig. 1 la longueur de l'aiguille biaise, à partir du point *e* au point *h*, on rapportera une des pointes du compas au point G (fig. 3), on fera une section sur la ligne QA, et l'on déterminera le point A au sommet de la ferme couchée.

Pour avoir la position du pied de chaque branche du nolet, on prendra sur le plan (fig. 2) la distance du point *am*, que l'on portera sur la base ou ligne d'about de la ferme couchée, on posera une pointe du compas au point Q, et l'on déterminera en *a* l'about de la petite branche, et conséquemment sa longueur.

Pour celle qui est opposée, on prendra sur le plan la distance de *md* (fig. 2), on portera cette ouverture comme ci-dessus, en posant une des pointes du compas au point Q, et l'on déterminera l'about et la longueur de la grande branche vers le point V.

Pour tracer le contour du berceau de cette fig. 3 on commencera par poser le pied des jambettes, puis on prendra sur la fig. 2 la distance *fBb*, on portera une pointe du compas au point G (fig. 3), et l'on aura, en traçant de côté et d'autre, l'écartement des jambettes a, a.

On tracera aussi de côté et d'autre de la ligne GA (fig. 3) des lignes ponctuées en même quantité que sur le plan (fig. 2) et espacées également ; on divisera l'espace près de chaque jambette, a. a, en deux parties, et l'on tirera toutes ces lignes parallèles à la ligne GA ; ensuite, pour fixer le contour du berceau à la rencontre de toutes ces lignes, on portera sur la fig. 1 une des pointes du compas au point *e*, on prendra la distance de *el*, que l'on portera sur la base, près de chaque jambette, et l'on aura le point *l*. On opérera de même à l'égard des autres, pour avoir les points 2, 3, 4, 5, sur l'aiguille biaise de la fig. 1 et qu'on rapportera sur la fig. 3, aux points 2, 3, 4, 5, etc.

Pour avoir la position de l'entrait, on prendra sur la fig. 1 la distance du point *e* au point X, on portera cette ouverture de compas en posant une pointe au point Q, on tracera une portion de cercle, et l'on fera passer une ligne parallèle à la base de la fig. 3, marquée 6, G, *c*, *a*, ce qui déterminera le dessous de l'entrait marqué DD.

Pour avoir la position des contre-fiches au-dessus de l'entrait et leurs abouts, tant dans le poinçon que dans les branches du nolet, il faut tirer sur la fig. 1 les lignes parallèles M, 11, 14 et 15, jusqu'à ce qu'elles rencontrent la ligne de l'aiguille biaise aux points 12, 13, 17 et 16 ; cela fait, il faut prendre leur distance du point *e* qu'on portera au point G de la fig. 3, et l'on aura les points 18, 19, 20, 21, 22 et 23, en tirant les différentes ouvertures prises sur l'aiguille biaise de la fig. 1, et rapportées sur celle de la fig. 3, parallèlement à la base ou about de cette figure.

Pour avoir les mortaises des empanons, on commencera par considérer sur le plan (fig. 2) l'empanon *qro*, comme celui qui donnera le biais des mortaises de tous les autres ; c'est dans le but de faciliter cette opération que nous avons placé cet empanon à la ligne d'about, et de manière à ce qu'il corresponde à la sixième ligne vers *o*, tant sur le plan que sur l'élévation droite représentée par la fig. 1. On trouve le biais des mortaises sur la ferme couchée (fig. 3), en tirant sa rampe, à partir de l'about à la petite branche du nolet jusqu'au point de rencontre, vers la sixième ponctuée, puis en portant son épaisseur en dessus, ce qui donne son biais ; on tracera ensuite les autres parallèlement et d'une manière semblable. Les lignes V, V sont les démaigrissements des nolets, que le petit carré au pied de l'aiguille *e* produit, et l'empanon Z, qui est vu du côté de son assemblage, indique sa fausse coupe. L'inspection de toutes les figures suffit pour faire comprendre le reste.

60. Manière de construire un cinq-épis en tour ronde (pl. XLV). —

1° *Dispositions générales*. Le cinq-épis en tour ronde est un cône tronqué, sur lequel on a tracé deux lignes d'équerre, afin d'en éviter les angles, ce qui forme les faîtages et les quatre noues.

Les ouvriers le connaissent mieux sous la dénomination de *tour ronde coupée de niveau* aux deux tiers ou à moitié. Au lieu de faire une terrasse, il est préférable d'y établir des noues, qui donnent parfaitement l'écoulement des eaux.

Le cinq-épis en tour ronde s'emploie pour plusieurs sortes d'ouvrages, tel par exemple, pour un bâtiment comme le représente la fig. K, où il y aurait une tour creuse, ou une partie de tour ronde dans un bout; tel encore pour un bâtiment, comme le représente la fig. B, où la croupe, ainsi que le long pan, sont divisés chacun en trois parties égales, de sorte que les points où ces lignes de division se rencontrent sont ceux des points fixes du milieu des arêtiers. De plus, si l'on mettait l'arêtier droit, et que les chevrons et les empanons portassent leurs assemblages, il faudrait un reculement différent pour chaque empanon qui serait dans la croupe ; car, le point étant le centre de la portion de cercle *cd*, il est évident que le point *c* est plus près du point *b* que du point *d*, ce qui prouve qu'il faudrait un reculement différent pour chacun des empanons qu'on voudrait établir.

Pour avoir l'arêtier à la fig. K, il faut diviser la croupe et le long pan, ainsi que le chevron de la tour creuse, en un même nombre de parties égales, de sorte que ces dernières étant balancées du centre *f* (en langage géométrique, on dit *décrire un arc*; mais en termes de l'art, c'est *balancer une ligne*), elles produisent par les points 1 et 2, où elles rencontrent les points de division des longs pans, les vrais points de la ligne de milieu de l'arêtier.

On remarquera que le faîtage compris entre les points *a*, *b*, et que celui qui est compris entre les points *b*, *b*, sont circulaires et décrits du point *f*, comme centre.

Pour trouver les arêtiers, on commencera par fixer les points sur la ligne des faîtages en plan (fig. 1), et l'on divisera ensuite les chevrons de croupe et les longs pans en un même nombre de parties égales, en observant de mêler parallèlement au faîtage les lignes de division des longs pans, et de balancer du centre H de la tour ronde celles des croupes : alors les points où les lignes droites de division B, C, D, E, F rencontreront les circulaires *b*, *c*, *d*, *e*, *f* seront ceux du milieu des arêtiers.

Pour en faire l'élévation on mènera la droite G*h*, on élèvera des perpendiculaires qui passent par les points du milieu des arêtiers, et l'on portera sur la ligne d'aiguille K*h* (fig. 2) la longueur de l'aiguille K*h*, en autant de parties égales qu'on l'a fait pour la croupe, puis on rapportera les hauteurs qui en résulteront, sur chacune des perpendiculaires relatives qu'on a élevées sur la droite G*h* ; comme les lignes aplomb qui s'y trouvent sont les mêmes que celles qui sont dans l'élévation de l'arêtier G*h*K (fig. 2), les points où ces lignes aplomb rencontrent les lignes traversantes *b*, *c*, *d*, *e*, f, qui correspondent aux lignes de division en plan, seront ceux qui fixeront l'arête vive de l'arêtier ou élévation. Si l'on coupe un cône obliquement, la section produit nécessairement une ellipse, ainsi, puisque l'arêtier fait partie d'une semblable courbe, il est évident qu'il ne peut pas être droit.

Les empanons R, qui sont en plan (fig. 1), sont rapportés en élévation (fig. X), où l'on voit que la coupe est tracée des deux bouts, et que celle du haut coupe en passant un petit aisselier.

La fig. Y est la noue dans laquelle est tracée la mortaise du pied de l'empanon; l'élévation de cette noue ne diffère point de celle des autres cinq-épis : son délardement et son relèvement pour le dessous se voient aisément; de plus, on aperçoit aussi le délardement de l'aisselier et celui de la jambette, ainsi que son recreusement de derrière. On voit le faîtage au haut de la noue, bien que l'on appelle cette pièce *cinq-épis*, il n'y en a par le fait que quatre de visibles en dehors, puisque les quatre noues se posent sur le faîtage.

2e Manière de tracer les herses ou développement du cinq-épis. On marquera dans la herse la longueur du chevron de croupe : pour cela on prendra la longueur du chevron qui est en élévation (fig. A), du point *a* au point *b*, et on le rapportera (fig. 3), du point *a* au point R, qui sera le point fixe duquel doivent partir les faîtages.

Pour fixer la longueur du cône, on la prendra du point X au point *a* (fig. A), et on la rapportera sur une ligne droite (fig. 3), du point N, duquel on décrira la portion du cercle *ada*.

Pour déterminer la longueur des sablières, on divisera la longueur G*d*G, qui est en plan (fig. 1), en le plus grand nombre de parties égales que l'on pourra, et on les rapportera en herse (fig. 3), de part et d'autre du point *d*, ce qui donnera la longueur fixe de la sablière *ada*.

Quant aux cintres des arêtiers, on ne peut les rapporter que lorsque les herses des noues sont faites : ainsi l'on prendra en plan les longueurs des faîtages du point H, aux points *h*, *h*, que l'on apportera du point R, duquel on décrira deux arcs de cercle vers les points *b* et *b*; ensuite on prendra à la fig. Y la longueur de la noue, et l'on décrira, des points *a*, *a*, deux arcs de cercle, qui couperont les premiers aux points *b* et *b*, desquels on mènera les lignes de faîtages R, *b*, et les lignes des noues *ba*, *ba*.

Maintenant, pour déterminer la courbure des arêtiers, on divisera la noue en six parties égales, comme elle est en plan, et par ces points de division on mènera des lignes parallèles au faîtage, lignes sur lesquelles on rapportera les longueurs des lignes de division B, C, D, E, F, qui sont en plan, et qui donneront, par conséquent, la courbure cherchée.

Pour avoir l'épaisseur des bois des arêtiers en herse du côté des noues, on prendra en plan, sur les lignes de division B, C, D, E, F, la longueur des lignes depuis la face des bois des arêtiers jusqu'à la ligne de milieu de la noue, et l'on rapportera ces longueurs sur chacune de leurs correspondantes, ce qui produira la face de l'arêtier du côté de la noue.

L'épaisseur du côté des croupes est inutile, parce que l'on ne peut y établir aucun empanon ni lierne; dans les herses de noues, au contraire, on peut couper tout ce qu'on veut, et y rapporter les démaigrissements.

Si l'on a montré la manière de faire les herses des croupes, c'est uniquement dans le but de donner quelques notions du développement, car elles ne peuvent servir à rien. Nous n'expliquons pas comment l'on doit opérer pour tracer les demi-herses des croupes (fig. 4), puisqu'elles se font par le même principe que ci-dessus.

61. Principe des deux nolets biais simples, l'un délardé par-dessus, et l'autre délardé par-dessous (pl. XLVI). — Pour trouver comment on opère à l'égard du nolet délardé par-dessus, il faut établir le plan (fig. 1), qui est supposé BD*k*, puis considérer la ligne BD comme celle d'about, et la ligne DE comme celle qui fixe le biais; *k* O est le faîtage du nolet et *ak* la partie que l'aiguille occupe sur le plan. Cette dernière doit être abaissée du point *k*, carrément au point *a*, sur la ligne d'about BD ; le faîtage du nolet doit être aussi tiré parallèlement à DE.

On établit ensuite la fermette BEX (fig. 2) du faîtage. On tire la ligne X *a* égale à la distance *ak* (fig. 1), et ponctuée : du point a au point O (fig. 2), on tire une ligne qui détermine la pente supposée du vieux comble, et aussi l'épaisseur de l'aiguille, qui est du point P au point *q* ; cette dernière donne celle des branches du nolet.

Pour tracer la fig. 3, on tire la ligne *Cb* parallèle à la ligne DB (fig. 1), qui sera considérée comme la ligne d'about de la ferme couchée ; pour avoir la ligne GQ, il faut prendre la distance *ae* sur la ligne BD (fig. 1), porter cette distance au point *k* G, puis élever de ce dernier point une ligne perpendiculaire ou d'aplomb ; et sur la fig. 1, prendre la distance *a* D, la porter de G vers C, prendre celle de *a* en B (toujours sur la fig. 1), que l'on porte, comme la précédente, au point G vers *b*. Cela fait, on prend la longueur de la pente du vieux comble a*o* (fig. 2), on la porte de G en Q (fig. 3), et l'on tire, des points C, *b* vers *q*, des lignes qui détermineront la longueur des branches du nolet de ladite ferme couchée. Leur largeur sera aussi déterminée quand on aura abaissé de la gorge des branches de la fermette (fig. 2), des points N, des lignes perpendiculaires ou parallèles au faîtage du nolet sur leur ligne d'about C*b*, qui correspondront aux points *o*, *o*.

Pour avoir le démaigrissement du pied des branches du nolet qui forme leur pas, il faut prendre au pied de l'aiguille la distance *Po* (fig. 2), et la rapporter sur la fig. 3, parallèlement à la ligne d'about C*b*. Pour leur délardement, il faut prendre l'occupation du pas *oq* (fig. 2), le rapporter, comme la précédente, parallèlement à la ligne *cb* (fig. 3), et l'on aura la ligne qq. On rallongera les dehors et dedans des sablières (fig. 1) jusqu'à ce qu'ils rencontrent l'occupation du pas aux points q Z, Zq ; de ces quatre derniers points, on abaissera les quatre perpendiculaires q, P, Z, R ; des points P, P on tirera Y parallèle à c Q et b Q, et l'on tirera de même des points R, R les lignes R, x parallèles à om, om.

En supposant qu'il y eût une aiguille, la ligne de milieu serait la ligne k, celle du dessus serait la ligne Q et S ; x, Y, celles du dessous. Le démaigrissement des coupes d'assemblages est de la grandeur des délardements.

Quant au nolet délardé par-dessous, il faut, du pied de l'aiguille, faire le trait carré OT (fig. 2) ; du point T, descendre la perpendiculaire Tt, puis de ce même point T, tirer la ligne th d'équerre au faîte (fig. 1), et du point h à l'about du nolet tirer la ligne Dh, qui fait l'alignement du pas de la petite branche du nolet. On opérera de même pour l'alignement du pas de la grande branche, ce qui produira la ligne LB, qui fait l'alignement dudit pas ; de sorte qu'il est clair que la grande branche du nolet se délarde par-dessous l'espace II, parce que la ligne 1-5 (fig. 1) est la ligne d'about des chevrons du vieux comble, sur lesquels les nolets se posent.

Pour les nolets en plan, on aura recours au pied de l'aiguille (fig. 2) ; on prendra l'espace du point o au point q, et on rapportera cette grandeur parallèlement à la ligne DB, qui donnera la ligne F H (fig. 1) : les petites lignes IM et HS sont les alignements des gorges ou des pas. Il faut que la petite branche se délarde depuis le point F jusqu'au point M (fig. 1), et que la grande branche se délarde de l'espace II, parce que les points D 3, M 1, font toute l'occupation de la petite branche du nolet, et que les points 4, B, S, H, font également l'occupation de la grande branche. On délardera donc la petite branche des points FM, et la grande branche de l'espace II (fig. 1).

Pour faire les herses, il faut, du couronnement de la fermette (fig. 2), tirer des lignes d'équerre aux chevrons, comme les lignes 8, 9, 10 et 11 (fig. 4 et 5), qui partent du dessus et du dessous des grosseurs des chevrons de la fermette, et porter sur ces lignes les longueurs du faîtage ; on les prend en plan (fig. 1), du point o au point k, pour la grande branche, et du point 7 au point k pour la petite branche, lesquels produiront le point k (fig. 4), et le point y (fig. 5) ; du point y, on tire la ligne y B (fig. 5), qui est la longueur de la petite branche, et la ligne kE (fig. 4) donne la longueur de la grande branche. Quant aux épaisseurs des bois, ce sont les grandeurs des pas (fig. 1) qui les donnent, et les démaigrissements ne diffèrent en rien du nolet carré : il faut, des gorges de la fermette (fig. 2), tirer les lignes MH et NM, qui seront les lignes de démaigrissement des nolets.

Pour avoir les mortaises, on les fera paraître en plan aux parties 12 et 13 (fig. 1), et on les profilera parallèlement à la ligne BD.

On remarquera que les bois doivent être moins gros au nolet délardé par-dessous qu'à celui qui est délardé par-dessus, et, de plus, qu'il a beaucoup moins de sujétion aux empanons, puisqu'ils ne portent, ainsi que les pannes, aucune fausse coupe.

62. Manière de couper une branche de nolet en tour ronde (pl. XLVI). — Quoique les chevrons de la tour ronde soient droits, de même que la fermette, les nolets ne le sont pas, parce qu'il faut les poser sur la tour ronde ; de sorte que, plus la fermette a de largeur, plus aussi les nolets sont cintrés et font partie d'une ellipse. S'il arrivait que la fermette fût exactement de la largeur de la tour ronde, alors une branche de nolet serait précisément le quart d'une ellipse; au lieu que, si elle avait la même pente que la tour ronde, elle ferait partie d'une parabole. Mais soit que le nolet fasse partie d'ellipse ou de parabole, il n'y a pas plus de difficulté pour la construire. On commence par tracer la tour ronde et sa ferme (*voir* la ferme A (fig. 5), dont les chevrons sont A, A) ; sur l'un d'eux on marque l'épaisseur de l'aiguille, qui sera aussi celle de branches du nolet : telle est l'épaisseur BB ; après cela il faut tracer la fermette du nolet comme ZCZ (fig. 6), et mettre dans cette fermette autant de lignes traversantes que l'on jugera convenable (plus on en mettra, et plus on aura de facilité pour rapporter le cintre du nolet ; nous en avons mis ici huit, qui donnent neuf espaces) ; puis on rapportera de la manière suivante ces lignes traversantes sur la ferme de la tour ronde : du pied de la ferme on élèvera perpendiculairement une ligne AF, qui représente la face de l'aiguille de la lucarne : cette ligne est celle qui doit servir à rapporter les arêtes du nolet en plan.

Pour avoir les nolets, il faut commencer par déterminer les sablières de la fermette ; du pied de la fermette ZCZ elles donneront les abouts des nolets en plan. Pour avoir leurs gorges, on tirera de la fermette ZCZ les lignes *da*, *da* jusqu'à ce qu'elles rencontrent la ligne d'about de la tour ronde aux points A, A, et les parties a, *a* seront les gorges du nolet, comme les parties G, *g* sont les abouts. On voit, de plus, que les parties a*a*, G*g* marquent l'occupation ou la largeur totale du nolet. On opère de la même manière pour rapporter les quatre arêtes en plan seulement sur deux lignes traversantes.

On se rappellera que les lignes qui sont sur la fermette sont rapportées à même hauteur sur la ferme de la tour ronde; cela posé, nous prenons pour exemple les lignes 3 et 6, en commençant par la première de ces lignes.

Du point où cette troisième ligne traversante croise sur le chevron de ferme de la tour ronde, c'est-à-dire du point O, on abaissera une perpendiculaire sur la ligne traversante AB, qui se terminera au point *e*; du point *f* comme centre on décrira un arc indéfini *e*H, puis du point où la troisième ligne rencontre le dessus de la fermette, c'est-à-dire du point M, on élèvera perpendiculairement à cette ligne une ligne droite qui, étant prolongée jusqu'à ce qu'elle rencontre l'arc *e*H, produira le point H, qui sera un des points du nolet.

Pour avoir un second point sur la même ligne MH, on abaissera pareillement, du point où la même troisième ligne traversante croise sur le dessus de l'aiguille couchée, une perpendiculaire *pq*, et du centre *f* comme centre on décrira un arc de cercle assez grand pour rencontrer la ligne MH; cet art donnera en plan le point N; ainsi les points H, N sont ceux des deux arêtes du dessus des nolets.

Pour les arêtes du dessous, on remarquera le point où la troisième ligne traversante (dans la fermette) vient rencontrer le dessous du chevron de la fermette, c'est ici au point N : de ce point on élèvera, perpendiculairement à la ligne EZ, une ligne qui aille rencontrer les arcs *e*, H, *q*, M, aux points *f* R : le point *f* sera un point de l'une des arêtes du dessous du nolet, comme le point R en est une de l'autre; de sorte que les points H, N, *f*, R sont les quatre arêtes en plan.

De même pour la sixième ligne des points 9 et 10 (à la ferme), on abaissera les perpendiculaires 9, 11, 10, 12; ensuite du centre *f* aux points 11 et 12 on décrira deux arcs indéfinis 11, 15, 12, 16; et aux points 13 et 14, où la sixième ligne rencontre le dessus et le dessous de la fermette, on descendra les lignes aplomb 13, 19, 14, 17, qui, en rencontrant les deux arcs indéfinis 11, 15, 12, 16, détermineront les points 15, 17, 18, 19, lesquels sont encore ceux des quatre arêtes.

On fera attention que les arêtes en plan T, g sont celles du dessus du nolet qui touchent et portent sur les chevrons de la tour ronde ; que les arêtes V, *a* sont celles du dessous du nolet qui touchent les mêmes chevrons de la tour ronde ; que les arêtes *a*, V, X, G sont les arêtes vives du dessus du nolet ; que les arêtes *y*, a, sont celles du dessous ; enfin, que les arêtes X, G, *y*, a, de part et d'autre, sont celles qui reçoivent les empanons, et que la première est celle du dessus des empanons, comme la seconde est celle du dessous.

Comme la coupe de ces sortes de nolets ne peut se faire qu'à la herse, nous donnons ici la manière de les tracer :

Des points où toutes les lignes traversantes rencontrent le dessus et le dessous des chevrons de la fermette, ainsi que du point du couronnement, on mènera des lignes qui seront toutes perpendiculaires à ces chevrons, et l'on prendra des lignes de direction en plan : telles sont les lignes EZ. Nous nous servirons, comme nous l'avons fait ci-devant, des quatre arêtes de chacune des deux lignes traversantes 3 et 6.

Prenons donc la ligne ZZ pour ligne de direction en plan, et le dessus de la fermette ZCZ pour ligne de direction en herse. Cela étant, on voit que les lignes en plan H, N, R, *f*, produites par la troisième ligne traversante, doivent être rapportées en herse : pour cela, on se servira de la ligne de direction EZ, puis on prendra, à commencer de cette ligne et par ligne aplomb, la distance du point R ; et, en suivant la ligne sur laquelle elle se trouve, il faudra la rapporter en herse, de la ligne CZ au point R, qui est un point de l'arête du dessous du nolet, c'est-à-dire de celle qui fait face au-dessous du chevron de la fermette.

Pour rapporter l'arête V *a*, qui est celle du dessous du nolet, et qui touche au chevron de la tour ronde, on prendra de la ligne de direction EZ la distance du point S, et on la rapportera en herse, comme nous avons fait de la ligne CZ au point S pour avoir l'arête Va.

Pour l'arête XG, qui est celle du dessus du nolet, on prendra, également, de la ligne de direction EZ la distance du point X, et on la rapportera en herse, de la ligne CZ au point N.

Pour l'arête T*g*, on prendra, aussi de la ligne de direction EZ la distance du point H, et on la rapportera en herse, de la ligne CZ au point H : de cette manière, les points R, *f*, N, H sont chacun un point de chaque arête.

C'est par une semblable opération que l'on doit rapporter les quatre arêtes de la sixième ligne traversante ; savoir : pour l'arête 19, en prenant la distance de la ligne de direction EZ et en la rapprochant de la ligne CZ au point correspondant 19, en herse ; pour l'intervalle de 19 à 18, en plan, en la rapportant aussi en herse des points 19 au point 18. Pour les deux autres arêtes 17 et 15, on procédera de la même manière, c'est-à-dire que l'on prendra la distance de la ligne de direction EZ au point 17, et qu'on la rapportera de la ligne Z au point correspondant 17 ; qu'enfin l'on prendra l'intervalle de 17 à 15 et qu'on le rapportera du point 17 au point 15, qui produira de même l'arête du dessus du nolet touchant les chevrons de la tour ronde.

A l'égard des démaigrissements, ils se font comme il a été démontré plus haut. Afin que la coupe du haut soit aplomb du dessous du chevron de la fermette, on renverra des traits carrés, comme en représentent les lignes 8 *h*, 8 h, qui déterminent ces démaigrissements.

63. Manière de construire un trois-épis en tour ronde, et toutes ses demi-fermes (pl. XLVII). — La fig. 1 représente le plan et la première enrayure.

La fig. 2 représente la demi-ferme de noue A, et donne la ligne *cd* en herse.

La fig. 3 représente la demi-ferme d'arêtier B, et donne la ligne *ac* en herse ou *ec*.

La fig. 4 représente la demi-ferme d'emprunt, qui donne en herse la ligne *cf*.

La fig. 5 représente la demi-ferme de croupe, qui fait voir la coupe de la panne en tour ronde par balancement, et donne en herse la ligne *ab*, qui est la rampe du chevron de croupe.

La fig. 6 est la herse. Si l'on désire voir l'effet du toit de cette tour, on fera la herse entière sur une feuille de carton mince et on la découpera telle que la herse ; en faisant les plis pour les noues, arêtiers et chevrons de croupe, on verra le toit tel qu'il doit être en grand. On exécutera, si on le juge à propos, une semblable opération pour toutes les espèces de comble qu'on voudra.

64. Manière de construire les courbes rallongées (pl. XLVII). — Une courbe rallongée forme une partie d'ellipse : pour la tracer il faut faire paraître la demi-ferme de la portion de cercle qu'il convient de lui donner, tel que plein cintre ou cintre surbaissé. Soit le cintre A (*fig.* 7), qui commande la courbe rallongée de l'arêtier (*fig.* 9) : pour avoir cette courbe rallongée, il faut mettre des lignes autant qu'on le jugera à propos, dans le cintre A (*fig.* 7), puis descendre ces lignes aplomb sur l'arêtier B, en plan (*fig.* 10), faire l'élévation de l'arêtier par le moyen des lignes de retombée, et les rapporter de la ligne du milieu : à l'endroit où les mêmes hauteurs des lignes qui se correspondent se coupent, ce sont les points qui forment la courbe rallongée.

Pour avoir le surbaissement il faut, afin de pouvoir le recreuser, prendre en plan sur l'arêtier B I *o* I, et le rapporter sur chaque ligne traversante *o*I, qui formera les petites lignes qui sont entre les deux courbes (*fig.* 9).

Pour avoir la courbe *aa* du chevron de croupe (*fig.* 1), il faut, comme la figure l'enseigne, prendre sur le chevron de croupe en plan (*fig.* 10), les lignes de retombée, et sur ces lignes rapporter les hauteurs de chaque ligne à laquelle on a affaire : celle-ci donnera la courbe du chevron de croupe non rallongée, mais raccourcie parce que le chevron de croupe est moins incliné que le chevron de ferme. La courbe de l'arêtier est rallongée, en ce que l'arêtier est plus incliné que le chevron de ferme ; de sorte que si le chevron de croupe était de même pente que le chevron de ferme, les courbes seraient semblables.

Comme les figures sont très explicatives, nous n'en dirons pas davantage.

65. Construction et assemblage d'une tour ronde, de sa panne ainsi que de son enrayure (pl. XLVIII). — On tracera la panne sur le chevron de ferme (fig. 3), comme le montrent les nombres 1, 2, 3, 4, où l'on voit qu'il faut une pièce de bois de la grosseur *abcd*, puisqu'elle s'y trouve contenue ; de plus, comme les parties *a*, *b*, *c*, *d*, se délardent, la lierne se trouvera déversée d'elle-même en plan.

1° Coupe de la panne par quatre arêtes. On prendra en élévation et carrément à la ligne du milieu les distances des arêtes 1, 2, 3 et 4, puis on les rapportera en plan (fig. 2), pour décrire de son centre les arcs de cercle 1, 2, 3, 4, où l'on voit que les deux arêtes 1 et 3 du dehors et du dedans en élévation ont donné en plan les arcs correspondants 1 et 3, qui déterminent la grosseur de la panne.

Lorsque cette panne est délardée suivant les parties *a*, *b*, *c*, *d* (fig. 3), il faut la poser en plan (fig. 2), de manière que l'arête du dehors soit sur l'arc de cercle *ab* : alors cette pièce étant en place bien de niveau, et par conséquent bien déversée suivant son lattis, on piquera les faces du côté des chevrons des demi-fermes A, B, attendu que les pannes des tours rondes font ordinairement lattis.

On peut voir (fig. 1) ce que produisent en plan les quatre arêtes et la forme qu'a la panne lorsqu'elle y est de niveau et déversée.

2° *Manière de tracer la panne par balancement.* Cette seconde méthode est plus longue que la précédente, mais elle procure souvent un avantage relativement à la grosseur des bois.

Du couronnement *m* de la ferme, on décrira deux portions de cercle 1, 2 (fig. 4) du dessus et du dessous de la panne, on prendra en plan la longueur *ab* (fig. 2) de l'arête du dehors, on la rapportera à la fig. 4, sur l'arc 1 de *a* en *b*, et l'on tirera la ligne *bm* : cette ligne sera la coupe de la panne.

Pour avoir son cintre en dedans, on mènera du dessous de la panne une ligne *a*R d'équerre au chevron de ferme, et du point R, où ce trait carré rencontre la ligne du milieu de la ferme, on décrira du dessus *a* et du dessous *d* de la panne les arcs de cercle *ac* et *dn*, sur le premier desquels on rapportera de *a* en *c* la longueur de l'arc de cercle *ab* (fig. 2) ou son égale *ab* (fig. 4) : la ligne cR sera la coupe du dedans.

Il est important de remarquer que les jambes-de-force ou jambettes ne doivent pas porter à faux, et avoir la moitié au moins ou les deux tiers de leur épaisseur sur le mur aux endroits *q*, *q* ; autrement il pourrait arriver que quelques-uns des demi-entraits venant à manquer par pourriture, une partie du comble tomberait peut-être dans la tour ; tandis que les jambettes portant sur le mur, l'entrait préviendrait la ruine.

3° *Manière de construire l'enrayure.* On remarquera que les embranchements A, A (fig. 1) empêchent que les coyers des demi-fermes, dans lesquels ils sont assemblés, ne s'écartent de leurs goussets, attendu que ces embranchements avec l'entretoise B forment presque un arc de cercle.

La partie MM, qui se trouve sur les deux demi-entraits de fermes K, K, est une pièce de bois servant à deux fins : elle maintient l'écartement ou l'arrachement des deux demi-fermes K, K, puisqu'elle est boulonnée en différents endroits avec les deux demi-entraits ; et comme elle passe par-dessus le gros entrait, elle pourrait aussi soutenir les deux demi-entraits de fermes dans le cas où quelques-uns des tenons des demi-fermes viendraient à manquer.

66. Manière de construire une capucine simple (pl. XLIX). — La fig. 1 montre comment doit être assemblé le grand vitreau : la fig. 2 est le plan, et la fig. 4, les élévations des liens d'arête.

Pour avoir les liens d'arête (fig. 4), on placera à volonté, dans la fig. 1, des lignes d'adoucissement : soient les lignes *o m*, *o n*, qui seront continuées en plan jusqu'à la rencontre du lien d'arête aux points *m*, *n* ; de ces points, on élèvera des lignes perpendiculaires à celles dudit lien d'arête, et sur lesquelles on rapportera aussi les longueurs des lignes d'adoucissement *mo*, *no* (fig. 1), qui produiront sur la fig. 4 les points *o*, *o* : c'est par ces points que doit passer la courbe du lien d'arête.

Pour avoir le point P, on aura recours à la fig. 1, et l'on prendra la longueur du point R au point P, pour la rapporter à la fig. 4, sur la ligne PR, ce qui donnera le point P de l'arête du poteau, qui est le pied de ladite courbe aux points *o*, *o*, P : cette ligne courbe sera l'arête dudit lien.

Pour avoir le délardement, on remarquera l'endroit où ces lignes d'adoucissement rencontrent la face de l'arêtier aux points *a*, *b*, et de ces points on élèvera des lignes aplomb de même hauteur que les lignes *om*, *on*, ce qui donnera les points *q*, *q*, qui seront ceux du délardement, ainsi que ceux de l'affleurement des empanons.

La courbe de la fig. 5 est égale à celle de la fig. 4, sur laquelle nous enseignons la manière de tracer la mortaise d'une panne. Pour avoir cette mortaise, on fera paraître ladite panne dans le vitreau, tel qu'on le voit fig. 1 (plus ou moins basse à volonté) : de ces arêtes on descendra des lignes jusqu'à la rencontre de la face du lien d'arête en plan aux points *a*, *b*, *c*, *d*, desquels on élèvera des lignes perpendiculaires ou d'équerre à celle dudit lien d'arête, et les deux lignes qui sont du dessous de la panne, qui ont produit les points *a*, *c*, sur la face du lien, produiront en élévation les points 1 et 4 : ce sont les points fixes du dessous de la panne.

Pour avoir les points du dessus, on prendra (fig. 1) les longueurs des lignes 5 et 6, pour les rapporter de la ligne de milieu du lien (fig. 5), ce qui donnera les points 2 et 3 ; les points 3 et 4 donnent la pente du dessous de ladite panne ; et les points 1 et 2, celle du dessus.

Pour la mortaise de l'empanon *a*, on élèvera, de son about et de sa gorge, des lignes aplomb ou perpendiculaires sur le lieu d'arête, ce qui produira la mortaise *ab* (fig. 5) ; ensuite, pour sa coupe, on fera paraître le lien du côté de la capucine, tel qu'il est (fig. 3), puis sur cette figure on fera paraître la coupe de l'empanon ; on voit qu'elle est tracée par les lignes élevées de l'about et de la gorge dudit empanon *a* (fig. 5), jusque dessus la fig. 4.

La panne se coupe en la déversant en plan ou par les quatre arêtes ; pour la couper ainsi, on fera à l'entour un trait carré, bien juste de grosseur, tel que sur le lien (fig. 1), et l'on prendra en plan (fig. 2) les longueurs des lignes 1-*a*, 2-*b*, 4-*c* et 3-*d*, pour les rapporter sur chacune des arêtes auxquelles elles appartiennent. La longueur de la ligne 2-*b* appartient aussi à l'arête du dessus, la longueur de la ligne 4-*c* à celle du dessous ; ainsi des autres.

Quant à la pente de la mortaise, on peut opérer comme on fait au pavillon carré pour le renvoi des tasseaux ; on coupera le lien d'arête du pied, en élevant une ligne aplomb de l'arête du poteau : telle est la ligne aB (fig. 3) ; la ligne *Cd* est celle des barbes.

67. Manière de construire une lucarne à la Guitard (pl. XLIX). — On fera paraître le plan (fig. 7), ensuite son vitreau (fig. 6) ; dans ce vitreau, on tirera des lignes d'adoucissement à volonté, on descendra ces lignes jusque dans le plan (fig. 7), et jusqu'à la rencontre du lien d'arête, ce qui produira les diagonales *yZ* et TG ; de ces points, on élèvera des lignes perpendiculaires ou diagonales, sur lesquelles on rapportera les longueurs des lignes d'adoucissement qui sont dans le vitreau, ce qui donnera la courbe R*e*G*c*4 (fig. 8).

Pour en avoir les délardements, on remarquera le point où se croisent les lignes d'adoucissement en plan sur la face du grand lien (fig. 7), et de ce point on élèvera des lignes aplomb ou perpendiculaires : telles sont les lignes *oom*, *oot*, *oox*, sur lesquelles on rapportera les mêmes hauteurs que sur les premières lignes aplomb, ce qui donnera les points *m*, *n*, *q*, qui donnent aussi le délardement.

Pour avoir les occupations des empanons, on prendra sur le vitreau (fig. 6), l'espace des points *ed*, *b*C, HG, *aa*, et RN, *oo*, *mr*, *oo*, *nt*, *oo*, *qx* : les points R, *m*, *n*, *q*, à ceux N, *r*, *t*, *x*, sont les points des occupations des empanons. Ensuite, pour avoir le lien Guitard, on conduira des points *d*, *m*, *n* (fig. 7) des lignes d'équerre ou perpendiculaires au faîtage, et qui seront parallèles à l'entrait DD, jusqu'à la rencontre du Guitard B en plan, du dedans et du dehors aux points *rm*, *tu*, *oq*, auxquels on élèvera des lignes d'équerre à la ligne *oo* (cette ligne est tirée des extrémités de l'about du haut, qui est le point *a*, et des extrémités du pied, qui est le point G) ; puis sur ces lignes on rapportera les longueurs des lignes d'adoucissement du vitreau (fig. 6), comme il a été exécuté par le lien d'arête (fig. 8).

Pour avoir le débillardement de ce lien, on rapportera les mêmes hauteurs des lignes d'adoucissement sur les lignes du dedans et du dehors, ce qui donnera les points E, D, a, Z, A, L, etc. (fig. 9) ; ensuite, pour avoir les mortaises des empanons dans le lien d'arête, ainsi que dans le lien Guitard, on élèvera des lignes aplomb des abouts et des gorges, comme le montrent les lignes *bo*, *ao* (fig. 7 et 8), ainsi que les lignes *k* 2 *h*, *g* 2 *r* (fig. 9).

Les coupes des empanons se font comme dans un pavillon ; les lignes de l'empanon B (fig. 7) le démontrent : on voit, au premier coup d'œil, que la ligne *apm* des fig. 5 et 7 part de la gorge dudit empanon B, et que la ligne *bqn* (mêmes figures) part de son about ; de sorte que, pour les joints desdits empanons et leurs mortaises, ils ne changent en rien ceux d'un pavillon carré portant son cintre par-dessous. Les déjoutements sont les mêmes que ceux d'un pavillon de ce genre.

§ 7. — LES ESCALIERS EN BOIS

68. Généralités. — Nous avons déjà parlé des escaliers en pierre, et nous avons donné à ce propos les notions générales relatives à ces sortes d'ouvrages. Nous avons dit qu'un escalier était destiné à passer d'un niveau horizontal à un autre ; le moyen le plus simple serait le *plan incliné*, et on l'emploie quelquefois lorsque la différence de niveau à racheter n'est pas trop considérable, ou lorsque l'on doit y faire passer des véhicules ou des animaux. On le construit comme un plancher dont les solives seraient dirigées suivant la pente; lorsque la pente en est un peu forte, on le garnit de lattes transversales pour retenir les pieds et empêcher les glissades; il faut éviter de le faire si l'on doit y faire passer des brouettes.

Le plan incliné exige un grand développement horizontal ; l'*échelle*, au contraire, peut être placée presque verticalement ; mais elle ne peut servir que sur les chantiers ou dans les ateliers. Lorsqu'on lui donne une pente moins raide, et qu'on remplace les échelons par des planches horizontales, elle devient un véritable escalier qu'on appelle *échelle de meunier* ; les montants sont alors formés de deux planches épaisses qu'on nomme *limons*. On les appuie sur une première marche en pierre, à leur partie inférieure, afin de les soustraire à l'action de l'humidité.

67. Marches et contremarches. — On a construit autrefois les *marches* d'escaliers d'une seule pièce de bois massive, en leur donnant une forme de voussoir comme aux marches en pierre ; lorsqu'elles étaient soutenues aux deux extrémités, on ne les maintenait pas autrement ; lorsque l'une des extrémités était isolée, on les reliait trois par trois par des boulons.

On a construit également des marches formées d'une grosse pièce avant sur 0^{m} 15 à 0^{m} 20 de largeur, en complétant la largeur du giron par un carrelage soutenu par un hourdis maçonné; le plafond était formé à l'aide d'un lattis cloué sur les marches (fig. 1, pl. L).

Ces dispositions sont complètement abandonnées aujourd'hui ; la *marche* proprement dite, ou *semelle*, se compose d'une pièce épaisse ; la *contremarche* est la partie verticale formée d'une planche plus mince, assemblée à rainure et languette dans la marche supérieure et dans la marche inférieure; l'assemblage sur la marche inférieure est quelquefois fait simplement à plat joint.

L'épaisseur de la marche varie de 0^{m} 054 à 0^{m} 08 et même 0^{m} 10, suivant la largeur d'emmarchement; la contremarche n'a que 0^{m} 027; les marches se font en chêne (fig. 2, pl. L).

Les marches sont soutenues de différentes manières : si elles s'appuient à chaque extrémité sur un mur, on les scelle de 0 m 15 dans la maçonnerie, ou bien on les fait reposer sur une *lambourde* de forme appropriée, maintenue par des *corbeaux en fer*; la face supérieure de cette lambourde est découpée en forme de *crémaillère*. Sa plus petite épaisseur, au fond des crans, doit être d'au moins 0 m 05 ; elle est formée de morceaux de 1 à 1 m 50 de long, supportés chacun par deux corbeaux, et on la nomme *fausse crémaillère*. Lorsque la marche ne s'appuie sur un mur que par une de ses extrémités, et que l'escalier présente un jour, on la supporte du côté du jour par une pièce courbe en bois, que les charpentiers appellent *échiffre* et qui, suivant sa forme, prend le nom de *crémaillère* ou de limon.

70. Escaliers à crémaillères. — La pièce d'échiffre est une *crémaillère* analogue à celle qu'on place contre le mur, mais de plus fortes dimensions, et qui s'appuie à chaque étage sur le palier inférieur et sur le palier supérieur; son épaisseur varie de 0 m 06 à 0 m 12, et la hauteur, au fond du cran, de 0 m 12 à 0 m 20, suivant la hauteur d'étage et la largeur d'emmarchement.

Les semelles sont profilées en avant, et le profil est retourné sur le côté et retourné encore en arrière pour former amortissement contre la crémaillère.

Elles sont fixées à la crémaillère soit par trois vis, soit par une petite cornière en fer, placée au-dessous, et vissée sur la crémaillère et sur la semelle. Celle-ci est brochée sur la fausse crémaillère, à son autre extrémité.

La contremarche est fixée à plat sur la face verticale de l'entaille de la crémaillère, ou mieux assemblée d'onglet, et elle est maintenue par quelques pointes fines (fig. 3, pl. L).

La crémaillère est formée de différents morceaux assemblés par des joints brisés, ordinairement sans tenon ni mortaise; l'assemblage est consolidé par un boulon longitudinal, de 0 m 018 de diamètre, pourvu de rondelles et d'un écrou à chacune de ses extrémités, et par une plate-bande en fer, de 0 m 040 sur 0 m 007, appliquée sous la face rampante de la crémaillère, où elle est entaillée et fixée par des vis (fig. 4, pl. L).

On maintient l'écartement entre la crémaillère et le mur par des boulons, au nombre de deux ou trois par étage, fortement scellés dans le mur.

Un escalier à crémaillère est dit *demi-anglais* ou à *demi-onglet* lorsque les marches sont appuyées d'un bout sur un mur; il est dit *anglais* ou à *onglet* s'il est soutenu de chaque côté par une crémaillère, sans s'appuyer contre un mur.

71. Paliers. — *1° Départ inférieur de l'escalier.* L'escalier commence à sa partie inférieure par une ou deux marches en pierre, en volutes fondées sur un massif bien résistant, de manière à pouvoir soutenir tout un étage de l'escalier.

La troisième marche est en bois, et sa semelle a une forme un peu cintrée pour accompagner la forme des volutes. La crémaillère commence en ce point ; elle pose directement sur les marches en pierre et sur un socle qui prolonge celles-ci en arrière.

Si le dessous de l'escalier doit être fermé, le socle se prolonge sous l'échiffre par une murette formée de quelques parpaings, sur laquelle on pose une sablière horizontale ou *patin*. Le patin reçoit à son extrémité la *jambette* verticale qui la relie à la crémaillère ; le triangle ainsi formé est rempli par une *cloison d'échiffre* qui se prolonge en sous-sol par un mur servant souvent de mur d'échiffre à un escalier de cave (fig. 5, pl. L).

2° *Palier courant*. La crémaillère est reliée au palier supérieur de l'étage, et s'y trouve suspendue ; la pièce principale de ce palier est une poutre horizontale qui le borde suivant la courbe de jour et qu'on appelle la *marche palière*.

Elle forme la première marche de la révolution descendante de l'escalier, et elle reçoit la première contre-marche de la révolution montante ; elle porte, faisant corps avec elle, un morceau de crémaillère pour chacune de ces révolutions ; elle reçoit, par l'intermédiaire d'une lambourde qui lui est accolée, les abouts des solives du palier (fig. 6, pl. L). La marche palière du dernier palier d'un escalier se construit de la même manière, mais plus simplement, puisqu'elle n'a pas à recevoir la crémaillère et le pied d'un étage supérieur.

La marche palière est souvent faite en deux morceaux, l'un est une poutre formant la partie résistante de la marche, l'autre est une semelle de marche appelée aussi *cerce* que l'on place par-dessus et qui se raccorde au parquet du palier (fig. 7, pl. L).

3° *Palier d'angle*. Lorsque l'escalier n'est constitué que de volées droites, il renferme des *paliers d'angle* ou *demi-paliers* qu'on établit d'après le même principe, d'une manière très solide, pour qu'ils servent d'appui à la crémaillère. Celle-ci est arrondie en quart de cercle formant le raccord entre les deux volées droites.

Le palier se construit au moyen d'une *bascule* ; une pièce de bois nommée *bascule* est établie diagonalement et scellée à ses extrémités dans les murs ; on y appuie une seconde pièce en diagonale appelée *levier*, scellée d'un bout dans le mur, et assemblée de l'autre à tenon et mortaise avec la crémaillère ; l'assemblage est consolidé par un boulon qui empêche la crémaillère de tirer au vide, et qui est placé en long dans le levier. Le levier et la bascule sont assemblés à mi-bois, la bascule étant entaillée sur sa face supérieure, le levier sur sa face inférieure (fig. 8, pl. L).

On peut remplacer ces pièces par des fers, comme nous le verrons à propos des escaliers en fer.

72. Escaliers à limons. — 1° *Dispositions générales*. Lorsque l'échiffre dépasse en dessus le niveau des marches, et que sa surface supérieure est continue et parallèle à sa surface inférieure, on l'appelle *limon*.

Le limon reçoit les marches dans des entailles d'encastrement présentant le profil de la marche et de la contremarche. Les limons ont une solidité beaucoup plus grande que les crémaillères ; leur section est en effet bien plus forte ; aussi doit-on les employer de préférence pour les escaliers importants ; ils sont aussi plus coûteux.

Les différents morceaux composant un limon s'assemblent à joint brisé, avec boulon longitudinal, comme pour les crémaillères, et une plate-bande en fer est fixée sous la face inférieure à l'aide de vis (fig. 9, pl. L).

Le départ inférieur de l'escalier se fait par deux marches en pierre, et l'extrémité inférieure du limon est terminé par une volute cylindrique dont la forme concorde avec celle des marches, et qu'on maintient sur celles-ci à l'aide d'un fort goujon (fig. 10, pl. L).

Les paliers intermédiaires et les paliers d'angle s'exécutent comme dans les escaliers à crémaillères, seulement la marche palière est bien plus importante.

Comme dans les escaliers à crémaillères, on maintient par des boulons l'écartement entre le mur et le limon.

2° *Emploi d'un pilastre de butée.* Au lieu d'arrondir les angles du limon pour raccorder les différentes volées droites, on peut faire buter les portions de limons droits sur des *pilastres* disposés à chaque changement de direction ; ces pilastres sont assemblés sur la marche palière pour chaque palier ordinaire et sur le levier pour chaque palier d'angle ; ils se prolongent au-dessus du limon et ils servent à fixer les rampes de l'escalier (fig. 11, pl. L).

73. Escaliers à limons superposés. — Si on supprime le jour d'un escalier à limons, et qu'on superpose les limons des volées droites successives, on forme au milieu une sorte de pan de bois qui va supporter les marches. Chaque révolution se compose de deux volées de sens contraire, avec un palier intermédiaire à mi-hauteur.

Les divers limons viennent alors buter à leurs extrémités contre des pilastres posant sur la marche palière, et qui peuvent être prolongés de manière à former deux poteaux montants sur toute la hauteur de l'escalier, ou bien interrompus à chaque étage (fig. 12 et 13, pl. L).

Dans le premier cas, ces poteaux peuvent porter entre eux des pièces de remplissage, et l'intervalle peut être garni de maçonnerie pour former cloison ; on revient alors à l'escalier entre murs, analogue à celui que nous avons étudié à propos des escaliers en pierre.

Il est préférable de laisser ouvert l'intervalle entre les limons, et de le garnir d'une rampe à claire-voie dont l'aspect est plus agréable et permet un éclairage meilleur.

74. Escaliers à noyau plein. — Ces escaliers, employés seulement pour de faibles largeurs, sont ordinairement contruits par les menuisiers ; le plan en est circulaire, et la courbe de jour est remplacée par un *noyau* dans lequel sont assemblées les marches par une de leurs extrémités, tandis que par l'autre elles sont assemblées dans un limon ou sur une crémaillère. Nous en avons donné un exemple dans les épures relatives aux escaliers (chap. VI, n° 70-13°).

75. Plafond rampant sous un escalier. — *Le plafond rampant* sous un escalier s'exécute de deux manières : ou bien on cloue sous les semelles des marches des *fourrures* de forme convenable sous lesquelles est fixé le lattis tant plein que vide (fig. 14, pl. L), ou bien, si on craint que les marches en se déjetant par la dessiccation du bois fassent fendre le plafond, on établit des *lambourdes*, indépendantes des marches, entre les crémaillères et les limons, et c'est sous ces lambourdes qu'on fixe le lattis (fig. 15, pl. L).

On peut encore, pour des ouvrages importants, placer entre les limons et les crémaillères des *solives* de hauteur suffisante dont la partie inférieure reçoit un lattis, tandis que la partie supérieure, arasée au niveau du dessous des marches, reçoit l'extrémité arrière de chacune d'elles ; on établit un hourdis plein en maçonnerie entre ces solives bien lardées de clous à bateau (fig. 16, pl. L).

76. Rampes d'escaliers. — *1° Rampes en bois.* La *rampe* d'un escalier se fait en bois ou en métal ; elle supporte à sa partie supérieure une pièce de bois courant parallèlement aux limons et qu'on nomme *main courante*. Une rampe est le plus ordinairement composée de *barreaux ou montants* verticaux dont l'espacement d'axe en axe ne doit pas dépasser $0^m\,13$ à $0^m\,14$ et qui peuvent se faire en bois ; la hauteur de la main courante au-dessus du nez des marches est d'environ $1^m\,00$.

Lorsqu'on emploie des barreaux en bois, pour des escaliers peu importants, on peut les assembler à tenon et mortaise, sur le dessus des marches, et à tenon et mortaise également dans le dessous de la *lisse* supérieure formant main courante. La rampe vient s'amortir à chaque palier contre un pilastre solidement assemblé sur le limon ou la marche palière.

Si les volées sont un peu longues, il est bon de remplacer de place en place des barreaux ordinaires qui n'ont guère que $0^m\,05$ d'équarrissage par des *potelets* de $0^m\,08$ sur $0^m\,08$; on peut intercaler dans la hauteur de la rampe une ou deux lisses parallèles à la main courante, de manière à restreindre la longueur libre des barreaux. Enfin on peut remplacer les barreaux verticaux et les lisses par des croix de Saint-André dont l'inconvénient est de donner des assemblages plus compliqués et d'offrir des ouvertures trop larges entre les différentes pièces.

Les rampes se font souvent en bois tendre, mais alors la main courante doit être en grisard pour éviter les échardes.

Pour des escaliers plus importants, on remplace les barreaux en bois par des *balustres* à section circulaire et quelquefois carrée.

Ces rampes s'établissent ordinairement sur des escaliers à limons en bois ; il est assez difficile de les établir sur une crémaillère.

2° *Rampes métalliques.* Ces rampes ont l'avantage d'occuper peu de place, d'offrir une grande rigidité, avec de grandes facilités d'assemblage et de pose.

Une rampe métallique est toujours composée d'une *lisse* supérieure ou *bandelette* haute de 0^m 95 à 1^m 00 au-dessus du nez des marches, faite d'un fer plat de 0^m 020 à 0^m 025 de largeur sur 0^m 005 à 0^m 010 d'épaisseur ; elle est portée par une série de *montants* prenant appui sur le limon ou la crémaillère ; on recouvre cette plate-bande en fer d'une *main courante* en bois dur vernis (noyer, merisier, acajou ou poirier), à laquelle on donne divers profils.

Dans certains cas, le montant est *assemblé à pointe* sur le limon ; il se termine alors par une partie cylindrique bien calibrée, pointue à son extrémité, et qu'on enfonce à coups de marteau dans un trou percé très juste sur la face supérieure du limon. On peut ne placer de montants assemblés que tous les 0^m 50 à 1^m 00 et garnir les intervalles avec des panneaux de remplissage en fer forgé ou en fonte.

Pour les escaliers à crémaillères, on emploie des barreaux en fer rond, de 0^m 016 à 0^m 020 de diamètre, recourbés à angle droit à leur partie inférieure, et enfoncés à force dans un trou percé très juste sur la face latérale de la crémaillère. On interpose généralement une rondelette métallique pour recouvrir le joint ; on a ainsi la *rampe à col de cygne* (fig. 17, pl. L).

On peut, dans les escaliers plus importants, remplacer le col de cygne par des *pitons*. Ce sont des pièces en fonte ornée portant une tige horizontale filetée, qui sert à les visser sur la face de la crémaillère, en interposant une rondelle, et un goujon vertical fileté sur lequel on visse le barreau, taraudé à cet effet. Chaque barreau est terminé à sa partie haute par une petite calotte sphérique, sur laquelle on fixe la bandelette à l'aide d'une vis ; grâce à cette disposition, la bandelette peut avoir des inclinaisons variables en ses divers points ; on ne perce les trous que sur place (fig. 18, pl. L).

On établit quelquefois une main courante le long des murs, lorsque les escaliers sont larges ou qu'ils sont établis entre murs ; elle peut être formée d'une simple corde recouverte d'étoffe et soutenue tous les mètres par des supports en cuivre ; ou bien encore être en bois et établie sur des supports en métal scellés dans le mur, et qui portent une bandelette ; ces supports appelés *écuyers* sont espacés de 1^m 00 environ (fig. 19, pl. L).

§ 8. — LA CHARPENTE DE CHANTIER

77. Étaiements des fouilles. — Nous avons déjà parlé, à propos des travaux de terrasse, des différentes manières d'étayer une fouille (chap. III, n° 2).

Les *étais* sont des bois de 0^{m} 18 à 0^{m} 30 d'équarrissage, en chêne ou en sapin ; les *blindages* qu'ils soutiennent sont faits avec des *planches de rebut* ou *dosses*, de 0^{m} 03 à 0^{m} 05 d'épaisseur et de 3^{m} 00 environ de longueur.

Les *semelles* verticales qu'on interpose entre le blindage et les étais sont des bois de 0^{m} 08 à 0^{m} 20 d'épaisseur.

78. Blindage et chemisage d'un puits. — Lorsqu'on doit creuser un puits profond dans un mauvais terrain, et en particulier dans des sables coulants, on doit blinder la fouille à l'aide de *voliges* verticales *d* (fig. 1, pl. LI) jointives de 1^{m} 50 à 2^{m} 00 de long qu'on maintient serrées contre le terrain, à l'aide de deux ou trois cercles de fer par rang de voliges, si le puits n'a pas un diamètre supérieur à 1^{m} 50.

Si le puits a un grand diamètre, on forme des anneaux de soutien à l'aide de pièces cintrées b, appelées *courbes*, que l'on maintient par des *étrésillons* a et par des *liens* c assemblés entre les étrésillons et les courbes.

On s'arrange pour laisser libres entre les étrésillons des passages d'environ 0^{m} 85 de diamètre, et on place deux rangs de courbes pour chaque rang de voliges.

Si le sable est coulant, les voliges sont assemblées à plat joint ; sinon, on laisse entre elles un certain intervalle.

Tous les bois sont descendus morceau par morceau au fond de la fouille ; on les enlève ensuite à mesure qu'on élève le mur de revêtement.

79. Étaiements des planchers. — On a souvent à étayer des planchers, soit pour les réparer, soit pour décharger un mur sur lequel ils portent, et qu'on doit refaire.

Si le plancher est composé de poutres et de solives, il suffit de soutenir les poutres ; à cet effet, on établit sur le sol, le plus près possible de leurs points d'appui, des *blindages* en charpente formés de madriers à plat, de manière à répartir la pression sur une surface suffisante ; sur le blindage, on pose une *semelle* perpendiculaire à la direction de la poutre ; elle porte à son tour deux *étais* inclinés en sens contraire, dont la tête est entaillée pour recevoir la poutre ; les pieds de ces étais présentent une arête obtuse et on les dresse de manière à produire un serrage énergique, à l'aide d'une pince ; il ne faut jamais frapper sur le pied des étais pour les serrer. Lorsque la poutre est bien soutenue, on cale les pieds des étais par des *chantignolles* brochées sur la semelle, ce qu'on nomme *ferrer les étais*, et on les maintient entre eux par des *dosses* transversales clouées ou boulonnées (fig. 2, pl. LI).

On peut, si on le juge convenable, soutenir de la même manière une poutre non seulement à ses deux extrémités, mais encore en plusieurs points de sa longueur.

On peut encore soutenir provisoirement une poutre à l'aide de poteaux isolés nommés *chandelles*, coupés juste de longueur et dressés verticalement sous la poutre ; on les fait reposer sur le sol par l'intermédiaire d'une semelle sur laquelle on les maintient par des chantignolles.

Lorsque le plancher à soutenir est formé d'un solivage parallèle, on établit sur le sol une *plate-forme* perpendiculaire à la direction des solives, et on l'assujettit soit sur le sol, soit sur un blindage, comme dans le cas précédent ; sous les solives, et dans le même plan vertical que la plate-forme, on établit une *semelle*, et entre ces deux pièces, on vient serrer une série d'*étais* légèrement inclinés, en ayant soin que leurs inclinaisons soient opposées deux à deux ; on peut également placer des *chandelles* verticales, comme dans le cas précédent (fig. 3, pl. LI).

Sur le premier plancher étayé, on peut appuyer les plates-formes pour le plancher supérieur, mais en ayant soin de bien les placer dans le même plan vertical que celles de l'étage inférieur, de manière que l'ensemble des étaiements placés dans un même plan vertical forme une sorte de pan de bois capable de remplacer un mur.

Lorsque les planchers sont très chargés, ou qu'il faut les soutenir pour démolir et refaire le mur dans lequel sont posées les solives, il y a lieu de mettre à nu les solives au droit de l'étaiement, afin qu'elles s'appuient directement sur la semelle supérieure, et qu'elles portent directement aussi la plate-forme de l'étage placé au-dessus.

Lorsque sous le sol du rez-de-chaussée il y a des caves voûtées, il peut être bon de ne pas compter sur les voûtes pour y appuyer les étais ; on doit alors les remettre sur un cintre bien étayé, ou bien faire passer les principaux étais à travers la voûte, dans des ouvertures percées à la demande, et les appuyer sur le sol de la cave, blindé d'une manière convenable.

80. Étaiements des murs. — On étaie un mur pour s'opposer à un déplacement du mur hors de son plan vertical, ou pour porter la partie supérieure d'un mur dont la base doit être refaite ou supprimée en partie par le percement d'une grande baie ; dans ce second cas, on emploie les *chevalements*.

Pour étayer un mur, on y scelle, en des points convenablement choisis, des pièces de bois qui le traversent dans toute son épaisseur ; dans le même plan vertical que chacune de ces pièces, on établit sur le sol une *semelle* posée sur un *blindage* suffisamment large, et entre cette semelle et la pièce supérieure, on place les *étais* que l'on serre, au nombre de deux ou trois ; on les maintient au pied par des *chantignolles* brochées sur la semelle, en tête par d'autres chantignolles, et dans l'intervalle, on les relie entre eux par des *moises* boulonnées ou clouées (fig. 4, pl. LI) ; on a formé de cette manière une *ferme d'étais*.

Lorsqu'une façade est percée de baies, on commence par rendre au mur de la cohésion en étrésillonnant les baies, de manière à s'opposer au rapprochement des piédroits (fig. 5, pl. LI).

On soutient quelquefois une façade, après en avoir étrésillonné toutes les baies, par des paires d'étais placés sous les sommiers de celles-ci.

L'étaiement de l'angle de deux murs peut se faire à l'aide de deux fermes d'étais, une sur chaque mur, ou à l'aide d'une ferme unique placée suivant la bissectrice de l'angle.

81. Chevalements. — Un *chevalement* est une sorte de chevalet composé d'une *traverse* horizontale qui se place directement sous le mur à soutenir, et de deux paires d'*étais* ou *jambes de force* portant la traverse par des encoches pratiquées sur leurs têtes, et s'écartant l'un de l'autre à leur partie basse pour s'appuyer sur des *plates-formes* reposant sur un sol convenablement blindé ; on contrevente les étais par des *dosses* fortement brochées (fig. 6, pl. LI).

On complète le chevalement par deux fermes d'étais de soutien, qui empêchent tout mouvement du mur hors de son plan vertical.

Nous indiquerons à ce propos un autre moyen d'ouvrir une baie dans un mur, sans avoir besoin du chevalement : on constitue le linteau de la baie d'un poitrail formé de deux fers double T que l'on encastre tout d'abord dans le mur à la place qu'ils devront occuper ; on les relie par des boulons et on les scelle au ciment, de manière à bien garnir l'encoche qu'on a dû faire dans le mur pour les y placer. On peut ensuite, en toute sécurité, démolir la partie du mur située au-dessous, pour créer la baie.

Lorsque les chevalements doivent porter de fortes charges, ou que les traverses doivent être longues, il est plus avantageux d'exécuter celles-ci en fers double T.

82. Échafaudages fixes en charpente. — Ces échafaudages ne s'exécutent que pour des monuments dont la construction doit durer plusieurs années ; on les appelle aussi *échafauds d'assemblages*.

On les construit d'après les mêmes principes que les échafaudages mobiles des maçons, mais en remplaçant les liaisons par cordages par des assemblages de charpente ; on a soin de faire ces assemblages aussi simples que possible, avec très peu d'entailles, de manière que les bois puissent être encore utilisables, après la démolition de l'échafaudage ; à cet effet, on emploie principalement les assemblages par moises et boulons.

La précaution essentielle à observer est de bien contreventer l'échafaudage dans tous les sens par des croix de Saint-André ou des contre-fiches.

On a employé, dans ces dernières années, de grands échafaudages supportant à leur partie supérieure une couverture provisoire, et fermés extérieurement sur toutes leurs faces, de manière à protéger le chantier contre la pluie et les intempéries, et à permettre de travailler même en hiver.

La couverture doit être en partie vitrée, et il faut prévoir une installation d'éclairage électrique pour pouvoir travailler pendant les jours sombres et même de nuit.

83. Les cintres en charpente. — *1° Cintrage d'une baie.* Pour claver une baie de porte ou de fenêtre, on doit soutenir les matériaux formant l'arc, pendant la construction, à l'aide d'un cintre.

Pour de petites baies en arc de cercle, on peut employer le *cintre droit avec pâté*; sur deux étais, appuyés à leur partie supérieure contre les jambages et calés à leur pied par des chantignolles sur une semelle, on place deux *tasseaux* supportant deux bouts de madriers, sur lesquels le maçon construit un massif ou *pâté* en plâtre ou en matériaux de rebut; la face supérieure du pâté a la forme de l'intrados de l'arc (fig. 7, pl. LI).

Lorsque le pâté est durci, on construit l'arc, et quand la maçonnerie de celui-ci est durcie, on *décintre* en faisant glisser doucement le pied des étais sur la semelle inférieure.

Lorsqu'on a un grand nombre de baies à exécuter, il vaut mieux remplacer le pâté par des pièces de bois; le cintre comprend alors deux planches verticales découpées à leur partie supérieure suivant la figure de l'intrados, et sur lesquelles on cloue des planches minces suivant les génératrices de la voûte; on les nomme *vaux*, tandis que les planches qu'elles supportent s'appellent *couchis*.

Dans les baies de petites dimensions, les tasseaux portant les vaux sont quelquefois soutenus seulement par des *broches en fer* enfoncées dans les piédroits de la baie.

Pour les baies clavées en pierre de taille, on peut supprimer les couchis.

2° Cintres pour voûtes de grande portée. Lorsqu'on veut construire une voûte de grande portée et de grande longueur, comme une voûte de cave, par exemple, il faut former une surface destinée à soutenir l'intrados, au moyen de *couchis* longs et étroits, juxtaposés, que l'on soutient tous les 0 m 80 à 1 m 00 ou 1 m 50 par des *vaux*. Ceux-ci sont reliés les uns aux autres; ils sont soutenus par une véritable ferme de charpente, bien rigide, reportant bien verticalement sur les appuis la charge de la maçonnerie placée au-dessus, et soutenant le plus possible de points du couchis.

Les cintres se classent en trois catégories : 1° les *cintres fixes*, qui peuvent prendre des points d'appui dans l'intervalle des portées; 2° les *cintres retroussés*, qui ne sont soutenus que sur deux appuis aux naissances de la voûte ; 3° les *cintres mixtes*, que l'on construit comme des cintres retroussés, mais en se ménageant la possibilité de les soutenir en des points intermédiaires pendant l'exécution des maçonneries.

La *ferme de cintre* comprend : les *vaux*, dont la longueur varie de 1 à 2m 00 ; un *entrait* servant de base à la ferme, des *arbalétriers*, qui portent un *poinçon* ; des *potelets* ou des *contre-fiches*, qui donnent des points d'appui aux vaux, et reportent les charges sur les arbalétriers ; enfin des moises, qui relient toutes les pièces précédentes entre elles pour assurer leur liaison parfaite et l'invariabilité de figure du cintre (fig. 8, 9 et 10, pl. LI).

Toutes ces pièces sont assemblées en évitant autant que possible les entailles, et les assemblages sont consolidés par des ferrements boulonnés sur les pièces.

Les fermes sont contreventés fortement entre elles, de manière qu'elles conservent toujours une position bien verticale.

Nous ne parlerons ici que des cintres fixes, employés ordinairement pour les voûtes de caves ; pour l'étude des cintres de ponts, qui sort complètement du cadre de cet ouvrage, nous renverrons le lecteur aux ouvrages spéciaux traitant des travaux publics et de la construction des ponts en maçonnerie.

Les cintres des voûtes de caves se préparent en prenant appui sur le sol en autant de points qu'il peut être nécessaire ; une ferme se compose d'une *semelle* placée sur le sol, d'un *entrait* horizontal porté à ses deux extrémités par deux *sablières* placées suivant les génératrices de naissance de la voûte, et soutenues sur des *poteaux* verticaux par l'intermédiaire de *doubles coins* en bois : entre les vaux et l'entrait, sont arc-boutés des *étais* correspondant aux extrémités des vaux et serrés par des *cales* ; la semelle supérieure est elle-même supportée par d'autres *étais* arc-boutés entre elle et la semelle inférieure (fig. 11, pl. LI).

Pour décintrer lorsque la voûte est construite, on enlève d'abord ces derniers étais, puis on desserre lentement les doubles coins qui supportent les sablières, de manière à faire descendre celles-ci bien régulièrement et d'une façon douce et progressive.

3° Cintre pour étaiement d'une voûte. Lorsqu'on veut réparer ou reprendre en sous-œuvre les piédroits d'une voûte, ou certaines parties de la voûte elle-même, on doit l'étayer par un cintre ; on le forme d'une *semelle* posée sur le sol, pour recevoir les pieds des *étais* qui supportent l'*entrait* ; des pièces longitudinales formant *couchis* sont soutenues par un certain nombre de pièces formant un polygone inscrit dans l'intrados de la voûte, et qui sont supportées par des étais appelés *pointales*, arc-boutés entre elles et l'entrait (fig. 13, pl. LI).

84. Les pilotis. — Les pieux en bois ou *pilotis*, qu'on enfonce dans le sol pour le consolider, ou pour aller trouver la couche de terrain solide, ainsi que nous l'avons expliqué à propos de fondations (ch. VI, § 6, n° 42), se font en chêne, en pin, en aulne ou en acacia ; ces deux derniers bois sont surtout employés pour les petits pilotis.

Leur durée est pour ainsi dire indéfinie s'ils sont toujours baignés par l'eau ; dans le cas contraire, ils se décomposent rapidement.

Le diamètre d'un pilotis doit être proportionné à sa longueur ; pour les pieux de longueur inférieure à 4 m 00, on peut prendre un diamètre égal au douzième de leur longueur ; lorsque la longueur devient plus grande, on peut arriver pour le diamètre à 1/25 ou 1/30 de la longueur.

Le bois qui forme un pilotis doit être droit, exempt d'aspérités superficielles qui s'opposeraient au glissement dans le terrain ; lorsqu'on emploie des bois en grume, il faut enlever l'écorce.

Le diamètre d'un pieu au petit bout ne doit pas être inférieur aux 2/3 du diamètre au bout le plus gros. On affûte l'extrémité qui doit pénétrer dans le sol en pointe, dont la longueur doit être de deux fois et demie à trois fois le diamètre du pieu ; on peut se contenter de brûler cette pointe pour la durcir ; dans les ouvrages importants, il faut la garnir d'un *sabot* qui peut être formé d'une pointe de fer munie de quatre branches que l'on cloue sur le bout du pieu, ou bien d'un cône en tôle rivée avec pointe renforcée, ou encore d'un cône en fonte avec broche de fer barbelée qui sert à le fixer au bois ; la pointe peut être en acier et soudée à une tige barbelée qui traverse un tronc de cône en fonte et va pénétrer dans le bois (fig. 13, pl. LI).

La tête des pilotis est garnie d'une *frette* en fer plat, de 0 m 050 à 0 m 060 de large sur 0 m 010 à 0 m 020 d'épaisseur, qui empêche le bois d'éclater sous le choc du mouton et qui est posée à chaud.

85. Battage des pieux. — Le battage des pieux s'exécute au moyen d'engins appelés *sonnettes*, à l'aide desquels on soulève au-dessus du pieu, puis on laisse retomber sur sa tête une masse de fer appelée *mouton*.

1° Sonnette à tiraude. Elle se compose : de deux montants en charpente placés verticalement, espacés l'un de l'autre et destinés à diriger le *mouton* dans sa chute ; d'un châssis horizontal appelé *enrayure*, composé d'une forte *semelle* assemblée avec une autre pièce nommée *queue* ; de deux autres pièces de bois nommées *contre-fiches*, lesquelles sont assemblées avec la semelle et la queue afin de maintenir ces deux pièces dans leur position respective.

Pour donner de la stabilité à la sonnette, on charge la queue de pierres ou de pièces de bois, mais assez éloignées pour ne pas gêner le travail des hommes.

Les deux pièces verticales ou *jumelles* sont souvent soutenues, sur les côtés, par deux contre-fiches assemblées avec la semelle, et derrière par une autre contre-fiche assemblée avec la queue et qui fait office d'arc-boutant.

En haut, les deux jumelles sont assemblées au moyen d'un chapeau en bois auquel est suspendue une *poulie*.

Le *mouton* est une masse de fer pesant trois cents kilogrammes au maximum, pour les sonnettes à tiraudes. En haut est un anneau et un cordage qui s'enroule autour de la poulie et retombe à l'intérieur de la sonnette. A l'extrémité de ce cordage partent autant de cordes ou *tiraudes* qu'il y a d'hommes pour enlever le mouton. Ces tiraudes doivent être assez longues pour permettre au mouton de parcourir toute sa course, laquelle est en moyenne de 1 à 1 m 30. Chaque ouvrier prend une des tiraudes ; au moyen d'un commandement, d'un cri répété d'ensemble, ou d'un chant dont la mesure correspond au mouvement, le mouton est enlevé par l'effort simultané de tous les hommes et retombe de tout son poids au moment où ils abandonnent les tiraudes.

Le chef de la sonnette, nommé *arimeur*, fait venir la pièce de bois à enfoncer ; une fois bien posée à sa place, on la fixe le long des jumelles au moyen d'un guide appelé *bonhomme*, auquel elle est attachée par une corde, et qui glisse entre les jumelles pour qu'elle descende le plus verticalement possible et juste à l'endroit qu'elle doit occuper, les ouvriers tendent sur les tiraudes et commencent par donner un petit coup pour que le sabot prenne bien sa place, continuent encore par quelques coups légers, car la terre à sa surface offre moins de résistance à l'enfoncement du pilot, et battent ensuite à toute volée le pilot jusqu'au refus.

Pendant toute la durée du battage du pilot, l'arimeur le maintient au moyen de cordages pour qu'il s'enfonce bien droit dans le sol.

Le mouton est dirigé dans ses moments d'ascension ou de descente, par deux ailerons munis de clefs qui s'engagent dans l'intervalle laissé entre les jumelles.

Quand on opère la pose des pilotis dans l'eau, il arrive quelquefois, pour une cause quelconque, le plus souvent parce qu'on trouve un endroit où le sol est moins résistant, que la tête du pieu disparaît ; on pourrait encore continuer l'opération, mais si la distance entre la tête du pieu et le niveau de l'eau venait à être assez grande, il arriverait que le mouton perdrait un grande quantité de sa force en traversant la couche liquide et la ferait jaillir sur tous les ouvriers. Pour obvier à cet inconvénient, on fait usage du *chasse-pieux*. C'est un billot prismatique en bois, à peu près de la même grosseur que le pilot lui-même. Il est fretté en haut et en bas, et muni d'un manche. On le pose sur la tête du pilot, auquel il transmet le choc qu'il reçoit du mouton.

Chaque choc ayant pour effet, en vertu de l'élasticité du bois, de faire dévier le chasse-pieux et de le renvoyer au loin, on évite cet ennui en munissant le pied du chasse-pieux d'un *goujon en fer*, qui entre dans une mortaise pratiquée dans la tête du pieu. Ce goujon force le chasse-pieux à rester en place sur le pieu lui-même.

Lorsque la longueur du *faux pieux* ou *chasse-pieux* atteint 2 m 50 à 3 m 00, l'action effective du mouton n'est plus que la moitié de celle que procurerait le choc direct.

Dans certains endroits, on construit des sonnettes à tiraudes, où, au lieu des deux jumelles, il n'y a qu'un seul montant. Le mouton est alors maintenu dans sa position au moyen de guides ou de bras encastrés, et ces bras eux-mêmes sont munis de boulons mobiles transversaux qui glissent sur les faces de derrière et de devant du montant, et qui permettent aux guides de glisser à leur tour sur les faces latérales de ce dernier. Cette sorte de machine, moins forte que celle dont nous avons parlé plus haut, ne peut être employée que pour des travaux légers, où il ne s'agit que d'enfoncer des pièces de petite dimension et à peu de profondeur.

L'opération qui consiste à disposer le pieu le long de la sonnette avant de l'enfoncer s'appelle la *mise en fiche*; lorsque les hommes ont donné quarante coups de mouton, ce qui constitue une *volée*, ils s'arrêtent. On compte qu'une volée dure deux minutes, mais avec le temps perdu on ne compte que 50 à 60 volées par journée de travail de dix heures, pour une équipe.

2° *Sonnette à déclic.* Elle diffère de la sonnette à tiraudes en ce que la corde du mouton, au lieu d'être tirée par des hommes, vient s'enrouler autour d'un *treuil à engrenages*, sur l'arbre duquel est fixé une roue dentée. Cette roue engrène avec un pignon dont l'arbre est armé, à chaque bout, d'une manivelle. L'arbre du pignon glisse dans le sens de sa longueur, afin de pouvoir dégager le pignon de la roue d'engrenage, mouvement qui s'opère par le soin d'un ouvrier, lorsque le mouton est élevé à la hauteur de laquelle il doit tomber.

La grande roue dentée et le treuil, sollicités par le poids du mouton, tournent en sens inverse et la masse vient frapper la tête du pieu. Pour empêcher la corde de continuer à se dérouler en vertu de la vitesse acquise, ce qui ferait une perte de temps, l'ouvrier qui a désengrené le pignon serre fortement, dès qu'il entend le coup de mouton, un frein placé sur l'arbre du treuil. Pendant cette manœuvre, les ouvriers continuent à tourner la manivelle dans le sens nécessaire pour élever le mouton, et il n'y a qu'à rengrener le pignon après chaque coup.

Un inconvénient du frein manœuvré par l'ouvrier est que celui-ci peut s'en servir pour empêcher le choc du mouton, ce qui empêche de s'assurer que le pilot a atteint le refus jugé nécessaire. Pour y remédier, le mouton est saisi par une pince dont les branches croisées tendent à se rapprocher dans le bas par l'effet de leur poids et d'un ressort convenablement disposé. Le mouton étant saisi de cette façon, le treuil le fait monter. Quand il arrive au faîte de la sonnette, les bords supérieurs rencontrent des obstacles qui les forcent à se rapprocher. Les bords inférieurs s'écartent naturellement, s'ouvrent et laissent tomber le mouton. On redescend la pince et la manœuvre recommence.

Dans les travaux demandant à être faits très rapidement, soit à cause du peu de temps accordé à l'entrepreneur, soit comme dans les ports, où on ne peut travailler utilement et vivement qu'aux heures de marée basse, on emploie le plus souvent les *machines à vapeur*. Ces engins, généralement, ne diffèrent en rien des machines dont nous venons de parler, si ce n'est que le bras des hommes est remplacé par la vapeur. La manœuvre est absolument la même, seulement on obtient plus de vitesse et de travail.

3° *Refus d'un pieu*. Si l'on étudie l'effet produit par le choc dans le battage des pieux, on remarque : 1° que pour une même masse de mouton, l'enfoncement des pieux est proportionnel à la levée du mouton ; 2° que pour un même produit de la masse du mouton par la hauteur de la levée, l'effet est d'autant plus grand que la masse est plus grande, et que par conséquent, pour l'économie du travail, il faut employer de lourds moutons qu'on élève à une hauteur modérée de 3 à 4 m 00. Pour les derniers coups frappés, on peut porter la hauteur à 5 ou 6 m 00.

La charge que l'on peut faire porter à un pilot de 0 m 22 à 0 m 23 de diamètre ne doit pas dépasser 25.000 kil., et pour une pièce de 0 m 32 à 33 de diamètre, 50.000 kil., ce qui donne environ 60 kil. par centimètre carré de section.

On désigne par le mot *refus* la limite de l'enfoncement d'un pieu et cette limite est basée sur les charges maxima que l'on doit faire supporter au pieu. Ainsi, pour des charges de 25.000 kil. par pieu de 0 m 23 de diamètre et de 50.000 kil. par pieu de 0 m 33, le refus est obtenu quand l'enfoncement du pieu n'est plus que de 0 m 0045 par volée de 25 coups de mouton de 300 kil. tombant de 1 m 30 de hauteur, ou lorsque cet enfoncement n'est plus que de 0 m 01 par volée de 20 coups de mouton de 600 kil., tombant de 3 m 60 de hauteur.

Ce dernier refus est équivalent à celui que l'on obtient sous une volée de 30 coups avec un mouton du même poids de 600 kil., tombant seulement de 1 m 20 de hauteur. Si les charges à faire porter par des pieux de 0 m 33 ne dépassent pas 8 à 10.000 kil., on regarde le refus comme suffisant lorsque l'enfoncement n'est plus que de 0 m 03, 0 m 04 ou 0 m 05, pour une des volées précédentes ; encore faut-il être sûr que les pieux ont pénétré dans le sol résistant.

4° *Recépage des pieux*. Tous les pieux, avant le battage, sont à peu près d'égale longueur, mais ils peuvent après, selon qu'ils sont entrés plus ou moins dans le sol, avoir toutes leurs têtes à différentes hauteurs. On procède alors au recépage des pieux, afin que toutes leurs têtes soient à égale hauteur, ce qui est indispensable pour l'établissement des fondations.

Quand la ligne de recépage est au-dessus de l'eau, rien n'est plus facile, puisqu'il n'y a qu'à tracer au cordeau l'endroit où doit passer le trait de scie. On abat alors toutes ces têtes à la scie à main. Mais, quand la ligne de recépage est au-dessous de l'eau, il n'en est pas de même, et on emploie à cet effet une scie horizontale, mue à l'aide d'un engrenage d'angles, par un arbre horizontal, qu'une manivelle ou un moteur quelconque met en mouvement. La hauteur de la scie, dans son transport d'une pièce à une autre, est très facile à régler, puisqu'on peut toujours vérifier son niveau en se reportant à un repère fixe.

86. Pieux à vis. — On construit des *pieux à vis* en bois, mais le plus souvent ils sont entièrement métalliques. Lorsqu'on les fait en bois, on arme leur extrémité inférieure d'un *sabot en fonte* portant une hélice dont le pas et la largeur de l'aile varient suivant la nature du terrain à traverser ; l'hélice a l'avantage d'offrir une grande surface de pression sur le terrain. Ces pieux s'enfoncent par simple rotation, à la manière d'une vrille ; à cet effet, on les arme à leur partie supérieure d'une roue à jour pourvue de manettes.

Ces pieux peuvent, dans certains cas, être enfoncés obliquement ; on peut les employer dans nombre de cas où l'usage des pieux ordinaires est complètement impossible.

§. 9. — PRIX DES OUVRAGES DE CHARPENTE EN BOIS

Les *prix de règlement* se composent :

1° Des déboursés pour la main-d'œuvre et les fournitures ;

2° Des faux frais calculés sur la main-d'œuvre seulement et fixés à 20 0/0 ;

3° Des bénéfices appliqués aux prix de la main-d'œuvre, des fournitures et des faux frais et fixés à 10 0/0.

Les prix comprennent l'octroi d'entrée des bois dans Paris, fixés :

Pour le chêne à 11 fr. 28 le stère ;
— sapin à 9 fr. 00 id.

Tous les prix de matériaux comprennent le transport à pied d'œuvre.

Les prix de règlement pour fourniture seulement comprennent : 1° les prix de déboursés ; 2° le bénéfice de 10 0/0.

OBSERVATIONS GÉNÉRALES

Bois fournis non posés. — Lorsque la pose des bois non assemblés n'aura pas été faite par les charpentiers on déduira les prix ci-après par stère :

Sans montage, chêne	4.70
— sapin	4.30
Avec montage chêne	8.45
— sapin	7.75

Bois loués. — Les bois loués seront payés suivant leur nature et, à défaut de constatation contraire, considérés comme bois vieux.

Les prix des bois loués comprennent les transports, tous les sciages, le déchet d'emploi et de reprise, la pose, la dépose, la valeur de location pour trois mois et la dépréciation des bois et des boulons loués.

Échafauds en location. — Les prix comprennent le percement des trous, la pose des boulons et la fourniture des clous, des chevilles et des boulons.

Planchers d'échafauds. — Les prix comprennent la fourniture des clous et des chevillettes.

Étaiements en location. — Bois fourni. Les prix comprennent la valeur des cales et détentes ainsi que la fourniture des clous et rappointis.

Cintres, bois non assemblés. — Les prix seront réduits de 2/10.

Délardement. — Les délardements de faîtage, pannes, sablières, arêtiers et poteaux d'angles ne seront jamais comptés séparément, étant considérés comme sciage.

Chevillettes, clous d'épingle. — Les prix de série comprennent leurs fournitures, quelles qu'elles soient, nécessaires pour l'entière exécution des travaux en bois fournis ou en location.

Percement de trous de boulons et passe de boulons. — Dans des bois fournis non assemblés, les percements des trous, la pose des boulons seront payés à part.

Ils seront également comptés à part lorsqu'ils auront été faits comme supplément d'assemblage dans les bois fournis déjà assemblés au moyen de tenons et mortaises.

Entailles de moises. — Les entailles de moises de planchers seront comptés en dehors du prix des bois...

Mesurage. — Les bois ordinaires ou de sciage ne seront jamais comptés au-dessus de la mesure réelle en œuvre, sauf pour les bois débillardés, qui, suivant l'usage, seront métrés par équarrissage. Dans le cas où les parties levées seraient susceptibles d'emploi par l'entrepreneur, il lui sera déduit la valeur de ce bois.

Chevrons à quatre faces de sciage. — Dans les combles en charpente ordinaire, lorsque, par ordre exprès et par écrit, l'architecte aura demandé que tous les chevrons soient réglés de dimensions exactes, à 4 faces de sciage, ces chevrons seront payés au prix des bois refaits.

En l'absence d'ordre spécial, les chevrons, même à 4 sciages, seront classés dans les bois assemblés à entailles avec sciage à trois faces.

Bastaings, madriers et chevrons. — Les bastaings, madriers et chevrons en sapin du commerce seront toujours classés dans les bois de sciage à 3 faces et jamais considérés comme bois refaits.

Coltinage. — Les coltinages ne seront alloués que lorsque les bois devront subir, avant leur pose, ou après leur dépose, un transport supplémentaire dans l'intérieur du bâtiment.

Planchers dressés en dessus et en dessous. — Les prix de série seront applicables aux planchers dressés en dessous, mais lorsque les mêmes planchers seront de plus dressés au-dessus pour recevoir du parquet, il sera alloué une plus-value de déchet de 0^{m}040 par stère sur le chêne seulement.

Bois de chêne non flottés. — Les bois de chêne non flottés seront rigoureusement refusés ; dans le cas où ils seraient acceptés, ils donneront lieu à une diminution de 15 francs par stère, ce qui ne changera en rien la responsabilité de l'entrepreneur.

Bois assemblés. — Les prix de la série pour bois assemblés sont des prix moyens; ils comprennent tous les assemblages en général, quels qu'en soient le nombre et la forme.

Bois assemblés à entailles simples. — Les bois qui ne seraient assemblés qu'avec entailles simples, sans tenons ni mortaises, tels que les solives posées sur lambourdes, subiront une moins-value de 7 fr. 92 pour le chêne et 7 francs pour le sapin.

	PRIX PAYÉ PAR L'ENTREPRENEUR	PRIX DE RÈGLEMENT
Heure de charpentier (Été 10 heures, Hiver 8 heures).......	0.80	1.06
Heure de fer, de scie —	1.40	1.74
Journée de voiture à 1 cheval, compris charretier..........	15.00	19.80
— à 2 chevaux, —	25.00	33.00

Chêne (au stère).

	JUSQU'A 8m 00 DE LONGUEUR	NEUF FOURNI					VIEUX	
		ORDINAIRE jusqu'à 0.30	PETIT ARRIMAGE de 0.30 à 0.39	MOYEN ARRIMAGE de 0.40 à 0.41	GROS ARRIMAGE de 0.42 à 0.50	GROS BOIS de 0.50 et au-dessus	FOURNI	A FAÇON sans transport
Non assemblés	Sans montage..................	95.09	104.85	116.30	123.04	152.90	65.07	12.65
	Avec montage à 10m 00 de hauteur moyenne pour plancher, comble	99.30	109.07	120 51	127.27	157.12	69.30	16.90
	Sans montage pour barrière, sans assemblage, mais avec taquets ou entailles................	100.37	110.01	121.57	128.32	157.04	70.36	17.95
	Pour étai à demeure...........	101.44	111.23	122.67	129.42	158.14	71.67	17.95
Assemblés à tenons, mortaises ou à double entailles.	Pour barrière sans montage.. ...	120.30	130.72	142.16	148.91	166.63	90.95	37.54
	Plancher, pan de bois, comble avec montage à 10m 00 réduits......	131.41	141.81	153.25	160.00	188.72	102.03	49.62

JUSQU'A 8m 00 DE LONGUEUR		NEUF PLACÉ A L'EXTÉRIEUR DURÉE DE LA LOCATION 3 MOIS					VIEUX	
		ORDINAIRE jusqu'à 0.30	PETIT ARRIMAGE de 0.30 à 0.39	MOYEN ARRIMAGE de 0.40 à 0.41	GROS ARRIMAGE de 0.42 à 0.50	GROS BOIS de 0.50 et au-dessus	LOUÉ placé à l'extérieur	FAÇONNÉ compris pose et dépose
Non assemblés	Pour barrière sans assemblage, mais avec taquets ou entailles..	41.66	42.71	43.96	44.68	47.90	38.43	23.76
	Courbés de cintres..............	30.84	31.89	33.13	33.86	37.08	30.36	12.94
	Étai, étresillon, chaise, couche ...	37.70	38 75	40.00	40.72	43.94	35.45	19.80
	Chevalement..................	42.98	43.94	45.28	46.00	52.52	39.73	23.76
	Plancher d'échafaud ordinaire..	36.12	37.17	38.41	39.07	42.41	32.87	18.21
	Plancher d'échafaud difficile....	45.63	46.68	47.92	48.65	51.87	42.38	27.72
Assemblés à tenons et mortaises ou à doubles-entailles	Échafaud ordinaire assemblé à tenons ou entailles............	64.11	65.07	66.40	67.13	70.34	60.85	46.20
	Échafaud de 18m 00 de hauteur assemblé	69.59	70.45	71.68	72.41	75.63	66.13	51.48
	Échafaud difficile sans point d'appui sur le sol................	90.51	91.57	92.80	93.53	96.75	87.26	72.60
	Cintres asemblé compris poteaux.	58.03	59.00	60.33	61.06	64.27	54.79	40.13

Moins-values sur tous les prix ci-dessus, lorsque les bois seront seulement boulonnés sans assemblage à tenons ou entailles doubles, et sur ceux assemblés à entailles simples....... 7.92

Sur les échafauds ordinaires ou difficiles lorsqu'ils seront boulonnés sans assemblages, mais avec taquets ou entailles.. 7.84

Sur les échafauds ordinaires ou difficiles non assemblés, mais seulement boulonnés....... 8.54

Location de chêne au delà des 3 mois comptés ci-dessus.	Jusqu'à 0.30	De 0.30 à 0.39	De 0.40 à 0.41	De 0.42 à 0.50	Au-dessus de 0.50	Vieux de toute dimension
Bois placés à l'extérieur						
Pour 9 mois........................	9.55	10.73	12.14	12.86	16.65	5.86
— la 2e année....................	9.95	11.20	12.62	13.46	17.37	6.11
— la 3e —	10.33	11.61	13.10	13.94	18.62	6.34
— la 4e —	10.06	11.99	13.47	14.35	18.60	6.54
— la 5e —	10.35	12.31	13.84	14.81	19.12	6.72
Moins-values sur les prix ci-dessus pour *les bois placés à l'intérieur.*						
Pour 3 premiers mois...............	0.40	0.50	0.55	0.65	0.75	0.30
— 9 mois........................	1.20	1.45	1.70	2.00	2.40	0.90
— les 4 autres années, par an.......	1.50	1.90	2.20	2.55	3.10	1.15

Chêne refait, sciage 4 faces, de toutes longueurs avec montage à 10^m 00 réduits (le stère)	jusqu'à 0^m36 de grosseur	non assemblé	164.89
		assemblé	197.62
	De 0^m37 de grosseur et au-dessus	non assemblé	206.17
		assemblé	248.89

Moins-value pour le bois refait comportant des flaches, par mètre cube.......... 11.14

Plus-value pour bois refait de faible équarrissage dont le plus fort côté ne dépasse pas 0^m15 (non applicable aux chevrons)........................ 13.02

Pour lucarnes. Sur tous les bois refaits, plus-value de 1/10.

Corroyage sur le bois de chêne refait. Le mètre superficiel........................ 1.60

Lorsque dans les combles en bois refaits, les chevrons seront réglés de dimensions comme épaisseurs, à quatre faces sciage, et arêtes vives, le prix sera le même que celui des bois refaits avec toutes les plus-values de faible épaisseur et de montage.

Sapin (au stère).

DE TOUTES LONGUEURS		NEUF FOURNI			VIEUX	
		ORDINAIRE jusqu'à 0.27	DE QUALITÉ		FOURNI	A FAÇON sans transport
			De 0.28 à 0.36	De 0.37 et au-dessus		
Non assemblé	Sans montage........................	82.87	88.17	98.89	53.55	11.62
	Avec montage à 10^m 00 de hauteur moyenne pour plancher, comble......	86.74	91.96	102.76	57.42	15.50
	Sans montage pour barrière sans assemblage avec taquets ou entailles.......	87.71	92.92	103.73	58.37	16.46
	Étai..............................	87.71	92.92	103.73	58.37	16.46
Assemblé à tenon et mortaises, ou à doubles entailles	Pour barrière sans montage...........	107.70	111.81	118.66	77.28	35.34
	Pour plancher, pans de bois, combles avec montage à 10^m 00 réduits............	116.76	121.97	132.78	87.44	45.50

DE TOUTES LONGUEURS		NEUF, LOUÉ, PLACÉ A L'EXTÉRIEUR Durée de location 3 mois — ORDINAIRE jusqu'à 0.27	DE QUALITÉ — De 0.28 à 0.30	DE QUALITÉ — De 0.37 et au-dessus	VIEUX — LOUÉ PLACÉ A L'EXTÉRIEUR Durée de location 3 mois	VIEUX — FAÇONNÉ compris pose et dépose
Non assemblé	Pour barrière sans assemblage mais avec taquets ou entailles.	37.38	37.85	38.83	94.76	21.91
	Courbés de cintre.	27.33	27.82	28.78	24.71	11.87
	Étai, étresillon-chaise, couche.	33.95	34.38	35.40	31.32	18.48
	Chevalement.	37.49	38.06	39.04	34.95	20.27
	Plancher d'échafaud { ordinaire.	32.07	31.04	33.61	29.54	16.70
	Plancher d'échafaud { difficile.	40.79	41.36	42.34	38.26	25.42
Assemblé à tenons et mortaises ou à doubles entailles	Échafaud ordinaire assemblé à tenons ou à entailles.	58.27	58.84	59.82	55.74	42.90
	Échafaud au-dessus de 18m 00 assemblé.	62.89	63.46	64.44	60.36	47.52
	Échafaud difficile sans point d'appui sur le sol. — Assemblé.	82.69	83.26	84.24	80.16	67.32
	Cintre assemblé compris poteaux.	52.17	52.74	53.71	49.65	36.80

Moins-values sur tous les prix ci-dessus, lorsque les bois seront seulement boulonnés, sans assemblages à tenons ou à doubles entailles, et sur ceux assemblés à entailles simples. . . . 7.00

Sur les échafauds ordinaires ou difficiles lorsqu'ils seront seulement boulonnés sans assemblages, mais avec taquets ou entailles. 6.60

Sur les échafauds ordinaires ou difficiles non assemblés mais seulement boulonnés. 7.30

Location de sapin au delà des trois mois comptés dans les prix ci-dessus.	ORDINAIRE jusqu'à 0.27	De 0.28 à 0.36	De 0.37 et au-dessus	Vieux de toutes dimensions
Bois placés à l'extérieur				
Pour 9 mois.	7.39	8.10	9.32	4.20
Pour la 2e année.	8.39	9.52	10.61	4.79
— 3e —	8.58	9.73	10.77	4.89
— 4e —	8.65	9.92	11.09	5.00
— 5e —	8.78	10.63	11.27	5.07
Moins-values pour bois placés à l'intérieur				
Pour les trois mois compris dans les prix de location de la scie.	0.40	0.40	0.45	0.20
— 9 mois.	1.05	1.15	1.20	0.55
— les 4 autres années, par an.	1.35	1.45	1.50	0.70

Sapin refait, sciage 4 faces, de toutes grosseurs et de toutes longueurs.

Non assemblé avec montage à 10m 00 réduits, le stère	146.56
Assemblé — —	176.57
Moins-value pour les bois refaits comportant des flaches	7.92
Plus-value pour les bois refaits de faible équarrissage dont le plus fort côté ne dépassera pas 0m 15	10.56
Corroyage sur les bois refaits, le mètre superf.	1.12

Plus-values pour charpentes en chêne ou en sapin.

Travaux intérieurs. — Les prix des bois pour étais, couches, chevalements sont établis pour travaux extérieurs dans les conditions de levage et de montage ordinaires. Lorsque ces travaux seront exécutés à l'intérieur de bâtiments déjà construits et nécessitant un coltinage ou un montage à l'épaule, il sera alloué une plus-value par stère de	2.50
Pour toute charpente en raccord avec de vieilles charpentes	7.92
Pour charpente de plancher ou de comble dont l'assemblage sera combiné avec la charpente en fer, dont elle ne sera que l'accessoire	7.92
Pour montage de bois fait à plus de 15m 00 de hauteur, lorsqu'il n'aura été fourni dans le bâtiment que le dernier plancher et le comble, par stère	3.86
Lorsque dans les mêmes conditions, il n'y aura de fourni dans le bâtiment que le chevronnage, si ces bois ne dépassent pas 0m10 d'équarrissage, il sera alloué par stère — chêne	13.00
— sapin	11.95

Escaliers en bois (à la marche).

		TOUT CHÊNE	CHÊNE ET SAPIN Limon ou crémaillère chêne	TOUT SAPIN
A limon dit à la française. Marches scellées d'un bout de 0m057 d'épaisseur, profilées quart de rond avec ou sans filet, contremarches de 0m027 d'épaisseur, mesures prises dans œuvre des murs ou limons	Pour quartier tournant, 1m00 d'emmarchement	21.42	20.05	18.39
	Échelle de meunier	16.75	15.69	14.80
A crémaillère. Marches profilées de face et d'un bout, de 0m054 d'épaisseur, contremarches de 0m027, mesures prises dans œuvre des murs ou hors-œuvre des crémaillères, ou 1m05 compris le retour du nez des marches.	Pour quartier tournant (1m00 d'emmarchement)	18.29	16.88	15.74
	Échelle de meunier	14.69	13.55	12.93

				CHÊNE	SAPIN
Moins-values	Marches de 0m041 au lieu de 0m051			0.90	0.60
	Escaliers sans contremarches			1.00	0.70
Plus-values	*Escaliers à limons.* Pour double limon au droit des baies, pour chaque marche portant sur ledit		Pr double-limon droit.	4.77	3.83
			— courbe.	7.30	5.90
	Escaliers à crémaillère	Pour chaque marche portant sur ladite	Pour crémaillère droite	2.76	2.07
			Pour crémaillère courbe	3.70	2.86
		Pour chaque marche portant sur crémaillère placée le long des murs	Par marche droite.	1.92	1.40
			— courbe.	2.45	1.90
Plus ou moins-values de longueur de marche pour chaque 0m05 de longueur en plus ou en moins, les prix sont augmentés ou diminués.			Escaliers à limons, par marche	0.50	0.35
			— à crémaillère, par marche.	0.45	0.30

Épaisseurs des limons. — Les épaisseurs de limons ou de crémaillères seront de 0 m 08 pour les escaliers de 1 m 00 d'emmarchement ; on les augmentera ou diminuera de 0 m 005 par chaque 0 m 05 en plus ou en moins de longueur de marche.

Les *marches et contremarches circulaires* en plan de la moitié de la longueur d'emmarchement, et celles portant volutes, seront parquées 3/10 en plus.

Les *marches palières* profilées comptent pour autant de marches qu'elles en compteront de longueur, les fractions en excédent étant payées proportionnellement au prix de la marche ; les portées des marches palières ne sont pas comptées dans le mesurage de leur longueur.

La *longueur des marches* est prise sur les marches droites.

Les prix ci-dessus comprennent la valeur des clous et vis pour la pose, les tringles posées sur les marches pour les garantir jusqu'à l'entier achèvement des travaux, les trous de boulons d'écartement, les fourrures pour les plafonds rampants.

Les patins et jambettes sont payés à part et au mètre cube suivant leur nature.

Escaliers en fer (à la marche).

A limon, dits à la française, composés de 2 lames en tôle de 0 m 006 d'épaisseur, 0 m 30 de largeur avec fourrures en bois entre les deux contremarches, en tôle de 0 m 003 d'épaisseur, armées de cornières de $\frac{0{\cdot}020}{0{\cdot}020}$ garnis de plaques d'assemblages de sous-marches, composées d'entretoises en fer carré de 0 m 018, avec fentons pour le hourdis, fixés avec fil de fer, la marche en chêne, 0 m 051, profilée sur la face et la rive tirée d'épaisseur et rainée :

La marche de 1 m 00 d'emmarchement 30.00

Limon dit à la française pour marches en pierre ou marbre, compris tous accessoires, comme ci-dessus, sauf marche en bois, la marche de 1 m 00 d'emmarchement............ 27.00

Plus-value pour limon de 0 m 009 de largeur, contremarche en tôle de 0 m 0035 d'épaisseur par marches.. 1.25

Plus-value pour limon plein au droit des baies de même construction que celui de l'escalier, par marche, pour limon droit ou circulaire.. 5.50

Limon à l'anglaise, en fer de 0 m 006 d'épaisseur, 0 m 32 de retombée verticale, contremarches en tôle de 0 m 0025 d'épaisseur, armées d'une cornière de $\frac{0.020}{0.020}$ en bas, garni de plaques d'assemblages, de sous-marches, composées d'entretoises en fer carré de 0 m 018, avec fentons pour les hourdis fixés avec fil de fer, la marche en chêne 0 m 054, profilée sur la face et la rive tirée d'épaisseur et rainée.

Droit ou à quartier tournant, la marche de 1 m 00 d'emmarchement, disposé pour recevoir 18.00

Plus-value sur les prix ci-dessus	pour limon de 0 m 007 d'épaisseur, 0 m 35 de retombée, contremarches en tôle de 0 m 003 d'épaisseur ; par marche........................	0.95
	par double crémaillère au long des murs, de même construction que le limon de l'escalier ; par marche........................	2.25

Plus ou moins-values de longueur de marche pour chaque 0 m 05 de longueur en plus ou en moins ; les prix seront augmentés ou diminués, par marche	pour les escaliers à limon	1.50
	— à crémaillère	0.80

Pour les marches de 0 m 90 et au-dessous, ces moins-values seront réduites de moitié.

Les prix ci-dessus comprennent tous les supports, vis, agrafes, fentons, fils de fer et tous accessoires nécessaires à la pose de ces escaliers.

Les solives, filets, bascules pour paliers seront payés à part aux prix de la série.

Les rampes ajustées sur les limons en tôle ne donneront lieu à aucune plus-value pour percement de trous et montage sur fers, si ce travail est exécuté par l'entrepreneur fournissant l'escalier ; dans tous les cas, il devra toujours le percement des trous pour la division des barreaux de la rampe.

Les escaliers en fer seront métrés pour la longueur des marches comme les escaliers en bois et comportent de même les tringles posées au-dessus des marches et le percement des trous de boulons.

Ouvrages divers.

Assemblages (à la pièce)	*à trait de Jupiter*, compris 2 coins pour serrer l'assemblage	de 0 m 60 de long	5.55
		de 0 m 80......	6.51
	à enfourchement complet fait sur le tas........................		2.11
	à tenon et mortaise fait sur place dans des bois non fournis, non façonnés, non déposés	la mortaise....	0.95
		le tenon......	0.71
	à paume et à entaille........................		0.65

Barrière sapin en location, neuf, de 0 m 027 d'épaisseur, loué pour un temps n'excédant pas 6 mois..le mètre superficiel 1.35

Pour chaque mois en plus des 6 premiers, 1/20 en plus.

Ces prix seront réduits de 1/20 si les bois sont placés à l'intérieur.

Barrière sapin en fourniture, neuf, de 0m027 d'épaisseur, pour barrière de clôture, coupé, posé, jointif, compris fourniture de clous et pose....................le mètre superficiel 3.15

Brûlement de poteau de barrière ou autre, chaque.................................... 0.70

Bûchement	sur le tas et dressage de la surface, à 0m03 d'épaisseur, le mètre superficiel..	4.22
	chaque centimètre de recoupement en plus....................	0.44
Cale	forte, en bois neuf refait pour poitrail, chaque..................	1.10
	petite, en bois brut, pour mettre de niveau des bois non façonnés, chaque..	0.38
Chanfrein	sur le tas....................................le mètre linéaire	0.50
	sur le chantier.............................. —	0.28

Arrêt de chanfrein, 0m50 au plus de développement linéaire.

Chevalement en fer carré, loué pour 3 mois, compris pose et dépose.............le kilogr. 0.128

Composé de deux lames avec cales en chêne, formant âme et boulonnées, compris pose et dépose..le kilogr. 0.15

Composé de deux lames avec cales en sapin formant âme et boulonnées, compris pose et dépose..le kilogr. 0.16

Chèvre	louée, compris cordages et agrès, le premier et le dernier jour, compris double transport, chaque jour.......................	4.45
	chaque jour intermédiaire.....................	2.00
Coltinage	à 100m00 de distance, de bois de charpente, compris chargement et déchargement.....................................le stère	1.76
	chaque 100m00 en plus............................ —	0.94

Coupement sur le tas	à la scie	de chevron, chaque.......................	0.13
		de solive, sablière, poteau, chaque..........	0.36
		d'enchevêtrure, chevêtre, poteau cornier, chaque..............................	0.53
	à l'ébauchoir, le double des prix ci-dessus.		

Dépose ou repose de bois (au stère)	*non assemblé*, mais avec taquets et entailles	pour barrière,	dépose seule...............le stère		3.05
			dépose et repose	—	12.10
		pour couches, plats-bords,	dépose seule..............	—	2.02
			dépose et repose	—	8.10
		pour étais, couches,	dépose seule...	—	4.05
			dépose et repose	—	13.15
		pour chevalements,	dépose seule..............	—	6.07
			dépose et repose	—	17.30
		de plancher, d'échafaud, compris clous.	dépose seule........	—	5.07
			dépose et repose	—	10.55
	assemblé	plancher, comble, cintre, échafaud ordinaire avec descente partielle et rangement.	dépose seule..............	—	5.70
			dépose et repose	—	19.50
		Id. avec descente de 10m00 réduit,	dépose seule..............	—	7.45
			dépose et repose	—	21.70
		échafaud difficile avec descente de 20m00 et plus	dépose seule.....	—	11.00
			dépose et repose	—	38.80

Les prix de dépose ci-dessus comprennent les déchevillages et coupements nécessaires à la démolition en grande ou petite partie.

Échantignolle		chaque	0.80
Entaille sur le tas	pour corbeau et étrier	—	0.30
	à paume	—	0.36
	pour moises	—	0.53
	de chevrons sur pannes en fer	—	0.36
Entaille d'aile de solive en fer	pour chaque aile de solive en fer à T ordinaire — faite au chantier	le mètre linéaire	0.79
	pour chaque aile de solive en fer à T ordinaire — sur charpentes déjà en place	—	1.58
	Lorsque ces entailles seront faites pour solive à larges ailes, il sera alloué en plus 1/10.		
Feuillure	au chantier	le mètre linéaire	0.40
	sur le tas	—	0.66
Fourrure ou tasseau	en chêne neuf, 0m05 × 0m07, avec clous d'épingle	—	0.44
Grain d'orge	fait sur le tas dans des bois non fournis et non façonnés	le mètre linéaire	0.34
Goudron	pour portée de pièce de charpente — une couche	le mètre superficiel	0.71
	pour portée de pièce de charpente — deux couches	—	1.37
	pour portée de pièce de charpente — trois couches	—	2.10
Moulures sur chêne	le centimètre développé au cordeau — au chantier	le mètre linéaire	0.12
	le centimètre développé au cordeau — sur le tas	—	0.18
	courant circulairement en plan ou en élévation; le double des prix ci-dessus.		
	Id., à double courbure; le double des prix ci-dessus.		
Moulures sur sapin	les moulures sur sapin, un cinquième en moins que celles en chêne.		
Montage	à 5m00 en dehors de celui compris dans les prix en règlement,	le mètre cube	2.11
	chaque mètre en plus ou en moins	—	0.40
Replanissage de marches d'escalier	jusqu'à 1m00 de longueur	chaque	0.44
	de 1m01 à 1m50 id.	—	0.55
Sciage	plus-value sur les prix d'un stère de bois neuf, compris plus-value de déchet, en chêne	sur 1 face	12.26
		sur 2 faces	19.27
		sur 3 faces	26.25
	en sapin	sur 1 face	8.60
		sur 2 faces	13.50
		sur 3 faces	18.40

Sur vieux bois non fourni, même prix que ci-dessus, l'absence de déchet compensée par la difficulté du sciage que présentent les clous qui se rencontrent dans le vieux bois.

Nota. — Ne seront considérés comme bois de sciage que les morceaux ayant au moins 0m06 de différence d'une face à l'autre. Néanmoins, tous sciages faits par ordre exprès de l'architecte seront admis, quand bien même les morceaux auraient moins de 0m06 d'une face à l'autre. Les petits bois de 0m10 d'équarrissage et au-dessous seront aussi admis comme bois de sciage s'ils ont comporté cette main-d'œuvre.

Il ne sera alloué de sciage pour les vieux bois fournis, quel que soit leur équarrissage, que lorsque cette main-d'œuvre aura été constatée par attachement, comme ayant été réellement faite au moment de leur emploi. Dans ce cas, il sera alloué 1/10 en plus des prix prévus ci-dessus.

L'observation ci-dessus ne sera applicable qu'au chêne, les sciages sur le sapin se paieront toutes les fois qu'ils auront été reconnus comme tels.

Taquets en location pour étais ou échafauds	la pièce	0.33
Trou de boulon de 0m 10 de longueur — chaque, compris pose du boulon		0.28
Trou de boulon de 0m 10 de longueur — par centimètre en plus		0.03
Encastrement à la pièce — de tête de boulon	chaque	0.11
Encastrement à la pièce — d'écrou	—	0.16
Voyage de voiture à un cheval — en plus-value pour moins de 1 stère 500		3.40
Voyage de voiture à un cheval — 2 stères au moins pour bois fournis mais non posés		5.50

Les articles de fabrication dont la marque permettra de reconnaître l'origine seront payés suivant les prix des tarifs des fabricants, diminués des remises faites à tout entrepreneur, quelles que soient l'importance de la fourniture et les conditions de paiement, les prix nets seront augmentés de 10 0/0 pour bénéfice.

CHAPITRE VIII

Charpente en fer et serrurerie

On distingue, dans l'emploi du fer appliqué au bâtiment, trois parties principales, comprises sous la dénomination générale de *serrurerie*, parce que c'est aux serruriers qu'appartient ordinairement la confection de ces divers travaux :

1° Les gros ouvrages en fer, tels que poutres, solives, combles, pans de fer, etc., rangés sous le nom de *charpente en fer* ;

2° Les *ouvrages* dits *de forge*, tels que grilles, rampes, balcons, potences, corbeaux, étriers, pentures, pivots, enfin tous les gros fers qui se livrent au poids ;

3° Les ouvrages qui se tirent des fabriques, tels que serrures, verrous, targettes, paumelles, charnières et autres, qui sont plus spécialement désignés sous le nom de *quincaillerie*.

§ 1er. — LE FER ET LES MÉTAUX FERREUX

1. Des métaux ferreux. — Le *fer* s'emploie sous trois formes bien distinctes :

La *fonte*, combinaison du fer avec le carbone, qui se liquéfie facilement à haute température, mais présente, une fois solidifiée, une résistance relativement faible à la traction.

L'*acier* qui fond à une température plus élevée, et présente des qualités spéciales de ténacité et de résistance ; c'est aussi une combinaison de fer et de carbone, mais avec une moindre proportion de ce dernier corps.

Le *fer proprement dit*, qui ne fond qu'à des températures très élevées, de 1700° à 1800°, et que nous allons étudier dans ce qui va suivre ; il est presque exempt de carbone.

2. Fontes. — La *fonte* est composée de 2 à 5 0/0 de *carbone* et de *fer* ; elle ne se soude pas comme le fer, mais elle jouit de la propriété bien précieuse de fondre à une température blanche, de se prêter au *moulage* et de prendre les formes compliquées qu'on ne peut donner au fer par le travail de la forge.

La fonte est plus ou moins blanche, plus ou moins dure, suivant sa fabrication, ni ductile, ni malléable ; sa ténacité est environ le quart de celle du fer, mais elle résiste très bien à la compression et est très convenable, comme nous le verrons plus loin, à la fabrication des colonnes, qui ont à supporter de lourdes charges.

La *fonte grise* est celle qui a une cassure grise, due à la présence de grains de graphite disséminés dans sa masse ; elle fond vers 1150° ou 1250° et pèse de 6.800 à 7.400 kil. le mètre cube ; elle est douce aux outils, se burine, se lime et se perce facilement ; elle se moule très bien.

Les *fontes blanches* fondent entre 1050° et 1100° et pèsent de 7.300 à 7.700 kil. le mètre cube ; elles sont dures, difficiles à travailler, se moulent moins bien que la fonte grise.

Les *fontes truitées* sont intermédiaires entre les précédentes. La fonte, en se solidifiant, prend un retrait linéaire de 0^{m} 01 environ ; c'est pourquoi les modeleurs emploient un mètre qui a 101 centimètres de longueur.

Il faut s'attacher, dans la confection d'un modèle de fonderie, à donner aux pièces de la *dépouille*, c'est-à-dire de ménager, par les formes qu'on leur donne, la possibilité de sortir facilement le modèle du moule ; il faut donner aux parois des épaisseurs régulières, afin que le refroidissement et la solidification de toutes les parties aient lieu en même temps ; il faut éviter surtout les pièces massives, et principalement celles qui présenteraient des parties minces à côté de parties très épaisses, parce que le refroidissement des premières étant plus rapide, elles prennent leur retrait avant que les parties épaisses soient solidifiées, et il en résulte des déformations, des soufflures et même des ruptures à la jonction des parties minces et des masses épaisses. On peut donner aux pièces des angles saillants à vives arêtes, mais il faut éviter les angles vifs rentrants, et les remplacer par des arrondis ou *congés* de raccord.

Lorsqu'on chauffe au rouge des objets en fonte moulée, dans un milieu oxydant, pendant un temps suffisant, on décarbure superficiellement la fonte, qui se transforme ainsi en une sorte d'acier, et devient résistante et flexible ; c'est ce qu'on appelle la *fonte malléable*.

Ce procédé permet d'obtenir à bas prix des produits qui seraient très coûteux s'ils étaient fabriqués par les procédés ordinaires ; on l'applique aux petites pièces de serrurerie ou de quincaillerie.

3. Aciers. — L'*acier* est une combinaison de *fer* et de *carbone*, qui renferme de 0,20 à 1 ou 1,50 pour cent de carbone.

On obtient aujourd'hui des aciers de compositions et de qualités très variables, qu'on nomme aciers *extra-doux*, *doux*, *demi-doux*, *dur*, *extra-dur*.

La densité de l'acier varie de 7800° à 7900° ; son point de fusion est compris entre 1600° pour les aciers extra doux et 1400° pour les aciers durs.

Plus l'acier est doux, plus sa résistance est faible et plus il se rapproche du fer, mais sa ductilité et sa malléabilité sont plus grandes; il se soude et se lamine plus facilement.

Les propriétés de l'acier sont peu différentes de celles du fer; comme lui, il se soude et il se laisse travailler de même; mais, en outre, il jouit de deux propriétés spéciales: il fond comme la fonte à température élevée et se prête au moulage, et, de plus, il jouit de la propriété de la *trempe*; c'est-à-dire qu'une pièce en acier, portée à température élevée, puis refroidie brusquement, acquiert une dureté extrême, et est alors propre à la confection des outils.

En même temps qu'il acquiert de la dureté par la trempe, l'acier devient fragile, et lorsqu'on veut limiter la fragilité due à une trempe trop forte, on le *recuit*, c'est-à-dire qu'on fait disparaître une partie de la trempe en chauffant la pièce à température convenable, inférieure à celle de la trempe, et la laissant refroidir lentement.

Les aciers moulés sont sujets aux soufflures, surtout lorsqu'ils sont peu carburés.

Les *aciers très durs* sont employés pour les ressorts et les outils; les *aciers durs*, pour les ressorts, les outils, les bandages de roues et les rails; les aciers *mi-durs*, pour les rails, les éclisses, les essieux, les pièces de machines et pour certains outils; les *aciers mi-doux*, pour les pièces mécaniques; les *aciers doux*, pour les tôles de construction et les aciers profilés; les *aciers très doux, soudables*, pour les tôles de machines et les chaudières; les *aciers extra-doux*, pour le tréfilage, les tôles minces, les rivets, les tôles très façonnées.

4. Fer proprement dit. — *1° Propriétés physiques.* Le *fer* est un métal gris bleu, très ductile lorsqu'il est pur, d'une grande ténacité; il jouit de la propriété de se souder à lui-même au rouge blanc et de devenir absolument plastique à cette température, ce qui permet de le *forger*.

La densité du fer est de 7.800 à 8.000 kil. par mètre cube; il ne fond qu'à une température de 1700° à 1800°.

Il perd beaucoup de sa ductilité et de sa ténacité par l'écrouissage; mais on peut, en le chauffant, et en le laissant ensuite refroidir très-lentement, lui rendre ces propriétés: c'est ce qu'on appelle *recuire* le fer.

2° Action de l'air sur le fer à froid et à chaud. Il se conserve indéfiniment dans l'air sec à froid. Au rouge, il se couvre d'écailles d'oxyde, nommées *battitures*, par suite de sa combinaison avec l'oxygène de l'air. Au rouge blanc, il brûle directement dans l'air en lançant de vives étincelles; dans l'oxygène pur, la combustion est encore plus vive et s'entretient d'elle-même.

3° Action de l'humidité, nécessité de peindre le fer. A froid et dans l'air humide, il s'oxyde lentement et se recouvre d'une couche d'hydrate de peroxyde, qu'on nomme *rouille*.

Dans nos édifices, où on l'unit à des maçonneries toujours mouillées au moment de leur construction, il se rouillerait toujours, plus ou moins, si l'on ne prenait soin de le recouvrir, avant l'emploi, d'une ou deux couches de *peinture à l'huile*, contenant soit du minium, soit de l'oxyde de fer, et qui le protègent de l'humidité, jusqu'à la siccité complète du bâtiment.

4° *Action des mortiers de ciments et de chaux.* Les chaux et ciments conservent le fer et empêchent la formation de la rouille, même au contact de l'humidité; il ne faut pas peindre les fers destinés à être noyés dans les mortiers de ciment; cette opération est même nuisible, parce qu'elle empêche le contact direct du fer et de la maçonnerie, et permet le développement partiel de la rouille.

5° *Action du mortier de plâtre.* D'autres matériaux, comme le plâtre, à cause du soufre qu'ils contiennent, accélèrent au contraire l'oxydation du fer, et ce serait une faute de ne pas peindre avec soin, et même à deux couches du minium, les fers qui doivent être entourés de mortiers de plâtre, tels que chaînes, pièces à scellements, solives de planchers, etc.

Les fers qui doivent rester apparents doivent également être peints avec soin. Lorsqu'ils sont couverts, et à l'abri de la pluie, une couche de minium, et par-dessus deux couches de peinture à l'huile suffisent. S'ils sont à l'air et exposés à la pluie, il est bon de donner deux couches préalables de peinture au minium.

6° *Action des acides.* Les acides et bon nombre de produits chimiques altèrent très vivement le fer; dans les bâtiments qui doivent contenir des émanations de ce genre, il est bon de prendre la précaution d'avoir le moins possible de charpente en fer apparente, et de la comprendre complètement dans des hourdis en maçonnerie très soignée aux mortiers de chaux ou ciments, ou même de plâtre, après l'avoir préalablement peinte à plusieurs couches d'huile.

7° *Galvanisation du fer.* On est parvenu à couvrir très économiquement le fer d'une couche très mince de *zinc*, qui le protège de l'oxydation en l'abritant du contact de l'air ou de l'eau. On a alors ce qu'on appelle du *fer galvanisé.*

Lorsque la galvanisation est bien faite, le fer jouit d'une durée plus grande ; mais si pour une cause quelconque, soit malfaçon, soit usure du zinc, soit cassure de la couche, le fer vient à être mis à nu, la présence de deux métaux et de l'humidité détermine des courants électriques qui accélèrent la destruction du fer. Le remède est alors de peindre à l'huile tout l'objet galvanisé, de manière à recouvrir le fer et l'abriter de l'humidité partout où le zinc a manqué son but.

8° *Étamage du fer.* L'*étamage* consiste à remplacer le *zinc* par l'*étain*; il convient bien aux endroits secs; mais pour les pièces exposées à l'extérieur, il présente beaucoup moins de résistance que la galvanisation, et la destruction des objets par la rouille est encore plus rapide.

5. Défauts des fers. — Les principaux défauts des fers sont :

Les *criques* ou *gerces*, petites fentes qui se voient sur les arêtes, perpendiculairement à la longueur, ou même disséminées sur toute la surface ; elles indiquent un fer de mauvaise qualité ou un *fer brûlé* ;

Les *traverses*, fentes dans tous les sens, qui peuvent disparaître par un nouveau corroyage ;

Les *doublures*, solutions de continuité dues à des matières étrangères enfermées dans le métal ;

Les *pailles*, petites écailles nombreuses qui se soulèvent ; elles ont peu d'importance si elles sont en petit nombre ; mais si elles sont nombreuses, le fer doit être rejeté ;

Les *cendrures*, points noirâtres, disséminés dans la masse, et qui apparaissent par le travail ; elles sont en général sans importance pour les pièces de grosse construction.

On appelle *fers tendres* des fers phosphoreux, cassants à froid, et qui doivent être absolument rejetés pour les pièces sujettes à subir des chocs ou des efforts considérables.

Les *fers métis* sont cassants à chaud, de même que les fers *rouverains* ; leur solidité est en général fort douteuse, et ils sont à rejeter comme les précédents.

Les *fers aigus* sont cassants à froid et à chaud, et ne doivent jamais être employés dans les constructions.

6. Essais rapides des fers. — Ces essais ont pour but d'apprécier rapidement les qualités d'un fer et de mettre ses défauts en évidence.

1° L'*essai à froid* consiste à entamer un peu la barre au moyen d'un *ciseau* ou d'une *tranche*, puis à placer la barre sur le bord de l'enclume et à achever de la rompre, en frappant avec un marteau la partie en porte-à-faux ; la cassure pourra alors être gris blanc argenté, avec des arrachements crochus : c'est le *fer à grains* ; ou bien elle sera à fibres blanches et soyeuses : c'est le *fer à nerfs*. Si la cassure est à grosses facettes brillantes, le fer est de mauvaise qualité ; il en est de même lorsque la cassure est lamelleuse et d'un gris ardoise.

2° L'*essai à chaud* consiste à porter la barre au rouge blanc au feu de forge, et à la travailler au marteau pour voir comment elle se comporte pendant ce travail ; on essaye également de faire une soudure, et on voit si une fois refroidie elle est solide et résiste au marteau. On étire encore le métal en pointe pour voir s'il ne gerce pas ; on le perce dans deux sens différents, et sur les bords on le refend ; les trous doivent présenter des bords bien nets. Les tôles s'essayent par pliage et par emboutissage à froid et à chaud.

7. Les fers de commerce. — Les fers de commerce sont fabriqués soit au *bois*, soit au *coke*, et proviennent soit de fontes au bois, ce qui est très rare aujourd'hui, soit de fontes au coke. On les divise, suivant leur qualité, en diverses catégories :

Fers n° 2 ou fers communs, servant pour les boulons, la grosse serrurerie, les rivets de commerce, les fers profilés ordinaires, les ponts et charpentes, les réservoirs, les tôles communes.

Fers ordinaires ou n° 3, servant pour la maréchalerie, la serrurerie, les fers profilés des chemins de fer, les constructions en tôle ordinaire.

Fers forts ou n° 4, pour la serrurerie supérieure, les rivets de bonne qualité, les fers profilés supérieurs.

Fers forts supérieurs ou n° 5, pour les mêmes usages que les précédents.

Fers fins ou n° 6, employés à la confection des pièces de machines, des fers profilés extra, des tôles qui doivent subir un travail difficile ou un emboutissage.

Fers extra ou n° 7, employés pour les pièces mécaniques soignées, la taillanderie fine, les blindages.

Les fers se trouvent dans le commerce sous les formes les plus diverses, et on les classe de la manière suivante :

1° *Fers marchands*.

1re classe	Fers carrés de 20 à 54^{mm}.
	— ronds de 30 à 61
	— plats de 27 à 39 sur 11^{mm} et plus.
	Verges ou fentons pour bâtiments.
2e classe	Fers carrés de 16 à 19^{mm}.
	— de 55 à 69
	Fers ronds de 17 à 29
	— de 62 à 81
	Fers plats de 20 à 39 sur 8^{mm} et plus.
	— de 40 à 81 sur 6 à 8 1/2^{mm}.
	— de 116 à 165 sur 12 à 40^{mm}.
	— de 40 à 115 sur 11 et plus.
	Verges et côtières pour clous.
3e classe	Fers carrés de 11 à 15^{mm}.
	— de 70 à 90
	Fers ronds de 12 à 16
	— de 82 à 95
	Fers plats de 82 à 115 sur 6 1/2^{mm} à 8 1/2^{mm}.
	— de 116 à 165 sur 7 à 11 1/2^{mm}.
	Bandelettes de 20 à 39 sur 5 1/2 à 7 1/2^{mm}.
	Plates-bandes demi-rondes de 27 à 80^{mm}.

4e classe........	Fers carrés de 5 à 10 1/2^{mm}.
	— de 82 à 110
	Fers ronds de 6 à 11
	— de 91 à 110
	Fers plats de 82 à 115 sur 4 1/2 à 6^{mm}.
	— de 116 à 165 sur 5 1/2 à 6 1/2^{mm}.
	Bandelettes de 14 à 39 sur 4 1/2 à 5^{mm}.
	Plates-bandes demi-rondes de 12 à 26^{mm}.

2° *Fers aplatis* (glacés pour cercles).

1re classe........	De 36 à 81^{mm} sur 4 1/2^{mm} et plus.
2e classe........	De 20 à 39 sur 3 1/2^{mm} —
	De 62 à 81 sur 3 1/2^{mm} —
	De 40 à 61 sur 3

3° *Fers feuillards et rubans.*

1re classe........	De 62 à 81^{mm} sur 2 1/2^{mm} et plus.
	De 82 à 115 sur 3 1/2 —
	De 20 à 61 sur 2 —
	De 14 à 19 sur 3 —
	De 116 à 135 sur 4 1/2 —
2e classe........	De 82 à 120^{mm} sur 3^{mm} et plus.
	De 125 à 135 sur 3 1/2^{mm} —
	De 20 à 61 sur 1 1/2 —
	De 14 à 19 sur 2 —
	De 140, 150 et 160 sur 4 1/2^{mm} et plus.
3e classe........	De 20 à 40^{mm} sur 1^{mm} et plus.
	De 14 à 19 sur 1 1/2 —
4e classe........	De 41 à 54^{mm} sur 1^{mm} et plus.
	De 14 à 19 sur 1 —

4° *Gros ronds et gros carrés.* De 111^{mm} à 200^{mm}.

5° *Larges plats.*

1re classe........	De 170, 180, 220^{mm} sur 11^{mm} et plus.
2e classe........	De 201 à 220^{mm} sur 8 à 10 1/2^{mm}.
	De 221 à 300 sur 11^{mm} et plus.
3e classe........	De 170 à 180, 200^{mm} sur 8 à 10 1/2^{mm}.
	De 221 à 300^{mm} sur 8 à 10 1/2^{mm}.
	De 301 à 400 sur 11^{mm} et plus.

4e classe........	De 170, 180, 200 à 300 sur 6 à 7 1/2^{mm}.
	De 301 à 400^{mm} sur 7 sur à 10 1/2^{mm}.
	De 400 à 500 sur 11^{mm} et plus.
5e classe........	De 401 à 500 sur 8 à 10 1/2^{mm}.
	De 501 à 600 sur 11^{mm} et plus.
6e classe........	De 401 à 450 sur 7 à 7 3/4^{mm}.
	De 501 à 800 sur 8 à 10 1/2^{mm}.
	De 601 à 800 sur 9^{mm} et plus.

6° *Fers à double* T (*ailes ordinaires*).

1re série........	Fers à I de 0^{m} 100 à 0^{m} 180 jusqu'à 8^{m} 00.
2e série........	Fers à I de 0^{m} 080, de 0^{m} 200 et 0^{m} 220 jusqu'à 8^{m} 00.
3e série........	Fers à I de 0^{m} 260, ailes ordinaires, jusqu'à 7^{m} 00.

7° *Fers à double* T (*larges ailes*).

1re série........	De 100 à 160^{mm} sur 60 à 84^{mm} jusqu'à 7^{m} 00.
	De 180^{mm} sur 70 à 78^{mm}. —
	De 120, ailes inégales.
2e série........	De 80, 170, 175, 180 et 220^{mm} sur 55 à 105^{mm} jusqu'à 7^{m} 00.
	De 166 et 172 dissymétriques.
	De 200^{mm} sur 110 à 117^{mm}.
3e série........	De 160 sur 120, 125, 128^{mm} jusqu'à 7^{m} 00.
	De 260 sur 117 à 122^{mm} —
	De 235 sur 95 à 100 —
	De 248 sur 127 à 131 —
	De 250 dissymétriques sur 115 à 121^{mm} jusqu'à 7^{m} 00.
4e série........	De 300^{mm} sur 130 à 134^{mm} jusqu'à 6^{m} 00.
5e série........	De 350 sur 150 à 152 —

8° *Fers spéciaux*.

1re classe........	Cornières égales de 40 à 100^{mm} jusqu'à 8^{m} 00.
2e classe........	Selles et éclisses pour rails.
	Fers à barreaux de grilles.
	Fers octogones.
3e classe........	Cornières égales de 30 à 35^{mm}.
	— inégales de 50 à 66^{mm} sur 70 à 80^{mm}.
	— — de 55 à 80 sur 100^{mm}.
	— — de 50^{mm} sur 80.

3ᵉ classe (*suite*)..	Cornières inégales de 70 sur 90.
	T simples de 70 et 80^{mm} sur 23 et 40^{mm}.
	— de 63^{mm} sur 43.
	Fers à rampes.
4ᵉ classe	Cornières égales de 25 et 26^{mm}.
	— de 120^{mm}.
	Cornières inégales de 80 et 90^{mm} sur 120^{mm}.
	— de 35 à 50 sur 54 et 70^{mm}.
	— de 64^{mm} sur 110.
	Fers à pennes.
	Fers demi-ronds à moulures.
	Fers en **U** de 30 à 50^{mm}, minimum et maximum.
	T simples de 54 et 56 sur 53 à 60^{mm}.
	— de 90 sur 45
5ᵉ classe	Cornières égales de 20 et 21^{mm}.
	Cornières ouvertes et fermées de 40 et 43^{mm} sur 53 et 55^{mm}.
	— de 60^{mm} sur 60.
	Cornières inégales de 18 et 20^{mm} sur 40 et 45^{mm}.
	— de 50 sur 80^{mm}, de 80 sur 140^{mm}.
	T simples de 75 et 80^{mm} sur 55 et 85^{mm}.
	— de 95 et 100 sur 55 à 70.
	— de $2^{k}25$ à 5^{k} le mètre courant.
	Fers à vitrages de $1^{k}80$ et plus le mètre courant.
	Fers à olives.
	Fers en **E** de 50 à 130^{mm}.
6ᵉ classe........	Cornières égales de 14, 16 et 18^{mm}.
	— inégales de 16 à 20^{mm} sur 30 et 35^{mm}.
	— — de 100^{mm} sur 140, et 70 et 90^{mm} sur 150^{mm}.
	Cornières ouvertes de 130^{mm}.
	T simples de $1^{k}11$ à 2^{k} le mètre.
	— à branches inégales de $1^{k}30$ à $1^{k}70$.
	Fers à vitrages et à vasistas de 1^{k} à $1^{k}76$.
	Fers à couteaux,
	T simples de 125^{mm} sur 60 à 75^{mm}.
	Fers à boudin de 150, 180 et 200^{mm}.
	Fers en **U** de 155^{mm} sur 55.
7ᵉ classe........	Cornières inégales de 13 à 19^{mm} sur 20 à 26^{mm}.
	T simples de moins de $1^{k}11$ le mètre.

7e classe (*suite*). .	T simples branches inégales de moins de 1 k 30. — de 130mm sur 90 et de 150mm sur 80. Fers à doubles vitrages. Fers à vitrages de moins de 1 k le mètre. Fers à ronchets (persiennes). Fers demi-ronds creux. Fers en U de 175mm sur 60 à 67, et 250mm sur 80 à 86mm.

9° *Fers spéciaux hors classe*. Fers dits Zorès ⊓.

10° *Rails*. Pour chemins de fer, de toutes dimensions.

11° *Tôles de toutes dimensions*.	Tôles puddlées. — fer demi-fort. — fer fort, douces. — fer fort supérieur. — forgées au bois, qualité Berry. En marques diverses pour chacune de ces sortes.

12° *Tôles striées*. De divers modèles.

13° *Aciers*	Aciers à ressorts. — fondu ordinaire. — — qualité supérieure. — — qualité extra-supérieure.

14° *Fontes du commerce*. On trouve couramment dans le commerce la fonte moulée d'avance pour des objets de bâtiment d'un usage général, tels que :

Plaques unies, gaufrées ou quadrillées ;

Tuyaux et raccords;

Cuvettes ;

Colonnes pleines unies;

Caniveaux et gargouilles ;

Balcons et barres d'appui de modèles très variés;

Panneaux de portes ;

Garnitures de rampes ;

Cylindres et cloches pour calorifères, barreaux de grilles ;

15° *Fontes sur modèles*. Mais pour toutes les pièces qui se répètent un certain nombre de fois dans la construction, et qui servent de supports ou d'assemblages, on a souvent intérêt à les faire exécuter en fonte sur modèles spéciaux, telles sont :

Les colonnes creuses.

Les plaques de retombées, consoles, et les sabots de comble, etc., etc.

8. Résistance du fer, de l'acier, de la fonte. — *1° Résistance du fer à l'extension. Charge limite de sécurité.* Si l'on suspend un poids, après une tige en fer de 1 millimètre carré de section, et qu'on augmente graduellement la valeur de ce poids jusqu'au moment où la rupture de la tige se produit, on trouve, suivant la qualité du fer, un poids variant de 36 à 80 kil. : 36 kil. pour les fers ordinaires du commerce, et surtout les fers à plancher ; 80 kil. pour le fil de fer de 1re qualité de Franche-Comté.

Dans les constructions, on a l'habitude de se tenir bien en deçà de la charge de rupture, et l'on admet une *charge limite de sécurité* variant de 6 à 10 kil. par millimètre carré. On prend 6 kil. pour les ponts, les poitrails, et toutes les pièces qui sont chargées d'une façon constante.

On prend 8 kil. pour les pièces des planchers qui ne sont chargés à leur maximum que rarement, et pendant des laps de temps limités.

Enfin on prend 10 kil. pour les constructions légères et provisoires.

L'expérience prouve qu'au delà de cette limite, le fer chargé d'une façon continue s'allonge lentement, mais indéfiniment, et comme, à mesure de cet allongement, sa section diminue, il se fatigue de plus en plus, et arrive graduellement, mais fatalement, jusqu'à la rupture.

On voit donc déjà qu'il est du devoir du constructeur sérieux de se rendre compte de l'effort qui est appliqué à chaque barre de fer, et de chercher à déterminer la dimension de cette barre de manière à rester dans la limite de sécurité de 6, 8, ou 10 kil. de traction par millimètre carré.

Lorsqu'on se rend compte ainsi des dimensions des pièces, on arrive à mettre la quantité de matière qui donne toute confiance, tout en n'employant que le strict nécessaire, c'est-à-dire que l'on opère avec une économie bien entendue.

Si l'on remarque qu'une tige en fer de $1^m 00$ de long et de 1 millimètre carré de section pèse environ 8 grammes, et si on la fait travailler à raison de 8 kil. par millimètre carré, il s'ensuit qu'on lui fait porter en toute sécurité mille fois son poids par mètre courant.

Cette règle est très importante à connaître dans bien des cas pratiques. En effet, si on a à porter un poids de 90.000 kil., on sait de suite qu'il faut une tige en fer de section quelconque, ou une série de tiges pesant ensemble 90 kil. par mètre de longueur, ce qui permet de déterminer immédiatement sur le chantier la dimension de la pièce ; même commodité pour le devis.

Dans l'estimation du travail d'une pièce à l'extension, il est nécessaire de bien se rendre compte de la manière dont l'effort se produit. Ainsi, si l'effort est brusque, il est bon de le doubler, car le calcul montre que, dans ce cas, la fatigue de la pièce est au moins double, à cause des oscillations dues à l'élasticité du métal.

2° Résistance de la fonte à la traction. La fonte, dans les mêmes conditions, ne porte que 9 à 13 kil. Dans la pratique, pour tenir compte des différentes variations de la charge et des diverses qualités de métal, on n'excède jamais le sixième de la charge de rupture, soit 1 kil. 1/2 à 2 kil. par millimètre carré, et d'ordinaire on se contente de lui demander une tension de 1 kil. par millimètre carré.

On voit donc d'après cela que toutes les fois que l'on a à supporter une charge par tension, il est plus avantageux d'employer le fer que la fonte ; il faut moins de section, par suite moins de métal, et en outre le moindre défaut de moulage ou le moindre choc peut déterminer la rupture d'une pièce en fonte tendue.

3° *Résistance de l'acier à la traction charge limite de sécurité.* Une barre d'acier de 1 millimètre carré de section peut ne rompre que sous une charge de 70 kil. ; la charge limite de sécurité peut donc aller jusqu'à 15 kil., mais on dépasse rarement 12 kil. dans les constructions, en raison des variations possibles dans les qualités de l'acier employé.

4° *Résistance du fer et de l'acier à la compression.* Le fer s'écrase par compression sous une charge au moins égale à 25 kil. par millimètre carré, et la *limite pratique de sécurité* est de 6 kil. par millimètre carré, soit le même chiffre que pour l'extension.

C'est pourquoi on peut dire que le fer est un matériau à *résistances symétriques* ; nous verrons tout à l'heure les avantages spéciaux qui en résultent dans l'emploi du fer pour les pièces destinées à être fléchies. La même remarque s'applique à l'acier.

5° *Résistance de la fonte à la compression.* Pour la fonte, *la limite pratique* paraît aller jusqu'à 10 kil., ce métal ne s'écrasant que sous un effort de 60 kil. par millimètre carré.

La fonte supporte donc une plus forte compression que le fer, mais sa déformation est plus grande, de sorte que le fer a encore l'avantage.

Cependant la plus grande variation de forme que peut donner le moulage à la fonte, la fait généralement préférer pour toutes les pièces soumises à la compression, en raison de la plus grande facilité des assemblages.

La charge limite de sécurité de 10 kil. par millimètre carré ne s'applique qu'à des *pièces courtes* dans lesquelles la longueur est au plus égale à cinq fois la plus petite dimension transversale. Pour les *pièces longues*, telles que les colonnes ou les bielles des combles Polonceau, la résistance diminue à mesure que la hauteur augmente, la pièce pouvant se déformer latéralement par *flambage* ou *voilement* bien avant d'être sur le point de rompre par compression ; nous parlerons, à propos des colonnes en fonte et piliers métalliques, des charges limites de sécurité qu'il faut alors admettre.

6° *Résistance des pièces à la flexion.* Lorsqu'une pièce prismatique horizontale posée sur deux appuis est chargée, elle rondit, les fibres supérieures se raccourcissent, les fibres inférieures s'allongent, les fibres intermédiaires se raccourcissent ou s'allongent aussi, mais moins que les précédentes ; il en est même une, intermédiaire entre les deux groupes, qui reste à son exacte longueur, et qu'on appelle la *fibre neutre*.

La mécanique donne le moyen de calculer quelle doit être la charge d'une pièce fléchie pour que ses fibres extrêmes ne travaillent pas à plus d'un nombre donné de kilogrammes par millimètre carré de section, de sorte que le problème se trouve ramené aux cas précédents de l'extension ou de la compression.

Sans entrer dans les considérations et calculs qui excéderaient le cadre de cet ouvrage, nous en émettrons les déductions principales.

Du moment qu'une partie de la pièce fléchie travaille à l'extension, il en résulte de suite qu'il est plus avantageux de faire les pièces fléchies en fer qu'en fonte, et, en effet, les planchers en fer sont d'un usage courant, et les planchers en fonte très rares et maintenant abandonnés. On en rencontre encore de loin en loin dans de vieux bâtiments de filature où de grosses poutres en fonte supportent des voûtes en maçonnerie.

De même qu'une pièce en bois mise de champ travaille bien mieux et peut supporter une bien plus grande charge que mise à plat, de même une barre de fer aura une bien plus grande résistance de champ, parce que les fibres extrêmes, comprimées et tendues, exercent une résistance dont le bras de levier est plus grand.

On augmente donc de beaucoup la résistance en éloignant le plus possible les molécules extrêmes de la fibre neutre, c'est-à-dire en augmentant la hauteur aux dépens de l'épaisseur ; à condition d'empêcher la pièce de se voiler pendant son travail de résistance.

On a *encore* eu des fers plus avantageux à employer, comme poutres et solives, le jour où on a eu l'idée de renfler les fibres extérieures qui travaillent au maximum et de faire ce que l'on a appelé les *fers à double T*. De ce jour, les planchers en fer sont devenus pratiques.

9. Des constructions en fer en général. — La construction en fer a permis de résoudre des problèmes de construction réputés jusque là insolubles ; grâce à la résistance considérable que présente le fer sous un faible volume, on a pu franchir des espaces qu'un ouvrage en maçonnerie ne saurait traverser, et trouver et appliquer, dans bien des cas, des solutions plus rapides et souvent plus économiques.

La maçonnerie ne peut subir que des compressions ; le fer et l'acier, au contraire, peuvent résister aussi bien à la traction qu'à la compression ; il en est de même, il est vrai, des bois ; mais leur résistance est relativement faible, ils ne se prêtent, comme nous l'avons vu, qu'à des assemblages défectueux et ne résistant à des efforts d'extension que si on les consolide par des ferrements.

Le fer et l'acier donnent au contraire des assemblages parfaits susceptibles de résister, lorsqu'ils sont convenablement combinés, à toutes sortes d'efforts, traction, compression, flexion, torsion ; l'assemblage de deux pièces ne constitue pas, s'il est bien compris, un point faible, comme dans les assemblages de bois ; il peut être conçu de manière à présenter telle résistance qu'on voudra ; il en résulte que les constructions en fer peuvent être pourvues d'une rigidité et d'une indéformabilité presque absolues, beaucoup plus facilement que les constructions analogues en bois.

Le grand inconvénient de l'emploi du fer, c'est que ce métal s'oxyde et se *rouille* au contact de l'air humide, surtout dans les parties où l'eau peut séjourner et s'infiltrer, comme dans les jonctions et assemblages de pièces. Lorsque la rouille se forme dans un assemblage, elle augmente de volume d'une façon irrésistible et arrache tous les éléments de jonction, vis, rivets, boulons, détruisant ainsi la rigidité que l'assemblage était chargé d'assurer ; dès que cette action se manifeste d'une manière sérieuse dans une construction en fer, on peut la considérer comme perdue, si on n'y apporte un prompt remède.

La *peinture* qu'on applique sur les ouvrages métalliques dure peu d'années, et a besoin d'être souvent renouvelée ; elle ne pénètre pas suffisamment dans les interstices des pièces, et pas du tout entre les faces intérieures des assemblages, où l'eau s'infiltre peu à peu et commence son œuvre de destruction. De sorte qu'en réalité les ouvrages en fer ne sont pas destinés à durer fort longtemps, dans les conditions où ils sont construits actuellement.

Il serait cependant facile et peu coûteux de prendre quelques précautions qui leur assureraient une durée beaucoup plus grande, et que recommande *M. Denfer* dans son bel ouvrage sur la *Charpenterie métallique*.

Elles consisteraient :

1° A peindre convenablement les tôles avant de les façonner, ou mieux avant de les assembler, et à laisser durcir la peinture le temps nécessaire ;

2° A ne jamais jonctionner deux pièces sans interposer une matière molle capable de durcir dans la suite, remplissant les vides et refluant au dehors de tout l'excédent inutile, sous la pression due au serrage des boulons ou des vis ; le mastic de minium ou de céruse convient bien à cet usage ;

3° A remplacer dans les joints rivés le mastic libre par une bande d'étoffe mince enduite de ce mastic à l'état frais ;

4° A procéder à la peinture définitive avec tout le soin voulu, avec des matières de qualité irréprochable ;

5° Enfin, on devrait disposer tous les fers soumis aux intempéries de telle manière que jamais l'eau de pluie ne puisse s'accumuler ni séjourner sur leur surface.

M. Denfer estime que l'ensemble de ces précautions n'entraînerait pas à une dépense supérieure à un ou deux francs par 100 kil. d'ouvrage, et que la durée des constructions pourrait être ainsi décuplée.

§ 2. — OUTILS DE SERRURIER

10. Les ouvriers serruriers. — Les ouvriers serruriers comprennent :

Les *forgerons* de grande et de petite forge ;

Les *tireurs de soufflet* ;

Le *frappeur* ;

Le *perceur* ;

L'*homme de peine* ;

L'*ajusteur*, qui prépare et assemble l'ouvrage pour la pose au bâtiment ;

Le *ferreur*, qui fait la pose des pièces ;

Le *charpentier en fer*, qui s'occupe spécialement des planchers des combles, des ouvrages de charpente en fer, en général ;

L'*ouvrier de ville*, qui exécute les menus ouvrages et les réparations ;

Le *poseur de sonnettes* ;

Le *grillageur*.

Ces deux derniers sont des spécialistes ; la pose des sonnettes et tout ce qui s'y rattache sera étudiée dans un chapitre spécial.

11. Outils de forge. — *1° Forge.* On nomme ainsi, d'une manière générale, la partie de l'atelier affectée au travail du fer chauffé pour lui donner la forme nécessaire ; mais on donne particulièrement ce nom à l'ensemble du fourneau où on fait chauffer le métal et de l'enclume sur laquelle on le frappe.

Le local dans lequel est établi la forge doit être assez vaste pour permettre de tourner dans tous les sens les longues pièces de fer à travailler ; il doit être bien éclairé pour faciliter le travail de l'ouvrier, qui doit voir d'un seul coup, pendant que le fer est rouge, les marques qu'il y a faites ; de plus il doit être élevé afin que le gaz et la fumée qui s'échappent de la forge, et qui souvent, au lieu de sortir par la cheminée, se répandent dans l'atelier, ne puissent incommoder les hommes qui s'y trouvent.

La *forge proprement dite* est une construction formée de jambages en briques sur lesquels sont posés une paillasse d'environ 0^{m} 20 d'épaisseur, dont le dessus est de 0^{m} 75 à 0^{m} 60 au-dessus du sol. L'espace compris entre les jambages sert à loger le baquet avec goupillon, l'auge à charbon, et différents autres outils. La *paillasse* est formée d'une ceinture en fer qui en fait le tour, d'un ensemble de petites tiges de fer nommées *carillons*, et d'un massif en plâtras et plâtre qui en forme toute l'épaisseur, et qu'on a soin d'établir en cuvette afin qu'il y ait une pente allant de tous les bords vers le milieu au fond duquel se trouve la *tuyère*.

Nous conseillons à tous les serruriers d'avoir au moins deux forges, une grande et une petite. La grande sert pour forger les pièces de fortes dimensions, et la petite sert le plus souvent pour les menus travaux et pour les pièces qui n'ont besoin, pour être remises en état, que de passer au feu.

Les deux forges se placent le plus souvent à côté l'une de l'autre et sont surmontées d'une *hotte* commune destinée à faire échapper au-dessus du toit les gaz et la fumée provenant de la combustion.

Cette hotte est composée d'un manteau en fer qui en fait le tour et est suspendue au plafond au moyen de tiges de fer qui s'y fixent. Quelquefois aussi elle est soutenue aux deux extrémités par deux jambages en forme de consoles, lesquels sont élevés en briques. Le remplissage de la hotte est fait en pigeonnage en plâtre ravalé des deux côtés.

Tout individu qui veut établir une forge contre un mur mitoyen ou non devra, sur toute la largeur et la hauteur de cette forge, établir un contre-mur, de préférence en briques, de 0^{m} 33 d'épaisseur, en ayant soin de laisser un espace vide de 0^{m} 16 de largeur, nommé *tour de chat*, qui permet la circulation de l'air.

2° *Soufflet*. D'un côté de la hotte, et suspendu au plafond, se trouve le *soufflet* destiné à envoyer l'air nécessaire à la combustion de la houille.

L'ancien soufflet se composait de deux *planches* ou *flasques* dont une à *soupape*, reliées entre elles par une membrane en cuir maintenue par des anneaux, et d'un tuyau conduisant l'air jusqu'à la forge. La planche du bas avait un manche auquel était attachée une chaîne fixée à un levier à bascule mû par une seconde chaîne appelée branloire.

On ne se sert plus guère aujourd'hui que du *soufflet à double vent*, composé de trois flasques, dont deux sont mobiles. Il a l'avantage de fournir un courant d'air continu, car il réunit deux soufflets en un seul, l'un soufflant pendant que l'autre aspire, et réciproquement.

On adapte un grand soufflet à la grande forge et un petit soufflet à la petite. Si on a à chauffer une grosse pièce, on peut, au moyen d'un tuyau de raccord, faire communiquer la tuyère du petit soufflet avec celle du grand, ce qui permet de chauffer la même pièce avec les deux soufflets.

La tuyère du soufflet vient déboucher sur le foyer de la forge de façon que le bord de la paroi inférieure soit élevé d'environ quatre centimètres au-dessus de l'âtre, afin que le vent qui sort de la tuyère passe à deux ou trois centimètres au-dessus de la pièce à forger.

3° *Forge portative*. Beaucoup de travaux de serrurerie peuvent être faits au chantier, sur place, ce qui procure à l'entrepreneur une grande économie de temps et de transport. Aussi, depuis quelque temps, on se sert beaucoup de *forges portatives* ou de *campagne*. Ces forges sont facilement transportables et sont munies d'un soufflet à double courant qui y est fixé. Ces forges, très utiles et très économiques, se trouvent toutes faites dans le commerce.

4° *Enclume*. Masse de fer en fonte ou en fer aciéré sur laquelle les serruriers forgent et dressent le fer. L'enclume entièrement en fonte est fragile, et ne supporte pas toujours sans casser le forgeage des grosses pièces; celle en fer est trop malléable. On a essayé à corriger celles en fonte en mettant au fond du moule où elle doit être coulée une table en acier munie de stries et de grosses aspérités, afin que l'acier fasse mieux corps avec la fonte qui sera coulée dessus et fasse une pièce bien homogène après le refroidissement.

Quand on veut durcir une enclume en fer, il reste la ressource de l'*aciérer* ou plutôt de la *cémenter*. Pour cela, on a une boîte en tôle pouvant contenir l'enclume entière. On met, au fond et autour, du poussier de charbon jusqu'à la hauteur que l'on veut aciérer, et on emplit le reste d'argile afin que l'air atmosphérique n'ait aucun contact avec la masse. Quand la caisse est bien fermée, elle est mise sur la sole d'un four à reverbère, à la chaleur duquel elle est exposée plusieurs jours; on la retire alors et on la trempe. L'enveloppe de l'enclume, qui était entourée de poussière du charbon, se trouve transformée en acier.

De nos jours, l'enclume ne se fait plus guère qu'en acier. Ce qui en faisait rejeter l'emploi était son prix trop élevé; mais depuis la découverte des procédés de fabrication Martin, Siemens, Bessemer, le prix a baissé dans de grandes proportions et nous engageons les entrepreneurs à ne plus se servir que de ces dernières.

L'enclume se divise en trois parties très distinctes : la *table*, sur laquelle on frappe le fer : elle est plane et a la forme d'un parallélogramme; les *bigornes* ou extrémités, dont l'une est conique et l'autre a la forme pyramidale; et le *corps*, partie massive du milieu, qui permet de fixer sur le billot en bois qui lui sert de base.

Sur le bord de la table est percé un trou qui sert à loger les outils destinés à couper et à étamper le fer.

Les enclumes de grosse forge pèsent de 250 à 350 kil.

On se sert encore du *bigorneau*, petite enclume posée aussi sur billot, dont les bigornes sont plus allongées, et du *petit bigorneau*, sorte de petite bigorne d'établi qui peut se poser sur l'étau à pied.

5° *Marteau*. Le marteau de serrurier est une forte masse de fer fixée au bout d'un long manche en bois. Le marteau proprement dit se compose de deux parties : la *panne*, partie plane avec laquelle on frappe à plat; et la *tête*, extrémité opposée. Au milieu est un trou dans lequel passe le manche.

Le forgeron doit toujours avoir auprès de lui un assortiment de marteaux de forme différente, selon la nature de l'ouvrage qu'il a à forger, et de différents poids, selon la grosseur de la pièce. Les principaux sont ceux du *frappeur*, ou *marteaux de devant*, qui se manœuvrent à deux mains ; les *marteaux à main*, dont le forgeron ne se sert que d'une main. Viennent ensuite les *rivoirs* ou marteaux d'établi, les *marteaux à bigorner*, les *chasses*, marteaux servant à refouler le fer, les *tranches*, outils affûtés qui servent à couper les métaux à chaud et à froid.

6° *Tenailles*. On nomme *tenailles de forge* différentes sortes de pinces variées servant à l'ouvrier à tenir une pièce de fer pendant qu'il la chauffe au feu de la forge et pendant qu'il la martèle sur l'enclume. On comprend facilement que les tenailles soient de formes différentes, suivant la grosseur ou la forme de la pièce à tenir.

12. Outils d'ajusteur. — *1° Établi*. L'*établi* du serrurier est formé d'une forte table solidement scellée dans la maçonnerie et fortement supportée par des pieds scellés dans le sol. Il doit pouvoir résister à des chocs très forts et ne doit pas être ébranlé par les mouvements de va-et-vient de la lime.

Sur la rive de l'établi se placent, à environ 1 m 00 l'un de l'autre, les *étaux*.

Sur la table de l'établi se placent les menus outils que l'ouvrier doit toujours avoir sous la main. Les principaux sont :

Les *marteaux à main*, de différentes formes et grosseurs;

Les *limes* plates, rondes, demi-rondes, tiers-points, limes à fendre, limes douces, etc. ;

Les *mordaches*, sortes de tenailles en bois ou en plomb que l'on place entre les mâchoires de l'étau quand on a à saisir une pièce délicate qui pourrait être abîmée par la pression ;

Les petites *bigornes*, que l'on place entre les mâchoires de l'étau ;

Les petits *étaux à main*, dans lesquels on fixe les petites pièces à travailler pour les saisir plus solidement ;

Les *cisailles à main* ;

Les *ciseaux à froid* ;

Les *forets* divers, ainsi que les archets et les mèches variées ;

Les *règles*, *compas*, *équerres*, *sauterelles*, *fausses équerres* ;

Les *boîtes à clous* et *à vis*, d'échantillons variés ;

Les *poinçons*, *pointes à tracer* ;

Les *tournevis*, *à main* et *à fût*, les *vilebrequins*, les *vrilles*;

Les instruments à mettre en bois, tels que : *ciseaux à bois* et *bédanes* de diverses largeurs, *gouges* ;

Et divers autres petits outils dont l'énumération serait trop longue.

2° *Étau*. *L'étau* est un des outils les plus nécessaires au serrurier; c'est une sorte de presse composée de deux *mâchoires* ou *mors* en fer, qui sont articulés à leur partie inférieure par une forte charnière. Ces deux mâchoires se réunissent au moyen d'une forte *vis*, ordinairement à filet carré, dont la tête est traversée par une tige ou *manivelle en fer* assez longue pour pouvoir faire levier et serrer avec force. Un renflement pratiqué dans la tige, un peu au-dessous des mâchoires, et qui porte l'œil dans lequel entre la vis, se nomme *boîte de l'étau*. Cette manivelle permet de serrer et de desserrer les mâchoires de l'étau. Un *ressort* placé entre les deux branches les fait ouvrir quand on desserre l'étau. L'intérieur des deux mâchoires est aciéré et strié comme une lime, afin que les objets saisis ne puissent glisser.

L'*étau* est fixé à l'établi par un *collier* ou *bride* qui saisit une des branches et qui la rend immobile. Ce collier se termine par une ou deux tiges solidement fixées sur l'établi. Pour augmenter encore sa solidité, on y ajoute une bride double dont les deux bouts, après avoir embrassé la jumelle, se terminent par deux vis garnies d'écrous, à l'aide desquels on resserre l'étau à volonté, quand il prend du jeu dans la bride. La branche fixée près de l'établi descend jusqu'au sol sur lequel elle se fixe, ce qui lui donne plus de solidité, et permet de rendre l'étau mobile dans le sens horizontal.

On fabrique des étaux de toutes dimensions et à tous usages: on distingue :

Les *étaux à chaud*, dont le poids varie de 50 à 250 kil. Ils servent à façonner au marteau les pièces de fer ou d'acier à chaud. On les fait très épais et très forts, afin que leur grande masse ne puisse s'échauffer et puisse en même temps résister aux chocs produits par de fort coups de marteau.

L'*étau à griffe*, qui est ainsi nommé à cause de la facilité qu'il offre de pouvoir se fixer à une table ou à un établi au moyen d'une patte à griffes et d'une vis de pression.

L'*étau à main*, sorte de pince ayant la forme d'un tout petit étau et qui se tient à la main. On s'en sert pour exécuter de tous petits ouvrages.

3° *Tarauds. Filières*. Le *taraud* est un cylindre en acier qui a la forme d'une vis et qui sert à *tarauder*, c'est-à-dire à creuser en spirale les parois d'un trou fait dans une pièce de bois ou de métal devant recevoir une vis. Les têtes de tarauds sont disposées pour recevoir le mouvement du *tourne-à-gauche*.

C'est avec le *taraud* que l'on fait les écrous; aussi le serrurier devra-t-il en avoir un assortiment dont les pas et les grosseurs seront variés selon le travail à exécuter. Le serrurier devra en outre avoir les *filières* et les *tourne-à-gauche* de dimensions correspondantes aux tarauds afin de pouvoir fabriquer les vis et les boulons correspondant au même pas de vis.

4° *Limes*. La *lime* est une lame d'acier trempé dont la surface est striée ou taillée de dents et qui sert à user les métaux. Cette lame est munie d'une queue pointue, nommée *soie*, qui entre dans un manche en bois rond.

Les limes se divisent, selon que les dents sont plus ou moins grosses, en *lime douce*, *lime bâtarde* et *lime dure*. Il y a, en outre et pour des usages différents, les *limes demi-douces* et *extra-douces*.

Les grosses limes vendues au poids sont les plus grosses. Les limes au paquet sont moins grosses et se divisent en limes *plates* et limes *demi-rondes*.

Les *limes à la douzaine* sont plus petites, à dents fines et servent à polir les ouvrages.

Leur forme est différente. On les distingue en :

La *lime plate à main* qui a les mêmes dimensions dans toute sa longueur ;

La *lime plate pointue* dont la pointe est effilée ;

La *lime ronde cylindrique* ;

La *lime ronde pointue* ou *queue-de-rat* ;

La *lime demi-ronde* ;

La *lime feuille-de-sauge* ;

La *lime carrée* ou *carrelet* ;

Le *tiers-point* ;

La *râpe à bois* et plusieurs autres limes droites, telles que : *faucillon*, *lime d'entrée*, *lime fendante*, etc., etc.

5° *Machine à percer*. Tout atelier de serrurerie devra être muni d'une *machine à percer*. Cette machine procure une grande économie de temps sur les anciens procédés de percement au *vilebrequin à main* et à *l'archet*. Le genre de ces machines est varié à l'infini, et la description des différents systèmes nous entraînerait trop loin. Nous nous contenterons de dire que la machine à percer doit, autant que possible, être solidement scellée dans le mur et être garnie d'une grande variété de mèches afin de pouvoir percer des trous de toutes grandeurs.

6° *Tour*. Le tour est un instrument indispensable dans tout atelier de serrurerie, surtout dans les petites villes de province, où, tous les jours, le serrurier est appelé à remplacer le mécanicien pour les réparations de certaines pièces de machines agricoles qui nécessiteraient le voyage à la ville voisine. Dans toute maison vendant des machines-outils se trouve un choix très varié, et comme dimensions et comme prix.

7° *Trousse ou sac*. Le serrurier qui va faire la pose possède *une trousse* ou *sac* dans lequel il place tous les outils portatifs dont il peut avoir besoin en ville. Les principaux sont le marteau, les tenailles, les ciseaux à froid et à bois, les vrilles, le vilebrequin, les limes variées, la scie à main, le tournevis, etc. Il doit avoir en outre, au fond de son sac, un assortiment de clous et de vis de dimensions différentes afin de pouvoir faire toute espèce de réparations sans être obligé de revenir sans cesse à l'atelier pour chaque travail différent.

8° Crochets. Le serrurier, étant appelé à chaque instant à aller ouvrir des serrures dont la clef est égarée, doit avoir un assortiment de *crochets* différents pouvant lui permettre d'ouvrir toutes les serrures crochetables.

§ 3. — ASSEMBLAGES DES ÉLÉMENTS MÉTALLIQUES

13. Assemblages de fers forgés. — *1° Assemblage de deux pièces bout à bout.* Cet assemblage peut être fait *à trait de Jupiter*, et d'un grand nombre de manières ; on l'emploie pour les chaînages (fig. 1, pl. LII).

Lorsque les deux pièces doivent pouvoir prendre un certain angle l'une par rapport à l'autre, on emploie l'*assemblage à charnière*; les deux pièces sont reliées par une *clavette* qui traverse un *œil* ménagé à l'extrémité de l'une d'elles, et une *fourche* ménagée à l'extrémité de l'autre (fig. 2, pl. LII).

2° Assemblage de pièces perpendiculaires. Ces pièces peuvent être assemblées à *tenon et mortaise*, une *goupille* en fer traversant l'assemblage, qui est construit d'après les mêmes principes qu'un assemblage en bois, seulement le tenon et la mortaise sont ronds; la pièce transversale peut être pourvue d'une *embase* pour consolider l'assemblage (fig. 3, pl. LII).

On peut encore faire venir une tête à *fourche* à l'extrémité de la pièce transversale ; cette fourche embrasse l'autre pièce et est fixée par une *goupille* (fig. 4, pl. LII).

Dans d'autres cas, la pièce transversale, si elle doit être prolongée de part et d'autre de l'autre pièce, la traverse dans un *œil* de forme convenable avec ou sans renflement ; l'assemblage est toujours maintenu par une *goupille* ; c'est ainsi que sont assemblés les barreaux de grilles dans les traverses horizontales (fig. 5, pl. LII).

L'une des pièces peut être faite de deux barres juxtaposées qui s'écartent au point voulu, de manière à former l'œil nécessaire au passage de la pièce transversale ; c'est l'*assemblage à embrasses* (fig. 6, pl. LII).

14. Assemblages par rivets. — *1° Rivets.* Un *rivet* est une tige de fer rond, munie à l'une de ses extrémités d'une *tête* ; on le passe à travers un trou percé d'avance dans les pièces à réunir, et on aplatit sa seconde extrémité pour former une seconde tête. Ce travail se fait généralement sur le rivet chauffé au rouge clair ; on façonne la seconde tête soit au marteau, et alors on lui donne la forme *cônique*, soit à la *bouterolle*, sorte de moule en acier qui lui donne la forme en *goutte de suif*. Le rivet, en se refroidissant, se raccourcit et produit un serrage énergique des pièces en contact, déterminant ainsi entre elles une adhérence qui les empêche de se déplacer l'une par rapport à l'autre. Le diamètre de la tête d'un rivet est ordinairement égal aux 5/3 de celui de la tige ; son épaisseur, aux 2/3 du diamètre de la tige ; on prend ce dernier égal au double de l'épaisseur de la tôle rivée ; l'écartement des rivets est variable suivant la résistance qu'ils doivent fournir, et suivant qu'on veut obtenir une rivure ordinaire ou une rivure étanche. Pour une rivure ordinaire, l'écartement des rivets est d'environ cinq fois leur diamètre, mais ne doit jamais dépasser 0^{m} 10 à 0^{m} 11 : pour les rivures étanches, cet écartement est réduit, sans pourtant descendre jamais au-dessous de quatre fois l'épaisseur de la tôle.

Lorsque, dans certaines parties de la construction, la tête du rivet pourrait être gênante, on emploie le *rivet à tête fraisée* ; le trou percé dans l'une des pièces est évasé en tronc de cône sur les 2/3 de sa hauteur; le rivet est aplati de manière à remplir ce trou et à araser la surface de la tôle ; cette rivure n'est possible que dans des tôles suffisamment épaisses.

On nomme *rivetage* l'ensemble formé par les tôles à réunir et les rivets qui réalisent cette réunion.

Une équipe de riveurs peut poser à la main de 20 à 40 rivets à l'heure ; en employant une bonne machine à river, elle peut en poser de 75 à 180, suivant la grosseur des rivets et les facilités de pose ; ainsi on ne peut dans le même temps placer sur des surfaces verticales que les trois quarts des rivets qu'on placerait sur une surface horizontale.

Nous donnons ci-après le traité de construction des ponts de M. Morandière, les diamètres et écartements de rivets ordinairement adoptés.

DIAMÈTRE DES RIVETS EN MILLIMÈTRES	ÉPAISSEUR TOTALE DES TÔLES à river en millimètres	DISTANCE D'AXE EN AXE DES RIVETS en millimètres
8	6 à 10	50 à 60
10	10 à 12	60 à 70
12	12 à 14	70 à 80
14	14 à 16	80 à 90
16	16 à 20	90 à 100
17	20 à 25	100 à 120
20	25 à 35	—
22	35 à 50	—
25	50 à 70	—

2° *Assemblages de tôle bout à bout.* On peut opérer par *rivetage à recouvrement* lorsque les rives des deux tôles sont placées l'une sur l'autre, de manière que l'épaisseur des tôles est double à l'endroit de la rivure, et que les deux tôles ne soient pas exactement en prolongement l'une de l'autre (fig. 7, pl. LII).

Ou bien par *rivetage à plat joint* si l'on place les deux tôles bout à bout, rive contre rive, et si on les réunit par une bande de tôle rapportée, appelée *couvre-joint* (fig. 8, pl. LII).

Enfin, le *rivetage à chaîne* ou à *double couvre-joint* est celui dans lequel on a placé un couvre-joint de chaque côté des tôles à réunir (fig. 9, pl. LII).

Les rivets sont ordinairement disposés en files parallèles, au nombre de une, deux, trois, et alors on dit que le rivetage est parallèle et simple, double, triple. On emploie aussi avec avantage le *rivetage convergent*, dans lequel le nombre des rivets de chaque file commence par être l'unité, puis croît en progression arithmétique, pour décroître ensuite de la même manière, la dernière file n'ayant qu'un rivet.

La distance du bord de la tôle au bord des trous de la file la plus voisine ne doit jamais être inférieure à trois fois l'épaisseur de la tôle.

Enfin, comme on a remarqué que le poinçonnage *écrouit* la tôle sur les bords des trous, il est bon, dans les ouvrages soignés et qui doivent résister à des efforts considérables, de percer les trous un peu trop petits, et d'enlever ensuite par *alésage* une bague de métal dont l'épaisseur est d'environ un cinquième de l'épaisseur de la tôle, mais ne doit jamais être inférieure à 1 millimètre. La dépense supplémentaire qui en résulte est de 0 fr. 60 à 1 fr. par 100 kilos de fer ; mais la rivure a une résistance bien plus grande, et qui est augmentée de 25 à 39 pour cent ; on peut obtenir le même résultat par le *recuit* des tôles.

Dans certains cas, où les tôles assemblées ont besoin d'être raidies, on emploie comme couvre-joint un fer à simple T.

3° *Assemblages de tôles perpendiculaires*. Cet assemblage se fait par l'intermédiaire de *cornières* ; si les deux tôles sont arrêtées au point de croisement, une cornière suffit. Si l'un des deux se prolonge de part et d'autre du croisement, il faut deux cornières ; enfin si toutes deux se prolongent de part et d'autre, on emploie quatre cornières (fig. 10 et 11, pl. LII).

4° *Assemblages de pièces concourantes*. Lorsque deux pièces se croisent, sous un angle quelconque, on peut quelquefois les assembler directement l'une sur l'autre par une rivure, en mettant simplement deux de leurs faces en contact, si la chose est possible ; si elle ne l'est pas, on peut toujours interposer entre les deux pièces des *équerres* en cornières convenablement disposées (fig. 12 et 13, pl. LII).

Lorsque plusieurs pièces se rencontrent en un même point, on a recours à une pièce intermédiaire formée d'une tôle et qu'on nomme *gousset*, sur laquelle on fixe solidement les autres pièces (fig. 14, pl. LII).

5° *Poutres en tôles et cornières.* Une telle poutre est formée d'une tôle verticale appelée *âme* et de tôles horizontales appelées *semelles* ou *tables*, réunies à l'âme par des *cornières d'assemblage*, le tout réuni par des rivets. Les cornières ne sont pas ordinairement aussi larges que les tables, et lorsque celles-ci dépassent beaucoup et sont formées de plusieurs tôles, on les empêche de bâiller au moyen d'une file de rivets placés en dehors des cornières (fig. 15, pl. LII).

L'ensemble d'une table, des deux cornières correspondantes et du bout d'âme compris entre elles, s'appelle une *membrure*. Lorsqu'une poutre a de grandes dimensions, ou qu'on serait amené à lui donner des épaisseurs trop considérables, il est avantageux de lui donner deux âmes, et de former ce qu'on appelle une *poutre en caisson*; si la poutre ne présente pas un vide intérieur suffisant pour qu'un homme puisse y pénétrer, on assemble les âmes et les tables par des cornières extérieures seulement (fig. 16, pl. LII); si au contraire le vide est assez grand, on place également des cornières à l'intérieur et la poutre est alors formée de deux poutres à âme simple ayant les tables communes (fig. 17, pl. LII).

6° *Poutres en treillis.* Lorsque l'âme d'une poutre a une grande hauteur, et qu'on veut donner à la construction un aspect moins massif, on remplace cette âme par un *treillis* formé de *barres* obliques qui relient entre elles les deux membrures de la poutre.

Ces barres sont assemblées sur les membrures soit par contact direct, soit avec une interposition de *goussets*; les barres sont assemblées entre elles aux points de croisement, soit par contact, soit avec interposition de *fourrures* lorsque leurs faces sont écartées l'une de l'autre, bien que parallèles.

On nomme d'une manière générale *fourrures* des lames de tôle qui n'ont dans un assemblage d'autre rôle que de remplir un vide existant entre les faces de deux pièces assemblées (fig. 18, 19 et 20, pl. LII).

15. Assemblages par boulons. — 1° *Boulons.* Un boulon se compose d'une *tige* cylindrique ou *corps*, terminée à l'une de ses extrémités par une *tête* soudée au corps, et filetée à son autre extrémité pour recevoir un *écrou* taraudé formant une seconde tête, qui peut, grâce au filet de vis, être rapprochée de la première pour serrer deux ou plusieurs pièces à réunir.

Les têtes et les écrous sont à quatre ou à six pans; on donne à l'écrou un diamètre égal au double de celui de la tige; sa hauteur varie entre une fois et deux fois ce même diamètre, tandis que la hauteur de la tête varie des trois quarts à une fois ce diamètre. Dans un boulon, le noyau de la partie filetée n'a comme diamètre que les huit dixièmes du diamètre de la partie lisse; lorsque le boulon résiste par traction, c'est sur ce noyau seul qu'il faut compter, et on ne doit faire travailler le métal qu'à 3 kil. par millimètre carré. Lorsque le boulon résiste au cisaillement, on peut faire travailler la section intéressée à 4 ou 5 kil.

Dans certains cas, lorsqu'un boulon sert en particulier à entretoiser deux pièces, on remplace la tête par un second écrou ; quelquefois même, on place alors deux écrous à chaque extrémité, le filetage étant suffisamment développé.

2° *Assemblages par boulons de pièces en prolongement.* Lorsque deux barres sont en prolongement l'une de l'autre, on peut les assembler par boulons en renflant leurs extrémités et faisant l'assemblage à mi-épaisseur ; il est préférable d'adopter le système par *couvre-joints* analogue à celui qu'on a employé pour la rivure à chaîne (fig. 21 et 22, pl. LII).

On peut encore terminer l'une des pièces par une *douille* renflée percée d'un trou taraudé dans lequel vient se visser un *goujon fileté*, fixé à l'extrémité de l'autre pièce à l'aide d'une *goupille* dans une douille correspondante, ou venu de forge avec elle (fig. 23, pl. LII).

Si l'assemblage ne doit pas être rigide, mais au contraire doit agir comme *articulation*, il suffit de faire venir une *tête* à œil à l'extrémité d'une des pièces, et une *fourche* prenant cette tête à l'extrémité de l'autre.

On peut encore faire venir une tête à l'extrémité de chacune des deux pièces, et substituer à la fourche deux joues en tôle d'épaisseur convenable, entre lesquelles sont prises les têtes des deux pièces (fig. 24, pl. LII).

Il est souvent utile, pour réunir deux pièces bout à bout, de choisir un assemblage qui permette de régler exactement la longueur de la tige au moment du montage.

On peut alors terminer chacune des tiges par une partie filetée et les faire pénétrer dans l'intérieur d'un cadre rectangulaire appelé *lanterne*, où on les retient par des écrous intérieurs (fig. 25, pl. LII).

Les petits côtés de la lanterne, convenablement épaissis, peuvent eux-mêmes servir d'écrous, mais à la condition d'être filetés en sens inverse, ainsi que les tiges qui s'y assemblent (fig. 26, pl. LII).

3° *Assemblages de pièces concourantes.* Ces assemblages s'obtiennent en formant à chaque tige ou pièce une tête plate percée d'un œil, et prenant toutes les têtes entre deux lames de tôle, de forme et d'épaisseur appropriée (fig. 27, pl. LII).

L'assemblage peut encore être obtenu au moyen de *goussets*, comme nous l'avons vu à propos des assemblages rivés.

4° *Assemblages par fourches.* Lorsqu'une tige doit s'assembler sur une pièce à section double T par exemple, on emploie une *fourche d'assemblage*, qui peut servir en même temps, si on la combine convenablement, d'appareil de réglage.

La fourche peut être simple, et faire corps avec la tige ; ses deux branches sont lors élargies à leur extrémité et terminées par un œil dans lequel passe le boulon d'assemblage. On interpose entre les branches de la fourche et l'âme du fer une rondelle épaisse formant fourrure ; il y a alors sur la longueur de la tige une lanterne de réglage (fig. 28, pl. LII).

Ou bien la fourche peut être indépendante de la tige qui s'y assemble à l'aide d'un écrou intérieur, comme nous venons de le voir à propos des lanternes ; et alors elle forme appareil de réglage (fig. 29, pl. LII).

16. Assemblages de pièces à sections complexes. — Les pièces à section complexe, telle que la section double T par exemple, ont besoin d'être assemblées entre elles ou avec d'autres pièces de section différente ou analogue.

1° Assemblages de pièces bout à bout. Lorsqu'il s'agit d'assembler bout à bout deux fers laminés de même profil, la jonction s'obtient au moyen *d'éclisses* rivées ou boulonnées dont la section doit être suffisante pour présenter au point de jonction la même résistance que la pièce courante. Ces éclisses sont généralement pour assembler des fers double T, en fer plat et au nombre de deux, de manière à embrasser la pièce sur les deux faces de l'âme, dont elles ont la hauteur (fig. 30, pl. LII).

Pour assembler des cornières ou des fers à simple T, on peut se servir de pièces en fer laminé dites *couvre-joints* et qui ont la forme d'une cornière, mais avec angle extérieur arrondi, de manière à pouvoir entrer dans l'angle intérieur des fers à assembler.

Lorsqu'il s'agit d'assembler bout à bout deux pièces composées de tôles et cornières, on s'arrange pour que la jonction des âmes, celle des plates-bandes et celle des cornières n'aient pas lieu au même point ; en général, comme les fers laminés du commerce ont des longueurs limitées on ne pourra pas composer une poutre en tôles et cornières sans avoir à faire dans sa longueur un certain nombre de ces jonctions ; on emploie alors des *couvre-joints* spéciaux pour l'âme, pour les semelles et pour les cornières, en tous les points où l'on est obligé de jonctionner ces diverses parties de la poutre.

2° Assemblages de pièces concourantes dont les âmes sont dans le même plan. Dans ce cas, les *éclisses* sont découpées de manière à embrasser à la fois les âmes de toutes les pièces ; on doit alors abattre les ailes des fers, qui se trouvent à l'intérieur de l'assemblage ; ou bien, si ces ailes ont peu de saillie sur les âmes, et qu'on ne veuille pas les abattre, il faut remplir par des *fourrures* les intervalles compris entre les âmes et les couvre-joints (fig. 31, pl. LII).

Il arrivera souvent que les éclisses seront à l'avance rivées sur l'une des pièces composant l'assemblage, et seront sur place, au moment du montage, rivées ou boulonnées sur les autres.

3° Assemblages de fers parallèles. On a souvent à *jumeler* des fers double T pour constituer des *poitrails*, c'est-à-dire à les placer et à les maintenir parallèlement l'un à l'autre dans toute leur longueur ; on y arrive en reliant les âmes au moyen de *boulons à embases* ou de *boulons ordinaires* à quatre écrous, ou encore en faisant passer un boulon ordinaire dans un tube en fer coupé de longueur, interposé entre les deux fers, ou dans une pièce de fonte faite à la demande ; on place ces boulons à peu près tous les mètres (fig. 32, pl. LII).

Lorsque les pièces sont plus importantes on opère d'une autre manière, qui donne une meilleure liaison et une plus grande solidarité à l'ensemble ; on interpose entre les deux fers des *croisillons en fer carré*, pour maintenir l'écartement, aussi bien à la partie supérieure qu'à la partie inférieure ; aux mêmes points, on place extérieurement des *frettes en fer plat* posées à chaud ; c'est ce qu'on nomme *l'assemblage à brides et croisillons* (fig. 33, pl. LII).

Pour les grosses poutres, on emploie, au lieu des croisillons, des pièces de fonte appelées *entretoises*, auxquelles on donne la forme convenable, et qui se fixent par des boulons sur les âmes des deux poutres. Ces entretoises peuvent également être faites en fer forgé (fig. 34, pl. LII).

4° Assemblages de fers double T concourants. Lorsqu'on doit assembler deux fers double T dont les âmes ne sont pas dans le même plan, on emploie le plus ordinairement des *équerres* en cornières pour faire l'assemblage. On trouve dans le commerce des équerres toutes préparées, avec les boulons correspondants, et dont on se sert pour les assemblages ordinaires de fers laminés double T employés dans les planchers. Nous donnons leurs dimensions ci-dessous :

1° Équerres pour fers de 0ᵐ 080 à 0ᵐ 100, percées d'un trou sur chaque aile ; boulons de 0ᵐ 012 de diamètre. Elles sont découpées dans des cornières de 0ᵐ 060 × 0ᵐ 060 × 0ᵐ 007, et ont comme longueurs 0ᵐ 060, 0ᵐ 070, 0ᵐ 080 ou 0ᵐ 090.

2° Équerres pour fers de 0ᵐ 110 à 0ᵐ 130, percées d'un trou sur une aile et de deux sur l'autre ; boulons de 0ᵐ 014 de diamètre. Elles sont découpées dans des cornières de 0ᵐ 070 × 0ᵐ 070 × 0ᵐ 008, et ont comme longueurs 0ᵐ 100, 0ᵐ 110, 0ᵐ 120 et 0ᵐ 130.

3° Équerres pour fers de 0ᵐ 140 à 0ᵐ 200, percées de deux trous sur chaque aile ; boulons de 0ᵐ 16 de diamètre. Elles sont découpées dans des cornières de 0ᵐ 080 × 0ᵐ 080 × 0ᵐ 009 et ont les longueurs de 0ᵐ 140, 0ᵐ 150, 0ᵐ 160 et 0ᵐ 180.

Lorsque les deux fers sont à peu près de même hauteur et que l'un des fers, le plus faible ordinairement, s'arrête au point de croisement, l'assemblage est fait au moyen de deux équerres qui embrassent son âme, et qui sont boulonnées sur l'âme de l'autre fer ; si deux fers viennent s'assembler bout à bout sur un troisième, l'assemblage est fait au moyen de quatre cornières symétriquement disposées. On assemble souvent d'avance, à l'atelier, par une rivure, les équerres sur les pièces secondaires, et on réserve l'assemblage par boulons pour la pièce principale (fig. 35 et 36, pl. LII).

On taille toujours d'avance l'about du fer porté, de manière qu'il s'emboîte exactement dans le profil de l'autre ; si on doit araser le niveau des tables supérieures, on peut se trouver obligé d'abattre l'aile supérieure du fer porté.

Lorsque les fers sont de hauteur très inégale, on peut employer des équerres plus hautes et qui s'appuient sur l'aile inférieure du fer portant, de manière que les boulons d'assemblage sur ce fer ne travaillent pas au cisaillement (fig. 37, pl. LII).

Pour assembler un fer laminé sur un fer composé de tôles et cornières, on se sert également d'équerres, mais il est alors souvent nécessaire d'employer des *fourrures* pour racheter les saillies des cornières du fer composé sur son âme ; elles se trouvent fixées par les boulons d'assemblage (fig. 38, pl. LII).

Lorsque les deux fers à assembler sont composés de tôles et cornières, on fait l'assemblage au moyen d'un *gousset* relié à la pièce portante par deux cornières, et qui forme le premier tronçon de l'âme de la pièce portée ; il sert en même temps à donner de la raideur à la première pièce et à l'empêcher de se voiler transversalement (fig. 39 et 40, pl. LII).

Lorsqu'on doit assembler deux fers dont les directions sont concourantes, l'âme de l'une étant parallèle à la semelle de l'autre, comme une pièce horizontale et un poteau vertical, par exemple, on établit à l'aide d'une *équerre* une sorte de console fixée sur la semelle du poteau, et on y pose le fer horizontal, qu'on maintient contre la semelle par un ou deux boulons qui s'opposent à son déversement (fig. 41, pl. LII).

17. Assemblages de fers par interposition de pièces en fonte. — Lorsque des pièces se croisent sans se toucher, on peut les relier entre elles par des pièces de fonte établies à la demande ; la *fonte malléable* convient parfaitement à cette application. L'une des pièces est fixée à la pièce de fonte par des vis ou par un boulon ; nous donnons comme exemples l'assemblage d'une cornière et d'un fer double T dans le cas où les pièces sont parallèles, dans celui où elles se croisent, et l'assemblage de deux cornières concourantes sur un fer double T (fig. 42, 43 et 44, pl. LII).

18. Assemblages de pièces de fonte. — *1° Assemblages par brides et boulons.* Les pièces de fonte sont le plus ordinairement réunies par des boulons ; on peut faire venir sur les faces des pièces des *brides* d'assemblage qui se correspondent dans les deux pièces et qu'on réunit par des boulons ; les faces en contact des brides sont planes ; mais on peut donner à l'assemblage de la résistance aux efforts transversaux, en ménageant dans l'une des brides une rainure et dans l'autre une saillie, formant ainsi un *emboîtement* (fig. 45, pl. LII).

On renforce souvent les brides par des *nervures*, qui s'opposent à leur déformation ;

on limite aussi souvent les portions de surface en contact à la partie qui avoisine les boulons, et qui reçoit le nom de *portée*, les intervalles étant évidés ; on réduit ainsi les surfaces à dresser, et on obtient une meilleure adhérence (fig. 46, pl. LII).

2° *Assemblages au mastic de fonte*. On emploie quelquefois ce mode d'assemblage pour des pièces qui ne devront jamais être démontées ; on prépare dans l'une des pièces une alvéole en queue d'hironde ; l'about de l'autre pièce a la même forme, et entre dans l'alvéole en laissant un jeu latéral de 0 m 02 à 0 m 03, qu'on remplit d'un *mastic de fonte*, composé de limaille de fer ou de fonte, de soufre, d'une matière ammoniacale et d'eau ; ce mastic prend une très grande dureté au bout d'un certain temps.

§ 4. — PLANCHERS EN FER

19. Généralités. Poids et surcharges des planchers en fer. — La construction des planchers en fer est, en principe, très analogue à celle des planchers en bois ; seulement, grâce aux qualités spéciales des assemblages de fers, ils peuvent constituer des ensembles doués d'une solidarité bien plus effective ; à cause de la grande résistance du fer sous un petit volume, ils ont, pour une même portée, une épaisseur moindre que celle des planchers en bois, ce qui permet d'augmenter le cube habitable d'une construction sans modifier sa hauteur ; à cet avantage correspond un inconvénient assez grave : les planchers en fer sont plus sonores que les planchers en bois, et d'autant plus qu'ils sont plus minces. Le principal avantage dû à la grande résistance du fer est de donner la possibilité de franchir, avec des planchers en fer, des portées considérables, que l'emploi du bois ne permettait d'atteindre qu'au prix de combinaisons délicates et coûteuses, ou même ne permettrait pas d'atteindre du tout. Enfin le fer est incombustible, et, par suite, on n'a plus à se préoccuper, dans la construction d'un plancher en fer, des chances d'incendie dues au voisinage des tuyaux de fumée ou des âtres de cheminées ; cependant, lors d'un incendie, les planchers en fer se comportent en général assez mal, à moins qu'on n'ait pris, dans leur construction, des précautions particulières ; dès que les flammes atteignent les solives, celles-ci se dilatent en longueur, et poussent sur les murs qu'elles tendent à renverser ; si les murs résistent, les solives se gondolent transversalement, se tordent, le plancher se désorganise et s'effondre ; et l'on a même souvent constaté qu'un plancher en fer résistait moins longtemps au feu qu'un plancher en bois, dont les solives ne brûlent que lentement, noyées qu'elles sont dans les hourdis, et conservent encore assez longtemps une résistance suffisante pour ne pas se rompre.

Les *surcharges* ou *charges utiles* que peut porter un plancher en fer sont les mêmes que pour un plancher en bois (voir chap. VII, n° 19).

Quant *au poids mort*, ou *charge proprement dite*, il comprend les éléments suivants :

Graissage	*Parquet*	Sapin	de 0.27	16k		275 à 300k
			0.034	20		
		Chêne	de 0.027	24		
			de 0.034	30		
	Aire supérieure	Lambourdes chêne de 0.08 × 0.056 et parées de 0.50		8k	38	
		Solins des lambourdes		30		
	Plafond	Augets hourdis plâtre de 12 à 14c pesant 14k par cent. d'épaisr		168 à 197k	221 à 232	
		Plafond enduit de 0,02		28		
		Fers de paillasse des augets...		5 à 8		

Si le *hourdis* est exécuté d'une manière différente, on pourra adopter les chiffres suivants pour son poids par mètre carré :

Hourdis en moellons légers et plâtre : 15 kil. par cent d'épaisseur.
— — mortier : 18 k. —

Panneaux briques creuses pour entrevous légers : 40 à 50 k. par mètre carré, auxquels il faut ajouter le poids du remplissage en plâtre placé au-dessus.

Voûtes en briques pleines de 0m 11	225 k.	par mètre carré.
— — 0m 22	450	—
Voûtes en briques creuses de 0m 11	150	—
— — 0m 17	230	—
— — 0m 22	300	—
Hourdis en carreaux de plâtre creux, de 0m 085 d'épaisseur.	70 à 80 k.	—
— — 0m 100 —	90 à 100	—
— — 0m 170 —	150 à 175	—

Le poids du *solivage* en fer varie suivant la portée, le poids du hourdis et la surcharge; il varie, pour les faibles surcharges et les portées ordinaires, entre 18 et 25 kil. ; pour les surcharges moyennes, entre 25 et 30 kil., et pour les fortes surcharges, entre 30 et 40 kil.

20. Planchers en fer primitifs. — *1° Planchers en fer plat de champ.* Les premiers planchers en fer construits sur une grande échelle et d'une façon pratique datent d'une grève de charpentiers en bois, de 1846. On trouve dans les maisons de cette époque quelques séries de planchers en fer composés de fer plat de champ, de

0 m 14 de hauteur, 0 m 01 d'épaisseur et environ 0 m 75 d'écartement jusqu'à 5 et 6 m 00 de portée. D'un fer à l'autre, tous les mètres, une sorte d'étrier en fer carré de 0 m 020, appelé *entretoise*, supportait des *carillons* longitudinaux, de 0 m 011, et le tout était hourdé plein, *avec soin*, en plâtre et plâtras (fig. 1, pl. LIII).

Les fers employés étaient de très bonne qualité, ce qui explique comment, avec un hourdis soigné, ils ont formé d'excellents planchers à grande portée, et même pour des salons.

Les solives que l'on voulait chaîner étaient refendues en queue de carpe à leurs extrémités, ce qui les liait bien à la maçonnerie. Ce système était dû à M. Vaux.

2° *Planchers à solives composées dites fermettes.* Ce système de solives, dû à M. Angot, a été également très usité à l'origine des planchers en fer; il consistait à obtenir une grande résistance à la flexion, à l'aide d'une véritable *ferme*, composée d'un arc en fer carré ou méplat, d'un entrait de même fer, assemblés à leur extrémité par une sorte d'embrèvement et reliés entre eux par des brides verticales pour les empêcher de s'écarter l'une de l'autre, et par de petits potelets verticaux pour les empêcher de se rapprocher; si les charges devaient être appliquées à la partie supérieure de la solive, on y établissait une pièce horizontale, parallèle à l'entrait, et qu'on reliait à l'ensemble. Ces solives étaient solidement ancrées dans les murs latéraux (fig. 2 et 3, pl. LIII).

3° *Planchers en fonte.* On a employé, à l'origine, la fonte pour constituer de grosses solives à section double T, la semelle inférieure étant bien plus forte que la semelle supérieure, et recevant la retombée de voûtes en briques; ce système a surtout été employé pour des planchers d'usines.

21. Planchers en fer double T à solivage parallèle. — Nous avons dit que le profil des fers à double T était bien plus avantageux pour la construction des planchers que de simples fers plats, mais, en même temps que le profil s'améliorait au point de vue de la résistance, la qualité du fer diminuait notablement en même temps que son prix, et on ne pourrait plus en toute sécurité, avec les fers du commerce actuel, faire les planchers aussi légers que ceux que nous venons de citer plus haut; il faut abaisser le coefficient de sécurité à 6 ou 8 kil., ou 10 au grand maximum.

C'est depuis la fabrication des fers à double T que les planchers en fer sont réellement devenus pratiques et d'un usage courant.

Ce qui a encore contribué à leur faire prendre un grand essor, c'est que le bois est devenu plus rare, plus cher, plus difficile à trouver sec et de coupe ancienne, qualité indispensable à son bon emploi et à sa durée.

1° *Calcul des dimensions à donner aux solives.* Les forges publient dans leurs albums des tableaux qui permettent de trouver rapidement les fers à adopter pour une portée et une charge donnée.

Soit Q la *charge totale*, poids utile et poids mort que porte un plancher par mètre carré, si *l* est la *portée* et d l'*écartement* d'axe en axe des solives, chacune d'elles supporte une charge totale, uniformément répartie, égale à Q × l × d ; le tableau de la planche LIV, que nous avons extrait de l'album des forges de Châtillon et de Commentry, donne les valeurs de ce produit, correspondant à des portées variables pour les fers de diverses sections, dont il indique en même temps le poids par mètre, en admettant, pour la *résistance de sécurité*, 6 kil., 8 kil. ou 10 kil. Le chiffre de 6 kil. s'appliquera à des ouvrages bien construits, devant avoir une longue durée, et susceptibles de supporter des charges permanentes, comme par exemple des linteaux ou des poitrails ; celui de 8 kil. correspondra aux ouvrages ordinaires, calculés avec économie, pour des charges momentanées, comme les planchers d'habitations ; enfin, le chiffre de 10 kil. s'appliquera aux ouvrages provisoires et aux constructions légères.

Dans le tableau de la planche LIV, nous voyons les fers divisés en *fers à ailes ordinaires* et *fers à larges ailes*.

Les fers à ailes ordinaires sont d'une fabrication plus courante et coûtent moins cher ; les fers à larges ailes ont, à égalité de résistance, une moindre hauteur ; mais ils prennent des flèches plus grandes sous les charges.

Pour employer le tableau de la planche LIV, deux cas peuvent se présenter : 1° on veut choisir un fer pouvant porter une charge Q par mètre carré de plancher de portée l connaissant l'écartement d des solives ; 2° on cherche quel écartement on pourra donner aux solives pour employer un fer de profil donné ; nous allons donner deux exemples numériques :

1° Trouver le fer à adopter pour un plancher supportant une charge totale Q = 550 kil. par mètre carré, la portée des solives étant de 5^{m} 00, leur écartement, 0^{m} 75.

Nous faisons le produit Q × l × d = 550 × 5 × 0^{m} 75 = 2062,5, puis nous cherchons d'abord dans le tableau des fers à ailes ordinaires, dans la colonne verticale commençant par 5, un nombre égal ou supérieur à 2062,5 ; nous trouvons, en admettant par exemple 6 kil. pour la résistance de sécurité, le nombre 2161, qui correspond à un fer de 0^{m} 200 de haut, 0^{m} 068 de largeur de semelle, pesant 37 kil. 50.

Nous trouvons aussi dans la même colonne le nombre 2710, qui nous donnera un fer plus résistant, mais pesant seulement 31 kil. 5 et ayant 0^{m} 260 de hauteur et 0^{m}069 de largeur d'aile.

En faisant la même recherche dans le tableau des fers à larges ailes, nous trouvons le nombre 2111, qui correspond à un fer de 0^{m} 180 de haut, 0^{m} 100 de largeur d'ailes, pesant 29 kil.

Nous trouvons encore le nombre 2273, qui correspond à un fer de 0^{m} 160 de haut et 0^{m} 120 de largeur d'ailes, mais pesant 34 kil. 5.

Nous pourrons donc, suivant la hauteur dont nous disposerons pour le plancher, choisir l'un de ces quatre fers.

2° On dispose de fers de 0^m 200, à ailes ordinaires, pesant 23 kil. par mètre, et on demande quel écartement il faudra leur donner pour constituer, avec ces fers, un plancher de 5^m50 de portée, et portant une charge totale de 450 kil. par mètre carré.

Nous cherchons, en admettant ici 8 kil. comme résistance de sécurité, dans la colonne verticale de 5^m 50, le nombre qui se trouve sur la ligne horizontale, 8 kil. du fer 0^m 200, pesant 23 kil. ; nous trouvons le nombre 1991. Ce nombre représente le produit $Q \times l \times d$, dans lequel $Q = 450$ $l = 5^m$ 50 : nous en tirons :

$$d = \frac{1991}{450 \times 5{,}50} = 804$$

Il faudra donc écarter les solives de 0^m 804 au maximum.

Pour les planchers d'habitation, on a proposé une *règle empirique* qui donne assez approximativement les dimensions des solives en supposant des écartements de 0^m 65 à 0^m 70. Cette règle consiste à multiplier la portée en mètre par le chiffre 3, pour avoir en centimètres la hauteur de la solive à ailes ordinaires à employer.

Ainsi :

Pour 3^m 00	$3 \times 3 = 9$	on prendra des fers de	0^m 10
Pour 4^m 00	$4 \times 3 = 12$	—	0^m 12
Pour 5^m 00	$5 \times 3 = 15$	—	0^m 16
Pour 6^m 00	$6 \times 3 = 18$	—	0^m 18
Pour 7^m 00	$7 \times 3 = 21$	—	0^m 22

Ces dimensions conviennent pour toutes les pièces d'habitation autres que les salons, et on peut l'appliquer sans crainte dans les nombreux cas où on n'a pas les tableaux de résistance à sa disposition.

2° *Détails de construction.* Les *solives* sont appuyées à leurs deux extrémités sur les murs parallèles les plus rapprochés qui limitent l'espace à couvrir, afin d'avoir la moindre portée possible ; les murs en briques de moins de 0^m 22 ne peuvent porter plancher ; il en est de même des murs plus épais qui contiennent de nombreux tuyaux de fumée en briques ou en wagons.

On fait la division des solives de telle sorte qu'il reste environ un espace égal à un demi-intervalle entre les murs extrêmes et les dernières solives ; on écarte celles-ci de 0^m 50 à 1^m 20, le plus généralement de 0^m 75 à 0^m 80.

On leur donne généralement une portée de 0^m 25 à 0^m 30 dans les murs, et on les cale sur des lames de tôle ou des déchets de pierre qui servent en même temps à les mettre au niveau convenable.

Lorsque les murs de refend sont rares dans la construction, on se sert des solives pour entretoiser les murs opposés, en ancrant, de distance en distance, une solive par ses deux extrémités (fig. 12, pl. LIII). Dans les murs en petits matériaux, il est bon de donner aux solives une portée égale à toute la largeur du mur; on perce vers l'extrémité un trou dans lequel on passe une barre de fer rond, de 0^{m} 016 de diamètre et de 0^{m} 200 de largeur, qui forme un ancrage économique.

Les solives en fer double T livrées par les forges ont généralement une flèche de un centième; on les pose la concavité tournée vers le sol, de sorte que le poids du hourdis leur fait perdre la plus grande partie de cette flèche; le plafond obtenu est très légèrement cintré, ce qui lui donne un meilleur aspect, et, de plus, le plancher ne risque pas ensuite de se courber en dessous, sous l'influence des surcharges.

Il ne faut pas employer de solives cintrées lorsqu'on doit y poser directement le parquet supérieur, ou lorsqu'elles doivent former linteau apparent s'alignant avec d'autres lignes bien horizontales de la construction.

L'*épaisseur* d'un plancher en fer comprend deux parties : le parquet, les lambourdes et le plafond, formant une épaisseur totale de 0^{m} 11, et les solives, dont la hauteur est variable; pour les planchers d'habitations ordinaires, l'épaisseur totale varie entre 0^{m} 23 et 0^{m} 30.

22. Hourdis des planchers en fer. — 1° *Remplissage en bois.* Lorsqu'on n'a pas besoin de planchers étanches, on peut établir directement le *parquet* sur les solives que l'on entretoise alors par des pièces de bois présentant la forme convenable pour s'emboîter exactement entre les solives. Les lames du parquet sont fixées aux ailes des solives par de petits arrêts en fer vissés; il en faut beaucoup moins lorsque les planches sont rainées.

On peut encore établir transversalement aux solives des *lambourdes* entaillées et maintenues par de petits arrêts vissés; elles servent à entretoiser les solives; c'est sur ces lambourdes qu'on établit le parquet. On peut combiner cette disposition avec la précédente en plaçant entre les solives des *entretoises* en bois ayant la hauteur complète de la solive et servant en même temps de lambourdes; on peut alors clouer sous ces lambourdes des lattes permettant de plafonner par-dessous.

2° *Remplissage en maçonnerie pleine.* On remplit souvent les *entrevous* par une maçonnerie pleine, que l'on soutient entre les solives de différentes manières ; la plus employée consiste dans l'emploi d'*entretoises* en fer carré, de 0^{m} 020 à 0^{m} 025, coudées et contre-coudées de manière à s'accrocher aux ailes supérieures des solives et à se buter dans l'angle des ailes inférieures. On les dispose tous les mètres environ et on place par-dessus des *fentons* ou *carillons*, de 0^{m} 013 à 0^{m} 014, de manière à former une paillasse (fig. 4, pl. LIII).

Les entretoises du dernier intervalle entre la deuxième solive et le mur sont scellées dans celui-ci; enfin, à l'extrémité de chaque intervalle, les dernières entretoises ne sont qu'à 0^m 50 à 0^m 70 du mur.

Ces entretoises s'exécutent simplement à l'aide d'un petit appareil spécial; elles se posent très facilement; mais elles ont l'inconvénient de ne pas s'opposer suffisamment à l'écartement des solives, et elles ne constituent pas un chaînage transversal; le hourdis est mal relié aux solives par leur intermédiaire.

Le meilleur système d'entretoisement des solives consiste dans l'emploi de *boulons* de 0^m 016 à 0^m 018 de diamètre, pourvus de quatre écrous, qui permettent de fixer parfaitement les solives d'une manière bien régulière, et qui forment un *chaînage* transversal continu; on les dispose par files, environ tous les mètres, en les chevauchant d'une travée à l'autre, de 0^m 080 à 0^m 090. Il est alors inutile d'y ajouter des fentons (fig. 13, pl. LIII). Les boulons du dernier intervalle contre le mur y sont scellés sur 0^m 10 de profondeur.

Le prix de revient de ce système est sensiblement le même que celui du système à entretoises, les planchers ainsi obtenus résistent beaucoup mieux au feu que les précédents, parce que les solives sont maintenues bien verticales et ne peuvent pas aussi facilement se voiler.

Le remplissage des entrevous est fait en maçonnerie de plâtre et plâtras blancs, et en *augets* lorsqu'on emploie les entretoises; il en résulte une économie de maçonnerie, en même temps qu'une diminution du poids à faire porter aux solives; mais ces avantages ne sont qu'apparents; on est toujours obligé, en effet, de remplir plus ou moins les augets pour sceller les lambourdes du parquet ou pour faire la forme du carrelage. Ces hourdis, et les plafonds qu'ils soutiennent, se fendent souvent le long de l'aile inférieure des solives; cela tient souvent à ce que la solive porte mal sur ses appuis et qu'elle a baissé, ou que ceux-ci ont pris un léger tassement; souvent aussi, l'enduit du plafond a une épaisseur insuffisante sous la table du fer; il doit avoir, en ce point, au moins 0^m 03 si le fer est à ailes ordinaires, et 0^m 04 ou 0^m 05 s'il est à ailes larges.

Il est toujours préférable d'employer les *hourdis pleins*, dans lesquels l'entrevous est complètement rempli de maçonnerie jusqu'à la partie haute du fer.

Si l'on remarque que dans un plancher fléchi les fibres supérieures se compriment en se raccourcissant, les fibres inférieures au contraire s'allongent, on comprend que toutes les fois qu'un hourdis est fait en auget, la maçonnerie, qui n'est pas extensible et ne présente à la traction aucune résistance sur laquelle on puisse compter, ne peut aider le fer d'aucune manière et ne fait que le charger.

Si au contraire les fers d'un plancher étant placés on vient à poser des panneaux bien étayés sous leur face inférieure et à *construire* dessus une bonne maçonnerie dans *toute l'épaisseur* du plancher; si, de plus, on laisse durcir et sécher sur ses étais cette maçonnerie résistante, non seulement elle formera dalle et pourra se porter elle-même, mais encore toute la partie supérieure étant dans la portion comprimée du plancher résistera à la compression et aidera à la résistance du fer. Indépendamment de cela, ce hourdis bien fait et boulonné avec les fers les maintient dans une position verticale invariable, les empêche de se voiler et leur permet de travailler à leur maximum de résistance.

Poursuivant cette théorie en ses conséquences, si nous augmentons encore l'épaisseur du hourdis et si nous le portons par exemple au double de l'épaisseur des fers, ces derniers étant toujours à la partie basse du plancher, il en résultera cette fois que la maçonnerie seule travaillera à la compression, et le fer tout entier à la traction. On pourra supposer dans la masse une voûte en maçonnerie dont le fer sera le tirant, et dont alors la résistance peut être très grande. Mais pour obtenir tous ces avantages, nous insistons sur une maçonnerie irréprochable, de matériaux durs, et rangés dans le sens des voussoirs de la voûte idéale que nous avons supposée.

Comme exemple de ces additions de résistance au moyen de la maçonnerie, citons le fait d'un plancher en fers de 6 mètres de portée et espacés de 0^m^ 80, c'est-à-dire un plancher excessivement faible, hourdé dans ces conditions, avec surcharge de maçonnerie de 0^m^ 10, et portant en outre une charge indépendante de 300 à 400 kil. par mètre superficiel.

Citons encore les exemples de nombreux combles et planchers à claire-voie insuffisants pour porter leur charge et qui, après avoir été hourdés, se sont très bien comportés, la maçonnerie aidant.

Enfin, tout constructeur a pu remarquer que tel plancher hourdé, faible et oscillant d'une façon inquiétante pendant la construction, est devenu d'une fixité remarquable après l'addition d'un blocage de 0^m^ 08 à 0^m^ 10 d'épaisseur et d'un enduit de Portland par-dessus. C'est ce qui a conduit à la conception des planchers en *ciment armé* dont nous parlerons plus loin.

Lorsqu'un plancher doit être constamment sec, on peut employer le *mortier de plâtre* reliant des plâtras blancs, des moellons légers, ou des déchets de briques ou de meulières pour constituer le hourdis; mais s'il doit être exposé à l'humidité, il faut remplacer le plâtre par le *mortier de chaux hydraulique*, ou mieux encore de *ciment à prise lente* ou à *prise prompte*, qui permet de décintrer presque immédiatement.

Les hourdis exécutés au mortier de ciment prennent mal le plâtre du plafond; il faut alors avoir la précaution de poser le premier rang de matériaux du hourdis à sec, et de ne remplir que partiellement les joints latéraux avec le mortier de ciment. Au moment de faire le plafond, il faut dégrader profondément les joints.

On exécute aujourd'hui des hourdis excellents et très légers avec du *béton de liège* qui ne pèse que 5 kil. par mètre carré et par centimètre d'épaisseur. Il est isolant, peu sonore et incombustible ; sous une épaisseur de 0^{m} 10, il peut supporter sans fléchir 1.200 kil. par mètre carré.

3° *Remplissage en matériaux légers.* On exécute des hourdis avec des matériaux légers, tels que les *briques creuses*, posées à bain de mortier ; les plus économiques sont les briques à 9 trous ; il faut avoir soin de les tremper dans l'eau avant de les placer dans le mortier.

La maison Muller, d'Ivry, a établi un modèle d'*entrevous creux en terre cuite*, dits *briques plates-bandes*, en deux pièces, jusqu'à 0^{m} 80 de largeur ; une pièce intermédiaire, de largeur variable, permet de faire toutes les largeurs au-dessus de 0^{m} 80 (fig. 5, pl. LIII).

Un autre modèle, dit *entrevous plafond*, est combiné pour des largeurs variables de 0^{m} 50 à 0^{m} 80 : dans les deux cas, le dessous des pièces est pourvu de stries pour accrocher l'enduit du plafond (fig. 6, pl. LIII).

On emploie encore des *bardeaux en terre cuite* qui peuvent former en même temps plafond, si une de leurs faces est décorée ; on peut remplir les entrevous en mortier par-dessus les bardeaux, si on les pose sur l'aile inférieure du fer double T, ou bien, au contraire, on peut les poser sur l'aile supérieure et laisser les fers apparents (fig. 7, pl. LIII).

M. *Laporte* a imaginé des *entrevous creux*, à grands vides, analogues aux précédents, et formés de trois pièces, celles des côtés étant toujours les mêmes, tandis que celle du milieu a une largeur variable.

Enfin on emploie encore de grands *entrevous creux*, un peu concaves, pour franchir d'un seul coup l'intervalle de deux solives ; tels sont ceux du système *Laperière*.

On fait quelquefois des *hourdis creux en plâtre* en créant, dans un hourdis ordinaire en plâtre et plâtras, des vides, au moyen de mandrins en bois, qu'on avance à mesure que le remplissage est exécuté.

On emploie également des hourdis formés de *carreaux en plâtre creux*, tels que les *panneaux-hourdis Paupy* ; pour les fers de peu de hauteur, le panneau hourdis employé à 0^{m} 085 ou 0^{m} 100 d'épaisseur : pour les fers plus élevés, on le surélève à l'aide d'une sorte de ponceau également en plâtre, de manière que le niveau supérieur arase le niveau supérieur des solives (fig. 8, pl. LIII). On les pose au plâtre, comme nous l'avons dit à propos des planchers en bois (chap. VIII, n° 21).

4° *Dallages en verre.* Lorsqu'on veut éclairer un sous-sol, on fait le remplissage des entrevous du plancher du rez-de-chaussée avec des dalles de verre de forme carrée, dont la face supérieure est pourvue d'un quadrillage en creux ; ces dalles se placent dans des feuillures formées par de petits fers à simple T assemblés entre les solives, dont l'écartement doit alors correspondre à un nombre exact de dalles. Leur épaisseur varie de 0 m 010 à 0 m 035, et leur poids par mètre carré, de 50 à 80 kil.

5° *Cintrage des planchers en fer.* Nous avons déjà vu à propos des planchers en bois comment se fait le *cintrage* d'un plancher ; il serait avantageux de ne décintrer que lorsque la maçonnerie du hourdis est bien durcie, afin qu'elle puisse travailler à ce moment et aider le fer à supporter les charges.

On fait encore quelquefois le cintrage en le suspendant après les solives elles-mêmes au moyen de ferrements convenablement disposés (fig. 8, pl. LIII).

6° *Hourdis en voûtes pleines.* On peut remplir les entrevous par des voûtes en moellons, en meulière ou en briques dont les sommiers s'appuient sur les solives ; leur exécution exige un *cintrage* au moyen de panneaux préparés d'avance et ayant de 1 m 00 à 2 m 00 de longueur ; ils sont composés de planches découpées en arc de cercle à leur partie supérieure, qu'on espace de 0 m 50 à 0 m 70, et sur lesquelles on cloue des voliges longitudinales. On place ces panneaux sur des traverses soutenues en dessous par des étais légers, comme pour un cintrage ordinaire, ou bien soutenues directement après les solives par les moyens que nous avons indiqués tout à l'heure. On ne doit décintrer que lorsque la maçonnerie est bien durcie.

Ces voûtes exercent toujours une *poussée* sur les fers, d'où la nécessité d'avoir toujours à la fois deux ou trois travées voisines sur cintre et de ne décintrer une travée que quand les autres sont maçonnées.

On s'arrange alors pour que la dernière voûte vienne retomber contre le mur sur un sommier ménagé à cet effet, ou sur un fer placé à quelques centimètres du mur, auquel il est relié par des boulons à scellement ; l'intervalle entre le mur et ce fer doit être rempli de bon mortier, et le mur doit être assez résistant pour contrebuter la poussée de la voûte ; il ne faut pas compter sur les boulons d'entretoises pour résister à cette poussée. Les briques se prêtent mieux que tous les autres matériaux à ce genre de construction ; lorsque la portée des voûtes est faible, on peut les faire en briques à plat.

On les remplace souvent par des *bardeaux cintrés* en terre cuite dont la largeur est de 0 m 20 à 0 m 25, la longueur 0 m 45 à 0 m 60 et l'épaisseur de 0 m 03 à 0 m 04, qui se joignent à recouvrement ou à languette, et dont la face inférieure peut être décorée pour former plafond.

On remplit dans tous les cas les reins de la voûte avec du béton ou de la maçonnerie ordinaire qu'on arase au niveau du dessus des solives (fig. 9, pl. LIII).

7° *Hourdis en voûtes de matériaux creux.* On peut constituer les voûtes en *briques creuses* avec briques sommiers de modèle spécial ; quelquefois, le sommier est formé par un excès de mortier placé dans l'angle inférieur de la solive.

On emploie également des pièces cintrées à gros vide du modèle analogue au hourdis Laporte dont nous avons parlé.

On peut enfin employer des *entrevous cintrés* soit d'une seule pièce, soit en plusieurs pièces assemblées à rainure et languette ou à recouvrement dont nous donnons des modèles appartenant à la maison Muller, le dessous peut en être décoré d'émaux colorés pour former plafond (fig. 10, pl. LIII).

23. Sonorité des planchers en fer. — Moyens de la combattre. La sonorité des planchers en fer tient à leur peu d'épaisseur, et à l'état de tension considérable dans lequel se trouvent les pièces qui les composent.

Les moyens de la combattre sont les suivants : donner aux solives de plus fortes dimensions, de manière que le métal n'y travaille qu'à 2 ou 3 kil. par millimètre carré ; rendre les pièces bien solidaires les unes des autres, et augmenter la masse des hourdis de manière que les vibrations se transmettent à une grande étendue de la surface, et à une grande quantité de matière, et par suite aient une amplitude moindre ; multiplier les remplissages en les séparant par des intervalles vides ; enfin interposer des corps mous, comme le bois par exemple, entre le hourdis supérieur et le parquet.

Lorsque des planchers supportent des moteurs ou des machines, il faut les isoler des murs voisins en les faisant porter sur des piliers reposant directement sur le sol, et interposer entre ces planchers et les piliers qui les portent des corps mauvais conducteurs du son, par exemple du caoutchouc, sous des épaisseurs de 0 m 03 à 0 m 10.

24. Disposition des planchers en fer au-dessous des cloisons légères. — On doit toujours s'arranger de telle sorte que le plancher d'un étage porte les cloisons légères de cet étage.

Si une cloison est dirigée transversalement aux solives, son poids se répartit sur les diverses solives qu'elle croise, et dont les dimensions doivent être en conséquence majorées ; on établit en travers sur les solives une semelle en bois ou en fer sur laquelle on monte la cloison. Si elle est dirigée parallèlement aux solives, on peut intercaler entre les solives du plancher une solive supplémentaire chargée de porter la cloison ; on la formera d'un fer à larges ailes, si c'est nécessaire, et on lui donnera une hauteur égale à celle des autres solives du plancher.

Il est préférable, en disposant les solives du plancher, d'en placer une sous la cloison et de la former de deux fers jumelés, distants l'un de l'autre de 0 m 200 ; c'est ce qu'on appelle un *filet* ; on fait un hourdis entre ces deux fers, et on élève la cloison sur ce hourdis, qui présente une résistance suffisante pour la porter (fig. 11, pl. LIII).

25. Planchers enchevêtrés en fer. — 1° *Dispositions générales.* Lorsque les baies des murs sur lesquels s'appuient les solives sont fermées à leur partie haute par des linteaux en fer, on peut faire porter les solives sur ces linteaux ; il n'en est pas de même des baies clavées en pierre de taille ; on forme alors une *enchevêtrure* ; les deux solives placées à droite et à gauche de la baie s'appellent *solives d'enchevêtrure*, et on assemble sur elles un *chevêtre* qui est chargé de recevoir les solives intermédiaires ; il s'assemble sur les solives d'enchevêtrure au moyen *d'équerres*, et les *solives boiteuses* s'assemblent sur lui par le même moyen. Tous ces fers doivent avoir exactement la même hauteur ou tout au moins être arasés par le bas. On place le chevêtre à 0 m 15 ou 0 m 20 du mur, et alors, il fatigue peu les solives d'enchevêtrure, qui n'ont pas besoin en général d'être plus fortes que les autres ; il est bon de mettre sous leur portée une tôle pour mieux répartir la charge sur le mur ; on peut remplacer le fer ordinaire par un fer larges ailes, de même hauteur si la solive d'enchevêtrure doit être renforcée. Le chevêtre se calcule en raison de sa portée et de la charge uniformément répartie que lui transmettent les solives boiteuses ; on peut aussi le constituer par un fer larges ailes. Il n'y a pas à se préoccuper de la position des solives pour l'installation des cheminées ou des tuyaux de fumée, lorsqu'elles sont parallèles au mur qui contient ces tuyaux ; mais si l'on est obligé d'appuyer les solives sur ce mur, il faut éviter les tuyaux à l'aide d'une enchevêtrure.

On réserve de même par des enchevêtrures les vides nécessaires au passage des escaliers, des monte-charges, des appareils et chute des cabinets d'aisances ; seulement comme les charges transmises à la solive d'enchevêtrure par le chevêtre sont alors appliquées en un point quelconque de sa longueur, souvent à grande distance des appuis, il faut en tenir compte et majorer les dimensions de cette solive.

2° *Calcul d'une solive d'enchevêtrure.* On pourra facilement le faire de la manière suivante : soit P, la charge reportée par un chevêtre à une solive d'enchevêtrure de portée l entre murs, en un point de sa longueur, situé à une distance a de l'appui le plus rapproché ; soit P, la charge totale que porte une solive courante ; on calculera la solive d'enchevêtrure comme si elle supportait une charge uniformément répartie égale à

$$P\left(1 + \frac{2\,P'\,a}{P\,l}\right)^2$$

Le même calcul s'applique à une solive qui porte une cloison transversale. P' représente alors le poids de cloison afférent à la solive.

26. Planchers composés de poutres et de solives. — Lorsque la portée d'un plancher dépasse 6 à 7 m 00 dans les conditions de surcharges ordinaires, et de 4 à 5 m 00 avec de fortes surcharges, il est plus économique de subdiviser la surface à couvrir en un certain nombre de travées étroites par des *poutres*, sur lesquelles on établit ensuite des solivages parallèles, absolument comme nous l'avons vu à propos des planchers en bois.

Ces poutres peuvent être constituées par un fer laminé de grande hauteur, ou par une poutre en tôles et cornières ; il est bon de leur donner relativement plus de largeur d'ailes qu'à des solives ordinaires. Dans certains cas, on pourra éviter d'avoir des hauteurs trop grandes en employant des *pièces jumelées* ou des *poutres en caissons*.

Les poutres doivent porter sur les murs en des points parfaitements résistants ; leurs abouts doivent reposer sur un *parpaing* en pierre par l'intermédiaire d'une plaque de tôle de 0 m 02 d'épaisseur, ou d'une plaque de fonte ; on les ancre dans la maçonnerie de manière que les poutres forment *chaînage* transversal pour la construction. Si la poutre est formée d'un fer laminé, il vaut mieux le choisir à larges ailes ; on peut poser simplement les solives sur les poutres ; les solives sont alors d'une seule pièce sur les différentes travées, ou bien éclissées au-dessus de chaque poutre.

La poutre peut être formée de deux fers jumelés espacés de 0 m 30 à 0 m 50 d'axe en axe, l'intervalle étant rempli de bonne maçonnerie ; on réunit les deux fers par des boulons à quatre écrous, de 0 m 016 de diamètre, placés tous les mètres environ, qui en même temps maintiennent le hourdis. On a ainsi une partie large, sur laquelle on peut facilement appuyer les solives, et qui aura elle-même une surface d'appui suffisante si on doit la placer sur *colonnes* ou sur piles intermédiaires (fig. 14, pl. LIII).

On peut constituer de même une poutre par trois fers jumelés assemblés dans les mêmes conditions que précédemment. On a toujours intérêt à écarter le plus possible les fers qui constituent une poutre, car alors on diminue la portée libre des solives des différentes travées, et on peut leur donner des dimensions moindres.

Si les poutres ne peuvent pas faire saillie sous le plancher, il faut les enfermer dans son épaisseur, qu'on est alors obligé d'augmenter pour pouvoir les y loger ; dans ce cas, on appuie les solives sur l'aile inférieure de la poutre, à laquelle on les assemble par des équerres rivées d'avance aux solives et boulonnées sur les poutres (fig. 14, pl. LIII). Pour de faibles portées, la poutre peut être un fer unique ; si la portée augmente, elle est formée de deux fers jumelés, espacés de 0 m 30 à 0 m 50, l'intervalle étant rempli de maçonnerie. On pourrait dans certains cas former la poutre de trois fers ; mais le fer intermédiaire ne supportant pas d'assemblages de solives ne travaille pas dans les mêmes conditions que les autres auxquels il n'est relié que par les boulons d'entretoisement et par les hourdis.

Lorsque les poutres peuvent faire une forte saillie sur le plafond de l'étage inférieur, et former *soffites* saillants, on peut encore assembler les solives sur les poutres par des équerres, mais en les relevant, de manière à ce que les semelles supérieures soient arasées ou qu'au moins la semelle supérieure de la poutre arase les lambourdes du parquet ; on soutient alors l'about de chaque solive par une équerre tirée à l'âme de la poutre, et qui a surtout une grande utilité pour la pose des solives ; on peut former ces équerres par une cornière longitudinale régnant sur toute la longueur de la poutre (fig. 15, pl. LIII).

Les mêmes dispositions peuvent être appliquées lorsqu'on emploie des poutres composées de tôles et cornières, mais avec quelques modifications de détail dans les assemblages ; on donnera souvent une plus grande solidarité aux poutres jumelées qu'avec de simples boulons d'entretoise à l'aide de croix de Saint-André, et de frettes, ou encore d'entretoises en fonte, ainsi que nous l'avons indiqué précédemment.

27. Planchers avec appuis intermédiaires. — Lorsqu'on le peut, par exemple pour des planchers de bâtiments industriels, il est avantageux de supporter les poutres en des points intermédiaires de leur portée par des *piliers* en maçonnerie ou en fer, ou par des *colonnes en fontes* ; la portée libre des poutres et par suite leur hauteur se trouvent ainsi diminuées. Les piliers en maçonnerie, grâce à leurs dimensions transversales, ont généralement une stabilité suffisante ; il n'en est pas de même des piliers métalliques ou des colonnes en fonte. Il faut alors entretoiser transversalement les poutres au droit de chaque colonne ; on le fera par les solives elles-mêmes si elles sont assemblées sur l'âme des poutres ; on aura soin alors de placer dans la répartition de ces solives une solive au droit de chaque poutre ; on pourra même la doubler et en former un filet, si on le juge à propos, en particulier si elle a, comme cela arrivera quelquefois, une cloison légère à supporter à l'étage supérieur.

Nous donnons comme exemple (fig. 1, 2, 3 et 4 de la planche LV) le plan et les détails du plancher du moulin de Corbeil, construit par M. Denfer en 1863. On remarquera la forme cintrée donnée aux solives noyées dans un hourdis plein arasant la table supérieure des poutres. Ce plancher supporte une charge totale de 1.670 kil. par mètre carré : c'est le type des planchers de magasins de marchandises lourdes.

Si les solives sont simplement posées sur les poutres, on obtiendra l'entretoisement en réunissant les poutres au droit de chaque colonne par un filet formé de deux fers jumelés assemblés sur l'âme des poutres. Il en résulte un chaînage très énergique du bâtiment dans le sens perpendiculaire aux poutres.

28. Galeries en porte-à-faux. — On supporte une pareille galerie par des *consoles* en porte-à-faux encastrées dans le mur et sur lesquelles on vient placer une *poutre de rive* ; entre cette poutre et le mur, on établit de petites solives pour supporter le hourdis. Il peut être avantageux de constituer une telle galerie par les solives prolongées du bâtiment auquel elle est adjacente, si ces solives sont placées perpendiculairement à la galerie ; on constitue ainsi l'encastrement par continuité au-dessus du mur d'appui et on soulage beaucoup les solives ; il est toujours bon de relier par une poutre de rive les abouts de toutes les solives ainsi placées en porte-à-faux.

29. Calcul des dimensions d'une poutre. — Une poutre reposant sur ses deux appuis supporte une charge qu'on peut considérer comme uniformément répartie, et qui comprend son propre poids, plus le poids des deux demi-travées contiguës et les surcharges correspondantes.

Si L est la *portée* de la poutre, l la distance des axes des deux travées adjacentes, Q la *charge totale* par mètre carré de plancher, on pourra donner à la poutre une *hauteur* exprimée par la formule.

$$h = 0^{m}20 + 0,05\ L$$

Son poids approximatif sera alors égal à $0^{m}\ 005\ QL^{2}l$ par mètre courant. Si la poutre est en fer laminé, on la calculera de la même manière qu'une solive qui supporterait une charge totale $P = QL\ l\ (1 + 0^{m}\ 005\ L^{2})$, uniformément répartie sur toute sa longueur L. Si la poutre est composée de tôles et cornières, en appelant S la section d'une membrure de la poutre, comprenant la semelle, deux cornières et le bout d'âme compris entre ces deux cornières, on déterminera cette section par la formule

$$S \geq \frac{Q\ L^{2}\ l\ (1 + 0,005\ L^{2}) \times m}{8\ h\ R}$$

dans laquelle R est la résistance de sécurité du fer, qu'on fera bien de prendre égale à 6 kil. ; la section sera alors exprimée en millimètres carrés.

m est un coefficient empirique auquel on donnera les valeurs suivantes (d'après M. Périssé) :

Pour les hauteurs	de $0^{m}\ 30$ à $0^{m}\ 50$,	de $0^{m}\ 55$ à $0^{m}\ 70$,	de $0^{m}\ 75$ à $0^{m}\ 95$
on fera	m = $1^{m}\ 20$	$1^{m}\ 10$	$1^{m}\ 02$

Lorsque la poutre sera formée de deux fers jumelés on lui donnera une hauteur moindre, et on calculera chacun des deux fers comme supportant seulement la moitié de la charge totale.

Lorsqu'une pièce est placée en *console*, on la calcule de la même manière, mais en se rappelant que la charge totale, uniformément répartie, qu'elle peut porter est, à section égale et à portée égale, quatre fois moindre que la charge portée par une poutre posée sur deux appuis. On pourra donc employer pour la calculer les mêmes formules, mais en quadruplant la valeur de la charge.

30. Linteaux de baies en fer double T. — Lorsque dans une construction on a décidé d'adopter les planchers en fer, il est naturel de faire les linteaux en même métal. Le linteau, dans ce cas, se compose (fig. 5, pl. LV) de deux barres de fer double T, de $0^{m}\ 08$, $0^{m}\ 10$ ou $0^{m}\ 12$, suivant la portée des baies et la charge des linteaux. Ces deux barres jumelles sont réunies par trois boulons d'écartement en fer rond de 0^m 016, soit à deux écrous, soit mieux à quatre écrous, et quelquefois simplement des barres de fer carré, arrondies à leur extrémité et rivées sur les âmes des solives. Ces dernières doivent avoir au moins 0^m 25 de portée dans les jambages des fenêtres.

Lorsque les baies sont des portes, les deux pièces du linteau sont horizontales et de même niveau.

Il faut faire grande attention lorsqu'on détermine la position et l'écartement des fers d'un linteau de porte, de réserver la place que doivent occuper plus tard les bâtis et contre-bâtis des menuiseries de ladite baie.

Lorsque la baie est une croisée, il est indispensable que la barre arrière du linteau, c'est-à-dire celle qui se trouve à l'intérieur, soit plus élevée que l'autre de 0^m 05 à 0^m 07, de manière à ne pas gêner l'ébrasement de la croisée ; dans chaque cas particulier, il est bon de faire une coupe verticale de la baie, de manière à déterminer la forme des linteaux.

Dans la charpente en bois, les linteaux étant les premières pièces à se détériorer, on a admis le principe de ne point leur faire supporter les solives de planchers, et pour y arriver on emploie des chevêtres.

Dans la charpente en fer, il est d'usage au contraire de ne point mettre de chevêtres et de faire poser les solives des planchers sur les murs, même à l'endroit des linteaux, calculés en conséquence. Il est cependant mieux de conserver pour le fer l'usage adopté pour le bois.

Lorsqu'il n'y a pas de plancher portant dessus, la dimension pratique des linteaux est de deux fers à double T de 0^m 08 pour les baies jusqu'à 1^m 20 de largeur, et de deux fers à double T de 0^m 10 pour les baies jusqu'à 1^m 40. Lorsqu'il y a des charges autres que les allèges ou les soffites, on détermine les dimensions des fers, en tenant compte des charges et en se servant des tableaux de la planche LIV. Les linteaux sont hourdés en même maçonnerie que le mur sur lequel on les pose : on peut quelquefois employer trois fers jumelés si le linteau est dans un mur de plus de 0^m 50 d'épaisseur.

31. Filets et poitrails. — Les *filets* qui servent à supporter une partie du mur intérieur, ou les *poitrails* qui soutiennent les murs de face se construisent d'après les mêmes principes, mais on ne se contente pas de boulons pour l'entretoisement, et on emploie la croix de Saint-André et les frettes, ou bien des entretoises en fonte (fig. 6, pl. LV).

Lorsque deux filets ou deux poitrails reposent sur une même pile, leurs portées sont de 0^m 30 à 0^m 40 de long et on les chaîne ensemble à l'aide d'un *chaînage* en

V qui termine chacun d'eux; les deux chaînages en V sont réunis par une barre d'ancre, située au milieu de la pile (fig. 7, pl. LV).

Si la pile a peu de largeur, il est avantageux de former d'une seule pièce les deux filets en prolongement.

Lorsqu'un poitrail est fortement chargé, il faut le faire reposer sur la maçonnerie par l'intermédiaire de plaques de fonte de 0^{m} 030 d'épaisseur, posées à bain de ciment On hourde le plus ordinairement les poitrails en maçonnerie de briques et ciment, et on les surmonte ensuite d'une maçonnerie de briques suffisante pour donner une arase bien horizontale au niveau de l'assise suivante de maçonnerie.

On les supporte le plus souvent en des points intermédiaires par des colonnes en fonte présentant un chapiteau suffisamment évasé ; on interpose, entre le poitrail et ce chapiteau, une plate-bande en fer forgé, à bords relevés, qui se relie à la colonne par un goujon venu de fonte, engagé dans un trou percé dans la plaque (fig. 8, pl. LV).

On ne peut donner aux poitrails une trop grande portée entre piles, pour ne pas diminuer par trop la stabilité, et on dépasse rarement 9^{m} 00.

On peut constituer un poitrail par des poutres jumelées en tôles et cornières; comme alors ils présentent une plus grande largeur de semelles, on peut employer pour les appuis intermédiaires des *colonnes jumelées*, dont le chapiteau est alors peu développé, et qu'on relie en deux points de leur hauteur par des brides boulonnées (fig. 9, pl. LV).

Il faut proscrire l'emploi des *poutres en caisson* pour la construction des poitrails; elles manquent de stabilité; l'espace intérieur reste vide, et la rouille peut s'y mettre; enfin le moindre incendie peut porter au rouge les tôles minces et non protégées par un hourdis, et par suite faire perdre à la poutre toute sa résistance.

§ 5. — PANS DE FER

32. Colonnes pleines en fonte. — Ces colonnes sont cylindriques avec une légère diminution de diamètre à la partie supérieure; on les trouve toutes faites avec des diamètres échelonnés de deux en deux centimètres, de 0^{m} 08 à 0^{m} 18; les longueurs varient de 0^{m} 05 en 0^{m} 05 dans les dimensions les plus usuelles (fig. 1, pl. LVI).

La *base* est ordinairement carrée et peu évasée; le *chapiteau* est fait de même avec un *tailloir carré*; il est souvent terminé par un *goujon*; quelquefois, il porte des *consoles* pour lui permettre de supporter des poutres jumelées (fig. 2, pl. LVI). On fait également des colonnes à deux étages de hauteur, avec consoles intermédiaires, pour les boutiques surmontées d'un entresol; ces colonnes ne se trouvent pas toutes faites, et il faut les commander un mois d'avance (fig. 3, pl. LVI).

Les colonnes pleines sont lourdes, souvent en fonte de qualité médiocre et renfermant des soufflures qui diminuent la résistance ; aussi leur préfère-t-on les *colonnes creuses*.

Les colonnes en fonte se posent toujours sur une pierre de *libage* et on cale la base à l'aide de plaquettes de tôle qu'on noie ensuite dans le mortier de ciment.

Il est préférable de poser la colonne sur une plaque en fonte, avec goujon interposé, cette plaque étant posée sur mortier de ciment et bien de niveau ; on lui rabote une portée correspondant à la base carrée de la colonne, qui est également dressée sur le tour bien perpendiculairement à son axe.

33. Colonnes creuses en fonte. — Les *colonnes creuses* sont beaucoup plus avantageuses à employer que les pleines, lorsqu'on en a un certain nombre à faire identiques, les frais de modèle devenant dans ce cas peu importants. La fonte est toujours de meilleure qualité étant fondue sur plus faible épaisseur. Cette épaisseur varie avec les dimensions et la charge que la colonne doit supporter; elle ne dépasse jamais 0^m 030 à 0^m 035, mais est toujours supérieure à 0^m 015 ; on ne rencontre pas ces colonnes toutes faites dans le commerce, et on doit les commander un mois d'avance. On leur donne différentes formes, que nous indiquons sur la planche LVI.

La fig. 4 représente une demi-colonne engagée se reliant intérieurement avec une construction en briques.

Les fig. 5 et 7 représentent des colonnes de magasins ou entrepôts, avec *double console* de chaque côté du chapiteau pour porter de lourdes charges.

Les fig. 8, 9, 10 montrent une colonne en fonte portant charpente en bois, servant en même temps d'écoulement aux eaux pluviales, et présentant de plus de grandes *consoles* développées pour s'opposer au roulement du bâtiment et remplacer des contre-fiches en bois.

Les fig. 11, 12, 13, 14, 15, 16 représentent les types de colonnes de marchés publics, avec façades ornées et corps de colonnes à nervures diverses, destinées à recevoir soit des châssis, soit des cloisons en briques. La partie supérieure est inclinée pour recevoir l'arbalétrier, et souvent elle porte, séparée ou assemblée, une grande *console*, également en fonte, pour s'opposer au roulement et rendre l'angle rigide.

34. Résistance des colonnes en fonte. — La résistance des colonnes pleines en fonte est donnée par le tableau ci-dessous, qui permet de déterminer immédiatement le diamètre à donner à une colonne de hauteur donnée, devant porter une charge donnée.

Soit à porter 140.000 kil. sur une colonne de 3^m 00 de hauteur, le tableau montre que le diamètre à donner à la colonne est de 0^m 220.

On admet que la résistance d'une colonne creuse est la différence entre la résistance de la même colonne toute pleine, et celle d'une colonne ayant les dimensions du noyau vide.

DIAMÈTRE en MILLIMÈTRES	SECTION TRANSVERSALE en mill. carrés	POIDS PAR MÈTRE de longueur	CHARGES DE SÉCURITÉ EN TONNES POUR COLONNES PLEINES D'UNE HAUTEUR DE							
			1m00	2m00	3m00	4m00	5m00	6m00	7m00	8m00
50	1.963	15k	8T	5T	3T	»	»	»	»	»
60	2.883	21	10	8	6	4T	»	»	»	»
70	3.855	28	14	11	9	7	5T	»	»	»
80	5.034	36	18	16	13	10	8	»	»	»
90	6.370	46	23	20	18	15	12	10T	»	»
100	7.863	57	29	26	23	20	16	14	11T	»
110	9.513	69	35	33	29	25	22	19	14	13T
120	11.320	82	42	40	36	32	28	23	21	18
130	13.284	96	50	48	43	39	35	30	26	23
140	15.405	111	58	56	52	48	42	37	33	29
150	17.683	127	67	65	60	56	50	45	40	35
160	20.118	145	76	74	70	64	59	54	48	43
170	22.710	164	136	84	80	75	69	63	57	51
180	25.459	183	152	94	90	85	79	72	66	60
190	28.365	204	170	106	102	96	90	83	77	70
200	31.428	226	188	117	113	107	101	94	87	80
210	34.648	250	207	130	126	120	114	107	99	91
220	38.025	274	228	143	140	133	127	119	112	103
230	41.559	300	249	157	152	146	140	132	124	116
240	45.240	326	271	171	167	161	155	145	137	130
250	49.088	353	294	186	181	175	168	160	151	143
260	53.093	382	318	202	197	191	184	176	169	159
270	57.255	412	343	218	213	208	200	191	183	174
280	61.575	443	369	235	230	223	217	208	198	190
290	66.152	476	397	252	248	243	234	226	216	207
300	70.686	509	424	270	265	260	253	242	234	224

Le fait de remplir une colonne creuse avec du plâtre, ou mieux du mortier de ciment dur, augmente beaucoup sa résistance en s'opposant à un commencement de déformation. Je citerai, à l'appui, l'exemple d'une colonne creuse, de 6 m 00 de hauteur, qui soutenait le milieu d'un poitrail très chargé, et qui rondissait d'une manière inquiétante ; l'architecte a eu l'idée d'étayer, de l'enlever, de la remplir intérieurement de plâtre et de la remettre en place, où elle s'est depuis tenue très droite. Mieux vaut encore employer un mortier qui durcisse davantage, comme le mortier de Portland, ce qui est une dépense insignifiante en raison du petit volume du noyau.

35. Piliers en fer. — L'emploi du fer, pour constituer des *piliers*, présente de grands avantages ; il donne toute sécurité par son égale résistance à l'extension et à la compression ; il donne des assemblages tout aussi faciles, et on n'a pas à craindre, en l'employant, des défauts tels que les soufflures auxquelles la fonte est sujette, et qui diminuent beaucoup la sécurité.

On constitue facilement, avec des fers laminés, des sections très résistantes de piliers : la seule condition à remplir est de donner le plus possible de symétrie à la section, et de proportionner convenablement ses dimensions transversales à la hauteur du pilier ; la section S du pilier doit être vérifiée pour résister à la compression, en admettant une résistance de sécurité donnée par la formule de Love,

$$R' = \frac{R}{1,55 + 0,0005 \left(\frac{L}{D}\right)^2}$$

dans laquelle R = 6 kil. par millimètre carré, L est la longueur du pilier, D sa plus petite dimension transversale ; on a alors le tableau suivant :

$\frac{L}{D} =$	6	10	15	20	25	30	35	40	45	50
$R' =$	3^k8	3^k7	3^k6	3^k4	3^k2	3^k	2^k8	2^k5	2^k3	2^k1

Les sections les plus employées sont : la section double T, ou la section en U ; la section en caisson, formée de deux fers en U ou de deux fers double T ; la section en caisson, formée de tôles et cornières ; la section en croix.

36. Pans de fer. — *1° Généralités.* Un *pan de fer* est constitué par des piliers verticaux, réunis par des pièces horizontales ; une telle construction doit être indéformable et suffisamment résistante pour supporter les charges qui lui incombent.

On assure l'indéformabilité des angles en reliant les poteaux aux pièces horizontales par des *consoles* qui remplacent les contre-fiches de la construction en bois ; cette jonction se fait non seulement avec les sablières de face, mais aussi avec les pièces telles que des poutres de planchers qui viennent s'appuyer sur les poteaux (fig. 7, pl. LVII).

Le pan de fer peut, lorsqu'il est bien conçu, remplacer un mur, mais alors que celui-ci a une stabilité propre, due à ses dimensions transversales, le pan de fer, à cause de son peu d'épaisseur, n'a pas de stabilité par lui-même, et il n'acquiert la stabilité que par la liaison entre les différentes pièces qui le composent d'abord, et ensuite par sa liaison avec les charpentes adjacentes.

Si on donne aux poutres horizontales ou *sablières* la forme d'arcs, elles forment consoles par là même et suffisent au contreventement du pan de fer dans son plan, à la condition cependant de ne pas développer de poussées.

Lorsqu'un pan de fer doit simplement former remplissage dans un mur en maçonnerie, ou dans une construction dont l'ensemble est bien rigide, il n'est pas nécessaire de le contreventer dans son plan ; tels sont les pans qu'on établit pour supporter de grands vitrages.

2° *Pans de fer des maisons d'habitation.* Les pans de fer qu'on établit pour les maisons d'habitation sont construits d'après les mêmes principes que les pans de bois; les parties portantes sont le *poteau cornier* et les *huisseries* de baies, formées de fers double T à ailes ordinaires, de 0^{m} 12, réunis par une traverse de même fer formant linteau et posée à plat. Les deux fers qui constituent chaque trumeau sont reliés par deux *boulons d'entretoisement*, de 0^{m} 016, pour les empêcher de se voiler (fig. 1, 2, 3, pl. LVII).

Le poteau cornier, destiné à former l'angle de deux pans de fer, se compose de deux fers double T, un dans chaque pan, se joignant par une rive, et disposés chacun comme une huisserie du pan correspondant : une cornière de $70 \times 70 \times 9$ forme l'angle du poteau; elle est reliée aux deux fers par des *brides* de forme convenable, boulonnées sur les trois pièces et qui en maintiennent l'écartement (fig. 4, pl. LVII).

Tous ces fers montent d'un soubassement en *parpaings* sur lequel ils sont fixés par l'intermédiaire d'une *sablière* en fer plat de 130×9 ou en U de 120 de largeur. Le poteau cornier monte de fond; les huisseries sont interrompues au droit de chaque plancher et arrêtées à la *sablière haute* de l'étage; celle-ci est formée de deux fers à double T, de 0^{m} 120 ou mieux de 0^{m} 140, jumelés et fixés à la distance de 0^{m} 120 égale à l'épaisseur du pan. La tête du poteau inférieur est taillée bien d'équerre; on l'assemble, au pied du poteau qui lui est superposé, par une *plate-bande* boulonnée, qui traverse la sablière et est chantournée au passage; il est préférable d'employer une plate-bande double que l'on évide suivant la forme de la sablière (fig. 5, pl. LVIII). Celle-ci porte les solives de l'étage supérieur. On abat quelquefois les ailes des fers de la sablière pour permettre de passer la plate-bande d'assemblage des huisseries (fig. 6, pl. LVII).

Il est bon de terminer l'allège des fenêtres par un fer en U ou en double T, de 0^{m} 12, avec lequel on assemblera l'appui de la croisée.

Tous les assemblages sont faits au moyen d'équerres et de boulons (fig. 9, pl. LVII); comme on le voit, un tel pan métallique n'a qu'une stabilité très réduite, et est mal contreventé; on doit le fixer fortement à tous les planchers et à tous les murs de refend qu'il rencontre, et se servir du hourdis comme contreventement. A cet effet, on l'exécute en briques de choix, bien cuites et entières, qu'on emploie avec de bon mortier, avec joints bien pleins, et en ayant soin de remplir entièrement tous les vides entre les briques et les fers.

Pour les maisons à étages, le pan de fer aura beaucoup plus de stabilité si tous les poteaux sont composés de fers double T, jumelés à ailes ordinaires, ou au moins d'un fer à larges ailes, et si l'entretoisement en est parfaitement réglé.

On a également consolidé l'assemblage de deux poteaux, lorsqu'ils sont jumelés, en les réunissant alors par un fer perpendiculaire en double T, à larges ailes; d'un autre côté, on cramponne fortement les solives du plancher sur la sablière (fig. 8, pl. LVII).

On a également employé des *sabots en fonte* pour faire l'assemblage des poteaux sur les sablières.

Pour des pans de fer devant monter sur quatre ou cinq étages, il faut porter l'épaisseur à $0^m 14$ ou $0^m 16$.

Les bâtis des croisées et des portes s'assemblent par des boulons dans les montants et traverses en fer.

Si le pan de fer était peu élevé, deux ou trois étages seulement, au lieu de faire traverser les sablières, il serait bon de faire, au contraire, les montants d'une seule pièce, en interrompant l'une des sablières et mettant l'autre à l'intérieur du pan, et assemblant avec elle les solives du plancher.

A propos des combles hourdés, nous retrouverons des constructions qui ne sont autres que des pans de fer inclinés, construits d'après ces indications.

On peut élever des constructions complètement en pans de fer, mais alors les pans qui constituent les murs extérieurs doivent avoir une épaisseur assez grande pour que ces murs soient suffisamment isolants.

Les grandes maisons américaines sont construites en pans de fer et même d'acier; on avait cru tout d'abord que ces pans de fer résisteraient bien aux incendies, puisqu'ils sont parfaitement incombustibles; mais on s'est aperçu que, de même que les planchers en fer, ils sont rapidement détruits par l'action du feu dès que les pièces qui les composent sont portées à une température élevée. C'est pourquoi, dans ces grands pans de fer, les remplissages prennent une grande importance et doivent être complétés par des pièces réfractaires, suffisamment épaisses, qui entourent les poteaux et les poutres les plus importantes de la construction, pour les soustraire à l'action directe des flammes en cas d'incendie. On voit que l'épaisseur des parois se trouve ainsi fort augmentée, et qu'on perd le bénéfice de l'un des avantages du pan de fer, celui d'économiser la place.

§ 6. — FERMES DE COMBLES EN FER.

37. Poids par mètre carré d'un comble en fer. — Le poids propre d'un comble varie, comme nous l'avons dit à propos des combles en bois, suivant la nature de la couverture employée ; on peut adopter d'une manière générale, pour le poids par mètre carré d'égout d'un comble en fer, les nombres suivants :

Couverture en tuiles mécaniques à emboîtement........	65 à 75 k.
» ardoises............................	55 à 60 k.
» zinc, n° 14	35 k.
» tôle galvanisée en feuilles ou ardoises.....	30 k.
» tôle ondulée	30 k.
» verre double.........................	25 à 30 k.
» verre coulé..........................	35 à 45 k.

38. Appentis. Marquises. — Un *appentis* pour petites portées se compose simplement de *chevrons* régulièrement espacés, appuyés sur une *sablière supérieure* et sur une *sablière inférieure* ; la première est fixée au mur d'ados, l'autre appuyée sur le mur de face ou sur des colonnes en fonte ; lorsqu'on emploie des fers à vitrages, on peut atteindre 1 m 50 à 2 m 00 avec les fers ordinaires en croix, et 4 à 7 m 00 avec les petits rails.

Si la portée devient plus grande, on établit de distance en distance un *arbalétrier* en fer double T auquel on fait supporter des *pannes* horizontales sur lesquelles on pose les chevrons ; les arbalétriers sont ancrés dans le mur d'ados.

Lorsque la portée est plus grande, on soutient l'arbalétrier en un ou plusieurs points intermédiaires, et on maintient son pied par un tirant ancré dans le mur d'ados, absolument comme on l'a fait pour les combles en bois.

Quand l'appentis doit être accroché en porte-à-faux à son mur d'ados, il constitue un *auvent* ou une *marquise*. On scelle alors dans le mur, qui doit présenter à cet effet une résistance suffisante, une série d'arbalétriers en porte-à-faux, ou même si la portée est grande de véritables petites fermes ; ces arbalétriers supportent à leur extrémité une pièce horizontale parallèle à la façade, qui les relie et qui est destinée à recevoir le *chêneau* ; entre cette pièce et une sablière supérieure, on établit les chevrons du vitrage ou de la couverture. Lorsque la portée est assez grande, il peut être nécessaire d'avoir une panne intermédiaire.

La pente de l'auvent peut être disposée de manière à ramener les eaux dans le chêneau placé contre le mur ; on a alors une *marquise relevée*, tandis que la première disposition porte le nom de *marquise à égout*.

Des auvents de l'un ou de l'autre système accompagnent souvent les combles de hangars ; leurs fermes sont alors les prolongements de celles du hangar et s'attachent soit aux supports verticaux, soit aux sablières de rives.

39. Combles à deux pentes. — 1° *Combles sous pannes.* Le comble le plus simple pour les petites portées jusqu'à 7 ou 8 m 00 consiste en une série de triangles en fers double T, posés de champs ; les deux fers formant les *arbalétriers* sont reliés à leur partie supérieure par une éclisse de forme convenable, et ils supportent un fer longitudinal formant *faîtage* ; chaque arbalétrier est également relié à l'*entrait* en son pied par une éclisse.

Si la couverture est posée sur *voliges* on peut faire reposer celles-ci directement sur les fermes, avec interposition de *lambourdes* en bois, vissées sur les arbalétriers, à la condition d'écarter peu les fermes ; les arbalétriers forment alors *chevrons* ; on les entretoise par des boulons à quatre écrous.

On peut poser de la même manière le *lattis* composé de *liteaux* en bois ou de petits fers, carillons ou cornières. Dans certains cas, on peut faire un *hourdis* plein en maçonnerie entre les arbalétriers, et entre les entraits ; les fermes sont alors espacées de 1 à 1 m 50 ; on constitue ainsi un faux grenier triangulaire qui isole l'étage supérieur de la chaleur et du froid. L'ensemble est d'une très grande rigidité ; on établit le voligeage ou le lattis sur l'aire ainsi constituée en le posant sur de petites lambourdes scellées dans le hourdis, comme on établit un parquet ordinaire. Si l'on craint que l'entrait fléchisse en son milieu, on le suspend au faîtage par des *aiguilles pendantes* fixées à chaque assemblage.

2° *Combles avec pannes, et de faibles portées.* Si la portée devient plus grande, il vaut mieux espacer davantage les fermes, et leur faire porter des *pannes* ; on pourra leur faire porter à leur tour la couverture par l'intermédiaire de chevrons en bois ou en métal supportant les voliges ou le lattis, comme dans les fermes en bois ; ou bien on pourra clouer les voliges directement sur des lambourdes en bois vissées sur les pannes et, dans ce cas, celles-ci ne devront pas être écartées de plus de 1 m 00 les unes des autres. Si on établit deux couches de voligeage bien clouées l'une sur l'autre, on peut atteindre à des portées de 1 m 50 ou 2 m 00.

On peut également faire un hourdis en maçonnerie entre les pannes, qui ne seront alors distantes que de 1 m 50 au maximum, d'axe en axe, et établir le voligeage ou le lattis sur ce hourdis, comme il a été dit précédemment. Le hourdis peut être constitué par des *bardeaux en terre cuite* portés par des chevrons métalliques espacés de 0 m 40 à 0 m 50, d'axe en axe, et formés d'un fer à T simple ; on placera alors les lambourdes destinées à recevoir le voligeage à 45° par rapport aux chevrons, afin qu'elles s'appuient sur les fers parce que les bardeaux n'ont pas une grande résistance.

Dans certains cas, pour obtenir un meilleur isolement, on forme un double hourdis : l'un, au-dessus des ailes des arbalétriers, maintenu entre les chevrons, ou même sur un lattis en fer simple T, et composé de bardeaux en terre cuite ; l'autre hourdis est porté par de petits fers à T simple, parallèles aux chevrons et maintenus sur les ailes inférieures des pannes, et il est également formé de bardeaux en terre cuite qui peuvent rester apparents et former plafond.

L'entrait du comble, s'il doit porter plancher, ou seulement faux plancher, doit être en fer double T et capable de supporter les solives ; si cet entrait ne porte pas plancher, il peut être formé par un simple fer rond.

Dans les combles ordinaires, à faible portée, on espace les fermes de 3 à 6^{m} 00 ce qui permet d'employer pour celles-ci des fers double T laminés, des fers en U, et même, dans certains cas, des fers à simple T.

Les pannes s'assemblent ordinairement sur l'âme des arbalétriers par des équerres ; quelquefois, on les place au-dessus de l'arbalétrier auquel on les assemble alors par une sorte de chantignolle en tôles et cornières convenablement disposées.

Nous donnons (pl. LX, fig. 9, 10, 11, 12 et 13) les dessins d'ensemble et de détail d'un comble à deux travées pour bâtiment industriel, avec hourdis plein entre les pannes. Celles-ci sont posées simplement sur les arbalétriers qui sont, dans cet exemple, formés de deux fers double T, jumelés et reliés par des boulons à quatre écrous.

Le hourdis est traité comme un hourdis de plancher ordinaire ; les pannes sont reliées entre elles par des boulons d'entretoise à quatre écrous ; on a de même rempli en maçonnerie l'intervalle des arbalétriers. Ce comble a été construit par M. Denfer pour l'usine de MM. Feray à Essones.

3° *Combles sur colonnes. Lanterne.* Lorsqu'un comble repose sur piliers isolés ou colonnes, il faut rendre bien invariable l'angle de l'arbalétrier et du support à l'aide d'une *console* reliant les deux pièces ; l'arbalétrier peut être posé alors sur cette console. Dans d'autres cas, l'arbalétrier porte lui-même console par son about ; ces deux dispositions sont indiquées par la ferme représentée sur la pl. LVIII. Elle nous montre en même temps un exemple de l'emploi des arbalétriers en treillis et de la construction d'une *lanterne* couronnant un comble ; ce comble a été construit par M. Baudet pour son usine d'Argenteuil ; il est couvert en tuiles Muller.

La fig. 1 de la pl. LVIII représente la disposition générale du comble principal et du comble latéral muni de sa lanterne ; les arbalétriers du premier ont 0^{m} 35 de hauteur, et sont composés d'une âme en treillis de 25/9, de deux groupes de cornières de $60 \times 60 \times 9$ sans tables horizontales ; le profil de ces arbalétriers est dessiné fig. 14.

Les arbalétriers du comble latéral ont 0^{m} 25 de hauteur et sont construits de la même manière, et leur profil est indiqué fig. 15.

L'entrait est en fer rond de 0 m 020 de diamètre, il se termine par deux fourches d'assemblage avec les arbalétriers ; le détail de la fourche est donné dans les fig. 2. 6 et 13, qui indiquent aussi le moyen employé pour régler sa tension au moment du montage.

Les pannes sont en fer double T à ailes ordinaires, de 0 m 12, dont le profil est dessiné fig. 16 ; l'assemblage des pannes avec l'arbalétrier se fait (fig. 7) par équerres sur une partie d'âme pleine, ménagée à l'arbalétrier au point de rencontre.

Les pannes passent par-dessus les arbalétriers de tête des pignons, pour former une saillie dite *queue-de-vache*, de 0 m 55 au dehors ; elles sont soutenues dans ce porte-à-faux par des consoles en fer à T. Le détail de ces consoles et de la couverture, y compris la tuile de rive, est donné fig. 8 et 11.

L'aiguille de suspension du milieu de l'entrait est détaillée dans la fig. 5.

Sur les pannes, espacées de 2 m 05, on a établi un chevronnage, formé de fers cornières (fig. 17), vissés sur les pannes et espacés de 0 m 80. Ce chevronnage porte le lattis transversal recevant les tuiles, qui est formé de cornières de 25 × 25 × 4 (fig. 18).

Les fig. 9, 10, 12 indiquent la construction de la lanterne du petit comble, portée sur des piliers en fers cornières doubles de 40. Les piliers portent un faîtage en fer à simple T, sur lequel viennent s'assembler tous les chevrons courants (fig. 12), et sur ces chevrons on visse le lattis.

Les fig. 3 et 4 indiquent la construction d'une poutre inférieure, boulonnée sur les plats *p* des colonnes, et portant un rail (fig. 19) pour la roue d'un treuil roulant.

Ce comble, très étudié dans toutes ses parties, est un excellent type à suivre pour couvertures d'ateliers.

4° Comble à faux entrait. Pour de plus grandes portées, ou afin d'avoir des arbalétriers de moindre section, on peut les soutenir, comme on l'a fait dans les combles en bois, en divers points de leur longueur par du faux entrait et par des contre-fiches. La fig. 1, pl. LIX, représente un comble de 16 m 00 de portée, qui a été consolidé par un *faux entrait* réunissant les milieux des deux arbalétriers. Une *aiguille pendante* venant du faîtage vient soutenir le milieu de l'entrait en fer rond qui plierait sous son propre poids sur les 16 m 00 de portée.

Les deux *arbalétriers* sont en fer double T, de 0 m 16, larges ailes, et soutiennent des pannes de 0 m 12 à ailes ordinaires, de 3 m 60 de portée (écartement de deux fermes consécutives) et doublées de pièces de bois de 0 m 12 sur 0 m 08 boulonnées, destinées à recevoir les chevrons et leurs clous d'assemblage. La couverture de ce bâtiment est en tuiles à emboîtement.

5° Comble relevé. La fig. 2, pl. LIX, représente une autre sorte de comble pour portées de 8 à 12 m 00 qui diffère du précédent en ce que le plancher du grenier qui doit former entrait se trouve en contre-bas de l'intersection des arbalétriers avec les murs montants.

Dans ce cas, les arbalétriers reposent sur le mur et y sont fixés par des boulons à scellements, tandis que les deux *contre-fiches bb'* relient l'arbalétrier à l'entrait, qui doit s'opposer à l'écartement, et qui sert en même temps de poutre de plancher. Les arbalétriers sont en fer double T à ailes ordinaires de 0^{m} 18 de hauteur, les pannes sont en fer de 0^{m}12 pour un écartement de 3^{m} 20, les poutres sont en fer larges ailes de 0^{m} 26, et le *faux entrait* en fer ailes ordinaires de 0^{m} 14.

Les fig. 3, 4, 5, 6, 7 et 8 donnent les détails de tous les assemblages de ce comble.

6° *Fermes anglaises*. Dans tous les combles précédents, l'arbalétrier n'est pas soutenu au droit de chaque panne, de sorte qu'il est fléchi; on obtient pour cette pièce des dimensions bien moindres si on adopte le système de la *ferme anglaise*, dans laquelle l'arbalétrier est soutenu au droit de chaque panne par une *contre-fiche* verticale ou oblique dont le pied vient se fixer sur l'entrait en un point, qui est à son tour soutenu par une *aiguille pendante* reliée à l'arbalétrier sous la panne immédiatement supérieure. L'entrait d'une telle ferme peut être horizontal ou brisé en son milieu, ou polygonal; le principe en est toujours le même. La ferme constitue ainsi une véritable poutre en treillis triangulaire et l'arbalétrier n'est plus fléchi.

On met une panne par égout jusqu'à 8 ou 10^{m} 00, deux de 11 à 15^{m} 00, trois de 16 à 20^{m} 00, l'espacement entre pannes en plan variant de 2 à 2^{m} 50.

7° *Croupes dans les combles en fer*. Les *croupes*, dans les combles en fer, s'exécutent plus facilement que dans les combles en bois parce que les moyens de jonction dont on dispose sont plus rigides et plus solides, et que les pièces peuvent résister à tous les genres d'efforts. On établit toujours une *ferme de long pan* dont le sommet reçoit la butée des deux arbalétriers des *demi-fermes d'arêtier*; on peut en général supprimer la demi-ferme de croupe.

8° *Combles à la Mansard*. Les combles à la Mansard s'exécutent en fer, d'après les mêmes principes que lorsqu'on emploie le bois, mais ils laissent un espace utilisable beaucoup plus grand, tout en permettant d'obtenir une rigidité considérable de l'ensemble de la construction.

Les fig. 1 et 2, pl. LX, nous montrent un comble à la Mansard, en fers hourdés système Denfer, très employé pour maisons de campagne et autres usages, et qui a l'avantage d'utiliser complètement toute la place intérieure, d'être construit en fers très légers, très économiques, et de rivaliser comme prix au mètre superficiel couvert avec la charpente en bois.

Ce comble se compose d'une sablière inférieure en fer plat, de 90/7, posant sur le mur extérieur de la maison; de quatre arêtiers en fer double T, à ailes ordinaires, de 0^{m} 12 *ab*, *a'*, *b'*; d'une sablière *bb'* faisant le tour du comble à hauteur du bris, en fer double T, de 0^{m} 12, et d'une série de solives de remplissage en fers double T à ailes ordinaires, de 0^{m} 08, boulonnées ensemble et hourdées.

La calotte supérieure est formée également de 4 arêtiers et d'un faîtage, et de remplissage en fers de 0^{m} 08, boulonnés. Cette calotte est hourdée comme le versant rapide.

On forme ainsi une véritable boîte indéformable, portant au dehors la couverture, enduite au dedans, et présentant toute sa capacité utilisable. — Lorsque cette boîte est traversée par des murs de refend, on en profite pour chaîner les sablières opposées à hauteur du bris, on prolonge les principaux fers et arêtiers jusqu'au plancher inférieur, qui est généralement au-dessous de la sablière basse, et on les relie aux fers de ce plancher.

En résumé, la poussée de la calotte est impossible, vu sa forme et la résistance des sablières.

Sur le hourdis, ou à moitié noyées dans son épaisseur, sont scellées des lambourdes en sapin, 0^{m} 08 $\times$ 0^{m} 04, garnies de clous à bateaux, sur lesquelles on vient clouer les voligeages ou lattis de la couverture.

Les fig. 3 et 4 représentent le comble de même système d'un château des environs de Paris. Ce comble est à deux étages et composé de même. Les arêtiers et remplissages de la partie raide sont d'une seule pièce et vont de la sablière basse à la sablière de bris ; à hauteur convenable, des traverses en fer de 0^{m} 08 double T à ailes ordinaires, assemblées à équerres avec les montants et mises à plat, forment une lisse horizontale sur laquelle viennent poser les fers double T à ailes ordinaires, de 0^{m} 14, du plancher du milieu du comble. Pour ne pas fatiguer ces traverses, on a fait juxtaposer les fers de ce plancher avec les montants, et on les a reliés au moyen de boulons.

La calotte est faite de la même manière, mais en fers de 0^{m} 12, vu la grande portée des barres.

Les fig. 5, 6, 7 et 8 complètent l'ensemble de ce comble en donnant tous les détails de construction.

Un grand nombre de ces combles sont exécutés depuis quelques années, et l'usage tend à s'en répandre de jour en jour.

On remarquera que ces combles sont constitués de véritables pans de fer pour les parties raides, et de vrais planchers en fer pour la partie supérieure.

L'écartement des fers varie pour se prêter à la position des murs, souches de cheminées, lucarnes, etc., qu'il y a à ménager dans une construction de cette nature.

Pour des bâtiments de grande importance, on peut construire des combles de cette espèce, avec fermes supportant des pannes ; on fera alors le remplissage du bris par des chevrons en fer établis suivant la ligne de plus grande pente, et allant de la sablière de bris à la sablière inférieure.

On peut même donner au profil extérieur du comble ainsi constitué la forme courbe, ainsi qu'on l'a fait dans un certain nombre de grandes maisons de Paris, afin de profiter de tout l'espace accordé par le règlement qui limite la hauteur des édifices.

9° *Combles Polonceau*. Nous avons parlé, à propos des combles mixtes en bois et fer, des combles système Polonceau ; on les construit en fer, absolument de la même manière, mais en remplaçant l'arbalétrier en bois par une pièce à section double T.

Un comble de ce système, appliqué à un marché couvert, est représenté pl. LXI.

Les *sous-tendeurs*, l'entrait et la bielle de chaque arbalétrier s'assemblent au moyen de deux plaques de tôle (fig. 7) sur lesquelles elles viennent se boulonner ; la tête de la bielle vient prendre à fourche le milieu de l'arbalétrier, garni à cet effet de fourrures convenables (fig. 5) ; les extrémités des sous-tendeurs s'assemblent dans l'arbalétrier par des fourches auxquelles ils sont fixés par un boulon (fig. 8).

L'arbalétrier vient poser et s'assembler sur la tête de colonne élargie en forme de console (fig. 2).

Les pannes sont en fer double T à ailes ordinaires, de 0^{m} 200, en raison de la grande distance des axes des fermes, qui est de 6^{m} 00, et du poids de la couverture ; elles sont assemblées avec les arbalétriers au moyen d'équerres, et sont surmontées de pièces de bois moulurées, vissées sur leur aile supérieure, et portant un plancher de 0^{m} 030 en frises sur lequel est établie la couverture. Tous ces détails sont indiqués fig. 2.

Comme dans la planche précédente, ce comble a une *lanterne* détaillée (fig. 3 et 4). Cette lanterne porte sur des piliers en fonte, assemblés eux-mêmes avec les arbalétriers. Ces piliers sont assemblés, par boulons, avec un double fer à simple T, de 0^{m} 075 de table horizontale formant arbalétrier ; sur ce fer, viennent s'assembler un gros fer plat, comme ligne de faîtage, et deux fers double T à larges ailes, de 0^{m} 08, comme lignes de panne. C'est sur ces trois lignes que repose le chevronnage de la lanterne, lequel porte le verre en feuillure. Ces vers à vitrages ont 30/35.

Les côtés du marché dont nous décrivons la charpente sont formés d'*appentis* adossés à la halle principale, et dont la construction est très simple.

Sur des colonnes en fonte plus petites, on vient assembler un arbalétrier en fer double T à ailes ordinaires, de 0^{m} 23, qui franchit sans soutien la partie de 6^{m} 00 et qui porte les pannes comme précédemment.

Ces colonnes sont reliées dans le haut par une poutre de rive en treillis ; puis elles sont disposées pour recevoir des lames de persiennes en tôle ; enfin leur partie inférieure porte des feuillures nécessaires pour se relier à un soubassement en briques et pierres.

Les colonnes sont creuses (fig. 10) pour pouvoir servir à l'écoulement des eaux.

Les combles à une seule bielle par arbalétrier s'emploient pour des portées de 14 à 22^{m} 00; au delà de ces portées, il faut employer trois bielles par arbalétrier.

L'inconvénient des combles Polonceau, c'est qu'ils manquent de rigidité transversale et que leurs assemblages sont, en grande partie, constitués par des pièces de forge, dont la confection exige, de la part des ouvriers, la plus grande attention, et dont il est fort difficile de vérifier la qualité; c'est pourquoi on a quelquefois remplacé les tirants et sous-tendeurs en fer rond par des fers à section composée de tôles et cornières, qui ont plus de rigidité, et qui s'assemblent par éclisses entre eux et sur les arbalétriers; c'est la disposition adoptée pour le comble de la gare Saint-Lazare et pour les nouveaux combles de la gare des chemins de fer de Paris-Lyon-Méditerranée.

Nous n'étudierons pas ces grands combles, pas plus que les *combles en arc*, dont l'usage se répand beaucoup aujourd'hui, et qui, par leur importance, sortent des limites de cet ouvrage; nous renverrons le lecteur, pour cette étude, aux ouvrages spéciaux qui traitent de ces questions.

10° Combles avec points d'appui intermédiaires. Dans bien des cas, on peut diminuer la largeur des espaces à franchir par un comble en créant des *points d'appui intermédiaires*, qui réduisent à la fois la portée et la section des arbalétriers; chaque support se jonctionne avec ceux-ci par des consoles très développées; d'autres consoles relient les supports aux pannes, placées au droit de chacun d'eux pour contreventer la construction.

Lorsque, dans un bâtiment de grande largeur, les planchers sont soutenus en divers points par des supports intermédiaires, ainsi que nous en avons montré des exemples, on a intérêt à prolonger ces supports jusqu'au comble pour leur faire soutenir les arbalétriers.

40. Contreventement des fermes de combles en fer. — Nous avons vu comment en construisant une ferme on peut la rendre indéformable dans son plan; mais il faut, de plus, qu'elle ne puisse pas sortir du plan vertical dans lequel on l'établit, car la résistance de ses différentes pièces est calculée pour cette position, mais serait insuffisante si la ferme se déversait transversalement à son plan.

Dans les fermes de petites dimensions, on compte souvent, pour établir le contreventement, sur la seule rigidité des assemblages des pannes et des arbalétriers; le hourdis des combles assure d'une manière suffisante leur contreventement. Pour les combles de grandes portées, il faut se préoccuper d'établir le contreventement d'une autre manière; comme en général le poinçon est réduit à une tige mince, et qu'il en est souvent de même de l'entrait, on ne peut pas, comme dans les combles en bois, établir des liens entre le poinçon et la panne faîtière; on est alors obligé de contreventer, dans le plan de chacun des rampants, par des croix de Saint-André reliant, dans chaque travée, le sommet d'un arbalétrier au pied de l'arbalétrier voisin ; ces pièces peuvent être établies au niveau des chevrons ou suspendues par-dessous les fermes.

§ 7. — LES ESCALIERS EN FER

41. Escaliers à crémaillères. — La tôle s'applique particulièrement bien à la construction des *échiffres* d'escaliers ; on peut la cintrer bien régulièrement, lui donner la forme de crémaillère et y assembler facilement les marches et les contremarches, ainsi que nous allons le voir ; les dispositions adoptées varient suivant que les marches et les contremarches sont en bois, en pierre ou en métal.

1° *Escalier d'atelier, sans contremarches.* La marche est constituée par une tôle striée de 0^{m} 010, assemblée par une cornière de 0^{m} 025 sur la crémaillère en tôle de 0^{m} 005 (fig. 11, pl. LIX).

2° *Escaliers avec semelles en bois.* Pour un escalier de maison d'habitation, la marche est en bois ; elle est alors assemblée sur la crémaillère, qui est une tôle de 0^{m} 005, par des cornières latérales ; si la contremarche est en bois, on l'assemble dans la marche comme dans les escaliers en bois ; si elle est en tôle, on l'assemble sur une cornière verticale, fixée à la crémaillère (fig. 9, pl. LIX).

On peut également, dans ce cas, consolider l'assemblage de la contremarche dans la marche, qui n'est fait que par simple pénétration, par quelques équerres placées en dessous de la marche. Pour maintenir le hourdis du plafond sous l'escalier, on fixe à chaque marche, à sa partie arrière, ou à chaque contremarche, au moyen de vis, deux ou trois feuillards contournés ou munis d'une encoche à la partie inférieure, et on leur fait porter un fenton parallèle à la contremarche ; tous ces fentons sont bien réglés suivant la surface du gros œuvre du plafond à obtenir ; on vient y placer en long d'autres fentons qui forment, avec les premiers, une *paillasse* ; on les courbe convenablement, et on les fixe sur les traverses par des ligatures en fil de fer. On fait un empâtement de plâtras et de plâtre autour de ces fers, et on y accroche le crépi du plafond. On peut se contenter de placer un plus grand nombre de bouts de feuillard, et leur faire supporter directement les fentons longitudinaux (fig. 10, pl. LIX).

La crémaillère est découpée soit dans un large plat de 0^{m} 300, soit dans une tôle plus large, si c'est nécessaire ; les parties droites peuvent se faire d'un seul morceau ; mais les parties tournantes doivent être découpées à la demande, pour restreindre le déchet. Les joints entre les divers morceaux se font à plat, avec un couvre-joint intérieur, fixé sur chaque morceau par cinq boulons à têtes extérieures, fraisées et affleurées.

On maintient l'échiffre à distance constante du mur, au moyen de fers double T à larges ailes, fixés à la crémaillère par des équerres, et scellés de l'autre bout dans le mur.

3° *Escaliers avec marche en pierre.* Les marches en pierre ont de 6 à 8 centimètres d'épaisseur; elles doivent être soutenues sur toute leur surface inférieure, ce qui exige un hourdis plein ; la crémaillère est alors plus haute et a de 0^m 009 à 0^m 011 d'épaisseur ; la contremarche peut être en pierre, et alors elle est fixée aux marches par des goujons en fer, les marches sont maintenues à leur partie inférieure sur des fers à double T, de 0^m 08; ou bien la contremarche est formée d'une forte cornière en fer, dont la branche horizontale supporte la marche supérieure ; à l'arrière de la marche est une autre cornière plus faible, à laquelle on suspend la paillasse, comme dans les cas précédents (fig. 12, pl. LIX).

Lorsque l'emmarchement est large, et que la crémaillère est très chargée, on peut la renforcer par des cornières rivées intérieurement le long de son bord inférieur et un peu au-dessus.

42. Paliers dans les escaliers à crémaillère en fer. — A sa partie inférieure, la crémaillère est terminée par une coupure bien horizontale, et munie d'une large cornière, qui lui forme une base assez large par laquelle elle s'appuie sur une marche en pierre qui commence toujours l'escalier.

Lorsqu'une crémaillère arrive à un palier, elle se recourbe en arrondi pour repartir ensuite dans une direction inverse, avec ou sans partie droite ; c'est la partie qui fait face au palier qu'il faut soutenir. On établit à quelque distance, et en arrière, une marche palière, formée de deux fers double T, jumelés, et on y fixe la crémaillère par des boulons en interposant une cale en fonte.

Lorsqu'on doit fixer la crémaillère à un *palier d'angle*, on emploie le système du *levier* et de la bascule, déjà décrit à propos des escaliers en bois.

43. Escaliers à limons en fer. — Le *limon* est formé d'une pièce de hauteur constante, et, par suite, il est bien plus solide que la crémaillère ; on peut le construire en fer en U, ou en fer double T s'il est à volées droites ; pour les volées courbes, il faut employer une simple tôle de 5 à 10 millimètres, que l'on cintre et qu'on renforce par des fers de petit échantillon ; on peut former un limon à l'aide de deux tôles parallèles, réunies par des bois moulurés : il a ainsi un aspect moins grêle. On peut encore le constituer par un fer en double T, exécuté en tôles et cornières, qu'on entoure complètement de *stuc* imitant la pierre de taille.

Les marches et les contremarches sont fixées entre les limons par des cornières, absolument de la même manière que dans les escaliers à crémaillères ; les hourdis se font aussi de même à l'aide d'une paillasse suspendue aux parties arrières des marches.

Le limon se termine à sa partie inférieure par un fort patin que l'on boulonne à scellement sur une marche en pierre, et on le bute contre le socle d'un pilastre de rampe.

Dans les escaliers à volées droites, on peut employer les pilastres de butée, comme on l'a vu à propos des escaliers en bois, pour recevoir les abouts des limons.

§ 8. — SERRURERIE PROPREMENT DITE ET QUINCAILLERIE

44. Pièces de forge pour ferrements des maçonneries et des charpentes. — Les *serruriers* sont chargés de la confection de tous les *ferrements* qui doivent consolider les assemblages de charpente, tels que plates-bandes, harpons, étriers, bandes de trémies ; ils font également les linteaux et filets, les ancres, les chaînages des maçonneries ; les ceintures de fourneaux et de cheminées, les entretoises des planchers en fer.

Par extension, les serruriers exécutent souvent des ouvrages de charpente de fer, tels que planchers, marquises, petits combles.

45. Ferrements des menuiseries. — *1° Portes et châssis.* Les portes légères, telles que certaines portes d'intérieur, les portes sous tentures, les portes d'armoires, se ferrent au moyen de *charnières*, de préférence à tout autre système, à cause du peu de saillie de leur *nœud*.

La charnière se fait en tôle ou en cuivre et se compose de deux *platines* de métal pourvues sur l'une des rives de *charnons* s'emboîtant les uns dans les autres et formant le nœud de la charnière.

On place l'une de ces branches sur l'huisserie ou le bâti, et l'autre sur la porte. Une *goupille* ou *broche* réunit ces deux pièces et sert d'axe de rotation.

Les charnières de portes se divisent en *carrée longue ordinaire* et en *carrée longue renforcée* ; celle-ci est plus forte que la précédente.

Ces charnières doivent, étant posées, affleurer le bois et par conséquent être entaillées. On emploie dans les ouvrages courants la charnière de 11 centimètres.

Les portes d'appartements se ferrent le plus souvent au moyen de *paumelles*. Ce mode de ferrure offre l'avantage de permettre de dégonder les portes sans toucher à une seule vis et par conséquent sans détériorer la peinture.

La *paumelle* est composée de deux branches formant T. Les branches se posent verticalement sur le vantail (fig. 8, pl. LXII).

Les *paumelles* se divisent en *paumelles simples* et en *paumelles doubles*.

Les premières n'ont qu'une branche ayant un œil dans lequel doit entrer un *gond à pointe* ou *à scellement*. Les paumelles doubles ont deux branches semblables dont l'une se fixe sur le bâti ou l'huisserie et l'autre sur la partie mobile. Les paumelles se posent en feuillures et se fixent avec des vis. Entre les *nœuds* des paumelles se trouve une petite bague en cuivre qui adoucit le frottement.

Les paumelles se placent au nombre de trois à chaque vantail.

Les *paumelles doubles* se subdivisent en *paumelles à nœuds bouchés*, *à olive*, *laminées*, *à nœuds rabotés*, etc.

Les portes de cave, de cellier, les portes charretières, en un mot les portes d'extérieur qui sont lourdes, se ferrent le plus souvent au moyen de *pentures*.

La *penture* est composée d'une bande de fer méplat terminée par un œil ou *nœud* qui pivote sur un *gond à pointe* ou *à scellement*.

Cette bande de fer est percée de trous destinés à recevoir des vis ; on lui donne le plus souvent comme longueur la largeur de la porte, et elle sert en même temps à faire mouvoir le vantail et à maintenir en place toutes les planches qui le composent.

On distingue :

La *penture ordinaire*, qui est de même largeur dans toute sa longueur ;

La *penture à collet élargi*, dont la partie près de l'œil est plus large que dans sa longueur qui est ordinairement dressée, limée et entaillée dans le bois ;

La *penture à équerre à T*, dont la barre traverse toute la largeur de la porte et qui se termine par un T qui se fixe sur le montant ;

La *penture à équerre double inférieure*, dont la branche forme double retour d'équerre et embrasse le bas des deux montants et la traverse basse ;

La *penture à équerre double supérieure*, qui est semblable à la précédente, mais renversée, et qui se pose sur la traverse haute.

Ces trois dernières pentures ne s'emploient que pour les portes lourdes, telles que les portes charretières.

Les *pentures* peuvent être très ornées. Presque toutes les anciennes portes d'églises ou de châteaux étaient ferrées de pentures plus ou moins riches. Les unes étaient fleuronnées, les autres à enroulements. Un des plus beaux exemples qui nous soient restés sont les pentures des grandes portes de Notre-Dame de Paris.

Pour les portes très lourdes et fatiguant beaucoup, telles que les portes charretières et les portes cochères, on remplace la paumelle ou la penture par le *pivot*.

Le *pivot* est une pièce de métal supportant un poids qui doit se mouvoir autour de l'axe de cette pièce.

Les *pivots* tournent ordinairement dans une *crapaudine* ou masse métallique fixée dans le sol et percée en son milieu d'un trou dans lequel entre le pivot.

Quelquefois, et nous préférons ce système, le pivot est fixé dans la crapaudine et entre dans l'armature en fer fixée au bas de la porte.

On donne aujourd'hui le nom de pivot à l'ensemble de la ferrure qui soutient le *ourillon* ou qui le reçoit. Il reçoit alors le nom de *pivot à équerre et à congé*. Nous donnons (pl. LXII, fig. 1) le pivot du bas qui se fixe après la porte au moyen de clavettes ou de vis à tête fraisée, et (pl. LXII, fig. 2) le pivot du haut ; tous deux avec leurs tourillons.

La fig. 3 représente une *équerre double*, qui embrasse les bâtis de porte.

La fig. 4 représente un T simple qui peut être double pour les traverses de portes, si elles sont de grande largeur.

La fig. 5 indique une équerre portant penture et sa charnière ; la fig. 6, un pivot à moufle ; la fig. 7, une patte à scellement formant T.

Dans les portes à vantaux, il est nécessaire, lorsqu'on veut fermer la porte de fixer d'abord intérieurement l'un des vantaux ; on le fait à l'aide de *verrous* ; le verrou est formé d'une plaque de tôle portant deux *colliers* ou *conduits* dans lesquels glisse un *pène* prolongé par une tige ; cette tige est guidée dans un ou plusieurs colliers supplémentaires et terminée par un bouton qui sert à la manœuvrer (fig. 9, pl. LXII).

Le pène s'engage dans un trou percé dans le seuil de la porte et qui est régularisé par une plaquette de tôle percée d'un trou et fixée par quatre vis ; cette plaquette est la *gâche platine*.

Pour les portes d'intérieur, on remplace quelquefois ces verrous par des *verrous entaillés* dont la tige est cachée entièrement dans l'épaisseur du bois de la porte qu'ils affaiblissent beaucoup.

Enfin on préfère aux verrous les *crémones* analogues à celles qu'on emploie pour les fenêtres.

Pour maintenir fermé le vantail d'une armoire à deux vantaux qui ne ferme qu'au moyen d'une serrure ordinaire, on place sur une des tablettes intérieures, située à peu près au milieu de sa hauteur, un *ressort en acier* dit à *paillette*, qui est percé d'un trou dans lequel vient s'engager, lorsqu'on ferme le vantail, un petit *mentonnet* en fer fixé sur lui. Il suffit d'appuyer avec le doigt sur ce ressort pour le dégager du mentonnet et permettre au vantail de s'ouvrir de nouveau.

On nomme *butoir* un morceau de pierre, ou plutôt de fer scellé dans la pierre, sur lequel vient buter, par le bas, le vantail d'une porte cochère.

Pour éviter que les roues des voitures qui passent par les portes charretières et les portes cochères ne puissent détériorer les jambages des portes et les portes elles-mêmes, on place, de chaque côté de la porte, une borne en pierre ou un *chasse-roues* en fonte ou en fer. Ces *chasse-roues* se scellent par le bas dans un dé en pierre, et par le haut dans le tableau du mur. Ils ont le plus souvent la forme d'un quart de cercle. Quelquefois, quand on veut éviter que la voiture en heurtant le *chasse-roues* n'ébranle la construction, on y ajoute un montant vertical et les deux scellements se font dans le dé en pierre.

A l'extérieur des portes, on mettait encore il y a peu de temps des *heurtoirs* ou *marteaux* pour appeler à l'intérieur. Ce mode d'appel est aujourd'hui abandonné et remplacé par la *sonnette*. L'emplacement de ces marteaux est maintenant occupé par la *poignée de tirage*.

Ces poignées, que l'on ne met que sur les portes lourdes et à l'extérieur, servent à les tirer avec la main. Ces poignées se trouvent chez tous les quincailliers. Leurs formes sont très variées ; les plus employées sont sous forme de bâton maintenu dans deux supports à lunette ; le tout boulonné derrière la porte.

Les portes batardes, les portes d'appartement sont souvent garnies au dehors de *boutons* en fonte, en fer ou en cuivre plus ou moins ornés. Ils servent à tirer la porte sur soi quand on sort, sans avoir besoin de se servir de la clef de la serrure.

2° *Croisées*. Les croisées sont, nous le verrons, composées de *dormants* et de *châssis ouvrants*.

Les *dormants* sont posés dans une feuillure ménagée à cet effet dans la maçonnerie et scellés par le maçon, une fois la croisée ajustée. Mais les efforts faits sur le dormant chaque fois que l'on veut ouvrir ou fermer les fenêtres auraient vite fait tomber le peu de plâtre qui recouvre le dormant s'il n'était scellé d'une manière plus solide.

A cet effet, on se sert de *pattes à scellement* que l'on pose au nombre de trois pour chaque montant et d'une septième sur le milieu de la traverse haute si la croisée est très large.

La *patte à scellement* est une bande de fer taillée à une extrémité en queue d'aronde et percée d'un trou pour la fixer par une vis. L'autre extrémité est terminée par une sorte de queue de carpe pour donner de la force au scellement.

La partie en queue d'aronde est entaillée de son épaisseur dans le dormant, et l'autre partie est noyée dans un trou pratiqué dans la maçonnerie et que l'on scelle solidement.

On sait que, pour conserver le plus de jour que l'on peut à l'intérieur des pièces, on donne aux montants et aux traverses des croisées le moins de largeur possible tout en leur laissant une certaine solidité. Mais l'ébranlement causé chaque fois que l'on ferme ou ouvre une croisée et son exposition à la pluie ou au soleil auraient bien vite brisé les assemblages si on ne les consolidait au moyen *d'équerres en fer*.

Ces *équerres*, que l'on trouve toutes faites dans le commerce, se posent à chaque angle de croisée, par conséquent sur chaque assemblage. Elles ont de $0^{m}\,02$ à $0^{m}\,03$

de largeur et 0^m 19 ou 0^m 22 de longueur de branches et doivent être entaillées à fleur de bois. Quelquefois on emploie les *équerres doubles* qui couvrent entièrement les traverses et font retour de chaque côté sur les montants. Elles se fixent sur le bois au moyen de vis.

On les distingue en *équerres simples* et en *équerres renforcées* ; ces dernières seules doivent être acceptées.

Différents moyens sont employés pour fixer les châssis dans les dormants et leur permettre de pivoter librement ; les plus usités sont :

Les *fiches à bouton et à broche*, qui ont une broche mobile portant un bouton à son extrémité ;

Les *fiches à vase*, qui n'ont que deux chaînons, et dont l'un, celui qui porte le mamelon, se pose sur le dormant ;

Les *fiches Chanteau*, les plus employées aujourd'hui, qui sont pour ainsi dire de petites paumelles à boules en tôle. Elles ont le grand avantage de permettre de retirer le châssis du dormant sans dégrader en rien la peinture.

3° Persiennes, volets. Les *persiennes* se fixent sur les tableaux de croisées au moyen de *paumelles simples* avec *gonds à scellement*. On en met trois à chaque vantail. Elles sont entaillées dans le bois.

Les persiennes, encore plus que les croisées, étant toujours à la pluie et au soleil devront, à chaque assemblage, être garnies d'*équerres entaillées*, comme nous l'avons dit plus haut pour les croisées.

Lorsque les baies sont entourées de chambranles saillants, le gond à scellement est plus long ou est coudé.

Quand on ferme la persienne, rien dans la maçonnerie ne peut l'empêcher d'aller plus loin que la course qu'elle doit parcourir, rien non plus ne peut la maintenir fermée, il est donc nécessaire de trouver un point d'appui et pour la faire battre et pour l'empêcher de s'ouvrir. Pour cela on scelle, et sur la pierre d'appui et dans le tableau du haut, deux *battements*. Ce sont de petites pièces de fer plat à pointe ou à scellement. Les uns sont droits, les autres ronds. Quelquefois aussi, ils sont coudés. C'est sur eux que viennent se fixer les battants.

Les *arrêts* servent à circonscrire le mouvement des persiennes qui, lorsqu'elles sont ouvertes et n'étant pas retenues, sont agitées par le vent. Il y en a de différentes espèces.

L'*arrêt à broche* se compose d'une patte de fer à scellement qui entre dans une petite ouverture carrée, pratiquée sur la traverse du milieu du vantail d'une persienne et fait saillie sur celui-ci quand il est ouvert et appliqué sur le mur. Cette patte est munie d'un petit trou dans lequel entre une *broche en fer*, attachée après le vantail par une chaîne.

L'*arrêt à bascule*, composé d'une patte à scellement, est terminé par une tête en fonte. Quand on ouvre la persienne et qu'on l'applique sur le mur, la traverse basse vient frapper sur une partie mobile en biseau, qui s'abaissse et qui se relève, une fois la persienne passée, par le fait du poids de la tête formant bascule. Cet *arrêt* ne peut s'employer qu'aux rez-de-chaussée, car il serait dangereux de se pencher par la fenêtre pour l'atteindre quand on voudrait refermer les persiennes.

L'*arrêt à paillette*, qui s'entaille sur la traverse de la persienne et qui est muni d'un ressort. Le pêne vient s'engager dans une sorte de gâche formée d'une tringle en fer, recourbée et scellée dans la maçonnerie. Il n'y a, pour ouvrir, qu'à tirer l'anneau qui pèse sur le ressort et à amener la persienne à soi. C'est le système le plus souvent employé aujourd'hui.

Pour maintenir la persienne fermée, on se sert, par le bas, du *crochet*, qui se compose d'une tige en fer, coudée à une extrémité et terminée de l'autre par un *piton* mobile. Le piton se place sur l'appui du dormant de la croisée, et le crochet se fixe dans un autre piton, placé sur l'un des vantaux.

La persienne est maintenue fermée dans le haut par un *loqueteau à pompe*, avec anneau et conduit en fil de fer cordelé.

On termine la ferrure d'une persienne en mettant, à hauteur de main, sur le montant qui reçoit le loqueteau, une *poignée à patte*, fixée avec vis.

Pour fermer encore plus solidement les persiennes, surtout lorsqu'elles sont brisées et se reploient dans les tableaux, on se sert du *fléau*. Le *fléau* se compose d'une tige en fer plat, mobile autour d'une de ses extrémités, qui est montée sur platine, laquelle est fixée sur l'un des vantaux et se ferme dans un support fixé à l'autre vantail.

46. Fermetures des portes et des fenêtres. — *1° Serrures.* Les systèmes de *serrures* varient à l'infini : leur simple énumération nous entraînerait trop loin. Nous nous contenterons de passer en revue les quelques types nécessaires pour pouvoir fournir à tous les besoins.

Quelques mots sur la structure et les pièces principales d'une serrure sont nécessaires.

Nous empruntons la plus grande partie de ce chapitre à l'ouvrage de M. Chabat : *Dictionnaire des termes employés dans la construction*.

Une serrure se compose d'abord de trois pièces principales bien distinctes : la *serrure proprement dite*, comprenant le bâti et les pièces principales qu'il renferme ; la *gâche*, pièce de fer dans laquelle se loge le pêne, et qui est fixée d'une manière permanente au moyen de vis ou d'un scellement, et la *clef*, qui sert à faire mouvoir le pêne.

Le bâti de la serrure comprend un fond, ou boîte rectangulaire, appelé *palastre*, et la *cloison*, formée de quatre côtés, dont l'un, plus saillant, au travers duquel passe le pêne, se nomme *rebord* ou têtière. Ces pièces sont fixées avec le palastre au moyen d'*étoquiaux*, ou petites tiges de fer carré, qui sont rivées à la fois au palastre et à la cloison; la serrure se fixe sur la porte au moyen de cinq ou six vis, dont trois ou quatre qui traversent le palastre, et de deux qui entrent dans le rebord ou têtière.

La boîte de la serrure est souvent fermée par une plaque de tôle, appelée *foncet*, qui porte l'entrée et aussi le *canon*, quand les serrures sont à *broche*.

Les pièces extérieures sont : le *cache-entrée*, le *bouton de coulisse*, le *bouton coudé*.

Les pièces intérieures, qui sont presque toutes montées sur le palastre, sont les *pênes*, le *verrou de nuit*, les *ressorts*, *équerres*, *picolets*, *foliots*, *ressorts à boudin*, etc.

Les serrures ordinairement employées sont : les *serrures de tiroir*, *serrures d'armoire*, *serrures tour et demi*, qui servent pour portes de logement et d'armoire; les *serrures pêne dormant demi-tour*, *bouton double et à deux pênes*, la *serrure à pêne dormant*, *un pêne et deux tours*; les *serrures de sûreté*, *les serrures de sûreté à gorges*, les *serrures à pompe*, etc.

Les *serrures de tiroir* sont de petites serrures en tôle ou en cuivre qui s'encastrent dans l'épaisseur du bois et qui viennent s'araser au dehors avec le bois. Pour éviter le frottement de la clef pour chercher l'ouverture de la serrure, principalement dans les meubles, l'entrée est entourée d'une petite plaque de cuivre épousant sa forme et qui est incrustée dans le bois. Quelquefois cette entrée est en cuivre fondu, représente un ornement quelconque, et est dorée.

La *serrure d'armoire tour et demi* est avec canon en cuivre et bouterolle. Le panneton de la clef est fendu parallèlement à la tige, pour donner passage au *rouet* ou garniture demi-circulaire qui est fixée au palastre.

La serrure étant au repos a son pêne en partie dehors, et il suffit d'un demi-tour de la clef approchant la barbe du pêne la plus rapprochée du rebord pour faire rentrer la barbe du pêne et ouvrir la porte. Si, au contraire, on fait tourner la clef dans l'autre sens, celle-ci soulève la gorge, dont le bord inférieur est au-dessous du pêne; un petit tenon, ou cran d'arrêt, qui est fixé à la partie supérieure de la gorge et qui entre dans une des deux encoches pratiquées sur le dos du pêne se soulève également; la clef, continuant sa rotation, pousse la barbe du pêne, non plus en avant, comme dans le mouvement précédent, mais en arrière, et la tête du pêne sort tout entière pour entrer dans la gâche; en même temps, le ressort pousse la gorge, dont le tenon retombe dans la seconde encoche faite sur le dos du pêne et forme arrêt pour ce dernier.

Pour ouvrir, il faut alors un tour et demi de clef. Au premier demi-tour, la clef soulève la gorge, la retire de l'encoche, où elle forme arrêt, accroche la seconde barbe du pêne et lui donne un mouvement de glissement en arrière ; elle continue sa rotation, fait un tour entier et accroche la première barbe, de manière à ouvrir comme nous l'avons vu plus haut.

Les *serrures d'armoire tour et demi* sont quelquefois disposées d'une manière différente. Le ressort est fixé à la partie inférieure du palastre ; la gorge, au contraire, a son œil placé dans le haut ; le rouet formant la garniture est plus rapproché de la bouterolle, le talon du foncet est à mi-hauteur de la cloison. Le mouvement est exactement le même.

Ces serrures sont les plus communes et sont appelées *encloisonnées à canon*. Quelques-unes sont *encloisonnées*, mais sans *canon* ; d'autres sont dites à *entailler*, c'est-à-dire qu'elles sont logées dans l'épaisseur du bois. D'autres encore sont *bénardes* et n'ont ni bouterolle ni broche, et ont l'ouverture des deux côtés pour la clef, de sorte qu'on peut ouvrir et fermer au dedans comme au dehors avec la clef.

La *serrure à deux pênes, pêne dormant demi-tour et bouton double*, est la plus employée à l'intérieur des appartements. Elle renferme deux pênes, qu'une clef bénarde ouvre à demi-tour, en soulevant la gorge qui agit par un ressort en acier placé au-dessus. Le pêne coulant se meut au moyen d'un foliot dans lequel passe un bouton double.

La *serrure à pêne dormant, un pêne, deux tours*, est employée pour les portes de cave, avec ou sans garniture et clef bénarde. Sur le pêne, dont la tête carrée est de forte dimension, sont montés la gorge à deux crans d'arrêt et le ressort, qui est une simple lame d'acier un peu courbe, pour appuyer sur la gorge par son extrémité libre. Une planche forme garniture.

La *serrure de sûreté* est à *un tour et demi* ou à *deux tours et demi*. La première se fait souvent avec verrou de nuit.

La seconde est munie de deux pênes indépendants, dont l'un est en bec-de-cane pour le demi-tour ; l'autre, carré au bout, est pour les deux tours.

Pour ouvrir le premier, on fait tourner la clef de manière qu'elle attaque le bras d'un levier coudé, dont le centre de rotation est sur le pêne dormant ; l'autre bras, qui a son extrémité engagée dans le pêne, fait alors rentrer celui-ci dans le palastre. Aussitôt que la clef cesse d'agir, le ressort pousse le pêne et le fait saillir au dehors. Si on tourne la clef en sens contraire, le panneton de celle-ci soulève la gorge placée derrière le pêne et à laquelle est fixée la gâchette, et attaque la première barbe du pêne.

L'extrémité recourbée de la gâchette se trouve ainsi dégagée de son encoche, et le pêne entre d'un cran dans la gâche. La clef ayant achevé son tour et n'agissant plus sur l'ancre ni sur la barbe, l'extrémité de la gâchette tombe dans l'encoche suivante, sous la pression du ressort fixé en haut du palastre. En même temps que le pêne auquel elle est liée, l'équerre marche aussi en avant, et d'une quantité telle que son bras ne peut plus être rencontré par la clef. Enfin, un second tour de clef fait encore avancer le pêne et amène la troisième encoche sous l'extrémité de la gâchette. Pour ouvrir la porte, il suffit d'exécuter la même opération en sens inverse. Le pêne rentre dans la boîte, l'équerre revient à sa position primitive, et un troisième tour de clef, en attaquant le bras, fait rentrer le bec-de-cane. Ce dernier peut aussi être poussé en arrière au moyen d'un bouton de coulisse. Ces serrures sont toujours munies de gardes et clefs forées.

Les *serrures de sûreté à gorges mobiles* ont des gorges qui sont au nombre de quatre ou six. Les gorges sont de petites plaques de cuivre qui sont superposées, et sont percées d'un œil que traverse un étoquiau. Ces gorges sont découpées à leur partie inférieure suivant des profils différents, et pourvues d'encoches et de crans d'arrêt, qui servent à régler la marche du pêne; elles sont soulevées par la clef, dont le panneton est entaillé à cet effet; un tenon fixé sur le pêne passe, à chaque tour de clef, entre les redans des gorges, pour tomber successivement dans les encoches voisines.

De petites lames d'acier, fixées aux gorges par entaille et formant ressort, favorisent ce mouvement.

Les serrures de sûreté sont avec bouton coudé, lequel est soumis à l'action d'un ressort enroulé autour de sa tige. Les gorges, munies de trois encoches, permettent de faire manœuvrer le pêne en deux tours de clef, et une équerre, mue par un demi-tour, agit sur le pêne coulant, comme dans la serrure précédente.

Les serrures de sûreté à pompe ont leur clef, avec des fentes parallèles à la tige, et fonctionnant comme le piston d'une pompe. Le panneton de la clef est très petit.

Quelques autres genres de serrures existent encore. Une entre autres a son pêne, qui ne sort jamais de sa boîte pour s'engager dans la gâche, et qui est toujours renfermé. La pièce qui sert de gâche porte un anneau plat, nommé *auberon*, qui pénètre dans le palastre par une ouverture pratiquée à cet effet. Telles sont les *serrures de malles* et les *cadenas*.

Les serruriers ne fabriquent plus les serrures, ils ne font que les poser et les réparer. Ils les ont à bien meilleur marché chez les quincailliers, qui les font venir des grands centres de fabrication.

Bien qu'une serrure de même forme offre une variété innombrable de combinaisons différentes dans la disposition de la clef et des gardes, il peut arriver que la clef d'une serrure puisse en ouvrir une autre.

Nous ne saurions trop recommander à l'entrepreneur de serrurerie de s'assurer à l'avance que, dans une construction dont il a à fournir toutes les serrures, surtout une maison de rapport louée à plusieurs locataires, aucune clef ne puisse ouvrir de serrure autre que celle à laquelle elle est affectée.

2° *Becs-de-cane*. Le *bec-de-cane* diffère des *serrures* en ce qu'il fonctionne sans clef et s'ouvre à l'aide de *boutons* ou de *béquilles*. Le pêne est à demi-tour, et est taillé en chanfrein pour que la porte puisse se fermer en poussant. Le mouvement est produit par le *foliot*, bascule à deux branches, qui est munie d'une tige cylindrique percée d'un trou carré dans lequel passe la tige carrée, terminée à chaque extrémité par un bouton en cuivre. Que le bouton soit tourné dans un sens ou dans l'autre, une des branches de la bascule forme pression sur le pêne et le fait marcher ; un ressort à boudin presse contre la tête du pêne et la maintient au delà du rebord dans la gâche.

Le bec-de-cane est employé dans les pièces d'appartement qui n'ont pas besoin d'être fermées d'une manière complète.

Toutes les *serrures* d'intérieur et les *becs-de-cane* doivent être munis de boutons doubles ou de béquilles. On les trouve dans le commerce de toutes dimensions : en cuivre, en ivoire et en fonte émaillée imitant l'ivoire.

Les *serrures* et les *becs-de-cane* sont divisés, à Paris, en *serrures ordinaires* et *serrures marquées* ou *estampillées*, ou encore *serrures de première qualité*. On leur applique des prix différents. La marque la plus estimée et à laquelle on accorde le prix le plus élevé est la *serrure Bricard*, marquée ST.

Viennent après, les serrures de première qualité, qui portent les marques suivantes : JPM, FV, JD, HD, GC, DCF, CLD, BF, AG, FT, PM, JF, AAG, T, TF, APC, LR, LMY, ou *Union des quincailliers*, etc.

Chaque serrure de cette qualité porte une estampille en cuivre avec une de ces marques. Comme nous le verrons plus loin aux prix de règlement, on accorde à toutes ces marques un prix plus élevé qu'aux serrures ordinaires.

3° *Gâches*. Les *gâches* sont des pièces de fer, que l'on pose avec vis dans les chambranles ou les bâtis de porte, ou que l'on scelle dans la maçonnerie. Elles sont percées de trous pour recevoir le pêne d'une serrure, d'un verrou, etc. On distingue :

La *gâche ordinaire*, formée d'un fer plat avec quatre coudes, et qui se fixe au moyen de vis.

La *gâche à pointe*, formée de deux branches ou pointes qu'on enfonce dans le bois.

La *gâche encloisonnée*, qui a un palastre et une cloison, et qui est percée d'un ou plusieurs trous destinés à recevoir les pênes d'un bec-de-cane ou d'une serrure de sûreté.

La *gâche à répétition*, qui a la même forme que la serrure qu'elle accompagne.

La *gâche à scellement*, qui a deux pointes à double crochet et qui se scelle dans la maçonnerie.

4° *Clefs*. Les *clefs* se composent de trois parties différentes : l'*anneau*, qui sert à tourner la clef ; la *tige*, qui est séparée de l'anneau par une partie moulurée, nommée embase, et qui est ronde, pleine ou *forée* ; on la nomme *bénarde* quand elle est pleine ; le *panneton* est une partie saillante qui est pleine ou à garnitures tourmentées, c'est-à-dire en forme de lettres ou de chiffres.

Le panneton est souvent découpé par des ouvertures destinées à laisser passer les garnitures ou gardes fixées à l'intérieur de la serrure. Ces dispositions diverses ont pour but de rendre plus difficile le crochetage de la serrure.

5° *Chaînettes*. Les portes d'entrée de magasins auxquelles on veut donner un peu de décoration sont munies d'une *chaînette*. C'est un objet de quincaillerie qui se place au milieu de la largeur de la porte à ouvrir, à hauteur de la serrure et qui est garnie d'un bouton double permettant de l'ouvrir des deux côtés. La tige du bouton fait mouvoir une bascule qui est reliée à la queue de la serrure par un crochet, ce qui fait que le demi-tour de la serrure est entraîné par le bouton. Quand on veut que la porte ne puisse plus s'ouvrir de l'extérieur, il n'y a qu'à retirer le crochet ou la goupille qui le relie à la queue de la serrure.

6° *Loquet*. Le *loquet* est un mode de fermeture jadis très employé et dont on ne se sert pour ainsi dire plus aujourd'hui. Il est composé d'un battant qui tourne autour d'un axe qui passe dans une de ses extrémités et d'un bouton monté sur le battant. Un crampon limite la course du *loquet*, qui est reçu sur le bâti par un mentonnet en fer.

Le *loquet à bascule* se manœuvre au moyen d'un bouton double en fer ou en cuivre à olive monté sur une tige à écrou.

7° *Targette*. La *targette* est un petit verrou en fer ou en cuivre qui est libre entre deux picolets ou dans une boîte et qui est fixé sur une platine à chapeau. La platine se place au moyen de vis sur la rive de la porte et le verrou entre à coulisse dans un crampon placé sur le chambranle pour fermer la porte.

Les *targettes* sont ou ordinaires ou renforcées, à patère, à piédouche. Celles en cuivre sont à pêne couvert, à pêne rond, etc.

Les *targettes* sont souvent à *valet*, c'est-à-dire qu'elles portent un arrêt qui entre dans une encoche du verrou et qui sert à le fermer plus sûrement.

8° *Verrous*. Le *verrou* est composé d'un pêne glissant dans des picolets montés ou non sur platine.

On nomme *verrou à ressort* un verrou muni d'un bouton et dont le pêne est garni en dessous d'un ressort à paillette pour l'empêcher de retomber. On les nomme, suivant leur force, *verrou léger*, *quart-placard*, *demi-placard*, *trois-quarts-placards*, etc.

On se sert, pour fixer solidement le vantail qui forme battement d'une porte à deux vantaux, de deux verrous à tige demi-ronde qui se manœuvrent au moyen d'un bouton rond placé à la partie supérieure ; celui du haut se pose retourné, c'est-à-dire le bouton en bas. On lui donne la longueur nécessaire pour que le bouton de tirage puisse facilement être atteint avec la main.

On nomme *verrou de sûreté* une serrure avec clef, qui est composée d'un seul pêne. Son avantage est d'augmenter la difficulté d'ouvrir du dehors en l'absence de la clef ; à l'intérieur, le verrou se ferme en le poussant seulement sans que la clef soit nécessaire.

Beaucoup de serrures d'intérieur, tels que becs-de-cane, serrure tour et demi, ont à l'intéreur un *verrou* qui est complètement indépendant du mécanisme quoique étant à l'intérieur de la serrure. On les nomme *serrures à verrou de nuit*.

9° Boutons à boîte d'horloge. On nomme ainsi de petits *boutons* qui sont à vis et à écrous, et qui agissent sur de petites *bascules* qui viennent se prendre dans des gâches ou des mentonnets placés à l'intérieur du bâti. Ces boutons sont généralement à olive et servent pour la fermeture des petites armoires.

10° Espagnolettes. Les croisées avaient pour fermeture presque unique, il y a peu de temps encore, *l'espagnolette*.

Cet appareil de fermeture se compose d'une tige verticale en fer rond, d'environ 0^{m} 02 de diamètre, munie, au milieu environ de sa longueur, d'une *poignée*, et, aux extrémités, de *crochets*. Elle est fixée sur le battant, au milieu de la croisée, au moyen de *lacets* ou *colliers*, qui le traversent entièrement et qui sont maintenus solidement de l'autre côté, au moyen d'un *rivet* ou d'un *écrou*. La tige de fer passe dans ces lacets et peut tourner librement.

Les *crochets* qui sont à l'extrémité tournent avec la tige et s'engagent, quand on veut fermer la croisée, dans deux *gâches* en tôle fixées sur les traverses.

La *poignée* est pleine ou évidée, et quand on veut maintenir la croisée fermée on l'engage dans un support à mouvement de charnière, qui est fixé sur le battant milieu de l'autre vantail, au moyen d'un écrou, ou qui est rivé.

Les portes cochères se ferment aussi à l'intérieur au moyen d'une *espagnolette* semblable, mais beaucoup plus forte. On la maintient fermée au moyen d'une *auberonnière* qui entre dans une serrure et reçoit le pêne. Le bas est maintenu, au lieu de crochet, par un fort *verrou* à bouton tourné, dont l'extrémité entre dans une gâche scellée au plomb sur un dé en pierre.

11° Crémones. Les nombreux inconvénients de l'espagnolette et son peu d'élégance l'ont fait presque entièrement abandonner. On ne se sert plus aujourd'hui, à Paris, que de la *crémone*.

La *crémone* est un objet de quincaillerie se composant de deux tiges en fer demi-rond formant double verrou, mues par une *poignée à bascule* ayant la forme d'un bouton.

Le mouvement tournant du bouton imprime aux deux tiges un mouvement différent ; pendant que la tige du haut monte, la tige du bas descend, et les deux tiges s'engagent dans deux gâches en fonte fixées à vis sur la traverse du haut et sur la pièce d'appui.

Pour maintenir les tiges dans la ligne droite, on pose aux deux extrémités des *chapiteaux*, et dans la longueur deux *coulisseaux*, dans lesquels la tige glisse à frottement.

La *crémone* se pose, comme l'espagnolette, sur le battant milieu de l'un des vantaux.

On emploie aussi la crémone pour fermer les portes cochères. Ces crémones, beaucoup plus fortes, sont ordinairement garnies d'une petite serrure fermant à clef.

12° Ferrements des fermetures de boutique. Les *volets* qui ferment les boutiques à rez-de-chaussée sont en menuiserie et sont soit des volets mobiles, soit des volets à charnière. Dans le premier cas, la partie haute est munie de deux *pattes* ou *pannetons* en fer plat entaillés dans le bois et dépassant de deux ou trois centimètres. Ces parties saillantes entrent dans des *gâches* en fer fixées dans la traverse haute du châssis en menuiserie. Une *barre de fermeture* en fer plat s'engage par ses extrémités dans des gâches, et est maintenue par des *boulons* et des *clavettes*.

Dans le second cas, les volets sont reliés entre eux par de fortes *charnières*, dites charnières de volets, lesquelles sont à nœuds soudés et élargies au collet. Ces charnières permettent de replier les volets les uns sur les autres et de les loger dans les caissons en pilastres, ménagés à chaque extrémité de la boutique. Des *barres de fermeture* semblables aux précédentes servent à les fixer d'une manière solide quand on veut fermer la boutique.

47. Ouvrages divers de serrurerie. — *1° Petits bois en fer pour châssis.* Depuis quelque temps on a substitué à l'emploi des *petits bois* en bois, formant les carreaux des châssis, les *petits bois en fer*. Ces derniers ont l'avantage d'avoir beaucoup plus de rigidité, à grosseur égale, que ceux en bois et permettent de supprimer les *petits bois* horizontaux. On se sert pour cela de fer à T du commerce, à double feuillure, ou de fer à moulure du commerce, à double feuillure. L'encadrement du châssis se fait en chêne, avec la même moulure que celle du fer.

Une fois l'écartement des deux traverses pris bien exactement, l'ouvrier coupe son fer bien de longueur, en ayant soin de laisser en plus et de chaque côté la longueur nécessaire pour les pattes ; puis on dresse ces barres jusqu'à ce qu'elles soient devenues parfaitement droites. Les pattes sont alors courbées au feu, de manière à former exactement un angle droit. On entaille le bois du châssis, et la face de la patte doit affleurer exactement la feuillure, afin qu'elle ne forme ni creux ni saillie avec le bois, une fois que le mastic des vitres est posé et peint.

2° *Châssis à tabatière.* Les *châssis à tabatière* sont de trois sortes : les *châssis à coffre*, les *châssis à jet d'eau* et les *châssis à gouttière*. Ils servent principalement à éclairer les combles, ils se composent de deux cadres superposés, dont l'un est fixe et l'autre, mobile, se meut en abattant.

Le *châssis à coffre* est formé d'un dormant en menuiserie ayant la forme d'une boîte, avec rebord inférieur et sur laquelle se fixe le châssis en fer, au moyen de deux charnières. Celui-ci est en fer cornière pour les trois côtés, et en fer à T pour les traverses intermédiaires. Le quatrième côté n'est pas placé au même niveau que les trois autres, afin que les feuilles de verre puissent passer au-dessus en le dépassant pour former gouttière.

Le *châssis à jet d'eau* se compose d'un dormant en fonte ou en tôle avec pattes pour le fixer à la couverture ; ce dormant est autour en forme de jet d'eau, et le dessus est formé d'un petit rebord que le châssis ouvrant recouvre en s'abattant.

Le *châssis à gouttière* forme tout autour du rebord qui reçoit le châssis ouvrant une sorte de gouttière qui se relève un peu sur la rive, excepté à la partie inférieure.

Ces différents châssis ont à la traverse inférieure de la partie mobile une tige ou *crémaillère* en fer méplat, percée de trous à différents endroits, qui permet d'augmenter ou de diminuer l'ouverture en l'accrochant à un *mentonnet* fixé à l'intérieur du dormant.

Ces châssis ne sont jamais faits par les serruriers. On en trouve dans le commerce de toutes dimensions et de toutes formes, qui reviennent à moitié prix de celui qu'ils coûteraient à l'atelier.

Depuis que l'emploi des tuiles à emboîtement s'est généralisé, on trouve dans le commerce des *châssis à tabatière* spéciaux, s'adaptant à chaque forme de tuiles et ayant la superficie de 2, 4, 6, 9, 12, 15 tuiles. Ces châssis s'emboîtent parfaitement avec les tuiles voisines, sans aucun raccord.

3° *Vasistas.* Quand on veut donner de l'air à l'intérieur d'un pièce fermée par des châssis fixes ou par des fenêtres dont l'ouverture pourrait gêner, on fait usage des *vasistas*. Ce sont des petits châssis en fer qui se logent soit entre les montants en fer, soit dans la feuillure des croisées. On se sert à cet usage de fer rainé, de $0^{m}014$ à $0^{m}016$, et un des quatre côtés du châssis peut facilement s'enlever afin de pouvoir y loger la pièce de verre. Cette pièce mobile se fixe, une fois la pièce de verre posée, au moyen de goupilles. Quand le *vasistas* est fixé dans un châssis en bois, on fait un battement en tôle qui forme double châssis en feuillure. Les *vasistas* se ferrent au moyen de charnières et de pivots en fer avec bourdonnière. Pour les fermer, on se sert du *loqueteau* droit à baril en cuivre ou du loqueteau en cuivre avec *mentonnet*. Pour faciliter le tirage, on fixe à l'œil du loqueteau un *tirage* en fil de fer étamé avec anneau.

4° *Tirefonds pour suspensions.* Les plafonds de certaines pièces d'habitation se décorent souvent de rosaces en carton-pâte, dans l'axe desquelles se place une tige de fer nommée *tirefond*, qui sert à suspendre une lampe. Le *tirefond* est un fort piton dont la tige est taraudée.

Si le plancher haut est en bois et si l'axe se trouve sur une solive, le tirefond se visse directement dans le bois. Si, au contraire, l'axe tombe dans un entrevous, on fixe sur les deux solives une bande de fer, au moyen de vis. Le tirefond entre dans un trou taraudé pratiqué dans cette plate-bande, et si le poids à supporter est très lourd, comme pour un lustre, on fixe un boulon au-dessus.

5° *Conduites, tuyaux, branchements.* Ce sont ordinairement les serruriers qui fournissent dans un bâtiment les fontes nécessaires aux tuyaux de descente et d'écoulement des eaux, aux chausses d'aisances, aux regards ; nous parlerons de ces tuyaux au chapitre Plomberie.

6° *Ferrures de boîtes à charbon.* Le dessous des paillasses d'un fourneau de cuisine est souvent utilisé pour avoir sous la main une certaine provision de combustible. On fait des boîtes en menuiserie qui occupent tout le vide et dont la tête bouche entièrement l'ouverture. Pour en faciliter le roulement, on fixe au-dessous de cette boîte et sur les barres qui lui donnent de la force, quatre *galets* ou poulies montées sur chape. Ces *galets* sont en fer, en cuivre ou en bois de gayac.

Au-devant de cette boîte, et pour en faciliter le tirage, on place une ou deux *poignées* en fer.

7° *Grillages.* Il est ordonné, à Paris et dans beaucoup de villes de province, de couvrir d'un grillage les châssis vitrés de toits, quand ils se trouvent placés au-dessous ou à proximité de fenêtres voisines ou d'un chemin. En effet, il peut arriver, ou par malveillance ou par imprudence, qu'un objet quelconque tombe sur un châssis vitré, le casse et blesse les personnes situées au-dessous. De plus, dans certains pays sujets à de fortes grêles, les vitres sont quelquefois brisées par le choc des grêlons sur les vitres. Pour garantir les châssis de ces sortes d'accident, on les couvre d'un *grillage*.

Le *grillage* est une espèce de treillis que l'on fait en fil de fer ordinaire, en fil étamé ou en laiton ; il forme des mailles de dimensions prévues qui ont la forme d'un losange.

Ce sont ordinairement des ouvriers spéciaux appelés *grillageurs* qui exécutent ce genre de travaux.

Ces grillages se font sur panneaux en fer forgé, de $0^{m}010$ à $0^{m}015$ de diamètre, suivant leurs dimensions, et se posent à environ $0^{m}15$ de hauteur au-dessus du vitrage, sur des montants en fer forgé, terminés en haut par des fourchettes.

On se sert aussi des grillages pour garantir de la grêle les vitraux d'églises, les grilles et les fenêtres grillées à rez-de-chaussée, par lesquelles on veut que rien ne puisse sortir. Dans ce cas, le grillage est fait sur place et embrasse les barreaux.

8° Sonnettes, sonneries, timbres. Une partie essentielle de la serrurerie est devenue tellement importante qu'elle a donné naissance à une spécialité d'ouvriers serruriers qui ne s'occupent presque exclusivement, dans Paris et les villes importantes, que de la *pose des sonnettes*; de là leur nom de *poseur de sonnettes*.

Les *sonnettes* servent à établir une communication soit de l'extérieur à l'intérieur pour se faire ouvrir une porte, soit à l'intérieur d'une habitation pour appeler une bonne, un employé, etc.

La *sonnette* est une petite cloche montée sur un ressort et fixée sur le mur par une *broche* ou pointe. Ce ressort est bandé par un fil de tirage qui va jusqu'au départ du mouvement de tirage. Mais de la sonnette au *tirage* il faut ou des changements de direction ou monter d'un étage à l'autre, ce qui nécessite des percements de mur, de cloisons, de planchers, etc. Ces percements se font au moyen de vrilles et de mèches, et pour éviter que les plâtras ne viennent comprimer le fil de fer, on introduit dans le trou fait par la mèche un petit tube en fer-blanc que l'on scelle aux deux bouts et par lequel passe le fil de fer.

Quand on veut changer la direction ou la hauteur d'un tirage, on se sert de *bascule*. La bascule est un instrument en fer à deux branches. La *bascule verticale* sert à changer la hauteur d'un fil de tirage; la bascule horizontale est destinée à traverser l'épaisseur d'un mur et à conserver ou changer la direction du mouvement.

Les *mouvements* servent aussi à changer la direction du tirage; le plus employé est le *mouvement à deux branches* ou *œil-de-mouche*, qui est monté soit sur une pointe droite, soit sur pointe coudée. On distingue encore les *mouvements à pied-de-biche à congé*, *à scellement*, *sur platine*, etc.

Les mouvements de tirage placés sur les pieds-droits des portes pour faire mouvoir les sonnettes sont appelés *coulisseaux*. On les divise en *coulisseau à poucier*, *coulisseau à bascule*, *coulisseau à pompe*.

On nomme *conduits* de petits crampons à deux pointes qui servent à maintenir le fil de tirage dans sa direction.

Depuis quelque temps, les sonnettes sont remplacées par des timbres ou cloches en métal, qui sont, à chaque fois que l'on tend le mouvement de tirage, frappées par un marteau.

9° Ouvertures de portes. Tuyaux acoustiques. Les poseurs de sonnettes établissent également les mécanismes d'ouverture de porte cochère soit ordinaires, soit à l'air comprimé, dans le détail desquels nous n'entrerons pas.

Ils sont également chargés de l'installation des tuyaux acoustiques qui servent à établir la communication entre différentes parties d'une habitation.

§ 9. — MENUISERIE MÉTALLIQUE

48. Lambris en fer et bois. — On peut les composer de deux manières : soit en faisant le *bâti* en fer en U ou en double T, avec *panneaux* en bois, encastrés entre les ailes des fers ; soit en faisant le *bâti* en bois, et le *panneau*, à l'aide d'une tôle ou d'une feuille de métal, zinc ou cuivre, qui peut, dans certains cas, être découpée. On peut employer ce dernier système pour de larges panneaux exposés à l'humidité, et qui se comporteraient mal s'ils étaient en bois.

49. Portes en fer. — Les portes en fer s'exécutent à l'aide d'un *bâti* en fer plat, de section variable, suivant les dimensions de la porte, et formant le cadre ; on le double intérieurement d'une cornière, sur laquelle on rive une tôle affleurant le fer plat à l'extérieur et formant le *panneau* ; on peut consolider ce panneau et lui donner plus de rigidité en l'armant par derrière de cornières transversales ou diagonales, ou de fers à simple T.

Lorsque la porte doit être vitrée ou ajourée à sa partie supérieure, on sépare la partie vitrée du soubassement plein par une traverse en fer plat, avec cornière sur chaque rive ; on forme les séparations du vitrage avec des fers à simple T. La partie ajourée peut être formée par une petite grille ou par des panneaux en tôle découpée ; elle se fixe dans le cadre qui lui est réservé.

Les bâtis dormants de ces portes peuvent être formés également par un fer plat ou par une cornière. Dans les pans de fer, ils seront formés par les poteaux d'huisserie.

50. Croisées et châssis en fer. — Les avantages des croisées métalliques sont les suivants : augmentation de la surface éclairante, les bâtis en fer étant plus minces que les bâtis en bois ; fixité et rigidité absolue des ouvrages ; incombustibilité ; plus grande durée, si l'entretien en peinture est bien fait. Ces croisées ne doivent être établies que dans des bâtiments où le gros œuvre ne soit pas susceptible de tasser, car les corrections ne sont pas possibles comme avec les croisées en bois, qu'il suffit de rogner pour leur donner le jeu nécessaire.

Pour les fenêtres d'usine, on a constitué facilement des châssis fixes ou mobiles, à l'aide de fers plats, de cornières, de fers simples T ou de fers à vitrages, d'après les mêmes principes que pour les portes en fer. On donne le raide nécessaire aux assemblages d'angles pour que les châssis ouvrants ne se déforment pas, et, lorsque c'est possible, on les consolide par des pièces diagonales.

Pour les croisées d'habitation, qui demandent un aspect extérieur plus soigné et des fermetures plus hermétiques, on a dû fabriquer des fers spéciaux pour constituer des bâtis, dont la forme extérieure se rapproche de celle des bâtis en bois, et donnent l'assemblage à *mouton et gueule de loup* pour les deux vantaux de la fenêtre, et l'*assemblage à noix* des montants dans le bâti fixe ; la pièce d'appui dormante comporte un *jet d'eau*, comme dans les croisées en bois. Les croisées en fer, bien établies, ne coûtent pas beaucoup plus cher que les croisées en bois, pour les grandes surfaces ; celles de petites dimensions sont plus coûteuses.

51. Persiennes en bois et fer ou tout en fer. — On adopte, pour ces persiennes, la *fermeture en tableau* et la division du vantail en un certain nombre de feuilles articulées, 2, 3 ou 4, se repliant sur elles-mêmes, comme on le verra au chapitre de la menuiserie en bois. L'emploi du fer permet de réduire les épaisseurs, et, par conséquent, d'occuper moins de place.

Une feuille de persienne se compose d'un *cadre* en fer spécial, à profil intérieur en U ; il est formé de deux montants et de plusieurs traverses, et dans son épaisseur on loge les *lames* de bois avec des taquets, pour maintenir les intervalles réguliers ; ces feuilles n'ont ainsi que 18 millimètres d'épaisseur et présentent cependant une grande rigidité.

On peut attacher ces persiennes sur la menuiserie dormante de la croisée ; mais il est préférable de rapporter, en dehors de celle-ci, une pièce assez épaisse pour racheter la saillie des appui et jet d'eau, assez large pour couvrir la tranche des persiennes quand elles sont ouvertes, et qu'on nomme une *tapée* ; c'est le vantail qui est extérieur, lorsque la persienne est ouverte, que l'on ferre sur la tapée. A la partie haute, on place une traverse, contre laquelle vient battre la partie haute de la persienne, lorsqu'elle est ouverte (fig. 24, pl. LXII).

On modifie quelquefois la position de la persienne, qui, avec la disposition précédente, est un peu trop près de la croisée, en remplaçant la tapée en bois par une tapée en fer, qui se place au dehors, vers l'arête extérieure du tableau de la fenêtre (fig. 25, pl. LXII).

Les persiennes tout en fer sont moins confortables, mais moins coûteuses que les persiennes en fer et bois ; leur épaisseur est encore moindre. Le bâti est en fer profilé spécial, et les panneaux sont d'une seule pièce, en tôle découpée et emboutie régulièrement pour simuler les lames.

Lorsqu'on veut employer ces persiennes dans une construction, il faut prévoir d'avance le modèle qu'on adoptera, et régler en conséquence les dimensions des tableaux des fenêtres ; on n'a pour cela qu'à consulter les catalogues des fabricants.

52. Windows ou Bow-Windows. — Ce sont des fenêtres en saillie que l'on établit devant certaines baies pour permettre d'étendre la vue de tous côtés ; on les emploie beaucoup, depuis quelques années, parce qu'elles donnent la possibilité de gagner ainsi, sur la rue, un certain espace qui augmente la surface habitable des constructions.

On les construit généralement en fer, en superposant celles qui correspondent aux différents étages ; on les porte soit sur des *balcons* en pierre, soit mieux sur les *solives* du plancher, prolongées en porte-à-faux par-dessus le linteau de la baie, et dont les extrémités reçoivent les assemblages des principales pièces.

On fait porter aux solives, à leur extrémité, une *sablière* en tôle et cornières formant le périmètre inférieur du window ; la même disposition se répète à l'étage supérieur, de sorte qu'il ne reste plus qu'à établir entre deux sablières les pièces verticales formant l'armature du window, ainsi que les parties ouvrantes. La paroi verticale se compose d'un soubassement plein et d'une partie vitrée. Les parties ouvrantes s'établissent généralement en métal, comme nous l'avons vu précédemment. Si le soubassement n'est pas monté à hauteur d'appui de 1 m 00 environ, on complète la protection par un balcon extérieur.

Il est bon de ne pas réduire le soubassement à une simple tôle et de la doubler d'un revêtement intérieur en briques de champ ou en bois, afin d'avoir un meilleur isolement.

Le dessous du dernier window peut former terrasse pour la fenêtre de l'étage supérieur, ou bien il peut être terminé par une petite toiture métallique facile à construire ; si cette toiture est vitrée, il formera alors *véranda*.

53. Fermetures de boutiques à rideaux. — Le mode de fermeture au moyen de volets tend à disparaître dans les grandes villes et à être remplacé par les fermetures en fer.

Quatre systèmes principaux sont employés aujourd'hui :

Le *système Melzessard* consiste en un rideau composé de plusieurs feuilles de tôle s'abaissant et se relevant en reposant les unes sur les autres. Ce rideau glisse entre deux montants rainés qui sont logés dans l'épaisseur des caissons encadrant la devanture. Ces montants sont formés de lames de fer plat, qui forment entre elles des rainures dans lesquelles glissent les feuilles. Chaque feuille est pourvue, sur le bord inférieur, d'une cornière saillante à l'extérieur. La feuille du bas est seule, par un prolongement à chaque extrémité, rendue solidaire du mécanisme. Lorsque celui-ci est en mouvement, il fait monter la feuille du bas, qui rencontre la cornière de la feuille supérieure, l'entraîne, ainsi que les feuilles successives, jusqu'à ce que toutes soient venues se loger derrière le tableau. Si l'on agit alors sur le mécanisme dans un sens inverse à celui qui a déterminé l'ascension, la première feuille descend avec toute la charge du rideau, et chaque lame s'arrête lorsqu'elle a rencontré le fond de la rainure correspondante.

Son mécanisme consiste en un arbre de couche horizontal, terminé à chaque extrémité par une poulie sur laquelle s'engage une chaîne verticale, dont les deux extrémités sont rattachées à la première feuille du rideau. En bas de chacune des deux chaînes est une autre poulie. On comprend alors que si une des deux poulies basses tourne au moyen d'une vis sans fin, la chaîne marche en entraînant la première feuille du rideau et en faisant tourner l'arbre de couche qui fait faire le même mouvement à la deuxième chaîne. Les deux extrémités de la première sont donc obligées de monter ou de descendre de la même quantité, ce qui la fait rester toujours dans la position horizontale.

Le *système Jomain* ne diffère du précédent qu'en ce que la chaîne, au lieu d'avoir ses extrémités attachées sur la première feuille, les a fixées aux supports des poulies extrêmes, après avoir passé sur des poulies de renvoi dont les axes tournent dans des œils fixés sur la tôle de la première feuille du rideau. De plus, le mouvement de rotation imprimé à la vis sans fin se transmet simultanément aux deux chaînes par l'intermédiaire d'un arbre vertical, pourvu de deux pignons, dont l'un est vertical et l'autre horizontal.

Le principe des *fermetures Maillard* diffère des précédentes en ce que le mouvement de transmission, au lieu de se faire par des chaînes, est produit au moyen de vis. L'engrenage de commande est formé d'un pignon, qui reçoit d'une manivelle un mouvement de rotation et le transmet, par l'intermédiaire d'un second pignon, à la vis de gauche, puis à l'arbre de couche et enfin à la vis de droite. Un écrou engagé dans le pas de chaque vis est fixé dans une chape qui se rattache à la première des feuilles du rideau ; ces écrous sollicités à monter ou à descendre, suivant le sens imprimé au mouvement de rotation, font mouvoir les lames de tôle.

Ce système a sur les autres cet avantage que les arbres verticaux ne sont pas, comme les chaînes, exposés à se rompre sous le poids des feuilles.

Le *système Clark* diffère complètement des précédents. Il est formé d'un rideau fait d'une plaque d'acier ondulée qui glisse entre deux rainures, et dont l'extrémité supérieure se rattache à deux cylindres sur lesquels le rideau peut s'enrouler.

Ces cylindres sont en métal et renferment chacun un ressort fixé d'un côté à l'axe, de l'autre à la paroi intérieure du cylindre. Le ressort se tend quand on déroule le rideau pour l'abaisser, et se détend quand on le relève.

Il a l'avantage sur les autres de n'exiger aucun mécanisme pour le manœuvrer, puisque le mouvement est produit par la seule action de tirer ou de soulever le rideau à l'aide d'une tige. Son installation est plus coûteuse et nécessite un emplacement assez grand pour pouvoir le loger dans le tableau. Aussi n'est-il possible de l'employer que quand il est prévu lors de la construction de la maison.

§ 10. — CLOTURES MÉTALLIQUES

54. Clôtures en fil de fer. Grillages. — La clôture la plus simple, employée dans les fermes ou les cultures, est faite en fils de fer galvanisé, tendus horizontalement sur des supports verticaux et placés sur deux ou trois rangs, suivant la hauteur, l'intervalle entre deux rangs variant de 0 m 30 à 0 m 40. Les supports d'extrémités sont établis avec arc-boutants, pour permettre de tendre les fils de fer; on les fait en fer carré ou en fer à simple T, et on les perce de trous pour le passage des fils de fer. Les fils de fer sont tendus au moyen de *raidisseurs*, qu'on trouve à bas prix dans le commerce.

On obtient une clôture plus efficace, surtout au point de vue des animaux, à l'aide de *ronces*, formées de fils tordus ensemble, avec picots de défense tous les 0 m 11.

On exécute, en fil de fer galvanisé, des grillages à mailles de différentes formes et qu'on fabrique à la main ou à la machine, et qu'on trouve dans le commerce en rouleaux de grande longueur et de diverses hauteurs. On soutient ces grillages pour former les clôtures, à l'aide de supports en fer, comme dans le cas précédent, ou sur des bâtis spéciaux, en fers à simple T; on les fixe sur les supports par des attaches continues en fil de fer plus fin, entourant ceux-ci, et passés dans toutes les mailles qu'ils rencontrent.

Les volières, basses-cours, faisanderies sont souvent fermées sur les côtés et en haut par des grillages. Ils sont tressés alors, ou directement sur les montants et traverses qui en forment le périmètre, ou par panneaux détachés, entourés par un fil de fer un peu fort et fixés ensuite sur les montants et traverses au moyen d'attaches en fil de fer, placées à environ 0 m 10 les unes des autres.

On exécute également des grillages rigides en fer carillon, et qu'on nomme grillages Rodes, du nom de leur inventeur; ils conviennent aux clôtures restreintes, qui doivent présenter une grande sécurité.

On fait également des grilles en fil de fer de gros diamètre, et qui sont exécutés mécaniquement, sous des formes bien régulières; on leur donne de 1 à 1 m 50 de hauteur, et on les fixe sur un léger soubassement en maçonnerie dans lequel on scelle aussi les poteaux de support.

55. Clôtures à claire-voie. — On les exécute d'après les mêmes principes que les clôtures en bois, seulement en employant pour les *poteaux* des fers en U, de 0 m 08, scellés dans le sol et supportant des *lisses* de même fer, ou de cornières établies sur deux ou trois rangs et boulonnées sur les poteaux. Le remplissage peut être fait en frises de bois ou en panneaux de *tôle ondulée* de faible épaisseur; mais ces dernières donnent des clôtures d'un prix élevé.

56. Grilles en fers marchands. — Les fenêtres situées au rez-de-chaussée de beaucoup de monuments publics et de certaines constructions privées, telles que maisons de banques, administrations, etc., ne se ferment pas au moyen de volets ou de persiennes, mais bien au moyen de grilles. Ces grilles, non ouvrantes, se composent de deux *traverses* scellées à leurs extrémités dans les montants ou dans les tableaux de baies, et d'un certain nombre de *barreaux*, qui passent dans ces traverses et se terminent en bas par un culot ou bouton, et en haut par des fers de lance ou des ornements analogues.

Il y a encore peu de temps presque toutes les traverses étaient renflées et percées à la forge, au droit du passage de chaque barreau. Ce genre de travail, d'une grande difficulté et très coûteux, demandait un ouvrier d'une grande habileté. On se contente aujourd'hui, dans presque tous les travaux, de traverses en fer méplat, qui sont percées à l'outil pour le passage des barreaux. Il n'y a plus guère que pour les travaux d'une certaine richesse que l'on emploie encore l'ancienne méthode.

Les grilles servent non seulement à former des baies, mais sont encore souvent employées comme clôture, soit à l'intérieur de certaines constructions, comme clôtures de chœur ou de chapelle, soit à l'extérieur, comme clôtures de parc, de jardin, de cour, de monuments, de statues, etc.

Ces dernières se font de différentes manières; tantôt les grilles descendent jusqu'au sol, tantôt elles reposent sur un appui en pierre ou en moellon (pl. LXII, fig. 15, 16, 17, 18).

Les grilles se font ordinairement par travées comprises entre des points d'appui, qui sont ou des *pilastres* en maçonnerie, ou des *colonnes* en fonte, ou des *montants* en fer, d'une section plus grande que les autres, et qui sont consolidés par des *arcs-boutants* qui font saillie sur la grille, si elle descend jusqu'au sol, ou qui épousent la forme de l'appui s'il y en a un.

Dans les grilles les plus simples, la traverse inférieure porte à plat sur le mur d'appui, ou même est noyée. Les barreaux s'engagent dans la traverse, mais sans la traverser, et sont soudés ou simplement goupillés. Ce genre de grilles ne présente que peu de solidité.

Si la traverse basse est un peu élevée au-dessus de l'appui ou du sol, les barreaux passent entièrement au travers et sont arrêtés au-dessous au moyen d'un culot; quelquefois on les termine en pointe et on les goupille. Quand on veut les orner davantage, on ajoute une base par le bas, et par le haut un chapiteau et une astragale.

Si on veut ajouter encore à la décoration, on fixe, à la rencontre des montants et des traverses, des ornements en fonte ou en fer forgé, au moyen de goupilles rivées.

Les portes pratiquées dans les clôtures à jour prennent aussi spécialement le nom de *grilles*. On les fait à jour dans toute la hauteur, ou avec panneau de soubassement en tôle simple ou ornée d'ornements en fonte (pl. LXII, fig. 22).

La forme de ces grilles varie à l'infini. Tantôt elles forment grand motif de décoration, en dépassant, comme hauteur et richesse, la grille de clôture avec laquelle elles se rattachent; tantôt elles semblent n'être que la continuation de celle-ci, les traverses étant à la même hauteur et les barreaux ayant le même écartement (pl. LXII, fig. 19. 20).

Ces grilles se font à un ou deux vantaux et se ferment, comme les portes ordinaires, au moyen de serrures, verrous, crémones, etc.

Lorsque les grilles à deux vantaux sont d'une grande élévation et d'une grande richesse, et qu'elles servent d'entrée principale à une grande habitation, leur poids est trop grand pour permettre un passage facile à tous les habitants. On pratique alors, de chaque côté de cette grille, un guichet ou petite grille à un vantail, séparé de la grande porte par un pilastre en fer ou en maçonnerie et se raccordant de l'autre côté avec la grille de clôture ou avec la maçonnerie (pl. LXII, fig. 21).

Celle à deux vantaux reste alors toujours fermée et ne s'ouvre plus que pour le passage des voitures.

On a quelquefois à garnir de grilles des baies cintrées, des arcades; ces grilles sont fixes et le dessin peut varier à l'infini (pl. LXII, fig. 23).

Les serruriers sont encore appelés à faire certains genres d'autres grilles, telles que grilles de soupiraux et grilles d'égout. Ce sont, en général, des barreaux de fer carré encadrés dans un châssis, et qui se posent en feuillure à l'orifice des soupiraux, puisards, égouts, etc. Les grilles d'égout, posées sur le sol ou dans les ruisseaux, doivent être faites très solidement pour pouvoir supporter le passage des chevaux et voitures.

57. Rampes d'escaliers. — Les rampes d'escalier en fer se faisaient anciennement en fer forgé et exigeaient beaucoup de travail et de goût. Depuis un certain nombre d'années, ce genre de rampe n'est plus employé que pour les grands monuments ou les endroits où on peut déployer une assez grande richesse. Les rampes à barreaux droits sont aujourd'hui presque exclusivement adoptées.

On les distingue en *rampe à pointe*, *rampe à col de cygne*, *rampe à pitons*.

La *rampe à pointe* consiste en barreaux droits, terminés en pointe par le bas. La pointe se fixe dans les limons ou directement dans les marches. Le haut des barreaux est fixé dans une bande de fer appelée *bandelette* ou plate-bande, laquelle reçoit la *main courante* en bois.

La *rampe à col de cygne*, plus généralement employée, surtout aujourd'hui que l'escalier à limon est remplacé par l'escalier à crémaillère avec marches profilées du bout, consiste en une série de barreaux cintrés par le bas en forme de *col de cygne*. Ces barreaux, qui viennent presque toucher le bout de la marche, entrent horizontalement dans la crémaillère et sont ornés d'une rosace en cuivre ou en fonte qui cache la pénétration du fer dans le bois. Dans le haut, à environ 0^{m} 10 de la plate-bande recevant la main courante en bois, on fixe à chaque barreau une astragale, ou petit anneau en cuivre, qui sert à l'orner.

La *rampe à pitons*, plus riche que la précédente, se compose, dans le bas, d'un *piton* en fonte ornée, dont une des extrémités est à vis et se serre dans le limon de l'escalier, et dont l'autre s'assemble à vis avec le barreau en fer. Le haut du barreau est orné d'un chapiteau en fonte dont la partie supérieure est fixée solidement à la plate-bande au moyen d'une forte vis.

Les barreaux de rampe d'escalier se font en fer rond de 0^{m} 016, 0^{m} 018 ou 0^{m} 020 de diamètre. Ils sont toujours espacés de 0^{m} 16 d'axe en axe au maximum et sont tous reliés, à leur partie supérieure, au moyen de vis à métaux, à la plate-bande en fer qui reçoit la main courante en bois.

On donne généralement aux rampes d'escalier de 0^{m} 90 à 1^{m} 00 de hauteur.

Pour donner plus de force au départ de la rampe, on remplace le premier barreau par un *pilastre*. C'est une espèce de colonnette en fonte unie ou ornée, avec base ou chapiteau. Le *pilastre* est percé de deux trous taraudés recevant chacun une tige de fer ou *soie*. Celle du haut est disposée de façon à ce que l'on puisse y fixer une boule en fonte, bronze ou cristal, ou un ornement quelconque ; celle du bas, plus forte que la précédente, est à scellement et sert à fixer solidement le *pilastre* dans la pierre du limon ou la marche de départ.

Les pilastres en fonte se trouvent de toutes dimensions comme hauteur et diamètre, dans le commerce.

58. Barres d'appui de fenêtres et balcons. — On nomme *barre d'appui* d'une fenêtre une traverse solide allant d'un tableau à l'autre, y trouvant un scellement, et établie à hauteur d'appui, soit un mètre au moins au-dessus du sol de la pièce.

La barre la plus simple est un fer carré de 0^{m} 020 à 0^{m} 025, recouvert d'une main courante en bois, d'environ 0^{m} 060 sur 0^{m} 040, creusée en dessous d'une rainure et profilée à gorge sur sa face supérieure.

On emploie souvent des barres en fonte ornée qui remplissent mieux l'intervalle entre la main courante et l'appui de la fenêtre, et qu'on trouve à très bon compte dans le commerce.

Dans tous les cas, on doit s'arranger pour que le vide restant entre l'appui de la fenêtre et les parties métalliques ne soit pas supérieur à 0 m 15, afin qu'un enfant ne puisse pas y passer.

Quand la hauteur à garnir augmente, on emploie les *petits balcons*, composés de lisses horizontales et de montants verticaux, entre lesquels on place des ornements en fonte ; on laisse toujours au moins 0 m 12 entre la lisse inférieure et l'appui de la fenêtre pour permettre le nettoyage de celui-ci.

Ces petits balcons peuvent se poser en tableau, et ils sont tout en fonte ; ou bien, au contraire, on recule un peu le balcon au dehors, et on fait les lisses et les montants en fer ; on retourne les lisses d'équerre pour les sceller dans la façade ; la main courante se fait alors en fer, et on la place à 1 m 00 au-dessus de l'appui de la croisée.

Au-dessus, et sur la rive des balcons en pierre, ménagés en saillie, on place des gardes-corps qui sont quelquefois en pierre, mais le plus souvent en fer, en raison de la place moindre qui est ainsi occupée par eux ; on les nomme *grands balcons*.

Leur ossature est formée de montants en fer, espacés de 1 à 1 m 50, et de lisses horizontales qui les réunissent. Les intervalles rectangulaires restant entre les montants et les lisses sont garnis de remplissage en fer forgé ou en fonte ornée. La lisse du haut est à 1 m 00 au-dessus du balcon ; elle est recouverte d'une main courante en fer ; la lisse du bas est élevée de 0 m 12 pour permettre les nettoyages ; ces lisses sont en fer carré de 0 m 020 à 0 m 025 ; elles se retournent d'équerre aux extrémités du balcon pour venir se sceller dans la façade. On donne de la stabilité et du raide aux montants en les composant d'un fer carré à la partie supérieure, et d'un fer méplat à la partie inférieure, celui-ci étant prolongé et formant arc-boutant rivé au fer carré ; la section passe ainsi de 0 m 021 sur 0 m 021 à la partie supérieure, à 0 m 021 sur 0 m 040 à la partie inférieure ; le montant se retourne à angle droit et passe dans une entaille de la pierre, puis il se scelle à 0 m 25 ou 0 m 30 en arrière par un second retour d'équerre pénétrant dans la pierre de 0 m 120 environ.

Les remplissages se composent de panneaux formant les motifs principaux, et de panneaux secondaires de largeur variable, appelés *raccords*, permettant d'obtenir toutes les longueurs dont on peut avoir besoin.

Lorsqu'on emploie le fer forgé pour les remplissages, on peut les former très économiquement de barreaux verticaux, régulièrement espacés, et on dit alors que le balcon est à *râtelier*. On complète l'ornementation par de petits cercles formant frise à la partie supérieure et à la partie inférieure, et même par quelques ornements fixés au milieu de la hauteur des barreaux, en ayant soin d'adopter des formes qui n'accrochent pas les vêtements lorsqu'on passe au long de la grille.

§ 11. — PRIX DES OUVRAGES DE CHARPENTE EN FER ET DE SERRURERIE

Les prix de règlement comprennent :

1° Les déboursés pour la main-d'œuvre et les fournitures;

2° Les faux frais appliqués à la main-d'œuvre seulement et fixés à 22 0/0 ;

3° Les bénéfices appliqués aux prix de main-d'œuvre, aux fournitures et aux faux frais, et fixés à 10 0/0.

		PRIX PAYÉS par L'ENTREPRENEUR	PRIX de RÈGLEMENT
HEURES Travail de jour	De forgeron..................(grande forge)..	0.85	1.14
	De frappeur ou tireur de soufflet.......id.......	0.55	0.74
	De forgeron........................(petite forge)...	0.70	0.94
	De frappeur ou tireur de soufflet ......id.......	0.50	0.67
	D'ajusteur ou ferreur........................	0.725	0.97
	De charpentier en fer........................		
	D'homme de ville ou journée d'ouvrier sans désignation		
	De perceur et d'homme de peine............ ..	0.525	0.70

		Matériaux		PRIX PAYÉS par l'entrepreneur au cours du 16 oct. 1896
Fers marchands au coke jusqu'à 7m00 de longueur	de 1re classe	carrés de..	0,020 à 0,054.................	les 100 kil. 16.50
		ronds de...	0,030 à 0,061.................	
		plats de	0,027 à 0,039 sur 0,011 et plus...	
			0,040 à 0,039 sur 0,009 à 0,040 ..	
		verges ou fentons pour bâtiments...		
	de 2e classe	carrés de	0,016 à 0,019.................	17.50
			0,055 à 0,069.................	
		ronds de	0,017 à 0,069.................	
			0,062 à 0,074	
		plats de	0,020 à 0,039 sur 0,008 et plus...	
			0,040 à 0,081 sur 0,006 à 0.0085 .	
			0,040 à 0,115 sur 0,041 et plus...	
			0,116 à 0,165 sur 0,012 à 0,040 ..	

Fers marchands au coke jusqu'à 7m00 de longueur	de 3e classe	carrés de 0,011 à 0,015	18.50
		carrés de 0,070 à 0,081	
		ronds de 0,012 à 0,0165	
		ronds de 0,075 à 0,090	
		bandelettes de 0,020 à 0,039 sur 0,0055 à 0,0075.	
		plats de 0,082 à 0,115 sur 0,0065 à 0.0085.	
		plats de 0,040 à 0,081 sur 0,0045 à 0,0055.	
		plats de 0,116 à 0,165 sur 0,007 à 0,011	
		plates-bandes 1/2 rondes de 0,027 à 0,080 sur toutes épaisseurs (octroi 3,60 100k)	
	de 4e classe	carrés de 0,005 à 0,0105	19.50
		carrés de 0,082 à 0,110	
		ronds de 0,006 à 0,015	
		ronds de 0,090 à 0,110	
		bandelettes de 0,014 à 0,039 sur 0,0045 à 0,0500	
		plats de 0,082 à 0,115 sur 0,0045 à 0,0060.	
		plats de 0,116 à 0,165 sur 0,0055 à 0,0065.	
		1/2 ronds de 0,015 à 0,026 sur toutes épaisseurs	
Fers feuillards jusqu'à 7m00 de longueur	de 1re classe	de 0m013 à 0m019 sur 0m0035 à 0m004	18.50
		de 0m020 à 0m081 sur 0m003 à 0m004	
		de 0m120 sur 0m005	
	de 2e classe	de 0m082 à 0m115 sur 0m003 à 0m004	19.50
		de 0m013 à 0m019 sur 0m003	
Gros, ronds et carrés		1re série, de 0m111 à 0m135 jusqu'à 5m	19.50
		2e — de 0m136 à 0m150 — 5m	20.50
		3e — de 0m151 à 0m165 — 4m	21.50
		4e — de 0m166 à 0m200 — 3m	22.50

Plus-value de 1 fr. par 100 kil. par mètre ou fraction de mètre en plus des longueurs indiquées.

Fers spéciaux subissant un droit d'octroi de 3 fr. 60 par 100 kil.

Larges plats jusqu'à 8m00 de longueur	1re classe	de 0m170 à 0m300 sur 0m009 et plus	22.10
	2e classe	de 0m170 à 0m300 sur 0m007 à 0m085	22.60
		0m301 à 0m400 sur 0m009 et plus	
	3e classe	de 0m170 à 0m300 sur 0m006 à 0m0065	23.10
		0m301 à 0m407 sur 0m007 à 0m0085	
		0m401 à 0m500 sur 0m009 et plus	
	4e classe	de 0m301 à 0m400 sur 0m006 à 0m0065	23.60
		0m401 à 0m500 sur 0m0075 à 0m0085	
		0m501 à 0m600 sur 0m009 et plus	
	5e classe	de 0m501 à 0m600 sur 0m008 à 0m0085	24.10
Fers à planchers double T à ailes ordinaires jusqu'à 10m00 de longueur		1re série, de 0m080 à 0m160	21.10
		2e — de 0m180 à 0m220	21.60
		3e — de 0m240 à 0m260	22.10

Fers à planchers double T *à larges ailes* jusqu'à 10^m00 de longueur	1re classe de 0^m100 à 0^m160	22.10
	2e — de 0^m080 et de 0^m180 à 0^m220	22.60
	3e — de 0^m240 à 0^m260	23.10
	4e — de 0^m280 à 0^m300	23.60
	5e — de 0^m350	24.60

Plus-value de 0 fr. 50 par 100 kil., par mètre ou fraction de mètre en plus des longueurs indiquées.

Fers spéciaux jusqu'à 8^m00 de longueur	1re catégorie	Cornières égales de 0^m040 à 0^m100	20.60
	2e catégorie	Cornières égales de 0^m030 à 0^m035	21.10
	3e catégorie	Cornières égales de 0^m110 à 0^m130	21.60
		— inégales de $0^m060 \times 0^m040$ à $0^m065 \times 0^m045$	
		— inégales de $0^m080 \times 0^m050$ à $0^m070 \times 0^m060$	
		— inégales de $0^m080 \times 0^m050$ à $0^m070 \times 0^m060$	
		— inégales de $0^m095 \times 0^m060$ à $0^m100 \times 0^m080$	
	4e catégorie	Cornières égales de 0^m025 à 0^m027	22.10
		— inégales de $0^m110 \times 0^m070$ à $0^m050 \times 0^m040$	
		— inégales de $0^m055 \times 0^m035$ à $0^m120 \times 0^m080$	
		Fers à T simple de $0^m030 \times 0^m035$ à $0^m035 \times 0^m035$	
		Fers à T simple de $0^m035 \times 0^m040$ à $0^m035 \times 0^m045$	
		Fers à T simple de $0^m040 \times 0^m040$ à $0^m040 \times 0^m045$	
		Fers à T simple de $0^m040 \times 0^m050$ à $0^m040 \times 0^m055$	
		Fers à T simple de $0^m045 \times 0^m050$ à $0^m050 \times 0^m050$	
		Fers à T simple de $0^m050 \times 0^m060$ à $0^m055 \times 0^m060$	
		Fers à T simple de $0^m060 \times 0^m065$ à $0^m075 \times 0^m080$	
		Fers en U jusqu'à 10^m00 de longueur de 0^m100 à 0^m140	
		Fers à vitrages de 0^m035 à 0^m060	
	5e catégorie	Cornières égales de 0^m020 à 0^m0225	22.60
		Cornières égales de 0^m140 à 0^m150	
		Cornières inégales $0^m040 \times 0^m025$ à $0^m045 \times 0^m030$	
		Cornières inégales $0^m130 \times 0^m090$ à $0^m130 \times 0^m120$	
		Cornières inégales $0^m135 \times 0^m090$ à $0^m135 \times 0^m120$	
		Cornières inégales $0^m140 \times 0^m090$ à $0^m140 \times 0^m110$	
		Cornières inégales $0^m150 \times 0^m070$ à $0^m150 \times 0^m090$	
		Fers à T simple de $0^m023 \times 0^m023$ à $0^m023 \times 0^m025$	
		Fers à T simple $0^m025 \times 0^m025$ à $0^m025 \times 0^m027$	
		Fers à T simple $0^m025 \times 0^m030$ à $0^m027 \times 0^m027$	
		Fers à T simple $0^m027 \times 0^m030$ à $0^m030 \times 0^m027$	
		Fers à T simple $0^m030 \times 0^m030$	
		Fers à T inégaux de $0^m030 \times 0^m020$ à $0^m036 \times 0^m018$	
		Fers à T inégaux $0^m035 \times 0^m025$ à $0^m040 \times 0^m025$	
		Fers en U jusqu'à 10^m00 de longueur de 0^m050 à 0^m175	
		Fers à vitrages de 0^m027 à 0^m030	

Fers spéciaux jusqu'à 8^{m}00 de longueur	6e catégorie	Fers à T simples	de 0^{m}008 × 0^{m}018 à 0^{m}020 × 0^{m}018	23.10
			0^{m}018 × 0^{m}020 à 0^{m}020 × 0^{m}200	
			0^{m}023 × 0^{m}020 à 0^{m}020 × 0^{m}023	
			0^{m}020 × 0^{m}025	
		Fers à T inégaux de 0^{m}030 à 0^{m}013		
		Fers en U jusqu'à 10^{m}00 de long.	de 0^{m}030 × 0^{m}040	
			0^{m}200 × 0^{m}250	
		Fers rainés à vasistas de 0^{m}016 à 0^{m}023		
		Petits bois demi-ronds de 0^{m}014 à 0^{m}025		
	7e catégorie	Fers à T simples	de 0^{m}130 × 0^{m}070	23.60
			0^{m}130 × 0^{m}090	
			7^{m}150 × 0^{m}100	
			0^{m}200 × 0^{m}100	
		Fers rainés à vasistas de 0^{m}011 à 0^{m}014		

Fers Zorès toutes classes jusqu'à 7^{m}00 de longueur. Les 100 kil. 36.60

Plus-value de 0.50 par 100 kil. et par mètre ou fraction de mètre en plus des longueurs indiquées.

Plus-value de 1.00 par 100 kil. pour fournitures de fers employés dans les réparations et nécessitant un double transport.

Tôles pour fournitures de 1.000 kil.	puddlées fortes de 0^{m}003 d'épaisseur.	Les 100 kil.	20.00
	anglaises n° 3. — Ardennes	—	22.00
	acier doux	—	25.00
	les mêmes de 0^{m}002 à 0^{m}0025. Plus-value de	—	2.00
	Plus-value au-dessus de 1000 kil.	—	1.00
	striées compris octroi, prix moyen	—	21.60
Galvanisation	Les 100 kil.		15.00
Charbon de terre	L'hectol.		7.00
Huile de pied de bœuf	Le kil.		3.50

SERRURERIE ET FERRONNERIE

Ouvrages au kilogramme, compris transport au bâtiment, montage à toute hauteur et pose.

Échelle mobile. Les prix des ouvrages au kilogramme ont été établis d'après les prix d'achat indiqués précédemment; s'il survenait des changements d'une certaine importance, il y aurait lieu de modifier ces prix de 0.011 par kilogramme pour chaque franc de différence sur le prix d'achat.

Gros fers	coupés de longueur seulement, pour fentons de planchers, le kil.	0.21
	à bâtiment, coupés de longueur et dégauchis en fer rond ou carré, pour ancres de toutes espèces, linteaux droits, cales ou analogues, pour fourniture et façon, le kil.	0.25

Gros fers (suite)	pour chevêtres, bandes de trémie, chaînes, tirants, harpons, plates-bandes, entretoises de planchers, linteaux cintrés, manteaux de cheminées, ceintures de fourneaux ou autres ouvrages analogues, compris clous et entailles de talons ou pattes	0.33
	pour étriers ou embrassures, chapeaux de colonnes, cales et coins forgés ; cintrés pour colliers ou ceintures de tuyaux ; pour boulons de 6 kil. et au-dessus, ou fers à tiges taraudées avec écrous, ou autres ouvrages analogues, compris clous et entailles	0.43
	pour fermes de planchers et poitrails, compris boulons	0.52
	pour combles en fer ordinaire, y compris pannes et chevronnage (quelle que soit d'ailleurs la nature ou la forme des ajustements, droits, biais ou autres), avec boulons, rivets et toutes fournitures ou mains-d'œuvre accessoires, prix moyen	0.59
	pour comble circulaire de toutes formes, plus-value	0.07
Fers spéciaux	pour planchers composés de solives en fers à T ordinaire de 0m08 à 0m22 de haut jusqu'à 8m00 de longueur, coupées de longueur seulement et posées (sans fentons ni entretoises, qui seront payées à part aux prix portés ci-dessus)	0.28
	pour planchers, id., mais les solives assemblées avec cornières en fer	0.32
	pour pans de fer assemblés, avec ou sans poteaux corniers	0.43
	plus-value pour assemblages biais	0.04
	pour poitrails, filets ou poutrelles en fer à T ordinaire, jusqu'à 0m22 de haut, les solives simplement accouplées au moyen de boulons ou servant d'armatures à des poutres en bois	0.32
	pour poitrails, filets ou poutrelles, les solives accouplées au moyen de brides ou boulons avec croisillons à l'intérieur en fer ou en fonte, et garnies ou non aux extrémités de tirants et harpons	0.34
	plus-value pour poitrails, filets ou poutrelles assemblés avec les planchers droits	0.03
	pour chevronnage de combles, pannes ou plates-formes assemblés en fer à simple ou double T	0.45
	plus-value pour chevronnage circulaire, y compris tous ajustements	0.07
	pour emploi de fer à T simple pour chevronnage de comble applicable seulement au poids des fers à simple T	0.03
	pour fermes de combles (quelle que soit d'ailleurs la nature ou la forme des ajustements, droits, biais ou autres) ; lesdites, composées d'arbalétriers ou d'arêtiers en même fer et compris pièces d'assemblage en fonte fondue sur modèle (sauf les sabots en fonte, qui seront déduits du poids total des fermes)	0.64
	NOTA. — Les sabots en fonte recevant les fermes seront toujours pesés séparément, quelle que soit leur forme, et seront payés (compris frais de modèle), quels qu'ils soient	0.42
	plus-value pour fermes de comble circulaire de toutes formes	0.07

Fers spéciaux (suite)

	Désignation	Prix
Fers spéciaux (suite)	plus-value pour emploi de fer de dimensions plus grandes que celles indiquées ci-dessus pour planchers, poitrails, etc., ou combles : En fer à double T, ailes ordinaires, de 0^m260 de haut. Lesdits jusqu'à 7^m00 de longueur	0.016
	plus-value pour emploi de fer à double T, ailes inégales, de 0^m120 de haut ; de fers à double T, larges ailes, de 0^m100 à 0^m160 sur 0^m060 à 0^m084 d'ailes ; de 0^m180 sur 0^m070 à 0^m078 d'ailes. Lesdits sur 10^m00 de longueur	0.022
	plus-value pour emploi de fer à double T, à larges ailes : de 0^m080, 0^m170, 0^m175, 0^m180 et 0^m220 sur 0^m055 à 0^m105. Lesdits sur 10^m00 de longueur	0.022
	plus-value pour emploi de fers à double T, larges ailes de 0^m160 sur 0^m125 et 0^m128 ; de 0^m160 sur 0^m120 ; de 0^m260 sur 0^m417 à 0^m122 ; de 0^m235 sur 0^m095 et 0^m100 ; de 0^m248 sur 0^m127 et 0^m131 ; de 0^m250 dissymétriques sur 0^m115 à 0^m121. Lesdits jusqu'à 10^m00 de longueur	0.022
	plus-value pour emploi de fers à double T, larges ailes : de 0^m300 sur 0^m130 à 0^m134. Lesdits jusqu'à 10^m00 de longueur	0.028
	plus-value pour emploi de fers à double T, larges ailes : de 0^m350 sur 0^m150 à 0^m152. Lesdits jusqu'à 10^m00 de longueur	0.04
	plus-value pour emploi de fer de dimensions plus grandes en longueur que celles indiquées ci-dessus, pour chaque mètre en plus et par kilogramme	0.011

Observation. — Pour les pannes, chevronnages ou combles, ces plus-values ne seront pas admises sur l'ensemble des fers dont se composeront ces ouvrages.

Elles ne pourront être appliquées qu'aux parties isolées qui y auront droit, et qui devront par conséquent être pesées séparément, en observant que la plus-value de longueur sera acquise et comptée par mètres entiers, et non par fractions de mètres, sur les barres excédant les longueurs maxima.

	Désignation	Prix
Fer et tôle	pour poitrails, filets ou poutrelles	0.52
	pour fermes de combles, brisis, jambes-de-force, arêtiers, etc., etc., quel que soit le nombre ou la forme des ajustements	0.68
	plus-value pour assemblages avec les planchers droits	0.04
	— — — biais	0.06
	plus-value pour fermes de combles circulaires de toutes formes assemblés au moyen de cornières, rivés bouterolles ou frasés	0.16
Fers à vitrages	pour marquises ou combles de petites cours en appentis ; montés sur supports et sommiers en fer ordinaire	0.72
	plus-value pour les fers portant assemblages biais	0.11
	pour lanternes, marquises ou châssis de combles à deux égouts montés sur supports et sommiers en fer ordinaire, avec ou sans chéneaux	0.98
	pour lanternes de combles à quatre croupes, montés comme les précédents, avec ou sans chéneaux	1.12
	plus-value d'assemblage sur le poids des fers à vitrage s'assemblant	

Fers à vitrages (suite)		avec les fermes en fers ordinaires, fers spéciaux ou fers et tôle comme il est dit ci-dessus	0.11
		plus-value pour châssis ou lanternes de petites dimensions (au-dessous de 4 mètres de surface)	0.16
		plus-value pour lanterne de forme circulaire ou à côtés irréguliers	0.23
Fers à moulures		pour emploi de petits bois en fers à moulures, au lieu de fers à vitrages dans la confection des marquises, châssis ou lanternes de combles ; plus-value par kil.	0.20
Fers forgés sans entailles		ceux coudés sur plat ou sur champ, à congés renforcés, fournis et posés, pour équerres, supports ou plates-bandes	0.61
		pour pentures ordinaires ou renforcées, collets non élargis, mais compris chanfreins	0.69
		pour pentures à collets élargis, bien dressées et compris rivets et vis ; fléaux de portes cochères ou charretières, embrassures de colonnes accouplées	0.83
	pour barres de fermeture avec boutons	droites, en fer plat ou carré	0.73
		coudées, avec renflements et congés, bien dressés, en fer plat	2.44
		Nota. — Les chanfreins faits au burin et à la lime seront payés au mètre linéaire au prix de	0.38
		pour pivots bourdonnières et équerres de portes cochères, compris rivets et vis	1.15
		pour armatures de pompes, embrassures de stalles ou bat-flancs	1.39
	pour boulons compris rondelles et écrous.	pesant chacun moins de 1 kil.	0.82
		pesant chacun de 1 à 3 kil.	0.68
		pesant chacun de 3 à 6 kil.	0.59
		(Au-dessus de 6 kil., à peser avec les gros fers).	
Grilles en fer à barreaux ronds au-dessus de 0m016 de diamètre		dormantes, les barreaux à scellement de chaque bout, les trous des deux traverses évidés à froid, pour baies de croisées, etc.	0.41
		mais composées de deux sommiers et d'une ou deux traverses sans arcs-boutants	0.45
		id., mais avec arcs-boutants	0.54
		dormantes, composées de deux sommiers et de deux traverses avec culots ou lances par le haut, et pontets par le bas en fonte sur modèle, sans arcs-boutants	0.57
		dormantes, mais avec arcs-boutants	0.67
	plus-value	pour traverses et arcs-boutants arrondis sur champ, sur le prix des grilles ci-dessus par kil.	0.12
		pour chaque traverse, droite ou circulaire en élévation, à trous renflés ordinaires par kil.	0.04
		pour parties ouvrantes, sur les grilles, compris congés, colliers et crapaudines	0.17
		pour grilles circulaires en plan ou pour traverse haute cintrée en élévation par chaque traverse	0.03

Nota. — La plus-value pour parties ouvrantes n'est applicable qu'aux vantaux des grilles et aux arcs-boutants qui les supportent : les parties fixes qui viendraient s'assembler dans les arcs-boutants ne participent point à cette plus-value.

Grilles en fer carré		Les grilles en fer carré donneront lieu à une plus-value fixe s'appliquant aux prix d'ensemble de ces grilles quelles que soient leur nature et leur composition ; cette plus-value sera par kil. de......	0.32
Terrasses et balcons		avec arcs-boutants à congés, châssis en fer carré, remplissage en barreaux ronds, sans panneaux ni frise........................	0.58
Terrasses et balcons		avec double châssis par le haut et frise en fonte.....	0.73
Fers façonnés gros fers à bâtiment, compris clous		coupés de longueur seulement pour fentons, ancres et linteaux, le kil..	0.05
		coudés ou à scellement..	0.17
		contre-coudés, cintrés ou à tiges taraudées, compris entailles..... .	0.35
		pour fermes de planchers ou poitrails en fer ordinaire............	0.39
		pour combles en fer ordinaire.....	0.59
		NOTA. — Tous les prix de fer façonnés ci-dessus comprennent la valeur du double transport. Ils comprennent également la valeur des clous, rivets et boulons nécessaires à la repose des fers refaçonnés. Toutefois, lorsque les vieux fers provenant de démolition auront dû être redressés au feu avant leur transformation, et que cette opération aura été constatée, il sera alloué sur les prix ci-dessus une plus-value de	
Fers spéciaux refaçonnés ; à simple, double ou triple T		refaçonnés et reposés pour planchers, compris tous transports......	0.05
		mais les solives assemblées..................................	0.11
		pour poitrails et poutrelles..............	0.12
		pour chevrons, pannes et plates-formes, compris fourniture de rivets ou boulons..	0.30
		pour fermes de combles, compris fourniture de rivets ou boulons...	0.46
Clous		à bateaux..	0.45
		à bâtiments, dits mariniers...	0.56
		d'épingles de 0m 11 à 0m 16..................................	0.62
	pour travaux en régie	doux à charpentiers d'épingles ordinaires de 0m051 à 0m11........................	0.67
	pour travaux en régie	d'épingles fins........................	1.00
Rappointis pour les maçons		....	0.34
Grain ou grenaille pour scellements		....	0.07
Fonte compris transport au bâtiment et octroi, sans pose (Cours du 1er oct. 1896)	Pour balcons	suivant les modèles de commerce............	0.32
	Pour balcons	de croisée ordinaire ou à feuilles, recoupés, à motifs pour mettre en saillie...............	0.38
	Pour balcons	à motifs pour mettre en saillie pour grands balcons..............................	0.35
	Pour balcons	à motifs autres ordinaires...................	0.72
	Pour balcons	— recoupés..................	0.75
	Barres d'appui	....	0.51
	Colonnes pleines	modèles de commerce ou modèles faits exprès sans moulures (frais de modèle, payés à part).	0.20
	Colonnes pleines	à double étage (frais de modèle, payés à part)..	0.22
	Colonnes creuses	parois de 0m030 d'épaisseur................	0.23
	Colonnes creuses	— au-dessous de 0m030................	0.29

Fonte compris transport au bâtiment et octroi, sans pose (Cours du 1er oct. 1896) (suite)	Garnitures de rampes	sans pièces et pilastres d'escaliers en fonte....	0.67
		à pièces battues et pilastre d'escalier à pièces battues..................................	0.78
	Panneaux de porte	ordinaire et à sujet, prix moyen.............	0.67
		à sujet, mais sur mesures....................	0.89
	Pilastres pour rampes d'escaliers	en fonte unie.........................	0.62
		— ornée.........................	0.73
		à pièces battues.........................	0.84
Pose	de colonne en fonte pleine, le kil.........................		0.02
	— creuse ou pleine, à 2 étages.................		0.03
Peinture fer ou fonte	en minium, oxyde de fer ou goudron de gaz par couche, pour gros fers ; le mètre superficiel.........................		0.35
	pour les fers au-dessous de 0m14 de développement ; le mètre superficiel.........................		0.05
	plus-value pour repage, y compris agrès, par kil................		0.05
Plomb (au kil.)	vieux fourni pour scellement suivant prix marchand du plomb neuf, au cours du jour de la fourniture, avec moins-value, par kil. de..		0.11
	neuf fourni pour scellements, compris charbon, résine ou coulement.		0.14

QUINCAILLERIE

Ouvrages divers (compris pose).

Agrafe (à la pièce)	et contre-panneton de volets intérieurs moyen et grand modèle.....		1.11
	— à patte entaillée à fleur bois..................		2.09
Anneau (à la pièce)	d'écurie	aire vis à bois ou à scellement en fer de 0m07 à 0m08 de diamètre......................	0.58
		en fer poli ou étamé......................	0.85
		à crochet étamé.........................	1.73
		les anneaux tiges à écrous seront payés en plus.	0.15
	de trappe	à charnière entaillée à fleur de bois de 0m08 de diamètre.............	1.99
		à charnière entaillée à fleur de bois de 0m11 de diamètre.........................	2.29
		à charnière à entailler et sur platine de 0m08 de diamètre.........................	2.66
		à charnière à entailler et sur platine de 0m11 de diamètre.........................	3.05
	en cuivre	pour tiroir ou volet à vis....................	0.44
		avec écrou (prix moyen)....................	0.85
		pour écurie, de 0m08 de grosseur et de diamètre, avec boule de 0m027....................	2.39
		pour écurie, de 0m10 de grosseur et de diamètre, avec boule de 0m035.....	3.49

Plus-value pour plaque en cuivre sous les boules des anneaux........ 0.33

Rosaces en cuivre poli sous les anneaux de $0^{m}070$ de diamètre........ 0.95

Article	Désignation			Prix
Arrêt (à la pièce)	à boule en cuivre excentrique serrant le tirage en corde septain posé avec vis		n° 1 de $0^{m}040$ de platine......	0.54
			2 de $0^{m}050$ —	0.83
			3 de $0^{m}060$ —	1.07
	à fourchette, monté sur platine..........			0.59
	à feuille de sauge en cuivre		de $0^{m}08$ de longueur.........	0.48
			$0^{m}12$ —	0.63
			$0^{m}14$ —	0.82
	de porte, en bois des îles, garniture caoutchouc, fixé avec vis sur le parquet..........			1.12
	de persienne	à branche et chaînette, crampon à 2 points, scellement fort..........		0.22
		en fonte à anneau et paillette acier faisant mouvoir le mentonnet garni de sa tige à scellement..........		0.82
		renforcé, marqué ST ou tout acier..........		1.00
		avec mentonnet fonte malléable de $0^{m}055$ de long..........		1.00
		plus-value pour chaque $0^{m}015$ de longueur en plus..........		0.11
	pour porte, à galets en cuivre, mentonnet à ligne en fer, monté sur platine		n° 1......	1.90
			n° 2......	3.47
			n° 3......	4.02
			n° 4......	5.39
Bascule (à la pièce)	à queue de poireau en cuivre	de $0^{m}45$..........		1.12
		de $0^{m}50$..........		1.29
Battement (à la pièce)	à tête élargie en demi-rond, à scellement ou à pointes..........			0.05
	à deux coudes, à scellement ou à pointes..........			0.11
Bec-de-cane compris gâche à baguettes, posé avec vis (à la pièce)	ordinaire poli cloison de $0^{m}020 \times 0^{m}075$ de haut	de $0^{m}08$ à $0^{m}11$..........		2.38
		de $0^{m}11$..........		3.04
		de $0^{m}16$..........		3.78
	id., poli en long	jusqu'à $0^{m}08$ de large..........		3.48
		de $0^{m}095$ de large..........		3.94
	revêtu d'une estampille portant première qualité aux initiales de JPM : FV : JD : HD : GC. DCF : CLD : BF. AG : FT : LR : PM : JF : AAG : T : TF : APC et Union des Quincailliers.	cloison de $0^{m}020 \times 0^{m}08$	de $0^{m}09$ et $0^{m}11$........	2.65
			de $0^{m}14$..........	3.31
			de $0^{m}16$..........	4.16
		en long	de $0^{m}05$ à $0^{m}08 \times 0^{m}11$..	3.75
			de $0^{m}09 \times 0^{m}11$........	4.30
		à bascule de $0^{m}02$ à $0^{m}04 \times 0^{m}11$..........		4.19
	à roulettes marqués TF		de $0^{m}11$..........	4.88
			de $0^{m}14$..........	5.70
		en long	jusqu'à $0^{m}08$..........	5.05
			de $0^{m}09$..........	5.35

Béquille simple (à la pièce)	en fer pour bec-de-cane et serrure à foliot	à pans et à boules	n° 1	1.90
			n° 2	2.05
			n° 3	2.15
			n° 4	2.25
	en cuivre pour bec-de-cane et serrure à foliot	à volute	n° 3	2.15
			n° 4	2.40
		à boule renforcée	n° 1	1.70
			n° 2	1.75
			n° 3	1.90
			n° 4	2.05

Les béquilles doubles seront payées moitié en sus des prix ci-dessus moins 0,85.

	DIAMÈTRE DE LA BOULE	UNIE EN CUIVRE AJUSTÉE ET GOUPILLÉE de 0^{m}02 d'épaisseur	EN CRISTAL BLANC MASSIF, PIED UNI, COTES PLATES 1er choix
Boule de rampe (à la pièce)	0.050	1.95	.....
	0.055	2.05	.....
	0.060	2.20	.....
	0.070	2.60	.....
	0.080	3.00	12.80
	0.090	3.60	15.00
	0.100	4.70	16.60
	0.110	5.80	20.50
	0.120	7.80	23.80
	0.132	....	29.50
	Plus-value pour sous-plaque	1.95	

Bouton en fer (à la pièce)	de penture, tête ronde et collet carré	de 0^{m}050 et 0^{m}080		0.24
		de 0^{m}110 et 0^{m}130		0.40
		de 0^{m}135 et 0^{m}160		0.55
	de volet, avec platine, contre platine et mortaise	rond ordinaire à clavette	de 0^{m}050 et 0^{m}080	1.15
			de 0^{m}110 et 0^{m}130	1.25
			de 0^{m}135	1.50
			de 0^{m}160	1.70
		carré à boîte en fonte		1.50

			Saillie.	Largeur.	Hauteur.	
Bouton double (à la pièce)	en cuivre ovale creux ordinaire	n° 1	0^{m}047	0^{m}029	0^{m}040	1.00
		n° 2	0^{m}051	0^{m}031	0^{m}043	1.05
		n° 3	0^{m}054	0^{m}033	0^{m}046	1.15
		n° 4	0^{m}057	0^{m}035	0^{m}049	1.50
		n° 5	0^{m}060	0^{m}037	0^{m}052	1.60
		n° 6	0^{m}064	0^{m}038	0^{m}053	1.70
		n° 7	0^{m}066	0^{m}040	0^{m}054	1.80
		n° 8	0^{m}068	0^{m}042	0^{m}058	2.10
		n° 9	0^{m}073	0^{m}044	0^{m}060	2.20

Bouton double (à la pièce) (suite)

à olive creux, monture ordinaire	n° 3	$0^{m}054$	$0^{m}032$	1.55
	n° 4	$0^{m}057$	$0^{m}034$	1.70
	n° 5	$0^{m}059$	$0^{m}035$	1.65
	n° 6	$0^{m}062$	$0^{m}036$	1.70
	n° 7	$0^{m}065$	$0^{m}038$	1.80
	n° 8	$0^{m}071$	$0^{m}042$	2.10
à olive creux, tige à vis, bague de rallonge	de	$0^{m}051$	$0^{m}033$	2.50
	de	$0^{m}060$	$0^{m}035$	2.70
	de	$0^{m}065$	$0^{m}037$	3.20

EN COMPOSITION DITE PORCELAINE	BLANC	MARQUE S Z	ÉBÈNE	MARQUE S Z
Rond de $0^{m}045$ à $0^{m}050$	1.25	1.35	1.45	1.65
— $0^{m}055$	1.55	1.60	1.75	1.95
Ovale de $0^{m}055$ à $0^{m}060$	1.25	1.35	1.45	1.65
— $0^{m}065$	......	1.60	.....	1.95

Bouton rond de tirage

en cristal blanc taillé, à 6 pans, sans rosace, soudé dans la boîte	n° 1 de $0^{m}040$ de diamètre		2.90
	n° 2 de $0^{m}045$ —		3.10
	n° 3 de $0^{m}050$ —		3.40
	n° 4 de $0^{m}055$ —		3.70
en bois uni d'une seule pièce	en chêne, érable, palissandre et moulures		2.60
	rond	avec filets et moulures	3.10
		en ébène	3.95
	ovale	palissandre	3.95
		ébène	4.20
en ivoire	rond de $0^{m}055$		26.20
	ovale de $0^{m}055$		24.00
en fer	Profilé pour barres de clôture	de $0^{m}027$	0.85
		de $0^{m}035$	0.90
		de $0^{m}040$	1.00
		de $0^{m}045$	1.05
		de $0^{m}055$	1.20
		de $0^{m}060$	1.30
	pour porte à tige taraudée, écrou rond entaillé avec rosette	de $0^{m}040$ de diamètre	0.90
		de $0^{m}045$	0.85
		de $0^{m}050$	0.80
		de $0^{m}055$	0.95
		de $0^{m}060$	1.10
en cuivre (plein)	tourné, garni de rosette et écrou	de $0^{m}030$	0.75
		de $0^{m}35$	0.85
		de $0^{m}040$	1.00

Bouton rond de tirage (suite)	en cuivre (plein) (suite)	tourné, garni de rosette et écrou	de $0^{m}045$	1.25
			de $0^{m}050$	1.40
			de $0^{m}055$	1.55
			de $0^{m}060$	1.80
			de $0^{m}065$	2.10
			de $0^{m}070$ ou $0^{m}075$	2.65
			de $0^{m}80$	3.65
			de $0^{m}090$	4.75
	en cuivre (creux)	modèle antique avec écrou et rosette	de $0^{m}040$ de diamètre	1.25
			de $0^{m}050$	1.40
			de $0^{m}060$	1.70
			de $0^{m}070$	2.10
			de $0^{m}080$	3.00
Chaînette en cuivre (la pièce)	montée sur platine en fer, à moufle sur la queue de la serrure, avec rosette entaillée		n° 1, platine de $0^{m}105$ sur $0^{m}050$	1.85
			n° 2, — de $0^{m}115$ sur $0^{m}057$	1.95
			n° 3, — de $0^{m}12$ sur $0^{m}062$	2.10
			n° 4, — de $0^{m}13$ sur $0^{m}068$	2.25
	ronde unie de		$0^{m}055$ de diamètre	2.15
			$0^{m}060$	2.25
			$0^{m}070$	2.50
			$0^{m}080$	3.05
	carrée, encloisonnée, en fer poli, avec rondelle au foliot, de $0^{m}070$			4.25
Charnière (à la pièce)	en fer	carrée longue, en feuillure ordinaire de	$0^{m}06$ à $0^{m}08$	0.30
			$0^{m}095$	0.40
			$0^{m}11$	0.45
			$0^{m}12$	0.55
			$0^{m}140$	0.63
			$0^{m}16$	0.85
		carrée longue, renforcée de	$0^{m}08$ à $0^{m}095$	0.40
			$0^{m}11$	0.50
			$0^{m}12$	0.60
			$0^{m}140$	0.65
			$0^{m}16$	0.95
	en fer toute carrée ou à pans, entaillée à plat	ordinaire de	$0^{m}07$ et au-dessous	0.35
			$0^{m}08$	0.40
			$0^{m}095$	0.60
			$0^{m}11$	0.70
		renforcée de	$0^{m}07$ pesant 8k.20 les 100.	0.35
			$0^{m}08$ id. 12k.00	0.45
			$0^{m}095$ id. 15k.80	0.60
			$0^{m}11$ id. 28k.00	0.75

Charnière (à la pièce) (suite)	de caisson, en cuivre, pour volets de devanture, avec penture à pivot en fer, de $0^{m}35$ de branche.		de $0^{m}035$ de largeur de lame	2.30
			$0^{m}040$	2.45
			$0^{m}045$	2.55
			$0^{m}050$	2.65
			$0^{m}055$	3.05
			$0^{m}060$	3.20
	en cuivre	laiton	$0^{m}06$ de longueur	0.60
			$0^{m}067$	0.65
			$0^{m}08$	0.75
			$0^{m}095$	0.90
			$0^{m}11$	1.30
		fondu, à nœud rond	$0^{m}06$	0.70
			$0^{m}067$	0.80
			$0^{m}08$	0.90
			$0^{m}09$	1.00
			$0^{m}095$	1.10
			$0^{m}10$	1.20
			$0^{m}11$	1.33
			$0^{m}12$	1.60
			$0^{m}14$	2.90
	en fer à trappe, à empattement en T		$0^{m}30$ de branche	3.40
			$0^{m}40$	3.75
			$0^{m}50$	4.40
			$0^{m}65$	5.80
			$0^{m}80$	7.00
			$1^{m}00$	9.15
	En cuivre fondu pour grande porte entaillée, fixée à vis très forte.	nœuds ronds lames de $0^{m}0035$.	$0^{m}12$ à $0^{m}13$ de longueur.	2.30
			$0^{m}14$	3.15
			$0^{m}15$	3.65
			$0^{m}16$	4.90
		nœuds carrés lames de $0^{m}0034$.	$0^{m}070$	1.05
			$0^{m}080$	1.20
			$0^{m}090$	1.30
			$0^{m}095$	1.40
			$0^{m}100$	1.55
			$0^{m}110$	1.70
		nœuds carrés à traverse.	de $0^{m}080$ à $0^{m}090$	1.75
			$0^{m}095$	1.90
			$0^{m}105$	2.55
			$0^{m}120$	2.65
			$0^{m}140$	3.30
			$0^{m}160$	3.65
		ordinaire à section droite, lame de $0^{m}004$, à boules tournées	$0^{m}080$	1.95
			$0^{m}095$	2.10
			$0^{m}110$	2.65

Clous à crochet (à la pièce) — à pointe ou à vis polis.

0^m06 de long	0.19
0^m07	0.22
0^m08	0.29
0^m09	0.36
0^m10	0.42

en cuivre à embase — le double des prix ci-dessus.

Pitons à vis. Mêmes prix que les clous à crochets.

Collier (à la pièce)

à pointe, compris pose pour châssis grillagé	0.40
à patte de façon, compris pose pour châssis grillagé	0.85
à patte de façon, compris pose pour rampe d'escalier	1.25

Crémone jusqu'à 2^m00 de longueur (à la pièce).

Diamètre	Ordinaire	De Paris, marque R G L R / D P marquée 1re qualité.	A levier, marquée T F, corps en fonte malléable, tringle fer 1/2 rond garni: modèle uni tout fonte	A levier, marquée T F, corps en fonte malléable, tringle fer 1/2 rond garni: modèle uni poignée cuivre.	Modèle Renaissance ou Louis XIV R G	Modèle Louis XV à jour, R G	Marquées S T à tringle indépendante: avec bouton fonte.	Marquées S T à tringle indépendante: avec bouton cuivre ciselé.	Plus-value: par mètre de longueur en plus	Plus-value: par chaque conduit en plus de 1 par 2 mètres	Plus-value: pour tringles blanchies.	Plus-value: pour contre-pannaton de volet.
0.014	2.00	2.40	....	....	....	....	....	....	0.44	0.17	0.55	1.10
0.016	2.20	2.60	8.70	14.00	....	....	5.15	8.15	0.50	0.17	0.65	1.10
0.018	2.45	2.90	9.25	14.85	....	....	5.40	9.80	0.60	0.17	0.75	1.10
0.020	2.25	3.80	10.45	16.30	5.55	5.95	5.70	10.35	0.70	0.17	0.95	1.10

Crémone jusqu'à 3^m00 de longueur (à la pièce).

Pour porte d'allée, fermant à clef, fer demi-rond: Diamètre	Prix	Plus-value par mètre de longueur en plus	Plus-value pour chaque conduit en plus	Pour porte cochère, fermant à clef, tringle fer rond: Diamètre	Prix	Plus-value par mètre de longueur en plus
0.022	10.70	1.00	0.44	0.020	12.90	1.35
0.025	16.20	1.40	0.55	0.022	17.85	1.65
0.030	19.50	1.95	0.65	0.027	21.70	2.40
				0.030	29.40	3.60

Crochet (à la pièce).	plat, poli posé avec vis et piton.	0.08 de long	0.35
		0.09	0.40
		0.11	0.45
	rond avec ses deux tirefonds.	0.11	0.30
		0.14	0.40
		0.16 et 0.19	0.45
		0.22	0.50
		0.25	0.60
		0.28	0.70
		Les mêmes, renforcés, en plus	0.10
Entaille dans le bois (le mèt. linéaire)	ordinaire	de 0.02 de large	1.05
		par centimètre de largeur en plus	0.15
	bien faite	de 0.03 de large pour paumelle de façon, équerre limée, pivot de porte cochère, etc.	1.70
		par centimètre de largeur en plus	0.20
Équerre (à la pièce).	simple, renforcée, compris entaille pose avec vis à garnir.	de 0.16 de branche pesant 9 kil. les 100	0.17
		de 0.19 de branche pesant 12 kil. les 100	0.19
		de 0.22 de branche pesant 22 kil. les 100	0.27
	Les mêmes, posées avec vis à bois, tournées, en plus		0.11
	double	ordinaire de 1m00	1.30
		renforcée de 1m00	1.80
	à T double, de 1m00		1.95
	coudée sur plat ou sur champ, sans congé, mais entaillée et posée avec vis.	de 0.005 d'épaisseur et jusqu'à 0.025 de largeur pour 0.20 de développement	1.20
		par mètre de longueur en sus	3.10
		de 0.006 d'épaisseur et jusqu'à 0.030 de largeur pour 0.20 de développement	1.55
		par mètre de longueur en sus	3.50
		de 0.007 d'épaisseur jusqu'à 0.035 de largeur pour 0.20 de développement	1.75
		par mètre de longueur en sus	4.25
	coudée sur plat seulement à congé, demi-blanchie, les arêtes bien dressées, entaillée et posée avec vis.	de 0m005 d'épaisseur jusqu'à 0m025 de largeur pour 0m20 de développement	1.50
		par mètre de longueur en sus	3.20
		de 0m006 d'épaisseur jusqu'à 0m030 de largeur pour 0m20 de développement	1.80
		par mètre de longueur en sus	3.50
		de 0m007 d'épaisseur jusqu'à 0m035 de largeur pour 0m20 de développement	2.00
		par mètre de longueur en sus	4.40

Espagnolette à poignée verticale de $2^{m}00$ de longueur, garniture fonte unie tringle ronde avec deux embases et crochet de rappel.	de $0^{m}016$ de diamètre			12.00
	Plus-values	pour poignée en cuivre		5.45
		par mètre de longueur en plus		1.10
		pour chaque embase	en fonte	1.30
			en cuivre	3.60
	de $0^{m}018$ de diamètre			13.35
	Plus-values	pour poignée en cuivre		6.05
		par mètre de longueur en plus		1.35
		pour chaque embase	en fonte	1.70
			en cuivre	4.15
	de $0^{m}020$ de diamètre			18.30
	Plus-values	pour poignée en cuivre		7.60
		par mètre de longueur en plus		1.65
		pour chaque embase	en fonte	2.00
			en cuivre	4.70
Ferme persienne à refouloir, système Cudrue		pour $0^{m}90$ de longueur		3.00
		par mètre de tringle en plus		0.15
Fiche (à la pièce)	à bouton, avec broches, posée sur tréteaux, en tôle de $0^{m}001$	$0^{m}095$ à $0^{m}110$ de long, pesant au moins 14 k. le 100		0.50
		$0^{m}125$ — — 26		0.60
		$0^{m}135$ — — 34		0.65
		$0^{m}16$ — — 48		0.90
	plus-value pour pose sur huisseries	de fiches	de $0^{m}095$ à $0^{m}110$	0.15
			de $0^{m}125$ à $0^{m}160$	0.20
	plus-value pour pose à l'échelle	de fiches	de $0^{m}095$ à $0^{m}110$	0.20
			de $0^{m}125$ à $0^{m}160$	0.30
	à broche tournée avec boule et nœuds polis, etc.	$0^{m}12$ de long		0.70
		$0^{m}14$		0.75
		$0^{m}16$		0.90
		plus-value pour fiches à deux boules tournées		0.05
	Chanteau entaillée et posée	$0^{m}10$ à $0^{m}11$ entre boules		0.40
		$0^{m}12$		0.50
		$0^{m}14$ à $0^{m}16$		0.65
	avec vis de en fer forgé à nœuds rabotés avec bague en cuivre de	0.11		0.95
Fléau (à la pièce).	ordinaire marchand	monté sur platine et garni de son support à pattes, posé avec vis de	$0^{m}16$ de long	0.90
			$0^{m}19$	1.05
			$0^{m}22$	1.20
	de façon	garni de son support et renforcé de	$0^{m}16$ à $0^{m}19$	1.95
			$0^{m}22$	2.10

Gâche (à la pièce)	en tôle forte de 0^{m}001 d'épaisseur blanchie, entaillée et posée avec vis.	percée d'un trou d'empénage rond ou carré, pour verrou à ressort et à coquille, targette, etc.	droite....	0.55
			coudée...	0.70
		à trois empénages	non coudée...........	0.70
			coudée...............	0.75
	à pattes	forte blanchie pour verrou à ressort, targette, de	0^{m}035 de hauteur entre coudes.............	0.50
			0^{m}040 et 0^{m}045.........	0.55
			0^{m}050.................	0.60
		renforcée et polie, vive arête de	0^{m}035 de hauteur entre les coudes.............	0.60
			0^{m}040................	0.70
			0^{m}045................	0.85
			0^{m}050.................	0.90
			0^{m}080 à 0^{m}10....... ...	1.45
	à pattes ou à pointes, compris trous tamponnés, pour	bec-de-cane.............................		1.00
		serrure à tour et demi, à pêne dormant, à deux pênes..................................		1.10
		serrure de sûreté.......		1.20

Galet ou poulie évidée (à la pièce).

DIAMÈTRE	A PLAT OU SUR CHAMP fer et cuivre, posée	MONTÉE SUR PLATINE TOUT CUIVRE		
		à charnière, posée	à plat ou sur champ, posée	à pivot, posée
0.020	0.70	1.55	1.40	1.95
0.025	0.80	1.65	1.50	2.15
0.030	1.00	1.80	1.60	2.40
0.035	1.10	2.00	1.75	2.80
0.040	1.40	2.10	2.05	3.60
0.045	1.75	2.35	2.25	3.70
0.050	1.90	....	....	....
0.055	2.25	....	....	....
0.060	2.95	....	....	....

Gond (à la pièce)	pour paumelle	à scellement	de 0^{m}11 à 0^{m}16.........	0.25
			de 0^{m}19 à 0^{m}25.........	0.30
		à pointe	de 0^{m}11 à 0^{m}16.........	0.50
			de 0^{m}19 à 0^{m}25.........	0.55
		à patte	jusqu'à 0^{m}65 de branche.	0.75
			au-dessus de 0^{m}65..... .	1.30

Gond (à la pièce) (suite)	pour penture ordinaire	à scellement	jusqu'à $0^{m}065$ de branche.	0.50
			au-dessus de $0^{m}65$.......	0.75
	pour penture entaillée	à pointe	jusqu'à $0^{m}65$ de branche..	1.00
			au-dessus de $0^{m}65$.......	1.05
		à patte	jusqu'à $0^{m}65$ de branche..	0.85
			au-dessus de $0^{m}65$.......	1.20
		à scellement	jusqu'à $0^{m}65$ de branche..	0.75
			au-dessus de $0^{m}65$.......	0.95
		à pointe	jusqu'à $0^{m}65$ de branche.	1.45
			au-dessus de $0^{m}65$.......	1.65
		à patte	jusqu'à $0^{m}65$ de branche.	1.90
			au-dessus de $0^{m}65$.......	2.30
Loquet (à la pièce)	ordinaire demi-léger	à bouton olive, plat, compris crampon et rosette, de	$0^{m}32$ de long...........	1.60
			$0^{m}40$.................	1.75
			$0^{m}50$.................	1.85
	demi-fort	bouton olive plat, pêne de $0^{m}0045$ + $0^{m}025$ de large, avec crampon et rosette, de	$0^{m}32$ de long...........	1.85
			$0^{m}40$.................	1.95
			$0^{m}50$.................	2.10
			$0^{m}60$.................	2.25
	renforcé	à bouton olive rond, avec crampon et rosette, pêne 0^{m} 0055 d'épaisseur	$0^{m}32$ de long...........	2.35
			$0^{m}40$.................	2.50
			$0^{m}50$.................	2.70
			$0^{m}60$.................	2.85
			$0^{m}65$.................	3.10
Loqueteau (à la pièce)	coudé	monté sur patine compris anneau, tirage et conduit, de	$0^{m}040$.................	1.05
			$0^{m}045$.................	1.25
			$0^{m}055$.................	1.35
	à pompe, boîte en fonte avec anneau, tirage et conduit	avec ment. en fonte,	n° 3, de $0^{m}095$..........	0.85
			n° 4, de $0^{m}11$...........	0.90
		avec ment. en fer,	n° 3, —	0.85
			n° 4, —	0.95
		avec ment. en cuivre,	n° 3, —	0.90
			n° 4, —	0.95
	à douilles, à pans en fonte de $0^{m}060$...........................			1.35
	renforcés, œil en cuivre de $0^{m}068$...........................			1.45
	avec gâche, anneau et tirage de $0^{m}080$........................			1.80
	droit, en fonte, à panneton grand anneau en cuivre avec mentonnet, tirage et anneau de $0^{m}095$..............................			2.20
	à douille en cuivre avec gâche	à œil ou boule au bout	de $0^{m}038$..............	1.15
			— $0^{m}042$..............	1.25
			— $0^{m}048$..............	1.35
			— $0^{m}053$..............	1.55
			— $0^{m}058$..............	2.50

Loqueteau (à la pièce) (suite)	à douille en cuivre avec gâche	à œil ou boule dessus ou renforcé à grand anneau	de $0^{m}040$	1.20
			— $0^{m}045$	1.30
			— $0^{m}050$	1.50
			— $0^{m}060$	1.80
	en cuivre à pêne coudé ou à mentonnet	à œil ou à boule	— $0^{m}055$	1.10
			— $0^{m}065$	1.15
			— $0^{m}075$	1.25
			— $0^{m}085$	1.35
			— $0^{m}095$	1.45
			— $0^{m}110$	1.50
	en cuivre à pêne couvert	à boule ou à grand anneau	— $0^{m}070$	1.75
			— $0^{m}090$	1.85
			— $0^{m}120$	2.05
			— $0^{m}135$	2.45
	plus-value, pour pose sur châssis ou vasistas en fer			0.65
	plus-value, pour anneau, tirage et conduit			0.35
Mentonnet (à la pièce)	à deux pointes			0.25
	à pattes, entaillé et posé avec vis	pour loquet	ordinaire	0.60
			demi-fort ou renforcé	0.70
			très fort	0.85
	tige à vis pour ressort en acier de vantail d'armoire			0.25
Panneton (à la pièce)	de volet mobile entaillé et posé avec vis	droit	$0^{m}16$	0.80
			$0^{m}19$	0.85
		coudé	$0^{m}16$	0.85
			$0^{m}19$	0.95
Patte (à la pièce)	à scellement, droite, entaillée et fixée avec vis, de	$0^{m}14$ de long		0.25
		$0^{m}16$ à $0^{m}20$		0.25
		coudée, en plus		0.04
	à chambranle à vis et à scellement, droite ou coudée, posée en place, de	$0^{m}11$ à $0^{m}14$		0.11
		$0^{m}15$ à $0^{m}18$		0.16
	à scellement, faite exprès pour huisserie entaillée et fixée avec vis	faite exprès, de $0^{m}19$ à $0^{m}25$ en fer, de $0^{m}020 \times 0^{m}06$		0.60
		de $0^{m}26$ à $0^{m}33$ en fer, idem		0.70
		de $0^{m}16$ à $0^{m}20$ de longueur, en fer, de $0^{m}007 \times 0^{m}04$ à $0^{m}05$		0.75
		de $0^{m}21$ à $0^{m}24$		0.80
			Long. de branch. Poids.	
Paumelle (à la pièce)	simple à T	avec gond à scellement entaillé et fixée avec vis, de	$0^{m}14$ de 0k 280 à 0k 300.	0.70
			$0^{m}16$ de 0 380 à 0 420.	0.75
			$0^{m}19$ de 0 500 à 0 600.	0.80
			$0^{m}22$ de 0 700 à 0 800.	0.90
			$0^{m}25$ de 0 900 à 1 000.	1.20
			$0^{m}27$ de 1 100 à 1 200.	1.35
			$0^{m}30$ de 1 400 à 1 500.	1.55

Paumelle (à la pièce) (suite)	simple à T	les mêmes	avec nœuds coudés, en plus	0.05
			non entaillées, en moins.	0.15
		plus-value pour paumelle de façon d'après ordre de l'architecte		0.25
	simple à équerre	avec gond à scellement entaillée et fixée avec vis, de	0^{m}19/25 pesant 0 k. 650	1.40
			0^{m}22/29 — 1 000	1.60
			0^{m}25/32 — 1 250	1.80
			0^{m}27/35 — 1 450	1.90
			0^{m}30/40 — 1 550	2.10
			0^{m}35/48 — 3 000	3.35
			0^{m}40/55 — 4 200	4.35
			0^{m}50/60 — 6 500	6.50
		Les mêmes non entaillées, en moins		0.40
		Nota. — La première dimension indique la hauteur de la paumelle, la seconde indique la longueur de la branche d'équerre.		
			Long. de branch. — Poids.	
	double à T	ordinaire, entaillée et fixée avec vis, de	0^{m}14 de 0 k 280 à 0 k. 300	0.95
			0^{m}16 de 0 320 à 0 350	1.00
			0^{m}19 de 0 450 à 0 500	1.05
			0^{m}22 de 0 600 à 0 700	1.20
			0^{m}25 de 0 900 à 0 950	1.60
			0^{m}30 de 1 500 à 1 600	2.15
			0^{m}35 de 2 400 à 2 600	3.15
			0^{m}40 de 3 100 à 3 300	3.90
		Les mêmes non entaillées, en moins		0.25
	double à équerre	ordinaire, entaillée et fixée avec vis, de	0^{m}19/25 pesant 0 k. 800	1.85
			0^{m}22/28 — 1 000	1.95
			0^{m}25/32 — 1 350	2.25
			0^{m}30/40 — 1 800	2.70
			0^{m}35/48 — 3 300	4.30
			0^{m}40/55 — 5 000	5.70
	simple à boules, à équerre avec gond, entaillée et fixée avec vis	de 0^{m}19/25 pesant	0 k. 750	2.60
		0^{m}22/29 —	0 950	3.05
		0^{m}25/32 —	1 400	3.40
		0^{m}27/35 —	1 700	3.60
		0^{m}30/40 —	2 000	3.80
		0^{m}35/48 —	3 000	5.20
		0^{m}40/55 —	4 700	6.85
		0^{m}50/60 —	7 100	9.60
		0^{m}60/70 —	12 500	15.60
	simple à boules et à gonds, entaillée et fixée avec vis	de 0^{m}16 pesant au moins	0 k. 400	1.35
		0^{m}19 —	0 500	1.60
		0^{m}22 —	0 700	1.80
		0^{m}25 —	0 950	2.25
		0^{m}27 —	1 100	2.35

Paumelle (à la pièce) (suite)	simple à boules et à gonds, entaillée et fixée avec vis	de $0^{m}30$ pesant au moins		1 k 600	2.90
		$0^{m}35$	—	2 400	4.10
		$0^{m}40$	—	3 200	5.45
		$0^{m}50$	—	4 800	7.70
		$0^{m}60$	—	8 300	11.50
		$0^{m}50$	—	7 000	9.50
		$0^{m}60$	—	12 000	15.60
		$0^{m}70$	—	16 000	19.05
		$0^{m}80$	—	24 500	24.75
	double à boules, à équerre entaillée et fixée avec vis	de $0^{m}25$ pesant		4 k. 000	2.35
		$0^{m}27$	—	1 100	2.70
		$0^{m}30$	—	1 600	3.20
		$0^{m}35$	—	2 400	4.30
		$0^{m}40$	—	3 300	5.40
		$0^{m}50$	—	5 200	8.55
		$0^{m}60$	—	9 550	14.40
	double à boules, à équerre, entaillée et fixée avec vis	de $0^{m}25/32$ pesant		1 k. 500	3.50
		$0^{m}27/35$	—	1 800	4.05
		$0^{m}30/40$	—	2 000	4 55
		$0^{m}35/48$	—	3 500	6.25
		$0^{m}40/50$	—	5 500	9.60
		$0^{m}50/60$	—	7 600	12.10
		$0^{m}60/70$	—	13 500	21.90

NOTA.— La première dimension indique la hauteur de la paumelle, la seconde indique la longueur de la branche d'équerre.

Paumelle (à la pièce) (suite)	double S T en fer forgé pour guichet de porte cochère avec manchon et dé en cuivre trempé	de $0^{m}22$ écartement	$0^{m}08$		8.70
		$0^{m}25$ —	$0^{m}09$		12.00
		$0^{m}25$ —	$0^{m}12$		14.15
		$0^{m}27$ —	$0^{m}10$		13.10
		$0^{m}30$ —	$0^{m}11$ à $0^{m}15$		15.60
		$0^{m}35$ —	$0^{m}13$		17.45
	double à nœuds bombés avec bague en cuivre, en fer, entaillées, posées en feuillure, fixée sur vis, en tôle demi-blanchie	de $0^{m}11$ écartement	$0^{m}045$	0 k. 127	0.70
		$0^{m}14$ —	$0^{m}045$	0 149	0.85
		$0^{m}6$ ou $0^{m}19$	$0^{m}065$	0 200	0.90
		$0^{m}22$ —	$0^{m}080$	0 360	1.05
		$0^{m}25$ —	$0^{m}090$	0 450	1.35
		$0^{m}27$ —	$0^{m}100$	0 585	1.55
		$0^{m}30$ —	$0^{m}100$	0 700	2.05
		$0^{m}33$ —	$0^{m}110$	1 000	2.50
	double à nœuds bombés, bague en cuivre, renforcée de façon, en fer blanchi	de $0^{m}14$ écartement	$0^{m}060$	0 k. 180	1.35
		$0^{m}16$ —	$0^{m}070$	0 260	1.55
		$0^{m}19$ —	$0^{m}075$	0 330	2.10
		$0^{m}22$ —	$0^{m}080$	0 480	2.50
		$0^{m}25$ —	$0^{m}090$	0 640	2.90
		$0^{m}27$ —	$0^{m}100$	0 700	3.10

Paumelle (à la pièce) (suite)	double à nœuds bombés (suite)	de $0^{m}30$ écartement $0^{m}100$ 1k.020	3.55
		$0^{m}35$ — $0^{m}120$ 1 400	4.10
		$0^{m}40$ — $0^{m}128$ 1 900	8.40
	les mêmes extra, renforcées de façon, en fer blanchi	$0^{m}30$ — $0^{m}100$ lame fer 26 × 7	4.65
		$0^{m}35$ — $0^{m}110$ — 30 × 85	7.60
		$0^{m}40$ — $0^{m}120$ — 40 × 9	10.70
		$0^{m}50$ — $0^{m}120$ — 50 × 10	14.45
	double à olive, à bague entaillée et posée en feuillure avec vis, en fer blanchi	$0^{m}14$ — $0^{m}090$	2.95
		$0^{m}16$ — —	3.20
		$0^{m}19$ — —	4.10
		$0^{m}22$ — —	4.35
		$0^{m}25$ — —	5.65
		$0^{m}27$ — —	7.35
		$0^{m}30$ — —	9.50
	double à branches égales, nœuds rabotés, à bague en cuivre, laminée ou acier posée en feuillure avec vis	$0^{m}08$ — $0^{m}060$ poids 0k.088	0.65
		$0^{m}095$ — — — 0 103	0.75
		$0^{m}11$ — — — 0 144	0.80
		$0^{m}14$ — — — 0 205	1.00
		$0^{m}16$ — — — 0 249	1.10
		$0^{m}19$ — — — 0 374	1.30
		$0^{m}22$ — — — 0 442	1.50
		$0^{m}25$ — $0^{m}070$ — 0 560	1.80
		$0^{m}27$ — — — 0 600	2.00
	double à branches égales, comme dessus renforcée à gros nœuds, noire, façon picarde	de $0^{m}11$ écartement $0^{m}060$ Poids 0k.169	0.95
		$0^{m}14$ — $0^{m}060$ — 0 230	1.30
		$0^{m}16$ — $0^{m}070$ — 0 315	1.50
		$0^{m}19$ — $0^{m}080$ — 0 416	1.90
		$0^{m}22$ — $0^{m}080$ — 0 556	2.25
		$0^{m}25$ — $0^{m}090$ — 0 660	2.60
		$0^{m}27$ — $0^{m}100$ — 0 756	2.95
		$0^{m}30$ — $0^{m}100$ — 1 004	3.20
	double en cuivre, avec bague en fer, entaillée, posée à vis, nœuds ronds ou à olives.	$0^{m}08$ — $0^{m}040$	1.75
		$0^{m}11$ — $0^{m}050$	2.00
		$0^{m}12$ — $0^{m}050$	2.10
		$0^{m}14$ — $0^{m}055$	2.40
		$0^{m}16$ — $0^{m}060$	2.60
		$0^{m}19$ — $0^{m}060$	3.20
		$0^{m}22$ — $0^{m}070$	4.10
Penture (à la pièce)	ordinaire non compris gond, élargie ou non au collet, chanfreinée au marteau, posée sans entaille, avec clous.	$0^{m}35$ Poids 0k.450 à 0k.500	1.05
		$0^{m}40$ — 0 650 à 0 700	1.15
		$0^{m}50$ — 0 950 à 1 000	1.30
		$0^{m}60$ — 1 300 à 1 400	1.50
		$0^{m}70$ — 1 600 à 1 700	2.00
		$0^{m}80$ — 2 100 à 2 200	2.40
		$0^{m}90$ — 2 500 à 2 600	2.75
		$1^{m}00$ — 3 000 à 3 100	3.15

Penture (à la pièce) (suite)	élargie au collet en congé, dressée à la lime sur l'épaisseur, entaillée ou chanfreinée, et posée avec vis et clous rivés		$0^{m}35$ poids 0k.500 à 0k.550	1.50
			$0^{m}40$ — 0 750 à 0 800	1.75
			$0^{m}50$ — 0 950 à 1 000	2.15
			$0^{m}60$ — 1 250 à 1 350	2.75
			$0^{m}70$ — 1 800 à 1 900	3.40
			$0^{m}80$ — 2 300 à 2 400	4.20
			$0^{m}90$ — 3 100 à 3 200	5.40
			$1^{m}00$ — 4 000 à 4 100	5.90
Petit bois en fer	à T du commerce et à double feuillure à moulure du commerce et à double feuillure	pour montants, châssis, croisillons, bien dressé et posé, les pattes et assemblages comptés à part, la dimension prise en hauteur sur la feuillure. Prix moyen en fer de	$0^{m}016$ de haut, le mètre linéaire	1.25
			$0^{m}018$	1.30
			$0^{m}020$	1.35
			$0^{m}023$	1.45
			$0^{m}025$	1.50
			$0^{m}027$	1.55
			$0^{m}030$	1.75
			$0^{m}035$	1.85
			$0^{m}040$	2.00
			$0^{m}045$	2.40
			$0^{m}050$	2.70
		Patte enlevée à même la feuillure, soit à plat, soit coudée, entaillée et posée avec vis :		
		Pour fer de $0^{m}016$ à $0^{m}027$	la pièce	0.85
		— de $0^{m}030$ à $0^{m}050$		1.20
		Patte bien faite formant T à chaque extrémité de petit bois, entaillée et posée avec vis :		
		Pour fer de $0^{m}016$ à $0^{m}027$	la pièce	1.20
		— de $0^{m}030$ à $0^{m}050$		1.45
		Trou pour vitrage	chacun	0.05
	à moulure du commerce et à double feuillure	pour montants de devanture, châssis croisillons, etc., bien dressé et posé, les pattes et les assemblages à part ; la dimension prise sur la hauteur. Prix moyen pour tous les profils. En fer de	$0^{m}018$ de haut... la pièce	1.40
			$0^{m}020$	1.45
			$0^{m}025$	1.50
			$0^{m}030$	1.75
			$0^{m}035$	1.85
			$0^{m}040$	1.95
			$0^{m}045$	2.35
			$0^{m}050$	2.55
			$0^{m}060$	3.00
		Patte enlevée à même la feuillure, comme il est dit aux petits bois en fer à T.		
		Pour fer à moulures de $0^{m}025$ et au-dessous		0.95
		— de $0^{m}030$ à $0^{m}045$		1.15
		— de $0^{m}050$ à $0^{m}060$		1.50

Petit bois en fer (suite)	à moulure du commerce et à double feuillure	Patte bien faite, formant T, comme il est dit aux petits bois en fer à T : Pour fer à moulures de $0^{m}025$ et au-dessous...		1.30
		— de $0^{m}030$ à $0^{m}045$		1.55
		— de $0^{m}050$ à $0^{m}060$		1.90
Pilastre (à la pièce)	de rampe d'escalier, à balustre, avec scellement dentelé ou clavette par le bas, soit par le haut, de $0^{m}80$ à $1^{m}10$, réduit de hauteur compris pose, mais non compris plomb	en fonte unie	de $0^{m}075$ à la base	9.00
			$0^{m}081$ —	12.60
			$0^{m}087$ —	14.10
			$0^{m}092$ —	14.25
			$0^{m}097$ —	14.95
		en fonte ornée, pose comprise, pour escalier en bois	$0^{m}0675$ —	14.85
			$0^{m}070$ —	15.40
			$0^{m}081$ —	15.60
			$0^{m}087$ —	15.80
			$0^{m}092$ —	16.35
		en fer tourné	$0^{m}041$ —	16.90
			$0^{m}045$ —	19.95
			$0^{m}054$ —	23.20
			$0^{m}061$ —	27.15
			$0^{m}068$ —	32.95
	Pose de pilastre sur escalier en fer, ou monté sur platines entaillées, en plus			2.50
Pivot à la pièce)	équerre ordinaire en congé	fer forgé non blanchi, entaillé et posé avec vis, de	$0^{m}16$ de branche, la pièce	1.00
			$0^{m}19$	1.40
			$0^{m}22$	1.65
			$0^{m}25$	1.90
			$0^{m}28$	2.10
			$0^{m}30$	2.40
			$0^{m}35$	2.95
			$0^{m}40$	3.25
			$0^{m}50$	3.75
		accessoire de ce pivot, crapaudine forgée	à scellement, sans pose..	0.22
			à pointe, posée	0.60
			à patte, posée avec vis...	1.10
	à équerre à boules	fer blanchi, entaillé et posé avec vis de	$0^{m}16$ de branche, la pièce	2.30
			$0^{m}19$	2.40
			$0^{m}22$	2.75
			$0^{m}25$	3.20
			$0^{m}28$	3.40
			$0^{m}30$	3.90
			$0^{m}35$	4.25
			$0^{m}40$	5.25
			$0^{m}50$	6.35
		accessoire de ce pivot, crapaudine forgée	à scellement pour pivot de $0^{m}16$ à $0^{m}28$.	1.05
			à scellement pour pivot de $0^{m}30$ à $0^{m}50$.	1.68

Pivot (à la pièce) (suite)	à équerre à boules	accessoire de ce pivot, crapaudine forgée	à pointe tournée, pour pivot, de	$0^{m}16$ à $0^{m}28$.	0.85
				$0^{m}30$ à $0^{m}50$.	1.00
			montée sur platine......		2.35
			à patte et à boule entaillée et posée, pour pivot, de	$0^{m}16$ à $0^{m}19$.	1.45
				$0^{m}22$ à $0^{m}25$.	1.60
				$0^{m}28$ à $0^{m}30$.	1.70
				$0^{m}30$ à $0^{m}35$.	2.75
				$0^{m}40$ à $0^{m}50$.	3.40
	de siège en cuivre, entaillé, fixé à vis	à touvillon avec crapaudine à pattes	N° 1 de $0^{m}05$ de branche..		1.45
			2 de $0^{m}067$ — ..		1.60
			3 de $0^{m}070$ — ..		1.70
		à équerre sur champ	N° 1 de $0^{m}08$ — ..		2.75
			2 de $0^{m}10$ — ..		3.40
Plate-bande au mètre linéaire	droite pour réunion de bâtis, tablettes, etc., entaillée et posée avec vis	noire, bien dressée	En fer de $0^{m}005$ jusqu'à $0^{m}025$ de largeur......		2.75
			En fer de $0^{m}006$ jusqu'à $0^{m}030$ de largeur......		3.10
			En fer de $0^{m}007$ jusqu'à $0^{m}035$ de largeur......		3.45
		demi-blanchie à vive arête	En fer de $0^{m}005$ jusqu'à $0^{m}025$ de largeur......		3.10
			En fer de $0^{m}006$ jusqu'à $0^{m}030$ de largeur......		3.60
			En fer de $0^{m}007$ jusqu'à $0^{m}035$ de largeur......		4.35
	d'assemblage de limon d'escalier, entaillée et fixée avec vis, de	de $0^{m}027 \times 0^{m}005$; le mètre linéaire.........			4.05
		$0^{m}031 \times 0^{m}005$........................			4.15
		$0^{m}041 \times 0^{m}007$........................			5.40
		$0^{m}047 \times 0^{m}009$........................			6.70
		$0^{m}055 \times 0^{m}010$........................			7.95
Poignée à la pièce	à pattes posée, avec vis, de	$0^{m}08$ ou de $0^{m}095$........................			0.30
		$0^{m}11$....................................			0.35
		$0^{m}14$....................................			1.30
		$0^{m}16$....................................			1.45
	à olive tournante sur platine, à repos ou non, entaillée et posée	$0^{m}16$ de longueur de platine................			0.65
		$0^{m}19$....................................			0.85
		$0^{m}22$....................................			1.05
		les mêmes sur platine renforcée, en plus......			0.11
	à talon carré, de $0^{m}19$ de platine		pesant 0 k. 300.........		1.05
			— 0 500.........		1.40
	en fer demi-rond, à charnière sur platine polie et entaillée à fleur de bois, de		$0^{m}14$..................		1.95
			$0^{m}19$..................		2.10
			$0^{m}22$..................		2.30
	à pointes sur limon garni d'une astragale en cuivre de		$0^{m}016$ de diamètre......		8.20
			$0^{m}018$ —		8.60

Rampe d'escalier à barreaux ronds espacés de $0^{m}16$ en $0^{m}16$, et recouverts d'une plate-bande en bandelette, compris percement des trous dans cette plate-bande pour la main-courante sans la fourniture de vis (le mètre linéaire)	à col de cygne avec rosace et astragale en cuivre, de		$0^{m}016$ de diamètre ; le mètre linéaire	9.95
			$0^{m}018$ —	10.35
			— avec rosace en fonte légère et forte astragale	11.05
			— avec rosace en fonte, chapiteau et astragale en cuivre	14.40
			— avec rosace forte en fonte et chapiteau à fuseau arasé sur le rampant	14.95
			— avec forte rosace, ornement milieu et chapiteau à boule, tout en cuivre	18.00
			$0^{m}020$ avec forte rosace et chapiteau en fonte à boule tournée	18.40
	à piton en fonte avec rosace et chapiteau à boule, de		$0^{m}016$ de diamètre	19.60
			$0^{m}018$... —	22.60
			$0^{m}020$... — garnitures fortes	25.75
			$0^{m}023$... — garnitures très fortes	28.20
Ressort	à barillet, pour porte battante avec branche méplate ou ronde, portant galet de renvoi et compris coulisse		n° 1, boîte de $0^{m}054$ de diam. et $0^{m}075$ de haut ; la pièce	10.20
			n° 2, boîte de $0^{m}060$ de diam. et $0^{m}080$ de haut ; la pièce	12.70
			n° 3, boîte de $0^{m}065$ de diam. et $0^{m}095$ de haut ; la pièce	14.60
			n° 4, boîte de $0^{m}070$ de diam. et $0^{m}11$ de haut ; la pièce	16.05
	à torsion, en acier limé, trempé, posé avec pattes, pour portes battantes ; le mètre linéaire			2.10
	en acier, pour fermeture de vantail d'armoire, compris mentonnet, la pièce			0.70
Serrure ordinaire, compris pose et vis (la pièce)	*d'armoire* blanchie avec entrée et gâche pêne au milieu.	à broche	de $0^{m}070$ à $0^{m}08$ de long.	2.75
			$0^{m}095$	3.15
		plus-value pour serrure à canon ou polic à broche		0.15
	à demi-tour pour cabinets d'aisances avec une clef		de $0^{m}11$ de longueur	2.95
			chaque clef en plus	0.90
	à pêne dormant, noire avec entrée sans gâche	ordinaire sans bouterolle	de $0^{m}14$ de larg.	2.80
			de $0^{m}16$ ... —	3.25
		demi-forte, à bouterolle, cloison de $0^{m}003$	de $0^{m}14$ de larg.	3.40
			de $0^{m}16$ ... —	3.95
		renforcé à bouterolle, cloison de $0^{m}005$	de $0^{m}14$ de larg.	3.95
			de $0^{m}16$ ... —	4.40
			de $0^{m}19$ ... —	6.15
		clef à chiffre et faux fond en cuivre	de $0^{m}14$ de larg.	5.30
			de $0^{m}16$ ... —	6.15
			de $0^{m}19$ ... —	7.00

Serrure ordinaire (suite)	*à pêne dormant*, noire, avec entrée sans gâche	de sûreté avec entrée sans gâche, blanchie	de 0^m14 de larg.	6.15
			de 0^m16 ... —	6.80
	à tour et demi, pêne au milieu, à bouton de coulisse, entrée et gâche encloisonnée		de 0^m11 et 0^m14	3.25
			de 0^m16	3.95
	à deux pênes, à fouillot, rosette en fer avec entrée et gâche encloisonnée	polie	de 0^m14 de long	4.15
			de 0^m16 ... —	4.95
			haute cloison de 0^m027 de 0^m16 de long	8.80
		en long	de 0^m045 et 0^m08 de larg.	5.25
			de 0^m09 et 0^m095 ... —	6.30
	de sûreté à bouton coudé, en cuivre avec entrée et gâche encloisonnée, deux clefs forées (cloison de 0^m020 de haut)	à garnitures simples blanchies ou cintrées	de 0^m14 de long	6.65
			de 0^m16 ... —	7.75
		en long avec entrée gâche et clefs forées, à garnitures droites ou cintrées	de 0^m045 à 0^m08 de larg	8.40
			de 0^m09 à 0^m11 .... —	10.20
	de sûreté à gorges, *à tour et demi*	à quatre gorges, bouton rond, avec entrée et gâche, à baguette, à clef bénarde	de 0^m14 de long	6.65
			de 0^m16 ... —	7.75
		à six gorges, clef bénarde	de 0^m14 de long	7.75
			de 0^m16 ... —	8.85
		plus-value pour clef forée		2.00
		à six gorges à fouillot, plus-value de		1.65
		garnitures demi-baroques	de 0^m14 de long	12.15
			de 0^m16 ... —	13.25
	d'armoire, compris entrée et gâche, polie à canon		de 0^m07 de long	3.10
			de 0^m08	3.20
Serrure revêtue d'une estampille première qualité (Voir les marques page suivante)	*à pêne dormant*, noire, système à gorge, à bouterolle, avec entrée sans gâche		de 0^m14 de long	4.20
			de 0^m16 ... —	4.65
			de 0^m19 ... —	6.20
	à pêne dormant, de sûreté, garnitures blanchies		de 0^m14 de long	7.30
			de 0^m16 ... —	8.15
	à tour et demi	bouton de coulisse fer ou cuivre	de 0^m14 de long	4.20
			de 0^m16 ... —	5.00
		forée à verrou de 0^m14		6.20
		dite sûreté de comble de 0^m16		7.05
		en long	de 0^m040 à 0^m08 de long.	6.05
			de 0^m095 à 0^m11 ... —	7.40

Serrure revêtue d'une estampille première qualité marques aux initiales JPM — FV — JD — GC — DCF — BF — AG — FT — PM — JF — AAG — IP — LNT — TF — APC — LR — LMY ou Union des quincailliers, marques BL — JBN — AT — PR — LC — BT — DLF — VG — JN — EP — ED — LD — ET — GTD — TCF — PRF — FP — DY — CS — TA, compris pose et vis. (suite)	*à deux pênes*, avec entrée, rosette et gâche à baguette	cloison de $0^{m}22$ sur $0^{m}080$	de $0^{m}14$ de long	4.95
			de $0^{m}16$ ... —	5.80
		cloison de $0^{m}022$, renforcée gros canon	de $0^{m}14$ de long	9.35
			de $0^{m}16$ ... —	9.90
		demi-tour à cylindre denté, en bronze, avec gâche à moulure	de $0^{m}14$ de long	7.60
			de $0^{m}16$ ... —	8.50
	de sûreté, dite bon poussé avec entrée rosette en fer, gâche à baguette deux clefs garnitures droites et blanchies ou garnitures cintrées	en long	jusqu'à $0^{m}08$ sur $0^{m}12$ de larg.	8.50
			de $0^{m}095$ de largeur	8.85
		cloison de $0^{m}022$	de $0^{m}14$ de larg.	7.75
			de $0^{m}16$ ... —	8.60
		cloison de $0^{m}022$ en long	de $0^{m}045$ à $0^{m}080$ de larg.	9.40
			de $0^{m}095$ —	9.95
			de $0^{m}110$ —	10.50
		cloison de $0^{m}022$ à fouillot	de $0^{m}14$ de long	9.65
			de $0^{m}16$ ... —	10.45
		cloison de $0^{m}22$, à fouillot, en long	de $0^{m}045$ à $0^{m}080$ de larg.	11.30
			de $0^{m}095$ —	11.80
			de $0^{m}110$ —	12.40
		haute cloison de $0^{m}027$ à $0^{m}030$	de $0^{m}16$ de larg.	13.25
		la même à fouillot		15.10
	de sûreté à gorges mobiles, à 6 gorges, avec entrée et gâche à baguette	clef bénarde, bouton coudé	de $0^{m}14$ de larg.	8.30
			de $0^{m}16$ —	9.15
		clef bénarde à fouillot	de $0^{m}14$ —	10.20
			de $0^{m}16$ —	11.00
		clef forée sans garnitures, bouton coudé	de $0^{m}14$ —	11.05
			de $0^{m}16$ —	11.90
		clef forée sans garnitures, à fouillot	de $0^{m}14$ —	12.45
			de $0^{m}16$ —	13.75
		clef forée, garnitures tournées baroques, à bouton coudé	de $0^{m}14$ —	14.35
			de $0^{m}16$ —	15.20
		clef forée, garnitures tournées, baroques, à fouillot	de $0^{m}14$ —	16.25
			de $0^{m}16$ —	17.05
		à bouton coudé, pêne enté, en bronze, marque TF ou serrure de sûreté nouvelle, incrochetable	de $0^{m}14$ —	15.95
			de $0^{m}16$ —	17.05

Serrures marquées ST (à la pièce)	*d'armoire* dite poussé à canon, compris entrée et gâche		de 0^m055 et 0^m060 de long	3.80
			de 0^m07 et 0^m08	3.70
			de 0^m11 de long	4.55
	polie, à trois pênes, à canon, pour tiroirs, caisse de 0^m07 et 0^m08 de long			7.80
	à pêne dormant	à bouterolle sans gâche et sans faux fond, en fer forgé	de 0^m11 de long	4.10
			de 0^m14 —	4.40
			de 0^m16 —	5.75
		à faux fond cuivre, clef en chiffre	de 0^m11 —	6.05
			de 0^m14 —	7.10
			de 0^m16 —	8.65
		à faux fond cuivre, clef forée	de 0^m11 —	6.85
			de 0^m14 —	7.95
			de 0^m16 —	8.20
		pour porte de cave, fer forgé, deux tours, frottement fer sur bronze et barbe en bronze comprimé	de 0^m14 de long	6.10
			de 0^m16 —	7.95
		à entailler dans l'épaisseur du bois, avec gâche, largeurs	de 0^m16, 0^m07 et 0^m08	7.20
			de 0^m11	7.95
		de sûreté; garnitures blanchies cloison de 0^m020	de 0^m14 sur 0^m08	9.10
			de 0^m16 sur 0^m08	10.20
		cloison de 0^m27 et de 0^m16 sur 0^m095		15.15
		de sûreté à six gorges mobiles clef bénarde, cloison de 0^m020	de 0^m14 sur 0^m08	11.75
			de 0^m16 sur 0^m08	12.95
		cloison de 0^m27, de 0^m16 sur 0^m095		17.35
		à pompe, cloison de 0^m20	de 0^m14 sur 0^m08	16.80
			de 0^m16 sur 0^m08	17.90
		cloison de 0^m27, de 0^m16 sur 0^m095		20.10
	à demi-tour pour cabinets, à verrou avec gâche et canon à clef de 0^m11 de long			6.40
	à tour et demi, à bouton de coulisse, canon perfectionné, sans gâche, clef en fer forgé de 0^m11 de longueur		chanfrein à 45°	4.70
			— à 32°	5.10

Serrures marquées ST (à la pièce) (*suite*)	*à deux pênes*, avec gâche à baguette fouillot et canon perfectionnés, le fouillot en bronze comprimé, chanfrein de 45°	sans rondelles	de 0^m14 de long	6.90
			de 0^m16 —	7.40
		avec rondelles	de 0^m14 —	7.30
			de 0^m16 —	7.85
	à deux pênes, avec chanfrein à 32°, pêne à nervure, à rondelle, avec gâche à baguette		de 0^m14 de long	7.70
			de 0^m16 —	8.25
	à deux pênes, avec ajustement tubulaire fouillot, à galet en acier, 1/2 tour en bronze et gâche à baguette		de 0^m14 —	9.60
			de 0^m16 —	10.15
	à deux pênes posés en long, avec fouillot et canon perfectionnés, clef en fer forgé, gâche à baguette	à chanfrein de 45° sans rondelles	de 0^m05 à 0^m08 de larg.	7.40
			de 0^m09 —	7.70
			de 0^m10 —	8.00
		à chanfrein de 32° à nervures avec rondelles	de 0^m05 à 0^m08 de larg.	8.25
			de 0^m09 —	8.50
			de 0^m10 —	8.80
	à deux pênes, à entailler dans l'épaisseur du bois, 0^m115 de haut, en long		de 0^m05 à 0^m08 —	7.10
			de 0^m09 —	7.40
			de 0^m10 —	7.60
	en travers, de 0^m12 à 0^m14 de long			8.20
	à deux pênes, à mortaiser, avec fouillot et fort ressort pour béquille de 0^m05 à 0^m08, gâche plate			9.60
	à rondelles, avec fouillot à ressort, pour béquille de 0^m14 de haut, et gâche à baguette, en long		de 0^m06 à 0^m09 de larg.	11.00
			de 0^m12 à 0^m14	12.60
	à deux pênes, à fouillot et canon perfectionné	le canon pour bois de 0^m04, chanfrein de 32°, à nervure, gâche à baguette, avec rondelles de 0^m16 sur 0^m095		11.25
		avec ajustement de bouton tubulaire		14.00
	à deux pênes avec gâche de répétition pour porte à deux vantaux jusqu'à 3 mèt. de haut, verrous se fermant haut et bas par un mécanisme à bascule dans la gâche de répétition, la bascule sur le côté, avec tige demi-ronde, indépendante, et garniture fonte profilée		de 0^m14	22.95
			de 0^m16	24.05
	semblable, mais avec tiges placées dans l'axe de symétrie des deux battants de la porte, de 0^m14 de long			27.90
	de sûreté	pour porte de chambre de comble, à tour et demi, une seule clef forée, de 0^m14 de long.		7.20
		pour porte d'entrée d'appartement, deux clefs en fer forgé, cloison de 0^m020	de 0^m14 sur 0^m08	10.50
			de 0^m16 sur 0^m08	11.60

Serrures marquées ST (à la pièce) (suite)	*de sûreté* (suite)	cloison de $0^{m}027$, de $0^{m}16$ sur $0^{m}095$		16.50
		à fouillot en bronze comprimé, cloison de $0^{m}020$	de $0^{m}14$ sur $0^{m}08$	12.30
			de $0^{m}16$ sur $0^{m}08$	13.40
		cloison de $0^{m}027$, de $0^{m}16$ sur $0^{m}095$		18.90
	de sûreté à six gorges mobiles	deux clefs bénardes demi-tour, à nervure, gâche à baguette, cloison de $0^{m}020$	de $0^{m}14$ sur $0^{m}08$	13.50
			de $0^{m}16$ sur $0^{m}08$	14.60
		cloison de $0^{m}027$, de $0^{m}16$ sur $0^{m}095$		19.00
		avec fouillot, deux clefs fer forgé, gâche à baguette, cloison de $0^{m}020$	de $0^{m}14$ sur $0^{m}08$	15.05
			de $0^{m}16$ sur $0^{m}08$	16.15
		cloison de $0^{m}027$, de $0^{m}16$ sur $0^{m}095$		21.10
		à garnitures tournées, deux clefs forées, gâche à baguette, cloison de $0^{m}020$	de $0^{m}14$ sur $0^{m}08$	24.50
			de $0^{m}16$ sur $0^{m}08$	25.60
		cloison de $0^{m}027$, de $0^{m}16$ sur $0^{m}095$		28.90
		à fouillot en bronze comprimé, avec rondelles, cloison de $0^{m}020$	de $0^{m}14$ sur $0^{m}08$	25.05
			de $0^{m}16$ sur $0^{m}08$	27.00
		cloison de $0^{m}027$, de $0^{m}16$ sur $0^{m}095$		31.00
	de sûreté à pompe avec pêne à nervure, à chanfrein de 32°, à queue de bouton et gâche à baguette	cloison de $0^{m}020$	de $0^{m}14$ sur $0^{m}08$	18.45
			de $0^{m}16$ sur $0^{m}08$	19.55
		cloison de $0^{m}027$, de $0^{m}16$ sur $0^{m}095$		21.75
		à fouillot bronze comprimé, cloison de $0^{m}020$	de $0^{m}14$ sur $0^{m}08$	20.06
			de $0^{m}16$ sur $0^{m}08$	21.15
		cloison de $0^{m}027$, de $0^{m}16$ sur $0^{m}095$		23.30
		avec cloison en cuivre, en plus		2.00
	de sûreté à deux canons, garnitures blanchies, gâche à rouleau, deux grosses clefs, quatre petites		de $0^{m}16$ de long	27.35
			de $0^{m}14$ —	35.55
	de sûreté, pour guichet de porte cochère à entaille, se fermant à l'intérieur seulement, gâche à rouleau et deux clefs, garnitures blanchies		de $0^{m}08$ à $0^{m}10$ de larg.	17.75
			de $0^{m}11$ à $0^{m}12$	19.10
			de $0^{m}14$ de larg	20.20

Support (à la pièce)	à charnière		entaillé de toute épaisseur	1.25
			à platine renforcée	1.75
	à pattes		$0^{m}11$ de long	1.55
			$0^{m}16$ —	1.65
			$0^{m}24$ —	1.70
	à fourchettes, pour châssis grillagé		$0^{m}16$ de long	1.60
			$0^{m}19$ —	1.75
			$0^{m}22$ —	1.80
			$0^{m}24$ —	2.00
			$0^{m}28$ —	2.35
Targette (à la pièce)	en fer, platine noire à chapeau, avec crampon à pattes ou à pointes	1/2 forte, picolet carré, bouton tourné	$0^{m}040$ et au-dessous de largeur de platine	0.70
			$0^{m}048$	0.75
			$0^{m}055$	0.85
			$0^{m}060$	0.90
			$0^{m}070$	0.95
			$0^{m}080$	1.10
			à valet, en plus	0.28
		id., renforcée, picolet 1/2 rond, en plus		0.06
		1/2 forte, picolet rond, bouton nouveau à patère	$0^{m}040$ de largeur de platine	0.85
			$0^{m}048$	0.90
			$0^{m}055$	0.95
			$0^{m}060$	1.00
			$0^{m}070$	1.10
			$0^{m}080$	1.50
			à valet, en plus	0.35
	en fer, platine noire à chapeau, avec crampon à pattes ou à pointes	très forte, polie, bouton à piédouche	$0^{m}040$ de largeur de platine	1.25
			$0^{m}048$	1.30
			$0^{m}055$	1.60
			$0^{m}060$	1.90
			$0^{m}070$	2.05
			$0^{m}080$	2.25
			$0^{m}095$	2.70
			$0^{m}10$	3.15
			$0^{m}11$	3.45
			à valet, en plus	0.44
	en cuivre ordinaire, avec platine et bouton; pêne en fer, avec crampon à pattes, de		$0^{m}035$ de largeur de platine	0.90
			$0^{m}048$ —	0.95
			$0^{m}045$ —	1.00
			$0^{m}050$ —	1.20
			$0^{m}055$ —	1.30
			$0^{m}060$ —	1.40
			$0^{m}065$ —	1.50
			$0^{m}070$ —	1.80
			$0^{m}008$ —	2.50

Targette (à la pièce) (suite)	de sûreté avec platine et bouton en cuivre, pêne en fer, compris crampon, id.	$0^{m}035$	la pièce	1.05
		$0^{m}040$	—	1.10
		$0^{m}045$	—	1.15
		$0^{m}050$	—	1.25
		$0^{m}055$	—	1.35
		$0^{m}060$	—	1.50
		$0^{m}065$	—	1.70
		$0^{m}070$	—	2.15
	Les mêmes avec pêne en cuivre, en plus		—	0.22
Tire-fond (à la pièce)	en fer blanchi compris pose sur mur ou plafond, avec recherche du point de centre, de	$0^{m}07$, tringle de $0^{m}007$		0.80
		$0^{m}095$ — $0^{m}009$		1.00
		$0^{m}11$ — $0^{m}009$		1.05
		$0^{m}14$ — $0^{m}011$		1.10
		$0^{m}16$ — $0^{m}011$		1.15
		$0^{m}19$ — $0^{m}011$		1.20
		$0^{m}22$ — $0^{m}011$		1.50
		$0^{m}25$ — $0^{m}013$		1.80
		$0^{m}33$ à $0^{m}35$ — $0^{m}016$		2.45
		$0^{m}45$ — $0^{m}016$		2.86
Tringle (au mètre linéaire)	pour châssis de vitrage, en fer coupé et dressé sans assemblage, de	$0^{m}009$ de diamètre		0.45
		$0^{m}010$ —		0.50
		$0^{m}011$ —		0.53
		$0^{m}012$ —		0.55
		$0^{m}013$ —		0.65
		$0^{m}014$ —		0.80
		$0^{m}016$ —		1.05
		$0^{m}018$ —		1.15
		$0^{m}020$ —		1.35
		$0^{m}022$ —		1.50
		en fer blanchi, en plus par mètre		0.65
		en fer poli		1.30
	les mêmes	en fer blanchi, en plus par mètre		0.65
		en fer poli		1.30
	chaque œil pour tringle		la pièce	0.60
	chaque assemblage complet pour former châssis	sur fer brut, goujons brasés	—	0.90
		sur fer brut, même tenons enlevés	—	0.75
		sur fer blanchi	—	0.90
		sur fer poli	—	1.05
	les assemblages biais 1/2 en sus de ceux-ci-dessus.			
Vasistas (à la pièce)	en fer rainé (le mètre linéaire sans assemblage ni pose)	de $0^{m}09$	le mètre linéaire	1.45
		de $0^{m}011$	—	1.95
		de $0^{m}014$	—	2.30
		de $0^{m}016$	—	2.95
		de $0^{m}018$	—	2.30
		de $0^{m}020$	—	4.15

Vasistas (à la pièce) (suite)	valeur fixe pour chaque châssis, des quatre assemblages, de la traverse mobile et de la pose		prix moyen	5.65
	double châssis en tôle en feuillure, formant battement, compris pose		le mètre linéaire	1.95
	charnière en fer ou pivot avec bourdonnière		la pièce	1.60
	loqueteau droit, à baril en cuivre		n° 1 —	1.65
			n° 2 —	1.90
			n° 3 —	2.10
	mentonnet à pattes en cuivre, à feuillure		—	0.35
	Loqueteau en cuivre, avec mentonnet compris pose sur fer	force ordinaire	$0^{m}040$ —	1.70
			$0^{m}045$ —	1.75
			$0^{m}050$ —	2.05
			$0^{m}055$ —	2.20
			$0^{m}060$ —	2.50
		renforcé grand anneau	$0^{m}070$ —	3.25
			$0^{m}075$ —	3.50
			$0^{m}080$ —	3.80
	Col de cygne fer, fait de façon ajuste et posé sur fer			1.50
	Paillette de renvoi, fixée avec vis			0.60
	Coulisse, guide en fer, évidé, entaille en feuillure, à vis double, épaulement formant pivot dans le vasistas et vis d'arrêt dans le bois.		de $0^{m}20$ de long	1.90
			de $0^{m}30$ —	2.30
			de $0^{m}40$ —	3.00
Verrou (à la pièce)	à ressort en fer blanchi, compris conduits à pattes, bouton tourné à patère, de $0^{m}035$ de diamètre, avec gâche	quart-placard, pêne de $0^{m}018$	de $0^{m}40$ de long	1.45
			par décimètre de tige en plus ou en moins	0.17
		demi-placard, pêne de $0^{m}023$	de $0^{m}40$ de long	1.65
			par décimètre de tige en plus ou en moins	0.17
		trois-quarts placard, pêne de $0^{m}028$	de $0^{m}40$ de long	2.25
			par décimètre de tige en plus ou en moins	0.22
		placard pêne de $0^{m}031$	de $0^{m}40$ de long	2.60
			par décimètre de tige en plus ou en moins	0.28
	à arrêt à vis	pêne de $0^{m}032$ sur $0^{m}008$	de $0^{m}40$ de long	2.80
			par décimètre de tige en plus ou en moins	0.28
		pêne de $0^{m}034$ sur $0^{m}01$	de $0^{m}40$ de long	3.30
			par décimètre de tige en plus ou en moins	0.33
		pêne de $0^{m}044$ sur $0^{m}06$	de $0^{m}40$ de long	6.90
			par décimètre de tige en plus ou en moins	0.39

Verrou (à la pièce) (suite)	à tige 1/2 ronde blanchie, bouton tourné à patère	quart-placard, pêne de 0^m018	de 0^m40 de long........	1.80
			par décimètre de tige en plus ou en moins......	0.28
		demi-placard, pêne de 0^m023	de 0^m40 de long.........	2.10
			par décimètre de tige en plus ou en moins......	0.28
		trois-quarts placard, pêne de 0^m028	de 0^m40 de long........	2.80
			par décimètre de tige en plus ou en moins.....	0.20
		placard, pêne de $0^m032 \times 0^m0075$	de 0^m40 de long, la pièce	3.30
			par décimètre de tige en plus ou en moins......	0.28
	Accessoire de verrou à tige demi-ronde : chaque conduit à pattes en cuivre, fixé avec vis....................................			0.40
	en cuivre entaillé : ordinaire à bouton ou à coulisse, sans gâche	0^m040 de long.....................la pièce		0.85
		0^m045 — .... —		0.90
		0^m050 — .... —		0.95
		0^m055 — .... —		1.00
		0^m060 — .... —		1.15
		0^m065 — .... —		1.30
		0^m070 — .... —		1.45
		0^m080 — .... —		1.65
	à tige 1/2 ronde polie avec bouton et platine en cuivre	boîte en cuivre de 0^m025	de 0^m40 de long........	2.70
			par décimètre de tige en plus ou en moins.....	0.11
			chaque conduit à pattes.	0.40
		boîte en cuivre de 0^m028	de 0^m40 de long........	2.65
			par décimètre de tige en plus ou en moins.....	0.11
			chaque conduit à pattes.	0.50
		boîte en cuivre de 0^m032	de 0^m40 de long........	3.55
			par décimètre de tige en plus ou en moins.....	0.13
			chaque conduit.........	0.50
		boîte en cuivre de 0^m036	de 0^m40 de long.........	5.50
			par décimètre de tige en plus ou en moins.....	0.17
			chaque conduit.........	0.65
	à coquille, monté sur platine entaillée en feuillure	platine de 0^m014 à 0^m020 de large	de 0^m50 de long........	3.00
			par décimètre de tige en plus ou en moins.....	0.22
		platine de 0^m022 à 0^m027 de large	de 0^m50 de long.........	3.20
			par décimètre de tige en plus ou en moins.....	0.27

Verrou (à la pièce) (suite)	à coquille, monté sur platine entaillée en feuillure	platine de $0^{m}030$ à $0^{m}035$ de large	de $0^{m}50$ de long........	3.65
			par décimètre de tige en plus ou en moins.....	0.33
	Les mêmes renforcés, en plus		jusqu'à $0^{m}050$...........	0.10
			de $0^{m}055$ à $0^{m}065$.......	1.15
			de $0^{m}07$ à $0^{m}08$.........	0.20
Vis à bois	tête plate ou ronde, compris pose, de	$0^{m}020$ pour tous les n^{os}, prix moyen.........		0.024
		$0^{m}025$..............................		0.026
		$0^{m}030$..............................		0.040
		$0^{m}035$..............................		0.051
		$0^{m}040$..............................		0.055
		$0^{m}045$..............................		0.063
		$0^{m}050$..............................		0.081
		$0^{m}060$..............................		0.113
		$0^{m}070$..............................		0.146
		$0^{m}080$..............................		0.161
		$0^{m}090$..............................		0.198
		$0^{m}100$..............................		0.239
	tête carrée, compris pose, de	$0^{m}06$..............................		0.34
		$0^{m}07$..............................		0.44
		$0^{m}08$..............................		0.55
		$0^{m}09$..............................		0.57
		$0^{m}10$..............................		0.59
		$0^{m}11$..............................		0.61
		$0^{m}12$..............................		0.74
		$0^{m}13$..............................		0.77
		$0^{m}14$..............................		0.81
		$0^{m}15$..............................		0.87
		$0^{m}16$..............................		0.93
		$0^{m}18$..............................		1.07
		$0^{m}20$..............................		1.11
		$0^{m}22$..............................		1.33
Vis à métaux, en fer, têtes rondes, plates, ou gouttes de suif, compris recoupement, repassage à la filière et pose, trous et taraudages payés à part	de $0^{m}010$ de long, pour tous les numéros ....prix moyen			0.19
	de $0^{m}015$ — — .... —			0.21
	de $0^{m}020$ — — .... —			0.25
	de $0^{m}025$ — — .... —			0.26
	de $0^{m}030$ — — .... —			0.29
	de $0^{m}035$ — — .... —			0.32
	de $0^{m}040$ — — .... —			0.33
	de $0^{m}045$ — — .... —			0.34
	de $0^{m}050$ — — .... —			0.35
	de $0^{m}055$ — — .... —			0.37
	de $0^{m}060$ — — .... —			0.40

Les vis en laiton sont payées le double de celles en fer

Les vis à tête carrée ou à pans sont payées 2/5 en plus.

OBSERVATIONS GÉNÉRALES.

Les articles de fabrication dont la marque permettra de connaître l'origine seront payés suivant les prix des tarifs des fabricants, diminués des remises faites à tout entrepreneur, quelles que soient l'importance de la fourniture et les conditions de payement. Ces prix seront augmentés de 10 0/0 pour bénéfice.

GRILLAGE

	PRIX PAYÉ par L'ENTREPRENEUR	PRIX de RÈGLEMENT
Heure de grillageur.	0.725	0.96

Grillage fait à la main (grandeur des mailles, prise d'axe en axe du fil), compris pose, liens et poutres (au mètre superficiel).

GRANDEUR DES MAILLES	FIL DE FER															
	N° 3	N° 4	N° 5	N° 6	N° 7	N° 8	N° 9	N° 10	N° 11	N° 12	N° 13	N° 14	N° 15	N° 16	N° 17	N° 18
	DIAMÈTRE															
	0.0008	0.0009	0.0010	0.0011	0.0012	0.0013	0.0014	0.0015	0.0016	0.0018	0.0020	0.0022	0.0024	0.0027	0.0030	0.0034
0.010	8.05	8.90	10.35	10.75	11.40	12.25	13.05	14.35	....	....	....	....	....	....	....	....
0.012	....	6.70	8.35	8.30	9.40	10.25	11.20	12.20	....	....	....	....	....	....	....	....
0.015	....	5.60	5.85	5.90	6.20	7.30	7.30	7.95	9.10	10.05	....	....	....	....	....	....
0.018	....	....	4.50	4.75	5.05	6.65	5.95	6.45	7.50	8.90	9.35	....	....	....	....	....
0.020	....	....	....	3.65	3.95	4.35	4.85	5.45	5.95	6.85	7.90	7.45	....	....	....	....
0.022	....	....	....	3.35	3.65	3.95	4.40	4.95	5.40	5.80	7.10	8.35	....	....	....	....
0.025	....	....	....	2.95	3.15	3.25	4.00	4.20	4.75	5.05	6.00	6.95	....	....	....	....
0.027	....	....	....	....	3.10	3.05	3.40	3.80	4.05	4.60	5.35	6.20	....	....	....	....
0.030	....	....	....	....	2.70	2.88	3.10	3.30	3.55	4.05	4.65	5.30	....	....	....	....
0.035	....	....	....	....	....	2.75	2.85	3.05	3.25	3.45	3.85	4.05	4.90	....	....	....
0.040	....	....	....	....	....	2.45	2.55	2.65	2.75	3.05	3.50	3.95	4.35	5.05	....	....
0.050	....	....	....	....	....	2.15	2.20	2.40	2.55	2.75	3.05	3.25	3.70	4.35	....	....
0.060	....	....	....	....	....	....	2.05	2.15	2.50	2.35	2.50	2.70	3.05	3.50	4.10	....
0.070	....	....	....	....	....	....	....	2.00	2.15	2.20	2.35	2.50	2.75	3.10	3.55	....
0.080	....	....	....	....	....	....	....	1.80	1.90	2.05	2.20	2.25	2.40	2.75	3.20	....
0.100	....	....	....	....	....	....	....	....	1.80	1.85	1.95	2.10	2.15	2.30	2.70	3.25
0.120	....	....	....	....	....	....	....	....	....	1.70	1.85	1.95	2.00	2.20	2.45	2.85

Plus-values. Grillage en fil de fer étamé ou galvanisé.................... 22 0/0
— en fil de laiton.................... 1 fois en plus.
-- en fil de cuivre rouge.................... 120 0/0
— en fil carré.................... 25 0/0

Toutes parties de grillage formant trapèze ou pointe et celle de forme ovale ou circulaire de moins de 1^{m}00 de diamètre seront mesurés suivant leur surface réelle et comptées en plus 10 0/0

Les grillages faits sur bois et fixés avec des pointes, qu'ils soient faits sur place ou à l'atelier, seront payés en plus 15 0/0

Chaque panneau produisant moins de 1^{m}00 mais plus de 0^{m}50 superficiel sera payé en plus 20 0/0

Chaque panneau produisant moins de 0^{m}50 superficiel sera payé en plus 50 0/0

Dans les réparations, pour chaque bouchement ou raccord de trou d'ancien grillage, on allouera une plus-value de 1.00

Les entourages de panneaux de grillage, en torsion en fil de fer n°s 14 à 18, seront payés, le mètre linéaire 0.15

Pour les grillages faits mécaniquement, il sera appliqué une moins-value de 25 0/0

ENCADREMENTS.

Fer rond, même prix que les tringles rondes de la serrurerie.

fer rainé	0^{m}009	1.25
	0^{m}011	1.50
	0^{m}014	2.00
	0^{m}016	2.50
	0^{m}018	3.00
fer à ᑌ	0^{m}018	1.25
	0^{m}020	1.50
	0^{m}025	1.70
	0^{m}030	2.00
Assemblages	simple à tenon	0.75
	à goujon brasé	1.05
	à angle droit pour croisillon	1.85
Plus-values	pour assemblage biais	1/2 en plus
	pour sertissage	0.75
	pour trous pour fils	0.05

PRIX DES SONNETTES ET OUVERTURES DE PORTES ORDINAIRES

Les prix du règlement comprennent : 1° les fournitures de premier choix et tous accessoires nécessaires ; 2° la pose faite suivant les règles de l'art ; 3° l'enlèvement de tous résidus provenant des travaux.

Heure de jour de poseur de sonnettes (compris outillage) 1.10

Arrêt forgé ou pointe d'arrêt (à la pièce)	posé sur trou tamponné	pour sonnette	0.08
		pour ouverture	0.18
	à goujon épaulé et rivé sur plaque (posé en fouille)		0.45
	à scellement posé, en fouille		0.60

Arrêt ou bouton tourné, à double épaulement, rivé sur branche de mouvement ou bascule 0.25

Balancier indicateur, avec lentille en plomb et rosace en cuivre verni 1.05

Bascule droite ou cintrée (à la pièce)	simple, à fourreau garni, en cuivre	branches de cuivre petit modèle, jusqu'à $0^{m}041$	1.75
		— moyen modèle de $0^{m}042$ à $0^{m}053$	1.90
		— grand modèle de $0^{m}054$ à $0^{m}068$	1.95
		— grand tirage de $0^{m}068$ à $0^{m}083$	2.45
		branches en fer pour ouverture	3.65
	à fourreau, entaillée et scellée, compris colliers et entailles pour les branches	branches en cuivre petit modèle, jusqu'à $0^{m}041$	2.75
		— moyen modèle de $0^{m}042$ à $0^{m}053$	2.90
		— grand modèle de $0^{m}054$ à $0^{m}068$	2.95
		— grand tirage de $0^{m}068$ à $0^{m}083$	3.40
		branches en fer pour ouverture	5.65
	à tourillon sur support forgé, à pointes et à talon monté sur platine, à mortaise entaillée et fixée à vis	branches en cuivre petit modèle, jusqu'à $0^{m}041$	1.75
		— moyen modèle de $0^{m}042$ à $0^{m}053$	1.90
		— grand modèle de $0^{m}054$ à $0^{m}068$	2.00
		— grand tirage de $0^{m}068$ à $0^{m}083$	2.50
		branches en fer pour ouverture	4.10
	de coulisseau à fourreaux, avec branches ajustées et fixées avec vis au fond des fouilles	branches en cuivre petit modèle, jusqu'à $0^{m}041$	1.75
		— moyen modèle de $0^{m}042$ à $0^{m}053$	1.90
		— grand modèle de $0^{m}054$ à $0^{m}068$	2.00
		— grand tirage de $0^{m}068$ à $0^{m}083$	2.50
		branches en fer pour ouverture	4.10
	montée sur platine, en forte tôle entaillée	branches en cuivre petit modèle, jusqu'à $0^{m}041$	3.25
		— moyen modèle de $0^{m}042$ à $0^{m}053$	3.40
		— grand modèle de $0^{m}054$ à $0^{m}068$	3.50
		— grand tirage de $0^{m}068$ à $0^{m}083$	4.35
Boucle de jonction en fil de fer (à la pièce)		nos 8 à 10	0.20
		nos 13 à 14	0.50
Coulisseau de sonnette (à la pièce)	en cuivre uni, à poucier	hauteur de $0^{m}095$, platine de $0^{m}016$ de large	1.90
		— de $0^{m}110$, — de $0^{m}018$ —	2.10
	en cuivre, à boules de tirage, à bâcles, hauteur $0^{m}17$, largeur de platine $0^{m}030$		4.60
	en cuivre à cuvette, carré ou rond, mouluré à bouton, tube carré et écrou en cuivre posé avec vis et scellement	côté ou diamètre de $0^{m}07$	4.35
		— $0^{m}08$	4.50
		— $0^{m}09$	4.90
		— $0^{m}10$	5.20
		— $0^{m}11$	5.85
		— $0^{m}12$	6.60
		— $0^{m}13$	7.10
	en cuivre à chapeau, à boule et à col de cygne, posé avec vis et scellement	sans marbre, n° 1	7.25
		n° 2	7.50
		n° 3	8.55
		n° 4	9.70
		n° 5	11.35

Coulisseau de sonnette (à la pièce) (suite)	en cuivre à chapeau, à boule et à col de cygne, posé avec vis et scellement	avec marbre	n° 1	11.20
			n° 2	12.30
			n° 3	13.75
			n° 4	15.50
			n° 5	17.50
Fil de fer, étiré, clair, recuit, cuivré, 1re qualité, posé sur mur, avec conduit à deux pointes (au mètre linéaire)		ordinaire	nos 8 à 10, pour sonnette	0.09
			nos 13 à 14, pour ouverture	0.17
		étamé ou galvanisé	nos 8 à 10	0.11
			nos 13 à 14	0.20
Fil de laiton n° 8 (au mètre linéaire)				0.13
Plus-value pour fils posés en tuyaux				0.07
Fouille pour développement de mouvements ou bascules dans l'épaisseur des murs (le centimètre de profondeur)	jusqu'à 0m20 de développement à l'équerre	en moellon, plâtras, pierre tendre		0.10
		en bois		0.16
		en pierre dure, brique meulière		0.25
	jusqu'à 0m20 à 0m40 de développement à l'équerre	en moellon, plâtras, pierre tendre		0.18
		en bois		0.27
		en pierre dure, brique, meulière		0.35
Mouvement en cuivre, monté sur bout, ou sur côté, à congé brasé, à tourniquet ou en V (à la pièce)	conduit ou tirage	petit modèle jusqu'à 0m41	pose à pointe	0.40
			— sur support entaillé	0.60
			— sur platine entaillée	1.35
		moyen modèle de 0m042 à 0m053	pose à pointe	0.65
			— sur support entaillé	0.80
			— sur platine entaillée	1.75
		grand modèle de 0m054 à 0m068	pose à pointe	0.85
			— sur support entaillé	1.00
			— sur platine entaillée	2.25
		grand tirage de 0m069 à 0m083	pose à pointe	1.00
			— sur support entaillé	1.25
			— sur platine entaillée	2.75
	à charnière et ressort dit pied-de-biche, à échappement sonnant en ouvrant		à pointe, monté sur bout ou côté	2.75
			à pointe, monté sur bout mais à arrêt	3.05
Mouvement en fer à conduit ou tirage, garni de ses viroles en cuivre (à la pièce)	sur support à pointe			2.10
	sur support à pattes entaillées			2.60
	sur platine entaillée, fixée avec vis ou scellement dans l'épaisseur du mur			3.60
Plaque de recouvrement en tôle, entaillée et vissée (à la pièce)	jusqu'à 0m20 de développement		mince de 0m001	0.60
			forte de 0m002 à 0m003	0.85
	chaque centimètre en plus			0.05
Refouloir en fer forgé, à goujons ou à entonnoir, avec masse en cuivre, entaillé dans le mur et la porte cochère, chaque				14.25

Ressort de rappel (à la pièce)	en cuivre	à pompe pour sonnette	0.40
		— très forte pour ouverture	0.60
	en acier pour sonnette	sur support à pointe, noir	0.60
		sur support à pointe, étamé	0.70
		monté sur platine	2.30
		monté sur platine entaillée	2.50
	en acier fort de $0^{m}027$ pour ouverture	sur support à pointe, noir	0.75
		sur support à pointe, étamé	0.90
		monté sur platine	3.15
		monté sur platine entaillée	3.50
		en acier étamé, monté sur support à pattes	1.70
Ressort de renvoi pour portes cochères (à la pièce)	posé en feuillure		1.80
	à paillette, posé sur bois		2.35
	à paillette, monté sur platine en tôle forte		4.30

	Nos	Diamètre	Poids (grammes)	
Sonnette ronde, brute compris ressort de bascule et support à pointe (à la pièce)	3	52	85	1.60
	4	60	110	1.80
	5	64	135	2.00
	6	70	190	2.25
	7	74	225	2.45
	8	82	245	2.80
	9	88	320	3.00
	10	95	350	3.40
	11	102	475	3.90
	12	105	525	4.40
	13	111	625	4.85
	14	116	650	5.40

Timbre à échappement, à un ou deux coups, monté sur plaques en tôle forte et fixé avec vis (à la pièce)

DIAMÈTRES	8	9	10	11	12	13	14	15	16
Brut	3.05	3.30	3.65	4.25	4.85	5.30	6.10	6.95	7.60
Poli	3.20	3.45	3.85	4.50	5.15	5.65	6.50	7.50	8.25
Poli, monture en bout	4.20	4.55	5.10	6.00	7.15	8.25	9.75	11.50	13.05
Poli à échappement Pied-de-biche va-et-vient	3.60	3.85	4.30	5.00	5.65	6.30	7.10	8.15	9.05

Trappe à châssis, entaillée en tôle, garnie de ses battements et d'un foliot en cuivre (la pièce)	jusqu'à $0^{m}030$ de développement à l'équerre		4.25
	chaque centimètre en plus		0.10
Patte à scellement, pour trappe, compris fouilles et scellement			0.30
Trou percé à la mèche, pour passage de tuyaux (le mètre linéaire)	en moellon, plâtras, pierre tendre	pour tuyaux de $0^{m}010$ à $0^{m}015$	3.50
		— de $0^{m}016$ à $0^{m}020$	4.00
	en pierre dure, meulière, brique	— de $0^{m}010$ à $0^{m}015$	4.50
		— de $0^{m}016$ à $0^{m}020$	5.00

Tuyau en fer blanc (le mètre linéaire)	non entaillé, compris colliers à forte	—	de 0^m010 à 0^m015....	0.75
		—	de 0^m016 à 0^m020....	1.20
	entaillé, en bois, plâtre, pierre tendre, compris scellement	—	de 0^m010 à 0^m015....	1.85
		—	de 0^m016 à 0^m020....	2.15
	entaillé, en pierre dure, meulière, brique, compris scellement	—	de 0^m010 à 0^m015....	3.10
		—	de 0^m016 à 0^m020....	3.50

SONNERIES ET OUVERTURES DE PORTES PAR L'AIR. — TUYAUX ACOUSTIQUES

Heure de jour, compris outillage 0.10

Bague en ivoire (à la pièce)

Diamètre des tuyaux	0^m006	0^m015	0^m020	0^m025	0^m030	0^m040
Prix	1.00	1.50	1.90	2.20	3.00	3.50

Gravure, la lettre (prix moyen)........................ 0.15

Bouton transmetteur (à la pièce)	en chêne, acajou, noyer, compris lentille caoutchouc	n° 1 diamètre 0^m06............	3.15
		n° 2 — 0^m07............	4.10
		n° 3 — 0^m08............	5.10
	avec rosace porcelaine ou imitation ivoire..........		5.10
	avec rosace palissandre ou ébène..........		7.00

Collier en cuivre pour maintenir les cordons, dits spirales (prix moyen)........ 0.65

Cordon tuyau, en caoutchouc rouge (le mètre linéaire)	Nu..........		1.30
	Recouvert	de fil gris..........	2.40
		de fil laine..........	2.90
		de fil soie..........	3.65

Cordon dit spirale, pour tuyau acoustique (le mèt. lin^re^)

DIAMÈTRE INTÉRIEUR	14 à 16mm	18 à 20	22 à 26	28 à 30	35 à 40
En coton	2.10	2.65	3.20	3.75	4.30
En laine	3.00	3.25	3.50	4.50	5.75
En soie	4.00	4.35	4.75	6.00	7.50

Coulisseau à tirage ou à poussoir (à la pièce)	sans marbre, petit modèle	plaque cuivre..........	18.00
		— nickelée..........	23.00
	id. moyen modèle	plaque cuivre..........	22.00
		— nickelée..........	28.00
	sur marbre carré ou à chapeau de $0^m085 \times 0^m050$	plaque cuivre..........	25.00
		— nickelée..........	30.00
	id. de $0^m120 \times 0^m200$	plaque cuivre..........	30.00
		— nickelée..........	35.00

	Diamètre intérieur du tuyau en millim.	16	18	20	25	30	35	40
Embouchure ou cornet à sifflet (à la pièce)	Bois des Iles	2.10	2.30	2.50	3.20	3.60	4.40	5.20
	Ivoire	20.00	22.30	24.50	27.75	34.40	40.00	49.75
	Embouchure marine	3.50			5.00			
	Embouchure bois des Iles à sifflet métallique							5.50

Étiquette ivoire, la pièce 1.00
Gravure, la lettre 0.15
Gâche à air, sur mesure spéciale .... de 35.00 à 45.00
Genouillère en cuivre, pour le développement des portes, la pièce 5.50

	Diamètre intérieur du tuyau en millim.	14 à 16	18 à 20	22 à 26	28 à 30	35 à 40
Indicateur ou signal, à boule sur manchon (la pièce)	Prix	1.50	1.75	2.00	2.25	2.50

Jonction en caoutchouc, la pièce 0.50

	Diamètre intérieur des tuyaux en millimètres	16 à 20	25 à 30	35 à 40
Ligne de support d'embouchure (à la pièce)	en cuivre poli	1.80	3.00	4.00
	— — nickelé	2.25	3.80	4.80
	sur plaque cuivre	2.05	3.80	4.35
	— — nickelé	3.00	5.00	5.70

Nœud de soudure pour jonction { sur tuyau métal pour sonnerie, chaque 0.30
— et tuyau cuivre (tuyau acoustique) 0.55

	Diamètre des tuyaux en millim.	14 à 16	18 à 20	22 à 25	28 à 30	35 à 40
Pavillon cuivre ou conque (à la pièce)	Prix	10.00	15.00	22.50	30.00	50.00

Pédale (à la pièce) { pour plancher 5.70
— à longue tige 8.55

Percement de trous pour passage de tuyaux, compris raccords en plâtre (au mètre linéaire)	en bois, moellon, pierre tendre	jusqu'à 0m015	3.50
		de 0m016 à 0m034	4.00
		de 0m035 à 0m049	4.80
		de 0m050 à 0m079	6.00
		de 0m080 à 0m120	7.00
	en pierre dure, meulière, brique dure	jusqu'à 0m015	4.50
		de 0m016 à 0m034	5.00
		de 0m035 à 0m049	6.20
		de 0m050 à 0m079	7.40
		de 0m080 à 0m120	8.70

		N° 2	N° 3	N° 4	N° 5
Poire caoutchouc rouge (à la pièce)	unie	1.50	2.00	2.50	4.00
	recouverte en fil gris	5.00	6.00	7.00	9.00
	— laine	6.00	7.00	8.00	10.00
	— soie	7.00	8.00	9.00	12.00

Serrure de sûreté avec guichet de 0m16 de large, posée sur bois 40.00

Tableau indicateur (par guichet)	à 2 ou 3 guichets	17.00
	de 4 à 12	14.50
Tirage à barillet (à la pièce)	peint en blanc ou noir	7.75
	encastré	8.50
Tuyau en métal pour sonnerie et ouverture (le mèt. linéʳᵉ)	posé avec crochets	0.60
	entaillé en moellons, etc.	1.80
	— en pierre dure, etc	3.50

Tuyau acoustique porte-voix en tube laiton, posé sur crochets	POUR DISTANCE DE	10m	25m	35m	50m	65m	80m	100m	au-dessus de 100m			
	Diam. intʳ en millim.	14	16	18	20	22	24	26	28	30	35	40
	intérieur poli, le m. l.	2.05	2.25	2.65	3.15	3.85	4.20	4.65	5.60	6.20	6.85	8.00
	intéʳ étamé —	2.60	2.80	3.20	3.75	4.50	4.90	5.60	6.60	7.30	8.05	9.25
	coude au quart, la p.	0.80	0.90	1.05	1.15	1.25	1.35	1.45	1.55	1.75	1.95	2.25
	fourche —	1.35	1.70	1.90	2.10	2.35	2.55	2.90	3.15	3.45	3.90	4.30
	manchon —	0.35	0.40	0.40	0.40	0.45	0.50	0.60	0.70	0.80	0.90	1.00
	— taraudé —	1.00	1.05	1.10	1.20	1.30	1.40	1.50	1.80	1.90	2.10	2.40

Plus-value pour coudes faits à la demande, 60 % en plus.

Verrou tout cuivre de 0m033 × 0m13, s'ouvrant et se fermant par l'air comprimé, posé, entailllé ; la pièce 25.00

CHAPITRE IX

Ciments armés

§ 1er. — GÉNÉRALITÉS

1. Principe des constructions en ciment armé. — Le principe de ces constructions consiste essentiellement à confectionner un *quadrillage métallique* composé de barres de dimensions rationnellement choisies, et à le noyer dans une masse de *mortier de ciment* dont la forme extérieure sera la forme définitive à obtenir.

Nous avons dit à propos des hourdis de planchers en fer que si on faisait le hourdis d'un tel plancher en bonne maçonnerie remplissant complètement les entrevous et dépassant même de quelques centimètres le niveau supérieur des fers, on donnait au plancher une résistance supérieure à celle qu'avaient les fers avant la pose du hourdis ; certains constructeurs, et en particulier M. Denfer, qui a une si grande expérience de ces questions, admettent que, dans ce cas, on peut ne pas tenir compte du poids du hourdis dans le calcul des dimensions des solives ; c'est là la première idée qui a conduit à l'emploi des ciments armés pour la construction des planchers. On a par la suite étendu le même principe aux diverses parties de la construction, piliers, voûtes, combles, ainsi que nous le verrons plus loin.

2. Avantages résultant de l'emploi du ciment armé. — Les qualités de ce mode de construction résultent des qualités de la matière qui y est appliquée ; nous allons les résumer succinctement.

1° Légèreté. Le ciment armé peut, dans un certain nombre de cas, remplacer la maçonnerie, sur laquelle il présente l'avantage de la légèreté à cause de la faible épaisseur sous laquelle on l'emploie. Cet avantage est surtout à considérer lorsque l'ouvrage que l'on construit doit être établi sur un terrain peu résistant. Cela n'empêchera pas l'ouvrage en ciment de présenter une stabilité suffisante, grâce aux facilités d'assemblage de ses différents éléments, facilités dues à l'emploi du métal. Outre la réduction de poids mort, la faible épaisseur des ouvrages donne encore dans bien des cas la possibilité de réaliser une économie sur les travaux accessoires, tels que les terrassements.

2° *Élasticité.* Les parois planes ou armées de nervures présentent une élasticité remarquable ; elles peuvent supporter des pressions anormales en certains points et les transmettre moyennant une déformation passagère, sans qu'il en résulte rien de fâcheux pour l'ouvrage.

Cette élasticité peut devenir un défaut dans le cas où l'on applique le ciment armé à la construction des voûtes, mais il est alors facile de remédier à cet inconvénient en prenant quelques précautions dans l'exécution des terrassements, et quelques dispositions spéciales pour donner plus de rigidité à la construction.

3° *Imperméabilité.* Les parois en ciment sont imperméables aux liquides jusqu'à des pressions de 2 ou 3 atmosphères ; si l'on emploie des dosages convenables de ciment, on peut toujours augmenter cette imperméabilité même avec des mortiers peu riches en ciment, en les enduisant d'un mortier à dosage élevé. L'imperméabilité n'existe pas au moment même où la construction est faite ; elle n'est complète qu'au bout d'un certain temps, après que la paroi en ciment a été mise au contact de l'eau.

4° *Préservation du fer contre la rouille.* Nous avons déjà dit que le fer plongé dans le ciment ne s'oxyde pas et n'est pas atteint par la *rouille*, même après un grand nombre d'années ; on a même constaté que du fer rouillé mis dans le ciment s'y retrouve au bout d'un certain temps parfaitement décapé, et qu'il reprit la couleur bleue qu'il avait au sortir de la forge ; le fer se conservera donc indéfiniment dans le ciment, sans qu'il soit nécessaire de le peindre, et nous avons dit à propos des constructions métalliques qu'il serait même mauvais de le faire.

5° *Adhérence du mortier de ciment au fer. L'adhérence* du mortier de ciment au fer est très considérable ; elle est, d'après des expériences faites par MM. E. Coignet et de Tedesco, et pour une barre à section circulaire, toujours supérieure à la résistance de sécurité de la barre de fer, tant que la longueur de celle-ci est assez grande, et que son diamètre n'est pas trop fort. De telle sorte que, dans les conditions ordinaires et dans les limites où on fait travailler le métal, il n'y a pas à craindre que les efforts appliqués à la construction détruisent l'adhérence du mortier de ciment et du fer.

De plus, les deux substances ont un *coefficient de dilatation* très voisin, de sorte que les variations de température, dans les limites où elles se produisent dans les constructions, ne peuvent en aucune manière rompre l'adhérence du fer et du ciment.

6° *Résistance au feu.* Un des grands avantages des constructions en ciment armé, c'est leur résistance au feu. Le professeur Bauschinger a fait à Munich des expériences sur la résistance au feu de diverses colonnes en calcaire, en granit, en béton ; le calcaire se calcina ; les colonnes en granit éclatèrent sous l'action de l'eau qu'on y projeta ; quant aux colonnes en béton, elles résistèrent victorieusement aussi bien à l'action du feu qu'à celle de l'eau.

Dans le ciment armé, le fer est parfaitement entouré d'une gaine adhérente : comme le ciment est mauvais conducteur de la chaleur, celle-ci ne se transmet que lentement au métal, qui, par suite, conserve très longtemps toute sa force de résistance et n'arrive que difficilement à une température élevée. D'un autre côté, la résistance du mortier de ciment est peu altérée par la température, de sorte que les pièces travaillant à la flexion conservent fort longtemps leur rigidité.

7° *Plasticité de la construction en ciment armé.* Le ciment peut prendre toutes les formes imaginables, de sorte que comme l'ossature peut être à volonté construite suivant la forme définitive à obtenir, l'architecte pourra tirer du ciment armé un excellent parti au point de vue plastique, en même temps que la construction présentera toutes les qualités voulues de résistance et de durée.

3. Choix des matériaux. — Le *sable* destiné à la confection du mortier de ciment doit être le meilleur qu'on emploie pour la maçonnerie, propre, bien débarrassé d'argile et de terre, à grains anguleux, criant dans la main, plutôt un peu fin, surtout lorsque le mortier doit fournir des ouvrages imperméables. Le *ciment* doit être de préférence du ciment de Portland à prise lente ; les ciments de laitiers ont l'inconvénient de sécher trop rapidement, ce qui arrête leur durcissement ; ils se comportent moins bien à l'air libre que dans l'eau ; c'est ce qui doit les faire rejeter toutes les fois que les pièces de ciment, une fois exécutées, ne pourront pas être placées dans des bacs pleins d'eau.

Les ciments à prise rapide ont une résistance moindre que les Portland ; ils sont beaucoup moins réguliers comme qualité ; et à cause de la rapidité de leur prise, ils ne peuvent être gâchés qu'à la main, par petites quantités, et très liquides. Pour toutes ces raisons, on ne peut les employer dans la généralité des cas.

Les *ciments de Portland* seront donc les meilleurs et les plus faciles à employer, surtout s'ils ne sont pas à prise trop lente.

Les *mortiers* devront être fabriqués mécaniquement, surtout si l'on emploie des sables un peu fins et des dosages un peu maigres. On n'emploiera jamais moins de 400 à 450 kil. de ciment par mètre cube de sable pour les voûtes, les planchers épais et les parois qui ne devront pas être en contact direct avec l'eau. On devra aller jusqu'à 700 et 800 kil. par mètre cube de sable pour les parois minces comme celles des tuyaux sous pression non revêtus d'un enduit. Il ne faut pas oublier que le prix du ciment employé est peu important par rapport au prix de l'ouvrage, et que, par suite, il ne faut pas vouloir faire de ce chef des économies.

Le mortier de ciment devra être préparé et employé avec toutes les précautions que nous avons indiquées au chapitre des maçonneries.

Le métal employé peut être le *fer* ou *l'acier* ; ce dernier est préférable au point de vue de sa résistance, et son prix est assez peu supérieur à celui du fer pour qu'on puisse l'adopter. Outre la plus grande résistance qu'il présente il est moins oxydable ; au point de vue théorique, l'acier dur conviendrait mieux que l'acier doux ; c'est cependant ce dernier qu'on emploie le plus ordinairement, à cause de sa qualité plus régulière, et de la sécurité plus grande qu'il offre, par l'écart plus considérable qui existe entre sa limite d'élasticité et sa rupture.

Les différentes attaches, les ligatures des barres se font en fil de fer recuit ; leur rôle n'est pas de fournir de la résistance, mais d'assurer provisoirement l'indéformabilité de l'ensemble tant que le ciment n'a pas fait prise.

Les barres employées sont à section circulaire ou carrée, quelquefois des fers profilés qui, à égalité de section, présentent une plus grande surface, et par suite donnent une plus grande adhérence ; les arêtes des fers carrés ou présentant des angles vifs, peuvent, par suite des flexions répétées que subissent les ouvrages, déterminer des lignes de fissures susceptibles de se propager à travers la masse du ciment. En résumé, les fers rond doivent être en général préférés comme étant plus homogènes, plus faciles à travailler ; ils ne présentent pas d'angles vifs capables de couper le ciment et les attaches métalliques ; enfin ils assurent mieux le contact parfait de celles-ci, qui, comme nous le verrons, sont fort importantes.

§ 2. — CONSTRUCTIONS EN CIMENT ARMÉ

4. Planchers. — M. François Coignet, dans son ouvrage sur les *Bétons agglomérés appliqués à l'art de construire*, publié en 1861, décrit ainsi la construction d'un plancher en béton :

« Les poutrelles étant posées, sous ce réseau de fer on établit un faux plancher en bois sur lequel on verse le béton par couches minces et successives que l'on pilonne vigoureusement ; le béton s'élève peu à peu jusqu'à atteindre les poutrelles et à les envelopper entièrement, et enfin à les recouvrir d'une couche de 5 à 6 centimètres. En terminant cette couche supérieure, il ne reste qu'à planer et lisser à la truelle.

Au bout de quelques jours, le béton ayant acquis la dureté de la pierre, on démonte le faux plancher, et il reste une véritable dalle de béton formant plafond par-dessous et carrelage par-dessus.

Dans ce système de plancher, la ferrure est complètement emprisonnée dans une dalle de pierre dure ; on conçoit qu'une ferrure ainsi logée dans la pierre ne peut plier sans que la pierre plie elle-même. »

Un plancher en ciment armé se compose d'une *poutre* en ciment avec ossature métallique composée d'une *plate-bande* continue encadrée par les murs qui limitent l'espace à couvrir et portée par un certain nombre de *nervures* ou *poutrelles* en ciment à l'extrémité inférieure desquelles se trouve logée une barre de fer rond ou d'acier. On espace ordinairement les poutrelles de $0^{m}70$ environ d'axe en axe.

En résumé, si on coupe le plancher dans l'entr'axe des nervures, il se trouve formé d'une série de poutres jointives en T dont la branche horizontale placée en haut est formée par un morceau de plate-bande, tandis que la branche verticale du T est formée par une nervure.

Dans cette poutre, la semelle supérieure travaille à la compression, tandis que la partie inférieure travaille à l'extension ; elles sont reliées entre elles par des *attaches* d'une forme quelconque, en nombre suffisant ; un *treillis* en barres fixes est établi dans la plate-bande supérieure, avec barres placées dans le sens longitudinal et dans le sens transversal. Ce treillis donne au plancher la résistance suffisante pour supporter la surcharge entre deux poutrelles, et il fournit à la semelle supérieure la raideur et la solidarité suffisantes pour qu'elle travaille tout entière ; il soulage la résistance à la compression de ciment pour sa propre résistance ; enfin il permet d'assurer une bonne liaison entre la semelle supérieure et la branche verticale du T.

Les *attaches* forment la liaison, et, de plus, elles servent d'appuis aux petits voussoirs de ciment qu'elles encadrent, et qui, en venant buter entre elles, offrent de la résistance à la déformation de la poutre ; il faut en prévoir environ 10 par mètre de longueur de poutrelle.

La forme des attaches varie suivant les constructeurs : *M. Hennebique* emploie des étriers en fer plat venant former sous-ventrière sous les tirants et s'attachant par des pattes horizontales à la partie comprimée du ciment (fig. 10, pl. LXII) ; *M. Ed. Coignet* emploie deux barres : l'une, à la partie inférieure, formant tirant ; l'autre, de section plus faible, située dans la plate-bande supérieure, et qui vient concourir au travail de résistance à la compression (fig. 11, pl. LXII). Elles sont rendues solidaires par un fer feuillard qui vient s'appuyer alternativement sur l'une et sur l'autre des deux barres auxquelles il est relié par des ligatures ; le système ainsi formé constitue une véritable poutre en treillis qui a, même avant la pose du mortier, une rigidité suffisante pour résister par elle-même en cas de malfaçon dans la confection du mortier. M. Ed. Coignet construit toujours d'avance les nervures des planchers et ne les monte que lorqu'elles sont faites depuis au moins 28 jours ; on évite ainsi la désagrégation du mortier, qui peut se produire si on le charge prématurément ; les solives ainsi obtenues servent à supporter le *cintre* sur lequel on coule le hourdis ; de là résulte une économie d'échafaudages et une grande facilité d'établissement du hourdis. On voit qu'à ce moment les poutrelles sont réduites à leur propre résistance pour supporter le poids du cintre et de la plate-bande supérieure ; la barre de fer supérieure est alors fort utile pour fournir une résistance à la compression qui s'ajoute à celle du ciment. Lorsque le plancher est décintré, cette barre présente une section suffisante pour résister à l'effort tranchant ; de plus, elle donne une sécurité pour le cas où un encastrement partiel se produirait en un point déterminé du plancher, qui est strictement établi pour le cas où les poutrelles sont simplement appuyées à leurs deux extrémités.

Pour employer les poutrelles au *cintrage*, on y ménage des trous cylindriques qui les traversent horizontalement au moment de leur fabrication ; on obtient ainsi le passage de boulons qui servent à fixer aux poutrelles des madriers provisoires sur lesquelles on vient coincer des traverses en bois portant un cintre très léger sur lequel on confectionne le hourdis. On a ainsi l'avantage de se passer d'échafaudages ; le hourdis a pris au bout de deux jours une résistance suffisante pour qu'on puisse y déposer des matériaux, à la condition de le protéger par des planchers de leur contact direct (fig. 12, pl. LXII).

La *Société pour les constructions en ciment* se propose de construire à l'avance le plancher tout entier, poutrelles, hourdis, plafond, par parties juxtaposables ; la *poutre caisson*, qui est la base de ce système, est construite d'après les mêmes principes que le plancher décrit précédemment, mais elle forme plafond ; comme son nom l'indique, elle a la forme d'un coffre isolant parfaitement les étages entre eux ; enfin, aussitôt en place, elle est susceptible de porter des charges considérables.

Dans les bâtiments industriels, la plate-bande supérieure forme elle-même dallage ; dans les habitations, on scelle sur cette plate-forme les lambourdes sur lesquelles est cloué le parquet.

M. Cottancin noie un treillis complet en fil de fer dans toute la hauteur des poutrelles auxquelles il donne le nom *d'épines-contreforts* ; ce treillis est à réseau continu et sans attaches ; et M. Cottancin en emploie divers modèles (fig. 13, pl. LXII). Ce treillis donne au ciment la résistance au cisaillement qui lui manque, et, de plus, il découpe la masse du ciment en une série de petits prismes s'opposant à la déformation du treillis, et permettant aux fils qui le composent de résister dans de meilleures conditions que s'ils étaient libres.

M. Cottancin dispose sur le pourtour de la surface à couvrir une *épine-cadre*, qui est une poutrelle appuyée longitudinalement sur les murs ; de cette épine-cadre partent des épines-contreforts traversant la pièce et qui supportent le remplissage ; grâce à la disposition de l'épine-cadre, une partie du poids du remplissage est reportée directement sur les murs en des points convenablement choisis, et la construction est bien entretoisée. Le remplissage est lui-même formé d'un treillis métallique noyé dans le ciment ; les boucles du pourtour sont reliées à la trame verticale des épines-cadres par une tige de fer ; de même les boucles du treillis des épines-contreforts sont reliées au treillis horizontal du remplissage. On emploie des fils de fer de 0 m 004 pour former le treillis ; le remplissage a 0 m 040 d'épaisseur et l'on ne laisse pas sans les soutenir par des épines de portées de remplissage supérieures à 1 m 30.

M. Cottancin a établi un système de *cintrage* permettant de former des caissons et un plafond ; il consiste dans des plaques de plâtre avec ossature légère ayant la forme des caissons réservés entre les épines-contreforts ; on les relève en les soutenant à la hauteur voulue à l'aide de tasseaux en bois placés sur des taquets qu'on a fait venir à cet effet aux épines ; sur ces plaques comme cintre, on exécute le remplissage, et lorsque celui-ci est pris, on enlève les tasseaux et on fait descendre les plaques sur les taquets (fig. 14, pl. LXII).

On constitue ainsi un plafond qu'on peut décorer d'une manière plus ou moins riche, et qui est bien isolant et insonore.

Pour les planchers de faible portée, M. Cottancin supprime la dalle de remplissage et se contente de simples épines qui jouent le rôle de solives, et à la partie supérieure desquelles on scelle les lambourdes sur lesquelles doit être cloué le parquet ; le plafond est formé de plaques de cintrage en plâtre. Remarquons qu'on perd alors en grande partie le bénéfice de l'emploi du ciment armé.

Il n'y a actuellement pas d'économie appréciable dans l'emploi des planchers en ciment armé ; mais ces planchers ont l'avantage de présenter une rigidité très grande, et de ne prendre sous les fortes surcharges que des flèches insignifiantes.

5. Voûtes. — Dans une voûte, l'ossature métallique est constituée par des *spires* ou *directrices*, placées parallèlement à l'intrados de la voûte et le plus près possible de lui, et par des barres placées suivant les *génératrices* du cylindre, par-dessus les directrices ; ces fers sont à section constante dans toute leur longueur.

Dans les ouvrages de grande portée, on renforce la voûte à l'endroit des reins en remplissant ceux-ci de béton, ou encore en donnant en ce point à la voûte un épanouissement dont on arme la partie supérieure de barres de fer ou même d'un véritable treillis qu'on relie au treillis métallique de la voûte. On forme ainsi ce que M. Coignet appelle des *raidisseurs*, qui sont de véritables supports, espacés de distance en distance, et sur lesquels la voûte vient s'appuyer.

Les expériences de la Société des ingénieurs et architectes de Vienne, faites sur des voûtes de 23 m 00 de portée, construites en divers matériaux, ont montré que la voûte en ciment armé se comporte très sensiblement comme un arc métallique et l'emporte de beaucoup comme résistance sur les maçonneries ordinaires, grâce à la résistance du ciment à l'extension.

M. Cottancin a appliqué son système à la construction des voûtes, qu'il arme de nervures ou épines-contreforts constituant de véritables fermes courbes sur lesquelles s'appuie le remplissage. Les pénétrations se font dans ces voûtes avec la plus grande facilité, à la condition de garnir l'arête d'intersection avec la grande voûte d'une épine-contrefort formant cadre.

6. Supports verticaux. Cloisons. — Un *pilier vertical* s'établira en s'appuyant toujours sur les mêmes principes, en noyant dans le mortier de ciment des barres de fer verticales convenablement reliées entre elles, de manière à former une sorte de pilier en caisson ; grâce à l'adhérence du ciment au fer, les deux matériaux se partagent le travail de résistance à la compression ; le ciment s'oppose à la flexion transversale des barres de fer, et par suite au voilement du pilier métallique qu'elles constituent, et leur permet de résister à la compression dans de bien meilleures conditions que si elles étaient seules.

On peut constituer avec le ciment armé des *cloisons* légères et très résistantes ; à cet effet, des cornières verticales supportent un grillage renforcé par des barres horizontales placées tous les 0 m 19 environ ; on englobe ce grillage dans le béton de ciment sur 0 m 05 d'épaisseur. La difficulté de cette construction réside dans l'établissement d'un cintrage vertical qu'il faut laisser en place jusqu'au durcissement du mortier de ciment.

M. Cottancin a eu l'idée de remplacer le ciment par des matériaux quelconques ajustés dans les rectangles formés par les mailles du treillis, et en particulier par des briques creuses ; on fait passer la chaîne de l'ossature dans les trous des briques ou dans les joints, entre les pièces pleines ; on remplit de mortier de ciment les trous ou les joints dans lesquels passent les barres de métal, de manière à bien englober le métal pour qu'il soit soustrait à l'action de l'air ; dans les joints perpendiculaires aux premiers on fait passer les brins de la trame de l'ossature que l'on fixe ou que l'on tisse avec ceux de la chaîne. On constitue ainsi des cloisons très résistantes et qu'on peut rattacher par leurs treillis d'armature aux planchers entre lesquels elles sont placées.

On peut se servir des cloisons comme remplissages entre les points d'appui principaux de la construction et former une double paroi en matériaux légers, analogue à celle qui est employée pour les plafonds ; le double mur obtenu est parfaitement isolant, et les gaines ainsi constituées peuvent servir au passage des conduites de chauffage ou de ventilation.

7. Combles. — Le *comble* d'un bâtiment peut être exécuté en ciment armé ; la forme en voûte sera alors tout indiquée. On pourra former double paroi par un système analogue à celui de M. Cottancin, et se servir de la surface extérieure de la dalle de ciment comme couverture ; on évitera la teinte terne du ciment en y enchâssant à bain de mortier des ardoises ou des plaques céramiques qui permettent d'obtenir un effet plus satisfaisant.

On peut donner au comble un profil extérieur différent et lui faire supporter une couverture ordinaire en ardoises ou en zinc ; il faut alors établir un chevronnage sur la dalle de ciment. On peut par exemple faire un comble à la Mansard analogue aux combles hourdés dont nous avons donné deux exemples à propos des combles en fer; les lucarnes feront corps avec le reste du comble et, loin de l'affaiblir, lui donneront une grande rigidité.

M. Cottancin porte les pannes en bois sur des épines-contreforts reliées à un faux plancher par des butons ou piliers verticaux reposant sur ce faux plancher, ce qui constitue sous chacune d'elles une sorte de poutre en treillis pouvant avoir une grande portée et résister dans de bonnes conditions. Le matelas d'air restant entre la couverture et le faux plancher constitue un excellent isolant.

Dans les couvertures en ciment, le *chéneau* peut être également construit en ciment armé et se raccorder d'une manière parfaite avec la couverture; on peut le placer en encorbellement sans avoir besoin de le soutenir sur le couronnement du mur, comme on le fait d'ordinaire, de sorte que, s'il déborde, l'eau ne se déversera pas dans le mur.

8. Réservoirs d'eau. — Nous n'insisterons pas sur toutes les applications qui peuvent être faites du ciment armé dans la construction des conduites d'eau, des installations sanitaires, industrielles et agricoles, et nous dirons quelques mots seulement de la construction des *réservoirs d'eau*.

Le premier réservoir d'eau en ciment armé a été construit par Monier en 1868; un réservoir qu'il exécuta pour la gare d'Alençon en 1873 existe encore aujourd'hui.

Dans ces réservoirs, auxquels on donne de préférence la forme cylindrique, le treillis se compose de *directrices* ou *spires*, enroulées circulairement et à l'intérieur desquelles sont placées des *génératrices* convenablement ligaturées; le fond du réservoir est formé d'un treillis bien relié à celui des parois, de telle sorte que les parois et le fond sont bien solidaires, et qu'il n'y a pas à craindre de fissures à leur jonction; un tel réservoir est parfaitement imperméable sans qu'il soit nécessaire, comme avec les réservoirs en tôle, de prendre des précautions spéciales pour assurer l'étanchéité des joints.

Il convient de ne pas donner au fond la forme plane, mais plutôt la forme en voûte concave réunie aux parois par une partie tronconique et une forte ceinture; la résistance en est supérieure à celle d'un fond plat, et il en résulte une diminution de l'ossature métallique et du cube de ciment employé.

Un réservoir en ciment est très léger, ce qui permet de réduire de beaucoup les dimensions de ses supports et de leurs fondations; il ne demande presque aucun entretien, alors que les réservoirs en tôle doivent être fréquemment repeints, et que, dans les réservoirs en maçonnerie, on est obligé de refaire de temps en temps les enduits.

Enfin, comme le ciment est assez mauvais conducteur de la chaleur, l'eau contenue dans un réservoir en ciment exposé à l'air libre n'est pas sujette à s'échauffer comme cela se produit avec les réservoirs en tôle, ce qui est important à considérer pour les petits réservoirs destinés à l'alimentation en eau potable d'édifices publics ou privés.

Le ciment armé s'applique donc tout particulièrement à la construction des réservoirs destinés à l'alimentation en eau potable ou en eau d'arrosage d'une propriété d'agrément dans laquelle, grâce aux formes extérieures décoratives qu'il sera facile de leur donner, ils pourront faire meilleure figure que les réservoirs en tôle.

9. Prix des ouvrages en ciment armé. — Il n'existe pas jusqu'à ce jour de série de prix applicable aux travaux en ciment armé ; leur prix se traite à forfait avec les entrepreneurs qui s'occupent d'exécuter ces ouvrages ou d'après des tarifs établis par eux. Comme la qualité des produits employés et les précautions prises dans leur élaboration ont une importance capitale dans ces sortes de travaux, nous recommanderons aux personnes qui auraient à les faire exécuter la surveillance la plus active. L'entrepreneur exécute ordinairement les ouvrages d'après ses méthodes particulières et ses propres calculs ; son intérêt est de n'employer que le minimum de matière ; mais d'un autre côté l'intérêt du client est d'être assuré que les ouvrages exécutés présentent une résistance et une rigidité suffisantes, ce dont il sera facile de se rendre compte en exigeant des épreuves sérieuses faites avec des charges supérieures aux charges en service, et d'une durée suffisante ; il a été observé, en effet, dans les expériences de la Société des ingénieurs et architectes de Vienne, dont nous avons parlé plus haut, que les déformations des voûtes se sont accrues de 5 à 10 0/0 lorsque l'action des charges a été prolongée quelques heures.

CHAPITRE X

Installations électriques dans l'habitation

§ 1er. — PRODUCTION DE L'ÉLECTRICITÉ

1. Courant électrique. Unités électriques. — Lorsqu'on répète l'expérience de Volta, en plongeant dans de l'eau acidulée par l'acide sulfurique une plaque de zinc et une plaque de cuivre, séparées l'une de l'autre dans le liquide, et si on les réunit extérieurement par un fil métallique, ce fil est traversé par un *courant*; le courant est dû à une force qu'on appelle *force électromotrice*. On a constaté par expérience que les différents fils métalliques formant *circuit* se laissent traverser plus ou moins facilement par le courant, suivant la nature du métal et suivant leur section; le conducteur offre donc au passage du courant une certaine *résistance*.

La quantité d'électricité qui passe par seconde dans un circuit se nomme l'*intensité* du courant.

Une comparaison permettra de nous rendre plus facilement compte de ces différentes notions : supposons une conduite ABC, de diamètre uniforme, partant d'un réservoir dans lequel le niveau de l'eau serait constant; l'eau va s'écouler au point C sous l'influence du poids de la colonne d'eau comprise dans le tube entre le point A et l'horizontale du point C; c'est cette force représentée par ce poids d'eau qui produit l'écoulement, tout comme la *force électromotrice* produit le courant électrique.

La quantité d'eau qui s'écoule par seconde au point C est le débit correspondant à l'*intensité* du courant électrique.

Mais l'eau éprouve, en passant dans le tuyau ABC, une certaine résistance due au frottement de l'eau sur la paroi du tuyau; de même, le courant électrique éprouve une *résistance* pour passer dans le fil métallique.

Enfin, l'écoulement de l'eau est dû à la différence des niveaux de l'eau au-dessus d'un certain plan horizontal, dans le réservoir et au point C; de même, nous pourrons dire que le courant électrique qui se produit entre deux points d'un fil métallique est dû à une *différence de niveau électrique* de ces deux points; nous appellerons *potentiel* en un point le niveau électrique de ce point, et nous dirons alors que le courant est dû à la *différence de potentiel* entre les deux points considérés; cette différence s'appelle aussi *tension*.

Par convention, le potentiel de la terre est supposé égal à zéro, de même que l'on rapporte les niveaux des liquides au niveau de la mer.

L'expérience prouve que la résistance d'un fil conducteur est proportionnelle à sa longueur, inversement proportionnelle à sa section, mais qu'elle est également proportionnelle à la *résistance spécifique* de la matière qui compose le fil. On appelle ainsi la résistance qu'oppose au passage du courant, d'une face à la face opposée, un cube ayant pour côté 1 centimètre.

La *conductibilité* d'un corps est l'inverse de la résistance spécifique.

Les corps qui possèdent une grande résistance spécifique sont dits *mauvais conducteurs* ou *isolants*.

Lorsqu'un corps conducteur est mis en contact avec une source d'électricité, il se produit un courant, l'électricité passant de la source au corps, jusqu'au moment où le potentiel de celui-ci devient égal à celui de la source, de même que l'eau passera d'un vase à un autre, qui communique avec le premier par un tube, jusqu'à ce que le niveau de l'eau soit le même dans les deux vases.

Le corps a reçu à ce moment une certaine *charge* d'électricité, et on appelle *capacité électrique* de ce corps la quantité d'électricité qu'il faut lui fournir pour élever son potentiel d'une unité.

On a créé, pour les calculs électriques, des *unités* dont les valeurs ont été déterminées une fois pour toutes et qui se rattachent à un système général d'*unités absolues*, dans lequel l'unité de longueur est le *centimètre*; l'unité de masse, le *gramme*, et l'unité de temps, la *seconde*, ou, par abréviation, *système G. C. S.*

L'*unité de résistance* est l'*ohm*, résistance d'un fil de cuivre pur ayant 1 millimètre de diamètre et 48 mètres de longueur, ou encore d'un fil de fer ayant 4 millimètres de diamètre et 100 mètres de longueur.

L'*unité de force électromotrice* est le *volt*; c'est la force produite par un élément de pile de Daniel.

L'*unité d'intensité* est l'*ampère*; c'est l'intensité d'un courant qui circule dans un conducteur ayant 1 ohm de résistance, sous une force électromotrice de 1 volt; un courant d'un ampère est capable de faire déposer, par son passage dans une dissolution de sel d'argent, 1 milligramme, 11888 d'argent en une seconde, soit 4 gr. 08 en 1 heure.

Le *coulomb* est la quantité d'électricité qui passe par seconde dans un conducteur quand l'intensité est d'un ampère; on compte en pratique par *ampère-heure* valant 3.600 coulombs. De même que la puissance d'une chute d'eau est le produit de la différence de niveau dans les deux biefs d'amont et d'aval par le débit, la *puissance électrique* est le produit de la différence de potentiel exprimée en volts par l'intensité exprimée en ampères. L'*unité de puissance* ou d'énergie électrique est le *watt*, puissance d'un courant dont l'intensité est de 1 ampère pour une force électromotrice de 1 volt. Cette puissance peut être convertie en travail mécanique, et si on veut exprimer ce travail en kilogrammètres, il faut diviser le nombre de watts par l'accélération de la pesanteur, qui est égale à 9,81.

Lorsque les unités que nous venons de définir sont trop grandes ou trop petites par rapport aux quantités mesurées, on les fait précéder des préfixes :

Méga, signifiant 1 million de fois l'unité.
Myria — 10.000 fois. —
Milli — un millième de l'unité.
Micro — un millionième.

On emploie quelquefois dans le calcul des machines le *kilowatt* qui vaut 1.000 watts.

2. Disposition d'un circuit. — Pour produire un courant, il faut que le *circuit* conducteur ne présente aucune solution de continuité; on dit alors qu'il est *fermé*. S'il est interrompu en un point, on dit qu'il est *ouvert*, et le courant cesse de passer.

Dans une pile formée, comme celle de Volta, d'une lame de cuivre et d'une lame de zinc trempant dans l'eau acidulée, on admet que le courant part du cuivre, traverse le circuit, arrive ensuite au zinc, puis traverse la pile pour revenir au cuivre ; le point de départ se nomme le *pôle positif*; le point d'arrivée, le *pôle négatif*.

Lorsqu'on veut placer un appareil sur le circuit, cet appareil est pourvu de deux bornes auxquelles on attache chacun des fils venant de la pile ; le circuit se ferme alors au travers de l'appareil. On peut, dans certains cas, éviter la nécessité du fil de retour en coupant le fil qui relie l'un des pôles de la pile à l'appareil, et reliant à la terre les deux parties de ce fil ; on réalise ainsi une économie sur la longueur du fil.

Lorsqu'entre deux parties d'un conducteur dans lequel passe un courant on établit un conducteur secondaire, une partie du courant passe dans celui-ci, qu'on nomme une *dérivation*.

Étant données plusieurs piles, on peut les grouper de différentes manières sur un même circuit ; lorsque les pôles de nom contraire sont tous réunis entre eux en passant d'une pile à l'autre on dit qu'elle sont associées en *tension* ou en *série* ; si tous les pôles de même nom sont réunis à un même conducteur, et tous les pôles de nom contraire à un autre, les piles sont associées en *quantité*.

3. Magnétisme. — Certains minerais de fer ont la propriété d'attirer le fer; ce sont des *aimants naturels*, et cette propriété se nomme *magnétisme*. Un barreau d'acier frotté avec un aimant acquiert les mêmes propriétés ; on forme ainsi un *aimant artificiel*. Dans ce barreau, les deux extrémités seules attirent le fer ; la ligne médiane, ou *ligne neutre*, n'a aucune action ; les deux extrémités s'appellent *pôles*. Si on suspend horizontalement ce barreau sur un pivot vertical, il se place sensiblement dans la direction nord-sud ; c'est le principe de la *boussole*.

Si l'on prend deux aimants, on remarque que l'un des pôles d'un des aimants attire un des pôles de l'autre, mais repousse le second ; on en conclut que la terre agit comme un aimant, et on donne, au pôle de l'aimant qui se dirige vers le nord, le nom de *pôle nord* ; à l'autre, le nom de *pôle sud*.

Un barreau de *fer doux* prend deux pôles sous l'action d'un aimant, mais son pouvoir magnétique cesse dès que l'action de l'aimant cesse.

Si, au-dessus d'un aimant, on place une feuille de papier et qu'on la saupoudre de limaille de fer, celle-ci se répartit suivant certaines courbes allant du pôle nord au pôle sud, et seulement dans un espace limité, ce qui prouve que l'influence de l'aimant ne se fait pas sentir au delà d'une certaine distance et qu'il n'agit pas d'une manière uniforme sur tous les points soumis à son action.

On nomme *champ magnétique* l'espace dans lequel s'exerce l'influence de l'aimant, et *lignes de force* les courbes suivant lesquelles la limaille se dispose dans l'expérience. On admet par convention qu'elles sont positives en allant du pôle nord au pôle sud de l'aimant, et que leur nombre est proportionnel à l'intensité du champ magnétique. L'action exercée sur un barreau placé dans le champ magnétique sera d'autant plus grande qu'il rencontrera un plus grand nombre de lignes de force, et cette action pourra être représentée par le nombre de lignes de force qu'il coupera.

4. Électro-magnétisme. — Quand on fait passer un courant dans un conducteur placé près d'une *aiguille aimantée*, elle subit une déviation et tend à se mettre en croix avec le conducteur ; supposons un observateur placé le long du conducteur, de manière que le courant entre par ses pieds et sorte par sa tête, et regardant l'aiguille aimantée, il verra toujours le pôle nord de l'aiguille se placer à sa gauche ; c'est la *loi d'Ampère*. L'action est réciproque, c'est-à-dire que si on approche un aimant d'un conducteur mobile, traversé par un courant, le conducteur tend à se mettre en croix avec l'aimant, leurs positions relatives étant les mêmes que dans le cas précédent.

Arago a constaté qu'en plaçant un barreau de fer doux en croix avec un fil traversé par un courant, le barreau s'aimante, et les pôles qui se forment à ses deux extrémités sont disposés suivant la loi d'Ampère ; l'aimantation cesse dès que le courant ne passe plus.

Si on enroule le fil conducteur en hélice autour du barreau, l'action se trouve multipliée, et l'aimantation obtenue est plus puissante ; le pôle nord se forme à l'extrémité du barreau devant laquelle il faut se placer pour voir le courant suivre le fil dans le sens inverse du mouvement des aiguilles d'une montre. Le conducteur en hélice, dans lequel passe un courant, s'appelle un *solénoïde*.

Ampère a établi qu'un solénoïde se comporte absolument de la même manière que l'aimant formé dans son intérieur par le barreau de fer doux dans l'expérience d'Arago.

C'est sur ce principe que sont construits les *électro-aimants* employés dans un grand nombre d'appareils : sonneries, dynamos, appareils télégraphiques.

Faraday a démontré qu'un courant peut engendrer d'autres courants; si un courant passe dans un conducteur, il se développe dans un conducteur voisin, parallèle au premier, un courant de sens contraire; si on interrompt le courant dans le premier conducteur, il se produit à ce moment dans l'autre un courant de même sens que le courant interrompu.

La même action se produira, mais avec une intensité plus grande, si les deux conducteurs sont enroulés sur des bobines concentriques; le premier conducteur se nomme l'*inducteur*; le second, l'*induit*; le premier *circuit* est dit *primaire*, le deuxième est dit *secondaire*; ces phénomènes sont désignés sous le nom d'*induction*.

Le courant inducteur ayant la forme d'un solénoïde peut être remplacé par un aimant correspondant à ce solénoïde; un aimant qui pénètre dans le solénoïde induit y développe un courant inverse de celui du solénoïde auquel cet aimant peut être assimilé; il se développe un courant direct lorsque l'aimant s'éloigne.

Si l'on place dans le solénoïde inducteur un barreau de fer doux, on voit que l'action de l'aimant qui s'y développe, lorsque le courant inducteur passe, s'ajoutera à l'action de ce courant inducteur et produira des courants induits d'autant plus énergiques.

Les éléments voisins d'un même circuit réagissent les uns sur les autres, principalement au moment de l'ouverture ou de la fermeture du circuit, et déterminent ainsi la production d'*extra-courants*, dits de *rupture* ou de *fermeture*; l'extra-courant de rupture agit dans le même sens que le courant principal; l'extra-courant de fermeture agit en sens inverse.

5. Appareils producteurs d'électricité. — *1° Piles électriques*. Dans la *pile de Volta*, formée d'une lame de zinc et d'une lame de cuivre plongeant dans l'eau acidulée, une molécule d'eau est en équilibre sous l'action des forces d'affinité réciproques de l'hydrogène et de l'oxygène, tant qu'on n'a pas ajouté l'acide sulfurique et le zinc; à ce moment, l'affinité du zinc pour l'oxygène et celle de l'acide sulfurique pour l'oxyde de zinc entrent en jeu pour rompre l'équilibre et attirer l'oxygène vers le zinc ; l'hydrogène, ainsi mis en liberté, est sollicité par une force égale et contraire à celle qui agissait sur l'oxygène ; c'est cette force qui donne naissance à la force électromotrice.

Lorsque les deux métaux sont séparés, chacun d'eux prend la tension électrique qui lui est propre, et un état d'équilibre électrique s'établit ; mais dès qu'on les réunit par un conducteur un courant s'établit de l'un à l'autre.

L'appareil ainsi constitué est un élément de piles : les deux lames de métal sont les *électrodes* ; les fils sont les conducteurs, et les parties auxquelles ils s'attachent sont les *pôles de la pile* ; on est convenu de considérer le cuivre comme *pôle positif* ; le zinc, comme *pôle négatif*, et de considérer le courant comme allant du premier au second.

Lorsque cet élément a fonctionné un instant, on voit l'intensité du courant diminuer ; l'hydrogène, en s'accumulant sur le cuivre, s'oppose par son affinité pour l'oxygène à la décomposition de l'eau ; une force contraire à la force électromotrice tend ainsi à recomposer les éléments que l'action chimique avait séparés, et il se forme un courant en sens contraire du premier, et qui vient contrarier celui-ci : ce phénomène se nomme *polarisation de la pile*, et c'est pour le combattre qu'on a imaginé un certain nombre de dispositions de piles.

Nous n'indiquerons ici que les *piles Leclanché*, employées pour les installations de sonneries ou de téléphonie domestique. Dans cette pile, un des électrodes est en zinc, l'autre est formé de bioxyde de manganèse, et le liquide excitateur est du chlorhydrate d'ammoniaque.

Il y a deux types d'éléments Leclanché : le type à vase poreux et le type à agglomérés sans vase poreux.

Le *modèle à vase poreux* comporte un vase prismatique en verre, avec goulot cylindrique sur le côté ; dans ce goulot est logé un zinc en forme de crayon. Un vase poreux, placé au centre, renferme un mélange en parties presque égales de bioxyde de manganèse et de charbon de cornue ; au milieu est placée une plaque de charbon de cornue, surmontée d'une tête en plomb sur laquelle on visse un bouton de laiton pour attacher le fil, et qui forme le pôle positif. Le vase en verre renferme, jusqu'à moitié de sa hauteur, une dissolution de chlorhydrate d'ammoniaque bien pure et concentrée ; on ajoute un petit excès de sel, qui se dissout au fur et à mesure de la consommation. Le zinc doit être amalgamé.

Le *modèle à agglomérés* ne comporte pas de vase poreux ; celui-ci constituait, en effet, une résistance que M. Leclanché a pensé utile de supprimer ; l'électrode positive est constituée par une plaque de charbon de cornue placée entre deux plaques agglomérées de charbon et de bioxyde de manganèse, formées de 40 de bioxyde, 55 de charbon et 5 de résine gomme laque ; le tout soumis à une pression de 300 atmosphères à la température de 100°. Ces trois plaques sont reliées par des bagues de caoutchouc.

On peut dans ces piles changer les plaques agglomérées, lorsqu'elles sont usées, sans perdre le charbon.

La pile Leclanché ne se polarise pas d'une manière sensible, lorsqu'elle fonctionne d'une manière intermittente ; elle ne consomme rien à circuit ouvert ; les matières qui la composent sont d'un prix peu élevé ; enfin, elle ne gèle pas, même par des froids rigoureux.

Une pile pour sonneries, lorsqu'elle est bien entretenue, peut durer deux ou trois ans, sans exiger d'autres soins que l'addition d'un peu de dissolution de chlorhydrate d'ammoniaque. On évite la formation de cristaux grimpants, en enduisant de paraffine la paroi interne du vase de verre, qui est au-dessus du niveau du liquide.

Les zincs s'usent et se coupent souvent au niveau du liquide, mais on les remplace facilement. Lorsque la tête en plomb d'un charbon se recouvre d'une croûte blanche d'oxyde de plomb il faut remplacer l'élément. Dans les piles à agglomérés, il faut avoir soin que le niveau du liquide se maintienne à la partie supérieure des plaques, pour éviter la rupture des caoutchoucs.

Il faut toujours tenir les éléments dans le plus grand état de propreté et éviter l'humidité à l'extérieur ; lorsque les zincs se recouvrent de cristallisations salines, il faut les gratter et non les laver ; enfin il ne faut pas mouiller la partie supérieure des zincs ni les fils qui y sont soudés, ni les serre-fils qui doivent toujours être très propres.

Les éléments de pile peuvent être *accouplés* en *tension* ou en *quantité*. Dans le premier cas, la force électro-motrice est égale à la somme des forces électro-motrices des éléments accouplés ; c'est le mode d'accouplement à employer quand la résistance extérieure est grande. Dans l'accouplement en quantité, la force électro-motrice reste égale à celle d'un élément seul, et c'est le système à employer quand les résistances extérieures sont faibles, l'intensité étant alors proportionnelle au nombre des éléments réunis.

On peut enfin grouper les éléments d'une manière mixte, en formant plusieurs séries qu'on réunit ensuite en quantité.

2° *Machines électriques*. Dans ces machines on utilise les *courants d'induction* ; c'est en déplaçant un circuit dans un champ magnétique produit par un aimant permanent ou par un électro-aimant qu'on produit le courant. Il existe deux catégories de machines : dans les premières, le champ magnétique est formé d'un *aimant permanent*, ce sont les machines *magnéto-électriques* ; elles offrent l'avantage que leur force électro-motrice est à peu près proportionnelle à la vitesse de rotation, et elle est indépendante du circuit extérieur. Dans les secondes, le champ magnétique est formé d'un *électro-aimant* ; ce sont les *dynamos* ; ces machines ont à égale puissance des dimensions moindres que les machines magnétos, parce que l'aimantation permanente de l'acier n'atteint jamais le même degré que l'aimantation produite sur le fer doux d'un électro-aimant.

Nous n'étudierons pas ici ces machines avec plus de détail, leur théorie et leur description sortant absolument du cadre de cet ouvrage ; nous renverrons pour cette étude, de même que pour celle de l'installation de ces machines et de leur entretien, aux ouvrages spéciaux traitant de ces questions.

3° *Accumulateurs*. Les accumulateurs sont basés sur la *polarisation* dont nous avons parlé à propos des piles ; si l'on soumet de l'eau acidulée à l'action d'un courant, cette eau est décomposée ; l'oxygène se porte à un pôle, l'hydrogène à l'autre, mais ces deux gaz sont soumis à une force de polarisation qui tend à les recombiner pour reformer de l'eau ; si donc on supprime le courant, ou qu'on le diminue beaucoup, cette force de polarisation s'exercera et produira un courant de sens contraire au premier ; si donc on peut accumuler par un procédé quelconque sur les électrodes les éléments produits par le passage du premier courant, on aura constitué une réserve de force électro-motrice qui se développera lorsqu'on permettra à ces éléments de se recombiner.

Les accumulateurs ont pour but d'emmagasiner d'avance par la polarisation une grande quantité d'électricité qui sera restituée, lorsqu'on le voudra, sous forme de courant ; cette première période, pendant laquelle l'accumulateur est en rapport avec la source d'électricité est la *charge* ; la seconde, pendant laquelle il restitue cette électricité, est la *décharge*. La *capacité d'un accumulateur* est la quantité d'ampère-heure qu'il peut fournir par kilogramme de matière constituant les plaques dont il est formé.

Les accumulateurs, quel que soit leur système, ont l'inconvénient d'être très pesants et d'avoir besoin d'un entretien très minutieux qui exige des connaissances spéciales ; enfin ils n'ont qu'une durée limitée à cause de la manière même dont ils sont constitués. Leur emploi n'est pas économique parce qu'ils ne rendent qu'une partie de l'électricité qui leur a été fournie.

On peut les employer à l'éclairage domestique ; certaines compagnies fournissent en effet les accumulateurs à domicile comme d'autres fournissent le gaz portatif.

§ 2. — SONNERIES ÉLECTRIQUES

6. Différents modèles de sonneries électriques. — 1° *Sonnerie trembleuse.* C'est la sonnerie la plus couramment employée (fig. 3, pl. LXIII) ; elle se compose d'un *électro-aimant* fixe dont l'armature porte le marteau de la sonnerie et est fixée à un ressort qui a pour effet de l'éloigner de l'électro-aimant, et de l'appliquer contre une vis de contact ; lorsque le courant passe dans le fil de l'électro-aimant, celui-ci attire l'armature, et le marteau frappe le timbre ; mais à ce moment, l'armature ne touche plus la vis de contact et le courant est interrompu, de sorte que l'armature revient à sa position initiale, et le courant passe de nouveau. Il faut avoir soin qu'à l'état de repos le marteau ne touche pas le timbre.

2° *Sonnerie polarisée.* Elle ne s'emploie que dans des cas particuliers, lorsque le courant employé à la faire mouvoir est un courant alternatif fourni par une machine dynamo.

3° *Sonnerie à un coup.* Dans cette sonnerie, l'armature en fer vient se fixer à l'électro-aimant et ne le quitte qu'au moment où le courant se trouve interrompu ; le marteau ne frappe qu'un seul coup.

4° *Boutons d'appel.* Ils servent à établir momentanément la fermeture d'un circuit électrique ; ceux qui sont destinés aux usages domestiques sont ordinairement formés de deux lames de ressort éloignées l'une de l'autre et dont on peut établir le contact en pressant avec le doigt sur un petit bouton en matière isolante ; chacune des lames est reliée à un bout de fil conducteur ; le tout est contenu dans une petite boîte qui sert de socle à l'appareil et qui peut se fixer contre un mur ou se poser sur une table.

Lorsqu'on veut commander plusieurs sonneries d'un même point, les boutons sont réunis sur un même socle et numérotés.

On construit également de ces petits appareils en forme de poires, s'accrochant à l'extrémité d'un fil composé de la juxtaposition des deux bouts du fil conducteur, et qui peuvent être mis à portée de la main, à des distances quelconques du point d'attache du conducteur contre les murs.

Il faut régler les ressorts du bouton d'appel de manière qu'ils soient bien écartés l'un de l'autre, et veiller à ce que les surfaces de contact de ces ressorts soient bien nettes. Ils sont généralement en cuivre, avec contacts argentés ou platinés ; les boîtes se font en bois, en corne ou en ébonite ; les boutons, en os, en ébonite, en ivoire.

7. Installations de sonneries simples. — 1° *Installation d'une sonnerie sur un ou plusieurs appels.* La fig. 4, pl. LXIII, donne le schéma de cette installation : S est la sonnerie ; P, la pile ; A, le bouton d'appel ; l'un des fils de la pile va directement au bouton d'appel, l'autre va de la pile à la sonnerie, et celle-ci est reliée au bouton d'appel par un autre fil.

Si on veut agir sur la même sonnerie avec d'autres boutons d'appel, il suffit d'intercaler ces boutons en dérivation entre le fil de la ligne qui va de la pile au premier bouton d'appel et celui qui va du bouton à la sonnerie.

Si l'on veut économiser le fil conducteur, on peut adopter la disposition de la fig. 5, pl. LXIII ; on relie alors la pile et la sonnerie à la terre.

2° Installation de plusieurs sonneries fonctionnant sur un seul appel (fig. 6, pl. LXIII). Les trois sonneries sont alors placées en dérivation sur le circuit qui va du bouton d'appel à l'un des pôles de la pile, tandis que le bouton est relié d'autre part au second pôle ; il faut avoir soin que les trois sonneries présentent des résistances égales, car si l'une d'elles présentait une trop grande résistance, le courant dérivé qui y passerait pourrait être insuffisant pour la mettre en mouvement.

On peut encore employer la disposition de la fig. 7, pl. LXIII, dans laquelle les trois sonneries sont montées en tension sur le fil de ligne, la totalité du courant traversant alors successivement chacune des trois sonneries ; dans ce cas, il faut qu'une seule sonnerie soit pourvue d'un interrupteur ; dans les autres, l'électro-aimant doit être fermé et relié directement à la ligne sans que le courant ait à passer par l'intermédiaire du marteau.

3° Installation de plusieurs sonneries distinctes commandées d'un même point (fig. 8, pl. LXIII). On veut par exemple actionner quatre sonneries S, S′, S″, S‴, d'un même poste central, on dispose en ce poste un bouton d'appel unique, A, et un commutateur, M, permettant de fermer le circuit sur l'une quelconque des quatre sonneries, à l'exclusion des trois autres, et sur le fil de ligne ; on peut encore placer en ce point un tableau à quatre boutons d'appel convenablement numérotés auxquels aboutissent les différentes lignes, comme l'indique la fig. 8*bis*, pl. LXIII. Les sonneries sont montées indépendantes sur le fil de ligne.

4° Installation de sonneries pour demande et réponse. Ces sonneries ont pour but de savoir si lorsqu'on a sonné la personne a reçu l'appel ; il faut alors adopter la disposition de la fig. 9, pl. LXIII ; dans chaque poste existent un bouton d'appel et une sonnerie ; le poste n° 1 appelle le n° 2 en appuyant sur le bouton d'appel A, qui commande la sonnerie S′ du deuxième poste ; le n° 2 répond en agissant sur un bouton d'appel a qui actionne la sonnerie S du premier poste.

Si la distance des postes est très grande, comme il peut arriver sur un chantier de construction, on doit chercher à économiser les fils, dont le développement deviendrait considérable avec la solution que nous venons d'indiquer ; on adopte alors la disposition de la fig. 10, pl. LXIII, dans laquelle les deux postes sont reliés par un fil unique. Chaque poste comprend alors une sonnerie S, une pile P réunie d'un côté à la sonnerie et à la terre ; l'autre pôle de la pile et la seconde borne de la sonnerie sont réunis à un *commutateur* auquel aboutit également le fil de ligne ; c'est un commutateur à deux directions. Le bouton d'appel de chaque poste est placé entre la pile et le commutateur. Les deux commutateurs étant dans la position indiquée sur la figure, le poste n° 1 peut appeler le n° 2 ; sa pile communiquant avec le fil de ligne, il met ensuite son commutateur dans la position d'attente, de manière qu'il fasse communiquer le fil de ligne et la sonnerie de son poste ; le n° 2, pour répondre, fait subir à son commutateur un déplacement qui a pour but de lui permettre de relier la ligne avec la pile P' de son poste ; lorsqu'il a répondu, il remet le commutateur dans la position initiale indiquée sur la figure ; le premier poste en fait autant dès qu'il a reçu la réponse.

8. Installations de sonneries avec tableaux indicateurs. — *1° Installation de sonnerie avec un seul tableau indicateur.* Dans un service un peu compliqué, comme celui d'un hôtel, d'un établissement de bains, d'une administration ou même d'un appartement important, il est indispensable que la personne appelée ne puisse confondre les appels, et qu'une seule sonnerie suffise à tous ; c'est dans ce but qu'on a imaginé les *tableaux indicateurs*. Dans une administration, par exemple, les fils des différents bureaux viennent aboutir à un tableau placé dans une antichambre, auprès du garçon de bureau ; quand un coup de sonnette se fait entendre, un numéro ou une indication apparaît sur le tableau pour lui indiquer d'où vient l'appel. En appuyant sur un bouton, il fait disparaître cette indication, et l'appareil est replacé dans les conditions primitives, prêt à recevoir un nouvel appel.

Nous donnons dans la fig. 11, pl. LXIII, la disposition schématique d'un de ces tableaux ; il se compose d'une boîte en bois fermée par un couvercle à charnière muni d'une glace dont la face intérieure est couverte de peinture épaisse, à l'exception de petits carrés transparents qui y sont ménagés et derrière lesquels doivent apparaître les numéros. Chaque numéro est inscrit sur une petite plaque très légère portée par une aiguille aimantée mobile sur un axe horizontal et maintenue en équilibre entre les deux bobines d'un électro-aimant. Les pôles de celui-ci changent lorsque le sens du courant change, et par suite l'aiguille se trouve attirée à droite ou à gauche, et le numéro qu'elle porte se montre au guichet ou disparaît ; un bouton placé au bas du cadre et nommé *repoussoir* R, qui agit sur un contact disposé comme celui des boutons d'appel, sert de commutateur ; nous allons voir comment fonctionne ce système. La boîte, pour trois numéros, présente six bornes, *m* s'attache au fil positif de la pile, *n* au fil négatif, *p* se relie à la sonnerie ; *1*, *2* et *3* sont en communication avec les trois points d'appel ; le second fil des boutons d'appel va se brancher sur le fil positif de la pile ; le second fil de la sonnerie, sur le fil négatif.

Quand on presse le bouton d'appel A, par exemple correspondant à la borne n° *1*, le courant pénétrant dans la boîte par cette borne vient agir sur l'électro-aimant n° 1, et le numéro apparaît au guichet ; le courant passe de l'électro-aimant par le fil qui le conduit à la sonnerie et qui s'attache à la borne *p*. Le domestique prévenu presse alors le repoussoir R ; le courant entrant par la borne *m* vient en sens contraire agir sur l'électro-aimant, et s'échappe par la borne n ; le numéro disparaît du guichet et l'appareil est tout disposé à recevoir un nouvel appel.

2° *Installation avec deux tableaux indicateurs distincts marchant ensemble.* Il est parfois nécessaire qu'un même appel se produise à la fois en plusieurs points ; par exemple, dans un hôtel, les domestiques doivent être prévenus en même temps que le bureau ; supposons par exemple qu'on veuille placer deux tableaux, l'un au rez-de-chaussée, l'autre au 1er étage, de manière à ce qu'ils manœuvrent ensemble et que les numéros apparaissent et disparaissent à la fois, tandis que les deux sonneries fonctionneront également ensemble. Nous indiquons sur la fig. 12, pl. LXIII, comment pourra s'effectuer le montage.

Les deux fils partant de la pile sont reliés à chacun des deux tableaux et à chacune des deux sonneries comme dans l'exemple précédent ; celles-ci sont reliées de même à leurs tableaux respectifs. Les tableaux sont réunis entre eux par des fils attachés aux bornes de mêmes numéros correspondant aux appels, et en outre par un fil spécial, xy, qui relie les deux repoussoirs. Les fils des boutons d'appel sont établis en dérivation entre le fil positif de la pile et les fils respectifs qui relient les bornes de même numéros ; le courant fermé par un bouton d'appel se dérive sur chaque tableau et s'échappe par la sonnerie correspondante, chaque bouton, grâce à la disposition adoptée, commandant à la fois les deux tableaux et les deux sonneries. Il y a toujours sur chaque tableau outre les bornes correspondant aux appels, quatre bornes réservées : l'une au fil positif de la pile, l'autre au fil négatif, une troisième au fil de sonnerie, et la quatrième au fil de jonction des deux tableaux.

3° *Installation avec tableaux indicateurs et tableaux répétiteurs.* Il peut être utile de disposer à chaque étage d'un hôtel un *tableau indicateur* semblable à ceux que nous avons décrit, tandis qu'un *tableau* dit *répétiteur*, placé au rez-de-chaussée, indique simplement de quel étage l'appel a été fait ; ce dernier tableau ne renferme donc qu'un numéro par étage ; tant que le numéro d'étage reste apparent sur le tableau, on sait qu'il n'a pas été répondu à l'appel ; ce numéro disparaît en effet dès que l'on agit sur le repoussoir du tableau de l'étage correspondant.

Nous représentons sur la fig. 13, pl. LXIII, une installation de ce genre. Le montage pour chaque tableau indicateur est fait de la même manière que dans le premier exemple que nous avons donné (fig. 11, pl. LXIII), seulement c'est par une dérivation du fil de sonnerie de chaque étage que se fait l'apparition du numéro correspondant du tableau répétiteur ; chaque tableau est mis directement en communication avec celui-ci par un fil spécial qui relie le repoussoir de chaque tableau au tableau répétiteur pour produire l'éclipse du numéro correspondant ; une dérivation du courant s'établira par ce fil pour aller commander l'électro-aimant du tableau répétiteur.

9. Détails d'installation des sonneries. — 1° *Piles.* Les sonneries domestiques ne peuvent pas être alimentées par des courants alternatifs, mais par des piles, et on emploie presque exclusivement les éléments Leclanché qui sont disposés dans des boîtes fermées en bois, placées dans les sous-sols toutes les fois que c'est possible, afin d'éviter une évaporation trop rapide du liquide. Les éléments sont toujours disposés en tension, la quantité d'électricité nécessaire à actionner les sonneries étant ordinairement faible, et les résistances plutôt considérables. On ne met jamais moins de deux éléments sur une sonnerie simple, quand même le circuit serait de faible longueur ; on compte ordinairement en plus un élément Leclanché par 50 m 00 de fil ; il faudra donc trois éléments pour un circuit de 50 m 00 de long ; lorsqu'on se sert de tableaux indicateurs, il faut compter environ un quart d'élément en sus par numéro.

On arriverait par le calcul à des chiffres beaucoup moindres, mais il est préférable d'augmenter le nombre des éléments pour assurer le bon fonctionnement de l'installation, parce que les appareils employés ne sont pas de grande précision, et que l'isolement des fils n'est pas toujours parfait ; enfin les personnes chargées de l'entretien sont souvent fort incompétentes.

2° *Fils conducteurs.* Dans les appartements, on emploie les fils de cuivre recouverts d'un isolant formé d'un mélange de poix, de bitume, de gomme laque, avec une couverture de soie ou de coton ; cette enveloppe est suffisante lorsque les fils sont placés contre des murs bien secs. Si l'on veut un isolement plus parfait, il faut employer comme isolant la gutta-percha ; le fil sera toujours recouvert de soie ou de coton pour maintenir la gutta-percha et l'empêcher de désagréger.

Lorsque les fils sont nombreux, il est commode, au point de vue du montage, de leur donner des couleurs différentes, afin qu'on puisse en suivre plus facilement le parcours.

Les parties extérieures, ou qui sont placées sous les planchers, doivent être entourées d'une feuille de plomb, ou d'un tube ; on fait alors des câbles à plusieurs fils, entourés d'un tube de plomb qu'on rattache aux divers fils de l'installation par leurs extrémités.

Les fils employés ont généralement $0^{mm},9$, pour les installations intérieures, et $1^{mm}1$, 1^{mm} ou $1^{mm}2$, pour les conducteurs généraux ou les colonnes montantes. Les conducteurs placés à l'extérieur se font ordinairement en fil de fer galvanisé ; pour les distances ne dépassant pas 50 m 00 on emploie du fil de $1^{mm}8$; pour les grandes distances, on prend du fil de 2^{mm} à $2^{mm}5$ de diamètre. Ces fils sont placés sur des poteaux, des consoles ou des cadres en bois, avec interposition d'isolateurs en porcelaine.

Pour fixer les fils de cuivre le long des murs, dans les intérieurs, on emploie de petits crochets ou des pitons en fer émaillé pour les coins et les angles ; pour les parties planes, on se sert de petits manchons à gorge, en os, traversés par une pointe de fer et autour desquels on enroule le fil. Dans la traversée des murs, on doit envelopper les conducteurs d'un tube de caoutchouc dépassant un peu des deux côtés.

Les raccords de fils doivent être faits avec beaucoup de soin, de manière qu'il n'existe aucune solution de continuité.

Pour les fils fins, on se borne à enrouler les deux bouts l'un sur l'autre ; lorsque ces fils sont isolés, on enlève la matière isolante sur une certaine longueur, on décape à l'émeri et, quand on a opéré l'attache, on remplace l'isolant par un ruban goudronné ou ciré.

Pour les conducteurs de gros diamètre, on complète l'attache par une soudure à l'étain formée de 2 d'étain pour 1 de plomb.

§ 3. — TÉLÉPHONE DOMESTIQUE

10. Installation à deux postes. — Nous ne décrirons pas les appareils employés, et nous ne donnerons pas leur théorie ; nous indiquerons seulement la manière de les installer.

Lorsqu'on emploie le *téléphone de Bell*, chaque station comporte un de ces appareils, puisqu'ils servent en même temps de *récepteur* et de *transmetteur* ; il suffit de les réunir par un double fil, ou encore par un simple fil, en établissant la communication d'une borne de chacun des appareils avec la terre ; une sonnerie dans chaque poste est reliée au fil de ligne par un commutateur ; elle doit comporter sa pile et un bouton d'appel.

Le *téléphone Ader* exige une batterie de piles qui servent en même temps pour la sonnerie et pour l'appareil *transmetteur*, qui est alors distinct du *récepteur* ; les éléments Leclanché conviennent encore parfaitement à cet usage ; comme la sonnerie que commande le premier poste est, ainsi qu'on va le voir, placée au deuxième poste, il faut un nombre d'éléments assez grand lorsque les distances deviennent considérables.

Le transmetteur, dont nous ne décrirons pas la construction, est relié par deux bornes avec la ligne et avec la terre ; il est en outre relié à une *sonnerie* par deux autres bornes. D'autre part, il est relié à la pile, comme l'indique la figure, par quatre bornes placées à sa partie inférieure (fig. 14, pl. LXIII), de manière que la même batterie de pile actionne la sonnerie et le transmetteur ; enfin les récepteurs sont accrochés à l'appareil, à droite et à gauche, et ils y sont fixés chacun par un double fil.

Un *bouton d'appel* sert à prévenir l'autre poste lorqu'on veut faire usage de l'appareil.

Voici comment on se sert de l'appareil ; les deux récepteurs étant accrochés, on commence au poste n° 1 par presser le bouton d'appel pour prévenir le n° 2 ; celui-ci accuse réception en actionnant à son tour la sonnerie du n° 1 ; on décroche alors les deux récepteurs qu'on applique contre les oreilles ; on parle devant le transmetteur en se plaçant à environ 5 centimètres du pupitre et en gardant les récepteurs près des oreilles ; quand la conversation est finie, on replace les récepteurs à leurs crochets, et on presse le bouton de sonnerie pour indiquer que la conversation est terminée.

11. Installations à plusieurs postes. — Lorsqu'il y a plus de deux postes, on peut les installer soit avec *poste central*, soit par *postes embrochés*.

Dans le premier cas, un *poste central* dessert tous les autres qui ne peuvent alors communiquer entre eux que par son intermédiaire ; chaque poste simple comporte :

1 transmetteur;
2 récepteurs ;
1 parafoudre ;
1 sonnerie ;
1 batterie de piles.

Le poste central renferme :

1 transmetteur ;
2 récepteurs ;
1 sonnerie ;
1 batterie de piles.
1 tableau annonciateur, avec *commutateurs* nommés *jack-knifes*.

L'appel d'un poste au poste central fait tinter la sonnerie, et le numéro du poste secondaire se marque sur le tableau ; l'employé préposé au poste central peut alors sur l'indication du poste qui a demandé la communication, relier, par le commutateur spécial formé d'un cordon pourvu à chacune de ses extrémités d'une fiche, le poste appelant avec celui auquel il demande à parler. On prévient l'employé, lorsque la conversation est terminée, en pressant le bouton d'appel.

Cette installation est, en somme, la même que celle des bureaux de l'administration des téléphones. Son inconvénient, lorsque les postes sont peu nombreux, est d'immobiliser un employé pour ce service, et elle n'est applicable que lorsque les communications sont très fréquentes; elle exige, lorsque les postes sont placés à la suite les uns des autres, un très grand développement de fils.

Le système *par postes embrochés* permet l'appel direct, d'un poste à un autre, avec deux fils seulement, et même avec un seul, si on veut employer la terre comme retour. L'installation, telle que l'établit la maison Bréguet, comporte pour chaque poste un *indicateur à cadran* et un *bouton d'appel spécial à tirage*.

Tous les postes sont successivement réunis l'un à l'autre par un fil unique, et si la terre sert de retour, le premier et le dernier poste sont reliés à la terre; si le retour se fait par un fil, il relie directement le premier et le dernier poste.

Supposons qu'il existe dix postes, l'indicateur à cadran de chacun d'eux comprend douze cases : l'une marquée *occupée*, l'autre marquée *libre*; les dix autres, numérotées de 1 à 10.

Lorsque l'aiguille de chacun des postes est sur le numéro correspondant du cadran de ce poste, elle ferme sa sonnerie. Supposons que le n° 8 veuille appeler le numéro 3; il tire trois fois sur le bouton d'appel de son poste; la première fois, toutes les aiguilles qui étaient sur la case *libre* se mettent, dans tous les postes, au n° 1, et la sonnerie du poste n° 1 sonne un coup; à la deuxième fois, les aiguilles se mettent au n° 2, et la sonnerie du deuxième poste sonne un coup; enfin, au troisième, toutes les aiguilles se portent sur le n° 3, où la sonnerie se met à tinter, jusqu'à ce qu'une modification quelconque soit apportée à l'ensemble.

A ce moment, l'employé du poste n° 3 va à son appareil, où il tire le bouton d'appel assez de fois pour amener l'aiguille de l'indicateur sur la case *occupée* (dans le cas actuel, huit fois). La conversation peut alors s'établir entre les postes n° 3 et n° 8; lorsqu'elle est terminée, le poste n° 8 tire une fois sur son bouton d'appel, et toutes les aiguilles se replacent sur la case *libre*.

§ 4. — LUMIÈRE ÉLECTRIQUE.

12. Unités de lumière. Éclairement. — L'*unité de lumière* ordinairement adoptée est le *bec Carcel*, qui équivaut à un bec de gaz ordinaire, consommant 125 à 140 litres de gaz à l'heure.

On emploie aussi quelquefois comme unité la *Bougie*, qui équivaut au huitième d'un bec Carcel.

M. Violle a proposé, comme unité, la quantité totale de lumière émise par un centimètre carré de platine, à la température de la solidification; cette unité, appelée le *violle*, a été adoptée par la conférence internationale, en 1884; on l'a divisée en 20 *bougies décimales* au congrès des électriciens de 1889; une bougie décimale vaut environ un dixième de carcel.

L'*éclairement* produit par un foyer lumineux est le quotient de l'intensité lumineuse du foyer par le carré de sa distance au point éclairé ; l'*unité d'éclairement* est l'éclairement produit par une bougie ou par un bec Carcel, placé à une distance de 1 m 00 ; on lui donne le nom de *bougie-mètre* ou de *carcel-mètre*.

On compte qu'il faut un éclairement de 50 bougies-mètre pour pouvoir lire comme en plein jour, en se plaçant à un mètre de la source lumineuse.

Un éclairage moyen doit donner un éclairement de 30 bougies-mètre dans tous les points de la pièce éclairée.

13. Foyers lumineux électriques. — Nous ne donnerons pas la description des appareils, et nous indiquerons seulement dans quels cas il est préférable d'employer l'un plutôt que l'autre.

La lumière électrique peut être obtenue :

1° Par les *lampes à arc*, dans lesquelles elle est produite par le passage d'un courant électrique intense entre deux pointes de *charbon*, que l'on maintient écartées l'une de l'autre. La quantité de lumière produite est en raison du diamètre des charbons et de l'intensité du courant ; on la rend constante à l'aide des *régulateurs*, qui ont pour but de maintenir les charbons à la même distance l'un de l'autre pendant toute la durée de l'éclairage.

2° Par les bougies *Jablochkoff*, qui sont formées de deux charbons parallèles, réunis chacun à l'un des pôles de la source d'électricité, et isolés l'un de l'autre par du *colombin*, qui se consume en même temps que les charbons ; l'arc se produit à leur extrémité ; elles ne conviennent qu'aux courants alternatifs ; avec des courants continus, un des charbons s'userait deux fois plus vite que l'autre. Comme ces bougies brûlent assez vite, on les place par quatre dans un chandelier, et un commutateur permet de faire passer le courant de l'une à l'autre, dès qu'il y en a une de consumée.

3° Par les *lampes à incandescence*, dans lesquelles la lumière est produite par le passage du courant dans un filament peu conducteur de l'électricité, et renfermé dans une ampoule de verre où a l'on fait le vide, afin que le filament ne puisse pas se consumer.

14. Choix d'un foyer lumineux électrique. — Les *lampes à arc* conviennent toutes les fois qu'on a besoin d'un foyer lumineux de grande intensité ; mais lorsqu'on veut diviser la lumière, il faut employer les *bougies* ou les *lampes à incandescence*.

Les *régulateurs* seront donc employés pour l'éclairage des rues, des chantiers, des gares, des grands magasins ; on obtiendra de bons résultats avec des foyers de 15 ampères, placés à 12 m 00 de hauteur, si, dans l'espace éclairé, on ne doit accomplir aucun travail ; mais dans le cas où on doit travailler à la lumière, il faut diminuer la hauteur d'environ 2 m 00.

Les *bougies* seront employées dans les locaux où l'éclairage devra être intense, mais où l'atmosphère est chargée de poussières ou de gaz délétères, qui nuiraient au fonctionnement des régulateurs; elles donnent une lumière moins fixe que ceux-ci.

Dans un appartement, on emploiera les *lampes à incandescence*, qui permettent de diviser davantage la lumière; les lampes sont de 8 à 20 bougies décimales; il faut en employer un nombre calculé de telle sorte que le nombre total de bougies décimales qu'elles produisent représente la moitié du volume de la chambre, exprimé en mètres cubes.

On peut encore se régler en admettant 1 à 2 bougies par mètre carré pour un éclairage moyen, et 4 à 5 pour un éclairage brillant. Dans les salles de théâtre, on compte une demi-bougie par mètre cube du volume total, salle et scène.

Pour l'éclairage des ateliers, on ne peut poser aucune règle précise, chaque machine devant être éclairée d'une manière spéciale, et il faut faire une étude pour chaque cas particulier.

15. Canalisations dans les habitations. — Les conducteurs pour la lumière électrique doivent être établis avec des précautions spéciales, parce que l'électricité y circule sous des tensions souvent considérables et dangereuses; nous ne croyons pas pouvoir mieux faire que de donner les *instructions générales* adoptées par la Chambre syndicale des industries électriques *pour l'exécution des installations électriques à l'intérieur des maisons*.

a) Qualité des matériaux. — 1° *Tous les câbles et fils conducteurs* seront en cuivre, d'une conductibilité au moins égale à 90 0/0 de celle du cuivre pur.

2° *La section* sera déterminée par la condition que la perte de charge, entre le coffret de branchement et la lampe la plus éloignée, ne dépasse pas 3 0/0 du voltage au coffret.

En outre, elle devra toujours être suffisante pour que le passage accidentel d'un courant, d'une intensité double de la normale, ne détermine pas un échauffement supérieur à 40°. Ce résultat sera obtenu, en général, si la densité du courant ne dépasse pas :

3 ampères par mm^2 pour des sections de 1 à 5 mm^2;
2 ampères par mm^2 pour des sections de 5 à 50 mm^2;
1 ampère par mm^2 au-dessus de 50 mm^2.

Enfin, on n'emploiera aucun conducteur dont l'âme soit formée par un fil unique, d'un diamètre inférieur à 0,9 mm.

3° *L'emploi des fils nus*, interdit en principe, pourra être autorisé dans certains cas particuliers. Quelle que soit la nature des locaux, la couverture isolante du fil, ou la gaine de protection mécanique, doit être (l'une ou l'autre) imperméable.

4° *L'isolation* sera obtenue par une ou plusieurs couches de matières non conductrices, placées directement sur l'âme de cuivre. Cette couverture isolante devra être assez solide pour résister aux détériorations dues au montage.

5° *Protection mécanique.* En règle générale, les fils seront toujours pourvus d'une protection mécanique, indépendante de leur couverture isolante. Si les conducteurs sont posés sur les murs, dans des locaux humides, cette protection devra former une gaine imperméable. On pourra employer les bois moulurés dans les locaux secs. Ces moulures devront être en bois bien sec, et fermées à l'aide de couvercles. Lorsque les fils seront laissés apparents dans des locaux secs, ce qui n'aura lieu, autant que possible, que hors de portée de la main, ils devront être protégés par un ruban.

6° *Interrupteurs.* La matière formant la base des interrupteurs devra être appropriée à la nature de l'emplacement qu'ils occuperont. Les interrupteurs devront assurer un bon contact et ne pas s'échauffer par le passage du courant. Lorsque la rupture peut donner lieu à un arc notable, par exemple au-dessus de 5 ampères ou 100 volts, il est nécessaire que l'appareil ne puisse pas rester dans une position intermédiaire, et que son support soit en matière incombustible et indéformable.

7° *Coupe-circuits et fils fusibles.* Les coupe-circuits doivent être disposés de telle sorte que la fusion d'un fil fusible ne détermine pas de court circuit. Les fils fusibles doivent être faciles à remplacer, ne pas donner lieu à des projections de métal fondu.

Ils devront être marqués d'un chiffre bien apparent, représentant le courant normal pour lequel ils sont établis. Ils devront fondre pour un courant au plus égal au triple du courant normal.

8° *Lampes à arc.* Les lampes à arc seront toujours pourvues d'enveloppes et de cendriers. Les lampes placées à l'extérieur auront leurs bornes bien protégées de la pluie et des chocs. Les rhéostats devront être montés sur matière incombustible et non hygrométrique. Leurs fils seront calculés de manière à ne pas dépasser la température de 200° au fonctionnement normal.

b) Conditions de pose. — 9° *Conducteurs.* Les moulures servant de protection mécanique aux conducteurs ne doivent présenter aucune discontinuité dans les raccords ou dans les angles vifs. Les conducteurs n'y seront maintenus que par le couvercle. On ne pourra pas mettre deux fils dans la même rainure. Aux croisements des tuyaux de gaz, il y aura un supplément d'isolement et de protection mécanique. A la traversée des murs et plafonds, la protection mécanique sera avantageusement formée d'un tube en matière dure, avec angles arrondis. Si ce tube est métallique, une gaine isolante supplémentaire devra recouvrir le fil et déborder les extrémités du tube. Lorsque des conducteurs séparés seront apparents, ils seront à un écartement minimum d'un centimètre, et assujettis de manière à conserver cet écartement.

10° *Fils doubles.* Des conducteurs doubles, renfermant sous une même tresse ou ruban les deux fils isolés séparément, peuvent être employés ; mais l'isolement électrique des deux âmes et leur écartement devront être parfaitement assurés. Cette prescription est également applicable à des conducteurs de même polarité.

11° Fils souples. Les fils souples ne seront employés que lorsqu'ils seront inévitables. Ils seront reliés aux appareils de telle sorte que la traction ne puisse déchirer l'isolement des fils. Leurs raccordements avec des fils massifs seront faits par des soudures soignées. Il sera placé un fil fusible simple à l'un des points d'attache d'un fil souple à deux conducteurs.

12° Soudures. Les soudures seront faites en évitant l'emploi de substances décapantes liquides. Elles ne devront pas former des points faibles, soit mécaniquement, soit électriquement, et l'isolement électrique devra être rétabli avec des matières isolantes équivalentes à celles qui servent d'enveloppes aux câbles et fils.

13° Tableaux et petits appareils. Il est toujours désirable que le départ des circuits s'effectue à partir de tableaux sur lesquels la subdivision est poussée aussi loin que possible sur la face apparente. Il faut prendre les précautions nécessaires pour qu'un court circuit n'y puisse pas être produit par le contact d'un objet métallique.

14° Coupe-circuits. Chaque circuit sera pourvu, à son origine, d'un double coupe-circuit. Chaque branchement en sera également pourvu, et, de même, chaque subdivision dans laquelle l'intensité peut atteindre 5 ampères. Ce coupe-circuit devra être facilement accessible et mis à l'abri de matières inflammables.

15° Appareillage. Si des appareils portent chacun un grand nombre de lampes, celles-ci seront divisées en plusieurs groupes, consommant chacun 5 ampères au plus, et chaque groupe sera muni de son double circuit. Les appareils, tels que lustres, appliques, etc., exclusivement employés à l'électricité, seront isolés électriquement à leur point d'attache, et la masse des appareils ne devra pas faire partie intégrante du circuit. Les douilles y seront fixées de manière à ne pouvoir tourner. Lorsque les appareils devront servir à la fois au gaz et à l'électricité, ils devront remplir les conditions suivantes :

1° La masse de l'appareil sera isolée électriquement de la canalisation du gaz par 500.000 ohms au moins ;

2° Les douilles des lampes à incandescence ou la masse de la lampe à arc seront elles-mêmes isolées électriquement de celle de l'appareil ;

3° Enfin les fils, fortement isolés et protégés, seront assujettis en épousant les formes de l'appareil, et de manière à n'être pas détériorés par la chaleur du gaz.

16° Lampes à arc. Chaque circuit de lampe à arc comprendra un interrupteur et un plomb fusible. Si l'on fait usage de résistances, elles seront placées de manière à éviter le contact de toute matière inflammable, assez éloignées de la paroi pour que celle-ci n'ait rien à craindre de l'échauffement du fil, et disposées de telle sorte que la circulation de l'air soit assurée.

17° Isolement. L'isolement devra être tel que dans une section quelconque de l'installation, la perte du courant, qui peut se produire soit entre un conducteur et la terre, soit entre les deux conducteurs, atteigne au plus *un dix millième* du courant qui doit alimenter les appareils de cette section. Par exemple, un branchement parcouru par 10 ampères devra posséder un isolement tel que le courant n'y excède pas 0.001 ampère, et dans ce cas particulier, sur un circuit à 100 volts, la valeur de l'isolement sera donc au moins de 100.000 ohms.

§ 5. — PARATONNERRES

16. Disposition des tiges de paratonnerres. — Un paratonnerre se compose de trois parties : 1° une *tige métallique*, terminée en pointe aiguë et de hauteur appropriée aux circonstances, qu'on établit à la partie haute des objets à protéger ; 2° un *conducteur métallique* reliant la tige au sol ; 3° un *perd-fluide* ou *prise de terre*, en communication aussi parfaite que possible avec le sol.

Le paratonnerre agit par son *action préventive*, parce qu'il prévient les coups de foudre en écoulant le fluide électrique à mesure de sa formation, et l'empêche d'arriver à la tension suffisante pour produire l'étincelle ; il a une *action préservatrice*, parce qu'au cas où l'étincelle peut se produire, il reçoit la foudre et préserve de ses effets la construction sur laquelle il est établi.

Les dispositions à adopter pour un paratonnerre sont résumées dans les instructions de l'Académie des sciences de 1867, et dans celles du préfet de la Seine de 1875.

La tige d'un paratonnerre protège efficacement tous les objets placés dans un cône, dont la pointe serait le sommet, le paratonnerre l'axe, et dont le rayon de base serait égal à deux fois la hauteur de la tige ; les instructions du préfet de la Seine donnent 1,75 fois au lieu de 2 fois. On peut employer de grandes tiges, peu nombreuses, ou au contraire de petites tiges, très rapprochées ; au point de vue de l'usage, les grandes tiges, dont les conducteurs seront de fortes barres, subiront moins facilement les dégradations, dues au manque de soin des ouvriers, que les petites tiges de faible section, dont les conducteurs sont également minces ; la surveillance en sera plus facile.

Les tiges sont exécutées en fer forgé ; on les galvanise ou on les recouvre de peinture ; on leur donne, à la base, un diamètre égal à un centième environ de leur hauteur, et au sommet, leur diamètre est d'environ 0^{m} 020 ; on y fixe une pointe, qui peut être en platine, ou plus simplement en cuivre rouge ; dans ce dernier cas, la *pointe* est formée d'un cylindre de 0m 500 de long, terminé par une pointe aiguë formant un cône, dont l'angle, au sommet, est de 30° ; on l'assemble par un tenon en fer, taraudé dans les deux pièces, et goupillé ; on recouvre le joint par un nœud de soudure à l'étain, qui assure le contact parfait des deux pièces et empêche l'oxydation.

La tige est fixée ordinairement au sommet du poinçon d'une ferme ; on peut la terminer à sa base par quatre branches en croix : deux d'entre elles se fixant sur les arbalétriers de ferme ; les deux autres sur les faîtages, au moyen de boulons. On peut encore chantourner ces quatre branches pour les descendre le long des faces des arbalétriers et les y assembler.

Enfin, dans le cas d'un poinçon en bois, on peut percer ce poinçon à la tarière, dans toute sa longueur, et faire passer dans le trou d'axe le prolongement de la tige paratonnerre ; une embase l'arrête à l'extrémité supérieure du poinçon, tandis qu'on la fixe à l'extrémité inférieure à l'aide d'un écrou et d'une plate-bande interposée.

17. Conducteurs métalliques. — Les conducteurs, qui vont de la base de la tige au sol, s'exécutent en fer galvanisé ou en câbles de fil de cuivre rouge ; ceux en fer doivent avoir 400 millimètres carrés de section, c'est-à-dire avoir 0m 020 de côté, s'ils sont en fer carré, et 0m 023 de diamètre, s'ils sont en fer rond ; les différentes parties en sont réunies à mi-épaisseur avec crossettes, les deux parties étant jointes par des boulons ; on enveloppe le joint d'un nœud de soudure à l'étain noyant les boulons.

Si le conducteur est en fils de cuivre, il doit avoir de 0m 016 à 0m 018 de diamètre, et être d'une seule pièce du pied de la tige jusqu'au sol. S'il y a des jonctions à faire, on les effectue à l'aide de manchons de cuivre étamé, avec soudure à l'étain.

On attache les conducteurs sur la tige par une pièce de fer galvanisé ou de cuivre étamé, appelée *collier de prise*, embrassant le pied de la tige. Les conducteurs descendent le long des rampants de la couverture ou suivent les arêtiers, et ils sont maintenus à 0m 10 environ de celle-ci par de petits supports en fer galvanisé, fixés par des vis sur la charpente, et dans lesquels ils passent librement ; ils descendent ensuite verticalement le long de la façade qu'ils suivent à distance jusqu'au sol ; ils y sont maintenus par des supports en fer galvanisé. Depuis le sol jusqu'à une hauteur de 2 m 00 environ, on les enferme ordinairement dans une conduite en fonte, dont on ferme les extrémités par des tampons de bois coaltaré.

Depuis la surface du sol jusqu'au point où il se termine au perd-fluide, on enferme le conducteur dans une gaine en bois coaltaré, ou dans des tuyaux en poterie ou en fonte.

Les différentes tiges de paratonnerres d'un bâtiment sont reliées entre elles par un *circuit de faîte*, dont la dilatation est ménagée à l'aide de *compensateurs de dilatation*, qui ont la forme d'une boucle et qui sont formés d'une bande de cuivre rouge, de

$0^{m}\,050 \times 0^{m}\,005$ et de $0^{m}\,700$ environ de long, fixée aux deux extrémités sur les bouts du conducteur par des boulons.

18. Perd-fluide. — La terre sèche, les bancs calcaires, les glaises, les argiles conduisent mal l'électricité ; l'eau est médiocrement conductrice ; la terre humide, au contraire, est facilement traversée par les courants.

On essaye donc, autant que possible, de descendre jusqu'à une couche aquifère l'extrémité du conducteur, et on l'y termine par une surface métallique, aussi grande que possible, consistant en une feuille de tôle galvanisée, qu'on enroule en cylindre ; on augmente la conductibilité en entourant le perd-fluide de coke concassé (un hectolitre environ), et l'on y dirige les eaux pluviales afin d'entretenir autour une humidité constante.

Dans certains cas, on établit le perd-fluide dans un forage à tubage métallique, descendant jusqu'à une couche aquifère profonde, et dont les parois sont reliées au conducteur.

Le perd-fluide peut également être formé de 4 branches en fer, terminées en pointe, ou bien d'une sorte de grappin dont les branches sont terminées en pointe, ou encore d'un cylindre en cuivre rouge.

19. Précautions relatives aux masses métalliques de la construction. — Il faut mettre, sans solution de continuité, les charpentes métalliques des constructions en communication avec les conducteurs des paratonnerres ; toute partie métallique isolée, un peu importante, devra toujours être reliée à ces conducteurs par des bandes de cuivre rouge étamé, de $0^{m}\,020 \times 0^{m}\,005$, soudées à l'étain à leurs extrémités.

Les conduites d'eau et de gaz doivent également être reliées aux conducteurs, et elles constituent d'excellentes prises de terre.

Ces précautions sont indispensables, car si un paratonnerre est mal établi, et que sa communication avec le sol soit interrompue, le fluide, en cas de foudroiement, peut l'abandonner et pénétrer dans l'habitation ; l'étincelle peut de même jaillir entre le conducteur et une masse métallique voisine qui ne lui serait pas reliée, en produisant des dégâts, peut-être l'incendie, ou des accidents de personnes.

§ 6. — PRIX DES OUVRAGES RELATIFS A L'ÉLECTRICITÉ

PRIX DES SONNERIES ET OUVERTURES DE PORTES PAR L'ÉLECTRICITÉ. TÉLÉPHONES

Les prix de règlement comprennent :

1° Les fournitures de premier choix et tous accessoires nécessaires ;

2° La pose faite suivant les règles de l'art;
3° L'enlèvement de tous résidus provenant des travaux.

Heure de jour (compris outillage) 1.10

Anneau en porcelaine, à 2 vis galvanisées, de 24/70; la pièce { ouvert .... 1.15 / fermé 1.35

Bague en ivoire, la pièce 1.00

Boîte à piles	bois blanc, avec charnières cuivre, sans boutons ni bornes ni poignées.	pour 2 éléments, la pièce.	3.30
		— 3 —	3.60
		— 4 —	4.00
		— 6 —	5.40
		— 8 —	6.75
	grand modèle, garniture cuivre, verrou de fermeture, bornes d'attache pour fils et poignées de cuivre.	pour 3 éléments	7.40
		— 4 —	8.00
		— 6 —	8.70
		— 8 —	10.00

Console en fer, de 0m15, posée avec vis tamponnées, la pièce 1.60

Borne double pour relier les câbles, à la pièce { sur fond bois .... 1.30 / — ébonite 1.85

Bouchon ou bague en bois pour protection des fils à la sortie des percements	de 10 à 15mm de diamètre, la pièce	0.15
	de 16 à 25 —	0.18
	au-dessus	0.25

Bouton posé avec vis (la pièce)	acajou, chêne, noyer, bois noir		1.50
	bois de Spa, palissandre		1.60
	bois durci à relief	diamètre 0m05	2.95
		— 0m06	3.50
		— 0m07	3.80
	porcelaine unie blanche		1.95

Câble cuivre, rubanné, sous plomb (fil de 9/10mm)

Nombre de conductrs	1	2	3	4	5	7
Prix du mèt. linre	0.70	1.00	1.20	1.40	1.65	2.15

Commutateur à manette cuivre nickelé (la pièce)	à 2 directions	3.10
	par direction en plus	0.45
	modèle télégraphique à 2 directions	9.85

Cordon souple pour poires et presselles	2 conducteurs, le mètre	0.75
	chaque conducteur en plus	0.30

Coulisseau ou tirage pour porte d'entrée, en cuivre, à chapeau à boule de tirage, monture soignée, paillettes à frottement.

Numéros	0	1	2	3	4	5	6
Hauteur du cuivre	0.09	0.10	0.12	0.14	0.16	0.19	0.20
Cuivre poli seul	9.50	10.00	11.00	12.15	14.20	16.80	19.15
Sur marbre de	0.12	0.13	0.15	0.17	0.20	0.23	0.25
Cuivre poli	13.45	14.75	16.75	19.40	21.45	25.40	29.70
Cuivre nickelé	15.45	16.75	18.75	21.40	24.75	28.70	33.00

Crochet ou piton en fer forgé vitrifié (la pièce)	émaillé bleu ou noir, n°s 1, 2, 3		0.09
	— 4, 5, 6		0.11
	— blanc, n°s 1, 2, 3		0.10
	— — 4, 5, 6		0.13
Étiquette noire (la pièce)	en blanc, droite ou cintrée, munie de ses pointes		1.00
	gravure		0.15
Fil de cuivre recouvert de gutta et guipé coton	de $0^{mm}8$ de diamètre ; le mètre linéaire		0.23
	de $0^{mm}9$ — —		0.26
	de 1^{mm} — —		0.27
	de $1^{mm}2$ — —		0.31
Plus-value pour fil posé en tuyau			0.07
Gâche électrique ordinaire			75.00
Interrupteur à manette cuivre (la pièce)	simple à 2 contacts		2.70
	à bouton, modèle télégraphique		4.75
Isolateur (la pièce)	en os tourné et la pointe		0.08
	en bois de hêtre et ses poutres	pour 2 et 3 fils	0.20
		— 4 et 5 —	0.25
		— 6 et 7 —	0.30
Percement compris raccords en plâtre aux extrémités (le mètre linéaire)	dans le bois, pièce de bois, plâtre, pierre tendre	de $0^{m}010$ à $0^{m}015$ de diam.	3.50
		$0^{m}016$ à $0^{m}034$	4.00
		$0^{m}035$ à $0^{m}049$	4.80
		$0^{m}050$ à $0^{m}080$	6.00
	dans la pierre tendre ou la brique	de $0^{m}010$ à $0^{m}015$	4.50
		$0^{m}016$ à $0^{m}034$	5.00
		$0^{m}035$ à $0^{m}049$	6.20
		$0^{m}050$ à $0^{m}080$	7.40

Pile Leclanché. Prix de l'élément complet	au manganèse avec zinc de $0^{m}010$ de diamètre	N° 2. Vase poreux de $0^{m}012$ de haut.	3.40
		N° 1 — $0^{m}14$ —	4.20
		N° 0 — $0^{m}19$ —	4.90
	à plaques agglomérées	N° 1	4.50
		N° 2	6.00
		N° 3	7.20

Poire pour salle à manger, lit, etc. (la pièce)	acajou, chêne, noyer, bois noir	3.70
	bois de Spa et palissandre	4.00
	bois des Iles à 4 appels au minimum, chaque appel	5.50
	support de poire	2.50
Poulie porcelaine avec vis galvanisées, tête ronde (la pièce)	diamètre $0^{m}015$	0.30
	— $0^{m}020$	0.45
	— $0^{m}030$	0.65
	— $0^{m}050$	0.83
	— $0^{m}060$	1.10

Poussoir ou tirage rond pour porte d'entrée, cuivre uni sur marbre rond, monture soignée.

Numéros	1	2	3	4	5	6	7
Diamètre du cuivre en millim.	40	50	60	70	80	100	120
Cuivre poli sans marbre	5.90	6.50	6.85	7.60	8.25	10.55	13.20
— avec marbre	7.50	8.20	8.85	9.60	11.00	15.20	18.50
— nickelé 1er titre	8.50	9.15	9.85	10.90	12.55	17.15	20.70

Récepteurs téléphoniques, de divers systèmes, de 10.00 à 50.00

Sonnerie dite *trembleuse*, boîte de sonnerie en chêne ou bois des Iles vernis, organes montés sur plaque métallique en tôle d'acier avec vis de réglage et contre-écrou. Électros en fil guipé soie, timbre en métal de cloche fondu, poli et nickelé.	N° 1	8.20
	N° 2	10.00
	N° 3	11.50
	N° 4	12.80
	N° 6	21.75
	N° 7	39.60
Tableau indicateur à voyants métalliques, à disposition électrique, bobines tout soie, double guichet, cadre acajou verni, fond chêne, le numéro	à 2 numéros	11.60
	à 3 —	9.50
	de 4 à 10 —	8.85
	de 11 à 20 —	7.00
	au-dessus de 20 —	6.35

Plus-value pour tableaux fonctionnant ensemble, par tableau . . . 2.50

Tableau indicateur de concierge (la pièce)	rentré, sorti, 1 guichet	sans sonnerie	16.40
		avec sonnerie	21.60
	rentré, sorti, 2 guichets	sans sonnerie	23.20
		avec sonnerie	31.40

Tirage pour cordon en passementerie { ordinaire à ressort équilibré; la pièce 3.00
à barillet, bois peint à gauche ou à droite 4.00

Tranchée (au mètre linéaire)

Côté et profond^r en millim.	10 à 15	20	25	30	40
Pierre tendre, plâtre, etc.	1.80	2.40	3.00	3.50	4.00
Pierre dure, brique pleine	2.50	3.00	3.75	4.50	5.00

Transmetteurs de divers systèmes .... de 50 à 150 fr.

Trou tamponné (la pièce) { pierre dure ou brique jusqu'à 0^{m}03 de profondeur 0.11
chaque centimètre en plus 0.03

Tube pour passage de fils ou câbles en murs ou en élévation (le mèt. lin^re)

en gutta, en épaisseur des murs	de 0^{m}06 de diamètre intérieur	0.90
	0^{m}008 —	1.00
	0^{m}010 —	1.25
	0^{m}012 —	1.40
	0^{m}015 —	1.80
	0^{m}020 —	2.30
	0^{m}025 —	3.80
	0^{m}030 —	4.95
en fer blanc, posé avec crochets en élévation, ou scellé en bout ou dans les tranchées	de 0^{m}015 de diamètre intérieur	1.00
	0^{m}016 —	1.50
	0^{m}018 —	2.00
	0^{m}020 —	2.50
	0^{m}025 —	3.00
en cuivre laiton posé avec crochets en élévation ou scellé en bout ou dans les tranchées	de 0^{m}008 de diamètre intérieur	0.95
	0^{m}012 —	1.15
	0^{m}015 —	1.50
	0^{m}020 —	1.70
	0^{m}025 —	2.30
	0^{m}030 —	2.60

PARATONNERRES

Armature fer forgé pour fixer la tige aux charpentes, le kil 1.15

Bague ou isolateur, (la pièce) { en cristal 0.60
en porcelaine 0.80
coupés en deux 1.50

Câble conducteur (au mètre linéaire)

Diamètre en millimètres	12	13	14	16	18	20
Fil de fer galvanisé, 7 torons de 7 brins	......	1.50	......	2.00	2.50	3.00
Fil de cuivre jaune, âme chanvre, 41 brins	......	......	3.00	4.00	5.00	......
— rouge, — 49 brins	3.00	3.25	4.00	5.50	6.50	8.50
— — sans âme de chanvre	......	5.00	......	6.50	7.85	9.80

Collier de prise réunissant la tige au conducteur (la pièce)	pour un conducteur	6.00
	— deux conducteurs	8.00

Compensateur de dilatation, la pièce 10.00

Conducteur en fer doux de 4 cent. carrés de section, le kilo 0.90

Douille en fer forgé pour assemblage de conducteurs ou tête de perd-fluide, la pièce 3.50

Perd-fluide (la pièce)	à 4 branches encollées avec anneau au sommet	8.00
	forme grappin	35.00
	cylindre cuivre rouge avec douille d'assemblage	17.00

Pointe ou flèche (la pièce)	cuivre rouge pur, bout cônique	de 0m35 de long	8.00
		0m40	9.00
		0m45	11.00
		0m50	14.00
		0m55	16.00
	bronze à olive à bout de platine	de 0m35 de long	10.00
		0m40	15.00
		0m45	25.00
		0m50	35.00
		0m55	40.00

Raccord de conducteurs assemblés à mi-fer, l'un 2.00

Raccord manchon de câbles en cuivre rouge (à la pièce)	à deux canons	7.00
	à trois canons	11.50

Support de conducteur ou de câble à bride, à fourchette ou à bagues de 0m15 à 0m20 de longueur, percés de 2, 3 ou 4 trous et les tirefonds nécessaires (à la pièce)	à scellement à vis avec une base à patte, 2 ou 3 trous et les tirefonds	à bride avec chapeau et goupille	2.30
		à bague pour isolateur	2.60
	à T à 2 ou 4 trous et le tirefond	à bride	3.25
		à bague	4.00

Tige fer doux étiré, étampé, avec empattement à la base pour les armatures à 3 ou 4 branches devant être fixées à la charpente, le kilogramme 1.25

CHAPITRE XI

Couverture des édifices

§ 1. — GÉNÉRALITÉS SUR LES COUVERTURES

1. But de la couverture. — La *couverture* d'un édifice a pour but de le protéger des intempéries, principalement de la pluie, de recueillir les eaux tombées sur la toiture et de les amener jusqu'au sol sans dommage pour le reste de la construction.

On comprend, sous la désignation de couverture, l'ensemble des travaux de la toiture, les gouttières, chéneaux et tuyaux de descente. La bonne exécution des couvertures exerce, sous tous les climats, une grande influence sur la conservation des édifices; leur étude doit être l'objet de tous les soins de l'architecte.

2. Conditions que doit remplir une bonne couverture. — Une couverture bien établie devra remplir les conditions suivantes :

1° Être complètement *imperméable à l'eau*; l'humidité qui traverserait une couverture aurait pour effet de faire pourrir les charpentes qui la supportent, et elle pourrait pénétrer dans l'intérieur du bâtiment.

2° Elle doit être *légère* afin de ne pas surcharger les charpentes et obliger à leur donner des dimensions exagérées qui en augmentent le prix.

3° Elle doit *résister à l'action des vents*, même les plus violents; cette condition semble en contradiction avec la précédente. Les couvertures lourdes auront par elles-mêmes une stabilité suffisante pour ne pas se laisser soulever par le vent; il faudra donner aux couvertures légères la stabilité qui leur manque, à l'aide de précautions spéciales.

4° Une couverture, qui est exposée pendant plusieurs heures consécutives à l'action du soleil dans la journée, puis ensuite au refroidissement pendant la nuit, subit des alternatives de *dilatations* et de *contractions* auxquelles elle doit pouvoir se prêter sans se désorganiser et sans cesser de conserver toutes ses qualités.

5° Elle doit sécher rapidement dès que la pluie cesse.

6° Elle doit être d'une *construction économique*, c'est-à-dire formée de matériaux peu coûteux et d'une mise en œuvre facile.

7° Elle doit demander *peu d'entretien*; les réparations doivent pouvoir être faites rapidement, en cas de besoin.

8° Elle doit être capable de protéger l'édifice contre les incendies qui peuvent se produire dans le voisinage, et, en cas d'incendie du bâtiment, elle ne doit pas fournir par elle-même un aliment au feu. C'est ce qui doit, dans la plupart des cas, faire absolument rejeter les couvertures en matériaux ligneux.

3. Matériaux employés pour les couvertures. — D'après ce que nous venons de dire, ces matériaux devront être assez légers, inaltérables à l'air, posséder ce que M. É. Trélat appelle la persistance de constitution, résistants, faciles à travailler, et autant que possible, comme nous venons de le voir, incombustibles. Tous les matériaux employés ne jouissent pas également de toutes ces propriétés; ils sont de plusieurs espèces, et peuvent être groupés de la manière suivante :

1° *Matériaux naturels*, *d'origine minérale*, comprenant les schistes ardoisiers et les laves, les pierres taillées, les asphaltes;

2° *Produits céramiques*: ce sont les tuiles de toutes sortes;

3° *Métaux*, sous forme de feuilles minces, tels que le zinc, le plomb, le cuivre, la tôle, la fonte;

4° *Matériaux de vitrerie* : les verres et les glaces;

5° *Matériaux ligneux* : le bois, le carton, le feutre, le chaume, les roseaux.

Les ouvriers, chargés de l'exécution des couvertures, sont spécialisés, suivant les matériaux qu'ils mettent en œuvre, en *couvreurs*, qui posent plus spécialement la tuile et l'ardoise; *plombiers*, qui s'occupent des couvertures en plomb, en même temps que de tous les ouvrages de plomberie du reste du bâtiment; *zingueurs*, qui s'occupent des couvertures en zinc et de tous les autres travaux du bâtiment où le zinc est employé. Nous verrons, à propos de chacune des couvertures, quels sont les outils employés par ces différents corps de métiers.

4. Pente des toitures. — Les toitures ont leurs égouts disposés en pente plus ou moins forte; cette pente a pour but de faciliter et d'accélérer l'écoulement des eaux tombées sur la toiture et de faire égoutter rapidement certains matériaux pour les faire sécher plus vite, afin qu'ils ne s'imprègnent pas d'eau et qu'ils ne risquent pas ensuite de geler; grâce à la pente, les poussières, les graines des végétaux ne peuvent pas s'accumuler sur les couvertures, qui se maintiennent ainsi par elles-mêmes en état constant de propreté; cette pente est limitée par la dépense qu'elle entraîne pour les combles; plus un comble a une forte pente, plus la surface d'égout, et par suite de couverture et de charpente, est grande; elle est limitée en outre par la nature des matériaux employés en raison de leur mode de fixation sur la charpente, et de leur porosité plus ou moins grande.

Ainsi les métaux peuvent avoir une pente faible, parce que l'eau ne les pénètre pas; la tuile et l'ardoise doivent avoir une pente assez forte pour que l'eau ne séjourne pas à leur surface et ne les imbibe pas; d'un autre côté, une pente un peu forte leur permet de mieux résister à l'action du vent qui ne peut alors les soulever; cette pente est limitée pour les tuiles plates, par exemple : si on leur donnait une pente trop raide, les crochets d'attache ne seraient plus suffisants pour les retenir au lattis.

Les matériaux ligneux, bois ou chaume, qui sont susceptibles d'absorber facilement l'eau, devront avoir des pentes très fortes; leur mode d'attache permettra de les placer sur des plans presque verticaux.

Nous donnons page 522, d'après le traité de la *Couverture des édifices*, de M. Denfer, le tableau des pentes à adopter pour les couvertures et de leurs poids par mètre carré de surface d'égout.

Si nous essayons une comparaison au point de vue de l'économie et de la durée entre les trois systèmes de couverture les plus usuels, tuiles, ardoises ou zinc, on peut dire que le prix de premier établissement de la couverture en zinc est environ le double des deux autres; sous ce rapport, à Paris, le choix est à peu près indifférent entre la tuile et l'ardoise; ailleurs, il dépend de la distance des carrières d'Angers ou autres. S'il y a beaucoup de raccords, l'égalité tend à s'établir entre les trois systèmes.

Le zinc bien établi se passe de réparations plus longtemps que la tuile et surtout que l'ardoise; les trois systèmes se présentent dans l'ordre inverse comme fréquence et comme importance des frais à supporter. La bonne exécution du voligeage ou du lattis exerce sur la conservation des couvertures une influence prédominante; aussi voit-on beaucoup de constructeurs substituer aujourd'hui des lattis en fer aux lattis en bois; une autre cause de dépenses d'entretien considérables, c'est la réfection des solins, filets, souches, etc., exécutés en plâtre, qui a lieu à peu près tous les dix ans, et qui occasionne de nombreux dégâts, c'est un motif de plus pour organiser soigneusement les moyens d'accès et de circulation sur les toits. La bonne tuile supporte bien le passage des ouvriers; elle durerait indéfiniment si l'on n'était pas obligé de remanier le lattis tous les 25 ans environ. L'ardoise ne supporte pas cette opération, car l'ardoise ne peut être déposée sans avoir les neuf dixièmes des ardoises cassées.

Les vieux matériaux de couverture perdent deux tiers de leur valeur pour le zinc, moitié pour la tuile et tout pour l'ardoise.

Aux époques où l'architecture a brillé de son plus grand éclat, les artistes ont compris toute l'importance des couvertures, non seulement pour la conservation des monuments, mais aussi pour leur décoration; c'est la couverture qui détermine la partie la plus accentuée de la silhouette d'un édifice, le profile sur le ciel, et frappe de plus loin les regards; ce n'est pas un accessoire de la construction, c'est un élément

DÉSIGNATION DES MATÉRIAUX	PENTE MINIMA		PENTE MAXIMA		POIDS par mètre carré de l'égout
	en degrés	par mètre de projection horizontale	en degrés	par mètre de projection horizontale	
Ardoises clouées	40	0.83	90	verticale	20 à 30
Ardoises avec crochets	30	0.58	90	—	
Pierres taillées	30	0.58	90	—	variable
Enduit de ciment	3	0.05	90	—	—
Enduit d'asphalte	4	0.07	60	1.75	—
Tuiles plates de Bourgogne grand moule	40	0.84	60	1.75	90
Tuiles plates de Bourgogne petit moule	45	1.00	60	1.75	88
Tuiles du pays	45	1.00	60	1.75	88
Tuiles creuses	27	0.50	60	1.75	100
Tuiles flamandes	27	0.50	60	1.75	100
Tuiles Courtois	37	0.75	60	1.75	45
Tuiles Josson, grand moule	31	0.60	60	1.75	51
Tuiles Josson, petit moule	37	0.75	60	1.75	40
Mécaniques Gilardoni	20	0.36	60	1.75	40
Mécaniques Muller	20	0.36	60	1.75	45
Mécaniques Royaux	27	0.50	60	1.75	35
Mécaniques Boulet	37	0.75	60	1.75	32
Muller à écailles	45	1.00	60	1.75	41
Muller fer de lance	45	1.00	60	1.75	32
Suisse dite de montagne	37	0.75	60	1.75	40
Verre avec joints	10	0.17	90	verticale	5 à 6
Verre sans joints	4	0.07	90	—	
Zinc à ressauts	5	0.09	90	—	10
Zinc agrafé	10	0.18	90	—	
Plomb sans joints	5	0.09	60	1.75	35
Plomb avec joints	10	0.18	60	1.75	
Cuivre	10	0.18	90	verticale	10
Tôle galvanisée	9	0.16	90	—	10 à 12
Ardoises métalliques	17	0.30	90	—	10
Bardeaux de bois	45	1.00	90	—	30
Chaumes et roseaux	60	1.73	80	5.70	20
Papier goudronné	40	0.84	90	verticale	5 à 15
Carton goudronné	40	0.84	90	—	
Feutre goudronné	40	0.84	90	—	

essentiel. Les exemples des beaux temps de la Grèce, de l'Italie, du moyen âge, témoignent que l'on appréciait justement tout le parti à tirer de combles bien proportionnés, bien disposés et convenablement ornés. Un heureux changement se produit à cet égard dans nos habitudes.

5. Voligeage et lattis. — La surface sur laquelle seront posés les matériaux formant la couverture doit être continue et disposée pour les recevoir et pour permettre de les y fixer.

Elle peut être constituée par un parquet général en bois, formé de *voliges*, que l'on pose jointives, ou assemblées à rainures et languettes, lorsque la face inférieure de la couverture doit rester apparente, dans les travaux soignés. Les voliges sont en bois de *peuplier*; elles ont de 0^{m} 08 à 0^{m} 11 de large, 0^{m} 013 d'épaisseur, et de 1^{m} 50 à 2^{m} 00 de long.

Pour les travaux soignés, on préfère le *sapin* qui fournit des longueurs de 4 à 5 mètres et avec lequel on donne aux voliges de 0^{m} 015 à 0^{m} 018 d'épaisseur, sur 0^{m} 06 à 0^{m} 011 de largeur. Les bois de faible largeur et de grande longueur sont recherchés pour le voligeage des surfaces courbes.

Le voligeage doit être soutenu tous les 0^{m} 35 à 0^{m} 50 par les *chevrons* ; ceux-ci ont un équarrissage variable de 0^{m} 08 sur 0^{m} 07, ou 0^{m} 065 sur 0^{m} 085, ou 0^{m} 08 sur 0^{m} 11.

Pour les combles hourdés en maçonnerie, on remplace les chevrons par des *lambourdes* scellées sur l'aire en maçonnerie, analogues à celles des planchers.

Quelquefois, dans les combles en fer, on supprime le chevronnage et on rapproche les *pannes* pour leur faire supporter le voligeage, ainsi que nous l'avons expliqué à propos des combles.

Toutes les fois que le voligeage n'est pas nécessaire, on le remplace par un lattis formé de pièces de faible section, espacées à la demande. Les *lattes* pour tuiles plates sont en cœur de chêne, de 0^{m} 04 de largeur sur 0^{m} 01 d'épaisseur, ou en châtaignier; pour les couvertures en tuiles mécaniques, qui demandent une grande précision, on remplace les lattes par des *liteaux* en bois de sciage, de 0^{m} 027 sur 0^{m} 027, ou 0^{m} 027 sur 0^{m}034 environ.

6. Les usages en couverture. — Lorsqu'on exécute une toiture, on commence par établir le voligeage ou le lattis, puis on construit le *chéneau*, s'il doit y en avoir un, les *noues*, et l'on commence à poser la couverture par le bas, les matériaux de chaque rangée horizontale recouvrant ceux de la rangée immédiatement inférieure ; on étale ainsi les matériaux sur toute la surface à couvrir, de manière que si la pluie vient à tomber, la plus grande partie de l'eau sera amenée au chéneau, qu'on a complété par un tuyau de descente provisoire; on dit que le comble est *hors d'eau*.

On passe alors aux travaux complémentaires désignés sous le nom d'*usages*, qui permettent de terminer la couverture; ils comprennent la pose des couvre-joints, l'établissement des châssis, les raccords avec les murs ou les souches de cheminées, la mise en place des faîtages, arêtiers, crochets, chattières, etc., l'organisation définitive des descentes d'eau.

7. Accès et circulation sur les toitures. — Il est bon, lorsque les toitures sont importantes, que leur accès soit facile, et qu'on puisse y circuler à l'aide de *chemins* horizontaux et de *rampes* inclinées, garnis de *mains courantes*. L'accès du comble doit, autant que possible, se faire par un dernier étage d'escalier donnant directement sur le comble par une porte. Les chemins doivent parcourir le faîtage, longer les souches de cheminées, qui doivent elles-mêmes être pourvues d'*échelles* en fer, scellées dans les maçonneries, mener aux chéneaux, qui doivent alors être assez larges pour former eux-mêmes chemins.

On doit prévoir également des *crochets* assez nombreux, pour pouvoir fixer les échelles et les échafaudages en cas de réparations.

La circulation bien établie sur les toitures donne de grandes facilités pour leur surveillance et leur entretien, ainsi que pour les ramonages; mais elle exige des précautions particulières pour la fermeture des locaux des étages sous comble.

§ 2. — COUVERTURES EN TUILES

8. Les tuiles. — La fabrication des tuiles en *terre cuite* remonte à la plus haute antiquité. Les *argiles* ne sont pas toutes convenables pour cet usage, et on ne doit employer que celles qui donnent par la cuisson un produit homogène, de grain fin, formant une surface imperméable, peu poreuse, et résistant bien, même mouillée, à l'action de la gelée; il faut enfin qu'elles supportent la cuisson à température un peu élevée sans se vitrifier, ce qui exige que la pâte ne renferme pas de calcaire.

Les argiles qui possèdent les qualités demandées donnent ordinairement des tuiles sonores, et qui absorbent peu d'eau par immersion, même prolongée; la durée de ces tuiles est pour ainsi dire indéfinie.

Les argiles naturelles possèdent rarement toutes ces qualités, et on est obligé de procéder par mélanges de terres de diverses provenances; la fabrication doit être soignée, si l'on veut obtenir des produits de bonne qualité.

Les tuiles sont en général obtenues par moulage, soit en *pâte molle*, et alors le séchage exige beaucoup de temps et de grands soins; soit en *pâte dure*, et alors le travail de malaxage ne donne pas des produits aussi homogènes que dans le premier cas, mais la fabrication est plus économique.

Les meilleurs produits sont obtenus par le moulage en pâte molle, c'est à eux qu'il faut avoir recours, lorsqu'on veut obtenir des couvertures parfaites et durables.

Une bonne tuile doit être sonore, rendre un son franc, clair et presque métallique ; elle doit être presque vitrifiée, bien moulée et d'une résistance telle que sa convexité étant tournée en l'air, un homme puisse monter dessus sans la briser ; de plus, elle doit être imperméable.

Depuis quelque temps, on commence à revenir aux *tuiles émaillées*. On en fait qu'on revêt d'une couche vitreuse, et que l'on colore de tons différents : blanc, jaune, brun, vert, bleu, etc. On peut en former de belles mosaïques.

9. Couvertures anciennes en tuiles. — L'usage des tuiles remonte à une antiquité très reculée. Il en existait en Asie bien avant la civilisation grecque. Les Grecs et les Romains en employaient de deux sortes : les unes plates, les autres creuses. Les *tuiles plates* étaient rectangulaires et garnies de rebords sur les deux côtés les plus longs. Elles se plaçaient à recouvrement sur celles situées plus bas. Les côtés garnis de rebords étaient fermés par les *tuiles creuses*, qui se recouvraient également les unes sur les autres. Chaque rangée de tuiles creuses était terminée en bas par une tuile un peu plus grande que les autres, solidement fixée sur la corniche et ornée d'un motif quelconque appelé *antéfixe*. Quelquefois on fixait sur la *crête* une rangée d'antéfixes. Dans certains monuments, les antéfixes étaient supprimés et remplacés par un *chéneau* en terre cuite plus ou moins orné. Dans l'axe de chacune des rangées de tuiles plates, ce chéneau portait une tête de lion saillante, qui déversait au dehors les eaux pluviales. Dans d'autres édifices, les tuiles plates étaient taillées en marbre.

On se sert encore de tuiles semblables en Italie, mais on supprime les antéfixes. On pose sur les chevrons, espacés de 0 m 32 environ, d'axe en axe, de grandes briques de 0 m 028 d'épaisseur, qui portent d'un chevron à l'autre, et dont les joints sont garnis de mortier. Sur le carrelage ainsi formé, on place les tuiles plates d'abord ; elles se recouvrent de 0 m 08 environ, et elles sont, à cet effet, plus larges par le haut que par le bas. Deux rangées contiguës sont éloignées l'une de l'autre de 0 m 03, et l'intervalle qui les sépare est recouvert, ainsi que leurs rebords, par des tuiles creuses, lesquelles sont également posées à recouvrement. Ces tuiles sont quelquefois maçonnées sur le carrelage, et alors la couverture est, en quelque sorte, indestructible ; le plus souvent, on se contente de maçonner les rangées inférieures. Les tuiles plates se nomment *tegole*, et les tuiles creuses, *canali*. A Rome, elles ont 0 m 41 de longueur ; les *tegole* ont 0 m 33 de largeur au sommet et 0 m 25 à la partie inférieure ; les *canali* ont 0 m 24 de largeur au sommet et 0 m 17 à la base.

L'inconvénient de ces couvertures est d'exercer une pression considérable et d'exiger des charpentes d'autant plus massives que les combles ont peu de pente. On pourrait, il est vrai, diminuer leur poids de plus de moitié en supprimant le carrelage en briques, mais la couverture serait moins étanche.

On trouve, en Italie, quelques couvertures où les *canali* ont été remplacés par des *tegole* retournées. Cette disposition réduit un peu le poids de la construction et offre moins de prise au vent, mais elle augmente les chances de filtration par cela même qu'elle augmente le nombre des joints horizontaux.

Dans quelques parties de la France, et principalement sur le littoral de la Méditerranée, les tuiles plates sont supprimées; les couvertures sont entièrement exécutées en tuiles creuses, scellées avec du mortier. Les tuiles sont alternativement concaves et convexes. Ces tuiles ont ordinairement 0^{m} 35 de longueur et 0^{m} 014 d'épaisseur. Elles ne sont pas tout à fait circulaires. Elles se posent sur un plancher continu, cloué sur les chevrons, et l'inclinaison ne doit pas être assez prononcée pour permettre leur glissement. Leur pente doit être maintenue entre 15° et 27°. Les files de tuiles doivent être dirigées suivant les lignes de plus grande pente. Les tuiles se recouvrent chacune de 0^{m} 10 environ. Les angles saillants et rentrants des combles se font en tuiles de même forme, mais de plus grandes dimensions, lesquelles sont posées à bain de mortier.

10. Couverture en tuiles flamandes. — On emploie, dans le Nord de la France, un genre de tuiles appelées *tuiles flamandes*, qui offrent des surfaces alternativement concaves et convexes, et qui ont la forme d'S aplatie. Elles ont, par le haut, un fort talon, au moyen duquel elles s'accrochent à des *lattes* clouées sur des chevrons, ce qui permet de leur donner une plus forte inclinaison qu'aux précédentes. Elles se recouvrent de 0^{m} 05 environ, et leurs joints sont couverts de mortier.

Ces tuiles ont l'avantage de moins charger les charpentes que les tuiles creuses; mais comme il est difficile de leur donner une forme bien régulière, elles prennent presque toujours du gauche, soit à la dessiccation, soit à la cuisson, ce qui produit des couvertures qui ne sont pas parfaitement étanches. Il en faut 15 1/4 par mètre carré.

11. Couverture en tuiles plates. — La couverture en tuiles a l'avantage d'être durable, économique, isolante, de réparation facile. Son défaut est d'être lourde. Un perfectionnement désirable dans la fabrication des tuiles serait la découverte d'un vernis solide sans être glissant, peu coûteux, propre à détruire leur porosité et à les garantir contre l'absorption de l'humidité et les végétations parasites.

Les *tuiles plates* sont de deux modèles : le *grand moule*, de 0^{m} 31 sur 0^{m} 25, pesant 2 kil., et le *petit moule*, de 0^{m} 25 sur 0^{m} 18, pesant 1 kil. 300; il faut, par mètre carré, 36 des premières et 64 des secondes ; avec le grand moule, la pente varie de 40° à 60° ; avec le petit moule, il ne faut pas descendre au-dessous de 45°.

Les tuiles sont ordinairement de forme rectangulaire et sont munies en dessous, à leur partie supérieure, d'un talon qui sert à les fixer sur le *lattis*. Quelquefois ce talon est remplacé par deux trous qui permettent de maintenir les tuiles avec des clous; on substitue alors un plancher au lattis. La couverture, ainsi exécutée, est plus dispendieuse, mais elle est beaucoup plus solide.

Pour établir une couverture en tuiles plates, on commence par poser une tuile à la partie la plus basse du comble et à l'endroit que le rang du bas doit occuper. On regarde le point où pose le crochet posé sous la tuile, et tous les 8 ou 11 centimètres en montant, selon que l'on donne 0^{m} 08 ou 0^{m} 11 de *pureau*, on trace au cordeau, enduit de blanc ou de rouge, des lignes horizontales d'un bout à l'autre du toit (fig. 1, pl. LXIV). Ces lignes servent à poser les lattes. On nomme *pureau* la partie apparente de la tuile.

Le lattis s'exécute en lattes en cœur de chêne ayant 1^{m} 30 de longueur. Comme les chevrons sont ordinairement posés à 0^{m} 325 d'axe en axe, une latte recouvre l'espace compris entre cinq chevrons ou quatre intervalles. On a soin de poser ces lattes en liaison, de manière que leurs joints soient à peu près également répartis entre tous les chevrons, afin de bien les relier.

Une rangée de tuiles s'accroche sur chaque rang de lattes, de sorte que chacune d'elles se trouve recouverte sur les deux tiers de sa longueur. La couverture comporte par conséquent trois épaisseurs de tuiles. Les tuiles de chaque rang se posent les unes à côté des autres sans recouvrement, mais on a soin de chevaucher les joints d'une rangée à l'autre. Chaque joint répond précisément au milieu de la tuile inférieure. La rangée de tuiles la plus basse se nomme *égout*.

On a essayé de couvrir les combles avec des tuiles plates se terminant à la partie inférieure par des demi-cercles imitant les écailles de poisson ; mais ce système, exigeant des tuiles parfaitement planes, n'a pu se généraliser.

Les *tuiles plates* absorbent moins l'eau que l'ardoise, sont plus dures et s'altèrent moins à l'air; les réparations sont bien plus faciles, puisqu'il suffit de soulever la tuile du dessus pour remplacer une tuile cassée ; mais la tuile donne plus de prise au vent à cause de son épaisseur; de plus, les tuiles souvent déformées par la cuisson ne joignent pas très bien, de sorte que les pluies abondantes et les neiges pénètrent jusqu'aux lattes et aux charpentes, et les pourrissent en partie.

Les bons ouvriers couvreurs profitent des imperfections de formes causées par la cuisson pour corriger celles causées dans la pose des lattes et utiliser toutes les tuiles mises à leur disposition, lors même qu'elles sont un peu défectueuses, telles que : tuiles pendantes, *a*; tuiles coffinées, *b*; tuiles jambardières, *c*; tuiles gauches à droite, *d*; tuiles gauches à gauche, *e* (fig. 2, pl. LXIV).

Les ouvriers qui font la couverture en tuiles plates sont les mêmes que pour l'ardoise; le *compagnon* est toujours aidé par un *garçon* qui prépare les outils, fait les montages.

Les outils employés se réduisent à un *marteau*, à tête d'un côté et à panne amincie de l'autre, de manière à former un tranchant perpendiculaire au manche, et qui doit être dur et bien affûté; le couvreur s'en sert pour tailler les tuiles et faire les tranchis.

12. Couverture en tuiles mécaniques. — On a essayé de remédier aux inconvénients des tuiles plates en employant des *tuiles dites à emboîtement*; on est arrivé, après de nombreux essais, à obtenir des produits tout à fait satisfaisants.

Les avantages de la tuile à emboîtement sont : un écoulement plus facile des eaux, l'emploi possible de pentes plus faibles, et, par suite, un moindre développement de charpentes et de toitures; la couverture faite avec ces tuiles pèse moins que la couverture en tuiles plates au mètre carré, d'où il résulte une économie dans la charpente; enfin, elles résistent mieux à l'action du vent.

Elles sont d'une fabrication plus difficile; comme leurs formes sont très régulières, on est obligé de remplacer les lattes par des *liteaux* de sciage, en bois de sapin.

1° Tuiles Gilardoni. L'invention première des tuiles à emboîtement est due à MM. *Gilardoni*, d'Altkirch, en 1847. Dans leur système (fig. 3, pl. LXIV), chaque tuile vient s'agrafer sur la tuile voisine de droite par son bord recourbé, qui pénètre dans une rainure correspondante; les joints sont dits *emboîtés*; les tuiles sont chevauchées de manière que la rive d'une tuile corresponde au milieu de la tuile du rang horizontal suivant. Il en résulte la nécessité d'avoir sur les bords des demi-tuiles de raccord.

La tuile porte en dessous deux *crochets* ou *talons* qui servent à l'accrocher sur les liteaux.

Les rainures pratiquées sur les côtés des tuiles ont un double effet; non seulement elles retiennent entre elles les tuiles voisines, mais encore elles empêchent l'eau d'entrer dans le joint par capillarité et de venir pénétrer à l'intérieur.

Cette tuile est dite modèle à *losange*, à cause de la nervure en forme de losange qu'elle porte en son milieu ; on l'exécute en deux formats : l'un, de 15 au mètre carré, le mille pesant 2.800 kil.; l'autre, de 13 au mètre carré, pesant 3.200 kil. le mille.

MM. Gilardoni ont créé un second modèle dit à *recouvrement*, dans lequel on n'a pas besoin de chevaucher les tuiles d'un rang à l'autre, l'emboîtement est plus parfait et le joint est recouvert par une languette (fig. 4, pl. LXIV).

Ce modèle comporte également deux formats : l'un, de 14 au mètre carré, chaque tuile pesant 3 kil.; l'autre, de 13 au mètre carré, chaque tuile pesant 3 kil. 500.

Une nervure longitudinale, qui règne sur le milieu de chaque tuile, produit en élévation un aspect de bandes parallèles, alignées suivant la pente du toit.

Dans un autre modèle sans nervures et à emboîtement, la nervure est supprimée, mais les joints sont plus épais ; le joint latéral est à emboîtement simple, tandis que le croisement d'un rang horizontal sur l'autre se fait par double emboîtement (fig. 5, pl. LXIV). Il faut 15 tuiles de ce modèle par mètre carré ; chaque tuile pèse 3 kil.

2° *Tuiles Muller*. La maison *Muller, d'Ivry*, fabrique avec des terres de première qualité les tuiles des modèles précédents, avec quelques modifications de détail ; elle fabrique, en outre, divers autres modèles, la tuile à recouvrement, à nervure et à joints croisés (fig. 6, pl. LXIV) ; une tuile petit moule, de 28 au mètre carré, pour les petites toitures, et pesant 1 kil. 300 la pièce (fig. 7, pl. LXIV) ; des tuiles à écailles de différents modèles (fig. 8, 9 et 10) ; des tuiles à double recouvrement (fig. 11, pl. LXIV) ; enfin, des tuiles à envers décorés, qu'on emploie lorsque le dessous de la tuile doit rester apparent (fig. 12, pl. LXIV).

La tuile la plus employée est celle à recouvrement, de 15 au mètre carré ; on la pose sur des liteaux en sapin, de 0 m 025 à 0 m 027 d'épaisseur sur 0 m 040 à 0 m 050 de largeur, les chevrons étant espacés, d'axe en axe, de 0 m 60 à 0 m 80 ; lorsqu'on écarte les chevrons de 0 m 45 à 0 m 50 seulement, les liteaux peuvent n'avoir que 0 m 025 à 0 m 030 de largeur et la même épaisseur que dans le cas précédent (fig. 13, pl. LXIV). Les liteaux sont espacés de 0 m 34 environ, d'axe en axe, de telle sorte qu'il faut en compter 3 mètres linéaires par mètre carré de couverture. Dans les combles en fer, on peut remplacer les liteaux en bois par de petites cornières ou de petits fers à simple T.

Tous ces genres de tuiles se posent avec facilité ; mais nous recommandons aux couvreurs, qui n'ont pas la grande habitude de ces couvertures, de ne commencer à placer d'abord que quelques rangs de lattes, au lieu de latter le toit en entier, comme le font les couvreurs expérimentés.

Avant de poser la latte, il est bon de placer provisoirement, sur la partie à couvrir, une rangée de tuiles de bas en haut, afin de bien vérifier ses dimensions et d'éviter de trancher les tuiles de la dernière rangée qui touche le faîtage, quand on peut s'en dispenser.

Le premier rang de lattes doit être de 0 m 02 environ moins distant du deuxième que les autres entre eux. Il doit être doublé, c'est-à-dire fait avec deux lattes superposées, formant ce que les couvreurs appellent un *doublis*, mais ce premier rang seulement.

Il est fort important de latter parfaitement d'équerre et de bien placer aussi les tuiles sur les lattes. On doit avoir soin de ne pas trop serrer les tuiles les unes contre les autres ou de tendre les joints à l'excès ; en agissant ainsi, on ne tarderait pas à ne plus être d'équerre, ce qui est la condition la plus essentielle à observer pour opérer facilement et avec sûreté une bonne couverture, et le travail ne pourrait plus se continuer qu'en entaillant beaucoup de tuiles, ce qu'il faut éviter absolument.

Plusieurs de ces tuiles sont garnies au-dessous d'un petit renflement percé d'un trou. Dans les endroits exposés à de forts coups de vents, on utilise ce trou ou *panneton* pour fixer solidement, de distance en distance, une tuile après la latte, au moyen d'un fil de fer. Cela suffit entièrement à préserver les couvertures de ce genre de toute espèce d'accident (fig. 14, pl. LXIV).

3° *Tuiles diverses.* On fabrique aujourd'hui un grand nombre de modèles de tuiles, construites d'après les mêmes principes d'emboîtement, telles sont les *tuiles Royaux*, employées dans le Nord de la France, et qui sont plus petites que les précédentes ; il y en a 24 au mètre carré, et chacune d'elles pèse 1 kil. 470 ; il faut 4 m 55 de lattis par mètre carré de couverture.

Les *tuiles Boulet*, à joint croisé et à nervure conique, sont de 23 au mètre carré, pesant 1 kil. 365 la pièce, et exigeant 4 m 35 de lattis par mètre carré.

Les *tuiles Josson* ou *tuiles losangiques* sont à joints obliques et en forme d'écailles ; les raccords des rives se font à l'aide de demi-tuiles ; elles sont de deux modèles : le grand moule, de 22 tuiles 1/2 par mètre carré, donnant un poids de 38 à 40 kil., et exigeant 7 m 00 de lattes, et le petit moule, de 45 au mètre carré, exigeant 10 m 00 de lattes. Ces tuiles doivent être posées avec une pente peu différente de 45°, et qui ne doit pas descendre au-dessous de 0 m 60 par mètre, soit 31° pour le grand moule, et de 0 m 65 par mètre, ou 33° pour le petit moule.

Les *tuiles Courtois* sont aussi des *tuiles losangiques* ; elles sont carrées et se posent diagonalement ; le poids d'une tuile est de 2 kil. 350, et il en faut 19 au mètre carré, et 7 m 00 de lattis ; il ne faut pas descendre, comme pour les précédentes, au-dessous d'une pente de 0 m 65 par mètre.

L'inconvénient de ces tuiles est la tendance qu'a l'eau de pluie à suivre les aspérités diagonales, au lieu de descendre par le plus court chemin, suivant la ligne de plus grande pente.

Les *tuiles suisses* ou *tuiles de montagne* sont des tuiles à emboîtement simple, latéral, mais sans rebords ni emboîtements dans le sens horizontal ; elles se fabriquent entièrement à la filière, ce qui les rend économiques. Mais elles exigent une pente de 0 m 60 à 1 m 00 par mètre ; elles pèsent 2 kil. 500 la pièce, et il en faut 17 au mètre carré.

13. Raccords dans les couvertures en tuiles. — *1° Égouts. L'égout* est la rive horizontale inférieure d'une couverture en tuiles.

L'*égout simple* ne s'emploie qu'avec un chéneau ; une bande de zinc, placée sous le dernier rang de tuiles lorsque ce sont des tuiles plates, reçoit l'eau qui passe par les joints de ces tuiles et la conduit au chéneau ; les tuiles de ce dernier rang sont soutenues par une latte plus épaisse, appelée *chanlatte*, de manière qu'elles aient la même pente que les autres.

Lorsqu'on termine l'*égout* par deux rangs superposés de tuiles, avec joints croisés, on dit qu'il est de *deux pièces* : le rang supérieur s'appelle *doublis*, le rang inférieur est scellé à bain de plâtre sur sa surface de contact avec le mur ; le doublis n'est scellé qu'en tête : on l'exécute souvent en tuiles un peu courbes pour faciliter l'aérage entre les deux rangs.

Lorsqu'on veut donner à l'*égout* une saillie un peu forte sur le mur, on le fait de *trois pièces* : les trois rangs de tuiles sont à joints croisés et scellés au plâtre sur le mur, celui du dessous en plein, les deux autres en tête seulement.

L'*égout retroussé* comporte l'emploi d'un petit *coyau*, cloué d'un bout sur la partie basse du *chevron*, et posé de l'autre sur une double rangée de tuiles, scellées sur la corniche.

L'*égout pendant* s'emploie quand les chevrons dépassent le parement extérieur du mur, et sur leur extrémité on cloue une chanlatte qui relie l'écartement des chevrons, et sur laquelle s'appuient les deux rangs de tuiles formant l'égout de deux pièces.

Dans tous les combles à égout pendant, on doit avoir soin de placer, soit au-dessus, soit au-dessous des chevrons, un voligeage jointif empêchant le vent de soulever les tuiles de toute la partie saillante.

L'égout des couvertures en tuiles mécaniques se fait à un seul rang dépassant de 5 à 10 centimètres le parement du mur à protéger ; la dernière tuile est soutenue par une chanlatte, qui permet de lui donner la même pente qu'au reste de la toiture.

2° *Faîtages.* Les *faîtages*, sur les combles recouverts en tuiles plates, se font au moyen de tuiles ayant la forme d'un demi-cylindre, nommées *faîtières* (fig. 15, pl. LXIV). On les pose à cheval sur la rencontre des deux versants, et on les scelle sur plâtre et tuileaux, en les espaçant de $0^{m}05$ environ. Cet intervalle se remplit de plâtre, que l'on fait monter à environ $0^{m}05$ au-dessus du faîtage, en ayant soin que les extrémités des faîtières soient bien couvertes de plâtre. Ces joints saillants se nomment *crêtes*. Le filet en plâtre, qui réunit les faîtières aux tuiles, se nomme *embarrure*.

On emploie souvent, maintenant, les *faîtières à emboîtement*, qui sont munies d'un bourrelet creux qui recouvre une petite saillie ménagée sur le pourtour de la tuile voisine, et les *faîtières à recouvrement*, dont le boudin est plat. Le recouvrement est de 4 à 5 centimètres (fig. 16 et 17, pl. LXIV).

Pour la tuile mécanique, les faîtages s'établissent de la même manière, mais les faîtières portent sur leurs bords inférieurs les échancrures convenables pour qu'on puisse y faire passer les saillies des joints des tuiles (fig. 18, pl. LXIV).

La maison Muller, d'Ivry, a établi un modèle de *faîtière-chemin* (fig. 19, pl. LXIV), dont la face supérieure est plane et quadrillée, et forme un chemin de $0^{m}25$ de large, permettant de circuler facilement sur les toitures ; cette faîtière a été appliquée à des sheds, et on la pose sur un massif en mortier de ciment.

La même maison fournit de nombreux modèles de faîtages ornés en terre cuite; l'ornement courant le long de la faîtière s'appelle une *crête*; dans certains cas, il est rapporté sur la faîtière, mais il vaut mieux qu'il fasse corps avec elle (fig. 20, pl. LXIV).

3° Arêtiers. Les arêtiers des couvertures en tuiles plates se faisaient autrefois en plâtre; on arrêtait toutes les tuiles par un *tranchis biais*, à quelques centimètres de l'arête, et on posait ces dernières tuiles au plâtre; leur intervalle était ensuite garni de plâtre formant un gros bourrelet.

On se sert aujourd'hui de tuiles spéciales analogues aux faîtières, et qu'on nomme *arêtiers*; ils sont simples ou à emboîtement, ou à recouvrement; on peut les clouer, dans certains cas, sur le chevron d'arêtier (fig. 24, pl. LXIV).

La pièce qui termine l'arêtier à la partie inférieure porte le plus souvent un ornement pour la fermer à son extrémité (fig. 24, pl. LXIV).

Les arêtiers s'exécutent de la même manière dans les couvertures en tuiles mécaniques.

4° Noues. Autrefois, on exécutait les noues dans les combles en tuiles plates, au moyen de certaines tuiles choisies, un peu creuses, que l'on calait sur un bain de mortier, placé lui-même sur un voligeage plein. Aujourd'hui, on les exécute absolument de la même manière que pour l'ardoise, comme nous le verrons plus loin.

5° Ruellées. Garnitures de rives. Lorsque les pans d'une toiture se prolongent jusqu'à un pignon, les surfaces des tuiles plates sont arrêtées par un *tranchis*; les dernières tuiles sont alors un peu relevées, de manière à éloigner l'eau de la rive, et scellées au plâtre; on forme sur le bord un bourrelet de plâtre qui vient les recouvrir. L'ensemble ainsi constitué s'appelle une *ruellée*.

On peut remplacer la ruellée en plâtre par des tuiles spéciales, comme on le fait toujours dans les couvertures en tuiles mécaniques. Ces tuiles, dites *tuiles de rives*, présentent une joue verticale qui redescend parallèlement au parement du pignon, et qui cache le chevron de rive (fig. 25, pl. LXIV).

Ce dernier chevron ne se fixe qu'au moment de poser les rives, afin qu'on n'ait pas besoin d'entailler les tuiles; la dernière tuile de rive, appelée *tuile d'about*, a une forme spéciale; il en est de même de la tuile fermant l'angle supérieur du pignon, et qu'on nomme *antéfixe*.

On forme quelquefois la rive par un dernier rang de tuiles ordinaires, dont quelques-unes sont à attaches, et on garnit le chevron de rive avec une planche découpée, à la demande, en *crémaillère* (fig. 26, pl. LXIV).

La maison Muller, qui exécute tous ces modèles, fait aussi des *garnitures de rives* indépendantes; le dernier rang de tuiles est alors formé de *tuiles cornières*, dont la rive est garnie d'une bande relevée, et on y accroche la garniture de rive, qu'on fixe de plus sur le chevron par des vis (fig. 27, pl. LXIV) On peut éviter l'emploi de la tuile cornière et se servir, même pour le dernier rang, de tuiles de déchet, en ayant soin de garnir de mortier l'intervalle entre la garniture de rive et cette tuile (fig. 28, pl. LXIV).

La maison Muller a exécuté un grand nombre de modèles de garnitures de rives richement décorées, pour répondre à tous les besoins; nous donnons (fig. 29, pl. LXIV) le dessin d'une de ces garnitures terminant un comble, dont les eaux sont recueillies par un chéneau; ce dernier est caché par la pièce d'about de la garniture.

6° Solins. Raccords avec les souches ou les châssis. Lorsqu'un pan de couverture en tuiles plates se termine contre un mur ou contre la paroi latérale d'une souche, on opère comme nous l'avons dit pour les ruellées; on tranche les dernières tuiles, on leur donne un peu de dévers du côté du toit, et on les fixe au plâtre; on les recouvre d'un bourrelet de plâtre formant garnissage entre le mur et le toit, et qu'on nomme *solin*; il faut avoir soin de piquer le parement du mur pour que le solin y adhère bien.

En arrière des souches, on doit prendre une disposition particulière; on volige les portions de chevrons voisines sur toute la largeur de la souche, et sur 0^{m} 35 environ de chaque côté; on établit sur ce voligeage une feuille de zinc ou de plomb de la même largeur, et remontant sous les derniers rangs de tuiles sur une longueur de 0^{m} 40 à 0^{m} 50; elle se relève contre la paroi de la souche sur 0^{m} 15 à 0^{m} 25 de hauteur, et forme ce qu'on nomme un *dossier* ou un *derrière* en zinc ou en plomb. On a soin de donner un bombement au milieu de la feuille pour rejeter les eaux à droite et à gauche. Enfin, une *bande de solin*, établie comme nous le verrons à propos des couvertures en zinc, recouvre le joint entre la souche et le dossier.

Pour établir un *châssis à tabatière*, sur un toit en tuiles plates, on fait un *tranchis* dans la tuile en ayant soin de sceller au plâtre, en les relevant un peu, toutes les pièces qui forment le pourtour de la baie; on place ensuite le châssis. Celui-ci se compose de deux cadres : l'un, fixe, se scelle ou se cloue sur la toiture; l'autre est mobile, et articulé sur le premier. Le cadre fixe est muni d'un *jet d'eau* qui rejette les eaux au dehors; à sa partie supérieure, on établit un *dossier*, formé d'une feuille de plomb engagée assez haut sous les tuiles, et qui se relève en formant une petite noue, pour se rabattre ensuite sur la face supérieure du châssis fixe.

Les mêmes précautions sont à observer dans les couvertures en tuiles mécaniques.

Les usines ont cherché à construire des pièces spéciales nécessaires pour la ventilation, pour les passages de tuyaux, etc., et se raccordant avec les tuiles ordinaires; nous donnons par exemple des types établis par la maison Muller pour *chattières* et *passage de tuyaux* (fig. 30 et 31, pl. LXIV) de différentes dimensions; la même maison a construit des *tuiles vitrées* permettant de donner tel éclairage qu'on veut à un comble ; ces tuiles comportent un cadre avec feuillure dans lequel on glisse une vitre (fig. 32, pl. LXIV) ; elles ont les dimensions voulues pour pouvoir s'intercaler dans les tuiles ordinaires.

Les tuileries font fabriquer à Saint-Gobain des *tuiles de verre* identiques à leurs tuiles en terre cuite, et qui sont destinées au même usage ; elles sont moins solides que les tuiles en terre cuite, très glissantes, et par suite peuvent causer des accidents lorsqu'on a besoin de marcher sur les couvertures ; de plus, leur prix est assez élevé.

M. E. Muller a établi un modèle de tuile comportant son châssis ouvrant à tabatière (fig. 33, pl. LXIV) ; il est le premier qui ait fait établir des modèles de *châssis métalliques* en tôle galvanisée dont le cadre fixe présente la forme et les dimensions voulues pour s'adapter aux tuiles à emboîtement de la couverture, en prenant la place d'un nombre exact de ces tuiles (fig. 34, pl. LXIV).

Presque toutes les tuileries ont maintenant suivi cet exemple.

Enfin on trouve encore des modèles de tuiles spéciales pour *marches*, destinées à constituer les escaliers des rampants de combles (fig. 35, pl. LXIV), et des toiles spéciales présentant le passage pour les montants des mains courantes de ces escaliers ; on peut les exécuter en fonte mince.

§ 3. — COUVERTURES EN ARDOISES

14. Les ardoises. — L'*ardoise* est une pierre schisteuse, employée à la couverture des constructions à cause de sa ténacité, de sa résistance et de la facilité avec laquelle elle se laisse diviser en feuilles. L'ardoise est plus légère, plus facile à travailler, d'une surface plus unie, plus brillante que la tuile ; mais elle est généralement moins durable, elle éclate au feu, et elle ne présente pas assez de solidité pour que les ouvriers employés aux réparations puissent marcher sur les toits sans la briser. Elle est susceptible d'absorber l'humidité par porosité. Le vent a plus d'action sur elles que sur la tuile, la pluie remonte plus facilement par l'effet de la capillarité dans ses joints serrés ; le contact prolongé de l'humidité lui est plus nuisible.

Les deux grands centres de production de l'ardoise en France sont Angers et les Ardennes. Angers fournit : la première carrée ou grand modèle, les ardoises carrées dites carrées fortes et carrées fines, la troisième carrée, la quatrième carrée ou cartelette, les ardoises non échantillonnées, l'écaille et les modèles anglais. Les ardoises des Ardennes comprennent les grandes carrées, Saint-Louis, Barras et démêlées. Nous donnons leurs dimensions et quelques renseignements sur chacune d'elles dans le tableau ci-après Les ardoises des Ardennes sont moins perméables que celles

DÉNOMINATION des ARDOISES D'ANGERS		DIMENSIONS EN MILLIMÈTRES Hauteur	Largeur	Épaisseurs approximatives	POIDS MOYENS APPROXIMATIFS des 1.000 ardoises	PUREAUX, ou partie visible de chaque ardoise sur le toit : pour les ardoises ordinaires au recouvrement du 1/3 de la hauteur, pour les modèles anglais, au recouvrement uniforme de 0^{m}08.	NOMBRE D'ARDOISES entrant dans un mètre carré de couverture aux pureaux ci-contre	NOMBRE DE MÈTRES CARRÉS DE couverture par 1.000 d'ardoises
Ardoises ordinaires	1re carrée, grand modèle....	0.324 ×	0.222	0.0027 à 0.0035	520k.	0.11	41 ard^{ses}	24.42
	— 1/2 forte.........	0.297 ×	0.216	0.0027 à 0.0030	410	0.10	47	21.60
	— forte............	0.297 ×	0.216	0.0028 à 0.0040	540	0.10	47	21.60
	2e carrée, —	0.297 ×	0.195	0.0027 à 0.0035	410	0.10	52	19.50
	Grande moyenne. forte.....	0.297 ×	0.180	0.0027 à 0.0035	380	0.10	55	18.00
	Petite moyenne, —	0.297 ×	0.162	0.0027 à 0.0035	330	0.10	62	16.20
	Moyenne..................	0.270 ×	0.180	0.0027 à 0.0035	355	0.09	61	16,40
	Flamande n° 1............	0.270 ×	0.162	0.0027 à 0.0035	320	0.09	69	14.58
	— n° 2	0.270 ×	0.150	0.0027 à 0.0035	300	0.09	74	13.50
	3e carrée n° 1............	0.243 ×	0.180	0.0027 à 0.0035	310	0.08	68	14.84
	— n° 2............	0.243 ×	0.150	0.0027 à 0.0035	265	0.08	82	12.00
	4e carrée ou cartelette n° 1.	0.216 ×	0.162	0.0027 à 0.0035	260	0.07	88	11.34
	— — n° 2.	0.216 ×	0.122	0.0035 à 0.0040	200	0.07	117	8,54
	— — n° 3.	0.216 ×	0.095	0.0027 à 0.0040	150	0.07	150	6.65
	Ardoises non échantillonnées — Poil taché......	0.297 × au moins	0.168 au moins	0.0027 à 0.0040	400	0.07 en moy.	70 en moy.	15.12
	Ardoises non échantillonnées — Poil roux......	0.270 × au moins	0.141 au moins	0.0027 à 0.0040	300	0.09 —	80 —	12.50
	Ardoises non échantillonnées — Grand poil roux.	0.297 × au moins	0.168 au moins	0.0027 à 0.0040	500	0.09 —	70 —	14 moy.
	Ardoises non échantillonnées — Héridelle.......	0.380 × au moins	0.108 au moins	0.0027 à 0.0040	480	variable	....	......
Ardoises taillées à la mécanique	Grande écaille..	0.296 ×	0.198	0.0028 à 0.0040	500	0.10	50	20.00
	Petite écaille...	0.230 ×	0.132	0.0027 à 0.0035	240	0.08	94	10.63
	Ardoise découpée	0.300 ×	0.170	0.0027 à 0.0035	300	0.10	60	17.00
Modèles anglais	N°s 1.....................	0.640 ×	0.360	0.0045 à 0.0060	3.100	0.280^{mm}	9 ard^{ses} 92	100.20
	2..	0.608 ×	0.360	0.0045 à 0.0060	2.900	0.265	10 48	95.41
	3.....................	0.608 ×	0.304	0.0045 à 0.0060	2.450	0.265	12 40	80.64
	4........	0.558 ×	0.279	0.0045 à 0.0060	2.020	0.240	14 92	67.02
	5.....................	0.508 ×	0.254	0.0038 à 0.0050	1.460	0.215	18 31	54.61
	6.....................	0.458 ×	0.254	0.0038 à 0.0050	1.330	0.190	20 70	48.30
	7.....................	0.406 ×	0.203	0.0038 à 0.0050	860	0.165	29 85	33,50
	8.....................	0.355 ×	0.203	0.0038 à 0.0050	710	0.140	35 21	28.40
	9.....................	0.355 ×	0.177	0.0038 à 0.0050	630	0.140	40 32	24,80
	10........	0.305 ×	0.165	0.0038 à 0.0050	470	0.115	52 63	19.00
	11....................	0.360 ×	0.254	0.0038 à 0.0050	960	0.140	28 12	35.56
	12....................	0.304 ×	0.203	0.0038 à 0.0050	620	0.115	42 83	23.34
CARRÉES	N°s 1.....................	0.304 ×	0.304	0.0038 à 0.0050	950	variable	....	......
	2.....................	0.330 ×	0.330	0.0038 à 0.0050	1.200	—	....	......
	3.....................	0.360 ×	0.360	0.0038 à 0.0050	1.400	—	....	......

d'Angers. Leur durée peut aller jusqu'à 100 ans, tandis que celles d'Angers ont une durée maximum de 20 à 25 ans.

Les ardoises doivent être employées le plus épais possible. M. Blavier a calculé qu'une ardoise de 1 millimètre s'écrase sous la charge de 8 kil., tandis qu'une ardoise de 2 millimètres ne rompt que sous la charge de 35 kil.

Les principaux gisements sont caractérisés par les colorations suivantes :

Gris bleuâtre	Angers (Maine-et-Loire).
— plus clair	Chattemone (Mayenne).
— plus foncé	Renazé (Mayenne), Portlaunay (Finistère).
Gris verdâtre clair	Rimogne, Deville et Monthermé (Ardennes).
Bleu foncé	Fumay (Sainte-Barbe), Haybes, Rimogne (Ardennes).
Violet	Fumay (Sainte-Barbe), Haybes, de Moulin-Sainte-Anne (Ardennes).

M. Chabat, dans son dictionnaire, indique plusieurs méthodes pour reconnaître rapidement la qualité d'une ardoise :

1° On fait tremper le feuillet dans l'eau pendant une journée jusqu'à 1 centimètre de son bord. Si l'eau par suite de la capillarité ne gagne pas un centimètre en plus, l'ardoise est jugée bonne. Elle serait d'autant plus mauvaise, au contraire, que l'eau s'élèverait davantage.

2° On pèse une ardoise, on la plonge dans l'eau pendant une heure, on la retire et on la pèse de nouveau ; l'ardoise sera d'autant plus spongieuse, c'est-à-dire de mauvaise qualité, que le poids de l'eau absorbée sera plus considérable.

3° On forme un petit bassin ou auget en bordant l'ardoise avec de la cire, on y verse de l'eau qu'on laisse séjourner ainsi pendant quelques jours. L'ardoise est bonne si au bout de ce laps de temps l'eau n'a pas pénétré.

15. Outils du couvreur. — Les couvreurs emploient pour tailler l'ardoise et la poser des outils spéciaux qui sont :

Le *marteau de couvreur* ou *essette*, qui présente d'un côté une tête pour enfoncer les clous, et de l'autre une pointe pour préparer les trous dans l'ardoise sans la casser ; le dessous de la panne du marteau est tranchant, pour permettre de couper l'ardoise. Les couvreurs emploient en outre à cet effet une *enclume* formée d'une sorte de T en fer dont la branche verticale est terminée par une pointe aiguë que l'on enfonce dans le voligeage pour la fixer ; le couvreur appuie l'ardoise sur la table supérieure du T pour la couper avec l'essette. Pour déposer les ardoises dans les travaux de réparations, l'ouvrier couvreur se sert d'un *tire-clous*, qui est une lame de fer mince pourvue sur les côtés de dents, comme la fiche du maçon, mais en sens inverse ; ces dents servent à saisir la tête des clous pour les arracher.

16. Exécution d'une couverture en ardoises ordinaires. — *1° Ardoises clouées.* Les ardoises sont ordinairement posées sur des *voliges* en peuplier ou en sapin, de 0 m 11 de largeur, 0 m 013 d'épaisseur et 2 m 00 de longueur, espacées de 0 m 04. Elles sont fixées sur la volige par deux clous en cuivre ou en fer galvanisé, placés le plus bas possible et de manière pourtant à ne pas pénétrer les ardoises du rang inférieur (fig. 1, pl. LXV). Les voliges absolument jointives ont l'inconvénient de se soulever et de se gauchir lorsque par accident un peu d'eau a pénétré sous les ardoises, de sorte qu'il est préférable de les espacer de 0 m 005 à 0 m 001 pour que si une volige gonfle par l'humidité, elle ne pousse pas sur les autres ; l'air circule alors mieux et permet à l'humidité de se sécher plus rapidement. Les ardoises se correspondent à deux rangs de distance, et se recouvrent de manière que l'eau passant par le joint entre deux ardoises trouve toujours une partie pleine pour la ramener en dehors. Le *recouvrement* est variable entre 0 m 07 et 0 m 11, suivant l'inclinaison donnée à la couverture ; la partie de l'ardoise qui reste visible s'appelle le *pureau*. La longueur d'une ardoise comprend donc le recouvrement, plus deux fois le pureau ; dans les ardoises ordinaires, on fait le recouvrement égal au pureau et par conséquent égal à un tiers de la longueur de l'ardoise.

On commence, comme pour les tuiles, par établir l'égout et la pièce qui le recouvre dans toute la longueur du bâtiment. Puis, au moyen d'un cordeau, enduit de blanc ou de rouge, on trace une ligne sur l'ardoise, à 0 m 08 ou 0 m 11, selon le pureau choisi du bord inférieur. Cette ligne indique le bas de l'ardoise supérieure. A chaque rang, on renouvelle l'opération jusqu'à ce qu'on soit arrivé au faîtage. On ne saurait trop recommander d'apporter beaucoup de soin au tracé de ces lignes, car c'est de lui que dépend la régularité d'une couverture.

Avant de commencer la pose des ardoises, un triage soigneux doit être fait, afin que les plus épaisses soient placées dans le bas du comble, les moyennes vers le milieu du toit et les plus minces près du faîtage.

La pente minima des ardoises clouées est de 40°, et on peut aller jusqu'à des revêtements verticaux ; les pentes moindres que 40° donnent trop de prise au vent qui tend à soulever les ardoises, et à les casser à cause de leur faible résistance à la flexion. Les couvertures établies sous de forte pentes ont l'avantage de sécher rapidement dès que la pluie cesse de tomber, ce qui est favorable à leur conservation.

Les couvertures en ardoises sont d'un aspect agréable, surtout quand elles sont encadrées de bordures en plomb ; on peut les décorer et les enrichir de dessins variés soit en donnant aux extrémités des ardoises des formes diverses, telles que ogive, quart de rond, chanfrein, etc. (fig. 2, 3, 4, pl. LXV) ; soit en employant des ardoises de provenances et de couleurs différentes.

2° *Ardoises épaisses dites anglaises*. Ces ardoises sont bien plus résistantes que les ardoises ordinaires ; elles sont très régulières de fabrication. On peut les poser avec clous à partir d'une pente de 35° ; elles se recouvrent mieux que les ardoises ordinaires et s'opposent mieux au passage du vent, de la pluie ou de la neige. L'excédant de leur prix est amplement compensé par la valeur et la durée qu'elles assurent aux couvertures. Avec des pentes un peu fortes, elles n'exigent pour ainsi dire aucune réparation pendant un certain nombre d'années.

On les pose sur des *lattes chanfreinées* ou sur des *voliges chanlattées* en sapin du Nord, de 0 m 08 de largeur, et auxquelles on donne les épaisseurs suivantes :

de 0 m 03	et 0 m 02	pour les numéros	1, 2 et 3
de 0 m 025	et 0 m 015	»	4 et 5
de 0 m 020	et 0 m 015	»	6 à 12

Les voliges sont clouées par deux pointes sur chaque chevron ; les ardoises sont placées avec un recouvrement de 0 m 08 pour les toitures dont la pente est supérieure à 40°, et de 0 m 10 à 0 m 12 quand la pente est moindre ; le pureau est égal alors à la moitié de la hauteur de l'ardoise, dont on a déduit le recouvrement ; l'écartement des voliges est pris égal au pureau, et l'ardoise est fixée sur elles par deux clous en cuivre, de 0 m 035 à 0 m 025 de long, suivant les numéros ; on les place soit en tête de l'ardoise, soit au milieu, ce qui est préférable (fig. 5, pl. LXV). Le couvreur doit faire à l'avance le triage par épaisseurs comme pour les ardoises ordinaires.

On choisira les numéros élevés pour les toitures présentant de grandes surfaces, et pour les couvertures économiques dans les pays où l'ardoise est bon marché ; on emploiera les numéros inférieurs lorqu'on voudra faire une couverture solide, dans les cas où l'ardoise ordinaire pourrait convenir.

3° *Ardoises posées avec crochets*. Un des plus grands inconvénients de l'ardoise est la difficulté des réparations. Quand une ardoise est brisée et qu'il faut la remplacer, l'ouvrier ne peut la reclouer comme l'était l'ancienne, puisque l'endroit où se trouvaient les clous est recouvert des deux rangs d'ardoises supérieures. L'ouvrier est alors obligé d'arracher un clou à chacune des deux ardoises qui sont au-dessus. On les fait pivoter sur leur dernier clou, l'une à droite et l'autre à gauche, de façon à découvrir presque entièrement la place de l'ardoise à remplacer. Une fois la nouvelle ardoise posée et fixée par un seul clou, on ramène en place les deux ardoises du dessus. On peut donc voir que pour une seule ardoise abîmée, trois ardoises ont été remuées et ne sont plus chacune maintenues que par un seul clou au lieu de deux.

On a cherché à remédier à cet inconvénient en fixant les ardoises non plus avec des clous, mais avec des *crochets* qui maintiennent l'ardoise par sa partie inférieure et en permettent le remplacement beaucoup plus facile.

Dans le système *Hugla*, le crochet est formé d'une tige en fer plat galvanisé qui se cloue sur le lattis ; il est pourvu d'une petite plaque transversale qui s'appuie sur les ardoises déjà fixées et se loge sous l'ardoise que le crochet soutient (fig. 6, pl. LXV). Le crochet du système *Fourgeau* est en fil de cuivre de 0 m 003 de diamètre, formant crochet à sa partie supérieure et pourvu à sa partie supérieure d'une pointe qu'on entre dans la volige chanlattée ; le crochet inférieur forme ressort. On a perfectionné ce système en terminant le crochet à sa partie supérieure par un grand crochet qui embrasse la volige au lieu de s'y clouer ; on réserve les crochets de la forme primitive pour ceux qui sont placés au-dessus d'un chevron et qu'on nomme alors *passe-chevrons*. Les mêmes crochets peuvent servir à fixer les ardoises sur un lattis en fer (fig. 7, pl. LXV).

On a modifié la forme des crochets de bien des manières ; dans le système *Chevreau*, qui est un des plus recommandables, la tête du crochet qui embrasse la latte porte une boucle formant ressort, et qui donne une meilleure adhérence, en même temps qu'un petit retour de l'extrémité du fil de cuivre forme arrêt pour empêcher le crochet de remonter (fig. 8, pl. LXV).

4° *Grandes ardoises sans lattis.* On peut exécuter avec les grandes ardoises anglaises des couvertures économiques lorsqu'on n'a pas besoin d'une étanchéité parfaite, en supprimant toutes les doubles épaisseurs qui ne sont pas indispensables ; on espace alors les chevrons de 0 m 50 à 0 m 55, suivant les modèles, et on y fixe directement les attaches, en supprimant le lattis ; on donne aux ardoises un recouvrement de 0 m 08 en tous sens ; dans une même bande horizontale, les ardoises de rang pair sont posées directement sur les chevrons, les ardoises de rang impair sont fixées par-dessus les premières ; dans la bande horizontale suivante, la disposition est la même, de sorte que deux ardoises sont toujours séparées par un vide d'une épaisseur égale à celle d'une ardoise, excepté suivant les joints montants où elles se touchent.

17. Raccords dans les couvertures en ardoises. — 1° *Égouts. L'égout* ne se fait pas à moins *de deux pièces*, qui sont calées par une *chanlatte* clouée sur la rive du voligeage, et destinée à leur donner la même pente qu'au reste de la couverture ; il n'est pas bon de sceller ces deux dernières ardoises au plâtre, qui garde l'humidité ; il vaut mieux les clouer. On obtient un égout plus résistant et plus étanche en le faisant de *trois pièces*. Dans les deux cas, il faut voliger d'une façon jointive la partie de couverture qui fait saillie sur bâtiment.

Lorsque l'égout doit se raccorder avec un chéneau, on fait la liaison à l'aide d'une bande de zinc appelée *bande de batellement*, qui est posée sur le voligeage et monte sous les ardoises d'une hauteur convenable pour que le dernier rang d'ardoises ne la dépasse par le haut que de la largeur d'un recouvrement ; cette bande descend au-dessus de la rive du chéneau, comme nous l'indiquerons à propos de la construction de cet organe. On peut faire un *doublis* analogue à l'égout de deux pièces au lieu du dernier rang d'ardoises simples.

2° *Faîtages*. Pour des toitures économiques de bâtiments, ruraux, on peut exécuter le faîtage de la même manière que dans les couvertures en tuiles, mais l'aspect du mélange d'ardoise et de terre cuite est peu agréable.

Dans les couvertures soignées, on fait le *faîtage en zinc* ou en *plomb* ; on volige plein une largeur de 0 m 50 sur chaque égout, à partir de la ligne de faîte ; on recouvre celle-ci d'un fort *tasseau* en bois. Le dernier rang d'ardoises monte jusqu'à environ 0 m 11 du tasseau ; on le recouvre par une bande de plomb partant du tasseau où elle est clouée en tête ; sa rive inférieure est ourlée et retenue tous les 0 m 35 à 0 m 40 par des agrafes en cuivre rabattues sur l'ourlet ; la bande ne laisse à découvert que le pureau de la dernière rangée d'ardoises ; elle est formée de bouts de 1 m 00 de long qui se recouvrent de 0 m 08 à 0 m 10. Sur cette bande, on en ajoute une seconde en zinc qui remonte le long du tasseau et y est clouée en tête ; elle se termine par un ourlet retenu de distance en distance par des pattes ; un *couvre-joint en zinc* recouvre le tasseau, comme dans une couverture en zinc. Dans les couvertures en ardoises fixées par des crochets, la feuille de plomb peut être également soutenue par une file de crochets convenablement espacés.

Les faîtages des couvertures en ardoises sont quelquefois décorés par une moulure saillante surmontée d'une *crête* découpée amortie à ses extrémités par des *épis*. Ces ornements sont en zinc, en fonte ou mieux en plomb repoussé.

3° *Arêtiers*. Les arêtiers peuvent être montés en *tranchis biais* apparent, c'est-à-dire au moyen d'ardoises limitées à l'arête de la toiture, en ayant soin que celles d'un côté de l'arête recouvrent complètement l'épaisseur de celles de l'autre côté, soit d'une manière continue, soit par assises alternatives ; on est conduit, par suite de l'insuffisance de dimensions des ardoises ordinaires, à limiter celles qui forment l'arêtier entre deux joints obliques dont l'un est l'arête ; pour établir une transition agréable à l'œil entre cette ardoise d'arêtier et les ardoises courantes, et assurer en même temps l'étanchéité des joints obliques, on interpose, entre l'*arêtier* et la première ardoise courante, plusieurs autres ardoises, dites *approches* et *contre-approches*, dont les joints sont de plus en plus rapprochés de la ligne de la plus grande pente. Cette disposition entraîne beaucoup de main-d'œuvre et de déchet.

On préfère remplacer toutes les ardoises d'arêtier par des *noquets* métalliques le plus souvent en zinc, qu'on appelle *noquets d'arêtiers*, et qui se raccordent avec les ardoises de chaque pan ; les noquets des deux pans peuvent être agrafés ; ou bien on les relève le long d'un tasseau d'arêtier qu'on recouvre d'un couvre-joint métallique ; on éprouve toujours les mêmes difficultés que dans le cas précédent, pour l'arrangement des ardoises des rives (fig. 9 et 10, pl. LXV).

On arrive à une régularité parfaite de cet arrangement en remplaçant les noquets par des bandes continues en zinc, de 0^{m} 10 à 0^{m} 15 de largeur, ourlées sur leur bord et retenues le long du tasseau d'arêtier par des pattes d'agrafe en cuivre, espacées de 0^{m} 40 à 0^{m} 50 et repliées sur l'ourlet. Ces bandes sont par bouts de 1^{m} 00 de longueur, se recouvrant de 0^{m} 08 à 0^{m} 10 ; elles forment ce qu'on appelle une *bavette*.

Dans les *combles Mansard* dont le *bris* est couvert en ardoises, sa jonction avec le *membron* se fait par l'intermédiaire d'une bande de plomb recouvrant les ardoises et qu'on recouvre elle-même d'une bande de zinc qui se raccorde par une crossette avec l'arêtier de même métal ; la bande de plomb peut être simplement clouée sur le voligeage, ou retenue par des pattes en cuivre, ou par les crochets des ardoises. Nous verrons à propos des couvertures en zinc comment se dispose le membron.

4° Noues. Les noues dans les couvertures en ardoises s'exécutent presque entièrement en métal, comme dans la couverture en zinc ; les ardoises sont posées des deux côtés, comme à l'ordinaire, et tranchées bien en ligne droite, suivant les bords de la noue ; on enlève tous les morceaux trop petits, et on remplace les ardoises contiguës par de plus grandes, de manière qu'elles comprennent la partie supprimée.

5° Ruellées. On faisait autrefois les ruellées comme dans les couvertures en tuiles plates, en scellant au plâtre les ardoises du bord de la ruellée ; on préfère aujourd'hui les ruellées métalliques. On s'arrange pour n'avoir sur la rive que des ardoises entières ou des demi-ardoises, ce qu'on obtient en rétrécissant un peu les ardoises des derniers rangs ; on remplace toutes les demi-ardoises par des plaques de zinc de même forme et qui se relèvent verticalement au droit de la rive, sur 0^{m} 04 à 0^{m} 06 de saillie ; on les appelle des *noquets* ; leurs reliefs forment le long de la rive une saillie continue que l'on recouvre par l'ourlet d'une bande verticale en zinc, qui forme larmier par le bas, grâce à un autre ourlet, et qui se fixe par l'intermédiaire de pattes clouées au chevron de rive (fig. 11, pl. LXV). On peut encore placer le long de la rive un tasseau en bois contre lequel se placent les saillies verticales des noquets et de la bande de rive, et qu'on recouvre par un couvre-joint en zinc (fig. 12, pl. LXV).

6° Solins. Raccords avec les souches et les châssis. Lorsqu'un pan de toiture en ardoises vient buter contre un mur suivant une ligne de pente du toit, le raccord se fait au moyen de *noquets* disposés comme pour les ruellées, mais avec une saillie verticale plus accentuée ; on les recouvre par une bande de zinc, scellée à sa partie haute, de 0^{m} 02 à 0^{m} 03 dans le mur, et qu'on nomme *bande de solin* ; on la recouvre d'un bourrelet de mortier pour la protéger à l'endroit du scellement (fig. 13, pl. LXV).

Pour faire le raccord à la partie supérieure d'une souche de cheminée, on opère comme dans la couverture en tuiles.

Autour d'un *châssis à tabatière*, on établit une couverture en zinc débordant le châssis de 0 m 25 à 0 m 30 et le recouvrant; sur les parties latérales de la bande de zinc, on forme une pièce extérieure destinée à retenir l'eau, et sur laquelle viennent s'appuyer les ardoises dont la rive est régularisée par un tranchis; à la partie inférieure, c'est au contraire la bande de zinc qui recouvre les ardoises; elle est retenue par des pattes ou par de simples crochets à ardoises. A la partie haute, la couverture métallique s'engage sous les ardoises en même temps qu'une bande de plomb qui recouvre la partie ouvrante du châssis pour garantir le joint de la charnière contre l'infiltration de l'eau, et à laquelle on donne de 2 à 3 millimètres d'épaisseur.

On peut encore disposer de chaque côté du châssis un tasseau longitudinal contre lequel on relève le bord de la couverture de zinc qui entoure le châssis; le long de la rive extérieure du tasseau, on dispose les noquets en zinc comme s'il s'agissait d'une bordure de rive, et on recouvre le tout par un couvre-joint en zinc.

Autour des *chattières*, qui se font alors en zinc, on forme d'une manière analogue une couverture triangulaire en zinc.

7° *Crochets de service*. Les ardoises sont trop faibles pour qu'on puisse y marcher; leurs pentes sont souvent très raides; quand les toits ont un grand développement, on ménage des chemins d'accès pour les ouvriers chargés des réparations, notamment pour les fumistes : les chénaux, les noues, les faîtages sont souvent utilisés pour cela : on pratique aussi des *escaliers* de distance en distance; enfin on place des *crochets* pour appliquer des échelles et soutenir des échafaudages. Ces crochets doivent être faits en bon fer rond, au bois, de 0 m 020 à 0 m 022, et fixés sur les chevrons avec des boulons de 0 m 014 de diamètre; à cet effet, on aplatit la branche qui se fixe sur le chevron et on la termine par un talon; le tout est galvanisé. Le crochet porte sur une feuille de zinc qui se raccorde avec les ardoises à la façon des noquets, et il est recouvert par une feuille de plomb qui protège les boulons et se raccorde de même avec les ardoises (fig. 14, pl. LXV).

On établit ces crochets en lignes espacées de 1 m 50 à 2 m 00 et on les écarte de 3 à 4 m 00 dans chaque ligne; souvent on les répartit en quinconces.

§. 4. — COUVERTURE EN ZINC

18. Le zinc. — 1° *Propriétés physiques et chimiques de zinc*. Le *zinc* est un métal d'un blanc bleuâtre qui possède une odeur et une saveur particulières. Sa texture est lamelleuse, il se gerce sous le marteau; mais quand il a été chauffé à un peu plus de

100° il devient malléable et ductile, et peut se réduire en feuilles minces ou s'étirer en fils très déliés. Il offre alors cette particularité qu'au delà de cette température il perd sa malléabilité, et à 200° devient très cassant. Il fond à 374° ; chauffé au rouge blanc, il se combine souvent avec l'oxygène de l'air et brûle avec une flamme d'un blanc jaune en répandant dans l'air des flocons d'oxyde blanc employé dans la peinture.

Ce métal est peu tenace, mais il est moins mou que le plomb et l'étain.

La pesanteur du zinc fondu est 6 kil. 86, celle du zinc laminé atteint 7 kil. 20.

La *calamine* et la *blende* sont les deux minerais principaux du zinc ; le premier est un carbonate de zinc mêlé de silicate de zinc, peu ou très chargé de fer et renfermant de 40 à 60 0/0 d'oxyde zinc. La *blende* est un sulfure de zinc mêlé à d'autres sulfures et qui renferme 45 à 60 0/0 de zinc métallique.

Les usages du zinc sont assez nombreux ; on l'emploie dans les constructions, laminé en feuilles minces, pour former des couvertures et divers objets, tels que chéneaux, tuyaux de descente, cuvettes, etc. On en fait aussi des baignoires, des vases de toute espèce. On fabrique aussi avec le zinc des ornements ainsi que des clous, des vis à bois et divers objets de serrurerie qui peuvent remplacer des objets analogues en cuivre. On s'en sert encore pour galvaniser le fer, c'est-à-dire le recouvrir d'une couche mince de zinc qui le préserve de la rouille.

L'application du zinc aux toitures a donné lieu à un très grand nombre de brevets ; on l'a employé sous forme de tuiles, de feuilles soudées de grandes dimensions. L'expérience a prononcé sur la plupart de ces combinaisons, et le système des couvertures à tasseaux est à peu près seul en usage aujourd'hui. Nous nous attacherons principalement à le décrire, mais nous devons d'abord rappeler les propriétés essentielle du métal, qu'il importe de ne jamais perdre de vue dans son emploi.

Le zinc se dilate beaucoup quand la température s'élève ; pour une variation de 50°, sa dilatation linéaire irait jusqu'à 0^{m} 015 : elle serait un peu moins grande dans le sens perpendiculaire au laminage : de là des difficultés particulières pour la pose et l'assemblage des feuilles.

Le zinc à froid est peu malléable ; il le devient beaucoup entre 120 et 150° ; on profite de cette propriété pour le laminer, le marteler, l'estamper et lui donner les formes les plus diverses ; mais si le métal a été travaillé en dehors de ces limites assez rapprochées de température, les molécules sont dans un état d'équilibre instable ; le zinc est aigre, cassant, tend à se gondoler et à se déchirer.

Le zinc est bon conducteur de la chaleur, c'est-à-dire qu'il est insuffisant par lui-même pour mettre l'intérieur des édifices à l'abri des variations de la température extérieure ; il ne protège que contre la pluie ; il donne lieu à des condensations intérieures de l'humidité atmosphérique, à des buées souvent très gênantes.

Exposé à l'air, il se recouvre d'une *patine* d'oxyde de zinc qui le préserve contre toute altération ultérieure due au contact de l'atmosphère, mais qui ne suffit pas pour l'empêcher d'être attaqué et détruit au contact des eaux ménagères, du fer, du plâtre frais, du chêne humide et surtout non flotté. Dans ces deux dernières circonstances, il doit être isolé par une feuille de papier bitumé ou une couche de peinture. Il paraît établi par plusieurs exemples que les eaux recueillies sur les toitures en zinc tiennent en dissolution des sels vénéneux et ne doivent pas être employées pour les usages domestiques.

Les feuilles de zinc peuvent être soudées entre elles par le moyen suivant : la *soudure* est un alliage de 34 parties d'étain fin et de 66 de plomb ; les fers à souder sont en cuivre rouge. Les feuilles à réunir sont placées de manière à se recouvrir de quelques millimètres, ou *bout à bout*, c'est-à-dire juxtaposées, avec une bandelette de métal sous le joint. Les surfaces à souder sont préalablement imbibées, au pinceau, d'esprit de sel, qui n'est autre chose qu'une dissolution dans l'eau de gaz acide chlorhydrique. Son application a pour objet de décaper la surface métallique, d'enlever la couche d'oxyde qui s'opposerait à l'adhésion de la soudure ; le chlore se combine avec le zinc et forme un chlorure volatil, l'hydrogène s'empare de l'oxygène de l'oxyde métallique. Quand le zinc est bien décapé, l'ouvrier applique sur le bord de l'une des feuilles une targette de soudure et la met en contact avec le fer préalablement chauffé ; l'alliage en fusion, guidé par la pointe de l'outil, pénètre entre les deux feuilles et les unit en se refroidissant.

De ces propriétés dérivent les principes de l'art du couvreur en zinc : emploi du métal en feuilles de petite largeur pour éviter le gondolement dû aux dilatations inégales, mais de grande longueur, afin de diminuer le nombre des joints horizontaux, les plus difficiles à rendre bien étanches ; assemblages à dilatation libre, sans clous autant que possible ; usage de pattes d'attaches nombreuses, s'opposant efficacement à l'action du vent, sans gêner en rien les mouvements dus aux variations de température.

2° *Feuille de zinc du commerce.* Le zinc employé dans la construction est livré au commerce sous forme de feuilles désignées par des numéros correspondant à leur épaisseur, et qui sont adoptés par toutes les usines, nous donnons dans le tableau suivant les dimensions des feuilles employées le plus ordinairement dans la construction.

Les difficultés de laminage sur de si petites épaisseurs forcent à tolérer une différence de 250 grammes dans le poids de chaque feuille.

Les épaisseurs au-dessous du n° 10 sont employées pour le glaçage des papiers, pour la fabrication de menus objets appelés articles de Paris, pour des cribles et des tamis, etc. Les numéros 10 et 11 servent à la fabrication des lampes, des lanternes et généralement pour tout ce qui concerne la ferblanterie ; ils servent à faire les ornements estampés.

On commence à se servir du n° 12 pour les couvertures, les tuyaux de descente, etc. ; mais nous engageons les constructeurs à n'employer les n°s 12 et 13 que pour les constructions de peu de durée, les hangars, les recouvrements de saillie, corniches, enfin pour tout travail n'éprouvant qu'une légère fatigue. On les emploie à la fabrication des ustensiles de ménage, seaux, brocs, arrosoirs.

Le n° 14 est spécialement affecté à la couverture, aux tuyaux de descente, gouttières, chéneaux, etc. ; il donne à la couverture trente ans de durée au moins sans réparations.

Les n°s 15 et 16 sont utilisés pour la couverture des édifices, chéneaux, etc.

Les numéros supérieurs servent pour la fabrication des réservoirs à eau, des baignoires, des cuves à papeterie, à raffinerie, etc., à cause de la grande résistance et de la durée qu'offre leur épaisseur.

NUMÉROS DU ZINC	ÉPAISSEUR APPROXIMATIVE EN MILLIMÈTRES	POIDS MOYEN APPROXIMATIF D'UNE FEUILLE DES DIMENSIONS SUIVANTES — POUR TOITURES ET AUTRES EMPLOIS			POUR DOUBLAGE DE NAVIRES		POIDS MOYEN APPROXIMATIF AU MÈTRE CARRÉ
		2m00 × 0m80	2m00 × 0m65	2m00 × 0m50	1m30 × 0m40	1m15 × 0m35	
9	0.45	5k000	4k100	3k150	....	....	3k150
10	0.50	5.600	4.550	3.500	....	....	3.500
11	0.58	6.500	5.250	4.050	....	....	4.060
12	0.66	7.400	6.000	4.600	....	....	4.620
13	0.74	8.300	6.750	5.200	....	....	5.180
14	0.82	9.200	7.450	5.750	3.000	2.300	5.740
15	0.95	10.650	8.650	6.650	3.450	2.650	6.650
16	1.08	12.100	9.800	7.550	3.950	3.000	7.560
17	1.21	13.550	11.000	3.450	4.400	3.400	8.470
18	1.34	15.000	12.200	9.400	4.850	3.750	9.300
19	1.47	16.450	13.350	10.300	5.350	4.150	10.290
20	1.60	17.900	14.550	11.200	5.800	4.500	11.200
Surface de chaque feuille dans les diverses dimensions		1m60	1m30	1m00	0m52	0m4020	

19. Travail du zinc. Les outils du zingueur. — *A)* OUTILS DU ZINGUEUR. Les outils du zingueur sont les suivants :

1° L'*établi* planche de chêne de 0 m 28 environ de large, 2 m 20 de long et 0 m 05 d'épaisseur posée sur deux tréteaux, à 0 m 75 au-dessus du sol, et qui permet à l'ouvrier de poser et d'étaler les feuilles de zinc qu'il doit préparer ; elle est armée sur ses deux rives et de trois côtés par une bande de fer feuillard de 0 m 045 à 0 m 065 de largeur et de 0 m 011 d'épaisseur, fixée avec de fortes vis, et dont les arêtes sont bien vives.

2° La *règle en fer*, qui a généralement 2 m 20 de long, et est en fer méplat de 0 m 050 sur 0 m 005.

3° Le *compas* en fer, à pointes aciérées, dont les branches ont 0 m 30 de long.

4° La *griffe*, pointe aciérée et effilée, recourbée d'équerre sur le manche, qui sert à tracer sur le zinc et à le couper.

5° Les *cisailles* droites ou courbes, qui servent à couper les feuilles, à y faire des entailles, des encoches de toutes formes.

6° Les *tringles en fer*, munies de poignées, et d'une longueur de 2 m 20 avec des diamètres variant de 0 m 011 à 0 m 018 ; elles servent à faire les *ourlets* sur les bords des feuilles.

7° La *batte*, sorte de marteau en bois dur, de 0 m 35 de long, qui présente une panne plate de 0 m 05 à 0 m 06 de long et est emmanchée de manière à être bien en main.

8° Le *boursault*, batte en bois, analogue à la précédente, mais dont la panne se termine par une arête arrondie.

9° Les *marteaux*, au nombre de deux, le grand qui a 0 m 32 de long, et le petit qui n'a que 0 m 28.

10° Le *maillet*, en bois dur, de 0 m 30 environ de longueur de manche, employé pour détirer les collets, relever les reliefs cintrés.

11° La *règle en feuillard*, qui est une bande de feuillard de 0 m 30 de largeur et de 0 m 002 d'épaisseur, servant à faire des pinces plates.

12° Les *équerres* en fer, à angle vif à l'intérieur et à l'extérieur ; l'une d'elles a 0 m 80 de largeur de branche et est en fer plat de 0 m 30 sur 0 m 05.

13° La *sciotte*, petit morceau de lame de scie emmanché dans un morceau de bois, et qui sert à pratiquer des entailles dans la pierre et le plâtre pour y sceller les feuilles de zinc.

14° Des *outils de maçon*, parmi lesquels : un décintroir, une augette, une truelle, brettelée, un riflard.

15° Des *outils de serrurier* : un villebrequin, des mèches, un burin, un ciseau, une pointe carrée, un tourne vis, un chasse-clou, une paire de pinces plates, des tenailles.

16° Le *grattoir*, formé d'une lame en acier arrondie et coupante sur les deux tiers de sa circonférence, soudée à une tige perpendiculaire à son plan et emmanchée ; il sert pour préparer les soudures, pour découper et amincir les surfaces.

17° La *posette*, petite pelle en bois qui sert à appuyer sur les surfaces en contact pendant la prise des soudures.

18° Les *limes* et *râpes*, qui servent à égaliser les soudures, à retoucher les pièces de bois, à décaper les fers lorsqu'on les a trop chauffés.

19° Le *fer à souder le zinc*, petite masse en cuivre rouge amincie en forme d'arête à son extrémité inférieure, fixée d'équerre au bout d'une longue tige en fer, et emmanchée dans un manche en bois ; le *fer droit* présente son arête perpendiculaire au manche, et sert pour souder les angles rentrants.

Ces fers sont étamés à chaque chauffe ; on les décape d'abord à la lime, puis lorsqu'ils sortent du feu, on frotte leur extrémité sur un bloc de *sel ammoniac* fondu, puis on la passe sur la soudure qui alors étame le cuivre dont la surface a été décapée par le sel ammoniac.

20° Le *pinceau*, le *godet* et l'*esprit de sel*, employés pour décaper les surfaces au moment de faire la soudure, ainsi que nous l'avons expliqué plus haut.

21° Le *fourneau* et le *soufflet* ; on brûle dans le fourneau du charbon de bois, et on active la combustion, au moment de l'allumage ou quand le feu baisse, au moyen d'un gros soufflet.

B) Travail du zinc. *1° Coupement d'une feuille.* On trace les contours à couper soit au cordeau avec du rouge, soit à la règle avec un crayon rouge, ou encore par un trait de griffe ; on coupe à l'aide de cet instrument que l'on fait glisser en l'appuyant sur le trait, et en se guidant avec la règle ; chaque fois que l'on tire à soi, on enlève un copeau, et le trait s'approfondit ; au bout de trois ou quatre passages de l'outil, on plie une ou deux fois la feuille de métal suivant le trait, ce qui achève de la couper.

2° Plier d'équerre une feuille de zinc. On trace le trait suivant lequel le pli devra être fait ; on place la feuille de manière que ce trait soit au-dessus de l'arête vive de la règle en fer du bord de l'établi ; on rabat peu à peu la partie qui dépasse ce bord, en la frappant au moyen de la batte jusqu'à ce qu'elle s'applique sur la tranche verticale de l'établi. Si le zinc est aigre et cassant, on doit chauffer légèrement la feuille à l'endroit où l'on veut faire le pli.

3° Bord plat ou pince plate. C'est un pli produit sur le bord d'une feuille pour permettre de l'agrafer à une autre ; pour l'obtenir, on commence par rabattre la bande d'équerre, puis on retourne la feuille, on place la règle en feuillard à l'intérieur du pli, et on achève de rabattre le bord de la bande en ayant soin de ne pas trop aplatir la pince pour ne pas faire casser le pli.

4° Faire un ourlet sur rive, ce qui s'appelle border la feuille ; cet ourlet, auquel on donne la forme d'un cylindre de 0 m 013 à 0 m 020 de diamètre, sert à donner du raide au bord libre de la feuille et à permettre de l'agrafer ; pour obtenir un ourlet, on plie d'abord la feuille d'équerre sur son bord, puis on la retourne sur l'établi, et on achève de former l'ourlet en repliant le bord d'équerre sur une tige de diamètre convenable placée à l'intérieur, en frappant avec la batte d'abord, puis avec le boursault pour finir, la batte servant alors à tenir coup.

20. Exécution de la couverture en zinc. — *1° Couverture ordinaire.* Cette couverture, dans laquelle on emploie des *tasseaux* en bois, s'exécute de la manière suivante :

On commence par poser sur les chevrons du comble un *voligeage* en peuplier ou en sapin, fait de voliges de 0 m 12 à 0 m 15 de largeur sur 0 m 014 d'épaisseur. Elles sont clouées horizontalement sur des chevrons, avec des joints d'un centimètre de large, au moyen de pointes dont les têtes sont noyées dans le bois, de manière à éviter leur contact avec le zinc. Dans les combles apparents, comme ceux des gares de chemin de fer, le voligeage repose sur un plafond de bois dont les joints sont ordinairement dirigés obliquement pour croiser ceux du dessus. Sur ce voligeage, on place, parallèlement à la pente du toit, à la distance convenable, des *tasseaux* dont la section présente la forme d'un trapèze, et dont les dimensions sont d'autant plus grandes que les feuilles sont plus larges et la couverture moins inclinée.

Dans le bas du voligeage, près du chéneau ou de la gouttière, on place, de manière à la laisser dépasser le bois de 0 m 03 environ, une bande de zinc de 0 m 10 à 0 m 12 de largeur, nommée *bande d'agrafe*, et qui sert à agrafer le bas de la première feuille de zinc, afin que le vent ne puisse la soulever et que la goutte d'eau tombe bien dans la gouttière ou le chéneau au lieu de remonter au-dessous du voligeage.

Les bords longitudinaux des feuilles sont pliés et relevés sur une hauteur de 3 ou 4 centimètres, de manière à s'appliquer librement sur les faces chanfreinées des tasseaux entre lesquels elles sont comprises. Elles sont maintenues dans ce sens au moyen de pattes en zinc passant sous le tasseau et se repliant sur l'arête de la feuille, sans gêner sa dilatation (fig. 15, pl. LXV). Les joints horizontaux sont formés par une agrafure qui n'oppose non plus aucun obstacle aux mouvements dus aux différences de température : deux pattes, clouées sur la volige et insérées dans le joint de l'agrafure, empêchent le glissement de la feuille inférieure (fig. 16, pl. LXV). Il faut en posant la feuille supérieure que son extrémité ne pénètre pas jusqu'au fond du pli de celle qui la reçoit, de manière à ne pas gêner les contractions.

Il reste à couvrir l'intervalle correspondant aux tasseaux ; cela se fait avec des *couvre-joints* dont les bords sont légèrement repliés intérieurement, de manière à éviter tout contact pouvant donner lieu à des infiltrations capillaires (fig 17, pl. LXV). Ces couvre-joints peuvent être fixés sur les tasseaux de différentes manières :

1° Au moyen de vis garnies d'un collier de plomb et serrées fortement de manière à éviter à la fois l'introduction de l'eau et le contact du fer avec le zinc ;

2° Au moyen de clous recouverts de *calotins* soudés et assez bombés pour éviter le contact du fer : cette disposition est très usitée ;

3° Au moyen de *pattes à gaine* soudées dans le fond du couvre-joint et passant dans une gaine en zinc clouée sur le dessus du tasseau ; ce dernier nœud de fixation est préférable aux deux premiers qui ne laissent pas la dilatation suffisamment libre et qui exigent qu'on fasse les couvre-joints par bouts de 1 m 00 de long seulement ; lorsqu'on emploie les pattes à gaine, on peut donner 2 m 00 de longueur aux couvre-joints ; on les cloue en tête sur le tasseau, et on les fixe, par leur partie inférieure au bout du couvre-joint suivant, par deux pattes placées latéralement (fig. 18, pl. LXV). Quelquefois on se contente de mettre seulement une patte sur le dessus, mais c'est un peu moins solide, et alors on ne peut pas visser à fond le bout supérieur du couvre-joint et il est préférable, dans ce cas, de remplacer le clous ou la vis par une patte en zinc qui pénètre sous une traverse placée en travers d'une encoche ménagée dans le tasseau (fig. 19, pl. LXV).

2° *Couverture à ressauts.* Pour des pentes de 0 m 20 à 0 m 25 par mètre, la disposition précédente ne donne pas une étanchéité suffisante, et on emploie la *couverture à ressauts* ; le voligeage est établi par bandes horizontales de 1 m 90 de haut, faisant entre elles des ressauts successifs de 0 m 07 à 0 m 08 ; on place les tasseaux par bouts correspondants, et on place entre eux les feuilles de zinc qui sont munies à la partie haute d'un pli relevé avec pince extérieure permettant de les soutenir par deux pattes d'agrafes ; la feuille de zinc du ressaut supérieur passe sur la tête ainsi formée et se replie un peu plus loin en larmier vertical ; la dilatation de chaque feuille est alors bien ménagée puisqu'aucun joint n'existe sur chaque pente de ressaut, ce qui permet d'abaisser la pente à son minimum. La façon de cette couverture est plus coûteuse que celle d'une couverture ordinaire ; pour des pentes plus faibles, il faut employer le plomb.

21. Raccords dans les couvertures en zinc. — *1° Égouts.* Pour établir la rive d'un égout pendant dans une toiture en zinc, on replie verticalement la feuille de zinc inférieure, sur 0 m 06 environ de hauteur, en la doublant d'une pince plate pour en augmenter la rigidité ; les tasseaux se prolongent jusqu'au bord de l'égout et les couvre-joints sont fermés à leur extrémité par un talon soudé qui se prolonge pour contourner la pince plate et s'y agrafer solidement.

Lorsque les eaux doivent être reçues dans un chéneau, elles y sont conduites par une *bande de batellement* au-dessus de laquelle se terminent les feuilles inférieures de la couverture ; cette bande est terminée en tête par une pince plate rabattue extérieurement, qui sert à la fixer par des pattes d'agrafes ; à sa partie inférieure, elle se recourbe verticalement, et sa rive est renforcée par une pince plate rabattue en dedans qui forme larmier au-dessus du chéneau.

2° *Faîtages.* Le plus souvent, le faîtage s'établit comme un couvre-joint, mais de plus fortes dimensions ; un tasseau de faîtage en sapin est cloué sur le voligeage avec de grands clous qui permettent d'atteindre les chevrons ; les tasseaux des couvre-joints viennent buter contre lui. La feuille de zinc supérieure de la couverture se trouve repliée contre le tasseau de faîtage ; les couvre-joints ordinaires sont terminés à leur partie supérieure par une plaque de zinc soudée appelée *talon* qui déborde en haut et sur les côtés de quelques centimètres, et qui s'applique par-dessus les feuilles sur le tasseau de faîtage. On pose alors le *couvre-joint de faîtage*, dans lequel on a ménagé les échancrures convenables pour échapper les couvres-joints ordinaires (fig. 20, pl. LXV).

Pour permettre la circulation sur les couvertures, on établit quelquefois un *faîtage-chemin* de 0 m 25 à 0 m 40 de largeur ; le tasseau de faîtage est alors remplacé par deux pièces longitudinales par-dessus lesquelles on cloue des planches. Sur chacun des pans, on relève les feuilles de la couverture le long des faces verticales du chemin, et on les termine par une pince plate ; les tasseaux et leurs couvre-joints sont disposés comme à l'ordinaire, mais les talons de ces derniers sont plus grands. Les feuilles de recouvrement du chemin se font en zinc n° 16, par bouts de 1 m 00 ; elles se replient latéralement sur une hauteur verticale de 0 m 06 à 0 m 08, dont le bord se termine par un ourlet, sur lequel on vient recourber les extrémités de pattes en cuivre ou en zinc n° 16, qui sont clouées en dessous sur le bois du chemin ; l'assemblage entre les feuilles successives se fait ordinairement par l'intermédiaire d'un tasseau saillant, comme dans la couverture, et chaque petit couvre-joint est maintenu en son milieu par une vis ou un clou recouvert d'un calotin.

Les faîtages en zinc sont souvent moulurés ou garnis d'ornements en zinc estampé formant *crêtes*, qui s'amortissent sur des *épis* également ornés. Ces crêtes sont simplement soudées sur le couvre-joint où, lorsqu'elles sont plus importantes, on les consolide par des tiges de fer galvanisé fixées dans le bois du faîtage. Les ornements en zinc sont de peu de durée, et on leur préfère les ornements en fonte ou en fer galvanisé, que l'on établit sur des bâtis solidement fixés sur le faîtage.

3° *Arêtiers.* Les arêtiers s'établissent d'après les mêmes principes que les faîtages, mais les feuilles et les couvre-joints sont coupés en biais. On remplace quelquefois les couvre-joints ordinaires par des couvres-joints ornés en zinc estampé.

Dans les combles à la Mansard, le *membron* qui raccorde le bris au terrasson peut se faire de deux manières : à larmier ou à bourseau. Pour faire le *membron à larmier*, on prolonge le voligeage du terrasson de quelques centimètres, de manière qu'il forme égout pendant au-dessus du bris ; on termine les feuilles inférieures de zinc par un ourlet qu'on retient à l'aide de pattes d'agrafe au milieu des feuilles, et par les talons des couvre-joints qu'on retourne autour de l'ourlet ; si le bris est couvert en zinc, sa feuille supérieure monte jusqu'au voligeage du terrasson et son bord est renforcé par une pince plate rabattue extérieurement ; les couvre-joints montent de même jusqu'au terrasson pour s'engager sous le larmier (fig. 21, pl. LXV).

Le *membron à bourseau* donne une forme moulurée plus importante qui concourt à la décoration du comble ; le bourseau est une grosse pièce de bois de sapin demi-rond que l'on cloue sur la partie supérieure du voligeage du bris ; on le garnit d'une feuille ou membron de zinc terminée à sa partie supérieure par une pince plate extérieure, maintenue par des pattes d'agrafes clouées sur le terrasson et qui reçoit l'agrafure des feuilles inférieures de celui-ci et des talons de leurs couvre-joints. A la partie inférieure, le membron est terminé par un larmier ourlé maintenu par des pattes fixées sur le bourseau ou sur les couvre-joints du bris et qu'on replie sur l'ourlet (fig. 22, pl. LXV).

On peut encore employer une disposition un peu différente (fig. 23, pl. LXV) dans laquelle les feuilles de zinc du terrasson forment larmier au-dessus du membron, qui est alors un peu moins haut que dans le cas précédent. Les membrons sont souvent ornés par estampage et ils se relient alors avec les arêtiers, qui sont également ornés par un ornement formant agrafe, et par des crossettes.

4° *Noues*. Les noues peu importantes sont établies directement sur le voligeage ; on place des feuilles s'étendant à 0 m 25 ou 0 m 30 de chaque côté de l'angle, et soutenues sur leurs rives par des pattes fixées au voligeage ; les feuilles des deux pans de couverture contigus sont elles-mêmes agrafées sur les feuilles de la noue, ainsi que les talons qui terminent les couvre-joints (fig. 24, pl. LXV). Quelquefois on remplit en plâtre, auquel on donne un profil supérieur arrondi, l'angle de la noue.

Quand les noues sont importantes, on les construit dans un encaissement établi dans l'épaisseur des chevrons ; la garniture se fait alors par une seule feuille de zinc relevée sur ses deux rives, qui sont terminées par des pinces plates et qui sont retenues par des agrafes fixées aux planches de rives de l'encaissement. Les feuilles de zinc des pans voisins viennent former larmier par-dessus les bords de la noue (fig. 25, pl. LXV).

Dans la longueur de la noue, les différentes feuilles sont assemblées comme des feuilles de couverture ; mais si la pente est faible, il est préférable de faire le fond en *ressauts* ; les feuilles s'assemblent alors comme nous l'avons vu dans la couverture à ressauts.

5° *Rives latérales*. Cette rive s'établit d'après le même principe que dans les couvertures modernes en ardoises ; la dernière feuille de zinc est relevée verticalement avec un relief de 0 m 08 à 0 m 10, dont le bord est pourvu d'un ourlet, sur lequel vient s'agrafer une bande de zinc verticale, dite *bande à cheval*, terminée en bas par un second ourlet, qui est maintenu tous les 0^{m} 40 environ par des pattes d'agrafe, clouées sur le dernier chevron ; ces bandes sont par bouts de 1^{m} 00, se recouvrant de 0^{m} 10 environ, et fixées par un clou, placé dans la tête de chaque morceau (fig. 26, pl. LXV).

On peut encore terminer la rive de la couverture par un tasseau, sur lequel la bande à cheval est tenue par les pattes d'agrafe de la couverture à la partie haute, et par d'autres pattes d'agrafe qui entourent son ourlet inférieur; un couvre-joint ordinaire est placé sur le dernier tasseau (fig. 27, pl. LXV).

6° *Solins. Raccords avec les souches et les châssis.* Lorsqu'un pan de toiture bute contre une paroi verticale, le raccord se fait à l'aide d'une *bande de solin*, qui a déjà été décrite à propos de la couverture en ardoises.

La disposition à adopter derrière les souches de cheminées a été également décrite plus haut.

Pour établir les *châssis à tabatière*, on les soulève sur un *caisson* en bois ayant les mesures de l'intérieur de la baie du châssis dormant, et dont la hauteur varie de 0^{m} 20 à 0^{m} 25; on augmente la pente en donnant plus de hauteur en arrière qu'en avant. Ce caisson descend intérieurement jusqu'au-dessous des chevrons, sur lesquels il est fixé par des broches ou des vis. Le voligeage vient s'y adosser, et dans la division des travées de zinc on s'arrange pour qu'il reste au moins 0^{m}25 entre le caisson et le tasseau le plus voisin. On s'arrange pour qu'il ne tombe pas des joints horizontaux de feuilles de zinc dans la hauteur du châssis. Les feuilles qui l'entourent ont leurs bords relevés verticalement, suivant les parois du caisson, et soudées sur les angles; les côtés du caisson se traitent comme un raccord le long d'un mur; sa rive basse, comme la partie haute d'un appentis, et la rive haute a son voligeage relevé de manière à former une partie triangulaire, pour envoyer les eaux à droite et à gauche du châssis.

Il faut toujours disposer, sur une toiture en zinc, des *chattières* destinées à permettre à l'air de se renouveler dans le grenier, ce qui évite un échauffement aussi considérable des locaux situés en dessous, et favorise la conservation des charpentes; ces chattières se font en zinc, et leur face avant est munie d'une grille; on place une chattière au milieu d'une feuille, avec laquelle elle est soudée avec soin sur tout son pourtour.

22. Couverture en zinc des souches, des bandeaux et des corniches. — 1° *Souches de cheminées.* Pour couvrir une souche de cheminée, on termine la maçonnerie, à la partie supérieure, par une partie bombée ; on établit sur chaque rive une bande de zinc de 0^{m} 10 de large, clouée sur la maçonnerie, et qui sert de *bande d'agrafe* pour fixer une *feuille de recouvrement*. Celle-ci, qui se fait en zinc n° 12 ou n° 14, a la forme du profil supérieur de la maçonnerie, et est terminée sur ses rives par un ourlet qui se fixe sur la bande d'agrafe; on engage la feuille de zinc par glissement, puis les mitrons la fixent. Si la souche est à quatre pentes, on n'en termine que trois, puis on rapporte la quatrième, que l'on soude sur place.

2° *Bandeau ou corniche.* Dans les constructions en plâtre ou en pierre tendre, on doit garantir les faces supérieures des bandeaux et des corniches contre l'action de l'eau par des feuilles de zinc formant larmier, nommées *bandes de recouvrement*, qu'on scelle dans une *engravure*, ou dans un *sciottage*, faites dans le mur au-dessus du bandeau. On forme un ourlet sur la rive pendante, et on le maintient par une *bande d'agrafe*, clouée sur la corniche, et qui fait une saillie de 0^{m} 02 à 0^{m} 03; celle-ci se fait en zinc n° 14, tandis que la bande de recouvrement se fait en zinc n° 12. Cette dernière est formée de bouts de 1^{m} 00, assemblés entre eux par un joint agrafé; l'une des feuilles porte, à son extrémité, deux pattes soudées, qu'on cloue sur le bandeau.

Cet assemblage se fait souvent à l'aide de *coulisseaux*; chacune des feuilles porte alors une pince relevée extérieure. Dans deux pinces voisines, viennent s'engager les plis correspondants d'une pièce mobile, appelée *coulisseau*, qui relie les deux feuilles, et qui forme en même temps couvre-joint; le coulisseau est terminé à son extrémité par une partie recourbée, enveloppant les ourlets des deux feuilles. L'une des deux feuilles porte deux pattes clouées sur le bandeau, l'autre porte une patte, qu'on entre sous la première feuille, et qu'on ne cloue pas.

Lorsque le zinc du bandeau doit être raccordé à la *bavette d'un appui* de fenêtre, on s'arrange pour qu'il y ait un coulisseau, dont le bord coïncide avec le bord du tableau de la baie; la bavette d'appui est relevée au droit du tableau, et fixée dans une engravure latérale; elle se relève d'un autre côté contre la pièce d'appui de la croisée, sur laquelle elle est clouée par des clous à piston, espacés de 0^{m} 04, tandis qu'une seconde bande, dont la rive inférieure est renforcée par une pince, épouse la forme de la pièce d'appui sur laquelle elle est clouée en tête, et forme larmier sur la bavette.

Quand un bandeau se retourne, à l'angle d'une façade, on coupe d'onglet la bande d'agrafe, et on forme l'angle de la bande de recouvrement de pièces convenablement découpées, que l'on soude de manière à former l'angle d'une seule pièce.

Lorsqu'une corniche présente une saillie de plus de 0^{m} 16, on ne donne plus, aux bandes de recouvrement, que 0^{m} 80 de long; au delà de 0^{m} 50 de saillie, on remplace les coulisseaux par des tasseaux ordinaires de couverture, contre lesquels on relève les bandes de recouvrement, et qu'on recouvre d'un couvre-joint.

§ 5. — COUVERTURE EN PLOMB

23. Le plomb. — *1° Propriétés physiques et chimiques.* Le plomb est un métal d'un gris bleu, d'un vif éclat métallique, lorsqu'on vient de le couper, mais il se ternit rapidement, surtout à l'air humide, par suite de la formation d'un mélange d'oxyde et de carbonate, qui constitue une *patine* conservatrice moins adhérente que celle du zinc, mais suffisante pour le garantir de toute altération ultérieure; on doit aussi éviter de le mettre en contact avec le plâtre frais, le chêne humide non flotté, les métaux moins oxydables. Les eaux recueillies sur les toitures sont vénéneuses au plus haut degré. La présence des sels calcaires dans l'eau arrête l'oxydation et empêche la dissolution des sels vénéneux, ce qui permet d'employer les tuyaux de plomb pour conduire cette eau. Les eaux ménagères peuvent passer sur le plomb sans l'altérer sensiblement.

Il est mou, d'une grande ductilité; il se raye facilement, même à l'ongle, et il laisse une trace sur les corps, même très peu durs, comme le papier. Il est malléable, même à froid, et se réduit facilement en feuilles ou en fils assez fins; le laminage augmente sa ductilité, le rend moins cassant, mais aussi moins résistant à l'usure.

Le plomb se dilate de 0,0014 pour 50°, c'est-à-dire presque autant que le zinc. Sa densité est 11,35, une fois et demie celle du zinc, mais il est plus mou, plus ductile, plus susceptible de se plisser et de se déchirer sur son voligeage, quand la température agit sur lui : il est quatre fois moins tenace; il faut donc l'employer en feuilles plus épaisses pour obtenir une résistance analogue à celle du zinc; ainsi, les feuilles de 3 millimètres seraient à peu près équivalentes comme force au n° 14; elles pèseraient cinq fois plus; il est vrai qu'en raison même de leur poids les couvertures en plomb sont moins susceptibles d'être enlevées par le vent; d'un autre côté, le plomb est moins conducteur de la chaleur; grâce à la facilité avec laquelle il se découpe et se martèle, il est applicable aux parties de toitures dont les formes sont les plus tourmentées, et notamment aux surfaces courbes, aux raccords, chéneaux, ornements; son aspect est incomparablement plus agréable que celui du zinc, ce qui lui assure la préférence dans les constructions monumentales. On y marche plus sûrement et on l'emploie presque exclusivement pour les terrasses; enfin, le plomb, en vieillissant, s'altère peu et conserve une grande valeur, tandis que le zinc perd plus de la moitié de la sienne.

Lorsqu'on emploie le plomb, il faut donc réduire autant que possible la surface des feuilles, les maintenir parfaitement libres au pourtour, et se rappeler qu'il se comporte comme une matière pâteuse, qui coule lentement dès qu'elle n'est plus soutenue.

Le plomb a la propriété de se souder lui-même, par l'intermédiaire de la *soudure* à l'étain, formée de 1/3 d'étain et 2/3 de plomb, et qui fond à 227°, c'est-à-dire au-dessous de la température de fusion du plomb, qui est de 325°. Pour souder le plomb, il faut d'abord décaper sa surface en la râclant avec une lame tranchante, ou se servir d'acide chlorhydrique, ou esprit de sel; on aide à la soudure en étendant, entre les surfaces, un peu de résine. Lorsque les parties à souder sont épaisses, et qu'on opère au fer à souder, il faut d'abord les réchauffer soit en y posant quelques charbons, soit en versant, sur la surface non décapée, de la soudure en fusion, qui alors n'adhère pas. On donne aux lignes de soudure, entre deux feuilles, une largeur de 0^m 03 à 0^m 05. On fait aussi la soudure à l'aide de la lampe de plombier et du chalumeau, sans interposition d'un alliage étranger; c'est la *soudure autogène*.

2° *Feuilles de plomb du commerce*. Le plomb est obtenu en tables coulées de 0^m 006 environ d'épaisseur, et qui peuvent avoir 4^m 00 sur 1^m 80; ces tables peuvent à leur tour être laminées en feuilles qui ont 2^m 00 à 2^m 50 ou 3^m 00 de largeur, et jusqu'à 18 et 20^m 00 de longueur, et dont les épaisseurs sont indiquées, avec les poids correspondants pas mètre carré, dans le tableau suivant :

ÉPAISSEUR en millimètres	1^{mm}	$1^{mm}1/2$	2^{mm}	$2^{mm}1/2$	3^{mm}	$3^{mm}1/2$	4^{mm}	$4^{mm}1/2$	5^{mm}	6^{mm}	7^{mm}	8^{mm}
Poids du mètre carré	14k.45	17k.18	22k.91	28k.63	34k.36	40k.08	45k.81	51k.54	57k.27	68k.72	80k.17	91k.65

Les feuilles sont livrées en rouleaux, ce qui rend leur transport plus facile. Le plomb coulé est plus raide, mais aussi plus cassant; on le préfère pour les couvertures à pente raide; dans les autres cas, on emploie le plomb laminé, qui est plus ductile, plus régulier d'épaisseur, et dont la surface est plus unie.

24. Exécution d'une couverture en plomb. — Pour établir les couvertures en plomb, on commence par construire un plancher ou *voligeage* en bois de sapin; on pose ensuite les feuilles, le petit côté étant ordinairement dirigé dans le sens de la pente; elles sont retenues par le bas par des crochets en cuivre rouge étamé cloués sur la volige; après les avoir bien dressées avec une batte plane en bois, on cloue le bord supérieur au droit de chaque chevron avec une forte pointe de 0^m 07 de longueur ou, ce qui vaut mieux, on retourne le bord que l'on pince entre deux voliges et que l'on cloue par-dessous. Les joints verticaux se font par agrafure en ayant soin de laisser le jeu nécessaire à la dilatation. A la cathédrale de Paris, on a fait ces agrafures avec des chanfreins très inclinés, ce qui assure encore mieux leur étanchéité. Quand un rang de feuilles est posé, on procède de la même manière pour le joint supérieur, en ayant soin qu'il recouvre le premier de $0^m 08$ à $0^m 20$, suivant la pente du toit. On continue ainsi jusqu'au sommet du comble qui se garnit d'un enfaîtement. Cette pièce est ordinairement maintenue par des pattes pour éviter qu'elle soit enlevée par le vent.

Le plomb ne peut s'employer dans les couvertures que sous des épaisseurs de 2 à 3 millimètres, de sorte qu'il charge fortement les charpentes et donne des toitures coûteuses; c'est pourquoi on le réserve pour la couverture des monuments importants.

25. Couverture d'une terrasse. — Pour couvrir une terrasse, on commence par régler convenablement la surface à l'aide d'un *enduit en plâtre*, sur lequel on étend les feuilles de plomb; la pente doit être d'au moins $0^m 05$ par mètre et on dispose les feuilles suivant cette pente dans le sens de leur longueur; jusqu'à $4^m 00$ on peut les mettre d'une seule pièce.

On divise la largeur en travées de moins de $2^m 00$; lorsque la terrasse a plus de $4^m 00$ de long, suivant la pente, on la partage par des *ressauts* verticaux de $0^m 06$ environ de haut; pour faire les joints entre les feuilles, on amène le haut de l'une d'elles par-dessus le ressaut où on la fixe par des clous; on la recouvre avec l'autre feuille qui descend alors le long de la face verticale du ressaut, et se retourne ensuite sur la précédente sur une longueur d'environ $0^m 10$.

Les joints dans le sens de la pente se font soit à l'aide d'un *tasseau* demi-rond sur lequel les deux feuilles se croisent, soit par agrafure des deux feuilles, dissimulée dans une *rainure* longitudinale creusée dans le sol de la terrasse, et dont le fond est rendu étanche par une feuille de plomb qui y est étendue et qui se relève sur les deux faces de la rainure (fig. 28, pl. LXV).

§ 6. — COUVERTURE EN CUIVRE

26. Le cuivre. — *1° Propriétés physiques et chimiques.* Le cuivre est un métal d'un brun rougeâtre clair, doué d'un bel éclat métallique lorsqu'il est fraîchement coupé ou cassé, et susceptible de prendre un beau poli. Il est très malléable et se réduit facilement en fils minces et en feuilles; sa densité varie de 8,85 pour le cuivre fondu, à 8,95 pour le cuivre laminé. Son coefficient de dilatation est de 0,000,017, soit près de moitié de celui du plomb; il fond vers 1100°.

Il est inattaquable par l'air sec à froid; si on le chauffe, sa surface s'oxyde et la *patine* formée protège le métal contre une oxydation ultérieure; il est attaqué par l'air humide, par les vapeurs acides et par les corps gras.

Il forme avec le zinc un alliage qui est le *laiton*, composé de 1 de zinc pour 2 de cuivre, et avec l'étain il donne le *bronze*.

Les Romains ont employé le cuivre, ou plutôt le bronze, dans la couverture de quelques édifices. On sait que le Panthéon d'Agrippa était ainsi couvert et que cette riche enveloppe lui fut enlevée sous le pontificat d'Urbain VIII pour l'établissement du baldaquin du maître-autel et pour celui de la chaire de Saint-Pierre, dans la vaste basilique de ce nom. Il en reste pourtant une trace; on voit encore aujourd'hui, autour de l'ouverture pratiquée au sommet de la voûte, de grandes lames de bronze de près de $2^{m}\,00$ de largeur, qui n'ont pas moins de $0^{m}\,12$ d'épaisseur.

Le temple de Vénus, à Rome, construit par Adrien et couvert d'abord en marbre, le fut plus tard en bronze. Cette dernière couverture paraît avoir été dévastée à la même époque et par le même motif que celle du Panthéon.

La nef principale de l'ancienne basilique de Saint-Pierre de Rome était couverte en tuiles de bronze qui avaient été enlevées au temple de Romulus, sous l'empereur Héraclius, et qui portaient encore des traces de dorure.

On est loin aujourd'hui de donner les mêmes épaisseurs et la même richesse aux quelques couvertures qui se font encore en cuivre, quoique ce genre de couverture ne soit employé que pour les grands monuments.

2° *Feuilles de cuivre du commerce.* Les feuilles employées maintenant ont de $0^{m}\,0007$ à $0^{m}\,001$ d'épaisseur et les dimensions suivantes : $1^{m}\,40$ sur $1^{m}\,15$; $3^{m}\,30$ sur $1^{m}\,20$; $4^{m}\,00$ sur $1^{m}\,20$.

Ces feuilles ont souvent de petites fissures qui, par suite des dilatations et des retraits successifs occasionnés par les changements de température, tendent à s'agrandir. On remédie à cet inconvénient en étamant les deux faces des feuilles, ce qui leur assure une durée très grande. Cet étamage n'est pas nécessaire dans le cas de feuilles épaisses pour empêcher l'oxydation des couvertures en cuivre; elles s'oxydent, il est vrai, à la surface, mais cet oxyde ou *patine* forme une couche mince très dure, insoluble dans l'eau et très adhérente au métal.

Le tableau suivant donne les épaisseurs et les poids par mètre des feuilles usitées pour la couverture :

ÉPAISSEUR en millimètres	5^{mm}	6^{mm}	7^{mm}	8^{mm}	9^{mm}	10^{mm}	11^{mm}	12^{mm}
Poids du mètre carré	$4^{k}\,475$	$5^{k}\,370$	$6^{k}\,265$	$7^{k}\,160$	$8^{k}\,055$	$8^{k}\,950$	$9^{k}\,845$	$10^{k}\,740$

27. Exécution d'une couverture en cuivre. — Les feuilles de cuivre, comme toutes les feuilles métalliques, se placent de manière à laisser libre jeu aux mouvements de dilatation et de contraction. Chaque feuille est maintenue à sa partie supérieure, au moyen de vis, sur le plancher du comble; elle recouvre la feuille inférieure et elle s'assemble à double recouvrement, formant bourrelet avec les feuilles voisines. On s'oppose au soulèvement par des agrafes qui sont soudées au-dessous de chaque feuille, près de son extrémité inférieure, et qui s'engagent sous la feuille qui précède. Il suffit de deux agrafes par feuille pour obtenir ce résultat.

Un autre moyen, meilleur encore, serait de se servir du système à tasseau et couvre-joint que nous avons décrit à propos des couvertures en zinc.

M. Reynaud, dans son Traité d'architecture, cite comme exemple de couverture en cuivre la cathédrale de Saint-Denis, dont la charpente est en fer et dont la couverture en feuilles de cuivre est disposée suivant un autre système. Les chevrons en fer, de $0^{m}065$ sur $0^{m}024$, sont espacés de $0^{m}50$, d'axe en axe, et ils sont reliés par des boulons horizontaux qui présentent le même espacement. Au milieu de chaque boulon est une agrafe ou patte qui s'enroule sur lui et qui, soudée sur la feuille, s'oppose au soulèvement de cette dernière. Chaque feuille recouvre de $0^{m}10$ la feuille immédiatement inférieure et son extrémité est maintenue au moyen de deux pattes qui y sont soudées, et qui, n'étant pas fixées à l'autre feuille, n'apportent aucun obstacle aux mouvements dus à la dilatation. Il était inutile de s'agrafer aux boulons placés près de ces recouvrements, et l'on a, en conséquence, supprimé ce travail. Les assemblages latéraux sont à enroulements; chaque feuille recouvre d'un côté et est recouverte de l'autre. Ces enroulements forment des bourrelets assez prononcés. D'autres nervures, mais beaucoup plus faibles, s'observent au milieu de chaque feuille; elles sont nécessitées par les chevrons qui font une légère saillie sur les boulons.

§ 7. — COUVERTURES EN ARDOISES OU TUILES MÉTALLIQUES

28. Ardoises métalliques. — *1° Ardoises losangées en zinc de la Vieille-Montagne.* On a eu l'idée de reproduire en feuilles de métal des ardoises de petite surface donnant de grandes facilités d'assemblage, d'une grande solidité, et permettant les dilatations; on peut les faire en zinc moins épais que les couvertures ordinaires, et par suite obtenir une certaine économie. Telles sont les ardoises en zinc de la Vieille-Montagne; elles sont carrées, se placent diagonalement; leurs deux bords supérieurs sont munis de pinces relevées au dehors, tandis que leurs bords inférieurs sont pourvus de pinces rabattues en dessous avec ourlet. Chaque ardoise d'un rang vient s'accrocher aux ardoises inférieures, et on la maintient par trois pattes, deux sur les côtés, une au sommet, cette dernière ayant une forme spéciale dite à obturateur; des demi-ardoises, de modèle semblable, permettent de terminer les rives.

On donne à cette couverture une pente de 0m36 à 0m40 par mètre, soit de 20 à 22° au minimum, et on peut la redresser jusqu'à la verticale.

2° *Ardoises estampées.* M. Coutelier a imaginé un modèle analogue, mais dont les faces sont estampées de manière à présenter des dessins variés, et à donner un peu plus d'épaisseur au bord de l'ardoise.

3° *Tuiles Menant et Duprat.* Les tuiles *Menant* ont la forme rectangulaire; les rives latérales sont bordées par de fortes nervures demi-cylindriques; la rive inférieure porte une pince rabattue en dessous, la rive supérieure porte une pince relevée par-dessus et deux agrafes qui servent à la fixer sur le lattis. Chaque tuile s'agrafe par le bas à la pièce inférieure, et par le haut sur le lattis; les nervures latérales forment emboîtement, de sorte que la couverture ainsi faite ressemble à une couverture en tuiles mécaniques. Ces tuiles se font en zinc n° 10, en cuivre ou en tôle galvanisée.

Les tuiles *Duprat* sont une modification du système précédent; leurs nervures sont plus accentuées; la rive supérieure forme à la fois pince et patte d'agrafe; la partie milieu de l'ardoise est estampée en losange, ce qui la rend plus résistante.

4° *Ardoises de Montataire.* Elles sont de même forme, et en tôle galvanisée de 0m0005 d'épaisseur; elles se comportent bien pendant quelques années, mais se détruisent rapidement dès que le zinc est attaqué et ne protège plus la tôle. Leur surface est ondulée parallèlement à leur plus grande dimension, les nervures latérales forment joint, mais il n'y a pas d'agrafure sur les rives supérieure et inférieure. On fixe les ardoises, au moyen d'agrafes en zinc de 0m10 de long sur 0m 02 de large, sur le voligeage à claire-voie à l'aide de clous galvanisés; le clou est enfilé d'abord dans l'agrafe, puis à travers l'ardoise, sur sa rive supérieure, en interposant une rondelle en plomb entre l'agrafe et l'ardoise; l'ardoise du rang supérieur vient se placer dans la pince de l'agrafe. Lorsque la couverture n'a pas besoin d'être absolument étanche, la pente peut en être de 15 à 20°; dans des couvertures ordinaires, on ne doit pas descendre au-dessous de 20°, et on peut aller jusqu'à des revêtements verticaux.

Des faîtages ont été disposés pour se poser sur ces couvertures; on les cloue sur un tasseau de faîtage ou on les maintient par des pattes, suivant les cas.

5° *Tuiles en fonte.* On est arrivé à produire des tuiles en fonte à emboîtement, assez minces pour ne peser que de 1 kil. à 1 kil. 500 la pièce, et il en faut environ 20 par mètre carré, ce qui donne une couverture moins lourde que celle en tuiles; on doit les goudronner pour les protéger de la rouille. Cette couverture commence à se répandre en Allemagne.

§ 8. — COUVERTURES EN FEUILLES MÉTALLIQUES ONDULÉES

29. Tôle ondulée. — Les feuilles métalliques ondulées ont une résistance beaucoup plus grande à la flexion que les feuilles planes, ce qui permet dans bien des cas de supprimer le voligeage et le lattis, et même les chevrons, à la condition de placer les pannes à $1^m 00$, $1^m 50$ ou $2^m 00$ au maximum les unes des autres, suivant les modèles. On a même fait de ces feuilles qui, cintrées dans le sens de la longueur, peuvent, grâce à leur rigidité, constituer de véritables petits combles; il suffit de poser leurs extrémités sur des sablières horizontales réunies entre elles par quelques tirants en fer rond.

La *tôle ondulée* peut être de la tôle brute ou de la tôle galvanisée ; cette dernière est préférable toutes les fois qu'elle ne sera pas soumise à l'action de vapeurs ou fumées capables d'attaquer le zinc; dans ce cas, la tôle peinte devrait être préférée. On trouve dans le commerce divers modèles de tôles ondulées d'épaisseur variable, avec ondulations plus ou moins larges.

Dans les combles à pannes en bois, on rapproche suffisamment les pannes pour que leur écartement corresponde à la longueur d'une tôle, et on y fixe celle-ci par des vis en fer avec interposition de rondelles de plomb, en ayant soin de placer la vis au sommet d'une ondulation. La jonction peut être obtenue d'une façon plus rigide par un boulon à crochet, qui s'accroche à la panne; on peut encore éviter de percer les tôles en les plaçant avec des pattes coudées en fer galvanisé que l'on cloue sur les pannes.

Pour assembler ces tôles sur des pannes en fer, on se sert d'un boulon à crochet, ou bien simplement de pattes en tôle galvanisée rivées sur les feuilles et qu'on accroche après les pannes. On peut encore employer des pattes agrafes mobiles accrochées d'une part à la panne et soutenant d'autre part la partie inférieure des ardoises.

Les faîtages se font en plomb ou en tôle et se fixent sur la panne faîtière du comble par des vis si cette panne est en bois; si elle est en fer, on attache le faîtage aux feuilles supérieures par de petits boulons avec interposition de rondelles en plomb, ou bien on se sert de boulons à crochets qui traversent le faîtage et la tôle, et vont s'attacher à la panne faîtière.

30. Zinc cannelé. — La Société de la Vieille-Montagne livre au commerce, sous le nom de zinc cannelé, des plaques de zinc ondulé de même forme que la tôle ; l'assemblage se fait sur les pannes à l'aide de pattes d'équerre soudées aux feuilles supérieures dont la rive basse maintient ainsi la rive haute de celles du rang suivant; ces pattes sont clouées sur les pannes. Les assemblages employés pour les tôles ondulées sont tous applicables dans le cas actuel. On peut donner à ces couvertures ondulées une pente de 20 à 25°.

31. Zinc à doubles nervures. — Les feuilles à doubles nervures, système Baillot, sont bordées sur leurs deux rives de nervures jumelles; elles s'assemblent latéralement à double recouvrement, ce qui assure une étanchéité absolue; on les pose sur voligeage plein, sur voligeage à claire-voie, ou sur lattis. On cloue le haut de chaque feuille, et les trous sont percés à l'avance; la feuille supérieure tient à la feuille inférieure au moyen de pattes engainées, placées dans les nervures; d'autres pattes analogues retiennent l'une sur l'autre les feuilles d'une même rangée horizontale. Ces feuilles ont une longueur de 1^{m} 00 et une largeur de 0^{m} 94; les nervures ont 0^{m} 08 de largeur, et deux nervures jumelles sont espacées de 0^{m} 14.

Les feuilles montent jusqu'au tasseau de faîtage, sur lequel on cloue un couvre-joint très large portant, sur ses faces latérales, les échancrures convenables pour laisser passer les nervures, et qui se fixe par un pli soudé sur les feuilles de zinc de chaque pan. Les raccords sur la rive d'égout, et sur les ruellées et les solins, s'exécutent d'une manière analogue à ce qu'on a vu dans la couverture en zinc.

§ 9. — COUVERTURES EN VERRE

32. Le verre. — *1° Propriétés physiques et chimiques.* Le *verre* est un silicate de chaux et de potasse ou de soude et d'alumine, il est fusible et transparent; il peut être obtenu incolore, ou légèrement coloré par des oxydes métalliques, qui sont des impuretés existant dans les produits qui servent à le préparer; on le colore en y incorporant certains oxydes pour en tirer un moyen de décoration.

Le verre, en passant de l'état liquide à l'état solide, passe par un état pâteux intermédiaire, qui permet de lui donner toutes les formes dont on a besoin; c'est grâce à cette propriété qu'on peut fabriquer le verre à vitre, les glaces, et les différents objets en verre.

Le verre est transparent, et livre passage à la lumière, mais en interceptant les rayons calorifiques obscurs; c'est ce qui le fait employer pour les revêtements des serres. Il est à peu près inattaquable par les agents atmosphériques; l'eau est cependant susceptible, à la longue, de dissoudre un peu de silicate alcalin; c'est ainsi que les vitres des anciennes maisons finissent par présenter une surface un peu dépolie.

La densité du verre varie de 2,300 à 2,900; son coefficient de dilatation est faible, et il est mauvais conducteur de la chaleur; il est complètement imperméable.

La résistance du verre est assez variable, mais comparable à celle des roches ignées ; on peut en faire des *dalles*, à la condition de leur donner une grande épaisseur; elles résistent bien à l'usure par frottement.

2° *Différentes sortes de verres.* Le verre se trouve dans le commerce sous différentes formes : 1° le *verre à vitre*, dont nous reparlerons en détail à propos de la *vitrerie*, et comprenant le *verre simple*, de 0 m 001 d'épaisseur; le *verre demi-double*, de 0 m 0015, et le *verre double*, de 0 m 002 à 0 m 004 d'épaisseur ; 2° les *verres coulés*, d'une épaisseur de 0 m 004 à 0 m 006, dont l'une des faces est lisse, tandis que l'autre est striée, et qu'on nomme verres à reliefs; 3° les *glaces brutes de Saint-Gobain*, de 0 m 011 à 0 m 013 d'épaisseur. Dans les toitures, on n'emploie jamais que le verre double, qui seul peut résister convenablement à la chute de la grêle; son poids, par mètre carré, varie de 5 à 6 kil., lorsque son épaisseur est de 0 m 002 environ ; on emploie encore les verres coulés, pesant de 12 à 13 kil. par mètre carré, et les glaces brutes, qui pèsent environ 25 kil. le mètre carré.

33. Exécution d'une couverture en verre. — *1° Couverture en ardoises de verre.* On peut découper en verre double des ardoises de même forme que les ardoises ordinaires, et en composer tout ou partie d'une toiture, à condition de les fixer par des crochets; il faut avoir soin de ménager, sur la surface, les chemins et escaliers de service, comme dans la couverture en ardoises.

2° *Couverture en verre ordinaire.* Pour couvrir en verre ordinaire, il ne faut pas donner aux feuilles une largeur supérieure à 0 m 40; on dispose alors, parallèlement à la pente du toit, de petits *fers à vitrages*, ou des *fers à simple T*; dans la feuillure qu'ils constituent, on place les feuilles de verre en les imbriquant les unes sur les autres, si la pente de l'égout a une longueur supérieure à celle des feuilles qu'on peut employer. Les fers sont peints convenablement, leur feuillure est garnie de *mastic*, sur lequel on pose le verre, en l'appuyant bien, et faisant refluer l'excédent de mastic ; on complète le joint par un solin en mastic allant rejoindre l'arête supérieure du fer; la rive basse de la lame de verre est coupée en arc de cercle, de manière à écarter l'eau des solins. L'extrémité inférieure des petits fers est relevée pour retenir la dernière feuille.

Lorsque l'égout est revêtu par une feuille de verre unique, sa pente peut être de 0 m 10 par mètre; il faut la porter à 0 m 20 par mètre, si les feuilles sont imbriquées les unes sur les autres; on leur donne alors un recouvrement de 0 m 02 au moins, et on interpose une petite agrafe en zinc, qui maintient un léger écartement entre les feuilles, et empêche l'eau de remonter par capillarité; on peut enlever cette agrafe, quand le mastic est bien pris.

Le raccord d'une couverture vitrée avec une autre couverture se fait par le haut à l'aide d'une bavette en plomb; par le bas, en faisant remonter, sous le bord du vitrage, la partie supérieure de la couverture.

Les fers à vitres s'assemblent sur les pannes en bois par des vis; sur les pannes en fer, à l'aide de diverses dispositions très variables, suivant les cas.

3° *Couvertures en verre strié.* Cette couverture est plus résistante que la précédente; les plaques de verre peuvent avoir une largeur bien plus grande, ce qui diminue le nombre des fers à vitres ; enfin, le verre strié diffuse la lumière d'une façon très égale, à la façon d'un verre dépoli, mais en laisse passer une plus grande quantité. On place toujours la partie lisse à l'extérieur, et la pose se fait comme celle du verre ordinaire, mais en espaçant les fers de 0 m 60 à 0 m 80; on trouve, en dimensions courantes, des feuilles de 2 m 00 de long ; on peut même obtenir, sur commande spéciale, des feuilles atteignant 1 m 00 de largeur et 2 m 70 de longueur.

4° *Couvertures en glace brute.* Les dimensions de ces glaces permettent de couvrir d'une seule longueur des pentes de 3 m 50 et 4 m 00 de long; on ne dépasse jamais 0 m 80 pour l'espacement des fers; les charpentes qui supportent ces glaces doivent être bien rigides et exemptes de vibrations, qui pourraient amener des ruptures par fléchissement des glaces.

5° *Précautions à prendre dans les couvertures en verre.* Quand des couvertures en verre sont dominées par des endroits habités, il faut les protéger par des *grillages*, placés au-dessus; on les dispose par panneaux mobiles soutenus, à 0 m 20 du verre, par de petits supports fixés au chevronnage, et terminés par une fourche.

Dans les couvertures en verres striés ou en glace brute, il faut placer un grillage suffisamment solide en dessous, pour protéger les personnes contre la chute des gros morceaux de verre, en cas de rupture du vitrage.

Lorsque les locaux sont un peu humides, le refroidissement des parois en verre, au contact de l'air extérieur, détermine des *condensations* sur les vitres, et il faut prendre quelques précautions pour que les gouttes d'eau qui en résultent ne tombent pas à l'intérieur. Nous avons vu qu'on pouvait y arriver, en séparant légèrement les feuilles de verre imbriquées les unes sur les autres. On peut encore séparer les deux feuilles de verre par une bande de zinc, en forme d'agrafe, qui recueillera l'eau de condensation à la partie inférieure de chaque feuille de verre, et la laissera écouler au dehors par un petit orifice ménagé en un point convenable.

§ 10. — COUVERTURES EN MATÉRIAUX LIGNEUX

34. Couverture en bardeaux de merrain. — Les *bardeaux* ou *ételles* sont des sortes de tuiles obtenues en débitant le bois par refente ; on leur donne la forme rectangulaire ou celle d'écailles; leur épaisseur varie de 0 m 01 à 0 m 02, et le fil du bois est disposé suivant la pente; leur longueur varie de 0 m 25 à 0 m 30; leur largeur, de 0 m 12 à 0 m 20; il faut les poser avec une très forte pente afin que la couverture se sèche rapidement. Cette couverture s'exécute comme celle en tuiles plates; les bardeaux sont cloués sur les lattes, et pour éviter de les faire fendre en posant les clous, on fera les trous à l'avance.

La meilleure couverture s'obtient avec des *bardeaux de merrain*, qu'on trempe, avant la pose, dans du *goudron chaud*, ou qui est débité dans du bois créosoté; on emploie, dans quelques pays, le châtaignier, le hêtre et même le sapin. Le grand inconvénient de ces couvertures est le danger qu'elles présentent en cas d'incendie.

35. Couvertures en planches. — Dans les pays où le bois est très abondant, on peut exécuter en planches des couvertures de peu de durée, et qui sont incomplètement étanches. Les planches de grande largeur, et aussi longues que possible, peuvent être clouées sur les chevrons transversalement; on les imbrique l'une sur l'autre, en leur donnant un recouvrement de 0 m 03 à 0 m 04. Le soleil et la sécheresse font fendre les planches, de sorte que la couverture ne reste pas longtemps étanche; on lui donne un peu plus de durée en goudronnant les planches après la pose.

Pour un écartement de chevrons de 0 m 50, on emploie du feuillet, pour 0 m 70 on prend de la planche de 0 m 020, enfin pour 1 m 00, de la planche de 0 m 027. On emploie souvent de tels revêtements placés verticalement contre les murs des chalets en bois; ils sont alors complètement étanches.

Une disposition plus économique, et qui donne en même temps plus d'étanchéité, consiste à placer les planches longitudinalement, suivant la pente du toit, en les clouant sur des pannes convenablement espacées. On place une première rangée de planches, en les séparant par des intervalles égaux à une largeur de planche diminuée, de 0 m 04 à 0 m 05, et on recouvre les intervalles par une seconde rangée de planches égales formant couvre-joints. On peut encore employer des planches larges pour le rang inférieur, et des planches étroites, de 0 m 05 seulement de largeur, pour former les couvre-joints.

Un architecte, *M. Cubett*, a imaginé de donner aux planches, par le sciage, une disposition spéciale, de manière que les planches du rang inférieur soient en forme de rigole, tandis que les couvre-joints forment dos d'âne; ces formes sont obtenues par sciage d'une planche épaisse ; on peut donner alors à la couverture une pente de 45°.

36. Couvertures en papier, en carton ou en feutre bitumé. — On peut exécuter avec du gros papier qui se trouve dans le commerce, par rouleaux de 50 à 100 mètres, une couverture légère, de la manière suivante : sur un voligeage on étend, suivant la ligne d'égout, une première bande de papier de 1 m 00 de largeur, sur toute la longueur du bâtiment ; on en étend une seconde au-dessus, en l'imbriquant de 0 m 07 à 0 m 08 sur la première, et ainsi de suite jusqu'au faîte ; on cloue la rive supérieure de chaque feuille, et on maintient le tout par des *liteaux* légers, placés suivant la pente, et cloués ; on les place tous les 0 m 50 à 0 m 80 les uns des autres. On vient ensuite étendre deux couches de *goudron* à chaud, pour rendre le papier imperméable ; une telle couverture peut durer assez longtemps, à la condition de la regoudronner tous les deux ans, et si l'on n'y marche pas.

On trouve dans le commerce du *carton* imprégné de *bitume* et sablé, qui donne une solidité beaucoup plus grande que le système précédent ; on le pose exactement de la même manière ; pour éviter l'action du vent, on replie les feuilles sur les bords de la toiture, et on les fixe également avec des tringles en bois ; puis, arrivé au sommet de la toiture, on place la bande à cheval, et on la fait retomber de chaque côté du toit, en la fixant de la même manière que les autres. Pour les travaux appelés à une longue durée, il est nécessaire d'appliquer une couche de goudron chaud. Les feuilles de carton-cuir n'étant sablées que d'un côté, il faut avoir soin d'appliquer sur les voliges celui non sablé, afin d'exposer le côté sablé aux intempéries.

On a enfin remplacé le carton par du feutre, et même de la toile.

Ces couvertures sont éminemment combustibles et ne peuvent être employées que pour des bâtiments provisoires de peu d'importance.

37. Couverture en chaume ou en roseaux. — Ce genre de couverture est avantageux, surtout dans les constructions rurales, à cause de la facilité qu'a le cultivateur de se procurer la *paille*, de sa simplicité d'emploi, de sa légèreté, de sa durée et de son inconductibilité pour la chaleur, mais elle a de grands défauts : elle pourrit facilement, elle donne asile à une grande quantité d'insectes et de rongeurs, elle a surtout le grave inconvénient d'être éminemment combustible, malgré tous les moyens employés jusqu'à nos jours pour y remédier, tels qu'enduit en mortier au-dessus du chaume, trempage des pailles dans des solutions métalliques destinées à les rendre incombustibles : on tend à les abandonner, surtout depuis que la tuile mécanique est plus répandue.

La charpente destinée à recevoir une couverture en chaume peut être légère et inclinée à 45°, les bois que l'on emploie pour les pannes, chevrons ou perche-lattes, sont des brins non façonnés. Les chevrons sont retenus sur les pannes par des chevilles en bois et reçoivent le clayonnage, composé de perchettes attachées avec des *brins d'osier*. On emploie ordinairement de la paille longue de seigle peignée, bien que la paille de blé soit préférable ; les fétus, de 1 m 20 de long, sont réunis en *javelles* de 0 m 25 de diamètre environ, qui sont bien égalisées en haut et en bas, puis reliées deux à deux par un *lien d'osier*; le tout est fixé aux lattes, au moyen d'un second lien qui enveloppe le premier et qui passe aussi entre les bottes. On place celles-ci en allant de la partie inférieure du toit jusqu'au sommet, par rangées horizontales, avec une pente de 1^{m} 50 à 2^{m} 00 de hauteur pour 1^{m} 00 de base; le faîtage est formé par des bottes posées à cheval sur les deux pentes et recouvertes ensuite de *terre glaise*. Quand la couverture est terminée, on la peigne au rateau pour redresser les brins. Le poids du mètre carré de couverture en chaume, de 0^{m} 25 d'épaisseur, est de 20 kil., lorsqu'elle est bien sèche ; ce poids devient beaucoup plus considérable, lorsque la paille est mouillée.

Dans les pays marécageux, on exécute avec des *roseaux*, particulièrement avec le roseau à balai, une couverture analogue à celle en chaume, et qui a les mêmes inconvénients.

§ 11. — GOUTTIÈRES, CHÊNEAUX ET ACCESSOIRES DE COUVERTURE

38. Gouttières en zinc. — *1° Gouttières ordinaires.* Les eaux recueillies sur un égout de toiture peuvent tomber directement sur le sol; mais, en général, elles sont réunies dans un canal spécial, qui suit la rive d'égout et qui les amène à un *tuyau* vertical de *descente*; ce canal s'appelle une *gouttière* ou un *chéneau*, suivant sa disposition.

Une *gouttière* est un canal en métal, de forme demi-cylindrique, suspendu au bord de l'égout; on la fait ordinairement en zinc, quelquefois en fer-blanc, en cuivre, en tôle galvanisée ou en fonte; on trouve dans le commerce des gouttières toutes préparées, en zinc, des n°s 11 à 14; la rive extérieure est terminée par un ourlet, et leur largeur développée est de 0^{m} 16, de 0^{m} 25 ou de 0^{m} 33. Les gouttières en zinc trop mince sont peu durables, aussi ne doit-on employer que celles en zinc n° 14, et pour des constructions importantes, en zinc n° 16.

Les gouttières sont soutenues par des *crochets* qui se fixent à l'extrémité des chevrons ou sur les sablières. Ces crochets se posent souvent à 0^{m}80 de distance; nous recommandons de ne jamais mettre plus de 0^{m} 60 d'écartement entre eux, et même seulement 0^{m} 40 à 0^{m} 50, si on veut éviter la déformation de la gouttière qui entraîne toujours sa ruine. La gouttière est maintenue sur les crochets de deux côtés. Du côté du toit, par une petite queue en pointe, fixée sur le crochet, et que l'on replie sur la gouttière en la fixant solidement du côté du toit, et de l'autre, au moyen de l'extrémité du crochet, que l'on replie par-dessus l'ourlet de la gouttière. Ces crochets se vendent dans le commerce, et sont réglés de hauteur afin de donner à la gouttière la pente convenable.

La pente ordinaire est de 0 m 01 par mètre ; si le bâtiment est long, les gouttières sont disposées par bouts indépendants de 8 à 12 m 00 de long, chacun d'eux ayant la pente voulue; deux bouts de pentes inverses amènent leurs eaux à une même descente. On évite ainsi les gondolements et les arrachements qui se produiraient si on donnait aux gouttières une longueur supérieure. Les gouttières du commerce sont par morceaux de 2 m 00 de long, qu'on soude les uns aux autres avec un recouvrement de 0 m 03 à 0 m 04. On termine chaque pente de gouttière à son extrémité supérieure par un fond plat, et à son extrémité inférieure par une tubulure verticale ou *moignon*; les deux fonds voisins sont réunis, à chaque bas de pente, par une petite bande à cheval, et les deux moignons déversent leurs eaux dans une seule cuvette. Pour éviter que des ordures, telles que les feuilles d'arbres, viennent engorger les tuyaux de descente, on recouvre l'orifice de chaque moignon d'une petite grille, appelée *crapaudine*. Les gouttières que nous venons de décrire s'appellent *gouttières pendantes* (fig. 29, pl. LXV).

2° *Gouttières à l'anglaise*. Les gouttières pendantes cachent la corniche, ne présentent pas une grande stabilité, et on préfère souvent la disposition de *gouttière à l'anglaise*, ou gouttière posée sur entablement, que l'on place sur la corniche. On commence par couvrir toute la corniche d'un recouvrement ou *bavette* en zinc, qui, d'un côté, s'appuie sur la sablière, et est terminé par un ourlet ou boudin en zinc qui fait saillie sur la corniche. La gouttière se pose au-dessus, avec les pentes voulues, en employant les moyens indiqués pour les gouttières ordinaires; on donne souvent aux crochets une forme un peu différente, de manière que la gouttière soit mieux soutenue, en leur ajoutant en avant un pied qui repose sur la bavette en zinc de la corniche. On voit qne si la gouttière se trouve engorgée, l'eau qui débordera tombera sur la couverture de la corniche et ne pourra pénétrer dans le mur de face. Dans les bâtiments importants, on cache la gouttière, dont la rive extérieure est alors bien horizontale, par une feuille de zinc moulurée, appelée *devant de socle*, qui s'agrafe sur sa rive supérieure avec la pince de la gouttière, et dont la rive basse est maintenue par son ourlet à l'aide de paillettes rivées aux pieds des supports de la gouttière (fig. 30, pl. LXV); on laisse, entre cette rive basse et le dessus de la corniche, un intervalle de 0 m 01 pour permettre l'écoulement de l'eau qui déborde de la gouttière.

Les moignons qui servent de départ de l'eau au bas des pentes sont prolongés par un bout de tuyau qui traverse la corniche dans une ouverture plus large, revêtue d'un manchon de plomb ou de zinc formant fourreau ; ce manchon, arasant par sa partie haute le zinc de la bavette auquel il est soudé, dépasse en dessous les moulures de la corniche; le plomb est préférable au zinc, parce qu'il se conserve mieux dans la maçonnerie; on lui donne 0m002 d'épaisseur.

Les gouttières à l'anglaise se dilatent moins facilement que les gouttières ordinaires, aussi est-il prudent de limiter à 6 ou 8^{m}00 la longueur de chaque bout; pour ne pas multiplier les tuyaux de descente, on établit alors des *ressauts* analogues à ceux des chéneaux.

39. Chéneaux en plomb. — Un *chéneau* est un canal en bois, en pierre, en terre cuite ou en métal, établi dans un encaissement solide, ou simplement sur la partie supérieure d'un mur de face pour recevoir les eaux de la toiture. Il forme un chemin pour la visite ou les réparations de la couverture. On doit lui donner la pente nécessaire pour que l'eau y prenne une vitesse convenable, et pour éviter les engorgements; cette pente est au minimum de 0^{m}01 pour mètre.

Le chéneau est limité d'un côté par la *sablière* qui est surélevée de 0^{m}40, de l'autre par une planche ou *socle* de 0^{m}034 d'épaisseur et de 0^{m}30 de haut, formant le devant de l'encaissement et maintenue par des *équerres* en fer à scellement espacées, de 0^{m}50 d'axe en axe, entaillées et fixées à vis; le fond est constitué par une pente en plâtre, avec angles arrondis au raccord avec les faces, de manière à éviter de plier les feuilles de plomb à angle vif. Les feuilles employées ont 0^{m}003 à 0^{m}004 d'épaisseur; on forme le revêtement intérieur d'une seule feuille terminée sur ses rives par des pinces servant à l'agrafer d'une part sur le bord supérieur du socle, d'autre part sur la face de la sablière où la pince reçoit de plus l'agrafure de la *bande de batellement* qui termine la rive basse du rampant.

Une autre bande de plomb, qui recouvre en même temps la saillie de la corniche, garnit la face extérieure du socle; enfin une bande de plomb, maintenue par des agrafes, recouvre la partie haute du socle; elle est moulurée extérieurement en forme de membron (fig. 31, pl. LXV).

Pour permettre les dilatations dans le sens de la longueur, on doit établir tous les 4 ou 6^{m}00 au plus un joint avec *ressaut* : à cet effet, on établit en travers de la pente en plâtre une lambourde de 0^{m}04 à 0^{m}06 de hauteur qui arrête le plâtre de la pente supérieure; la feuille de plomb du bief bas est relevée le long de la lambourde dont elle recouvre la face supérieure; la feuille du bief supérieur est posée par-dessus, rabattue à son tour sur la lambourde, et prolongée horizontalement de 0^{m}10 dans le bief inférieur. On ménage dans le socle du chéneau, près de chaque ressaut, un orifice de *trop plein* de 0^{m}03 de hauteur, placé un peu au-dessus du niveau de l'arête supérieure du ressaut, de manière que l'eau ne puisse pas atteindre la partie supérieure du joint (fig. 32, pl. LXV).

40. Chéneaux en zinc. — On peut établir ces chéneaux d'après les mêmes principes que ceux en plomb, mais en ayant soin de faire en bois le revêtement entier de l'encaissement; le fond est cloué sur des lambourdes fixées à scellement comme celles d'un plancher; les angles de l'encaissement sont garnis de tasseaux, afin d'éviter les angles vifs. Le revêtement se fait en zinc n° 14 et mieux n° 16, les feuilles étant disposées et agrafées comme dans le chéneau en plomb que nous venons de décrire.

Le *ressaut* est construit de manière à permettre les dilatations et les contractions: la feuille de zinc du bief inférieur se relève le long de la lambourde, se replie en pince plate et s'agrafe à deux pattes vissées ou clouées sur la face supérieure de la lambourde; la feuille du bief supérieur dépasse le ressaut d'environ $0^{m}10$, puis se replie verticalement jusqu'au fond du bief inférieur et se termine par une pince (fig. 33, pl. LXV). Ces ressauts ne sont pas susceptibles d'infiltration par capillarité comme ceux des chéneaux en plomb; ils doivent être établis au moins tous les $4^{m}00$; un *trop plein* existe au droit de chaque ressaut.

Lorsque le chéneau comporte deux pentes inverses, on établit, au point de passage appelé aussi *besace* un tasseau transversal de $0^{m}05$ à $0^{m}06$ de hauteur, contre lequel on relève les feuilles de zinc de part et d'autre, et qu'on recouvre par un couvre-joint, comme dans une couverture en zinc (fig. 34, pl. LXV).

41. Chéneaux sur entablements couverts. — Cette disposition est la meilleure pour éviter les inconvénients des chéneaux ordinaires; en voici le principe : on commence par recouvrir en zinc le dessus de la corniche, en faisant monter ce recouvrement jusqu'à la partie supérieure de la sablière où la feuille est maintenue par des agrafes; on suspend alors, au-dessus de cette couverture, un chéneau ordinaire, à l'aide de supports en fer de forme appropriée placés tous les $0^{m}40$ ou $0^{m}50$. Ces supports sont en fer plat; ils se fixent à vis sur la sablière ou sur les chevrons et ils comportent un pied plat par lequel ils reposent sur le zinc de recouvrement de la corniche. Ces fers sont entaillés et fixés à vis dans les planches de l'encaissement; on laisse un intervalle de $0^{m}05$ entre la corniche et le fond de l'encaissement, et on masque le devant du chéneau par une garniture en plomb ou en zinc, établie comme dans le cas des gouttières à l'anglaise (fig. 35, pl. LXV).

42. Chéneaux en terre cuite. — La maison Muller, d'Ivry, construit des chéneaux en terre cuite de divers modèles; la terre est de première qualité et parfaitement imperméable, de telle sorte qu'on évite les garnitures en métal; on les établit presque sans aucune pente, lorsque la distance entre les descentes d'eau n'est pas trop considérable.

Un premier modèle est destiné à se poser sur des toits en *queue de vache*; le chéneau est formé par bouts successifs d'environ $0^{m}50$ à $0^{m}60$ de longueur, se terminant à chaque extrémité par une bride d'assemblage pourvue d'une rainure destinée à placer un tube en *caoutchouc* épais; les brides contiguës se serrent au moyen de *boulons* en fer galvanisé. Ces chéneaux ont $0^{m}20$ de haut et $0^{m}16$ à $0^{m}20$ de largeur environ; on les fixe sur les *coyaux*, au droit de chaque joint, à l'aide de pattes en fer retenues par l'un des boulons de joint (fig. 36, pl. LXV).

Les chéneaux à établir au-dessus d'une corniche sont d'un modèle un peu différent; les brides d'assemblage peuvent être saillantes (fig. 37, pl. LXV) ou au contraire ne pas être en relief sur la façade (fig. 38, pl. LXV); lorsqu'on veut prendre des précautions spéciales d'étanchéité pour les joints dans des bâtiments importants, on peut mettre à l'intérieur, dans une rainure pratiquée à cet effet, une feuille de plomb à cheval sur chaque joint, et la sceller au ciment (fig. 39, pl. LXV).

La maison Muller a établi un grand nombre de modèles de *devants des chéneaux* en terre cuite que l'on peut placer devant un chéneau en plomb ou en zinc, et qui se fixent sur la corniche à l'aide de boulons à scellement en fer galvanisé.

43. Gouttières et chéneaux en fonte. — On peut obtenir des *gouttières* et *chéneaux en fonte* mince, de $0^{m}004$ à $0^{m}005$ d'épaisseur, de formes très variées, que M. Bigot-Renaux, de Rouen, a vulgarisés et dont l'emploi se répand beaucoup depuis une vingtaine d'années. On les établit par bouts de $1^{m}00$ avec pièces de raccords dont les longueurs sont espacées de $0^{m}05$ en $0^{m}05$; il existe également des modèles de bouts avec fonds pour les extrémités et de bouts avec tubulures. Les *joints* sont faits à l'aide d'une rainure formée par deux cordons saillants, dans laquelle on comprime un *caoutchouc*. Le serrage du joint est obtenu au moyen de crochets de forme spéciale et d'une clef qui permet de les placer. Ces gouttières et ces chéneaux se posent comme les gouttières en zinc, soit pendantes, soit à l'anglaise; on les supporte par des crochets, ou sur un fond d'encaissement en bois. On peut leur donner sur leur face vue un profil mouluré se raccordant avec celui de la corniche sur laquelle on les place; il existe également des modèles de devants de socles en fonte.

Dans la construction des sheds, on utilise souvent les chéneaux en fonte comme sablières supportant les abouts des chevrons; ils doivent alors avoir des dimensions convenables pour former poutres, et être d'une seule pièce entre deux appuis ; les joints se font par brides boulonnées, avec interposition d'une lame de plomb de $0^{m}010$ d'épaisseur, dont les faces sont enduites de mastic de minium ou de céruse.

44. Chéneaux en tôle. — On peut, dans les constructions métalliques, exécuter le chéneau en tôles, rivées et assemblées au moyen de cornières, et le fixer à l'extrémité des chevrons; la tôle doit être peinte à plusieurs couches.

Lorsqu'on craint que le chéneau en tôle ne soit pas suffisamment étanche, on s'en sert comme encaissement pour y loger un chéneau en plomb.

On a quelquefois construit ces chéneaux en tôle galvanisée, ou en tôle plombée, qui est de la tôle recouverte d'un alliage de plomb et d'un peu d'étain.

45. Tuyaux de descente des eaux. — *1° Tuyaux en zinc.* Les tuyaux de descente pour bâtiments peu importants se font souvent en zinc; on leur donne ordinairement le même développement qu'aux gouttières auxquelles ils font suite; ils se font par bouts de 2^{m}00 et on soude sur chaque bout un *nez en zinc*, demi-cône de 0^{m}05 de haut, qui sert à empêcher les bouts de tuyaux de se pénétrer plus qu'il n'est nécessaire les uns dans les autres lorsqu'on les assemble. On remplace, dans des ouvrages plus soignés, le nez par un *cordon* saillant soudé en haut du tuyau; un autre cordon est soudé à quelques centimètres de son extrémité.

On doit toujours arrêter le tuyau en zinc à 2^{m}00 environ du sol, et le continuer par un tuyau en fonte terminé à sa partie inférieure par un *dauphin*.

Ces tuyaux sont soutenus contre les murs par des *colliers* en fer feuillard galvanisé, scellés dans les murs par les deux bouts ou mieux par des *colliers à lunette*, formés de deux parties assemblées par une charnière et par un boulon, et qui évitent les descellements en cas de réparations (fig. 40, pl. LXV). On place toujours les colliers immédiatement sous une saillie ou sous un nez.

A la partie supérieure du tuyau de descente est une *cuvette* en zinc dans laquelle arrivent les moignons des gouttières ou des chéneaux, et qui doit être pourvue d'un *trop plein*, à 0^{m}05 environ de son bord supérieur, et d'un *couvercle* pour empêcher les oiseaux de venir y faire leur nid.

2° Tuyaux en fonte. Dans les travaux soignés et qui doivent présenter de la durée, on emploie les tuyaux en fonte moulée, dont l'épaisseur varie de 0^{m}003 à 0^{m}004, avec *joints à cordon* et *emboîtements* sans interposition d'aucune matière formant joint; les bouts de tuyaux courants ont 1^{m}00 de long et on trouve, en outre, des pièces de raccord de longueur moindre et qu'on nomme demi-bouts (0^{m}75), tiers de bouts (0^{m}33), quarts de bouts (0^{m}29), huitièmes de bouts (0^{m}14); elles permettent d'exécuter les longueurs quelconques sans avoir besoin de couper les tuyaux au burin. On termine le tuyau à sa partie inférieure par un *dauphin*, et à sa partie supérieure par une *cuvette en fonte*.

Lorsqu'une conduite de descente doit être déviée, on se sert de raccords en forme de *coudes*, établis au huitième de circonférence; si la conduite doit recevoir une ou plusieurs conduites secondaires, on emploie des *culottes* simples ou doubles, et des *embranchements*.

Il est bon, pour éviter l'oxydation des tuyaux en fonte, de les goudronner ou de les peindre tant à l'intérieur qu'à l'extérieur.

Pour les édifices importants, on emploie des *tuyaux en fonte ornée* dont les divers modèles peuvent être rangés en trois catégories :

1° Les tuyaux cannelés à section circulaire;

2° Les tuyaux à spirale à section circulaire ;

3° Les tuyaux à pans ou à section polygonale.

Il faut donner aux tuyaux de descente des dimensions suffisantes pour qu'ils écoulent l'eau tombée sur la toiture; en admettant que dans nos climats une pluie d'orage fournisse 1 litre d'eau par mètre carré de toiture et par minute, on pourra calculer les dimensions d'un tuyau en se basant sur les chiffres suivants donnés par M. Bigot-Renaux :

Un tuyau de	$0^{m}080$ de diamètre	débite	194 litres	par minute.
—	$0^{m}095$	—	273	—
—	$0^{m}108$	—	340	—
—	$0^{m}115$	—	510	—
—	$0^{m}135$	—	834	—
—	$0^{m}160$	—	984	—

A leur partie inférieure, les tuyaux de descente pénètrent le plus souvent dans un caniveau en fonte logé dans l'épaisseur des trottoirs et qu'on nomme *gargouille*; si la descente verse son eau dans une cour, sur un revers en pavés, on place sous le dauphin une pierre dure creusée en son milieu, et qu'à cause de sa forme on nomme *cuiller*.

46. Circulation sur les combles. — Nous avons dit qu'on ne pouvait marcher sur les couvertures en ardoises; lorsqu'une toiture en zinc a une pente supérieure à $0^{m}30$, il est impossible d'y circuler; on doit donc disposer des chemins composés de *marches en bois*, attachés aux chevrons et au voligeage par des vis ou des boulons, et recouvertes en zinc. Ces marches sont glissantes, et on leur préfère des *marches en zinc fondu* dont la face supérieure est striée et qui se fixent sur le comble par deux forts tenons coniques. On accompagne ordinairement ces marches d'une *rampe en fer* formée de montants en fer rond de $0^{m}020$ à $0^{m}025$, espacés de 1 à $1^{m}50$ et réunis par une main courante, en fer, le tout galvanisé. Les montants sont fixés sur les chevrons par des pattes à vis et on leur fait traverser la couverture dans une douille en zinc recouverte d'un entonnoir renversé soudé au montant, et formant larmier.

Sur les pans de couverture à pente raide on établit des *échelles de fer* dont les montants sont soutenus par des supports à pattes ou à boulons fixés aux chevrons; le tout est galvanisé; elles aboutissent à des paliers construits en fers assemblés et galvanisés.

On constitue encore quelquefois les marches à l'aide de petits fers assemblés ou bien on les fait en fonte.

§ 12. — PRIX DES TRAVAUX DE COUVERTURE

Les prix de règlement ci-dessus comprennent :

1° Les déboursés pour la main-d'œuvre ;

2° Les faux-frais calculés pour la main-d'œuvre seulement, et fixés à 25 0/0.

3° Les bénéfices appliqués aux prix de la main-d'œuvre, des fournitures et faux-frais et fixés à 10 0/0.

ARDOISES ET TUILES

		PRIX PAYÉ PAR L'ENTREPRENEUR	PRIX DE RÈGLEMENT
Heure de jour été et hiver (prix moyen)	de compagnon couvreur	0.86	1.18
	de garçon couvreur	0.57	0.79
	de garçon gardien de rue	0.40	0.55

		D'ANGERS, DE TRÉLAZÉ, DE SAINT-BARTHÉLEMY	DE RENAZÉ ET DE FUMAY	DE RIMOGNE ET DE LABASSÈRE	DE SAINT-JEAN-DE-MAURIENNE	LES MÊMES REMANIÉS
Ardoise ordinaire première, carrée, 1/2 forte, deuxième modèle de 0.297 × 0.216, pureau de 0m11, clouées de clous en fer (le mètre linéaire)	sur plâtre	5.09				2.35
	sur volige neuve en peuplier	5.57				2.82
	sur volige 1/2 neuve et 1/2 reclouée	5.20				2.46
	sur volige vieille reclouée	4.84	0.10	0.19	0.95	2.10
	sur volige 1/2 reclouée	4.66				1.91
	sur volige non reclouée	4.47				1.73

Plus-values	Pour emploi d'ardoises, première, carrée, premier modèle (0m297 × 0m216 et de 0m0028 à 0m0040 d'épaisseur	0.17
	Pour emploi d'ardoises grand modèle (0m324 × 0m0222 à 0m0035 d'épaisseur	0.22

Ces plus-values ne seront appliquées qu'après production d'un ordre écrit de l'architecte.

Les prix des ouvrages remaniés comprennent la découverture, à moins que les ardoises n'aient été descendues à terre et remontées ; dans ce cas, la découverture sera payée séparément au prix fixé plus loin.

Moins-values
- Les couvertures en ardoises non fournies, sans qu'il y ait eu découverture préalable, seront payés au prix de l'ardoise remaniée, diminué de 1.10
- Lorsque le voligeage sera exécuté au moyen de voliges au-dessous de $0^{m}013$ d'épaiss^{r} il sera déduit des prix ci-dessus.... 0.15

Plus-value pour l'emploi de voliges en sapin au lieu de peuplier
- de $0^{m}013 \times 0^{m}11$ 0.05
- $0^{m}010 \times 0^{m}11$ 0.07

Plus-values
- Ardoise posée, avec clous en cuivre 0.22
- Non clouée, posée avec crochets en cuivre apparents.... 4.40

Ardoise carrée

d'Angers, de Trélazé et de Saint-Barthélemy (posée sur volige) avec crochets plats à 2 branches en tôle galvanisée (le mètre superficiel)
- N° 1 $0^{m}22 \times 0^{m}22$ 6.66
- 2 $0^{m}26 \times 0^{m}26$ 6.03
- 3 $0^{m}30 \times 0^{m}30$ 5.79
- 4 $0^{m}33 \times 0^{m}33$ 4.47
- 5 $0^{m}36 \times 0^{m}36$ 4.38

posée sur liteau avec crochets ronds à 2 branches en fer galvanisé
- $0^{m}30 \times 0^{m}30$ 4.85
- $0^{m}33 \times 0^{m}33$ 4.65
- $0^{m}36 \times 0^{m}36$ 4.33

Plus-value pour emploi de crochets en cuivre rouge 0.75

Ardoise octogone carrelage d'Angers, de Trélazé, de St-Barthélemy posée sur liteau avec crochets fer galvanisé (le mèt. sup.)
- N° 1 de $0^{m}300 \times 0^{m}300$ et $0^{m}385$ de diagonale..... 4.60
- 2 de $0^{m}330 \times 0^{m}330$ et $0^{m}425$ — 4.50
- 3 de $0^{m}360 \times 0^{m}360$ et $0^{m}425$ — 4.40

Ardoise modèle anglais, d'Angers, de Trélazé et de Saint-Barthélemy : sur volige sapin de $0^{m}08$ de largeur sur $0^{m}029$ d'épaisseur, chanlatte (le mètre superficiel)

NUMÉROS DES ARDOISES	PUREAU	POSÉE AVEC CLOUS EN CUIVRE			POSÉES AVEC CROCHETS EN CUIVRE		
		NEUVE SUR VOLIGE SAPIN	REMANIÉE		NEUVE SUR VOLIGE SAPIN	REMANIÉE	
			sur volige neuve	sur volige vieille conservée		sur volige neuve	sur volige vieille conservée
1	$0^{m}280$	6.45	2.00	1.00	6.69	2.30	1.25
2	0.265	6.24			6.49		
3	0.265	6.20			6.50		
4	0.240	6.50			6.87		
5	0.215	6.59	3.05	1.25	7.04	3.60	2.00
6	0.190	6.65			7.15		
7	0.165	6.57			7.32		
8	0.140	7.21			8.08		
9	0.140	7.26	4.45	1.75	8.54	5.35	3.05
10	0.115	8.24			9.55		
11	0.140	6.96			7.65		
12	0.115	7.87			8.94		

Moins-values { pour emploi de clous en fer.. 0.28
{ pour emploi de crochets en fer étamé.. 0.50

Ardoise en recherche à la pièce 1re carrée, 2e modèle	D'ANGERS, DE TRÉLAZÉ ET DE SAINT-BARTHÉLEMY	DE RENAZÉ ET DE FUMAY	DE RIMOGNE ET DE LAHASSERIE	DE SAINT-JEAN-DE-MAURIENNE	MODÈLE ANGLAIS D'ANGERS, DE TRÉLAZÉ ET DE SAINT-BARTHÉLEMY		
					1 à 4	5 à 8	9 à 12
pour fourniture seulement, pr. moy.	0.063	0.064	0.059	0.0418	0.36	0.15	0.09
— compris clous......	0.066	0.063	0.062	0.044	0.38	0.17	0.11
— compris clous et pose	0.243	0.240	0.238	0.224	0.71	0.46	0.32
non fournie compris clous et pose.	0.18	0.18	0.18	0.18	0.34	0.31	0.23

Tuile plate de Bourgogne (au mètre superficiel)	GRAND MOULE		PETIT MOULE	
	NEUVE	REMANIÉE	NEUVE	REMANIÉE
sur plâtre..	6.25	2.00	6.66	2.56
sur lattis neuf..	5.90	1.66	6.05	2.10
sur lattis demi-neuf et demi-recloué....................	5.72	1.32	5.82	1.72
sur lattis vieux recloué....................................	5.60	1.16	5.60	1.33
sur lattis vieux demi-recloué.............................	5.45	1.09	5.42	1.32
sur lattis vieux non recloué..............................	5.38	0.98	5.35	1.25
Moins-value pour emploi de tuile vieille fournie..........	2.52	......	2.55	......

Tuile à recouvrement ou à emboîtement posée sur liteau de $0^{m}025 \times 0^{m}027$	NEUVE		REMANIÉE	
	Sur liteau neuf	Sur liteau vieux remanié	Sur liteau neuf	Sur liteau vieux remanié
de Muller d'Ivry (Seine) ou d'Altkirch (Alsace) { grand moule.................	4.20	3.90	0.90	0.60
de Muller d'Ivry (Seine) ou d'Altkirch (Alsace) { petit moule.................	5.00	4.50	1.65	1.15
de Choisy-le-Roi (Seine), de Courbeton (Seine-et-Marne), d'Écuisses, dite de Perrusson (Saône-et-Loire), d'Essonnes, dite Radot (Seine-et-Oise), de Génelard, de la Ferté-Saint-Aubin (Loiret), des Laumes (Côte-d'Or), de Montceau-les-Mines (Saône-et-Loire), de Montchanin, de Navilly (Saône-et-Loire), de Pargny-sur-Saulx (Marne)	0.20	3.55	0.90	0.60

Tuile à emboîtement, creuse, dite isolante, d'Ivry-Port (posée sur liteau de $0^m025 \times 0^m027$)	grand moule	4.39
	petit moule	6.20

Les prix des ouvrages remaniés comprennent la découverture, à moins que les tuiles n'aient été descendues à terre et remontées ; en ce cas la découverture sera payée au prix fixé plus loin.

Les couvertures en tuile non fournie, mais avec liteau fourni sans qu'il y ait découverture préalable, seront payées au prix de la tuile remaniée, diminué de 0.05

Tuile en recherche (la pièce)	FOURNI seulement	FOURNIE posée sur vieux lattis	FOURNIE posée sur plâtre neuf	NON FOURNIE posée sur vieux lattis	NON FOURNIE posée sur plâtre neuf
plate de Bourgogne					
— grand moule	0.12	0.20	0.26	0.079	0.13
— petit moule	0.068	0.14	0.18	0.069	0.12

Moins-value sur les prix de tuile neuve ci-dessus pour emploi de tuile vieille fournie	grand moule	9.53
	petit moule	9.27

A recouvrement ou à emboîtement		POUR FOURNITURE seulement	FOURNIE posée sur VIEUX LITEAUX	NON FOURNIE et posée sur VIEUX LITEAUX
d'Ivry ou d'Altkirch	grand moule	0.22	0.30	0.079
	petit moule	0.13	0.21	0.079
de Choisy-le-Roi, Courbéton, d'Écuisses, d'Essonnes, de Génelard, de la Ferté-Saint-Aubin, des Laumes, de Montceau-les-Mines, de Montchanin, de Pagny-sur-Saulx		0.20	0.28	0.079

OUVRAGES ACCESSOIRES

Arêtier (au mètre linéaire)	Devant être recouvert en zinc ou en plomb	sur ardoise fournie	0.85
		sur ardoise non fournie	0.70
	avec deux tranchis biais et plâtre dessous		1.50
	compris façon des approches		1.20

Arêtier (au mètre linéaire) (suite)	en plâtre dessous et dessus, et deux tranchis non apparents	sur tuile neuve fournie	1.50
		sur tuile vieille fournie	1.35
		sur tuile non fournie	1.25
		sur tuile ou ardoise non descellées	0.60
	en faîtière, à recouvrement, compris double tranchis et plâtre	neuves, sur tuile fournie	4.50
		neuves, sur tuile non fournie	3.90
		neuves, sur tuile d'Ivry, compris faîtières	4.60
		remaniées, sur tuile d'Ivry, sans faîtières	1.50

Bâches en location, comme à la maçonnerie, avec 25 0/0 en plus pour les manutentions.

Balayage	de gouttière ou chéneau, compris descente des gravois ou ordures ; le mètre linéaire	0.05
	de comble, compris descente des gravois ou ordures; le mètre superficiel	0.03

Ne s'applique pas lorsqu'il a été fait des travaux de remaniage ou de recherche de tuiles ou ardoises dont les prix comprennent cette façon dans le temps passé à l'exécution desdits ouvrages. Seul, l'enlèvement des gravois est payé à part, sur bons reconnus, aux prix portés à la maçonnerie.

Batellement: le mètre linéaire, chaque pièce sera payée comme les secondes pièces d'égout.

Châssis à tabatière, du commerce, en fer, dormant en tôle, petit bois, crémaillère, piton mentonnet, mesuré à l'intérieur des dormants ; le mètre linéaire ... 5.00

Plus-values	pour dormant, en fer laminé, de 0m025 d'épaisseur; le mètre linéaire	0.20
	pour poulie, montée sur chape ; la pièce	2.00
	aux châssis dormants dans lesquels existera une partie ouvrante de moins de surface que celle des châssis, il sera alloué par mètre de développement de châssis mobile	3.00

Pose de châssis à tabatière, en fer ; le mètre linéaire ... 0.30

Dépose, avec pattes conservées ... 0.15

Plus-value pour galvanisation ... 0.90

Coyau en sapin, pour pose et ajustement : à la pièce ... 0.33

Crochet d'échelle (la pièce)	pour fourniture seulement	3.50
	pour pose, avec façon et pose de noquets en plomb	0.82

Découverture, compris descente des matériaux (le mètre linéaire)	En ardoises conservées ou arrachées	de combles entiers ou de parties de combles, compris arrachement des clous, soit à ardoise, soit à volige	0.33
	En tuiles plates conservées ou arrachées	de combles entiers ou de parties de comble, compris arrachage des clous à lattes	0.20
	En tuiles à emboîtement, les liteaux conservés ou arrachés		0.10
	Il sera alloué en sus de découverture	par 1.000 ardoises conservées entières, rangées et propres à être réemployées	5.50
		par 1.000 de tuiles conservées entières, rangées et propres à être réemployées	3.30

La découverture sera mesurée en œuvre, tout vide déduit, sans avoir égard aux plâtres et autres ouvrages linéaires dont la démolition ne sera jamais payée à part.

Dérivure en plâtre, compris plâtre dessous, le mètre linéaire ... 0.38

Les tranchis droits ou biais seront payés comme il est dit un peu plus loin (*Tranchis*).

Descente de gravois, à la hotte, au seau, à la poulie, à la trémie (compris chargement et déchargement), prix moyen ; le mètre cube 2.50

Doublis (mètre linéaire). En ardoise, chaque pièce sera payée comme les secondes pièces d'égout.

Échafaudages volants (location par jour) { de 1 à 5 mètres, le mètre linéaire 2.00
au-dessus de 5 mètres, — 0.40

Tous les jours de location seront payés, excepté les jours de repos des ouvriers.

Pour pose et dépose (compris transport) { de 1 à 10^{m}, le mètre linéaire 12.50
au-dessus de 10^{m} — 1.25

Établis par les ouvriers couvreurs d'après les prescriptions administratives, et formés d'échelles, voliges, cordages, etc., pour location, pose et dépose et double transport, le mèt. linéaire. . 2 00

Égout (le mètre linéaire)		Une pièce compris plâtre p[r] scellement et basculement — Neuve	Une pièce — Remaniée	Chaque pièce en plus de la première pièce d'égout — Neuve	Chaque pièce en plus — Remaniée
En tuile	grand moule	0.93	0.44	0.90	0.40
	petit moule	0.95	0.64	0.93	0.59
En ardoise	1re carrée : 2e modèle d'Angers, de Trélazé, de Saint-Barthélemy....	0.72	0.39	0.70	0.38
	2e carrée : 2e modèle de Renazé, de Fumay, de Rimogne et de Labassère	0.70	0.39	0.68	0.38
	modèle anglais n°s 1 à 5	1.60	......	1.54	......
	— n°s 6 à 12	1.01	......	0.95	......

Moins-value pour emploi de tuile vieille sur les premières lignes du tableau 0.25

Émoussage compris grattage de la mousse et nettoyage des combles, le mètre superficiel.... 0.10

Faîtage (mètre linéaire)	neuf	En faîtières	de Bourgogne, compris plâtre pour scellement, pour embarrures et crêtes	3.22
			de Bourgogne, à bourrel[ets]	3.45
			à recouvrement	3.05
	remanié	Les faîtières non descellées, compris plâtre, pour embarrures des deux côtés		0.95
		Les faîtières non descellées, compris plâtre, pour embarrures et crêtes		1.35
		Les faîtières descellées et rescellées, compris plâtre pour scellement, embarrures et crêtes		1.55
		Les faîtières à bourrelets, descellées et rescellées, compris plâtre pour scellement et embarrures		1.15
		Les faîtières à recouvrement, compris plâtre, pour embarrures		0.70
		Les faîtières à emboîtement, compris plâtre, pour embarrures		0.80

Faîtière de Bourgogne	ordinaire	pour fourniture seulement	0.66
		pour fourniture, scellement et pose, compris arêtes et embarrures	1.43
		non fournie, pour scellement et pose, compris embarrures et crêtes	
	à bourrelet (neuve)	pour fourniture seulement	0.77
		pour fourniture, scellement et pose, compris embarrures	1.34
		non fournie, pour scellement et pose, compris embarrures	0.57

Filet et solin en plâtre, compris tranchis et scellement des pièces (le mètre linéaire)	sur tuile neuve fournie	0.95
	sur tuile vieille fournie	0.90
	sur ardoise neuve fournie	0.90
	sur tuile ou ardoise non fournie	0.85

Lorsque les filets ou solins en plâtre auront été faits sur tuiles ou ardoises non descellées, le prix sera de 0.60

Les prix ci-dessus comprennent la valeur des bûchements des anciens plâtres.

Garde-fous, formés d'échelles, voliges et cordages ; pour location, installation et dépose ; le mètre linéaire 0.75

Latte de 1 m 30 (la pièce)	fournie	seulement, avec clous	0.05
		et posée	0.15
	non fournie, compris clous et pose		0.10

Liteau, fourni seulement avec clous ; le mètre linéaire 0.09

Légers ouvrages ; prix de l'unité 5.50

Les évaluations, comme à la maçonnerie.

NOTA. — Pour les légers ouvrages exécutés hors combles, tels que réparations de souches de cheminées, crevasses, d'après les ordres de l'architecte, le prix sera augmenté de 10 0/0. Pour les travaux dits légers, ouvrages à la corde à nœuds, le prix sera augmenté de 25 0/0.

Massif	en plâtras non fournis et plâtre	au mètre cube, comme à la série de maçonnerie
	en plâtras fournis et plâtre	

La fourniture des plâtres ne sera accordée que lorsqu'il aura été régulièrement constaté que lesdits ne proviennent pas du chantier où le travail est exécuté.

Mitre et mitron, comme à la maçonnerie, avec 25 0/0 d'augmentation sur les prix de pose.

Parement, en plâtre, au droit des tranchis apparents ; le mètre linéaire 0.40

Plâtre	fourni, le sac dit coulé	0.47
	— id., au sas	0.55

Ruellée, compris tranchis non apparent, plâtre dessus et dessous (le mètre linéaire)	sur tuile	non fournie	1.13
		vieille, fournie	1.06
		neuve fournie	1.00
		non descellée	0.62

Tous les plâtres, pour arêtiers, faîtages, solins et filets ruellés, etc., comprennent le scellement des pièces adjacentes. Toutefois, lorsque le scellement seul des pièces aura lieu, il sera payé comme demi-parement en plâtre.

Les plâtres faits sur tuiles à emboîtement donneront lieu à une plus-value de 1/4.

Les plâtres teintés pour arêtiers, ruellées, solins, etc., donneront lieu à une plus-value de 1/10.

Tranchis, au mètre linéaire		DROIT et APPARENT	BIAIS APPARENT POUR NOUES
sur ardoise	neuve, fournie, première, carrée	0.46	0.75
	neuve, fournie, modèle anglais, prix moyen	0.59	1.02
	non fournie, première, carrée	0.33	0.49
	non fournie, modèle anglais	0.45	0.82
sur tuile	neuve, fournie	0.81	1.25
	vieille, fournie	0.74	1.01
	non fournie	0.66	0.82

Fait à la scie, sur tuile, à emboitement ou à recouvrement, fournie 3.43

Ne sont considérés comme tranchis que les rives isolées.

Volige à la recherche (la pièce)	fournie	scellement	0.24
		compris clous	0.25
		compris clous et pose	0.45
	non fournie, compris clous et pose		0.21
Moins-value	Lorsque la volige fournie aura moins de $0^{m}013$ d'épaisseur, il sera fait sur les prix ci-dessus une diminution de		0.25
Voligeage, jointif en voliges (le mètre superficiel)	de peuplier de $0^{m}013$ d'épaisseur		1.65
	de sapin de $0^{m}013$ d'épaisseur		1.70
Vue de faîtière	fournie et posée, compris plâtre		1.74
	non fournie et pose, compris plâtre		1.08

ZINC ET PLOMB

		PRIX PAYÉ par L'ENTREPRENEUR	PRIX de RÈGLEMENT
Heure, prix moyen (été et hiver)	zingueur et plombier	0.80	1.11
	de garçon zingueur et plombier	0.57	0.79

Zinc (au kilogr.)	neuf	pour bandes de toutes natures, couvertures, couvre-joints, gouttières, tuyaux, etc., sera compté suivant le cours du jour, diminué de la remise de 4 fr. pour 100 kil., augmenté de 1/40 pour déchet et de 10 0/0 de bénéfice.	
	vieux, repris en compte, moins 4 0/0 pour déchet, moitié du cours net du zinc neuf.		
	Exemple	cours du zinc au 8 juin 1896 : 68 fr. — 4 fr. = 64 fr. net. 100 kil. — 4 kil. = 96 kil. à 64 fr. = 61 fr. 44 : 2 = 30 fr. 72.	

Bandes en zinc, du nº 10 au 16, façon (au mètre linéaire)	*d'agrafe*	pour façon, clouage et pose	0.25
		— déposé desdites	0.03
		— repose	0.15
	de solin, d'égout et à cheval	pour toute façon et pose comprenant un ourlet par le bas, un angle arrondi et relevé avec pince rabattue, clouage, deux pattes d'agrafe en zinc, fourni trous et tampons nécessaires au besoin, et soudure de jonction de toutes largeurs	0.57
		dépose desdites	0.10
		repose	0.25
	de recouvrement d'appui, de bandeau, d'attique, d'entablement et ouvrages analogues, pour toute façon, coupes et pose, comprenant un ourlet sur la rive, au fond, un angle relevé, avec biseau ou pince rebattue, engravure remplie en plâtre ou ciment, ou bien clouage écarté, avec clous à piston, 3 pattes d'agrafure en zinc fourni ; enfin la soudure des jonctions en l'absence de coulisseau	jusqu'à 0m15 de largeur	1.10
		de 0m16 à 0m25 —	1.25
		0m26 à 0m50 —	1.48
		0m51 à 0m65 —	1.67
	toutes les façons en plus de celles prévues seront payées	relief	0.04
		ourlet	0.10
		pince rabattue	0.06
		moulure courbe	0.15

Dépose, pour remploi desdites bandes, 1/10 du prix de façon des bandes neuves.

Repose desdites bandes, 2/5 du prix des bandes neuves.

Lorsque sur ordre exprès les bandes de recouvrement seront coupées toutes de 1m00 de longueur ou de toutes autres longueurs, similaires entre elles, pour correspondre à une décoration architecturale ou à une dilatation plus parfaite, il sera ajouté aux prix de façon ci-dessus une plus-value de 1/10.

Couvre-joints	Dépose	0.03
	Repose	0.12
	Façon et pose de couvre-joints neufs en réparation	0.20

Chatière en zinc n° 12, avec fond de forme sphérique, bague emboutie, grille en zinc perforée (fourniture)	de 0.29 × 0.19	1.40
	de 0.34 × 0.23	1.65
	de 0.37 × 0.27	2.30
	de 0.40 × 0.32	3.00
Pose, ajustement et soudure, prix moyen		0.90
Percement du zinc avec relief et coupement de la volige		0.45
Clouage avec clous à pistons (le mètre linéaire)	de zinc ou plomb, espacés de 0m01 à 0m02	0.70
	— — 0m05	0.34

Couverture, *façon*, au mètre superficiel, d'après la surface du zinc développé.

1° *En zinc neuf*, pour façon montage et pose des feuilles ; couvre-joints, faîtages, arêtiers, noues, etc. compris toute main-d'œuvre accessoire pour obtenir une dilatation parfaite et y compris la fourniture des pattes à tasseaux 3 par feuille de chacune 0.16 × 0.04 des pattes d'agrafe, 2 par feuille de 0m12 × 0.08, gaines ou calotins, clous, etc., sans autre déchet que celui de 1/40, talons, contre-talons payés à part comme il est dit ci-après :

	A	B	C	D	E
	DE HANGAR OU COMBLE SIMILAIRE sans pénétration de cheminées, etc... autrement dit sans raccords	DE MAISON ORDINAIRE COMPRENANT des évidements et reliefs aux pénétrations de souches, châssis, trappes, etc...	PAR FEUILLE RÉDUITE SYMÉTRIQUEMENT dans les entre-deux de lucarnes ou châssis de brisis, etc.	DE COMBLE CIRCULAIRE COMPRENANT le battage au marteau des reliefs et la façon spéciale des couvre-joints	A RESSAUTS PAR LONGUEUR de 2 mètres développés
En feuilles de 0m80	0.91	1.20	1.25	2.45	1.60
En feuilles de 0m65	1.14	1.40	1.50	2.80	1.70
En feuilles de 0m50	1.39	1.60	1.70	3.35	2.05

2° *En zinc vieux* redressé, retaillé, refaçonné et reposé avec toutes fournitures de pattes, clous et accessoires, comme ci-dessus, mais non compris la découverture.

	A	B	C	D	E
en feuilles de 0m80	1.23	1.80	1.95	3.50	2.10
en feuilles de 0m65	1.51	2.05	2.15	3.90	2.30
en feuilles de 0m50	1.85	2.40	2.45	4.10	2.33

Plus-value de façon de couverture par mètre superficiel développé.	1° Dans laquelle il entrera plus de 1/10 de feuilles débitées, c'est-à-dire non entières	0.30
	2° Dans laquelle il entrera plus de 1/5 de feuilles débitées, c'est-à-dire non entières	0.40

Ces deux plus-values sont appliquables seulement aux surfaces couvertes de fractions de feuilles.

Dans le mesurage de la couverture en zinc neuf ou vieux on déduira tous les vides de châssis, cheminées, pénétrations, lucarnes, etc.

Moins-value : Lorsque les feuilles de zinc vieux seront reposées sans aucune façon ni retailles, les prix seront diminués de 1/3.

Plus-value sur les prix de façon de zinc neuf ou vieux.

Angle soudé (à la pièce)	au droit des châssis, lucarnes, souches, bandes de recouvrement, appui, bandeau, etc.	0.15
	avec guichet rapporté	0.30
Calotin en zinc avec broche en fer, fourni et soudé, en recherche, à la pièce		0.05
Coulisseau (au mètre linéaire)	comprenant la fourniture du zinc pour les pattes d'agrafe dessous et toute façon accessoire; il sera ajouté à la longueur des bandes sur la fourniture et la façon 0m20 par coulisseau plat, de 0m50 par coulisseau saillant à développement carré.	
Coupe à la griffe (au mètre linéaire)	droite ou biaise, faite sur le zinc en place	0.20
	circulaire, faite sur le zinc en place	0.30

Les coupes à la griffe ne seront jamais payées en travaux neufs.

Ourlet circulaire rapporté et soudé en zinc neuf pour fourniture, façon et soudure; le mètre linéaire		0.80
Percement de trou circulaire sur zinc avec relief d'au moins 0m01 de hauteur, façonné, battu et relevé au marteau (à la pièce)	pour mitron de 0m16 de diamètre	0.65
	— 0m19 —	0.70
	— 0m22 —	0.80
Talon ou tête de couvre-joint, fourni, en zinc neuf et soudé,	la pièce	0.20
— *faîtage* ou *arêtier*, fourni, en zinc neuf et soudé	—	0.25
Contre-talon de *couvre-joint*, en zinc neuf, fourni et soudé	—	0.15
— de *faîtage* ou *arêtier*, fourni et soudé	—	0.20
Vis en fer à tête ronde, galvanisée, avec sa rondelle en plomb, pour manchette de couvre-joints près des faîtages ou arêtiers et pour fixer ces derniers, la pièce		0.18

OUVRAGES DIVERS

		EN FER GALVANISÉ	EN FIL DE ZINC
Crapaudine montée sur charnière, articulation avec pattes en cuivre, pour fourniture (à la pièce)	de 0m06 de diamètre	1.20	0.90
	de 0m08 —	1.35	1.00
	de 0m10 —	1.40	1.05
	de 0m11 —	1.85	1.10
	de 0m14 —	2.25	1.20
	de 0m16 —	3.30	1.30
	de 0m18 —	3.90	1.70
	de 0m20 —	4.40	2.00
	Pose et soudure, prix moyen	0.70	

Crochet (à la pièce)	*pour gouttière ordinaire*, pour fourniture (en plus de 2 par mèt.)	de $0^{m}16$ développé	0.13
		de $0^{m}25$ —	0.17
		de $0^{m}325$ —	0.20
		Pose en travaux neufs	0.15
		Pose en réparation, la gouttière en place	0.35
	à pointe pour tuyau	de $0^{m}05$ de diamètre	0.11
		de $0^{m}08$ —	0.14
		de $0^{m}11$ —	0.17
		Pose en travaux neufs	0.10
		Pose en réparation	0.20

La valeur des crochets pour gouttière ordinaire et tuyau étant comprise dans le prix de pose de ces articles, ces prix ne seront alloués que pour des cas exceptionnels.

Découverture de zinc (compris rangement)	pour remploi ; le mètre superficiel	0.25
	pour démolition —	0.10
Glacis en plâtre, de $0^{m}15$ d'épaisseur, sans cueillies ni ressauts ; le mètre superficiel		1.25
Godet, pour marche en zinc, fondu, compris pose et soudure ; la pièce		1.25

Gouttière	*à l'anglaise*, à rive de niveau, sur supports spéciaux ; fourniture et pose des supports à part, pour façon, pose et soudure de jonction	jusqu'à $0^{m}35$ de développement ; le mèt. linéaire	1.60
		de $0^{m}36$ à $0^{m}50$ —	1.75
		$0^{m}51$ et au-dessus —	1.95
	ordinaire du commerce ; pour façon et pose, compris soudure de jonction et fourniture, et pose de 2 crochets par mètre	de $0^{m}16$ de développement ; le mètre superficiel	1.37
		$0^{m}25$ à $0^{m}50$ —	1.55
		$0^{m}325$ et au-dessus —	1.75
	Plus-value sur la façon et la fourniture de zinc (à la pièce)	pour les fonds, $0^{m}15$ de longueur en plus	
		— les équerres, $0^{m}20$ —	
	Il ne sera alloué de zinc au-dessus du n° 14, pour gouttière, que sur ordre écrit de l'architecte.		
	en réparation (au mèt. linéaire)	pour nettoyage et redressage sur place	0.15
		pour dépose, compris dépose des crochets, descente, rangement	0.15
		pour dépose et repose, compris nettoyage et redressage, dépose et repose des crochets	0.63
		pour dépose et repose, avec soudure et redressage complet au mandrin, dépose et repose des crochets	1.12
Marche en zinc fondu (à dessus quadrillé)	pour fourniture, sans pose ; le kil		1.00
	pour pose ; le kil		0.15
	pour pose, avec soudure au pourtour ; le kil		0.35

Membron en sapin, demi-circulaire	pour gouttière à l'anglaise, à face de socle, pose et fourniture de vis	de $0^{m}04 \times 0^{m}034$	0.70
		$0^{m}05 \times 0^{m}041$	0.80
		$0^{m}06 \times 0^{m}054$	0.99
	pour brisis, compris pose et fourniture de clous	de $0^{m}14 \times 0^{m}08$	1.44
		$0^{m}11 \times 0^{m}10$	1.78

Nez en zinc, pour tuyau de descente, compris fourniture, soudure et pose ; la pièce....... 0.20

Noquet (à la pièce)	*en zinc*, pour façon, ourlet et pose	droit	0.15
		biais	0.35
	en plomb, droit ou biais		0.15

Papier anglais, ou *goudronné*, compris pose ; le mètre superficiel........ 0.29

Pattes d'agrafe, en cuivre rouge étamé, de $0^{m}07$ à $0^{m}10$ de longueur sur $0^{m}03$ de largeur, compris toute façon, pose et soudure	pour bandes en plomb	1.60
	en plus-value sur celle en zinc	0.20

Pente en plâtre, pour terrasse ou balcon	de $0^{m}03$ d'épaisseur, compris cueillies; le mètre superficiel	1.60
	par chaque centimètre en plus, jusqu'à $0^{m}05$ inclusivement ; le mètre superficiel	0.20

Pièce en zinc, pour coupe et pose (prix moyen) ; la pièce........ 0.30
La soudure payée au mètre linéaire.

Plombaginage du zinc	sur partie plane, chaque couche ; le mètre superficiel	0.80
	moulure ; chaque couche	1.17

Point de soudure, en recherche (prix moyen) ; la pièce........ 0.10 à 0.20
Solin en plâtre, sur zinc, avec arête ; le mètre linéaire........ 0.72

Soudure	sur zinc neuf ; le mètre linéaire	0.66
	sur zinc vieux —	0.73

		PEINT AU MINIUM	GALVANISÉ	AVEC PAILLETTES EN CUIVRE
			Différence en plus sur les prix précédents	
Support en fer de gouttière anglaise portant pied sur la face, fixé à la partie circulaire au moyen de rivets ou encollé ; la pièce pour fourniture et pose jusqu'à $0^{m}60$ de développement (à la pièce)	de $0^{m}025 \times 0^{m}005$	1.33	0.17	0.05
	de $0^{m}027 \times 0^{m}005$	1.38		
	de $0^{m}030 \times 0^{m}005$	1.44		
	de $0^{m}030 \times 0^{m}006$	1.60		
	de $0^{m}035 \times 0^{m}006$	1.71		

Tasseau en sapin du Nord (au mètre linéaire)	compris déchet, clous et pose	de $0^{m}027$ de grosseur	0.29
		$0^{m}040$ —	0.31
		$0^{m}055$ —	0.42
	pour dépose et repose		0.15
	évidé pour faîtage et arêtier	de $0^{m}06$ de grosseur	0.75
		$0^{m}08$ —	1.05
	pour dépose et repose		0.20

Tuyau en zinc du commerce (au mètre linéaire)

- Par façon et pose, compris fourniture et pose des crochets à pointes (1 par m.)
  - de 0m05 de diamètre.... 1.07
  - 0m08 — 1.22
  - 0m11 — 1.40
  - 0m16 — 1.64
  - 0m19 — 1.91
- *Plus-value* pour façon et déchet de zinc
  - pour bague, 0m20 de longueur en plus
  - pour coude, 0m15 —
  - pour moignon, embranchement ou dauphin, y compris bague, 0m10 en plus
  - pour coude cintré, 0m10 en plus
- Il ne sera alloué de zinc au-dessus du n° 12 que sur ordre écrit de l'architecte
- *en réparation*
  - *pour dépose*, compris dépose des crochets, descente et rangement...... 0.16
  - — compris repose, redressage et dépose et repose des crochets.. 0.63
  - — compris dépose et repose des crochets, mais avec soudure et redressage complet au mandrin 1.12

Tube de buée en plomb, compris ajustement, battage des deux collets aux extrémités, percement de la bavette en zinc et agrandissement et percement au besoin du trou dans la pièce d'appui, compris pose et soudure ; la pièce.......... 1.00

Voligeage compris toutes coupes droites ou biaises et fournitures de clous

- *En voliges de peuplier* (voir couverture ardoise et tuile)
- *En voliges sapin du Nord*, de 0m11 de large, dressées dit Jointif
  - 0m011 d'épaisseur ; le mètre superficiel........ 1.50
  - 0m013 — — 1.70
  - 0m018 — — 2.00
  - 0m025 — — 2.60

Dévoligeage

- pour remploi, compris rangement ; le mètre superficiel............ 0.32
- pour démolition — 0.09

Revoligeage en vieilles voliges, compris toutes coupes droites ou biaises ; le mèt. sup...... 0.68

Voligeage en recherche, compris dépose de la partie remplacée ; au mètre linéaire.......... 0.26

Plomb neuf, en table, pour fourniture, au kil., suivant le cours du jour de la fourniture, sans déchet, diminué de 4 fr. de remise par 100 kil., et augmenté de 1/40 pour déchet et de 10 0/0 de bénéfice.

En échange de 10 kil. de plomb.......... 10.00

Couverture en plomb, neuf, pour façon, coupe, montage et pose (au kil.)

- *pour chéneau*, compris battage des gorges, des ressauts et cuvettes, estimées comme suit
  - en parties droites, avec reliefs droits.......... 0.10
  - en parties cintrées, en gorge.......... 0.18
  - en parties cintrées ou circulaires.......... 0.30
- *pour terrasse ou balcon*.......... 0.06
- *pour tuyau, pipe ou moignon*, etc.......... 0.20
- Nota. — Il ne sera payé aucune soudure pour jonction de tables en travail neuf, pour les chéneaux et pour les surfaces unies, terrasse ou balcon.

Façon de bandes en plomb, pour bandes de solin, bandes de larmier, batellement, etc. (le kil.)	en parties droites	0.15
	en parties cintrées ou circulaires	0.25

NOTA. — Les clouages, engravures, remplissages en ciment ou en mastic Dihl, les cales et accessoires attenant à ces bandes seront payés à part.

Façon de plomb en recouvrement, de moulures, unies en charpente, menuiserie, fer, ou pierre (le kil.)	en parties droites	1.00
	en parties circulaires ou ovales, à simple ou double courbe	1.80
Ourlet, battu et embouti sur plomb ; le mètre linéaire		0.65
Relief, battu et embouti sur plomb ; —		0.50
Angle, saillant ou rentrant, battu et embouti sur plomb (prix moyen) ; la pièce		0.50
Bandelettes en zinc, pour fixer les bandes en plomb, pour fourniture et pose, non compris clouage ; le mètre linéaire		0.33
Couverture en plomb, vieux (le kil.)	déposé, jeté et rangé, pour bâtiment en démolition	0.019
	déposé, descendu et rangé	0.028
	rebattu, retroussé et reposé	0.038
	déposé, sans descente, rangé, repris, reposé	0.057
Pente en plâtre, pour chéneau de 0m05 d'épaisseur, y compris cueillies, gorges, etc. (le mètre linéaire)	1° jusqu'à 0m25 de largeur	1.31
	2° de 0m26 à 0m35 de largeur	1.51
	3° de 0m36 à 0m45 de largeur	1.78

Au-dessus de 0m45 de largeur, la pente sera payée au mètre superficiel.

Plus-value pour chaque ressaut, ajouter à la longueur 0m30.

Plomb, monté ou descendu, façonné, battu, posé (le mètre superficiel)	neuf, pour alaise, bavette, etc.	1.57
	vieux, déposé, rangé, repris et reposé	1.73
	— rebattu, sans dépose	0.30
Embase de pied de balcon	en plomb fondu, fourniture et pose ; à la pièce	3.10
	en cuivre, y compris manchette de recouvrement soudée en fer, fourniture et pose ; à la pièce	2.60
	en zinc, compris manchette, etc., fourniture et pose ; à la pièce	2.15

TABLE DES MATIÈRES

DU TOME PREMIER

Préface I
Division de l'Ouvrage 1

PREMIÈRE PARTIE

PRÉPARATION DE LA CONSTRUCTION

CHAPITRE PREMIER

Levé des plans.

1. Tracer une droite sur le terrain 5
2. Mesurer la longueur d'une droite qui est jalonnée 6
3. Mener une perpendiculaire à une droite tracée sur le terrain 6
4. Mesurer l'angle de deux droites tracées sur le terrain 7
5. Équerre graphomètre 8
6. Polygone topographique 9
7. Levé au mètre 9
8. Levé à l'équerre 9
9. Levé au graphomètre 10
10. Orientation du plan 10
11. Rapporter le plan sur le papier 11

CHAPITRE II

Nivellement.

1. Objet du nivellement 12
2. Niveau d'eau et mire 12
3. Mesurer la différence de niveau de deux points 13
4. Nivellement composé 14
5. Niveau à bulle d'air. Mire parlante, leur emploi 17
6. Profils de nivellement 18
7. Nivellement sur de faibles longueurs .. 18
8. Usages du nivellement 19

CHAPITRE III

Plantation ou tracé du bâtiment. Terrassements et fouilles.

1. Plantation ou tracé du bâtiment 20
2. Terrassements et fouilles. Leur exécution 21
3. Enlèvement et transport des déblais .. 24
4. Cubage des fouilles 25
5. Prix des travaux de terrasse 26

CHAPITRE IV

Organisation du chantier.

1. Outils nécessaires aux travaux de maçonnerie et qui sont fournis par l'entrepreneur 31

2. Du bardage........................ 32
3. Du montage........................ 33
4. Personnel du chantier.............. 36
5. Des échafauds. Matériaux servant à les construire........................ 37
6. Diverses espèces d'échafauds construits par les maçons................. 40
1° Échafauds sur plans verticaux... 40
2° Échafauds sur plans horizontaux. 41
3° Échafauds volants............. 41
7. Prix des échafauds................ 42

DEUXIÈME PARTIE

LES MATÉRIAUX ET LES ORGANES DE LA CONSTRUCTION

CHAPITRE V

Classification des matériaux et des organes des constructions.

1. Classification des organes de la construction........................ 45
2. Rôles des organes des édifices....... 46
3. Les matériaux. Leurs propriétés constructives........................ 46
4. Classification des matériaux......... 47
5. Ordre adopté pour l'étude des matériaux et des organes de la construction........................ 48

CHAPITRE VI

Maçonneries.

§ 1er. — *Matériaux massifs naturels.*

1. Caractères généraux des pierres à bâtir. 49
2. Défauts des pierres à bâtir.......... 50
3. Roches constituant les pierres à bâtir.. 51
4. Roches siliceuses d'origine ignée..... 51
5. Roches volcaniques................. 52
6. Roches siliceuses de sédiment........ 52
7. Roches calcaires................... 53
8. Calcaire grossier.................. 54
1° Pierres dures.................. 54
2° Pierres tendres................ 56
9. Sables et cailloux................. 57

§ 2. — *Matériaux reliants.*

10. Caractères généraux des matériaux reliants........................ 58
11. Les chaux........................ 58
1° Généralités.................... 58
2° Chaux grasse et chaux maigre... 59
3° Chaux hydrauliques............. 59
4° Extinction de la chaux......... 60
12. Les ciments...................... 61
1° Généralités.................... 61
2° Ciment à prise rapide.......... 62
3° Ciment à prise lente........... 62
4° Ciment de laitier.............. 62
13. Les Pouzzolanes.................. 62
14. Essais des pierres à chaux........ 63
1° Essai chimique................. 63
2° Essai par calcination.......... 64
15. Essais des chaux et ciments....... 65
1° Essai de prise................. 65
2° Essais de résistance........... 66
a) Essais de compression.......... 66
b) Essais de traction............. 67
3° Principales clauses des cahiers des charges pour les fournitures de ciment........................ 67
16. Mortiers......................... 68
1° Généralités.................... 68
2° Dosage des mortiers............ 68
3° Durcissement des mortiers...... 69
17. Mortiers de terre et d'argile...... 69
18. Mortiers de chaux grasse.......... 70
1° Mortiers non hydrauliques...... 70
2° Mortiers hydrauliques.......... 71
19. Mortiers de chaux hydraulique..... 72
20. Mortiers de ciment à prise rapide.. 73
21. Mortiers de ciment à prise lente... 74

22. Mortiers divers improprement dénommés ciments 75
23. Le plâtre 75
1° Généralités 75
2° Différentes sortes de plâtres 76
3° Mortier de plâtre 76
4° Gâchage du plâtre 77
24. Asphalte et bitume 77

§ 3. — *Matériaux massifs artificiels.*

25. Produits céramiques 78
26. Les briques 79
1° Définitions. Qualités des briques. 79
2° Briques crues 80
3° Briques cuites pleines 80
4° Briques creuses 81
5° Briques diverses 82
27. Produits obtenus au moyen du plâtre . . 82
1° Plâtras 82
2° Briques de plâtre 83
3° Carreaux de plâtre 83
28. Pierres factices 83

§ 4. — *Exécution des maçonneries.*

29. Maçonnerie de pierre de taille 84
1° Définitions et principes généraux. 84
2° Divers appareils des murs en pierre de taille 85
3° Taille de la pierre 86
4° Pose de la pierre de taille 87
5° Ravalement, ragréement, rejointoiement de la pierre de taille 88
30. Maçonnerie de moellons 89
1° Définitions et principes 89
2° Classification des moellons 89
3° Outils de maçon 89
4° Exécution d'un mur en moellons. 91
31. Maçonnerie de meulières 92
32. Maçonnerie de briques pleines ou creuses 93
1° Briques de champ 93
2° — à plat 93
3° Murs en briques de $0^{m}22$ 94
4° Murs en briques de $0^{m}35$ 94
5° — — $0^{m}46$ à $0^{m}48$ . . 94
6° Rencontre de deux murs formant encoignure 94
7° Murs creux en briques 95
8° Maçonnerie en briques creuses . . . 95
33. Maçonnerie de béton 95
1° Définition et composition du béton 95
2° Fabrication du béton 96
3° Emploi du béton 97
4° Béton aggloméré Coignet 97
34. Maçonnerie de Pisé 97
35. Maçonneries mixtes 99
1° Définitions et principes 99
2° Emploi de la pierre en blocs isolés. 99
3° Emploi de la pierre par assises horizontales 100
4° Emploi de la pierre par chaînes verticales 100
5° Maçonneries mixtes diverses 101
36. Légers ouvrages. Enduits et revêtements des murs 101
1° Définitions 101
2° Jointoiements 101
3° Crépis et enduits 102
4° Corniches et moulures 102
5° Revêtements en briques et carreaux émaillés 103
37. Résistance des maçonneries 103
1° Résistance à la compression 103
2° Résistance des pierres à l'usure par frottement 107

§ 5. — *Revêtements des sols.*

38. Revêtements des sols extérieurs 111
1° Définitions et généralités 111
2° Pavages en pierre 112
3° Pavage en bois 113
4° Pavage en grès cérame 113
5° Dallages en pierre 113
6° Dallages en ciment 113
7° Revêtements en mastic d'asphalte. 114
8° — d'asphalte comprimée. 114
9° Pavage en pavés d'asphalte comprimée 114
39. Revêtements des sols intérieurs 115
1° Carrelages en terre cuite 115

2° Carrelages en grès cérame, en mortier comprimé 115
3° Carrelages en pierres naturelles.. 115
4° Dallages en ciment............ 115
5° Revêtement en mastic d'asphalte. 115
6° Dallages en mosaïque.......... 115

§ 6. — *Des Fondations.*

40. Nature et qualités du sol............ 116
1° Terrains incompressibles et inaffouillables..................... 116
2° Terrains incompressibles et affouillables......................... 116
3° Terrains compressibles et affouillables......................... 117
41. Fondations sur bons terrains......... 118
1° Le bon terrain est près du sol... 118
2° Le bon terrain est à assez grande profondeur. Fondations sur piles ou sur puits.................... 118
42. Fondations sur mauvais terrains...... 119
1° Le terrain résistant se trouve à grande profondeur. Fondations sur pilotis 119
2° Le terrain solide ne peut être atteint. Fondations sur mauvais sol amélioré 120
3° Exécution d'une fondation dans un terrain aquifère............. 121
43. Fonçage et construction d'un puits... 122

§ 7. — *Les murs.*

44. Diverses espèces de murs..... 123
45. Murs de fondation.................. 123
1° Murs d'un bâtiment sur terre-plein. 123
2° — — sur caves..... 124
46. Des fosses d'aisances............... 125
47. Murs de clôture.................... 126
1° Construction des murs de clôture 126
2° Baies dans les murs de clôture... 127
48. Murs de face des bâtiments.......... 128
1° Construction de ces murs....... 128
2° Baies dans les murs de face..... 130
a) Portes 130
b) Fenêtres 130
c) Fermeture des baies à leur partie supérieure................ 130
3° Les balcons.................... 131
49. Murs de refend, murs mitoyens....... 131
1° Construction de ces murs....... 131
2° Construction des tuyaux de fumée dans les murs de refend........ 132
a) Tuyaux en briques ordinaires.. 132
b) Tuyaux en briques cintrées... 133
c) Tuyaux en wagons........... 134
3° Construction des tuyaux de fumée adossés aux murs de refend..... 134
a) Tuyaux en pierre de taille.... 134
b) Tuyaux en briques........... 135
c) Tuyaux en boisseaux Gourlier . 135
4° Souches de cheminées.......... 135
5° Dimensions des tuyaux de fumée et des mitrons................. 136
a) Conduits de fumée en briques. 136
b) Tuyaux en wagons........... 137
c) Tuyaux Gourlier............. 137
50. Murs de soutènement............. .. 137

§ 8. — *Les voûtes.*

51. Des voûtes en général.......... 140
52. Différentes espèces de voûtes......... 142
53. De la coupe des pierres. Tracé des épures et procédés de taille........ 144
54. Épure d'une baie plein-cintre dans un mur droit....................... 145
55. Épure d'une baie en anse de panier dans un mur droit................ 146
56. Épure d'une baie plein-cintre dans un mur courbe d'épaisseur inégale..... 147
57. Épure d'une baie cintrée en arc de cercle.......................... 148
58. Épure d'une porte en plate-bande..... 149
59. Faire le plan, l'élévation et l'épure d'une porte biaise................ 149
60. Faire l'épure d'une baie de porte cochère en mur d'égale épaisseur et en plein-cintre, avec tableau, feuillure et ébrasement, voussure de Marseille, partie concave en tête du tableau... 150

61. Arrière-voussure de Marseille vraie... 151
62. — — — ordinaire, démontrée par l'hypoténuse........ 151
63. Faire l'épure d'une trompe, dont deux seront semblables et doivent supporter une tourelle sur un des angles d'un bâtiment.................... 153
64. Faire l'épure d'une porte biaise et en talus d'un côté, rachetant berceau droit de l'autre côté, et en plein-cintre. 154
65. Voûte en pendentif sur un carré, les premiers voussoirs étant de forme carrée.......................... 157
66. Épures diverses.................... 157

§ 9. — *Les escaliers en pierre.*

67. Généralités sur les escaliers.......... 158
68. Escaliers extérieurs ou perrons....... 159
1° Perrons à marches parallèles à la façade avec retours............. 159
2° Perrons à marches parallèles à la façade et comprises entre murs... 159
3° Perrons dont les marches sont perpendiculaires à la façade...... 160
4° Grands perrons................ 160
69. *Escaliers intérieurs en pierre*........ 160
1° Escaliers droits posés entre murs. 160
2° Escaliers à vis................ 161
3° Escaliers à quartiers tournants entre murs.................... 161
4° Escaliers suspendus............ 161
70. Épures de divers escaliers............ 162
1° Escalier sur pilastres avec volées droites, paliers de repos, et à limon........................ 162
2° Tracé de la courbe rampante d'un quartier tournant.............. 163
3° Plan du premier et du deuxième étage d'un escalier placé dans une tourelle...................... 163
4° Plan d'un escalier qui peut se construire à noyau plein ou à petit jour........................ 164
5° Escalier en pierre dont les têtes de marches portent limon.......... 164
6° Plan d'un escalier placé dans l'angle d'un bâtiment, et dont les étages supérieurs sont dans une tourelle........................ 165
7° Plan d'un escalier double, ou à double révolution.............. 165
8° Épure d'un escalier dont les marches sont portées par deux limons........................ 166
9° Épure d'un escalier dans un emplacement triangulaire............. 166
10° Épure d'un escalier en pierre bandé par claveaux.................. 167
11° Escalier à quartier tournant avec paliers de repos................ 167
12° Escalier à quartier tournant sans repos intermédiaires............ 167
13° Escalier en bois à noyau plein dit escalier dérobé................ 168
14° Escalier conique ou entonnoir renversé en forme de spirale........ 168
15° Escalier dont le limon forme l'entonnoir....................... 169

§ 10. — *Prix des ouvrages de maçonnerie.*

Ouvrages de maçonnerie proprement dite.................... 171
Carrelage..................... 200
Pavage........................ 201
Granit........................ 204
Asphalte-bitume............... 207
Vidange....................... 208

CHAPITRE VII

Charpente en bois.

§ 1er. — *Étude des bois.*

1. Préliminaires...................... 210
2. Propriétés générales des bois......... 210
3. Essences de bois employées dans la construction..................... 212
Acacia, ailante, alisier, amandier, aune, bouleau, buis............... 213
Charme, châtaignier, chêne.......... 214

Cormier ou sorbier des oiseaux, cornouiller, cyprès 216
Érable, frêne, gaïac, grisard, hêtre... 217
Mélèze, merisier, noyer, orme........ 218
Peuplier, pin, pitchpin.............. 219
Platane, poirier, pommier, sapin..... 220
Teak, tilleul, tremble............... 221
4. Maladies et défauts des bois.......... 222
Pourriture, échauffement, carie, chancres ou ulcères............ 222
Gerçures, roulures, vermoulure, torsion, nœuds................ 223
Loupes, gélivures, bois fendus, retour. 224
5. Conservation des bois............... 224
Dessiccation des bois................ 225
Immersion ou flottage................ 225
Injection des bois................... 225
Carbonisation des bois............... 227
6. Mesurage et métrage des bois en grume. 227
7. Débit des bois. Bois du commerce 228
8. Transport des bois.................. 229
9. Résistance des bois................. 230

§ 2. — *Les assemblages de charpente.*

10. Outils du charpentier............... 231
Bisaiguë, haches ou cognées, doloire.. 231
Herminettes, scie de charpentier, passe-partout.................. 232
Scie de long, piochon, tarières........ 233
11. Classification des assemblages........ 233
12. Assemblages par entailles............ 233
1° Assemblage à mi-bois.......... 234
2° — — avec embrèvement................ 234
13. Assemblages à tenons et mortaises.... 234
1° Assemblage à mi-bois.......... 234
2° — à paume.......... 234
3° Assemblage à mi-bois à queue d'hironde................... 235
4° Assemblage simple à tenon et mortaise..................... 235
5° Assemblage à tenon passant..... 235
6° — à tenon, mortaise et queue d'hironde................ 235
7° Assemblage à tenon, mortaise et queue d'hironde sur l'arête...... 236
8° Assemblage à tenons renforcés... 236
9° — à tenon, mortaise et encastrement................... 236
10° Assemblage à tenon, mortaise avec embrèvement................ 236
11° Assemblage à tenon, mortaise à double embrèvement............ 236
12° Assemblage à tenon, mortaise à embrèvement et encastrement.... 236
13° Assemblage à embrèvement et enfourchement dit joint anglais... 237
14° Assemblage à oulice............ 237
14. Assemblages d'angle................ 237
1° Assemblage à mi-bois.......... 237
2° Assemblage à tenon et mortaise.. 237
15. Entures.......................... 237
1° Assemblage à mi-bois.......... 237
2° Assemblage à tenon et mortaise.. 237
3° — par quartiers à mi-bois. 237
4° — à tenon et tenaille en croix......................... 237
5° Assemblage à sifflet.......... 238
6° — à enfourchement.... 238
7° Enture à queue d'hironde à mi-bois.......................... 238
8° Assemblage à trait de Jupiter.... 238
16. Assemblages de pièces jumelées...... 238
1° Assemblage à endents pour poutres en deux pièces................. 238
2° Assemblages par moises........ 239
17. Assemblages de planches et de madriers 239
18. Établissement des bois.............. 239
1° Épures, ételon................ 239
2° Établissement des bois......... 240
a) Choix des bois.............. 240
b) Mise sur lignes............. 240
c) Mise sur chantiers........... 240
d) Assemblage provisoire ou mise dedans...................... 240
3° Pose des bois sur place......... 240
a) Triage des bois............. 240
b) Levage..................... 240
c) Mise en place............... 240

§ 3. — *Les planchers.*

19. Généralités. Poids et surcharges d'un plancher 241
20. Planchers à solivage parallèle 242
1° Dimensions des solives 242
2° Détails de construction du plancher 244
21. Hourdis des planchers en bois 245
1° Hourdis plein 245
2° Hourdis en augets 245
3° Planchers creux 246
4° Planchers à solives apparentes 246
22. Planchers enchevêtrés 248
1° Dispositions générales 248
2° Calcul d'un chevêtre et d'une solive d'enchevêtrure 248
3° Dispositions des planchers pour éviter les incendies 249
4° Planchers avec bois courts 250
23. Ferrements des planchers en bois 251
24. Planchers à poutrages 251
1° Dispositions générales 251
2° Calcul des poutres 253
3° Poutres armées 254
25. Planchers avec points d'appui intermédiaires 256
26. Linteaux 257
1° Linteaux des baies ordinaires 257
2° Poitrails de grandes baies 258

§ 4. — *Les pans de bois.*

27. Des pans de bois en général 258
28. Clôtures en bois 259
1° Treillages . . . .
2° Clôtures à claire-voie en bois 260
3° Clôtures pleines en bois 260
29. De la triangulation dans les constructions en charpente 261
30. Pans de bois formés de poteaux isolés . 262
31. Pans de bois fermés 262
32. Cloisons de remplissage 265
33. Remplissage et hourdis des pans de bois. 265
1° Pans de bois fermés par des planches 265
2° Remplissages en briques 266
3° Hourdis en plâtras 267

§ 5. — *Les combles.*

34. Généralités sur les combles. Poids et surcharges des combles 267
1° Différentes formes de combles . . . 267
2° Poids et surcharges des combles . 268
3° Principes généraux de la construction des combles 269
35. Combles en appentis 270
36. Combles à deux pentes sans fermes . . . 271
37. Combles à deux pentes avec fermes . . . 272
38. Croupes 272
39. Noues 273
40. Différents genres de combles à deux pentes avec entraits 274
41. Combles sans entrait ou à entrait retroussé 275
42. Combles relevés 276
43. Combles Mansard 276
44. Combles avec points d'appui intermédiaires 277
45. Grosseurs approximatives des pièces de bois qui composent les fermes de différentes formes ou portées 278
46. Combles cylindriques 279
47. Combles coniques 280
48. Combles en dents de scie ou sheds 281
49. Combles mixtes 282
1° Combles avec tirants en fer 282
2° Combles Pombla 282
3° Combles Polonceau 282
4° Comble Baudrit 283
50. Les lucarnes 283
1° Les lucarnes en bois 283
2° Raccord d'une lucarne avec le comble 284

§ 6. — *Épures relatives aux combles.*

51. Pavillon carré sur tasseau 284
1° Dispositions générales de l'épure. 285
2° Manière de tracer l'occupation des pannes suivant leur dessus . . . 287

3° Manière de couper la panne sur le plan 288
4° Manière de tracer les mortaises . . 291
5° Manière de construire les herses . 292
6° Coupe d'un arêtier et d'un empanon, déjoutements, délardements et dégueulements 293
52. Manière de construire un nolet carré. 296
53. Manière de construire un pavillon biais sur tasseau et sur semelle traînante, avec jambes de force 299
1° Dispositions générales de l'épure. 299
2° Manière de tracer la herse 301
54. Manière de construire un pavillon carré dans son assemblage et de construire les herses, les aisseliers et les contrefiches 302
55. Manière de construire un cinq épis carré 303
56. Manière de construire un bâtiment carré par derrière et en tour creuse par devant 304
57. Manière de construire un cinq épis biais avant-corps 306
58. Manière de construire un cinq épis biais sur tasseaux composé d'une herse de noue 309
59. Manière de construire un nolet biais avec son assemblage et portant cintre par-dessous 310
60. Manière de construire un cinq épis en tour ronde 312
1° Dispositions générales 313
2° Manière de tracer les herses ou développement du cinq épis 314
61. Principe des deux nolets biais simples, l'un délardé par-dessus, et l'autre délardé par-dessous 315
62. Manière de couper une branche de nolet en tour ronde 317
63. Manière de construire un trois épis en tour ronde et toutes ses demi-fermes. 319
64. Manière de construire les courbes rallongées 320
65. Construction et assemblage d'une tour ronde, de sa panne ainsi que de son enrayure 320
1° Coupe de la panne par quatre arêtes 320
2° Manière de tracer la panne par balancement 321
3° Manière de construire l'enrayure. 321
66. Manière de construire une capucine simple 321
67. Manière de construire une lucarne à la Guitard 323

§ 7. — *Les escaliers en bois.*

68. Généralités 324
69. Marches et contremarches 324
70. Escaliers à crémaillères 325
71. Paliers 325
1° Départ inférieur de l'escalier 325
2° Palier courant 326
3° Palier d'angle 326
72. Escaliers à limons 326
1° Dispositions générales 326
2° Emploi d'un pilastre de butée . . . 327
73. Escaliers à limons superposés 327
74. Escaliers à noyau plein 328
75. Plafond rampant sous un escalier 328
76. Rampes d'escaliers 328
1° Rampes en bois 328
2° Rampes métalliques 329

§ 8. — *Charpente de chantier.*

77. Étaiements des fouilles 330
78. Blindage et chemisage d'un puits 330
79. Étaiements des planchers 330
80. Étaiements des murs 331
81. Chevalements 332
82. Échafaudages fixes en charpente 332
83. Les cintres en charpente 333
1° Cintrage d'une baie 333
2° Cintres pour voûtes de grande portée 333
3° Cintre pour étaiement d'une voûte. 334
84. Les pilotis 334
85. Battage des pieux 335
1° Sonnette à tiraude 335

2° Sonnette à déclic.............. 337
3° Refus d'un pieu............... 338
4° Recépage des pieux............ 338
86. Pieux à vis........................ 339

§ 9. — *Prix des ouvrages de charpente en bois.*

CHAPITRE VIII

Charpente en fer et serrurerie.

§ 1. — *Le fer et les métaux ferreux.*

1. Des métaux ferreux................ 351
2. Fontes........................... 351
3. Aciers........................... 354
4. Fer proprement dit................ 353
1° Propriétés physiques........... 353
2° Action de l'air à froid et à chaud. 353
3° Action de l'humidité........... 353
4° Action des mortiers de ciment et de chaux..................... 354
5° Action du mortier de plâtre..... 354
6° Action des acides.............. 354
7° Galvanisation du fer........... 354
8° Étamage du fer................. 354
5. Défauts des fers.................. 355
6. Essais rapides des fers........... 355
1° Essai à froid.................. 355
2° Essai à chaud.................. 355
7. Les fers du commerce.............. 355
1° Fers marchands................. 356
2° Fers aplatis................... 357
3° Fers feuillards et rubans...... 357
4° — gros ronds et gros carrés... 357
5° — larges plats.............. 357
6° — à double T à ailes ordinaires. 358
7° — à double T à larges ailes.... 358
8° — spéciaux.................. 358
9° — spéciaux hors classe....... 360
10° Rails......................... 360
11° Tôles de toutes dimensions...... 360
12° Tôles striées.................. 360
13° Aciers........................ 360
14° Fontes de commerce............. 360
15° Fontes sur modèles............. 360
8. Résistance du fer, de l'acier, de la fonte. 361
1° Résistance du fer à l'extension, charge limite de sécurité........ 361
2° Résistance de la fonte à la traction. 361
3° Résistance de l'acier à la traction charge limite de sécurité......... 362
4° Résistance du fer et de l'acier à la compression.................. 362
5° Résistance de la fonte à la compression........................ 362
6° Résistance des pièces à la flexion. 362
9. Des constructions en fer en général... 363

§ 2. — *Outils de serrurier.*

10. Les ouvriers serruriers.............. 365
11. Outils de forge.................... 365
1° Forge........................ 365
2° Soufflet...................... 366
3° Forge portative............... 366
4° Enclume...................... 367
5° Marteaux..................... 367
6° Tenailles..................... 368
12. Outils d'ajusteur.................. 368
1° Établi....................... 368
2° Étau........................ 369
3° Tarauds et filières........... 369
4° Limes........................ 369
5° Machine à percer............. 370
6° Tour........................ 370
7° Trousse ou sac............... 370
8° Crochets..................... 371

§ 3. — *Assemblages des éléments métalliques.*

13. Assemblages de fers forgés........... 371
1° Assemblage de deux pièces bout à bout......................... 371
2° Assemblage de deux pièces perpendiculaires.................. 371
14. Assemblages par rivets.............. 371
1° Rivets....................... 371
2° Assemblage de tôles bout à bout. 372
3° Assemblages de tôles perpendiculaires........................ 373
4° Assemblages de pièces concourantes......................... 373
5° Poutres en tôles et cornières.... 374

6° Poutres en treillis 374
15. *Assemblages par boulons* 374
1° Boulons 374
2° Assemblages par boulons de pièces en prolongement 375
3° Assemblages de pièces concourantes 375
4° Assemblages par fourches 375
16. Assemblages de pièces à sections complexes 376
1° Assemblages de pièces bout à bout. 376
2° Assemblages de pièces concourantes dont les âmes sont dans le même plan 376
3° Assemblages de fers parallèles .. 376
4° Assemblages de fers double T concourants 377
17. Assemblages de fers par interposition de pièces en fonte 378
18. Assemblages de pièces de fonte 378
1° Assemblages par brides et boulons. 378
2° Assemblages au mastic de fonte. 379

§ 4. — *Planchers en fer.*

19. Généralités. Poids et surcharges des planchers en fer 379
20. Planchers en fer primitifs 380
1° Planchers en fers plats de champ. 380
2° Planchers à solives composées dites fermettes 381
3° Planchers en fonte 381
21. Planchers en fers double T à solivage parallèle 381
1° Calcul des dimensions à donner aux solives 381
2° Détails de construction 383
22. Hourdis des planchers en fer 384
1° Remplissage en bois 384
2° Remplissage en maçonnerie pleine. 384
3° Remplissage en matériaux légers. 387
4° Dallages en verre 387
5° Cintrage des planchers en fer 388
6° Hourdis en voûtes pleines 388
7° Hourdis en voûtes creuses 388
23. Sonorité des planchers en fer. Moyens de la combattre 389
24. Disposition des planchers en fer au-dessous des cloisons légères 389
25. Planchers enchevêtrés en fer 389
1° Dispositions générales 389
2° Calcul d'une solive d'enchevêtrure. 390
26. Planchers composés de poutres et solives 390
27. Planchers avec appuis intermédiaires. 392
28. Galeries en porte-à-faux 393
29. Calcul des dimensions d'une poutre ... 393
30. Linteaux des baies en fers double T ... 393
31. Filets et poitrails 394

§ 5. — *Pans de fer.*

32. Colonnes pleines en fonte 395
33. Colonnes creuses en fonte 396
34. Résistance des colonnes en fonte 396
35. Piliers en fer 398
36. Pans de fer 398
1° Généralités 398
2° Pans de fer des maisons d'habitation 399

§ 6. — *Fermes de comble en fer.*

37. Poids par mètre carré d'un comble en fer 401
38. Appentis. Marquises 401
39. Combles à deux pentes 402
1° Combles sans pannes 402
2° Combles avec pannes et de faibles portées 402
3° Combles sur colonnes. Lanterne. 403
4° Comble avec faux entrait 404
5° Comble relevé 404
6° Fermes anglaises 405
7° Croupes dans les combles en fer. 405
8° Combles à la Mansard 405
9° Combles Polonceau 407
10° Combles avec points d'appui intermédiaires 408
40. Contreventement des fermes de combles en fer 408

§ 7. — *Les escaliers en fer.*

41. Escaliers à crémaillères............ 409
1° Escalier d'atelier sans contremarches..................... 409
2° Escaliers avec semelles en bois.. 409
3° Escaliers avec marches en pierre. 410
42. Paliers dans les escaliers à crémaillère en fer......................... 410
43. Escaliers à limon en fer............ 410

§ 8. — *Serrurerie proprement dite et quincaillerie.*

44. Pièces de forge pour ferrements de maçonneries et de charpentes...... 411
45. Ferrements des menuiseries......... 411
1° Portes et châssis............... 411
2° Croisées...................... 414
3° Persiennes. Volets............. 415
46. Fermetures des portes et des fenêtres. 416
1° Serrures..................... 416
2° Becs-de-cane................. 420
3° Gâches...................... 420
4° Clefs....................... 421
5° Chaînettes................... 421
6° Loquet...................... 421
7° Targette.................... 421
8° Verrous..................... 421
9° Boutons à boîte d'horloge....... 422
10° Espagnolettes................ 422
11° Crémones.................... 422
12° Ferrements des fermetures de boutiques......................... 423
47. Ouvrages divers de serrurerie........ 423
1° Petits bois en fer pour châssis... 423
2° Châssis à tabatière............ 424
3° Vasistas..................... 424
4° Tirefonds pour suspensions..... 425
5° Conduits, tuyaux, branchements. 425
6° Ferrures de boîtes à charbon.... 425
7° Grillages.................... 425
8° Sonnettes. Sonneries timbres.... 426
9° Ouvertures de portes. Tuyaux acoustiques.................. 426

§ 9. — *Menuiserie métallique.*

48. Lambris en fer et bois............. 427
49. Portes en fer...................... 427
50. Croisées et châssis en fer........... 427
51. Persiennes en bois et fer ou tout en fer. 428
52. Windows ou Bow-Windows........ 428
53. Fermetures de boutiques à rideaux... 429

§ 10. — *Clôtures métalliques.*

54. Clôtures en fil de fer. Grillages....... 431
55. Clôtures à claire-voie.............. 431
56. Grilles en fer marchand............ 432
57. Rampes d'escaliers................. 433
58. Barres d'appui de fenêtres, et balcons. 434

§ 11. — *Prix des ouvrages de charpente en fer et de serrurerie.*

Matériaux........................ 437
Serrurerie et ferronnerie............ 439
Quincaillerie..................... 441
Grillage......................... 473
Sonnettes et ouvertures de portes ordinaires......................... 474
Sonneries et ouvertures de portes par l'air. Tuyaux acoustiques.......... 478

CHAPITRE IX

Ciments armés.

1 §. — *Généralités.*

1. Principe des constructions en ciment armé.......................... 481
2. Avantages résultant de l'emploi du ciment armé.................... 481
1° Légèreté..................... 481
2° Élasticité.................... 482
3° Imperméabilité.............. 482
4° Préservation du fer contre la rouille...................... 482
5° Adhérence du mortier de ciment au fer........................ 2
6° Résistance au feu............. 482

7° Plasticité de la construction en ciment armé ... 483
3. Choix des matériaux ... 483

§ 2. — *Constructions en ciment armé.*

4. Planchers ... 484
5. Voûtes ... 487
6. Supports verticaux, cloisons ... 488
7. Combles ... 488
8. Réservoirs d'eau ... 489
9. Prix des ouvrages en ciment armé ... 490

CHAPITRE X

Installations électriques dans l'habitation.

§ 1. — *Production de l'électricité.*

1. Courant électrique. Unités électriques. 491
2. Disposition d'un circuit ... 493
3. Magnétisme ... 493
4. Électro-magnétisme ... 494
5. Appareils producteurs d'électricité. . 495
   1° Piles électriques ... 495
   2° Machines électriques ... 497
   3° Accumulateurs ... 498

§ 2. — *Sonneries électriques.*

6. Différents modèles de sonneries électriques ... 498
   1° Sonnerie trembleuse ... 498
   2° Sonnerie polarisée ... 499
   3° Sonnerie à un coup ... 499
   4° Boutons d'appel ... 499
7. Installations de sonneries simples ... 499
   1° Installation d'une sonnerie sur un ou plusieurs appels ... 499
   2° Installation de plusieurs sonneries fonctionnant sur un seul appel ... 500
   3° Installation de plusieurs sonneries distinctes commandées d'un même point ... 500
   4° Installation de sonneries pour demande et réponse ... 500
8. Installations de sonneries avec tableaux indicateurs ... 501
   1° Installation de sonnerie avec un seul tableau indicateur ... 501
   2° Installation avec deux tableaux indicateurs distincts marchant ensemble ... 502
   3° Installation avec tableaux indicateurs et tableau répétiteur ... 502
9. Détails d'installation des sonneries ... 502
   1° Piles ... 502
   2° Fils conducteurs ... 503

§ 3. — *Téléphone domestique.*

10. Installation à deux postes ... 504
11. Installation à plusieurs postes ... 505

§ 4. — *Lumière électrique.*

12. Unités de lumière. Éclairement ... 506
13. Foyers lumineux électriques ... 507
14. Choix d'un foyer lumineux électrique. 507
15. Canalisations dans les habitations. Instructions générales pour l'exécution des installations électriques à l'intérieur des maisons ... 508
   a) Qualité des matériaux ... 508
   b) Conditions de pose ... 509

§ 5. — *Paratonnerres.*

16. Disposition des tiges de paratonnerres. 511
17. Conducteurs métalliques ... 512
18. Perd-fluide ... 513
19. Précautions relatives aux masses métalliques de la construction ... 513

§ 6. — *Prix des ouvrages relatifs à l'électricité.*

Prix des sonneries et ouvertures de portes par l'électricité, téléphones ... 513
Paratonnerres ... 517

CHAPITRE XI

Couverture des édifices.

§ 1. — *Généralités sur les couvertures.*

1. But de la couverture ... 519
2. Conditions que doit remplir une bonne couverture ... 519
3. Matériaux employés pour les couvertures ... 520
4. Pente des toitures ... 520
5. Voligeage et lattis ... 523
6. Les usages en couverture ... 523
7. Accès et circulation sur les toitures ... 524

§ 2. — *Couvertures en tuiles.*

8. Les tuiles ... 524
9. Couvertures anciennes en tuiles ... 525
10. Couverture en tuiles flamandes ... 526
11. Couverture en tuiles plates ... 526
12. Couverture en tuiles mécaniques ... 528
   1° Tuiles Gilardoni ... 528
   2° Tuiles Muller ... 529
   3° Tuiles diverses ... 530
13. Raccords dans les couvertures en tuiles. 530
   1° Égouts ... 530
   2° Faîtages ... 531
   3° Arêtiers ... 532
   4° Noues ... 532
   5° Ruellées. Garnitures de rives ... 532
   6° Solins, raccords avec les souches et les châssis ... 533

§ 3. — *Couvertures en ardoises.*

14. Les ardoises ... 534
15. Outils du couvreur ... 536
16. Exécution d'une couverture en ardoises ordinaires ... 538 537
   1° Ardoises clouées ... 537
   2° Ardoises épaisses dites anglaises.
   3° Ardoises posées avec crochets ... 538
   4° Grandes ardoises sans lattis ... 539
17. Raccords dans les couvertures en ardoises ... 539
   1° Égouts ... 539
   2° Faîtages ... 540
   3° Arêtiers ... 540
   4° Noues ... 541
   5° Ruellées ... 541
   6° Solins. Raccords avec les souches et les châssis ... 541
   7° Crochets de service ... 542

§ 4. — *Couvertures en zinc.*

18. Le zinc ... 542
   1° Propriétés physiques et chimiques. 542
   2° Feuilles de zinc du commerce ... 544
19. Travail du zinc. Les outils de zingueur. 545
   a) Outils de zingueur ... 545
   b) Travail de zinc ... 547
20. Exécution de la couverture en zinc ... 548
   1° Couverture ordinaire ... 548
   2° Couverture à ressauts ... 549
21. Raccords dans les couvertures en zinc. 549
   1° Égouts ... 249
   2° Faîtages ... 550
   3° Arêtiers ... 550
   4° Noues ... 551
   5° Rives latérales ... 551
   6° Solins. Raccords avec les souches et les châssis ... 552
22. Couverture en zinc des souches, des bandeaux et des corniches ... 552
   1° Souches de cheminées ... 552
   2° Bandeau ou corniche ... 553

§ 5. — *Couverture en plomb.*

23. Le plomb ... 554
   1° Propriétés physiques et chimiques. 554
   2° Feuilles de plomb du commerce. 555
24. Exécution d'une couverture en plomb. 555
25. Couverture d'une terrasse ... 556

§ 6. — *Couverture en cuivre.*

26. Le cuivre ... 556
   1° Propriétés physiques et chimiques. 556
   2° Feuilles de cuivre du commerce. 557
27. Exécution d'une couverture en cuivre. 557

§ 7. — *Couvertures en ardoises et tuiles métalliques.*

28. Ardoises métalliques 558
1° Ardoises losangées en zinc de la Vieille-Montagne 558
2° Ardoises estampées 559
3° Tuiles Menant et Duprat 559
4° Ardoises de Montataire 559
5° Tuiles en fonte 559

§ 8. — *Couvertures en feuilles métalliques ondulées.*

29. Tôle ondulée 560
30. Zinc cannelé 560
31. Zinc à doubles nervures 561

§ 9. — *Couvertures en verre.*

32. Le verre 561
1° Propriétés physiques et chimiques. 561
2° Différentes sortes de verre 562
33. Exécution d'une couverture en verre. 562
1° Couverture en ardoises de verre. 562
2° Couverture en verre ordinaire... 562
3° Couverture en verre strié...... 563
4° Couverture en glace brute...... 563
5° Précautions à prendre dans les couvertures en verre 563

§ 10. — *Couvertures en matériaux ligneux.*

34. Couverture en bardeaux de merrain... 563
35. Couverture en planches 564
36. Couvertures en papier, en carton ou en feutre bitumé 564
37. Couverture en chaume ou en roseaux. 565

§ 11. — *Gouttières, chéneaux et accessoires de couvertures.*

38. Gouttières en zinc 566
1° Gouttières ordinaires 566
2° Gouttières à l'anglaise 567
39. Chéneaux en plomb 568
40. Chéneaux en zinc 568
41. Chéneaux sur entablements couverts. 569
42. Chéneaux en terre cuite 569
43. Gouttières et chéneaux en fonte 570
44. Chéneaux en tôle 570
45. Tuyaux de descente des eaux 571
1° Tuyaux en zinc 571
2° Tuyaux en fonte 571
46. Circulation sur les combles 572

§ 12. — *Prix des travaux de couverture.*

Ardoises et tuiles 573
Zinc et plomb 580

FIN DU TOME PREMIER

MACON, PROTAT FRÈRES, IMPRIMEURS

MACON, PROTAT FRÈRES, IMPRIMEURS.

www.ingramcontent.com/pod-product-compliance
Lightning Source LLC
Chambersburg PA
CBHW060835220326
41599CB00017B/2320
* 9 7 8 2 0 1 3 7 1 7 5 5 7 *